国家骨干高等职业院校

重点建设专业(电力技术类)“十二五”规划教材

电气自动化技术专业技能训练教程(上)

主　编　温淑玲

副主编　周传杰

参　编　胡孔忠　陶为明　张海云　刘淑红

王　萍　赵　玲　吴丽杰　李碧红

王　斌

主　审　杨圣春　许戈平

合肥工业大学出版社

图书在版编目(CIP)数据

电气自动化专业技能训练教程/温淑玲主编．—合肥：合肥工业大学出版社，2013.8(2017.1 重印)

ISBN 978-7-5650-1453-6

Ⅰ.①电… Ⅱ.①温… Ⅲ.①自动化技术—高等学校—教材 Ⅳ.①TP240

中国版本图书馆 CIP 数据核字(2013)第 183240 号

电气自动化专业技能训练教程(上)

温淑玲 主编　　　　责任编辑 陆向军

出 版	合肥工业大学出版社	版 次	2013 年 8 月第 1 版
地 址	合肥市屯溪路 193 号	印 次	2017 年 1 月第 2 次印刷
邮 编	230009	开 本	787 毫米×1092 毫米 1/16
电 话	综合编辑部：0551-62903028	印 张	43.75
	市场营销部：0551-62903198	字 数	955 千字
网 址	www.hfutpress.com.cn	印 刷	安徽省瑞隆印务有限公司
E-mail	hfutpress@163.com	发 行	全国新华书店

ISBN 978-7-5650-1453-6　　　　定价：79.80 元(上下册)

国家骨干高等职业院校

重点建设专业(电力技术类)“十二五”规划教材建设委员会

序　言

为贯彻落实《国家中长期教育改革和发展规划纲要》(2010－2020)精神，培养电力行业产业发展所需要的高端技能型人才，安徽电气工程职业技术学院规划并组织校内外专家编写了这套国家骨干高等职业院校重点建设专业(电力技术类)“十二五”规划教材。

本次规划教材建设主要是以教育部《关于全面提高高等教育质量的若干意见》为指导；在编写过程中，力求创新电力职业教育教材体系，总结和推广国家骨干高等职业院校教学改革成果，适应职业教育工学结合、“教、学、做”一体化的教学需要，全面提升电力职业教育的人才培养水平。编写后的这套教材有以下鲜明特色：

(1)突出以职业能力、职业素质培养为核心的教学理念。本套教材在内容选择上注重引入国家标准、行业标准和职业规范；反映企业技术进步与管理进步的成果；注重职业的针对性和实用性，科学整合相关专业知识，合理安排教学内容。

(2)体现以学生为本、以学生为中心的教学思想。本套教材注重培养学生自学能力和扩展知识能力，为学生今后继续深造和创造性的学习打好基础；保证学生在获得学历证书的同时，也能够顺利地获得相应的职业技能资格证书，以增强学生就业竞争能力。

(3)体现高等职业教育教学改革的思想。本套教材反映了教学改革的新尝试、新成果，其中校企合作、工学结合、行动导向、任务驱动、理实一体等新的教学理念和教学模式在教材中得到一定程度的体现。

(4)本套教材是校企合作的结晶。安徽电气工程职业技术学院在电力技术类专业核心课程的确定、电力行业标准与职业规范的引进、实践教学与实训内容的安排、技能训练重点与难点的把握等方面，都曾得到电力企业专家和工程技术人员的大力支持与帮助。教材中的许多关键技术内容，都是企业专家与学院教师共同参与研讨后完成的。

总之，这套教材充分考虑了社会的实际需求、教师的教学需要和学生的认知规律，基本上达到了“老师好教，学生好学”的编写目的。

但编写这样一套高等职业院校重点建设专业（电力技术类）的教材毕竟是一个新的尝试，加上编者经验不足，编写时间仓促，因此书中错漏之处在所难免，欢迎有关专家和广大读者提出宝贵意见。

国家骨干高等职业院校

重点建设专业（电力技术类）“十二五”规划教材建设委员会

前　言

高等职业教育以培养高技能人才为目标。实践教学是高等职业院校教育教学的重要组成部分，是培养高技能人才的重要途径，也是实现人才培养目标的重要环节。本书是由教学经验丰富的教师和资深的企业专家组成的编写团队针对电气自动化技术专业对应的职业岗位群所必需掌握的基本技能、专业综合技能编写而成的实践教学指导教程，教材内容贴近工作实际，职业能力的培养更具针对性和实用性。

本书分三个部分：第一部分，技能训练必备知识；第二部分，基本技能训练；第三部分，综合技能训练。它汇集了电气自动化技术专业培养目标所对应的实践技能训练项目、要求和评价指标。教材体现了校企合作、工学结合、行动导向、任务驱动、理实一体的高职教学理念和“基于工作过程为导向”的“教、学、做”实践教学体系。

1. 本书以贯穿技术应用能力培养为主线，充分发挥学校与企业的优势，对本专业岗位群的分布、工作特点及相应岗位对从业人员的能力要求进行充分的调查和分析，根据毕业生面向的岗位群，按照实践教学的内在规律和与理论知识的联系，构建围绕高职培养目标，基于“工作过程系统化”的教程体系。

2. 本书在内容构建上力求与实际工作过程相联系，让学生获得一种全面、和谐、切实有效和有用的教育培训。编写团队在深入调研了解企业对工作岗位设置、工作过程、工作职责的内容和基本要求后，根据职业岗位需要的知识、能力、素质，选取实践教学内容，构建一个由低级到高级、由单项到综合、由模拟到真实，切合实际的完整的职业技能训练项目。同时将典型的职业工作任务和职业工作过程的经验和知识融入到教材中，将完成项目和任务所需的理论知识以【知识链接】的方式融入到任务中，使实践技能达到理论知识与实践技能相结合。保持课程学习中工作过程的整体性，让学生在完整、综合的行动中进行思考和学习。

3. 本书将实践教学内容按能力层次划分为基本技能、专业技能和技术应用三大模块。然后，根据这些模块的要求确定实训课程，再根据课程要求将每一门课程的实训内容划分成若干个独立进行的基本训练单元，每个训练单元对应一个实训项目。对不同类型、不同阶段的训练项目有不同要求：基本技能训练项目和专业技能训练项目，强调规范，注重动手能力、严谨的工作作风和科学的工作方法的培养；技术应用和综合训练项目，要求至少有一项成果输出，并强调要突破低层次的只限于感性认识和动作技能的模式，突出培养学生的技术应用能力和创新能力。

4. 本书将职业教育中项目教学法与任务驱动教学法的教学理念和特点结合起来，着眼于学生的全面发展、可持续发展、终身发展。本书将情境模拟、角色扮演、国家职业技能鉴定与等级考核制度连接与融通，操作规范导入，注重过程考核，并附有综合能力测评的评价体系。把对学生的职业技能训练与职业素质训导有机地结合起来，确保实践教学的质量。

5. 本书定位的使用者既有教师又有学生。教材内容方便教师组织教学过程，易于将理论知识与实训技能组织起来进行教学。同时，又考虑了学生在学习时的感受，考虑到高职学生空间想象能力较弱，多采用图、表、示例等方式，增加教材的实用性、直观性、趣味性，提高学生的学习积极性。

本书由安徽电气工程职业技术学院温淑玲担任主编、负责统稿，并编写了第一部分和第三部分的3.5、3.6；淮南化工有限集团周传杰技师担任副主编，负责书中实际工程项目、具有职业岗位特征的实训项目和实训任务的收集整理、审定，提供技术手册和职业规范；安徽电气工程职业技术学院李碧红编写2.1，刘淑红编写2.2，陶为明编写2.3和3.3，赵玲编写2.4，王芳编写2.5，吴丽杰编写2.6，王萍编写3.1，张海云编写3.2，胡孔忠编写3.4；安徽电气工程职业技术学院杨圣春教授、许戈平副教授担任主审。

本书在编写的过程中，邀请了淮南化工有限集团、安徽中盐红四方有限公司、合肥供电公司、合肥井松自动化科技有限公司等相关企业技术人员参与教材的编写研讨工作，在此表示诚挚的谢意。

由于时间和水平有限，加之牵涉的标准和规程繁多，因此疏漏和不妥之处在所难免，恳请读者批评指正。

编　者

2013年8月

目　录

上　册

第一部分　技能训练必备知识 …………………………………… (1)

1　技能训练须知 …………………………………… (1)

1.2　常用电工测量工具的使用 …………………………………… (4)

1.3　常用电工拆装工具的使用 …………………………………… (14)

第二部分 基本技能训练 …………………………………… (20)

2.1　电子技能训练 …………………………………… (20)

2.2　电动机控制与维护训练 …………………………………… (76)

2.3　PLC 控制训练(西门子) …………………………………… (148)

2.4　三菱 FX 系列 PLC 电器控制技术实训 …………………………………… (195)

2.5　电力电子技术项目实践 …………………………………… (238)

2.6　单片机小系统的设计与制作训练 …………………………………… (309)

下　册

第三部分　综合技能训练 …………………………………… (391)

3.1　交直流传动控制实训 …………………………………… (391)

3.2　自动生产线安装与调试实训 …………………………………… (441)

3.3　MCGS 组态控制实训 …………………………………… (550)

3.4　低压配电工程实训 …………………………………… (598)

3.5　取证指导 …………………………………… (654)

3.6　顶岗实训指导 …………………………………… (663)

参考文献 …………………………………… (685)

第一部分　技能训练必备知识

1.1　技能训练须知

1.1.1　实训守则

1. 实训前认真阅读实训任务书和实训守则。

2. 按时进入实训室，做好实训前的准备工作。

3. 进入实训室必须穿实训服，遵守实训室的规章制度。不得高声喧哗和打闹，不准抽烟、随地吐痰和乱丢纸屑杂物。

4. 实训时必须严格遵守仪器设备的操作规程，爱护仪器设备，节约使用材料，服从实训教师和技术人员的指导。未经许可不得动用与本实训无关的仪器设备及其他物品。

5. 认真听实训教师讲授实训内容，仔细观察实训教师的操作示范，按时完成教师所要求的实训操作内容。

6. 实训时间学生不得随意进出实训室；如确需进出实训室，必须征得教师的同意，未经允许擅离工位以旷课论处。

7. 考勤按照正常上课标准进行，有急事要处理，必须先向实训教师汇报；无故缺勤或病、事假（确切必须请假的，请出示辅导员意见）达到一定标准的，本次实训为不及格，下学期补考。

8. 每日实训完毕，自觉整理好所用实训器材，做好清洁工作，经指导教师检查同意后，方可离开实训室。

9. 实训完成后要认真完成实训报告，并按教师规定时间送交实训报告。实训完毕后，必须交还所使用的实训工器具，损坏或丢失者，按学院相关规定处理。

1.1.2　实训安全要求

1. 严格按照实训室内的各项规章制度执行相关操作。

2. 正确使用仪表和电工工具。

3. 任何实训项目通电试车均需得到实训指导老师的同意，由老师开启或断开电源。

4. 实训期间任何人不得触摸电源控制柜。

5. 严禁使用实训工具打闹；严禁将实训工具和材料带出实训场地。

6. 注意安全，防止人身和设备事故的发生。发现异常，应立即切断电源，及时向指导教师报告,并保护现场,不得自行处理。

1.1.3 安全用电常识

1. 学会看安全用电标志

明确统一的标志是保证用电安全的一项重要措施。统计表明,不少电气事故完全是由于标志不统一而造成的。例如由于导线的颜色不统一,误将相线接设备的机壳,而导致机壳带电,酿成触点伤亡事故。

标志分为颜色标志和图形标志。颜色标志常用来区分各种不同性质、不同用途的导线,或用来表示某处安全程度。图形标志一般用来告诫人们不要去接近有危险的场所。为保证安全用电,必须严格按有关标准使用颜色标志和图形标志。我国安全色标采用的标准,基本上与国际标准草案(ISD)相同。一般采用的安全色有以下几种:

(1)红色:用来标志禁止、停止和消防,如信号灯、信号旗、机器上的紧急停机按钮等都是用红色来表示“禁止”的信息。

(2)黄色:用来标志注意危险。如“当心触点”、“注意安全”等。

(3)绿色:用来标志安全无事。如“在此工作”、“已接地”等。

(4)蓝色:用来标志强制执行,如“必须戴安全帽”等。

(5)黑色:用来标志图像、文字符号和警告标志的几何图形。

按照规定,为便于识别,防止误操作,确保运行和检修人员的安全,采用不同颜色来区别设备特征。如电气母线,A 相为黄色,B 相为绿色,C 相为红色,明敷的接地线涂为黑色。在二次系统中,交流电压回路用黄色,交流电流回路用绿色,信号和警告回路用白色。

2. 安全用电的注意事项

(1)认识了解电源总开关,学会在紧急情况下关断总电源。

(2)不用手或导电物(如铁丝、钉子、别针等金属制品)去接触、探试电源插座内部。

(3)不用湿手触摸电器,不用湿布擦拭电器。

(4)电器使用完毕后,应拔掉电源插头;插拔电源插头时,不要用力拉拽电线,以防止电线的绝缘层受损造成触电;电线的绝缘皮剥落,要及时更换新线或者用绝缘胶布包好。

(5)发现有人触电,要设法及时关断电源,或者用干燥的木棍等物将触电者与带电的电器分开,不要用手去直接救人。

(6)不随意拆卸、安装电源线路、插座、插头等。

3. 触电急救常识

电流对人体的作用:人体因触及高电压的带电体而承受过大的电流,以致引起死亡或局部受伤的现象称为触电。根据触电后伤害程度的不同,可把触电分为电击和电伤。电击是

指因电流通过人体而使其内部器官受伤以致死亡，这是最危害的事故。电伤是指人体外部由于电弧或熔丝熔断时溅起的金属沫等造成的现象。

触电对人体的伤害程度与流过人体电流的频率、大小、通电时间的长短，电流流经人体的途径以触电者本人的情况有关。大量的实践证明，频率为 50～100 Hz 的电流最危险，通过人体的电流超过交流 15～20 A 或直流 50 mA 时，就会产生呼吸困难、肌肉痉挛，中枢神经遭受损害，从而使心脏停止跳动以致死亡。触电事故表明，电流流过大脑或心脏时，最容易造成死亡事故。

触电伤人的主要因素是电流，但电流值又决定于作用到人体的电压和人体的电阻值。通常人体电阻为 800 至几万欧不等，以皮肤电阻为最大，当人体皮肤干燥、洁净和无损伤时，可高达 $4\sim10^4$ Ω；当皮肤出汗处于潮湿状态，有导电液或导电尘埃时，人体电阻将很低。此时，当触电时，若皮肤触及带电体的面积愈大，接触的愈紧密，也会使人体的电阻减小。若人体电阻以 800 Ω 计算，当触及 36 V 电源时，通过人体的电流值为 45 mA，对人体安全不构成威胁，所以规定 36 V 为安全电压。

人体电阻随电流的持续和增加逐渐减小，所以电流通过人体的时间越长，危害性就越大。当超过 50 mA 的交流电通过人的心脏 0.1 s 时是非常危险的；当电流在 100 mA 左右时，毫无疑问是使人致命的。为了避免人身触电的危险，其中最简单有效、可靠的措施便是采用接地保护。若发生触电事故，必须立即采取措施，迅速帮助触电者脱离带电体。一般采取的措施有：

(1)迅速切断电源。如果一时找不到开关或距离较远，可用绝缘良好的棍棒拨开触电者身上的带电体。

(2)救护者切不可在无任何绝缘的情况下用手去拉触电者。

(3)救护者如戴有绝缘手套或已穿绝缘鞋，可用一只手迅速把触电者拉离电源。

(4)触电者一脱离电源，应立即进行检查，如果出现心脏不跳动或停止呼吸时，必须紧急进行人工呼吸，采用“胸外心脏按压”搏起法进行抢救，并及时通知医务人员。

4. 人体耐温度

自身能忍受的体温：婴儿 36 ℃～40 ℃，成人 36.1 ℃～37.6 ℃。美国航空医学界的专家指出，人体耐热的时间，受到痛觉的限制，当皮肤温度达到 42 ℃～44 ℃时，人体就会产生痛觉；当体表温度继续升至 45 ℃时，痛觉会使人几乎无法忍受，皮肤开始出现灼伤。人体皮肤对温度很敏感，皮肤在较低温度下忍受热的时间长，在高温下时间短。皮肤耐温时间长短取决于空气温度和衣着的数量。一般超过 95 ℃时，皮肤忍受热的时间便急剧下降；在 120 ℃时，可忍受 15 分钟；145 ℃时 5 分钟就无法忍受；在 175 ℃时，不到 1 分钟皮肤便会出现不可逆的灼伤。上述温度均低于燃烧物的火焰温度，因此，发生火灾时人的皮肤就容易被灼伤，要特别注意保护自己的身体。30 W 电烙铁温度一般在 400 ℃左右，极易对皮肤产生伤害。

1.2 常用电工测量工具的使用

1.2.1 万用表

万用表也称多用表，是共用一个表头，集电压表、电流表和欧姆表于一体的仪表。它不仅可以用来测量被测量物体的电阻，还可以测量交直流电压。甚至有的万用表还可以测量晶体管的主要参数以及电容器的电容量等。充分熟练地掌握万用表的使用方法是电工电子技术的最基本技能之一。常见的万用表有指针式和数字式两种(如图 1.2.1 所示)。指针式万用表是以表头为核心部件的多功能测量仪表，测量值由表头指针指示读取。数字式万用表的测量值由液晶显示屏直接以数字的形式显示，读取方便，有些还带有语音提示功能。

(a)数字式

(b)指针式

图 1.2.1 万用表

1. 测量方法

(1)测量直流电压

将万用电表的转换开关转至“V̲”或“DCV”的适当挡，测量直流电压时，正负极不能搞错，表的“+”端(红表笔)接被测电路的高电位端(+端)，“−”端(黑表笔)接被测电路的低电位端(−端)。

(2)测量直流电流

根据所测电流的大小，将万用电表的转换开关转至“mA̲”、“μA̲”或“DCA”的适当挡，然后按电流从正到负的方向，将万用电表串联到被测电路中。

(3)测量交流电压

将万用电表的转换开关转至“Ṽ”或“ACV”的适当挡，测量交流电压时不分极性，只要在

测量量程内将其并联接在被测电路中即可。

(4)测量交流电流

将交流电流表的转换开关转至“A”或“ACA”的适当挡，测量交流电流时不分极性，只要在测量量程内将其串联接在被测电路中即可。

(5)测量电阻

用数字式万用电表测量电阻时，只需将转换开关转至“Ω”或“OHM”的适当挡即可测量电阻。

用指针式万用电表测量电阻的步骤如下：

①机械调零：表头指针若不处于零位，通过调整“机械零位调节螺钉”将其调至零位。

②置挡：将万用电表的转换开关转至“Ω”挡的适当位置。

③欧姆调零：将两表笔相碰看指针是否指在零位，若不处于零位，通过调整“零欧姆调节旋钮”将其调至零位。

④测量被测电阻。

注意：如果不清楚所要测的电压是交流电压还是直流电压，可先用交流电压的最高挡来估测，得到电压的大概范围，再用适当量程的直流电压挡进行测量，如果此时表头指针不发生偏转，断定此电压为交流电压，若有读数则为直流电压。

2.万用表使用注意事项

(1)在使用万用表之前，正确选择表笔插孔的位置，同时进行“调零”。对于指针式万用表，如果指针不能调到零位，说明电池电压不足或仪表内部有问题。并且每换一次倍率挡，都要再次进行欧姆调零，以保证测量准确。

(2)在使用万用表过程中，不能用手去接触表笔的金属部分，这样一方面可以保证测量的准确，另一方面也可以保证人身安全。

(3)在测量某一电量时，不能在测量的同时换挡，尤其是在测量高电压或大电流时，更应注意。否则，会使万用表毁坏。如需换挡，应先断开表笔，换挡后再去测量。

(4)万用表在使用时，必须水平放置，以免造成误差。同时，还要注意避免外界磁场对万用表的影响。

(5)指针式万用表使用完毕，应将转换开关置于交流电压的最大挡，以防别人不慎测量220 V市电电压而损坏。数字式万用表使用完毕，应将转换开关置于OFF位置。

(6)如果长期不使用，还应将万用表内部的电池取出来，以免电池腐蚀表内其他器件。同时，应把万用表放置在干燥、通风、清洁的环境中保存。

(7)用指针式万用表测电阻，注意选择合适的倍率挡。万用表欧姆挡的刻度线是不均匀的，所以倍率挡的选择应使指针停留在刻度线较稀的部分为宜，且指针越接近刻度尺的中间，读数越准确。一般情况下，应使指针指在刻度尺的1/3～2/3间。测量电流、电压时，不能因为怕损坏表而把量程选择很大，正确的量程应该使表头指针指示在大于量程一半以上的位置，此时所得结果误差较小。

3. 指针式万用表的读数方式

根据被测电阻的大小，表针停在欧姆刻度线(最上边一条标有 Ω 的刻度线)的某一位置，观察这时表针所指示的数值，然后乘以选挡开关所在的挡位，即为该电阻的阻值。

比如表针指在欧姆刻度线 30 的位置上，而此时选挡开关在×10 的位置上，则这时被测电阻的阻值为 30 Ω×10＝300 Ω。另外刻度线的标志数字是间隔标注的，如欧姆刻度线 0 左边第 1 个数就是 5，5 以后是 10……中间的数字没标注，这时可根据刻度线上的小刻度来算出。

比如 0～5 之间有 5 个大格，每个大格就代表数字 1，每个大格之间又有 1 个小格，则 1 个小格代表 0.5。

比如表针指在第 3 个大格上(从右往左数)，那就代表数字 3，依此类推。

读数时两眼垂直指针，不应斜视。

1.2.2 验电器

为能直观地确定设备、线路是否带电，使用验电器是一种既方便又简单的方法。验电器是一种电工常用的工具。验电器分低压验电器和高压验电器。

1. 低压验电器

低压验电器又称试电笔，检测范围为 60～500 V，有钢笔式、旋具式和组合式多种。试电笔只能在 380 V 以下的电压系统和设备上使用。

低压验电器由工作触头、降压电阻、氖管、弹簧和笔身等组成，如图 1.2.2 所示。

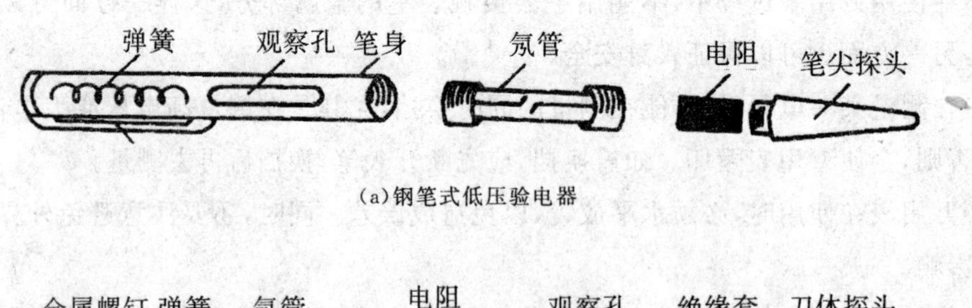

(a)钢笔式低压验电器

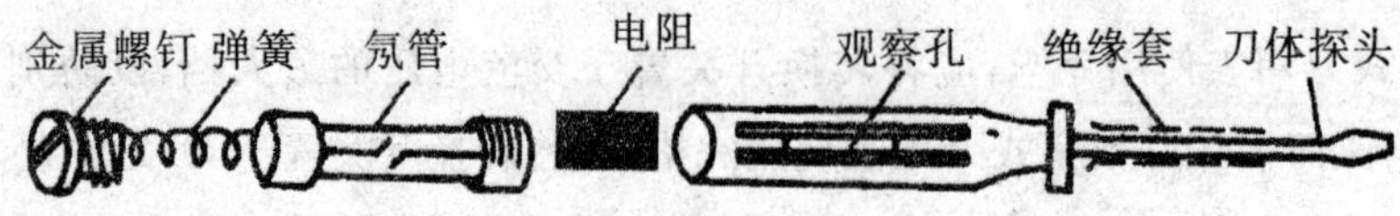

(b)旋具式低压验电器

图 1.2.2 低压验电器

(1)使用方法

弹簧与后端外部的金属部分相接触，使用时手应触及后端金属部分。使用试电笔时，笔尖接触低压带电设备。在测试低压验电器时，必须按照如图 1.2.3 所示的方法把笔握好，注

意手指必须接触笔尾的金属体(钢笔式)或测电笔顶部的金属螺钉(旋具式)。此时电流经带电体、电笔、人体到大地形成了通电回路,只要带电体与大地之间的电位差超过一定的数值,电笔中的氖泡就能发出红色的辉光。根据氖灯发光的亮度可判断电压的高低。

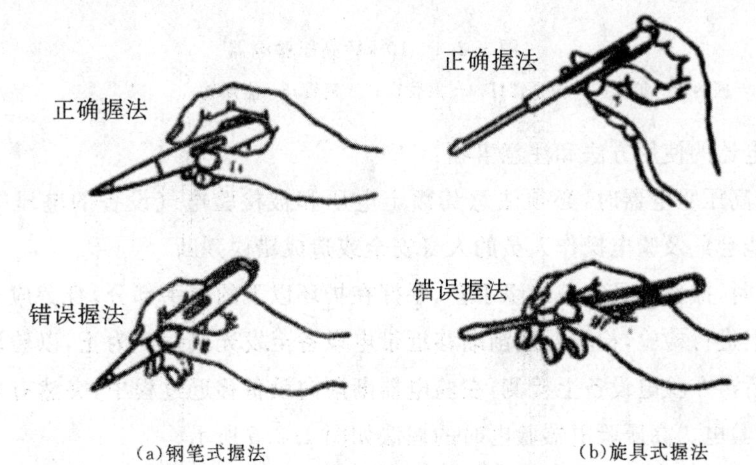

图 1.2.3　低压验电器的握法

①低压验电器可用来区分相线和零线,氖泡发亮的是相线,不亮的是零线。

②低压验电器可用来区分交流电和直流电,交流电通过氖泡时,两极附近都发亮;而直流电通过时,仅一个电极附近发亮。

③低压验电器可用来判断电压的高低。如氖泡发暗红,轻微亮,则电压低;如氖泡发黄红色,很亮,则电压高。

④低压验电器可用来识别相线接地故障。在三相四线制电路中,发生单相接地后,用电笔测试中性线,氖泡会发亮;在三相三线制星形连接电路中,用电笔测试三根相线,如果两相很亮,另一相不亮,则这相很可能有接地故障。

(2)使用注意事项

①测试带电体前,一定先要测试已知有电的电源,以检查电笔中的氖泡能否正常发光。

②在明亮的光线下测试时,往往不易看清氖泡的辉光,应当避光检测。

③电笔的金属探头多制成螺丝刀形状,它只能承受很小的扭矩,使用时应特别注意,以防损坏。

④验电时,手指必须触及笔尾的金属体,否则,带电体也会被误判为非带电体。

⑤验电时,要防止手指触及笔尖的金属部分,以免造成触电事故。

2. 高压验电器

高压验电器又称为高压测电器,主要类型有发光型高压验电器、声光型高压验电器和风车式高压验电器。发光型高压验电器由握柄、护环、固紧螺钉、氖管窗、氖管和金属钩组成,如图 1.2.4 所示。

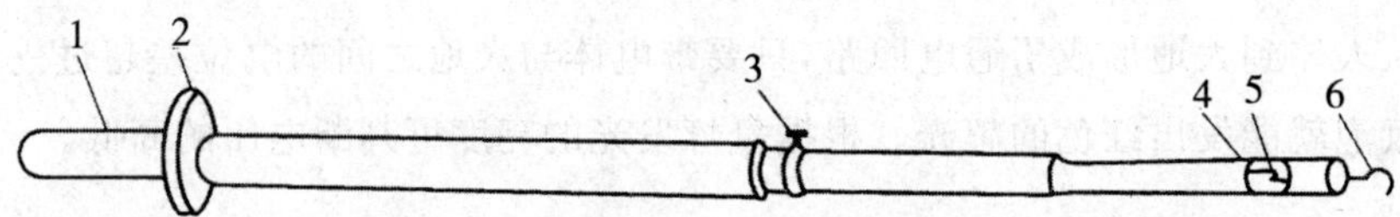

图 1.2.4 10 kV 高压验电器

1—握柄；2—护环；3—固紧螺钉；4—氖管窗；5—氖管；6—金属钩

高压验电器的使用方法和注意事项：

(1)使用高压验电器时，必须注意其额定电压和被检验电气设备的电压等级是否相适应，否则，可能会危及验电操作人员的人身安全或造成错误判断。

(2)验电时，操作人员应戴绝缘手套，手握在护环以下的握手部分，身旁应有人监护。先在有电设备上进行检验，检验时应渐渐移近带电设备至发光或发声为止，以验证验电器的性能完好。然后再在验电设备上检测，在验电器渐渐向设备移近过程中，突然有发光或发声指示，即应停止验电。高压验电器验电时的握法如图 1.2.5 所示。

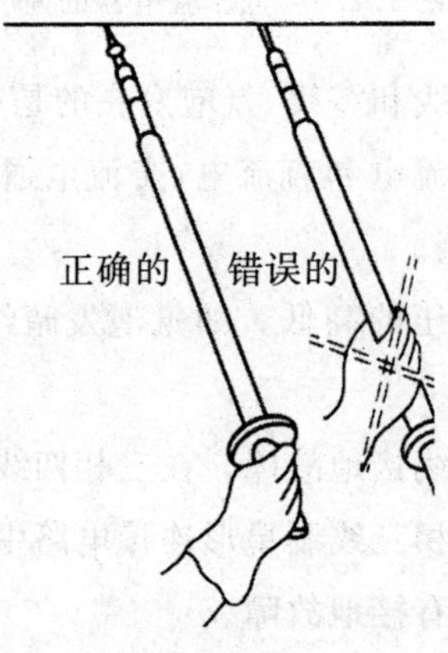

图 1.2.5 高压验电器握法

(3)在室外使用高压验电器时，必须在气候良好的情况下进行，以确保验电人员的人身安全。

(4)测电时人体与带电体应保持足够的安全距离，10 kV 以下的电压安全距离应为 0.7 m 以上。验电器应每半年进行一次预防性试验。

1.2.3 钳形电流表

钳形电流表简称钳形表。其工作部分主要由一只电磁式电流表和穿心式电流互感器组成。穿心式电流互感器铁心制成活动开口，且成钳形，故名钳形电流表。它是一种不需断开电路就可直接测电路交流电流的携带式仪表，在电气检修中，使用非常方便，应用相当广泛。钳形电流表如图 1.2.6 所示。

图 1.2.6　钳形电流表

图 1.2.7　钳形电流表使用方法

1.使用方法

(1)测量前,应先检查钳形铁心的橡胶绝缘是否完好无损。钳口应清洁、无锈,闭合后无明显的缝隙。

(2)测量时,应先估计被测电流大小,选择适当量程。若无法估计,可先选较大量程,然后逐挡减少,转换到合适的挡位。转换量程挡位时,必须在不带电情况下或者在钳口张开情况下进行,以免损坏仪表。

(3)测量时,被测导线应尽量放在钳口中部,钳口的结合面如有杂声,应重新开合一次;仍有杂声,应处理结合面,以使读数准确。另外,不可同时钳住两根导线。

(4)测量 5 A 以下电流时,为得到较为准确的读数,在条件许可时,可将导线多绕几圈,放进钳口测量,其实际电流值应为仪表读数除以放进钳口内的导线根数。

(5)每次测量前后,要把调节电流量程的指针放在最高挡位,以免下次使用时,因未经选择量程就进行测量而损坏仪表。

2.使用注意事项

(1)被测线路的电压要低于钳表的额定电压。

(2)测高压线路的电流时,要戴绝缘手套,穿绝缘鞋,站在绝缘垫上。

(3)钳口要闭合紧密,不能带电换量程。

(4)观测表计时,要特别注意保持头部与带电部分的安全距离,人体任何部分与带电体的距离不得小于钳形表的整个长度。

(5)在高压回路上测量时,禁止用导线从钳形电流表另接表计测量。测量高压电缆各相电流时,电缆头线间距离应在 300 mm 以上,且绝缘良好,待认为测量方便时,方能进行。

(6)测量低压可熔保险器或水平排列低压母线电流时,应在测量前,将各相可熔保险或母线用绝缘材料加以保护隔离,以免引起相间短路。

(7)当电缆有一相接地时,严禁测量。防止出现因电缆头的绝缘水平低发生对地击穿爆炸而危及人身安全。

(8)钳形电流表测量结束后,把开关拨至最大程挡,以免下次使用时不慎过流,并应保存在干燥的室内。

1.2.4 兆欧表

兆欧表又叫摇表,是一种简便的,常用来测量高电阻值的直读式仪表。一般用来测量电路、电机绕组、电缆、电气设备等的绝缘电阻。其外形如图 1.2.8 所示。

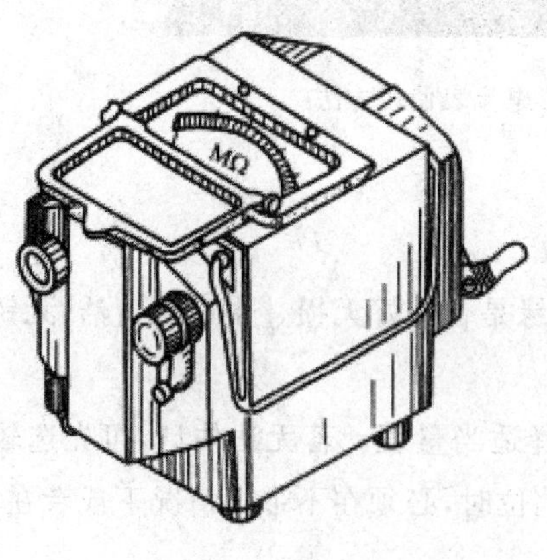

(a)指针式兆欧表

(b)数字式兆欧表

图 1.2.8 兆欧表

1.兆欧表的选用

额定电压在 500 V 以下的设备,选用 500 V 或 1 000 V 的表;额定电压在 500 V 以上的

设备，选用 1 000 V 或 2 500 V 的表；瓷瓶、母线、刀闸等应选 2 500 V 以上的表。

2. 兆欧表的使用和接线

兆欧表上有三个分别标有 E(接地)、L(电路)和 G(保护环或屏蔽端子)的接线柱。

(1)测量前检查：测量前，先将兆欧表进行开路和短路试验。若将两连线开路，摇动手柄，摇速为 120 r/min，指针应指在"∞"处；这时如再把两连接线短接一下，指针应指在"0"处。

(2)接线

①测量电路绝缘电阻时，将 L 端与被测端相连，E 端与地相连。接线如图 1.2.9(a)所示。

②测量电机绝缘电阻时，将 L 端与电机绕组相连，E 端接机壳。接线如图 1.2.9(b)所示。

③测量电缆的芯线对缆壳的绝缘时，除将芯线与缆壳分别与 L 端和 E 端相连外，还要将电缆芯线与缆壳之间的内层绝缘物接于 G 端，以消除表面漏电引起的测量误差。接线如图 1.2.9(c)所示。

(3)摇测绝缘电阻

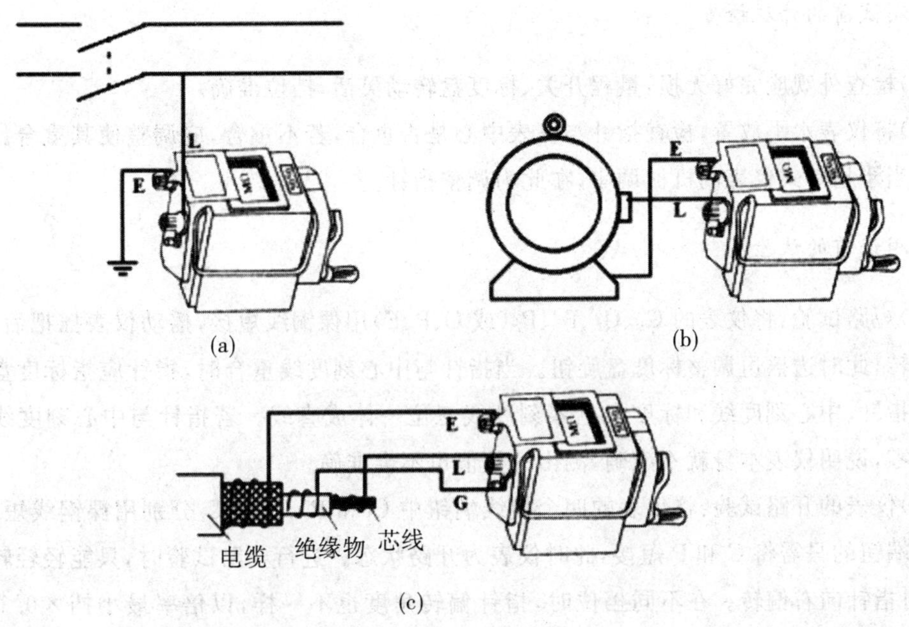

(a)测量照明或动力线路绝缘电阻；(b)测量电动机绝缘电阻；(c)测量电缆绝缘电阻

图 1.2.9　兆欧表绝缘电阻的接线

1.2.5　接地电阻测量仪

接地电阻测量仪又称接地摇表，是测量接地体的接地电阻专业电工仪表。

接地电阻测量仪有三端钮(C、P、E)和四端钮(C_1、P_1、P_2、C_2)两种,如图 1.2.10 所示。

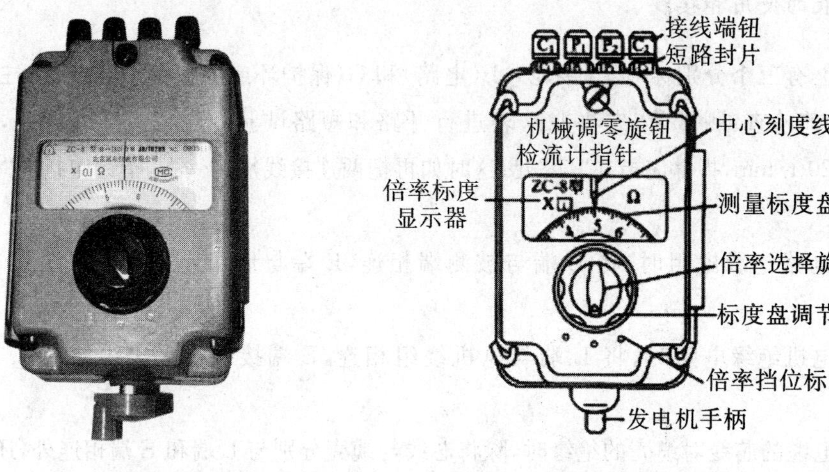

(a)外形图　　(b)4 端钮面板图

图 1.2.10　接地电阻测量仪(四端钮)

测量接地电阻的步骤如下:

1. 测试前的外观检查

(1)检查外观应完好无损,量程开关、标度盘转动灵活,挡位准确。

(2)将仪表水平放置,检查指针与仪表中心是否重合,若不重合,应调整使其重合。此项调整相当于指针式仪表的机械调零,在此为调整指针。

2. 测试前的试验

(1)短路试验:将仪表的 C_1、C_2、P_1、P_2(或 C、P、E)用裸铜线短接,摇动仪表摇把后,指针向左偏转,此时边摇边调整标度盘旋钮。当指针与中心刻度线重合时,指针应指标度盘上的“0”,即指针、中心刻度线和标度盘上零刻度线三位一体成直线。若指针与中心刻度线重合时未指零,说明仪表本身就不准确,测出的数值也不会准确。

(2)仪表的开路试验:将仪表的四个接线端钮中 C_1 和 P_1、P_2 和 C_2 分别用裸铜线短接,三个接线端钮的只需将 C 和 P 短接,此时仪表为开路状态。进行开路试验时,只能轻轻转动摇把,此时指针向右偏转。在不同挡位时,指针偏转角度也不一样,以倍率最小挡×0.1 挡偏转角度最大,灵敏度最高;×1 挡次之;×10 挡偏转角度最小。为了防止用最小量程挡(如×0.1 挡)快速摇动摇把做开路试验将仪表指针损坏,所以接地电阻测量仪一般不做开路试验。另外,从手摇发电机绕组绝缘水平很低考虑,也不宜做开路试验。

3. 接地电阻的测量

(1)拆线:拆开接地干线与接地体的连接点。

(2)插入接地体：将两支测量接地棒分别插入离接地体 20 m 与 40 m 远的地中，深度约 0.4 m。

(3)接线：把接地摇表放置于接地体附近平整的地方，然后用最短的一根连接线连接接线柱 E(四端钮的 C_2 和 P_2)和被测接地体 E′，用较长的一根连接线连接接线柱 P(四端钮的 P_1)和 20 m 远处的接地棒 P′，用最长的一根连接线连接接线柱 C(四端钮的 C_1)和 40 m 远处的接地棒 C′，接线如图 1.2.11 所示。

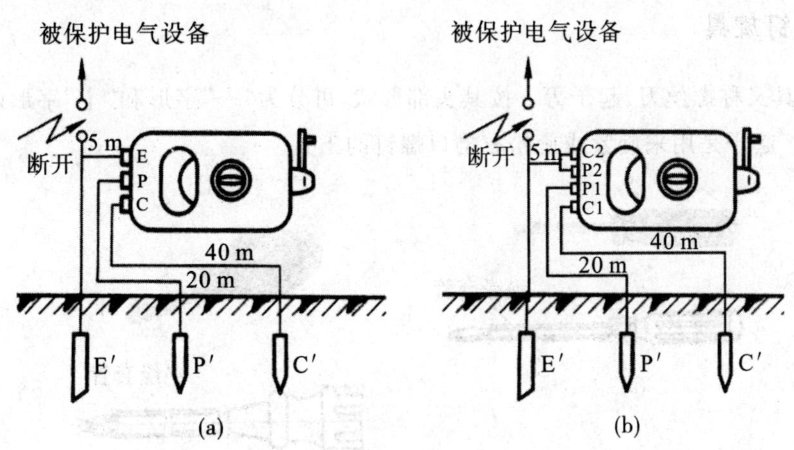

(a)三端钮接地电阻测量仪接线图；(b)四端钮接地电阻测量仪接线图

图 1.2.11 测量接地电阻接线图

(4)调节旋钮：根据被测接地体的估猜电阻值，调节好粗调旋钮。

(5)摇动手柄：以大约 120 r/min 的转速摇动手柄，当仪表指针偏离中心时，边摇动手柄边调节细调拨盘，直至表针居中稳定后为止。

(6)读数：细调拨盘的读数×粗调旋钮倍数即得被测接地体的接地电阻值。

1.3 常用电工拆装工具的使用

电工工具是电气操作维修的基本工具,电气操作维修人员必须掌握电工常用工具的结构、性能和正确的使用方法。

1.3.1 螺钉旋具

螺钉旋具又称螺丝刀、起子等。按其头部形状,可分为"一"字形和"十"字形两种。如图 1.3.1 所示。起子是用来旋紧或旋松有槽口螺钉的工具。

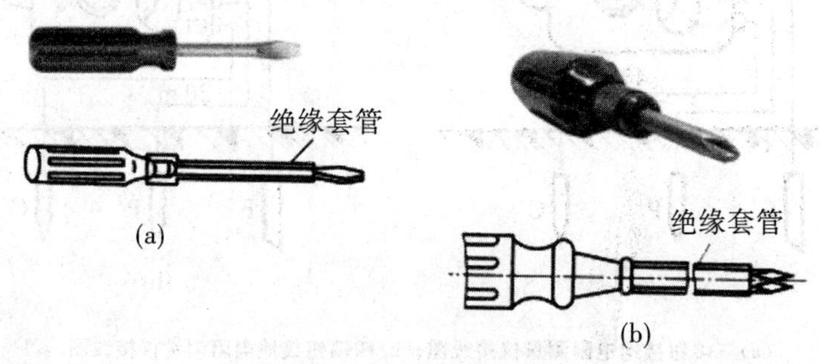

(a)一字螺钉旋具;(b)十字螺钉旋具;

图 1.3.1 螺钉旋具

1. 使用方法

(1)大螺钉旋具一般用来紧固较大的螺钉。使用时,除大拇指、食指和中指要夹住握柄外,手掌还要顶住柄的末端,这样就可防止旋具转动时滑脱。如图 1.3.2(a)所示。

(2)小螺钉旋具一般用来紧固电气装置界限桩头上的小螺钉,使用时可用手指顶住木柄的末端捻旋。如图 1.3.2(b)所示。

(3)较长螺钉旋具的使用:可用右手压紧并转动手柄,左手握住螺钉旋具中间部分,以使螺钉刀不滑落,此时左手不得放在螺钉的周围,以免螺钉刀滑出时将手划伤。

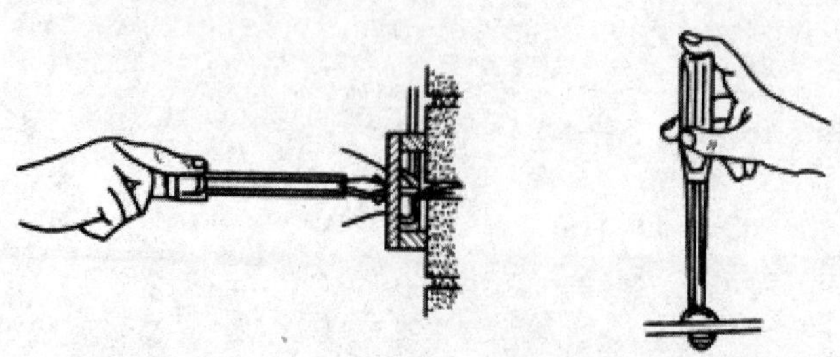

(a)大螺钉旋具的握法　　(b)小螺钉旋具的握法

图 1.3.2 螺钉旋具的握法

2. 使用螺钉旋具注意事项

(1)根据不同螺钉选用不同的螺钉旋具。旋具头部厚度应与螺钉尾部槽形相配合，斜度不宜太大，头部不应该有倒角，否则容易打滑。一般来说，电工不可使用金属杠直通柄顶的螺钉旋具，否则容易造成触电事故。

(2)使用旋具时，需将旋具头部放至螺钉槽口中，并用力推压螺钉，平稳旋转旋具，特别要注意用力均匀，不要在槽口中蹭，以免磨毛槽口。

(3)使用螺钉旋具紧固和拆卸带电的螺钉时，手不得触及旋具的金属杆，以免发生触电事故。

(4)为了避免螺钉旋具的金属杆触及皮肤或触及邻近带电体，可在金属杆上套绝缘管。

(5)旋具在使用时，应该使头部顶牢螺钉槽口，防止打滑而损坏槽口。同时注意，不用小旋具去拧旋大螺钉。否则，一是不容易旋紧；二是螺钉尾槽容易拧豁；三是旋具头部易受损。反之，如果用大旋具拧旋小螺钉，也容易造成因为力矩过大而导致小螺钉滑丝现象。

(6)使用前，应擦净起子上的油污，以免工作时滑脱。

(7)不可把起子当凿子和撬棒用，或用起子来增加扭力使用，以防止损坏起子。

1.3.2　电工刀

1. 电工刀的结构和用途

电工刀是一种切削工具，主要用来剖削和切割导线的绝缘层，削制木枕，切削木台、绳索等。电工刀有普通型和多用型两种，按刀片长度分为大号(112 mm)和小号(88 mm)两种规格。多用型电工刀除具有刀片外，还有可收式的锯片、锥针和旋具，可用来锯割电线槽板、胶木管、锥钻木螺丝的底孔。其目前常用的规格有 100 mm 一种。电工刀的结构如图 1.3.3 所示。

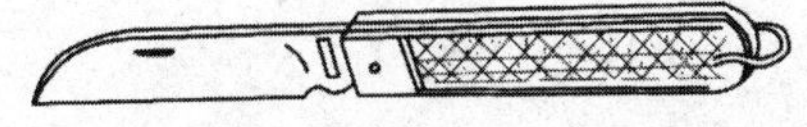

图 1.3.3　电工刀

2. 使用电工刀的注意事项：

(1)不得用于带电作业，以免触电。

(2)使用时，应将刀口向外剖削；剖削导线绝缘层时，应使刀面与导线成较小的锐角，以免损伤芯线。

(3)电工刀使用时应注意避免伤手。

(4)电工刀用毕,应随时将刀身折进刀柄。

(5)电工刀的刀柄不是用绝缘材料制成的,所以不能在带电导线或器材上剖削以防触电。

1.3.3 钢丝钳

1.钢丝钳的结构和用途

钢丝钳又名克丝钳,是电工应用最频繁的工具。常用的规格有 150 mm、175 mm 和 200 mm 三种。

电工钢丝钳由钳头和钳柄两部分组成。钳头由钳口、齿口、刀口和铡口四部分组成。它的功能较多,钳口用来弯铰或钳夹导线线头;齿口可代替扳手用来旋紧或起松螺母;刀口用来剪切导线、剖切导线绝缘层或掀拔铁钉;铡口用来铡切电线线芯和钢丝、铝丝等较硬的金属。其结构和用途如图 1.3.4 所示。电工所用的钢丝钳,在钳柄上应套有耐压为 500 V 以上的塑料绝缘套。

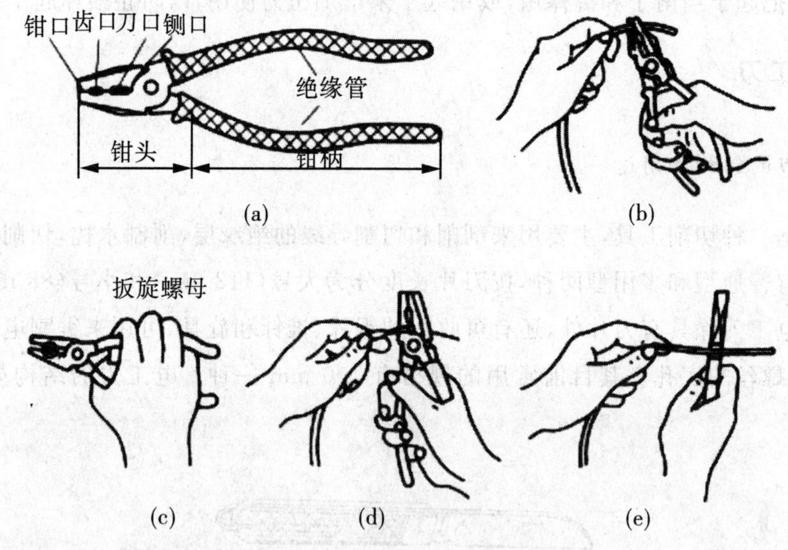

(a)电工钢丝钳的构造;(b)钳口弯绞导线头;(c)齿口紧固螺母;(d)刀口剪切导线;(e)铡口铡切钢丝

图 1.3.4 电工钢丝钳的结构和用途

2.使用钢丝钳时的注意事项

(1)使用电工钢丝钳之前,必须检查绝缘套的绝缘是否完好;如绝缘损坏,不得带电操作,以免发生触电事故。

(2)使用电工钢丝钳,要使钳口朝内侧,便于控制钳切部位;钳头不可代替锤子作为敲打

工具使用；钳头的轴销上应经常加机油润滑。

(3)用电工钢丝钳剪切带电导线时，不得用刀口同时剪切相线和零线，或同时剪切两根相线，以免发生短路事故。

1.3.4　尖嘴钳

尖嘴钳因其头部尖细(如图 1.3.5 所示)，适用于在狭小的工作空间操作。可用来剪断较细小的导线；可用来夹持较小的螺钉、螺帽、垫圈、导线等；也可用来对单股导线整形(如平直、弯曲等)。若使用尖嘴钳带电作业，应检查其绝缘是否良好，并在作业时金属部分不要触及人体或邻近的带电体。

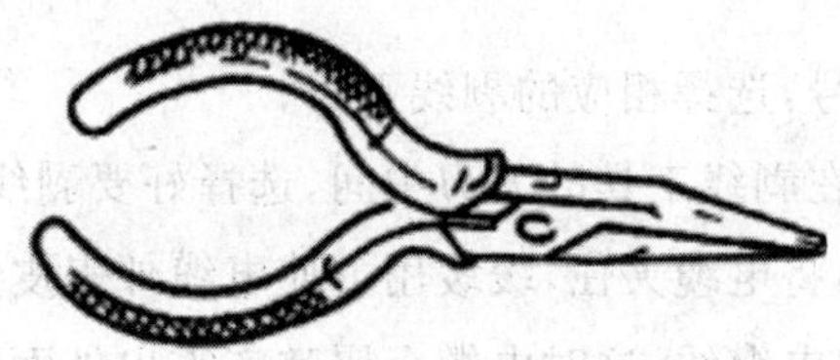

图 1.3.5　尖嘴钳

1.3.5　断线钳

断线钳又称斜口钳，钳柄有铁柄、管柄和绝缘柄三种类型，其中电工用的绝缘断线钳的外形如图 1.3.6 所示。其耐压为 1 000 V。

断线钳是专供剪断较粗的金属丝、线材及电线电缆等使用。使用时对粗细不同、硬度不同的材料，应选用大小合适的斜口钳。

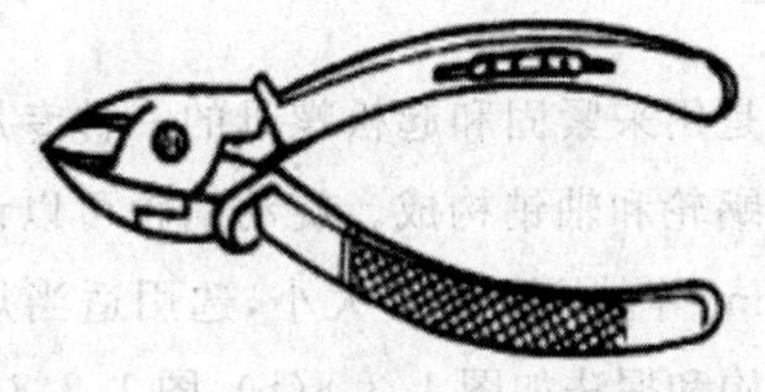

图 1.3.6　断线钳

1.3.6　剥线钳

剥线钳是用来剥削 6 mm^2 以下电线端部塑料线或橡皮绝缘的专用工具。它由钳头和手柄两部分组成。钳头部分由压线口和切口组成，分别有直径 0.5～3 mm 等的多个规格切口，以适应不同规格的线芯。使用时，电线必须放在大于其线芯直径的切口上，剥线钳的结构如图 1.3.7 所示。它是利用杠杆原理，当剥线时，先握紧钳柄，使钳头的一侧夹紧导线的另一侧，通过刀片的不同刃孔可剥除不同导线的绝缘层。

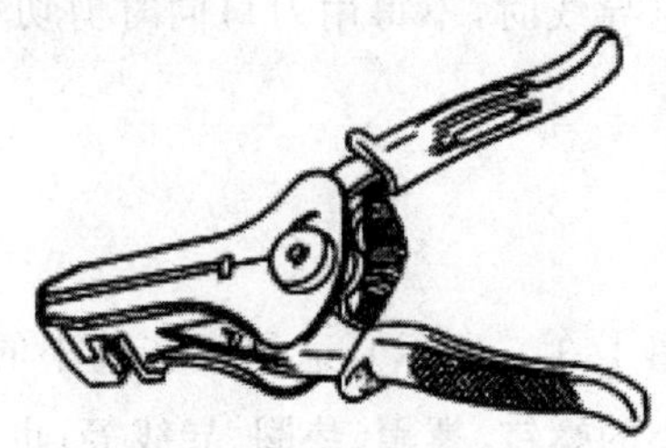

图 1.3.7　剥线钳

1. 剥线钳的使用方法

(1)根据缆线的粗细型号，选择相应的剥线刀口；

(2)将准备好的电缆放在剥线工具的刀刃中间，选择好要剥线的长度；

(3)握住剥线工具手柄，将电缆夹住，缓缓用力使电缆外表皮慢慢剥落；

(4)松开工具手柄，取出电缆线，这时电缆金属整齐露出外面，其余绝缘塑料完好无损。

2. 安全注意事项

(1)操作时请戴上护目镜；

(2)为了不伤及断片周围的人和物，请确认断片飞溅方向，再进行切断；

(3)务必关紧刀刃尖端，放置在幼儿无法伸手拿到的安全场所。

1.3.7　活络扳手

1. 活络扳手的构造和用途

活络扳手又称活络扳头，是用来紧固和起松螺母的一种专用工具。它由头部和柄部组成，头部由呆扳唇、活络扳口、蜗轮和轴销构成。旋动蜗轮可以调节扳口大小。常用的规格有 150 mm、200 mm 和 300 mm 等。按照螺母大小，选用适当规格。活络扳手的结构如图 1.3.8(a)所示。活络扳手的结构和握法如图 1.3.8(b)、图 1.3.8(c)所示。

2. 活络扳手的使用方法及注意事项

(1)旋动蜗轮将扳口调到比螺母稍大些，卡住螺母再旋动蜗轮，使扳口夹紧螺母。

(2)握住扳手的头部施力。在搬动小螺母时，手指可随时旋调蜗轮，收紧活络扳唇，以防打滑。

(3)活络扳手不可反用或用钢管接长柄施力，以免损坏活络扳唇，如图 1.3.8(d)所示。

(4)活络扳手不可作为撬棒或手锤使用。

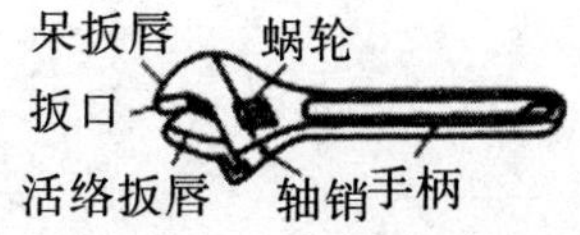

(a)活络扳手的构造

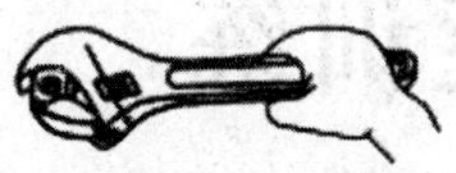
(b)扳动较大螺母时的握法

(c)扳动较小螺母时的握法

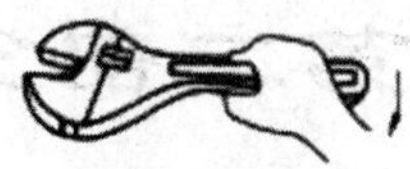
(d)错误握法

图 1.3.8　活络扳手的构造和握法

1.3.8　压线钳

压线钳用于连接导线。将要连接的导线穿入压接管中或接线片的端孔中，然后用压线钳挤压压接管或接线片端孔使其变扁，将导线夹紧，达到连接的目的。压线钳如图 1.3.9 所示。

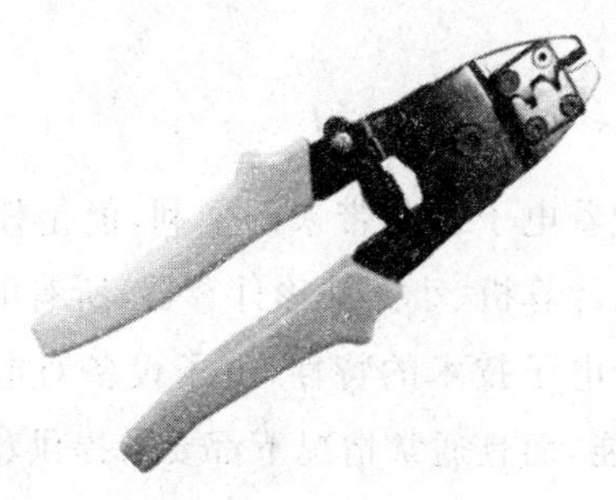

图 1.3.9　压线钳

第二部分　基本技能训练

2.1　电子技能训练

项目　直流稳压电源设计、组装、调试与检测

本项目训练时间为一周。

项目描述

当今社会人们极大的享受着电子设备带来的便利,但是任何电子设备都有一个共同的电路——电源电路。大到超级计算机、小到袖珍计算器,所有的电子设备都必须在电源电路的支持下才能正常工作。由于电子技术的特性,电子设备对电源电路的要求就是能够提供持续稳定、满足负载要求的电能,而且通常情况下都要求提供稳定的直流电能。提供这种稳定的直流电能的电源就是直流稳压电源。直流稳压电源在电源技术中占有十分重要的地位。

任务一　焊接训练

任务实践

拆焊、焊接训练

一、训练内容

1. 在覆铜练习板上拆焊元器件。

2. 在覆铜练习板上焊接元器件。

二、训练器材

内热式 35 W 电烙铁及支架、覆铜练习板、焊锡丝、尖嘴钳、镊子、斜口钳、各种元件、导线、1＃砂纸等。

三、训练步骤

1. 电烙铁通电前安全检查。

2. 修烙铁头。

3. 清洁印制板并保持干净。

4. 清洁元器件引脚。

5. 剪切导线，剥导线头，捻头。

6. 在覆铜练习板上拆焊元器件。

7. 按照五步法焊接练习

(1)焊接操作姿势；(2)电烙铁拿法；(3)焊锡丝的拿法；(4)五步法的步骤。

四、训练注意事项

1. 焊接前注意检查电烙铁的外部电源线是否松动、破损，烙铁头是否松动，吸锡面是否光洁，用万用表电阻挡检测是否存在短路、开路、接触不良及漏电现象。

2. CMOS 电路焊接时，要求电烙铁良好接地。

3. 电烙铁头氧化或缺损，应用时可用锉刀锉平整、光洁，此时禁止带电操作。锉好后迅速通电，并及时上松香和焊锡，防止电烙铁头再次发生氧化。

4. 控制焊接时间和温度，以焊料流畅、焊点光滑为宜，长时间不使用电烙铁应断电停止加热或降压加热。

5. 注意保持烙铁头有一定量焊锡桥，增大焊接的传热效率，同时含铁头不被氧化。

6. 保持烙铁头的清洁，可蘸松香或用纱布清理。

7. 焊接时，注意不要反复缠绕烙铁的电源线，以免接线端扭断，造成短路或开路；不允许摔动焊烙铁，防止焊锡和烙铁头飞出造成事故，或者电源短路；也不能敲击电烙铁，避免烙铁头损伤、烙铁芯损坏和产生噪音。

8. 焊接时保持平稳，不能抖动，以免影响焊接质量造成虚焊、假焊现象。

任务评价

任务考核及评分标准见表 2.1.1 所列。

表 2.1.1　任务评价标准表

具体内容		配分	评分标准	扣分	得分
知识吸收应用能力		10 分	1. 回答问题不正确，每次扣 5 分 2. 实际应用不正确，每次扣 5 分		
安全文明生产		10 分	每违规一次扣 5 分		
任务实践	拆焊练习	30 分	1. 拆焊方法不正确，每次扣 5 分 2. 工具使用不正确，每次扣 5 分 3. 损坏元器件扣 5 分 4. 损坏电路板扣 5 分		
	焊接练习	40 分	1. 焊接步骤不正确，每次扣 5 分 2. 焊接方法不正确，每次扣 5 分 3. 焊点不符合要求扣 5 分		

续表

具体内容	配分	评分标准	扣分	得分
职业素养	10 分	出勤、纪律、卫生、处理问题、团队精神等		
合　计	100 分			
备注	每项扣分不超过该项所配分数			

知识链接

知识点一　焊接技术简介

一、什么是焊接

焊接——就是利用加热或其他方法,使焊料与焊接金属原子之间互相吸引(相互扩散),依靠原子间的内聚力使两种金属永久地牢固结合。请注意,不是简单的像两张纸用胶水粘贴在一起,而是一种融合,焊接成功后不但有良好的导电和导热性能,还有一定的机械强度。

二、焊接的种类

焊接有熔焊、钎焊及接触焊。在电子设备装配和维修中主要采用的是钎焊。

钎焊就是用加热把作为焊料的金属熔化成液态,使另外的被焊固态金属(母材)连接在一起,并在焊点发生化学变化。注意:钎焊中用的焊料是起连接作用的,其熔点必须低于被焊金属材料的熔点。

钎焊根据焊料熔点的高低,又分为硬焊(焊料熔点高于 450 ℃)和软焊(焊料熔点低于 450 ℃)。锡焊就是软焊的一种。在电子产品中锡焊是常用的焊接和维修技术。

手工锡焊常用的工具是烙铁、焊锡和助焊剂,其中最常用的助焊剂是松香。

知识点二　电烙铁的种类、结构及安全使用要求

一、电烙铁的种类及构造

电烙铁是组装维修电子电路、修理家用电器不可缺少的工具之一,常用的电烙铁有外热式、内热式两类,如图 2.1.1 所示。

按电烙铁消耗的功率来分,又有 20 W、30 W、50 W、100 W、300 W 等多种规格。

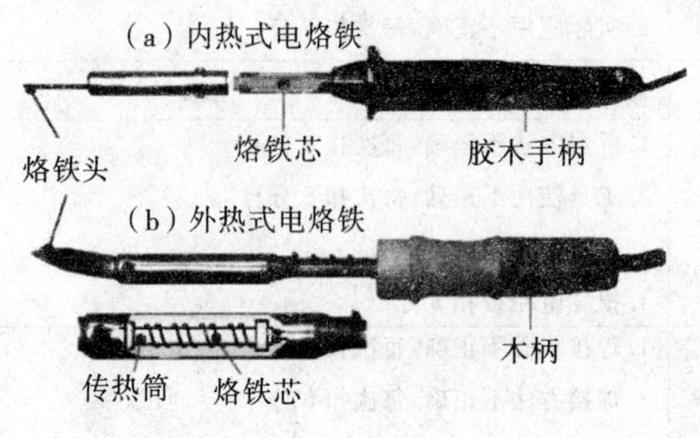

图 2.1.1　电烙铁结构

不论哪种电烙铁，都是在接通电源后，电阻丝绕制的加热器发热，直接通过传热筒加热烙铁头，待达到工作温度后，就可熔化焊锡，进行焊接。

电烙铁分为外热式和内热式两种，外热式的一般功率都较大。

内热式的电烙铁体积较小，而且价格便宜。一般电子制作都用20～30 W的内热式电烙铁。当然有一把50 W的外热式电烙铁能够有备无患。内热式的电烙铁发热效率较高，而且更换烙铁头也较方便。

二、电烙铁的选用

电烙铁的功率、加热方式和烙铁头形状的选用主要考虑以下四个因素：

1.设备的电路结构形式

(1)外热式。其特点是传热筒内部固定烙铁头，外部缠绕电阻丝，并将热量从外部向里传到烙铁头上。常用的规格有:25 W、45 W、75 W、100 W和300 W。

(2)内热式。其特点是烙铁心装置于烙铁头空腔内部，热量从里向外传给烙铁头，使得发热快、热效率高(可达85%～90%以上)，另外体积小、质量轻、省电和价格便宜，最适用于晶体管等小型电子器件和印刷线路板的焊接。常用的规格有:20 W、30 W、35 W和50 W等。

2.被焊器件的吸热、散热状况

3.焊料的特性

4.使用是否方便

焊接小型元器件、电路板等，选用20～35 W的电烙铁;焊接接线柱等，选用35～75 W的电烙铁。烙铁头形状的选用要适合焊接面的要求和焊点的密度。

另外，使用前必须检查两股电源线与保护接地线的接头，不要接错。

最近生产的内热式电烙铁，厂家为了节约成本，电源线都不用橡皮花线了，而是直接用塑料电线，比较不安全。使用的时候一定要注意绝缘层情况，有烫痕的地方最好用绝缘胶布包裹。

新的电烙铁在使用前用锉刀锉一下烙铁的尖头，接通电源后等一会儿烙铁头的颜色会变，证明烙铁发热了，然后用焊锡丝放在烙铁尖头上镀上一层锡，使烙铁不易被氧化。在使用中，应使烙铁头保持清洁，并保证烙铁的尖头上始终有焊锡。

知识点三 焊料、助焊剂的特点与作用

焊接离不开焊料和助焊剂，焊料是用来熔合两种或两种以上的金属面，使之成为一个整体的金属或合金。助焊剂是用来改善焊接性能的。

一、焊料的特点与作用

常用的锡铅焊料(也叫焊锡)是一种合金，锡、铅都是软金属，焊锡丝使用约60%的锡和40%的铅合成，熔点较低，配制后的熔点在250 ℃以下。纯锡的熔点为232 ℃，它具有较好的浸润性，但热流动性并不好;铅的熔点比锡高，约为327 ℃，具有较好的热流动性，但浸润

性能差。两者按不同的比例组成合金后,其熔点和其他物理性能等都有变化。

目前在印刷线路板上焊接元件时,都选用低温焊锡丝,这种焊锡丝为空心,心内装有起助焊剂作用的松香粉,熔点为 140 ℃,外径有 Φ2.5 mm、Φ2 mm、Φ1.5 mm 和 Φ1 mm 等几种。

二、助焊剂的特点与作用

金属在空气中,加热情况下,表面会生成氧化膜薄层。在焊接时,它会阻碍焊锡的浸润和接点合金的形成,采用助焊剂能改善焊接性能。助焊剂能破坏金属氧化物,使氧化物漂浮在焊锡表面上,有利于焊接;又能覆盖在焊料表面,防止焊料或金属继续氧化;还能增强焊料与金属表面的活性,增加浸润能力。

在电子线路焊接中可用松香或松香酒精溶液作助焊剂。松香可以直接用,也可以配置成松香溶液,就是把松香碾碎,放入小瓶中,再加入酒精搅匀。注意酒精易挥发,用完后记得把瓶盖拧紧。瓶里可以放一小块棉花,用时就用镊子夹出来涂在印刷板上或元器件上。

市面上有一种焊锡膏(又称焊油),这可是一种带有腐蚀性的东西,是用在工业上的,不适合电子制作使用。还有市面上的松香水,并不是这里用的松香溶液。

知识点四　焊接工艺

一、焊接工艺要求

焊接要点可用“刮、镀、测、焊”四个字来概括,具体还要做好以下几点。

1.焊接时的姿势和手法

焊接时要挺胸端坐,可以保证操作者的身心健康,减轻劳动伤害。为减少焊剂加热时挥发出的化学物质对人的危害,减少有害气体的吸入量,一般情况下,烙铁到鼻子的距离应该不少于 20 cm,通常以 30 cm 为宜。选好电烙铁头的形状和采用恰当的烙铁握法。

电烙铁的握法有反握法、正握法和握笔法,如图 2.1.2 所示。

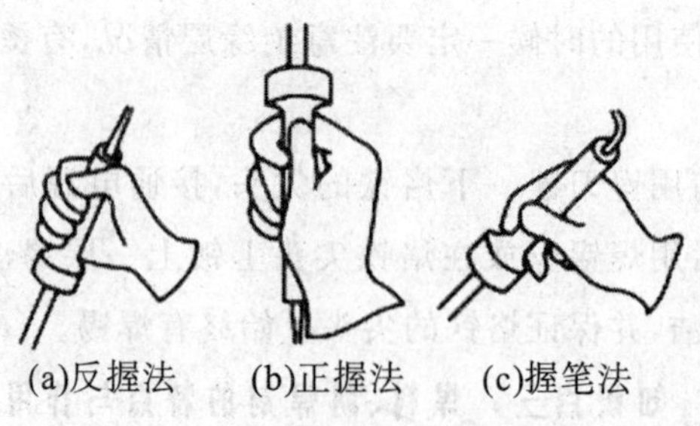

(a)反握法　(b)正握法　(c)握笔法

图 2.1.2　手握电烙铁的方法

反握法的动作稳定,长时间操作不易疲劳,适于大功率烙铁的操作;正握法适于中功率烙铁或带弯头电烙铁的操作;一般在操作台上焊接印制板等焊件时,多采用握笔法。

2.被焊处表面的焊前清洁和搪锡(类似于镀)

清洁焊接元器件引线的工具,可用废锯条做成的刮刀。焊接前,应先刮去引线上的油污、氧化层和绝缘漆,直到露出紫铜表面,其上面不留一点脏物为止(图 2.1.3)。对于有些镀

金、镀银的合金引出线，因为基材难于搪锡，所以不能把镀层刮掉，可用粗橡皮擦去表面的脏物。引线作清洁处理后，应尽快搪好锡(图 2.1.4)，以防表面重新氧化。搪锡前应将引线先蘸上助焊剂。

直排式集成块的引线，一般在焊前不做清洁处理，但在使用前不要弄脏引线。

搪锡：用烙铁头上少量融化的焊锡对元件引线进行高温涂抹。搪锡后引线表层不易氧化，容易焊接。对于一些新的电子元件，由于引线做过处理，一般不需要这个工序。

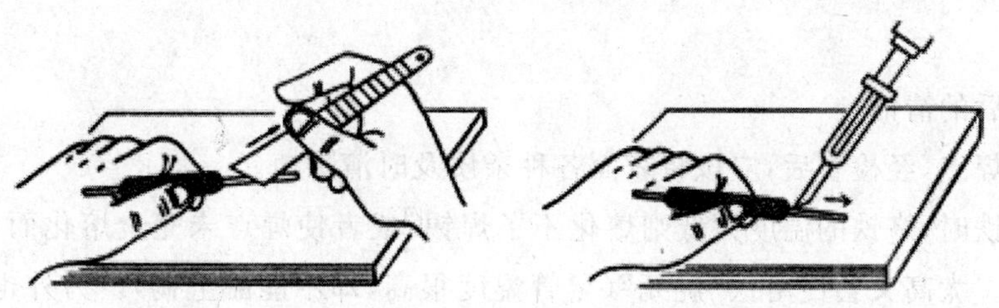

图 2.1.3　刮去已经氧化的表层　　　图 2.1.4　马上搪锡

3. 烙铁温度和焊接时间要适当

不同的焊接对象，烙铁头需要的工作温度是不同的，这样才能保证烙铁头接触器件的时间尽可能的短。见表 2.1.2 所列。

表 2.1.2

焊接对象	导线接头	印刷线路板线路上的元件	极细导线	热敏元件
工作温度	306 ℃～480 ℃	430 ℃～450 ℃	290 ℃～370 ℃	≥480 ℃

电源电压为 220 V 时，20 W 烙铁头的工作温度为 350 ℃～400 ℃，35 W 烙铁头的工作温度为 400 ℃～450 ℃，40 W 烙铁头的工作温度为 400 ℃～510 ℃。焊接时间把握在 3～5 s 内为最佳。

4. 焊锡丝一般有两种拿法，如图 2.1.5 所示。由于焊锡丝中含有一定比例的铅，而铅是对人体有害的一种重金属，操作时应该戴手套或在操作后洗手，避免食人铅尘。

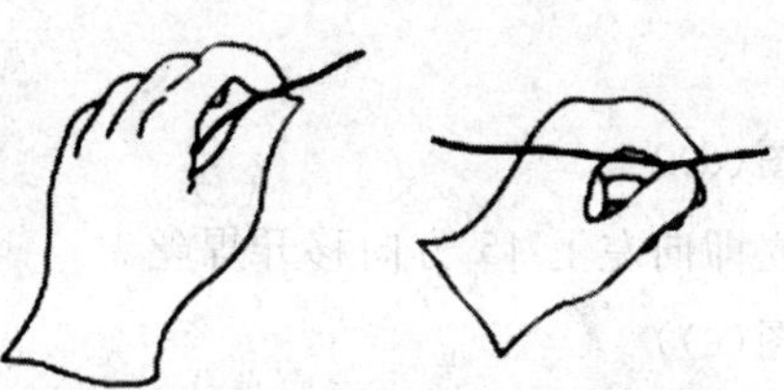

(a)连续焊接时　　(b)断续焊接时

图 2.1.5　焊锡丝拿法

电烙铁使用以后，一定要稳妥地插放在烙铁架上，并注意导线等其他杂物不要碰到烙铁头，以免烫伤导线，造成漏电等事故。

5.恰当掌握焊点形成的火候

焊接时，不要将烙铁头在焊点上来回磨动，应将烙铁头的搪锡面紧贴焊点。等到焊锡全部熔化，并因表面张力紧缩而使表面光滑后.迅速将烙铁头从斜上方约45°的方向移开。这时，焊锡不会立即凝固，不要移动被焊元件，也不要向焊锡吹气，待其慢慢冷却凝固。

烙铁移开后，如果使焊点带出尖角，说明焊接时间过长，由焊剂气化引起的。应重新焊接。

6.焊完后的清洁

焊好的焊点，经检查后，应该将表面各种杂质及时清除掉。

使用烙铁时，烙铁的温度太低则熔化不了焊锡，或者使焊点未完全熔化而成不好看、不可靠的样子。太高又会使烙铁"烧死"(尽管温度很高，却不能蘸上锡)。另外也要控制好焊接的时间，电烙铁停留的时间太短，焊锡不易完全熔化、接触好，形成"虚焊"。而焊接时间太长又容易损坏元器件，或使印刷电路板的铜箔翘起。

二、手工焊接操作的基本步骤

掌握好电烙铁的温度和焊接时间，选择恰当的烙铁头和焊点的接触位置，才可能得到良好的焊点。正确的手工焊接操作过程可以分成5个步骤。

1.基本操作步骤(图2.1.6)

(1)步骤一：准备施焊(图(a))

左手拿焊丝，右手握烙铁，进入备焊状态。要求烙铁头保持干净，无焊渣等氧化物，并在表面镀有一层焊锡。

(2)步骤二：加热焊件(图(b))

烙铁头靠在两焊件的连接处，加热整个焊件全体，时间为1～2 s。对于在印制板上焊接元器件来说，要注意使烙铁头同时接触两个被焊接物。例如，图(b)中的导线与接线柱、元器件引线与焊盘要同时均匀受热。

(3)步骤三：送入焊丝(图(c))

焊件的焊接面被加热到一定温度时，焊锡丝从烙铁对面接触焊件。注意不要把焊锡丝送到烙铁头上。

(4)步骤四：移开焊丝(图(d))

当焊丝熔化一定量后，立即向左上45°方向移开焊丝。

(5)步骤五：移开烙铁(图(e))

焊锡浸润焊盘和焊件的施焊部位以后，向右上45°方向移开烙铁，结束焊接。从第三步开始到第五步结束，时间也是1～2 s。

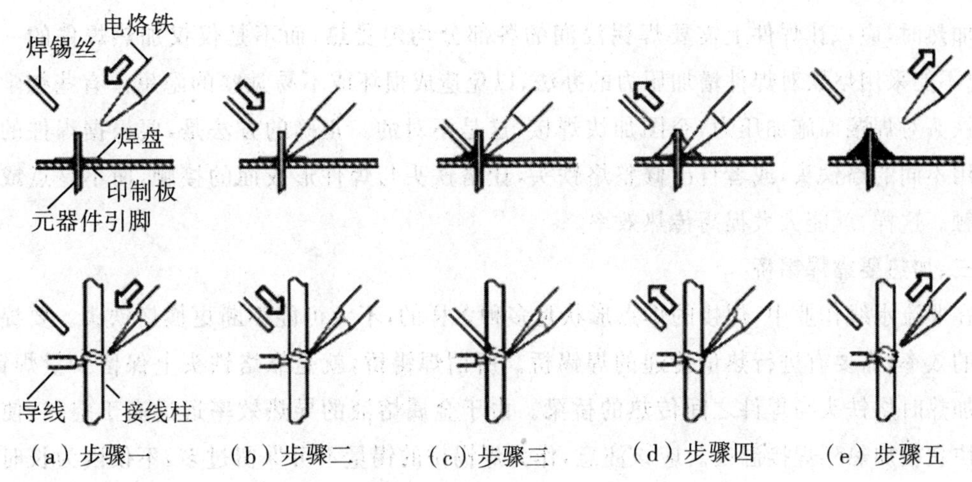

图 2.1.6 手工焊接五步操作法

2.锡焊三步操作法

对于热容量小的焊件,例如印制板上较细导线的连接,可以简化为 3 步操作。

(1)准备:同以上步骤一。

(2)加热与送丝:烙铁头放在焊件上后即放入焊丝。

(3)去丝移烙铁:焊锡在焊接面上浸润扩散达到预期范围后,立即拿开焊锡丝并移开烙铁,并注意移去焊丝的时间不得滞后于移开烙铁的时间。

对于吸收低热量的焊件而言,上述整个过程的时间不过 2～4 s,各步骤的节奏控制,顺序的准确掌握,动作的熟练协调,都是要通过大量实践并用心体会才能解决的问题。有人总结出了在"5 步骤操作法"中用数秒的办法控制时间:烙铁接触焊点后数一、二(约 2 s),送入焊丝后数三、四,移开烙铁,焊锡丝熔化量要靠观察决定。此方法仅供参考,但由于烙铁功率、焊点热容量的差别等因素,实际掌握焊接火候并无定章可循,必须具体条件具体对待,所以反复实践总结经验才能熟练掌握手工焊接技巧。

知识点五 手工焊接操作的具体手法

在保证得到优质焊点的目标下,具体的焊接操作手法可以有所不同,下面这些总结出的方法,对于初学者来说值得参考。

一、保持烙铁头的清洁

焊接时,烙铁头长期处于高温状态,又接触助焊剂等弱酸性物质,其表面很容易氧化腐蚀并沾上一层黑色杂质。这些杂质形成隔热层,妨碍了烙铁头与焊件之间的热传导。因此,要注意用一块湿布或湿的木质纤维海绵随时擦拭烙铁头(可以用潮湿的面纱头替代)。对于普通烙铁头,在腐蚀污染严重时可以使用锉刀修去表面氧化层。对于长寿命烙铁头,就绝对不能使用这种方法了。

二、靠增加接触面积来加快传热

加热时,应该让焊件上需要焊锡浸润的各部分均匀受热,而不是仅仅加热焊件的一部分,更不要采用烙铁对焊件增加压力的办法,以免造成损坏或不易觉察的隐患。有些初学者用烙铁头对焊接面施加压力,企图加快焊接,这是不对的。正确的方法是,要根据焊件的形状选用不同的烙铁头,或者自己修整烙铁头,让烙铁头与焊件形成面的接触,而不是点或线的接触。这样,就能大大提高传热效率。

三、加热要靠焊锡桥

在非流水线作业中,焊接的焊点形状是多种多样的,不大可能不断更换烙铁头。要提高加热的效率,需要有进行热量传递的焊锡桥。所谓焊锡桥,就是靠烙铁头上保留少量焊锡,作为加热时烙铁头与焊件之间传热的桥梁。由于金属熔液的导热效率远远高于空气,使焊件很快就被加热到焊接温度。应该注意,作为焊锡桥的锡量不可保留过多,不仅因为长时间存留在烙铁头上的焊料处于过热状态,实际已经降低了质量,还可能造成焊点之间误连短路。

四、烙铁撤离有讲究

烙铁的撤离要及时,而且撤离时的角度和方向与焊点的形成有关。如图 2.1.7 所示为烙铁不同的撤离方向对焊点锡量的影响。

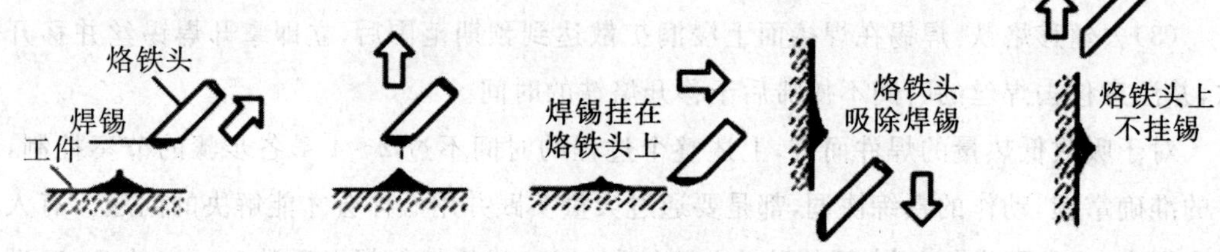

(a) 沿烙铁轴向45° 撤离 (b) 向上方撤离 (c) 水平方向撤离 (d) 垂直向下撤离 (e) 垂直向上撤离

图 2.1.7 烙铁撤离方向和焊点锡量的关系

五、在焊锡凝固之前不能动

切勿使焊件移动或受到振动,特别是用镊子夹住焊件时,一定要等焊锡凝固后再移走镊子,否则极易造成焊点结构疏松或虚焊。

六、焊锡用量要适中

手工焊接常使用的管状焊锡丝,内部已经装有由松香和活化剂制成的助焊剂。焊锡丝的直径有 0.5 mm、0.8 mm、1.0 mm、…、5.0 mm 等多种规格,要根据焊点的大小选用。一般,应使焊锡丝的直径略小于焊盘的直径。

如图 2.1.8 所示,过量的焊锡不但无必要地消耗了焊锡,而且还增加焊接时间,降低工作速度。更为严重的是,过量的焊锡很容易造成不易觉察的短路故障。焊锡过少也不能形成牢固的结合,同样是不利的。特别是焊接印制板引出导线时,焊锡用量不足,极容易造成

导线脱落。

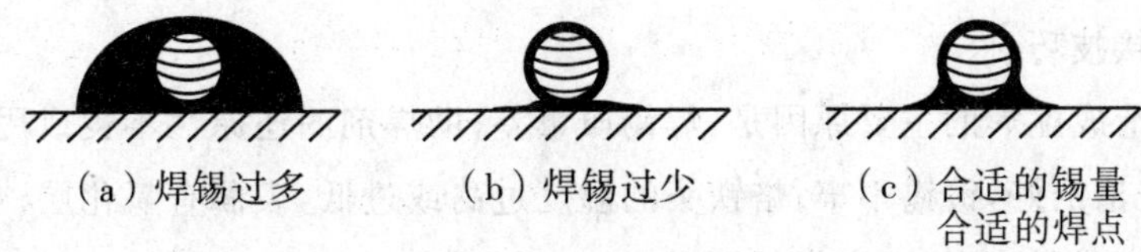

图 2.1.8　焊点锡量的掌握

七、焊剂用量要适中

适量的助焊剂对焊接非常有利。过量使用松香焊剂，焊接以后势必需要擦除多余的助焊剂，并且延长了加热时间，降低了工作效率。当加热时间不足时，又容易形成"夹渣"的缺陷。焊接开关、接插件的时候，过量的焊剂容易流到触点上，会造成接触不良。合适的助焊剂量，应该是松香水仅能浸湿将要形成焊点的部位，不会透过印制板上的通孔流走。对使用松香芯焊丝的焊接来说，基本上不需要再涂助焊剂。目前，印制板生产厂在电路板出厂前大多进行过松香水喷涂处理，无需再加助焊剂。

八、不要使用烙铁头作为运送焊锡的工具

有人习惯在焊接面上进行焊接，结果造成焊料的氧化。因为烙铁尖的温度一般都在 300 ℃以上，焊锡丝中的助焊剂在高温时容易分解失效，焊锡也处于过热的低质量状态。

知识点六　焊点质量及检查

对焊点的质量要求，应该包括电气接触良好、机械结合牢固和美观三个方面。保证焊点质量最重要的一点，就是必须避免虚焊。

一、虚焊产生的原因及其危害

虚焊主要是由待焊金属表面的氧化物和污垢造成的，它使焊点成为有接触电阻的连接状态，导致电路工作不正常，出现连接时好时坏的不稳定现象，噪声增加而没有规律性，给电路的调试、使用和维护带来重大隐患。

此外，也有一部分虚焊点在电路开始工作的一段较长时间内，保持接触尚好，因此不容易发现。但在温度、湿度和振动等环境条件的作用下，接触表面逐步被氧化，接触慢慢地变得不完全起来。虚焊点的接触电阻会引起局部发热，局部温度升高又促使不完全接触的焊点情况进一步恶化，最终甚至使焊点脱落，电路完全不能正常工作。

这一过程有时可长达一二年，其原理可以用"原电池"的概念来解释：当焊点受潮使水汽渗入间隙后，水分子溶解金属氧化物和污垢形成电解液，虚焊点两侧的铜和铅锡焊料相当于原电池的两个电极，铅锡焊料失去电子被氧化，铜材获得电子被还原。在这样的原电池结构中，虚焊点内发生金属损耗性腐蚀，局部温度升高加剧了化学反应，机械振动让其中的间隙不断扩大，直到恶性循环使虚焊点最终形成断路。

据统计数字表明，在电子整机产品的故障中，有将近一半是由于焊接不良引起的。焊点如果少，检查和修复相对比较容易，然而，要从一台有成千上万个焊点的电子设备里，找出引起故障的虚焊点来,实在不是容易的事。所以,虚焊是电路可靠性的重大隐患,必须严格避免。进行手工焊接操作的时候,尤其要注意在开始练习的阶段就要认真对待、边练习边总结,熟练掌握焊接技巧。

一般来说,造成虚焊的主要原因是:焊锡质量差;助焊剂的还原性不良或用量不够;被焊接处表面未预先清洁好,镀锡不牢;烙铁头的温度过高或过低,表面有氧化层;焊接时间掌握不好,太长或太短;焊接中焊锡尚未凝固时,焊接元件松动。

二、对焊点的要求

1. 可靠的电气连接。

2. 足够的机械强度。

3. 光洁整齐的外观。

三、典型焊点的形成及其外观

在单面和双面(多层)印制电路板上,焊点的形成是有区别的:如图 2.1.9 所示,在单面板上,焊点仅形成在焊接面的焊盘上方;但在双面板或多层板上,熔融的焊料不仅浸润焊盘上方,还由于毛细作用,渗透到金属化孔内,焊点形成的区域包括焊接面的焊盘上方、金属化孔内和元件面上的部分焊盘,如图 2.1.9 所示。

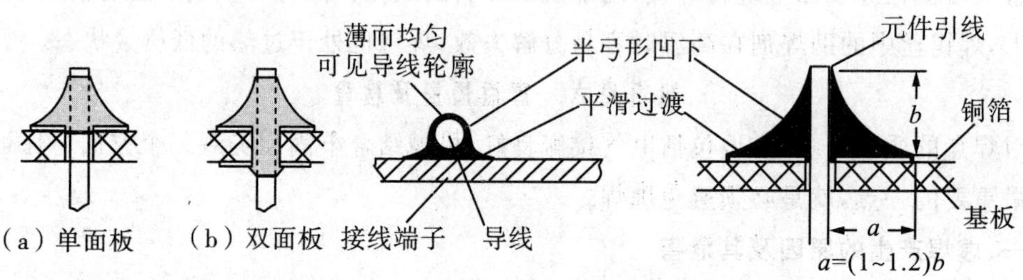

图 2.1.9　焊点的形成

图 2.1.10　典型焊点的外观

如图 2.1.10 所示,从外表直观看典型焊点,对它的要求是:

1. 形状为近似圆锥而表面稍微凹陷,呈漫坡状,以焊接导线为中心,对称成裙形展开。虚焊点的表面往往向外凸出,可以鉴别出来。

2. 焊点上,焊料的连接面呈凹形自然过渡,焊锡和焊件的交界处平滑,接触角尽可能小。

3. 表面平滑,有金属光泽。

4. 无裂纹、针孔、夹渣。

表 2.1.3　常见焊点及质量分析

焊点外形	外观特点	原因分析	结　果
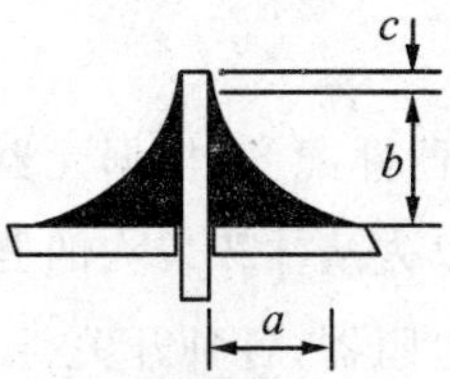 c b a	以焊接导线为中心，匀称、成裙形拉开，外观光洁、平滑。$a=(1\sim1.2)b$，$c\approx1$ mm	焊料适当、温度合适，焊点自然成圆锥状	外形美观、导电良好，连接可靠
	焊料过多，焊料面呈凸形	焊丝撤离过迟	浪费焊料，可能隐藏缺陷
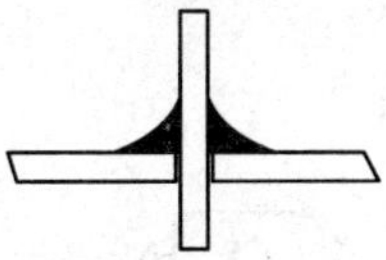	焊料过少	焊丝撤离过早	机械强度不足
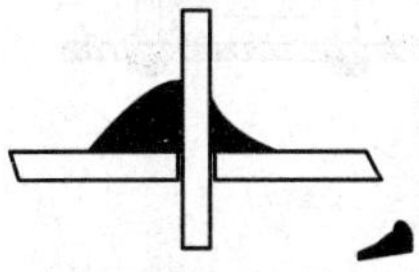	焊料未流满焊盘	烙铁撤离过早；焊料流动性不好；助焊剂不足或质量差	强度不够
	拉尖	烙铁撤离角度不当；助焊剂过少；加热时间过长	外观不佳，易造成桥接
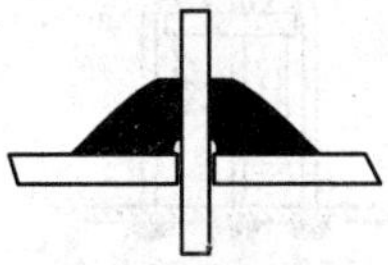	松动	焊料未凝固前受振动，焊点下沉，表面不光滑	暂时导通，长时间导通不良
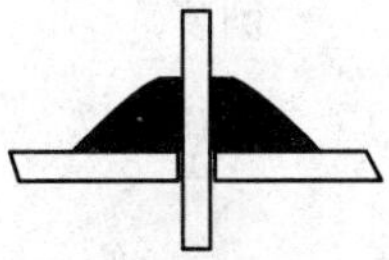	虚焊、假焊	引脚氧化层未处理好，焊点下沉，焊料与引脚没有吸附力	导通不良或不导通
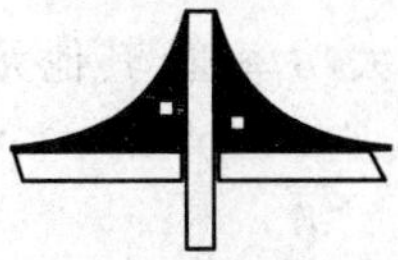	气泡	引脚与焊盘孔的间隙过大；引脚浸润不良	暂时导通，长时间导通不良
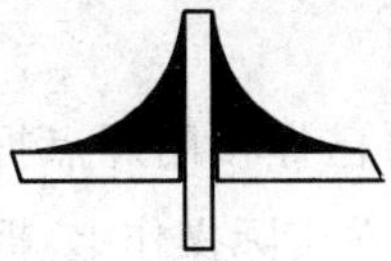	焊点发白，表面无金属光泽	焊接温度过高或时间过长	焊盘容易脱落，强度低
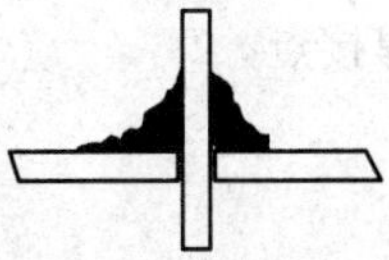	冷焊，表面呈豆腐渣状颗粒	焊接温度过低或受振动	强度低，导电不良

知识点七　元件布局方式

在设计装配方式之前,要求将整机的电路基本定型,同时还要根据整机的体积以及机壳的尺寸来安排元器件在印刷电路板上的装配方式。

具体做这一步工作时,可以先确定好印刷电路板的尺寸,然后将元器件配齐,根据元器件种类和体积以及技术要求将其布局在印刷电路板上的适当位置。可以先从体积较大的器件开始,如电源变压器、磁棒、全桥、集成电路、三极管、二极管、电容器、电阻器、各种开关、接插件、电感线圈等。待体积较大的元器件布局好之后,小型及微型的电子元器件就可以根据间隙面积灵活布配。

元器件进行安装时,通常分为直立式安装和俯卧式安装两种。

印刷线路板上一般被焊件的装置方法

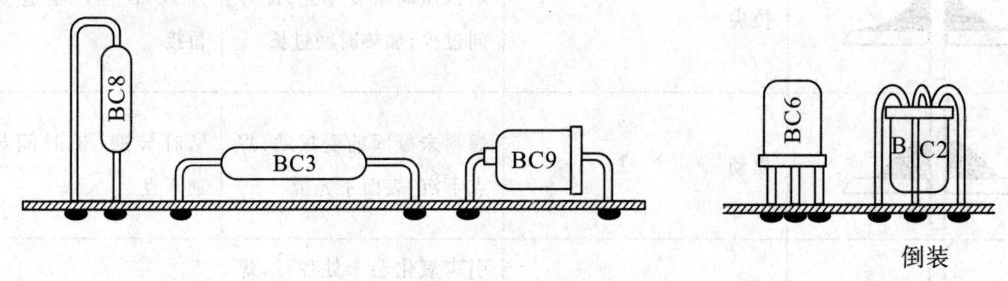

印刷线路板上晶体管的装置方法

图 2.1.11　元件布局

元器件装焊顺序依次为:电阻器、电容器、二极管、三极管、集成电路、大功率管,其他元器件为先小后大,先卧后立。

知识点八　拆焊与重焊

一、拆焊的原则与要求

拆焊又称解焊。在安装、调试和维修中常需更换一些元器件,需要将已焊接的焊点拆除,这个过程就是拆焊。它是电子产品生产中焊接技术的一个组成部分。在实际操作上,拆焊要比焊接更困难。拆焊如果方法不当,很容易将元器件损坏,并破坏原焊接点。

1. 拆焊的原则

(1)拆焊是要尽量避免所拆卸的元器件因为过热和机械损伤而失效。

(2)拆焊印制板上的元器件时,要避免印制焊盘和印制导线因为过热和机械损伤而剥离或断裂。

(3)拆焊过程中要避免电烙铁及其他工具,烫伤或机械损伤周围其他元器件、导线等。

2. 拆焊的操作要求

(1)严格控制加热的温度和时间。一般元器件及导线绝缘层的耐热性较差,受热容易损坏。拆焊时,一定要严格的控制加热的时间与温度。拆焊工作都是在加热情况下进行的,而且拆焊所用的时间要比焊接用的时间长。这就要求操作者熟练掌握拆焊技术,才不致损坏元器件。在某些情况下,采用间隔加热法进行拆焊,要比长时间连续加热的损坏率小些。

(2)拆焊时不要用力过猛。塑料密封器件、陶瓷器件、玻璃等在加温情况下,强度都有所降低,拆焊时用力过猛会造成元器件损伤或引线脱离。

(3)拆焊时不能用电烙铁去撬焊接点或晃动元器件引脚,这样容易造成焊盘的剥离和引脚的损伤。

二、拆焊的方法

1. 剪断拆焊法

先用斜口钳或剪刀贴着焊点根部剪断导线或元器件的引线,再用电烙铁加热焊点,接着用镊子将引线头取出。这种方法简单易行,在引线较长或安装允许的情况下是一种很便利的方法。在引线很多的器件且明确其已损坏时,也可采用此方法先切断所有引线再拆焊。

2. 分点拆焊法

分点拆焊法是先拆除一个焊接点上的引线,再拆除另一个焊接点上的引线,最后把元器件拔出。这种方法适合拆焊两个或三个引线的元器件,如图 2.1.12 所示。

3. 集中焊接法

集中焊接法使用电烙铁同时交替加热几个焊接点,待焊锡溶化后一次拔出元器件,如图 2.1.13 所示。此法要求操作时加热迅速,注意力集中,动作快,引线不能过多。

对于引线排列整齐的元器件(如集成电路)。可自制与元器件焊接点尺寸相当的加热块或板套在电烙铁上,对所有焊点一起加热,待焊锡溶化后一次拔出元器件,如图 2.1.14 所示。

对表面贴装元器件,用热风焊枪给元器件加热,待焊锡熔化后将元器件取下。

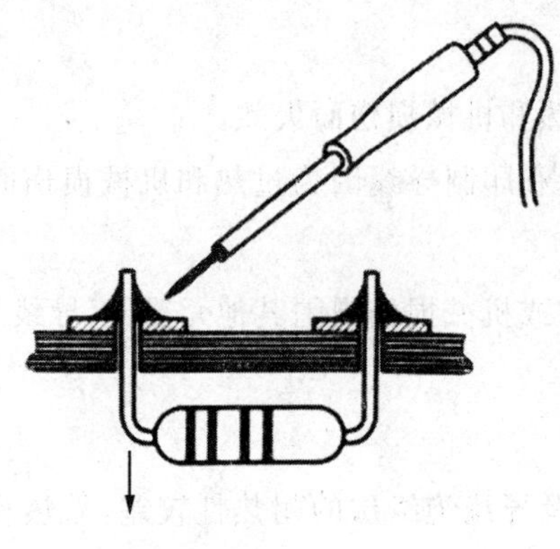

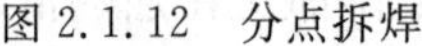

图 2.1.12　分点拆焊

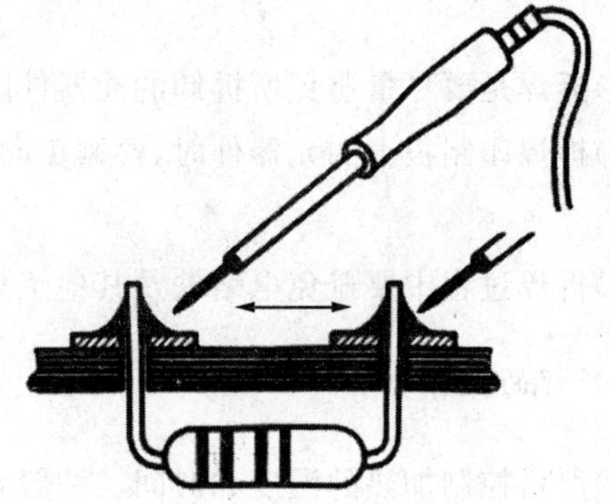

图 2.1.13　交替加热集中拆焊

4.采用吸锡器或吸锡烙铁拆焊法

吸锡烙铁拆焊法是利用吸锡器的内置空腔的负压作用,如图 2.1.15 所示,将加热后熔融的焊锡吸进空腔,使引线与焊盘分离。此方法操作简单,但是吸锡烙铁较贵。

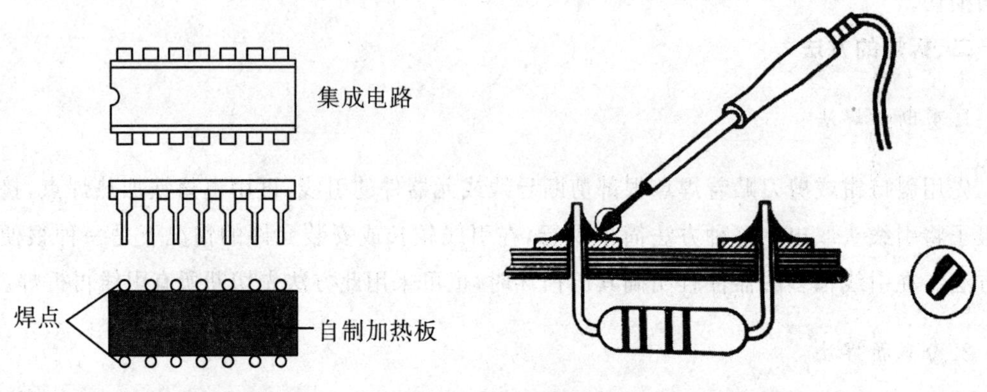

图 2.1.14　自制加热板集中拆焊

图 2.1.15　吸锡烙铁拆除

5.采用空针头拆法

空针头拆焊法是利用尺寸相当(孔径稍大于引线直径)的空针头(可用注射器针头),套在需要拆焊的引线上,当电烙铁加热焊锡熔化的同时,迅速旋转针头直到烙铁撤离焊锡凝固后方可停止,这时拔出针头,引线已被分离,如图 2.1.16 所示。

6.采用吸锡材料拆锡法

吸锡材料拆焊法是利用吸锡材料(如屏蔽线纺织层、细铜网、多股导线等)吸走熔融的焊锡而使引线与焊盘分离的方法,如图 2.1.17 所示。

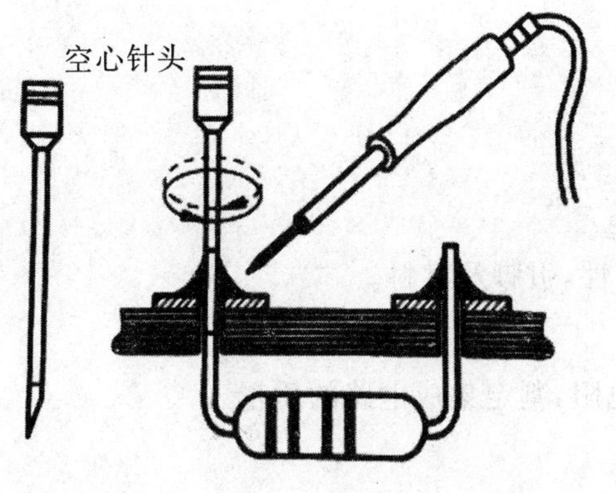

图 2.1.16　空针头拆焊

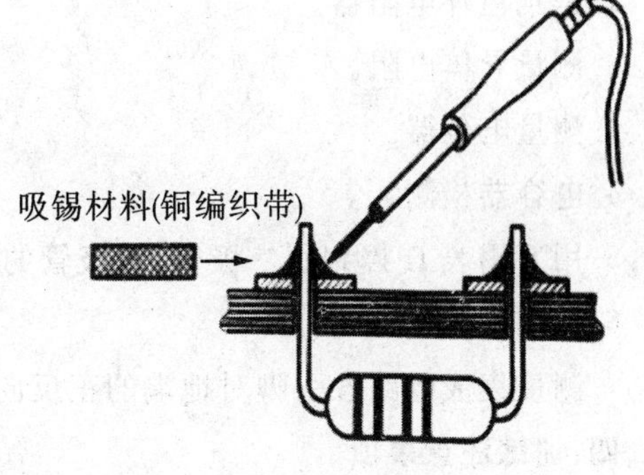

图 2.1.17　吸锡材料拆焊

7. 间断加热拆锡法

在拆焊耐热性能差的元器件时，为避免因过热而损坏元器件，不能长时间连续加热该元器件，此时，应该采用间断加热法进行拆焊。

(1)间断加热拆焊某一焊点。先除去焊点上的焊锡，露出轮廓，接着挑开引线，最后再用电烙铁加热残余焊料并取下元器件。

(2)间断加热拆焊元器件各焊点。拆焊这类元器件时，逐点间断加热。

三、重新焊接

重焊电路板上元件。首先将元件孔疏通，再根据孔距用镊子弯好元件引脚，然后插入元件进行焊接。

任务二　电子元件的识别、检测与应用

电子元器件识别与检测

一、训练内容

1. 电阻元件的识别与检测。

2. 电容元件的识别与检测。

3. 电感元件的识别与检测。

4. 二、三极管的识别与检测。

二、训练器材

各型电阻、电容、电感、二极管、三极管、集成电路等各种元件、万用表、尖嘴钳、镊子、斜口钳等。

三、训练步骤

1. 识别色环电阻器。

2. 测量导体电阻。

3. 测量电位器。

4. 电容器检测。

5. 用万用表Ω挡判别二极管、三极管的极性,引脚及材料。

6. 识别集成电路的引脚。

7. 测量集成电路各引脚对地端的正反向电阻,判定集成电路的质量。

四、训练注意事项

1. 使用万用表Ω挡测量时应注意调零。

2. 用万用表Ω挡判别二极管、三极管和集成电路时,一般使用Ω×1 K挡。Ω×10 K挡的电源电压高(10.5 V),另外在Ω×100 K挡下电流大,均可能造成元器件损坏。

3. 用万用表Ω挡测量电路元器件时,应先切断电源,大电容还应先进行放电。

4. 测量集成电路时应准备和收集相应资料与数据。

任务评价

任务考核及评分标准见表2.1.4所列。

表2.1.4　任务评价标准表

具体内容		配分	评分标准	扣分	得分
知识吸收应用能力		20分	1. 回答问题不正确,每次扣5分 2. 实际应用不正确,每次扣5分		
安全文明生产		10分	每违规一次扣5分		
任务实践	电阻的测量	10分	1. 万用表使用不正确,每次扣5分 2. 识别不正确,每次扣5分 3. 测量不正确,每次扣5分		
	电容的测量	20分	1. 识别不正确,每次扣5分 2. 测量不正确,每次扣5分		
	二极管、三极管的测量	30分	1. 二极管P、N极判断错误扣5分 2. NPN、PNP判断错误扣5分 3. c、e判断错误扣5分		
职业素养		10分	出勤、纪律、卫生、处理问题、团队精神等		
合　计		100分			
备注		每项扣分不超过该项所配分数			

知识链接

知识点一　电阻元件

电阻元件是电子电路中最常用的元器件。电阻的主要物理特征是变电能为热能，也可说它是一个耗能元件，电流经过它就产生内能。电阻在电路中通常起分压分流的作用，对信号来说，交流与直流信号都可以通过电阻。

一、电阻器分类

1. 按阻值特性

固定电阻、可调电阻、特种电阻（敏感电阻）。

不能调节的，我们称之为固定电阻；而可以调节的，我们称之为可调电阻；常见的例如收音机音量调节的，主要应用于电压分配的，我们称之为电位器。

2. 按制造材料

碳膜电阻、金属膜电阻、线绕电阻、捷比信电阻、薄膜电阻等。

3. 按安装方式

插件电阻、贴片电阻。

4. 按功能分

负载电阻、采样电阻、分流电阻、保护电阻等。

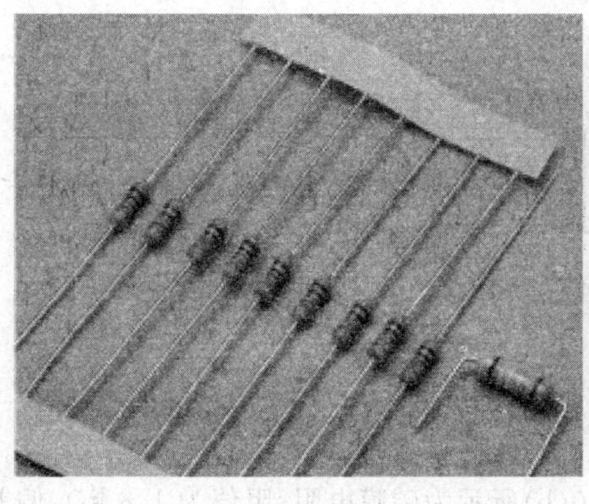

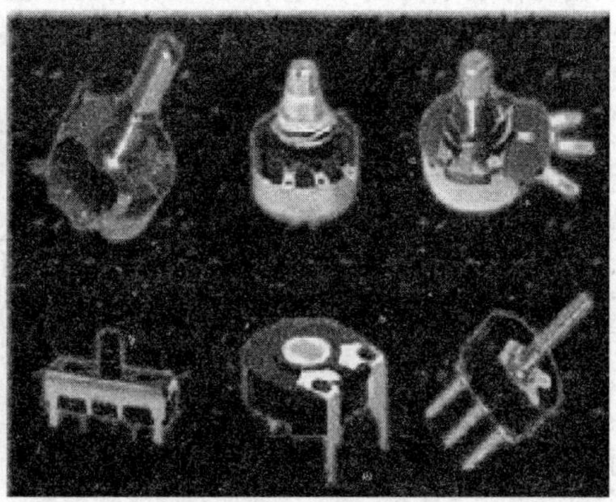

图 2.1.18　电阻

二、电阻的主要参数

1. 标称阻值

标称在电阻器上的电阻值称为标称值，单位：Ω，kΩ，MΩ。标称值是根据国家制定的标

准系列标注的,不是生产者任意标定的,不是所有阻值的电阻器都存在。

2. 允许误差

电阻器的实际阻值对于标称值的最大允许偏差范围称为允许误差。误差代码:F、G、J、K……(常见的误差范围是:0.01%、0.05%、0.1%、0.5%、0.25%、1%、2%、5%等)

3. 额定功率

指在规定的环境温度下,假设周围空气不流通,在长期连续工作而不损坏或基本不改变电阻器性能的情况下,电阻器上允许的消耗功率,常见的有 1/16 W、1/8 W、1/4 W、1/2 W、1 W、2 W、5 W、10 W……

电阻的基本单位是欧姆(Ω),还有千欧 kΩ、兆欧 MΩ、千兆欧 GΩ。它们的换算关系是:

1 TΩ=1 000 GΩ;1 GΩ=1 000 MΩ;1 MΩ=1 000 kΩ;1 kΩ=1 000 Ω

大家可以找一个实训用过的碳膜电阻,用斜口钳将电阻体本身剪断,可以看到白色的陶瓷本体,炭膜由于厚度的关系是看不到了。

三、电阻器参数识别方法

电阻器的主要参数(标称值与允许偏差)要标注在电阻器上,以供识别。电阻器的参数表示方法有直标法、文字符号法、色标法三种。

1. 直标法

直标法是一种常见标注方法,特别是在体积较大(功率大)的电阻器上采用。

它将该电阻器的标称阻值和允许偏差,型号、功率等参数直接标在电阻器表面,如图所示。

在三种表示方法中,直标法使用最为方便。

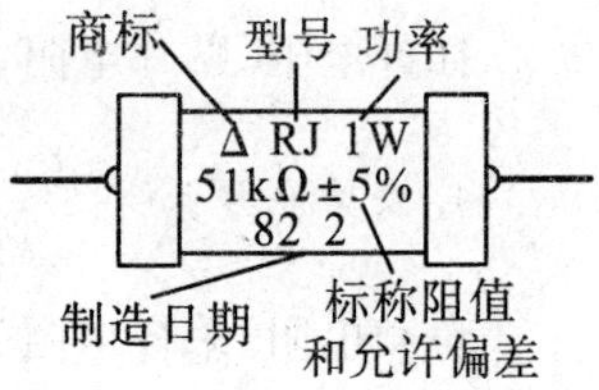

商标 型号 功率

Δ RJ 1W

51kΩ±5%

82 2

制造日期 标称阻值和允许偏差

图 2.1.19 直标法

2. 文字符号法

文字符号法和直标法相同,也是直接将有关参数印制在电阻体上。文字符号法,将 5.7 kΩ 电阻器标注成 5 k7,其中 k 既作单位,又作小数点。文字符号法中,偏差通常用字母表示,如图 2.1.20(a)所示。此电阻器,阻值为 5.7 kΩ,偏差为±1%。如图 2.1.20(b)所示为碳膜电阻,阻值为 1.8 kΩ,偏差为±20%,其中用级别符号Ⅱ表示偏差。

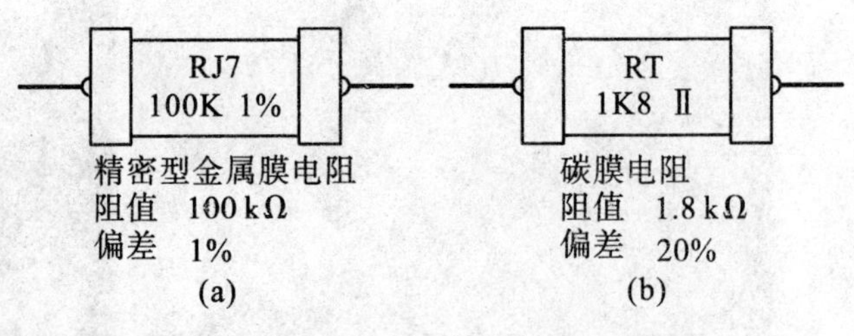

图 2.1.20 文字符号法

3. 色标法(电阻器的识别和检测——色标)

色标法是指不同颜色表示元件不同参数的方法。

在电阻器上，不同的颜色代表不同的标称值和偏差。色标法可以分为色环法和色点法。其中，最常用的是色环法。

色环电阻器中，根据色环的环数多少，又分为四色环表示法和五色环表示法。

如图 2.1.21(a)所示是用四色环表示标称阻值和允许偏差，其中，前三条色环表示此电阻的标称阻值，最后 1 条表示它的偏差。

如图 2.1.21(b)所示中色环颜色依次为黄、紫、橙、金，则此电阻器标称阻值为 $47\times10^3\ \Omega=47\ \text{k}\Omega$，偏差±5%。

如图 2.1.21(c)所示电阻器的色环颜色依次为：蓝、灰、金、无色(即只有三条色环)，则电阻器标称阻值为：$6.8\times10^{-1}\ \Omega=6.8\ \Omega\pm20\%$。

表 2.1.5　四环电阻的识别方法

颜色	第一位有效值	第二位有效值	乘数	偏差
黑	0	0	10^0	
棕	1	1	10^1	±1%
红	2	2	10^2	±2%
橙	3	3	10^3	
黄	4	4	10^4	
绿	5	5	10^5	
蓝	6	6	10^6	
紫	7	7	10^7	
灰	8	8	10^8	
白	9	9	10^9	
金			10^{-1}	±50%
银			10^{-2}	
无色				±20%

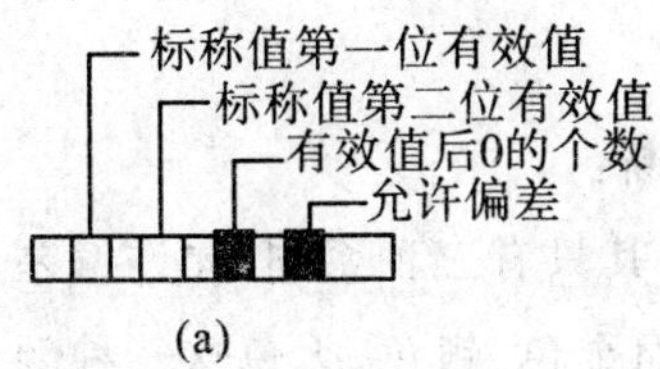

(a)

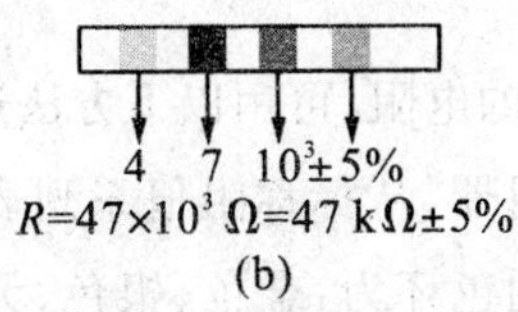

(b)

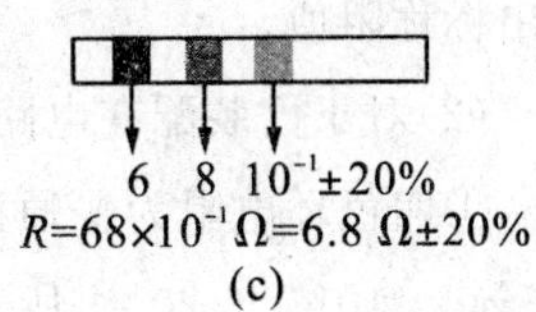

(c)

图 2.1.21　四色环表示法

如图 2.1.22(a)所示是五色环表示法，精密电阻器是用 5 条色环表示标称阻值和允许偏差，通常五色环电阻识别方法与四色环电阻一样，只是比四色环电阻器多 1 位有效数字。

如图 2.1.22(b)所示中电阻器的色环颜色依次是：棕、紫、绿、银、棕，其标称阻值为：175

$\times 10^{-2}\ \Omega = 1.75\ \Omega$，偏差为±1%。

表 2.1.6　五环电阻的识别

颜色	第一环数字	第二环数字	第三环数字	倍乘数	误差
黑	0	0	0	100	——
棕	1	1	1	101	1%
红	2	2	2	102	2%
橙	3	3	3	103	——
黄	4	4	4	104	——
绿	5	5	5	105	0.5%
蓝	6	6	6	106	0.25%
紫	7	7	7	107	0.1%
灰	8	8	8	108	——
白	9	9	9	109	——
金	——	——	——	10－1	——
银	——	——	——	10－2	——

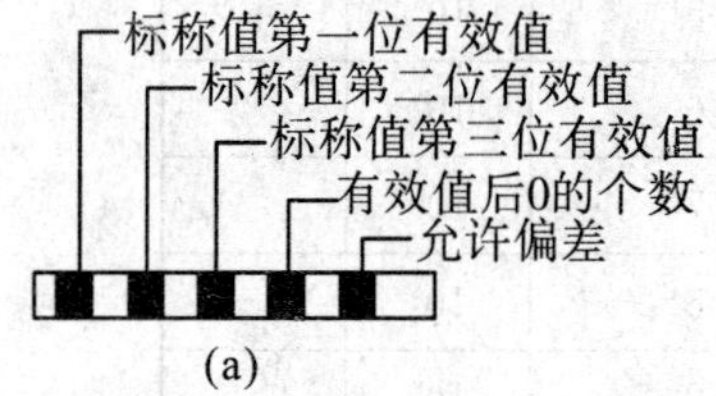

(a)

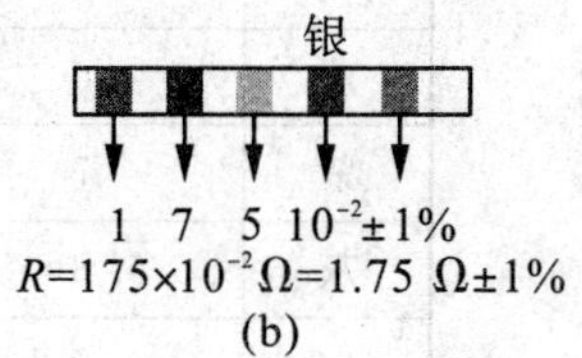

(b)

图 2.1.22　五色环表示法

4. 判断色环电阻的第一条色环的方法

(1)对于未安装的电阻，可以用万用表测量一下电阻器的阻值，再根据所读阻值看色环，读出标称阻值。

(2)对于已装配在电路板上的电阻，可用以下方法进行判断：

①四色环电阻为普通型电阻器，从标称阻值系列表可知，其只有三种系列，允许偏差为±5%、±10%、±20%，所对应的色环为：金色、银色、无色。而金色、银色、无色这三种颜色没有有效数字，所以，金色、银色、无色作为四色环电阻器的偏差色环，即为最后一条色环(金色、银色除作偏差色环外，可作为乘数)。

②五色环电阻器为精密型电阻器，一般常用棕色或红色作为偏差色环。如出现头尾同为棕色或红色环时，要判断第一条色环则要通过方法③、④。

③第一条色环比较靠近电阻器一端引脚。

④表示电阻器标称阻值的那四条环之间的间隔距离一般为等距离，而表示偏差的色环（即最后一条色环）一般与第四条色环的间隔比较大，以此判断哪一条为最后一条色环。如右图所示。

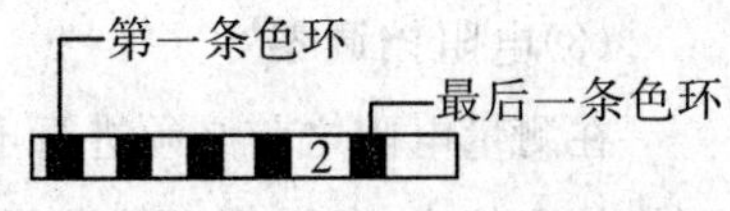

5.在识别色环电阻器时，要注意以下几点

（1）色环表中的标称阻值单位为 Ω。

（2）当允许偏差为±20%时，表示允许偏差的这条色环为电阻器本色，此时，四条色环的电阻器便只有三条了，一定要注意这一点。

（3）对于一些功率大的色环电阻器，在其外表将显示出它的功率，图示色环电阻表面上的数字 2 表示为此电阻的功率为 2 W。

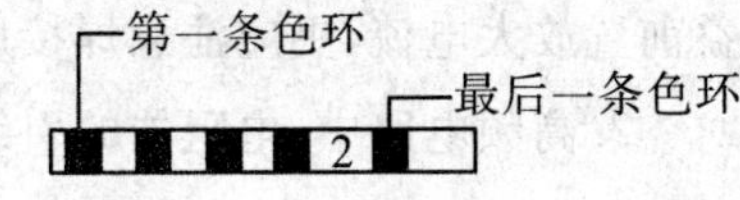

四、进口电阻器标称值和允许参数的识别

进口电阻器标志方法采用色标法和数码法等。其中，色标法的规定与国产相同。而数码法，则当阻值大于或等于 10 Ω 时，其阻值用一个 3 位数表示。其中，前两位是阻值的有效数，后一位是 10 的 n 次幂的指数（n 为正整数和零），当阻值小于 10 Ω 时，其阻值用数字和 R 表示，其中 R 表示小数点，单位为 Ω。

阻值标志为 $R2$——标称值为 0.2 Ω；

阻值标志为 $4R7$——标称值为 4.7 Ω；

阻值标志 240——标称值为 $24\times10^0=24$ Ω；

阻值标志 684——标称值为 $68\times10^4=680$ kΩ。

电阻器标称阻值的允许偏差，所用的字母及含义与国产电阻器的相同。

五、电阻器的检测

1.测量前的准备工作

（1）检查万用表电池

方法如下：将挡位旋钮依次置于电阻挡 $R\times1$ Ω 挡和 $R\times10$ k 挡，然后将红、黑测试笔短接。旋转调零电位器，观察指针是否指向零。

如 $R\times1$ Ω 挡，指针不能回零，则更换万用表的 1.5 V 电池。如 $R\times10$ Ω 挡，指针不能回零，则 U201 型万用表更换 22.5 V 电池；MF47 型万用表更换 9 V 电池。

（2）选择适当倍率挡

测量某一电阻器的阻值时，要依据电阻器的阻值正确选择倍率挡，按万用表使用方法规定，万用表指针应在该度的中心部分读数才较准确。测量时电阻器的阻值是万用表上刻度的数值与倍率的乘积。如测量一电阻器，所选倍率为 $R\times1$，刻度数值为 9.4，该电阻器电阻值为 $R=9.4\times1=9.4$ Ω。

(3)电阻挡调零

在测量电阻之前必须进行电阻挡调零。其方法如检查电池方法一样,在测量电阻时,每更换一次倍率挡后,都必须重新调零。

2.测量电阻

测量电阻器时,要注意不能用手同时捏着表笔和电阻器两引出端,以免人体电阻影响测量的准确性。

六、电阻器的使用常识

1.电阻器在安装前,应将引线刮光镀锡,以保证焊接可靠,不产生虚焊、假焊。对于高增益前置放大电流,更应注意焊接质量,否则会引起噪声的增加。

2.高频电路中,电阻器的引线不宜过长,以减小分布参数对电路的影响,小型电阻器的引线不应剪得过短,一般不要小于5 mm。焊接时,应用尖嘴钳或镊子夹住引线根部,以免焊接时,热量传入电阻内部,使电阻器变值。

3.电阻器引线不可反复弯曲,以免折断。安装、拆卸时不可过分用力,以免电阻体积接触帽之间松动,造成隐患。

4.额定功率10 W以上的线绕电阻器,安装时必须水平接在特制的支架上,同时周围应留出一定的散热空间,以利热量的散发。

知识点二　电容元件

电容(或称电容量)是表征电容器容纳电荷本领的物理量。我们把电容器的两极板间的电势差增加1 V所需的电量,叫做电容器的电容。电容器从物理学上讲,它是一种静态电荷存储介质(就像一只水桶一样,你可以把电荷充存进去,在没有放电回路的情况下,刨除介质漏电自放电效应/电解电容比较明显,可能电荷会永久存在,这是它的特征)。它的用途较广,是电子、电力领域中不可缺少的电子元件,主要用于电源滤波、信号滤波、信号耦合、谐振、隔直流等电路中。

一、电容器分类

1.按照结构分三大类:固定电容器、可变电容器和微调电容器;

2.按电解质分类有:有机介质电容器、无机介质电容器、电解电容器和空气介质电容器等;

3.按用途分有:高频旁路、低频旁路、滤波、调谐、高频耦合、低频耦合、小型电容器;

4.频旁路:陶瓷电容器、云母电容器、玻璃膜电容器、涤纶电容器、玻璃釉电容器;

5.低频旁路:纸介电容器、陶瓷电容器、铝电解电容器、涤纶电容器;

6.滤波:铝电解电容器、纸介电容器、复合纸介电容器、液体钽电容器;

7.调谐:陶瓷电容器、云母电容器、玻璃膜电容器、聚苯乙烯电容器;

8.高频耦合:陶瓷电容器、云母电容器、聚苯乙烯电容器;

9.低耦合:纸介电容器、陶瓷电容器、铝电解电容器、涤纶电容器、固体钽电容器;

10.小型电容：金属化纸介电容器、陶瓷电容器、铝电解电容器、聚苯乙烯电容器、固体钽电容器、玻璃釉电容器、金属化涤纶电容器、聚丙烯电容器、云母电容器。

图 2.1.23　电容

二、电容的主要参数

1.标称电容量与允许偏差

标称电容量是标志在电容器上的电容量。

电容器实际电容量与标称电容量的偏差称误差，在允许的偏差范围称精度。

精度等级与允许误差对应关系：00(01)－±1%、0(02)－±2%、Ⅰ－±5%、Ⅱ－±10%、Ⅲ－±20%、Ⅳ－(＋20%－10%)、Ⅴ－(＋50%－20%)、Ⅵ－(＋50%－30%)。

一般电容器常用Ⅰ、Ⅱ、Ⅲ级，电解电容器用Ⅳ、Ⅴ、Ⅵ级，根据用途选取。

电容的单位是法拉(F)，更小的还有毫法(mF)、微法和纳法、皮法。法拉、微法、皮法三者的关系为：

$$1\ \mathrm{pF}=10^{-6}\ \mu\mathrm{F}=10^{-12}\ \mathrm{F}$$

储存的电荷从几皮法到几法拉不等。比如传统日光灯的起辉器中的电容器。

2.绝缘电阻

直流电压加在电容上，并产生漏电电流，两者之比称为绝缘电阻。

当电容较小时，主要取决于电容的表面状态，容量>0.1 μF时，主要取决于介质的性能，绝缘电阻越大越好。

电容的时间常数：为恰当的评价大容量电容的绝缘情况而引入了时间常数，它等于电容的绝缘电阻与容量的乘积。

3.损耗

电容在电场作用下，在单位时间内因发热所消耗的能量叫做损耗。各类电容都规定了其在某频率范围内的损耗允许值，电容的损耗主要由介质损耗、电导损耗和电容所有金属部分的电阻所引起的。

在直流电场的作用下,电容器的损耗以漏导损耗的形式存在,一般较小,在交变电场的作用下,电容的损耗不仅与漏导有关,而且与周期性的极化建立过程有关。

4. 频率特性

随着频率的上升,一般电容器的电容量呈现下降的规律。

大电容工作在低频电路中的阻抗较小,小电容比较适合工作在高频环境下。

在电子电路中,电解电容用的比较多。取一个焊接实训用过的电解电容,用斜口钳剪断,可以分辨出铝制的外壳,电解液和电容的介质。

三、电容器的容量值标注方法

1. 字母数字混合标法

这种方法是国际电工委员会推荐的表示方法。

具体内容是:用 2～4 位数字和一个字母表示标称容量,其中数字表示有效数值,字母表示数值的单位。字母有时既表示单位也表示小数点。如:

$33\ m=33\times10^3\ \mu F=33\ 000\ \mu F$　　$47n=47\times10^{-3}\ \mu F=0.047\ \mu F$　　$3\mu3=3.3\ \mu F$

$5n9=5.9\times10^3\ pF=5\ 900\ pF$　　$2p2=2.2\ pF$　　$\mu22=0.22\ \mu F$

2. 不标单位的直接表示法

这种方法是用 1～4 位数字表示,容量单位为 pF。如数字部分大于 1 时,单位为皮法(pF),当数字部分大于 0 小于 1 时,其单位为微法(μF)。如 3300 表示 3300 皮法(pF),680 表示 680 皮法(pF),7 表示 7 皮法(pF),0.056 表示 0.056 微法(μF)。

3. 电容器容量的数码表示法

一般用三位数表示容量的大小,前面两位数字为电容器标称容量的有效数字,第三位数字表示有效数字后面零的个数,它们的单位为 pF。如:

$102=10\times10^2\ pF=1\ 000\ pF$　　$221=22\times10^1\ pF=220\ pF$

$224=22\times10^4\ pF=220\ 000\ pF$　　$473=47\times10^3\ pF=47\ 000\ p=0.047\ \mu F$

4. 电容器的色码表示法

色码表示法是用不同的颜色表示不同的数字,其颜色和识别方法与电阻色码表示法一样,单位为 pF。

5. 电容量的误差

电容器容量误差的表示法有两种。

一种是将电容量的绝对误差范围直接标志在电容器上，即直接表示法。如 2.2±0.2 pF。

另一种方法是直接将字母或百分比误差标志在电容器上。字母表示的百分比误差是：D 表示±0.5%；F 表示±0.1%；G 表示±2%；J 表示±5%；K 表示±10%；M 表示±20%；N 表示±30%；P 表示±50%。如电容器上标有 334K 则表示 0.33 μF，误差为±10%；如电容器上标有 103P 表示这个电容器的容量变化范围为 0.01～0.02 μF，P 不能误认为是单位 pF。

四、有极性电解电容器的引脚极性的表示方式：

这种方法是国际电工委员会推荐的表示方法。具体内容是：用 2～4 位数字和一个字母表示标称容量，其中数字表示有效数值，字母表示数值的单位。字母有时既表示单位也表示小数点。

这种方法是用 1～4 位数字表示，容量单位为 pF。如数字部分大于 1 时，单位为皮法(pF)，当数字部分大于 0 小于 1 时，其单位为微法(μF)。如 3300 表示 3300 皮法(pF)，680 表示 680 皮法(pF)，7 表示 7 皮法(pF)，0.056 表示 0.056 微法(μF)。

一般用三位数表示容量的大小，前面两位数字为电容器标称容量的有效数字，第三位数字表示有效数字后面零的个数，它们的单位是 pF。

色码表示法是用不同的颜色表示不同的数字，其颜色和识别方法与电阻色码表示法一样，单位为 pF。

1. 采用不同的端头形状来表示引脚的极性，如图 2.1.24(b)和图 2.1.24(c)所示，这种方式往往出现在两根引脚轴向分布的电解电容器中。

2. 标出负极性引脚，如图 2.1.24(d)所示，在电解电容器的绝缘套上画出像负号的符号，以表示这一引脚为负极性引脚。

3. 采用长短不同的引脚来表示引脚极性，通常长的引脚为正极性引脚，如图 2.1.24(a)所示。

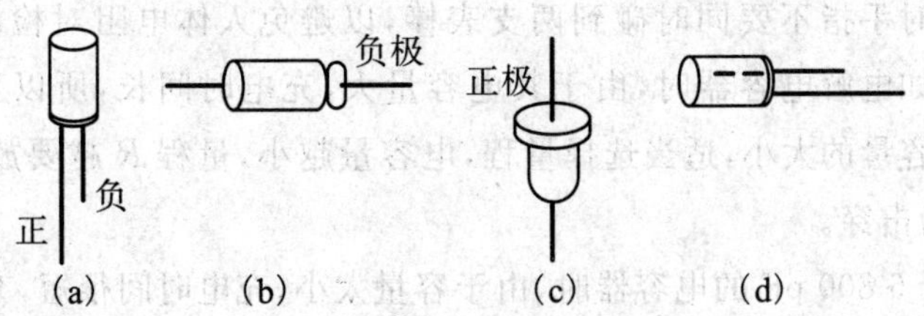

图 2.1.24　有极性电解电容器

五、在电路图中电容器容量单位的标注规则

当电容器的容量大于 100 pF 而又小于 1 μF 时，一般不注单位，没有小数点的，其单位是 pF 时，有小数点的其单位是 μF。如 4 700 就是 4 700 pF，0.22 就是 0.22 μF。

当电容量大于 10 000 pF 时，可用 μF 为单位；当电容小于 10 000 pF 时，用 pF 为单位。

六、电容器检测方法

电容器的检测方法主要有两种：

一是采用万用表欧姆挡检测法，这种方法操作简单，检测结果基本上能够说明问题。

二是采用代替检查法，这种方法的检测结果可靠，但操作比较麻烦，此方法一般多用于在路检测。修理过程中，一般是先用第一种方法，再用第二种方法加以确定。

1. 万用表欧姆挡检测法——漏电电阻的测量

方法如下：

(1)用万用电表的欧姆挡($R\times10$k 或 $R\times1$k 挡，视电容器的容量而定)，当两表笔分别接触容器的两根引线时，表针首先朝顺时针方向(向右)摆动，然后又慢慢地向左回归至∞位置的附近，此过程为电容器的充电过程。

(2)当表针静止时所指的电阻值就是该电容器的漏电电阻(R)。在测量中如表针距无穷大较远，表明电容器漏电严重，不能使用。有的电容器在测漏电电阻时，表针退回到无穷大位置时，又顺时针摆动，这表明电容器漏电更严重。一般要求漏电电阻 $R\geqslant500$k，否则不能使用。

(3)对于电容量小于 5 000 pF 的电容器，万用表不能测它的漏电阻。

2. 电容器的断路(又称开路)、击穿(又称短路)检测

检测容量为 6 800 pF～1 μF 的电容器，用 $R\times10$k 挡，红、黑表棒分别接电容器的两根引脚，在表棒接通的瞬间，应能见到表针有一个很小的摆动过程。

如未看清表针的摆动，可将红、黑表棒互换一次后再测，此时表针的摆动幅度应略大一些，若在上述检测过程中表针无摆动，说明电容器已断路。

若表针向右摆动一个很大的角度，且表针停在那里不动(即没有回归现象)，说明电容器已被击穿或严重漏电。

注意：在检测时手指不要同时碰到两支表棒，以避免人体电阻对检测结果的影响。同时，检测大电容器如电解电容器时，由于其电容量大，充电时间长，所以当测量电解电容器时，要根据电容器容量的大小，适当选择量程，电容量越小，量程 R 越要放小，否则就会把电容器的充电误认为击穿。

检测容量小于 6 800 pF 的电容器时，由于容量太小，充电时间很短，充电电流很小，万用表检测时无法看到表针的偏转。所以，此时只能检测电容器是否存在漏电故障，而不能判断它是否开路，即在检测这类小电容器时，表针应不偏，若偏转了一个较大角度，说明电容器漏电或击穿。关于这类小电容器是否存在开路故障，用这种方法是无法检测到的。可采用代替检查法，或用具有测量电容功能的数字万用表来测量。

3. 电解电容的极性的判断

用万用表测量电解电容器的漏电电阻，并记下这个阻值的大小，然后将红、黑表棒对调

再测电容器的漏电电阻，将两次所测得的阻值对比，漏电电阻小的一次，黑表棒所接触的是负极。

4. 代替检查法

对检测电容器而言，代替检查法在具体实施过程中分成下列两种不同的情况：

(1)如若怀疑某电容器存在开路故障(或容量不够)，可在电路中直接用一只好的电容器并联上去，通电检验，如图 2.1.25 所示。电路中，C_1 是原电路中的电容，C_0 是为代替检查而并联的好电容，$C_1=C_0$。由于是怀疑 C_1 开路，相当于 C_1 已经开路了，所以再直接并联一只电容 C_0 是可以的，这样的代替检查操作过程比较方便。代替后通电检查，若故障现象消失，则说明是 C_1 开路了，否则也可以排除 C_1 出现开路故障的可能性。

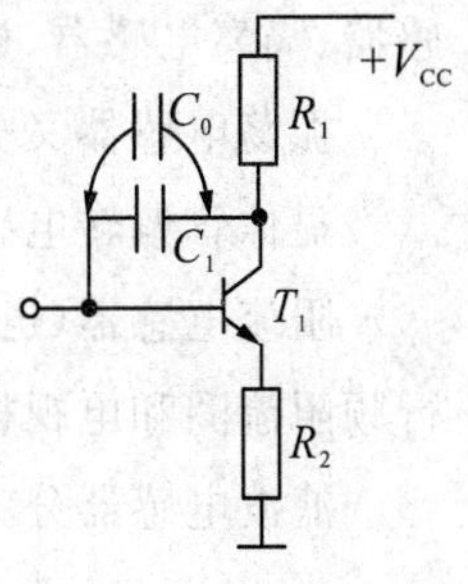

图 2.1.25　代替检查法

(2)若怀疑电路中的电容器是短路或漏电，则不能采用直接并联上去的方法，要断开所怀疑电容器的一根引脚(或拆下该电容)后再用代替检查法，因为电容短路或漏电后，该电容器两根引脚之间不再是绝缘的，使所并上的电容不能起正常作用，就不能反映代替检查的正确结果。

知识点三　电感元件

电感是用绝缘导线(例如漆包线、沙包线等)绕制而成的电磁感应元件。电感元件是一种储能元件。电感的作用：通直流阻交流这是简单的说法，电感器是组成电子线路的重要元件之一，它和电阻、电容、晶体管等元器件通过适当的组合后，能构成各种功能的电子电路。在调谐、振荡、耦合、匹配、滤波等电路中，都是不可缺少的重要元件。

一、电感器分类

1. 按结构分类

电感器按结构的不同可分为线绕式电感器和非线绕式电感器多层片状、印刷电感等，还可分为固定式电感器和可调式电感器。

按贴装方式不同分为贴片式电感器，插件式电感器。同时对电感器有外部屏蔽的成为屏蔽电感器，线圈裸露的一般称为非屏蔽电感器。固定式电感器又分为空心电子表感器、磁心电感器、铁心电感器等，根据其结构外形和引脚方式还可分为立式同向引脚电感器、卧式轴向引脚电感器、大中型电感器、小巧玲珑型电感器和片状电感器等。

可调式电感器又分为磁心可调电感器、铜心可调电感器、滑动接点可调电感器、串联互感可调电感器和多抽头可调电感器。

2. 按工作频率分类

电感按工作频率可分为高频电感器、中频电感器和低频电感器。

空心电感器、磁心电感器和铜心电感器一般为中频或高频电感器，而铁心电感器多数为低频电感器。

3.按用途分类

电感器按用途可分为振荡电感器、校正电感器、显像管偏转电感器、阻流电感器、滤波电感器、隔离电感器、被偿电感器等。

振荡电感器又分为电视机行振荡线圈、东西枕形校正线圈等。

显像管偏转电感器分为行偏转线圈和场偏转线圈。

阻流电感器(也称阻流圈)分为高频阻流圈、低频阻流圈、电子镇流器用阻流圈、电视机行频阻流圈和电视机场频阻流圈等。

滤波电感器分为电源(工频)滤波电感器和高频滤波电感器等。

图 2.1.26　电感

二、电感器主要参数

1.电感量

电感量也称自感系数，是表示电感器产生自感应能力的一个物理量。

电感器电感量的大小，主要取决于线圈的圈数(匝数)、绕制方式、有无磁心及磁心的材料等等。通常，线圈圈数越多、绕制的线圈越密集，电感量就越大。有磁心的线圈比无磁心的线圈电感量大；磁心导磁率越大的线圈，电感量也越大。

电感量的基本单位是亨利(简称亨)，用字母“H”表示。常用的单位还有毫亨(mH)和微亨(μH)，它们之间的关系是：

$$1\ \mathrm{H}=10^{3}\ \mathrm{mH}=10^{6}\ \mu\mathrm{F}=10^{9}\ \mathrm{nH}$$

2.允许偏差

允许偏差是指电感器上标称的电感量与实际电感的允许误差值。

一般用于振荡或滤波等电路中的电感器要求精度较高，允许偏差为±0.2%～±0.5%；而用于耦合、高频阻流等线圈的精度要求不高，允许偏差为±10%～±15%。

3. 品质因数

品质因数也称Q值或优值，是衡量电感器质量的主要参数。它是指电感器在某一频率的交流电压下工作时，所呈现的感抗与其等效损耗电阻之比。电感器的Q值越高，其损耗越小，效率越高。

电感器品质因数的高低与线圈导线的直流电阻、线圈骨架的介质损耗及铁心、屏蔽罩等引起的损耗等有关。

4. 分布电容

分布电容是指线圈的匝与匝之间，线圈与磁心之间，线圈与地之间，线圈与金属之间都存在的电容。电感器的分布电容越小，其稳定性越好。分布电容能使等效耗能电阻变大，品质因数变大。减少分布电容常用丝包线或多股漆包线，有时也用蜂窝式绕线法等。

5. 额定电流

额定电流是指电感器在允许的工作环境下能承受的最大电流值。若工作电流超过额定电流，则电感器就会因发热而使性能参数发生改变，甚至还会因过流而烧毁。

三、电感器的标注方法

电感器的标注方法主要有直标法和色标法。

1. 直标法

电感器采用直标法标注时，一般会在外壳上标注电感量、误差和额定电流值。如图 2.1.27 所示，列出了几只采用直标法标注的电感器。

在标注电感量时，通常会将电感量值及单位直接标出。在标注误差时，分别用Ⅰ、Ⅱ、Ⅲ表示＋5%、＋10%、＋20%。在标注额定电流时，用A、B、C、D、E分别表示50 mA、150 mA、300 mA、0.7 A和1.6 A。

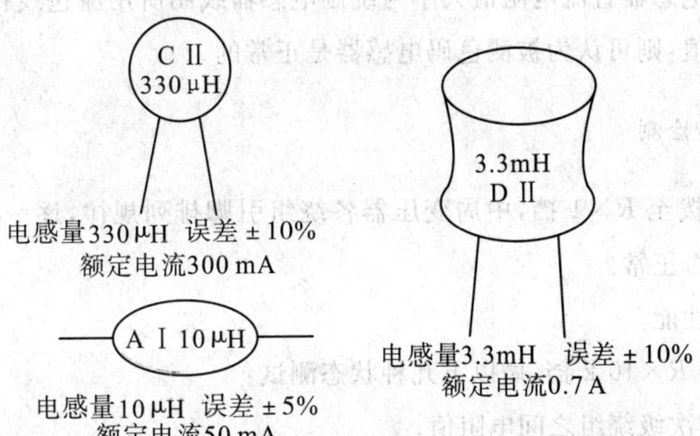

图 2.1.27　电感器直标法

2. 色标法

色标法是采用色点或色环标在电感器上来表示电感量和误差的方法。色码电感器采用色标法标注，其电感量和误差标注方法同色环电阻器，单位为 μH。色码电感器的识别如图 2.1.28 所示。

色码电感器的各种颜色含义及代表的数值与色环电阻器相同。色码电感器颜色的排列顺序方法也与色环电阻器相同。色码电感器与色环电阻器识读不同仅在于单位不同，色码电感器单位为 μH。如图 2.1.28 所示的色码电感器上标注“红棕黑银”表示电感量为 21 μH，误差为＋10％。

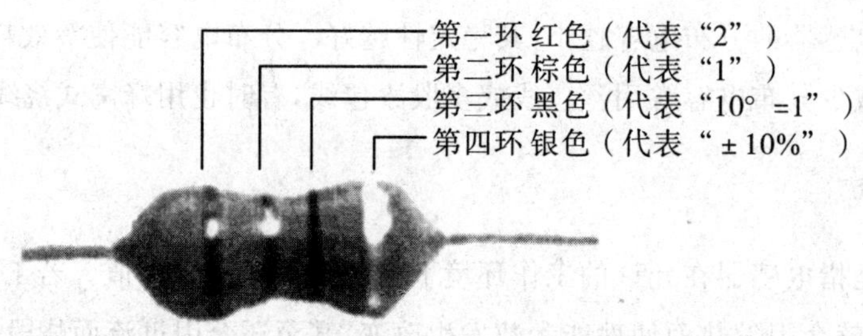

电感两为 21×1 μH×(1±10％)＝21 μH×(90％－110％)

图 2.1.28　电感器色标法

四、电感器检测方法

1. 色码电感器检测

将万用表置于 $R\times1$ 挡，红、黑表笔各接色码电感器任一引出端，此时指针应向右摆动。测出电阻值大小，可具体分下述两种情况进行鉴别：

(1)被测色码电感器电阻值为零，其内部有短路性故障。

(2)被测色码电感器直流电阻值大小与绕制电感器线圈所用漆包线径、绕制圈数有直接关系，能测出电阻值，则可认为被测色码电感器是正常的。

2. 中周变压器检测

(1)将万用表拨至 $R\times1$ 挡，中周变压器各绕组引脚排列规律，逐一检查各绕组通断情况，进而判断其是否正常。

(2)检测绝缘性能

将万用表置于 $R\times10$ k 挡，做以下几种状态测试：

①初级绕组与次级绕组之间电阻值；

②初级绕组与外壳之间电阻值；

③次级绕组与外壳之间电阻值。

上述测试结果会出现三种情况：

a. 阻值为无穷大：正常；

b. 阻值为零：有短路性故障；

c. 阻值小于无穷大，但大于零：有漏电性故障。

3. 电源变压器检测

(1)观察变压器外貌来检查其是否有明显异常现象。如线圈引线是否断裂，脱焊，绝缘材料是否有烧焦痕迹，铁心紧固螺杆是否有松动，硅钢片有无锈蚀，绕组线圈是否有外露等。

(2)绝缘性测试。用万用表 $R\times10\text{k}$ 挡分别测量铁心与初级，初级与各次级、铁心与各次级、静电屏蔽层与衩次级、次级各绕组间电阻值，万用表指针均应指无穷大位置不动。否则，说明变压器绝缘性能不良。

(3)线圈通断检测。将万用表置于 $R\times1$ 挡，测试中，若某个绕组电阻值为无穷大，则说明此绕组有断路性故障。

(4)判别初、次级线圈。电源变压器初级引脚和次级引脚一般都是分别从两侧引出，初级绕组多标有 220 V 字样，次级绕组则标出额定电压值，如 15 V、24 V、35 V 等。再对这些标记进行识别。

(5)空载电流检测。

①直接测量法。将次级所有绕组全部开路，把万用表置于交流电流挡(500 mA)，串入初级绕组。当初级绕组插头插入 220 V 交流市电时，万用表所指示便是空载电流值。此值不应大于变压器满载电流的 10%～20%。一般常见电子设备电源变压器正常空载电流应为 100 mA 左右。超出太多，则说明变压器有短路性故障。

②间接测量法。变压器初级绕组中串联一个电阻，次级仍全部空载。把万用表拨至交流电压挡。加电后，用两表笔测出电阻 R 两端电压降 U，然后用欧姆定律算出空载电流 $I_{空}$，即 $I_{空}=U/R$。

(6)空载电压检测。将电源变压器初级接 220 V 市电，用万用表交流电压依次测出各绕组空载电压值(U21、U22、U23、U24)，应符合要求值，允许误差范围一般为：高压绕组≤±10%，低压绕组≤±5%，带中心抽头两组对称绕组电压差应≤±2%。

(7)一般小功率电源变压器允许温升为 40 ℃～50 ℃，所用绝缘材料质量较好，允许温升还可提高。

(8)检测判别各绕组同名端。使用电源变压器时，到所需次级电压，可将两个或多个次级绕组串联起来使用。采用串联法使用电源变压器时，参加串联各绕组同名端必须正确连接，不能搞错。否则，变压器不能正常工作。

(9)电源变压器短路性故障综合检测判别。电源变压器发生短路性故障后，主要症状是发热严重和次级绕组输出电压失常。通常，线圈内部匝间短路点越多，短路电流就越大，而变压器发热就越严重。检测判断电源变压器是否有短路性故障，简单方法是测量空载电流

(测试方法前面已经介绍)。当短路严重时,变压器空载加电后,几十秒钟之内便会迅速发热,用手触摸铁心会有烫手感觉。此时,不用测量空载电流便可断定变压器有短路存在。

知识点四　晶体管元件

晶体管被认为是现代历史中最伟大的发明之一,在重要性方面可以与印刷术、汽车和电话等的发明相提并论。晶体管实际上是所有现代电器的关键活动元件。晶体管在当今社会的重要性主要是因为晶体管可以使用高度自动化的过程进行大规模的生产,因而可以不可思议地达到极低的单位成本。

虽然数以百万计的单体晶体管还在使用,绝大多数的晶体管是和电阻、电容一起被装配在微芯片(芯片)上以制造完整的电路。模拟的或数字的,或者这两者被集成在同一块芯片上。设计和开发一个复杂芯片的成本是相当高的,但是当分摊到通常百万个生产单位上,每个芯片的价格就是很小的。一个逻辑门包含 20 个晶体管,而 2005 年一个高级的微处理器使用的晶体管数量达 2.89 亿个。

晶体管的低成本、灵活性和可靠性使得其成为非机械任务的通用器件,例如数字计算。在控制电器和机械方面,晶体管电路也正在取代电机设备,因为它通常是更便宜、更有效地使用标准集成电路并编写计算机程序来完成同样的机械任务,使用电子控制,而不是设计一个等效的机械控制。

一、二极管

几乎在所有的电子电路中,都要用到半导体二极管,它在许多的电路中起着重要的作用。它是诞生最早的半导体器件之一,应用也非常广泛,如图 2.1.29 所示

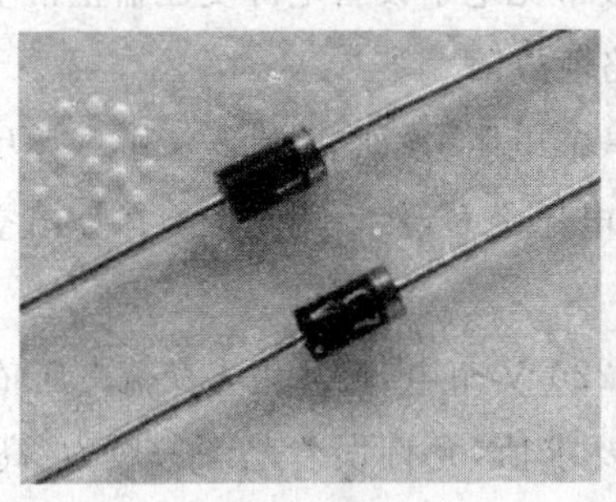
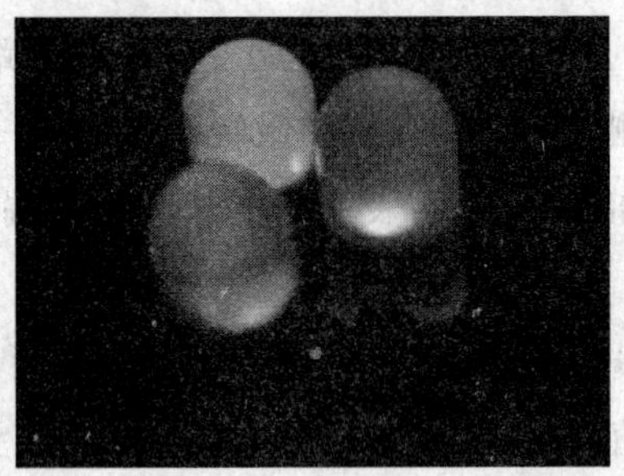

图 2.1.29　二极管

1.二极管的类型

二极管种类有很多,按照所用的半导体材料,可分为锗二极管(Ge 管)和硅二极管(Si 管)。根据其不同用途,可分为检波二极管、整流二极管、稳压二极管、开关二极管、隔离二极管、肖特基二极管、发光二极管、硅功率开关二极管、旋转二极管等。按照管芯结构,又可分为点接触型二极管、面接触型二极管及平面型二极管。

点接触型二极管是用一根很细的金属丝压在光洁的半导体晶片表面,通以脉冲电流,使

触丝一端与晶片牢固地烧结在一起,形成一个"PN 结"。由于是点接触,只允许通过较小的电流(不超过几十毫安),适用于高频小电流电路,如收音机的检波等。面接触型二极管的"PN 结"面积较大,允许通过较大的电流(几安到几十安),主要用于把交流电变换成直流电的"整流"电路中。平面型二极管是一种特制的硅二极管,它不仅能通过较大的电流,而且性能稳定可靠,多用于开关、脉冲及高频电路中。

2.二极管的导电特性

二极管最重要的特性就是单方向导电性。在电路中,电流只能从二极管的正极流入,负极流出。下面通过简单的实验说明二极管的正向特性和反向特性。

(1)正向特性

在电子电路中,将二极管的正极接在高电位端,负极接在低电位端,二极管就会导通,这种连接方式,称为正向偏置。必须说明,当加在二极管两端的正向电压很小时,二极管仍然不能导通,流过二极管的正向电流十分微弱。只有当正向电压达到某一数值(这一数值称为"门槛电压",锗管约为 0.2 V,硅管约为 0.6 V)以后,二极管才能真正导通。导通后,二极管两端的电压基本上保持不变(锗管约为 0.3 V,硅管约为 0.7 V),称为二极管的"正向压降"。

(2)反向特性

在电子电路中,二极管的正极接在低电位端,负极接在高电位端,此时二极管中几乎没有电流流过,二极管处于截止状态,这种连接方式,称为反向偏置。二极管处于反向偏置时,仍然会有微弱的反向电流流过二极管,称为漏电流。

(3)击穿

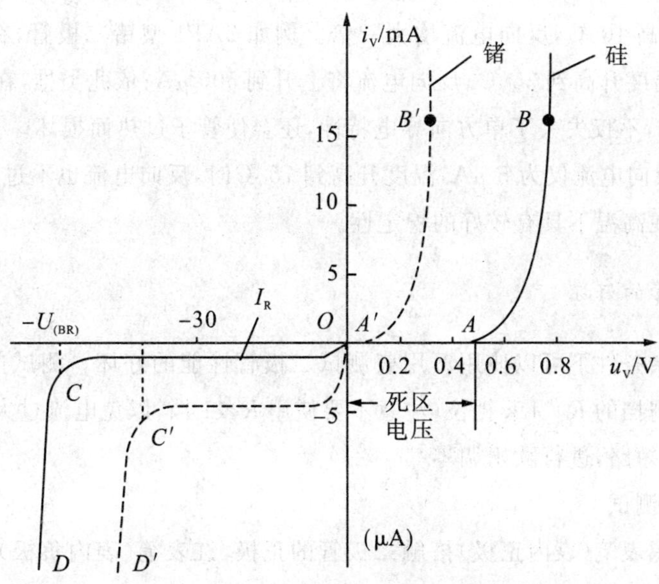

图 2.1.30　二极管伏安特性曲线

当二极管外加反向电压超过某一数值时,反向电流会突然增大,这种现象称为电击穿。引起电击穿的临界电压称为二极管反向击穿电压。电击穿时,二极管失去单向导电性。如果二极管没有因电击穿而引起过热,则单向导电性不一定会被永久破坏,在撤除外加电压后,其性能仍可恢复,否则二极管就损坏了。因而使用时应避免二极管外加的反向电压过高。

3.二极管的主要参数

用来表示二极管的性能好坏和适用范围的技术指标,称为二极管的参数。不同类型的二极管有不同的特性参数。对初学者而言,必须了解以下几个主要参数:

(1)额定正向工作电流

指二极管长期连续工作时允许通过的最大正向电流值。因为电流通过管子时会使管芯发热,温度上升,温度超过容许限度(硅管为 140 左右,锗管为 90 左右)时,就会使管芯过热而损坏。所以,二极管使用中不要超过二极管额定正向工作电流值。例如,常用的 IN4001－4007 型锗二极管的额定正向工作电流为 1 A。

(2)最高反向工作电压

加在二极管两端的反向电压高到一定值时,会将管子击穿,失去单向导电能力。为了保证使用安全,规定了最高反向工作电压值。例如,IN4001 二极管反向耐压为 50 V,IN4007 反向耐压为 1 000 V。

(3)反向电流

反向电流是指二极管在规定的温度和最高反向电压作用下,流过二极管的反向电流。反向电流越小,管子的单方向导电性能越好。值得注意的是反向电流与温度有着密切的关系,大约温度每升高 10 ℃,反向电流增大一倍。例如 2AP1 型锗二极管,在 25 ℃时反向电流若为 250 μA;温度升高到 35 ℃,反向电流将上升到 500 μA;依此类推,在 75 ℃时,它的反向电流已达 8 mA,不仅失去了单方向导电特性,还会使管子过热而损坏。又如,2CP10 型硅二极管,25 ℃时反向电流仅为 5 μA,温度升高到 75 ℃时,反向电流也不过 160 μA。故硅二极管比锗二极管在高温下具有较好的稳定性。

4.测试二极管的好坏

初学者在业余条件下可以使用万用表测试二极管性能的好坏。测试前,先把万用表的转换开关拨到欧姆挡的 $R\times1$ k 挡位(注意不要使用 $R\times1$ 挡,以免电流过大烧坏二极管),再将红、黑两根表笔短路,进行欧姆调零。

(1)正向特性测试

把万用表的黑表笔(表内正极)搭触二极管的正极,红表笔(表内负极)搭触二极管的负极。若表针不摆到 0 值而是停在标度盘的中间,这时的阻值就是二极管的正向电阻,一般正向电阻越小越好。若正向电阻为 0 值,说明管芯短路损坏;若正向电阻接近无穷大值,说明

管芯断路。短路和断路的管子都不能使用。

(2)反向特性测试

把万用表的红表笔搭触二极管的正极,黑表笔搭触二极管的负极,若表针指在无穷大值或接近无穷大值,管子就是合格的。

5.二极管的应用

(1)整流二极管

利用二极管单向导电性,可以把方向交替变化的交流电变换成单一方向的脉动直流电。

(2)开关元件

二极管在正向电压作用下电阻很小,处于导通状态,相当于一只接通的开关;在反向电压作用下,电阻很大,处于截止状态,如同一只断开的开关。利用二极管的开关特性,可以组成各种逻辑电路。

(3)限幅元件

二极管正向导通后,它的正向压降基本保持不变(硅管为 0.7 V,锗管为 0.3 V)。利用这一特性,在电路中作为限幅元件,可以把信号幅度限制在一定范围内。

(4)继流二极管

在开关电源的电感中和继电器等感性负载中起继流作用。

(5)检波二极管

在收音机中起检波作用。

(6)变容二极管

使用于电视机的高频头中。

二、三极管

半导体电子器件,由两个 PN 结组成,可以对电流起放大作用;有 3 个引脚,分别为集电极(c)、基极(b)、发射极(e);有 PNP 和 NPN 型两种,以材料分有硅材料和锗材料两种。

图 2.1.31　三极管

1.概念

半导体三极管也称双极型晶体管,晶体三极管,简称三极管,是一种电流控制电流的半导体器件。

作用:把微弱信号放大成辐值较大的电信号,也用作无触点开关。

2. 三极管的分类

(1)按材质分:硅管、锗管。

(2)按结构分:NPN、PNP。

(3)按工作频率分:高频管、低频管。

(4)按功能分:开关管、功率管、达林顿管、光敏管等。

表 2.1.7 三极管的分类

	SOT23 SOT323		ITOJP		ITO220
	SOT25 SOT353				
	SOT343		TO18		TO71
	SOT523				
	SOT89		TO220		TO72
	TO252		TO247		TO78
	TO263 TO269		TO264		TCO

3. 三极管的主要参数

(1)特征频率 f_T:当 $f=f_T$时,三极管完全失去电流放大功能。如果工作频率大于 f_T,电路将不正常工作。

(2)工作电压/电流:用这个参数可以指定该管的电压/电流使用范围。

(3)HFE:电流放大倍数。

(4)VCEO:集电极发射极反向击穿电压,表示临界饱和时的饱和电压。

(5)PCM:最大允许耗散功率。

(6)封装形式:指定该管的外观形状。

4. 判断基极、集电极、发射极和三极管的类型

三极管基极的判别：根据三极管的结构示意图，我们知道三极管的基极是三极管中两个PN结的公共极。因此，在判别三极管的基极时，只要找出两个PN结的公共极，即为三极管的基极。具体方法是将多用电表调至电阻挡的$R\times1$ k挡，先用红表笔放在三极管的一只脚上，用黑表笔去碰三极管的另两只脚。如果两次全通，则红表笔所放的脚就是三极管的基极；如果一次没找到，则红表笔换到三极管的另一个脚，再测两次；如还没找到，则红表笔再换一下，再测两次；如果还没找到，则改用黑表笔放在三极管的一个脚上，用红表笔去测两次看是否全通，若一次没成功再换。这样最多测量12次，总可以找到基极。

三极管类型的判别：三极管只有两种类型，即PNP型和NPN型。判别时只要知道基极是P型材料还是N型材料即可。当用多用电表$R\times1$ k挡时，黑表笔代表电源正极，如果黑表笔接基极时导通，则说明三极管的基极为P型材料，三极管即为NPN型。如果红表笔接基极导通，则说明三极管基极为N型材料，三极管即为PNP型。

判断集电极c和发射极e。

确定基极后，假设余下管脚之一为集电极c，另一个为发射极e，用手指分别捏住c极与b极（即用手指代替基极电阻R_b）。同时，将万用表两表笔分别与c、e接触，若被测管为NPN，则用黑表笔接触c极、用红表笔接e极（PNP管相反），观察指针偏转角度；然后再设另一管脚为c极，重复以上过程，比较两次测量指针的偏转角度，大的一次表明I_c大，管子处于放大状态，相应假设的c、e极正确。

5. 三极管的封装形式和管脚识别

常用三极管的封装形式有金属封装和塑料封装两大类，引脚的排列方式具有一定的规律，底视图位置放置，使三个引脚构成等腰三角形的顶点上，从左向右依次为ebc。对于中小功率塑料三极管按图使其平面朝向自己，三个引脚朝下放置，则从左到右依次为ebc。

目前，国内各种类型的晶体三极管有许多种，管脚的排列不尽相同，在使用中不确定管脚排列的三极管，必须进行测量以确定各管脚正确的位置，或查找晶体管使用手册，明确三极管的特性及相应的技术参数和资料。

6. 晶体三极管的电流放大作用

晶体三极管具有电流放大作用，其实质是三极管能以基极电流微小的变化量来控制集电极电流较大的变化量。这是三极管最基本的和最重要的特性。我们将$\Delta I_c/\Delta I_b$的比值称为晶体三极管的电流放大倍数，用符号“β”表示。电流放大倍数对于某一只三极管来说是一个定值，但随着三极管工作时基极电流的变化也会有一定的改变。

7. 晶体三极管的三种工作状态

(1)截止状态：当加在三极管发射结的电压小于PN结的导通电压，基极电流为零，集电极电流和发射极电流都为零，三极管这时失去了电流放大作用，集电极和发射极之间相当于开关的断开状态，我们称三极管处于截止状态。

(2)放大状态：当加在三极管发射结的电压大于 PN 结的导通电压，并处于某一恰当的值时，三极管的发射结正向偏置，集电结反向偏置，这时基极电流对集电极电流起着控制作用，使三极管具有电流放大作用，其电流放大倍数 $\beta=\Delta I_c/\Delta I_b$，这时三极管处放大状态。

(3)饱和导通状态：当加在三极管发射结的电压大于 PN 结的导通电压，并当基极电流增大到一定程度时，集电极电流不再随着基极电流的增大而增大，而是处于某一定值附近不怎么变化，这时三极管失去电流放大作用，集电极与发射极之间的电压很小，集电极和发射极之间相当于开关的导通状态。三极管的这种状态我们称之为饱和导通状态。

根据三极管工作时各个电极的电位高低，就能判别三极管的工作状态。因此，电子维修人员在维修过程中，经常要拿多用电表测量三极管各脚的电压，从而判别三极管的工作情况和工作状态。

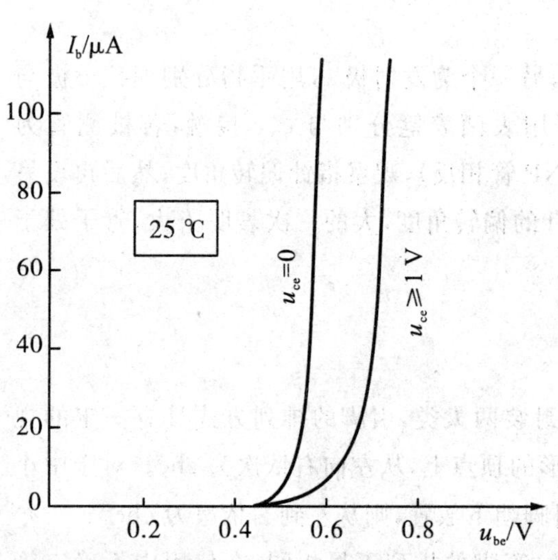

图 2.1.32 三极管输入特性曲线

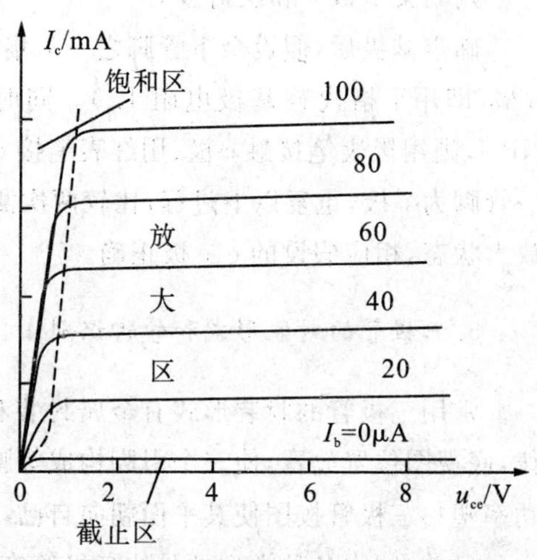

图 2.1.33 三极管输出特性曲线

任务三 PCB－2 印制板快速制作

PCB－2 **印制板快速制作**

一、训练内容

1. 快速制板设备的使用。

2. 热转印法制作 PCB 板。

二、训练器材

1. 计算机

必须已经安装印制电路板设计软件，才可进行 PCB 电路板的设计，并且可以和打印机进行通讯连接。

2. 激光打印机

用普通打印纸进行打印效果测试，检查与计算机通讯是否正常。调整激光打印机黑度，一般为中等。

3. 转印机

通电，检查无噪音后，按照使用说明书校对速度、定影系数、前后导向轮间距（与出厂参数对照）。

4. 视频高速钻

接通电源，荧光屏点亮，检查“十”字中心位置和钻头是否对正，启动电机进行打孔测试。

5. 快速腐蚀箱

6. 常用工具

剪刀、细纹锉、油性笔、胶带、去污粉、棉纱、橡胶手套和松香酒精溶液（助焊剂）等。

三、训练步骤

1. 印制电路板 PCB 图的设计

利用 Protel、Ultiboard 等软件设计 PCB 图。最细线宽及线间距应在 0.2 mm 以上。图纸应根据情况进行镜像设计。

2. PCB 电路图的打印

将 A4 专用转印纸放入激光打印机内，进行打印。注意：一定要打印在打印面（转印前应先确认转印面），否则将不能转印。打印后，应检查图形是否断线。双面板时，应确认两面图是否定位准确。

3. 准备敷铜板

按尺寸下料并除去边缘毛刺，去除铜箔上的氧化膜及油污等，使铜箔面光亮、清洁。否则，将影响转印效果。

清洁铜箔面的方法：(1)用去污粉擦洗。(2)浸入三氯化铁腐蚀液中片刻，清水冲洗。

4. 转印

(1)开机预热 20 分钟。如刚开机或长时间开机，它会进入待机状态，导轮慢速转动。使用时，可轻触一下向前的方向键（▲），就可自动进入工作状态。在自动输入时，需快速进板（或退板）时，可按住方向键▲（或▼）不放。

(2)将转印纸印有电路图的一面贴向铜箔板面，并用胶带粘牢。将有转印纸一面向上，水平将敷铜板推入转印机。电路板从出口输出后，须自然冷却至室温，再揭去转印纸，否则图形会受损。

(3)修板。检查转印图形，如有砂眼或断线等缺陷，可用油性笔、油漆、松香水等修补。

5.腐蚀

(1)三氯化铁 600 g　　水 1 000 mL　　　蚀刻温度 70 ℃～90 ℃

可根据印制板大小按比例配置溶液的浓度。

(2)腐蚀:腐蚀过程中应避免印刷板图形被划伤及磨损。为保证蚀刻效果,应使腐蚀液不断流动,或用长毛软刷轻刷印制板。一般蚀刻时间为 5～10 min(腐蚀液的浓度与温度将影响蚀刻速度)。蚀刻完成后,用清水洗净电路板。

6.打孔

按照说明书使用方法正确操作打孔。

注意:

(1)显示器"十"字中心对准焊盘中心。

(2)左手用力按住印制板,避免打孔时,钻头将印制板顶起而使钻头折断。

7.表面处理

(1)用去污粉打磨印制板图形,使焊盘及图形光亮、无污渍。

(2)清水冲洗电路板(特别是过孔)。

(3)风干后立即涂抹助焊剂(松香酒精溶液)。

四、训练注意事项

1.将装有三氯化铁溶液的腐蚀箱放置平稳。

2.由于三氯化铁具有较强的腐蚀性,在使用过程中戴好乳胶手套,以防腐蚀液侵蚀皮肤,避免腐蚀液溅到衣服上。

3.接通电源,观察水流是否覆盖整个电路板。

任务评价

任务考核及评分标准见表 2.1.8 所列。

表 2.1.8　任务评价标准表

<table>
<tr><th colspan="2">具体内容</th><th>配分</th><th>评分标准</th><th>扣分</th><th>得分</th></tr>
<tr><td colspan="2">知识吸收应用能力</td><td>10 分</td><td>1.回答问题不正确,每次扣 5 分
2.实际应用不正确,每次扣 5 分</td><td></td><td></td></tr>
<tr><td colspan="2">安全文明生产</td><td>10 分</td><td>每违规一次扣 5 分</td><td></td><td></td></tr>
<tr><td rowspan="5">任务实践</td><td>PCB 图设计</td><td>15 分</td><td>PCB 图设计走线不合理扣 5 分</td><td></td><td></td></tr>
<tr><td>热转印</td><td>15 分</td><td>热转印不到位扣 2 分
不修板扣 5 分</td><td></td><td></td></tr>
<tr><td>腐蚀</td><td>20</td><td>过腐蚀扣 5 分</td><td></td><td></td></tr>
<tr><td>打孔</td><td>10</td><td>打孔有偏差扣 2 分</td><td></td><td></td></tr>
<tr><td>表面处理</td><td>10</td><td>焊盘及图形不光亮有污渍扣 5 分</td><td></td><td></td></tr>
</table>

职业素养	10分	出勤、纪律、卫生、处理问题、团队精神等		
合　计	100分			
备注				

知识链接

知识点一　概述

一、简介

印制电路板(Printed Circuit Board,PCB)也叫印刷电路板或印刷线路板,简称印制板。它由绝缘底板、连接导线和装配焊接电子元器件的焊盘组成,具有导电线路和绝缘底板的双重功能。

1. 印制电路板的种类很多,一般情况下可按印制导线和机械特性来划分。按印制电路的分布,可划分为单面板、双面板和多层板三类。

2. 所谓覆铜板,就是经粘结、热挤压工艺,使一定厚度的铜箔牢固地附着在绝缘基板上的一种板材。所用的基板材料及厚度不同,铜箔与结合剂也各有差异,制造出来的覆铜板在性能上也有很大差别。衡量覆铜板质量的非电技术标准主要为抗剥强度、翘曲度、抗弯强度和耐浸焊性。

3. 焊盘也叫连接盘,指印制导线在焊接孔周围的金属部分,供元件引线跨接线焊接用。

一般情况下,印制导线应尽量可能宽一些,这有利于承受电流,而且制造方便。印制导线的形状可分为平直均匀型、斜线均匀型、曲线均匀型和曲线非均匀型四类。

元器件的排列方式主要有规则排列和不规则排列两类。

4. 印制电路板设计也称印制排版设计,其设计流程为设计准备→外形结构草图→制版底图绘制→加工工艺图及技术要求。

草图是制作照相底图(也称黑白图)的依据,是在坐标纸上绘制的。它要求图中的焊盘位置、焊盘间距、焊盘间的相互连接、印制导线的走向及板的大小等均应按印制板的实际尺寸或按一定比例绘制出来。

制版底图绘制也称为黑白图绘制,是依据预先设计的布线草图绘制而成的,是为生产提供照相使用的黑白底图。

5. 印制板制造过程:印制电路板原版底图的制作→图形转移→印制电路板的蚀刻与加工→孔金属化与金属涂敷→助焊剂与阻焊剂。

6. 印制电路的质量检验一般着重以下内容:外观检验、连通性检验、可焊性检验、绝缘性能和镀层附着力等。

7. 根据所采用图形转移的方法不同,手工制板可采用漆图法、贴图法、雕刻法、感光法及热转印法等多种方式来实现。目前由于感光法和热转印法制板质量高、无毛刺而被广泛采用。

8. 当前常用的 CAD 软件有 Protel 和 EWB 两类

用小刀刻来刻去,用油性笔画来画去的制作电路板过程,既费时又费力,而且不美观;出外加工,价格昂贵,而且周期长。PCB—2 印制板快速制作系统使你从这种困境中解脱出来。不论印制板板面大小、复杂程度、线条宽窄,只需大约 30 分钟即可实现专业厂家的制作水平,而加工成本仅为 0.02 元/cm^2。本系统制作电路板以其周期短、见效快、成本低的特点赢得了广大教师和学生的欢迎。不仅使教师轻松完成电子实习的教学任务,更使学生们提高课外设计、创新实践的兴趣和效率,让学生在自己动手的过程中,掌握电子工艺的基本技能。

PCB—2 印制板快速制作系统由计算机、激光打印机、转印机、视频高速钻、快速腐蚀箱等组成。本系统适用于单件电路板的制作,如电子工艺实习、实验室产品开发、毕业设计和创新活动等。

本系统操作简单、方便、省时,由计算机设计 PCB 图,用激光打印机打印在专用转印纸上,通过转印机将图形转印到敷铜板上,利用三氯化铁水溶液蚀刻,然后用视频高速钻钻孔,全过程不超过 30 分钟。

二、系统组成及功能

1. 计算机

功能:设计、绘制 PCB 图。

2. 激光打印机

功能:打印 PCB 图。

3. 转印机

功能:将转印纸上的图转印到敷铜板上。

附件:转印纸。

4. 快速腐蚀箱

功能:腐蚀 PCB 线路板。

5. 视频高速钻

功能:PCB 线路板钻孔。

知识点二　使用说明

一、快速转印机

1. 主要技术指标

(1)电源:220 V±5%、50 Hz(使用接地可靠的电源插座)。

(2)额定功率:1 000 W。

(3)整机尺寸:500 mm×350 mm×130 mm

(4)输入 PCB 板最大宽度:310 mm。

(5)输入 PCB 板最小纵向长度:80 mm。

(6)输入 PCB 板厚度范围:0.5～2 mm。

(7)转印图形最小线宽:0.2 mm。

2.安装

(1)接地指导

本设备必须可靠接地,在任何情况下,都不能切断或拆除接地线,以避免被电击。本设备所附带的电源插头有接地极,使用时应将其插在可靠接地的插座上。

(2)设备安装

切勿将本设备安置于潮湿、高温、易沾水的地方。勿弄湿电线和插头,不可使电线靠近高温地方。为本设备所配电源插座应符合规格,应接地。不可将本设备安装在室外使用。

3.调试

(1)转印机出厂时,制板参数SP值与定影系数分别设定为20和150。

(2)第一次使用转印机时,如果转印效果正常,则转印机不需要调整。

(3)若效果不好,在确认铜箔板表面是清洁干净的情况下,可通过面板上"SETA"、"SETB"、"▲"和"▼"键对转速与定影系数做以下调整。

①速度调整:按下"SETB+▲",SP值增加;按下"SETB+▼",SP值减低。调节SP值大小,可以调节速度的快慢。常用的SP为15～25之间。速度快慢与敷铜板厚度、大小有关。

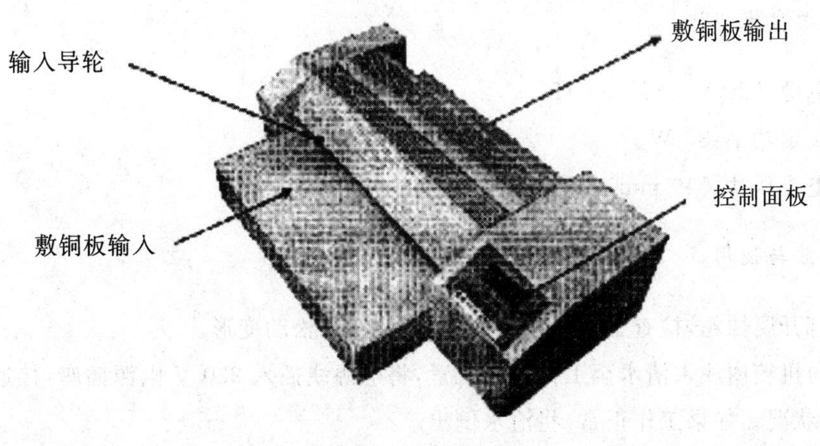

图2.1.34　热转印机

②定影系数:按下"SETA+▲",定影值增加;按下"SETA+▼",定影值减低。定影系数常设定在150左右。定影值的大小与板材有关。

③若转印图形质量有问题,在确认铜箔板表面是干净的情况下,可通过按键调整。若揭膜后介质图像呈深红色,则按"SETA+▼"将定影系数值降低(或按"SETB+▼"将速度值调小1到2个数值)。如果介质图像呈白色,且有较多残留物,则按"SETA+▲"将定影系数

值调高(或按“SETB+▲”将速度值调大)。

④参数存储:调整好参数后,同时按下“▲”、“▼”键,或2秒后自动存储调定值,下次使用时自动调用存储值。

⑤前导轮间隙设置:根据制板用的铜箔板厚度设置前导轮间隙。方法:旋转左前侧摇把,在前导轮张开的状态下,将板放入前导轮与上下轮之间,然后将摇把向闭合方向缓缓旋转,使刚刚压住板,且板还能在后导轮之间挪动,但不能抽出,保持此时的摇把位置。

⑥后导轮间隙设置:根据铜箔板厚度设置后导轮间隙。方法:旋转左后侧摇把,在后导轮张开的状态下,将板放入后导轮之间,然后将摇把向闭合方向缓缓旋转,当刚刚压住板,且此板还能在后导轮之间挪动,但不能抽出,再略向闭合方向旋转压紧一些,保持此时的摇把位置。

注:一般制板时可不设后导轮间隙,只要将后导轮完全闭合即可。只有在制板要求精度较高,或使用的铜箔板较厚时,才需设置间隙。

4. 注意事项

(1)转印机内部有高压,非专业人士切勿拆装。请不要将手指、衣襟、头发等贴近转印机导轮,以保证人身安全!

(2)使用接地不好的插头和插座会导致被电击。

二、快速腐蚀箱

1. 主要技术指标

(1)电源:220 V±5%、50 Hz。

(2)额定功率:30 W。

(3)整机尺寸:540 mm×270 mm×250 mm。

2. 安装与使用

(1)打开腐蚀箱,检查工作台是否固定良好,有无松动变形。

(2)向机箱内注入清水至工作台面位置,将电源线插入220 V电源插座,接通电源,检查水流工作状况。如果工作正常,将清水倒出。

(3)配制腐蚀液:将三氯化铁用水溶解至需要浓度(600 g三氯化铁加1 000 mL水)即可。一般温度在60 ℃~70 ℃,经过澄清,过滤残渣后,再倒入腐蚀箱内,以不超过工作台为限。直接在箱内溶化三氯化铁,其残渣容易损坏水泵。

(4)将转印好图形的印制电路板放在工作台上,用橡胶吸盘固定好,接通电源,观察水流是否覆盖整块电路板。然后盖好上盖,注意观察腐蚀情况。

腐蚀电路板的原理:

$$2FeCl_3 + Cu = 2FeCl_2 + CuCl_2$$

(5)腐蚀好的电路板,用清水反复冲刷干净后,用去污粉打磨干净,涂上松香溶液即可。

3.注意事项

(1)工作时,请带好橡胶手套,不要用手直接接触三氯化铁腐蚀液。

(2)腐蚀箱上盖扣好以前,请不要将电源线插入电源插座。

(3)未经澄清过滤的腐蚀液,不要倒入腐蚀箱内,以防造成水泵的损坏。

(4)长期不使用,请将三氯化铁倒入密闭容器保存,用清水冲洗箱体及水泵。

(5)如果水流缓慢或水泵不转,应将水泵卸下,打开水泵,清洗转子及泵轴。如还不能正常工作,需与厂家联系。

三、视频高速钻机

1.主要技术指标

(1)电源:220 V±5%、50 Hz。

(2)功率:60 W。

(3)钻孔孔径:Φ0.6～2 mm。

(4)钻头:标准的PH、RH、RD硬质合金钻头。

(5)转速:20 000 r/min。

(6)最大印制板厚度:1.5 mm。

(7)最大加工尺寸:300 mm×500 mm。

2.安装

(1)连线:数据线连接,将底座接出的视频线(浅绿色接头)与显示器的videoin插座连接,红色接头与显示器接出的插头相连,底座接出的黑色电源插头与显示器的DC—12V—IN连接。将显示器放在底座上,用两侧的螺钉将显示器与底座固定在一起,完成安装过程。

(2)更换钻头:取出随机配件——圆杆,旋入前面板中部的长孔,然后按动圆杆外端,使主轴电机缓缓上推,当该主轴上的弹簧夹头碰到工作台面时,稍加力向上,使弹簧夹头松开,这样就可以从工作台面上将原钻头取出,将新钻头装入。(注:除更换钻头外,此杆不能旋装在这个换钻头的部位,更不能用此杆操作打孔。)注意:在换装钻头时,要清洁好台面,防止异物落入钻夹中。钻头必须装到钻夹底部,使电机复位时钻头不露出工作台面。

(3)调控中心坐标:如发现荧光屏中心坐标与钻头中心偏离,需要重新调整。方法:分别松开摄像头的紧固螺丝,调整摄像头的位置和倾角,使荧光屏坐标中心与钻头对准。然后再将上述螺丝锁紧。

3.调试与操作

(1)开启钻机后侧电源,这时荧光屏点亮。

(2)按触钻机右侧按钮,启动运转。

注意:为减少空转对电机的磨损,当超过10秒不钻孔时,该高速电机会自动停止,要继续钻孔,需重复上一步。

(3)将印制电路板放到工作台上,将有印制图形的一面向上,左手用力按住电路板,防止钻孔时,板被顶起而使钻头折断。右手轻按侧边电键,钻头自下而上,将孔钻成。

4. 注意事项

(1)该机钻头安装在工作台板的下面,工作时由下往上运动钻孔。在放入印制板前,请先检查钻头是否露出工作台平面,若露出会在移动板件时碰断合金钻头,请重新安装钻头。

(2)工作前,打开电源后请先检查钻头是否处于荧屏坐标中心,如发现偏离,请重新调整。

(3)必须在主轴电机停转后再切断钻机电源,否则,钻头不能复位。

任务四　直流稳压电源设计、组装、调试与检测

任务实践

设计并组装、调试与检测1个+5 V直流稳压电源。

一、训练内容

1. 学生用protel99SE软件设计1个+5 V直流稳压电源。
2. 了解直流稳压电源的基本结构。
3. 训练查阅手册、读图、组装、焊接及调试能力。
4. 正确使用和熟悉三端集成稳压器。

二、训练器材

1. 电源变压器1个(220 V/7.5V,1 A)、二极管IN4001 6只、发光二极管1只、三端集成稳压器CW7805 1块、自制印刷电路板1块、电阻、电容、电感、导线若干。
2. 示波器1台、万用表1块、电烙铁等常用电工工具1套。

三、训练步骤

1. 学生用protel99SE软件设计1个+5 V直流稳压电源,如图2.1.35所示。

D_1～D_4、D_6、D_7 都是二极管IN4001;D_5 是发光二极管;C_2、C_3、C_5 是电解电容,分别为108 pF、100 μF、108 pF;C_1、C_4、C_6 都是瓷片电容,都为104 pF;L为330 mH电感,限流电阻R为1 k。

如图2.1.35所示为直流集成稳压电源电路,它主要由电源变压器、单相桥式整流器、电容滤波器、三端集成稳压器等组成。电源变压器把交流220 V电压变为7.5 V交流电,经由二极管 D_1～D_4 组成的桥式整流电路作用后,得到脉动直流电,再经 C_1 和 C_2、L、C_3 型滤波,作为三端集成稳压器CW7805的输入电压,最后在输出端得到+5 V直流电。电容器 C_4 为

稳压块的输入端补偿电容，其作用是消除输入端引线过长引起的自激振荡，抑制电源的高频干扰，安装时使其尽量靠近集成稳压器；C_6 为输出端补偿电容，其作用是改善输出瞬态响应。

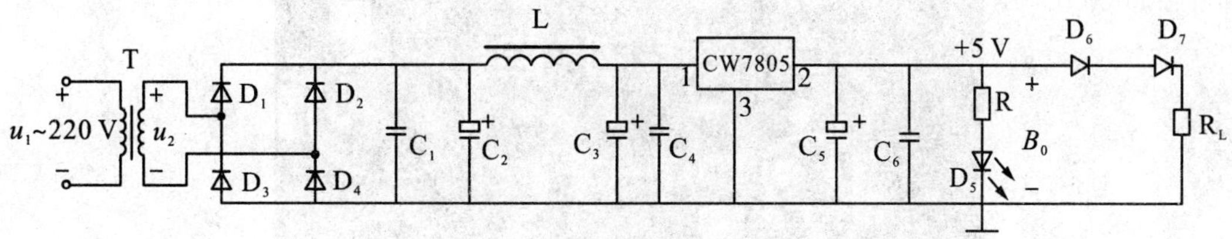

图 2.1.35　+5 V 直流稳压电源原理图

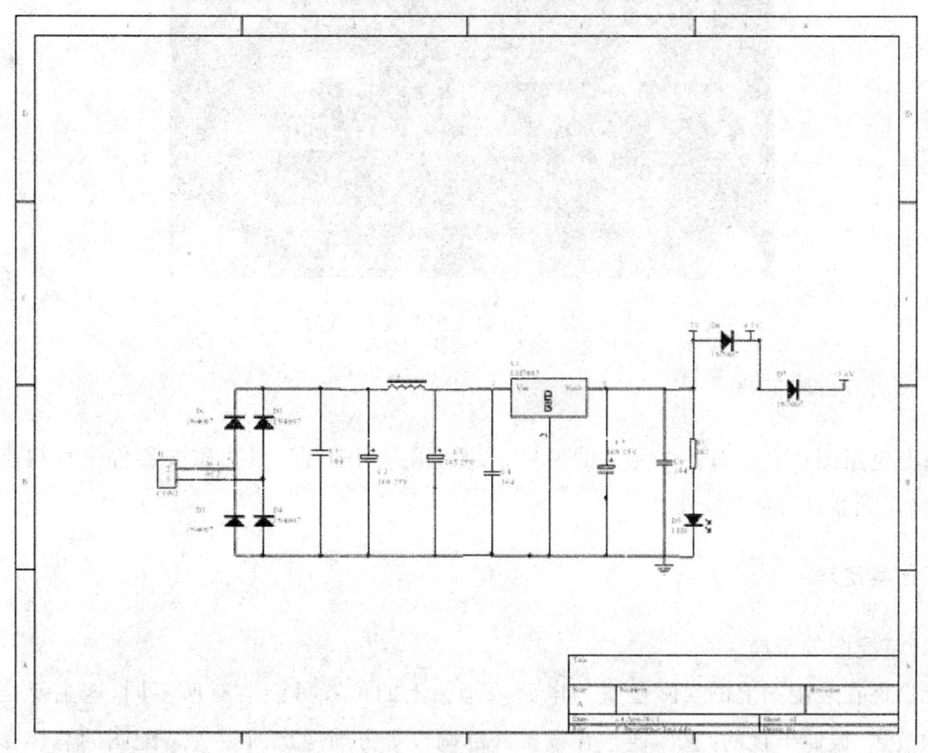

图 2.1.36　直流稳压电源电路原理图

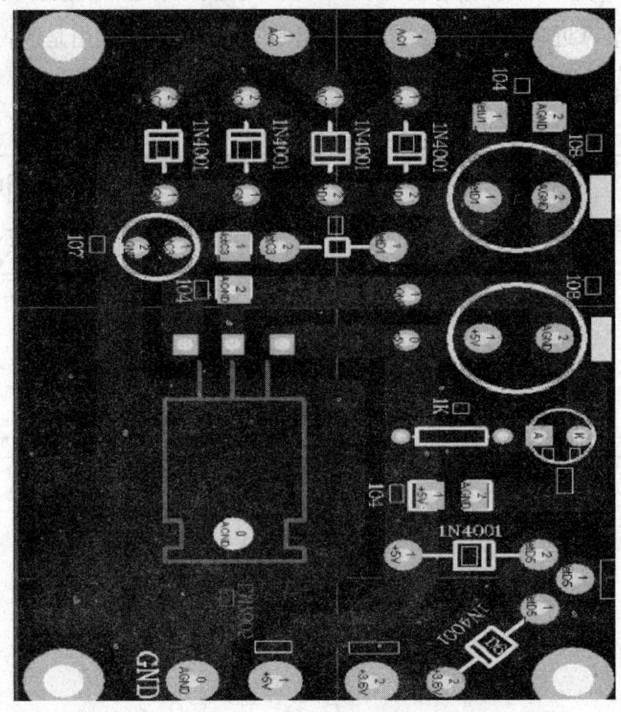

图 2.1.37　直流稳压电源 PCB 图

2. 识别和检测器件

对照电路图认真核对各个元件的型号、参数，用万用表等工具对重要器件进行初步的检测，以确保元器件性能符合要求。

3. 连接线路

(1)装配图的布局

元器件在装配图上的实际位置与电路原理图上的位置可能会有所不同，这主要是从元器件的散热，彼此干扰的减少，便于在设备外部调整等方面考虑所致。装配图的总体布局原则是：

①电路所用元器件要尽量集中放置，使元器件间连线尽量缩短。

②发热元件，如变压器、大功率集成电路等，要放在便于通风的位置。

③尽量减少元件间的相互有害干扰，如受温度影响性能变化比较大的原件要远离发热器件等。

④便于操作、调整和检修。

(2)安装和焊接

根据装配图总体布局的原则，确定本电路图中各部分元器件在电路板上的具体位置，将待焊接的元器件预先处理后焊接在电路板上。具体焊接时，要注意 CW7805 的管脚，电解电

容 C_2、C_3 和 C_5 的正负极；二极管的正负极不要接错；各部分要共地；焊点要圆滑、无毛刺、无虚焊、美观、整洁。

4. 电路调试

电路的调试过程一般是先分级调试，再级联调试，最后进行整机调试与性能指标的测试。

本电路具体调试过程为：通电前，用万用表测试是否有断路和短路的情况，共地点是否可靠共地，二极管、电容器、稳压块在焊接过程中是否有损坏等，在排除了可能存在的问题后，可进行通电调试了；通电后，观察各元件的发热情况是否正常，如元件发热过快，出现冒烟、打火花等异常现象，应立即断电检查，直至排除故障。用万用表测试稳压块各管脚对的电压值是否正常，然后再用示波器观察各部分输出波形是否正常。

在完成了以上调试后，可以通过改变输入的电压值和负载值，测量稳压电源输出电压值是否稳定在设计要求范围内，以此来评价这一稳压电源性能的优劣，即稳压性能试验。

四、训练注意事项

1. 电路装接前，必须检查元器件的好坏。

2. 电路装接必须遵循工艺要求。

3. 三端集成稳压器 CW7805 的安装和焊接同其他元器件不一样。

4. 通电试车注意操作规范。

任务评价

任务考核及评分标准见表 2.1.9 所列。

表 2.1.9　任务评价标准表

具体内容		配分	评分标准	扣分	得分
知识吸收应用能力		20 分	1. 回答问题不正确，每次扣 5 分 2. 实际应用不正确，每次扣 5 分		
安全文明生产		10 分	每违规一次扣 5 分		
任务实践	直流稳压电源板	15 分	1. 元器件选择不正确，每个扣 5 分 2. 线路装接不符合工艺要求，每处扣 2 分		
	通电试车	45 分	1. 线路功能不能实现，每处扣 5 分 2. 出现短路，每次扣 10 分 3. 通电调试三次不成功扣 30 分		

职业素养	10分	出勤、纪律、卫生、处理问题、团队精神等		
合　计	100分			
备注				

知识链接

知识点　直流稳压电路工作原理

一、三端集成稳压器的引脚识别与性能检测

1.引脚识别

三端集成稳压器的封装有金属封和塑料封两种，外形如同一只大功率晶体管，管脚排列如图2.1.38所示。稳压器共有3个端，故称三端稳压器。它有W78系列和W79系列两种类型：W78××系列输出正电源，如W7805输出+5V电源；W79××系列输出负电源，如W7915输出−15V电源。根据系列和封装形式不同，其管脚的作用、排列也不同。

W78××系列的管脚排列及其作用为：

塑封式的脚1为输入端，脚2为输出端，脚3为公共端。

金属封装式只有两个引脚1、2，第3脚与金属外壳相通，为公共端。

W79××系列的管脚排列及其作用为：

塑封式的脚1为公共端，脚2为输出端，脚3为输入端。

金属封装式只有引出脚1、2，第3脚与金属外壳相通。

除固定三端稳压器外，还有一种常用的可调三端稳压器LM317T，外形如W78××，其中1为可调端，2为输出端，3为输入端。2端输出电压值通过1端电压的变化来调节。

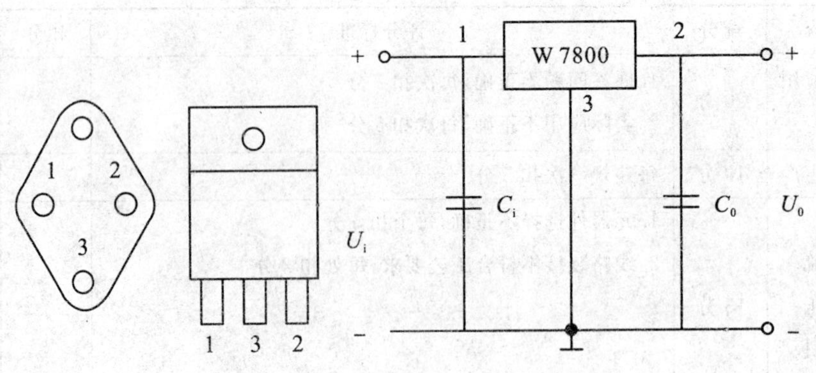

图2.1.38　三端稳压器引脚排列

2.质量鉴别

对于W78××和W79××系列三端稳压器，鉴别其质量可使用万用表的R×100挡，分

别检测其输入端与输出端的正、反向电阻值。正常时，阻值相差在数千欧以上；若阻值相差很小或近似零，说明其已损坏。

3. 性能检测

最常用的正三端稳压器是 W78××系列，具有 5～24 V 不同的稳压值，其值由 78 后面的两位数××示出。例如，W7812 输出电压为 12 V，W7815 输出电压为 15 V。这一系列的额定输出电流为 1.5A，最大可达 2.2 A，具有很强的带负载能力。除 W78××之外，正三端稳压器还有 W78L××(0.1 A)、W78M××(0.5 A)、W78T(3 A)、W78H××(5 A)4 个系列，分别具有括号中所示的额定电流输出能力，以适应不同功率的电子设备。负三端稳压器 W79 系列和 W78 系列类似，其输出电压电流也用同样的方法表示出来。欲较全面地检测其性能好坏，必须将其接入正常使用电路中，按技术指标逐项检测。

常见三端稳压器的外形图如图 2.1.39 所示。

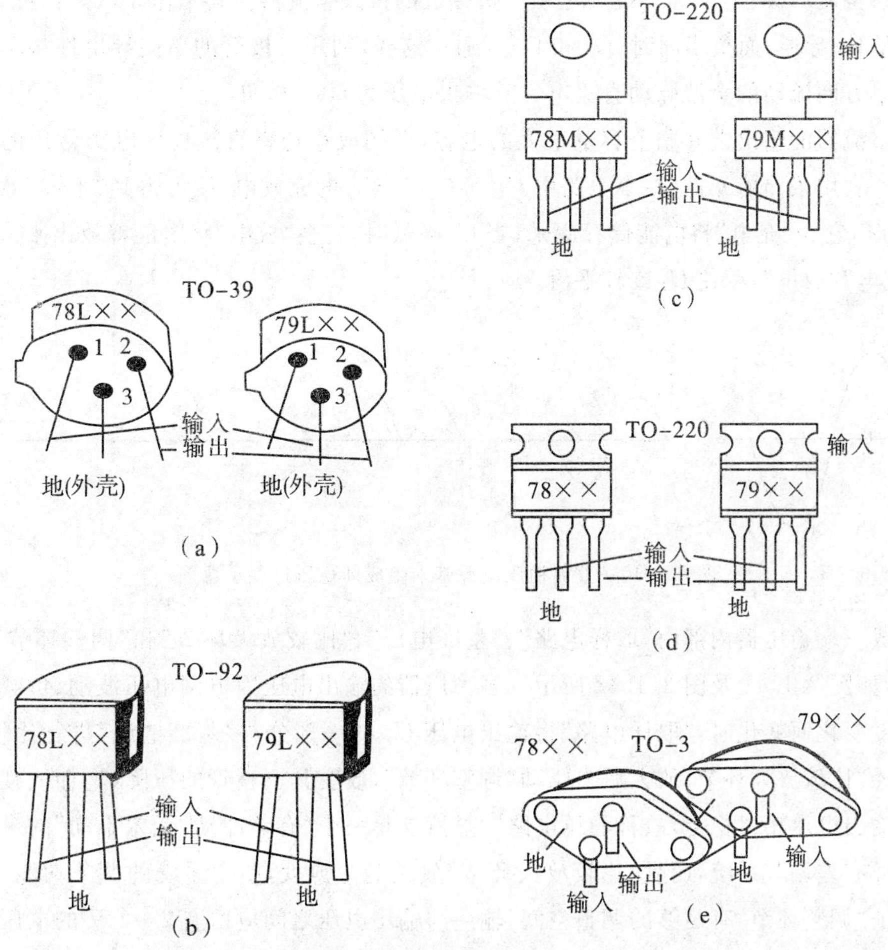

图 2.1.39　常见三端稳压器的外形图

二、直流稳压电源的基本工作原理

直流稳压电源是一种通用的电源设备，能为各种电子仪器和电路提供稳定的直流电源。当电网电压波动、负载变化和环境温度在一定范围内变化时，其输出电压能维持相对稳定。直流稳压电源一般由电源变压器、整流器、滤波器、稳压器四个部分组成，如图 2.1.40 所示。

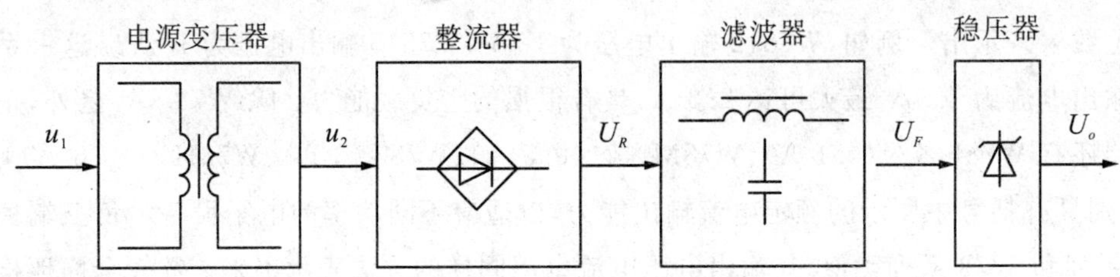

电源变压器将交流电网电压 u_1降为整流器所需的输入电压 u_2。

整流器的功能是将输入的交流电压变为脉动的直流电压。在图所示的电路中，整流器是由 4 只整流二极管 IN4007 按一定顺序搭接成的桥式整流器。其工作原理为：当正 u_2半周时，D_1 和 D_3 导通；而负半周时，D_2 和 D_4 导通。这样，利用二极管的单向导电性将单相交流电变成单方向流动的全波脉动直流电。其输出电压为 $U_R=0.9U_2$。

在整流器的输出端并联上容量很大的电容，即构成小功率直流稳压电源常用的电容滤波电路。利用该储能元件(在本电路中 C_1 和 C_2、L、C_3)的充放电，便可得到“平波”效果。当 U_R增加时，它会“充电”将电能储存起来；当 U_R降低时，它会“放电”将电能释放出来。如此往复的“充电”“放电”，就使 U_F 比较平滑。

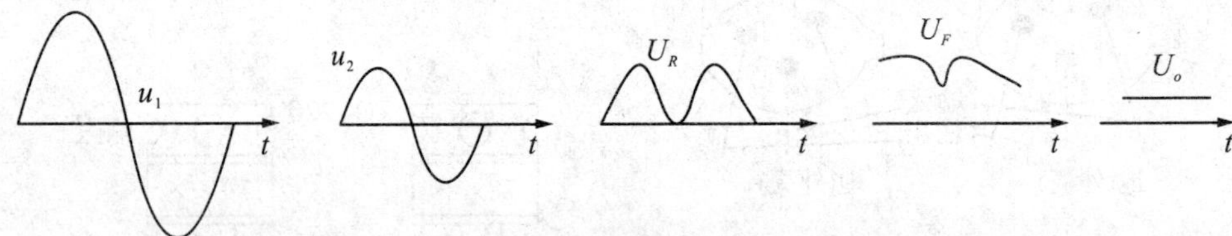

图 2.1.40　直流稳压电源基本组成即稳压过程示意图

集成三端稳压器内部由“取样电路”、“基准电压”、“比较放大环节”和“调整环节”4 个部分组成，如图 2.1.41 及图 2.1.42 所示。当稳压器的输出电压因电网电压波动、负载变化或环境温度变化而变化时，“取样电路”将输出电压 U_0 的一部分与“基准电压”进行比较，比较的差值经“比较放大环节”放大后去驱动“调整环节”，改变其调整管的压降(增加或减少)，从而维持输出电压相对稳定，故称稳压电路。显然这是一个“有差即动，无差不动”的带有负反馈的闭环有差调节系统，而且“比较放大环节”放大能力愈大，整个系统的调节功能就愈强。为了保证“调整环节”有足够的调整空间，输入与输出电压之间应留有 2～3 V 的电压差。压差既不能太大，也不能太小。压差太大，电流与压差的乘积就大，即调整管的功率损耗就大，发热严重；压差太小，若输出电压变化比较大，这样“调整环节”则无法调节，不能保证输出电

压的相对稳定。

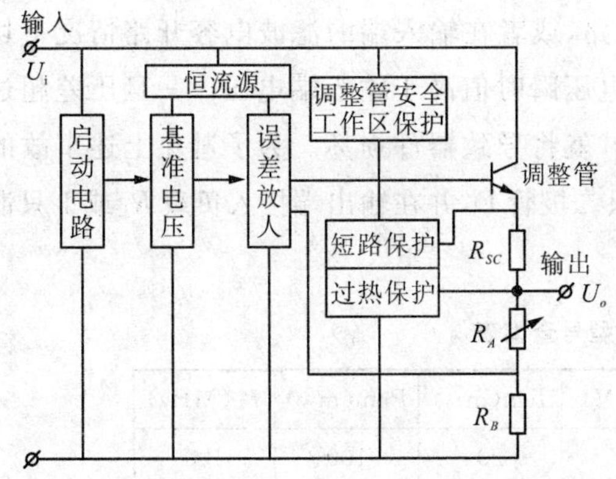

图 2.1.41　W78××系列稳压器电路框图

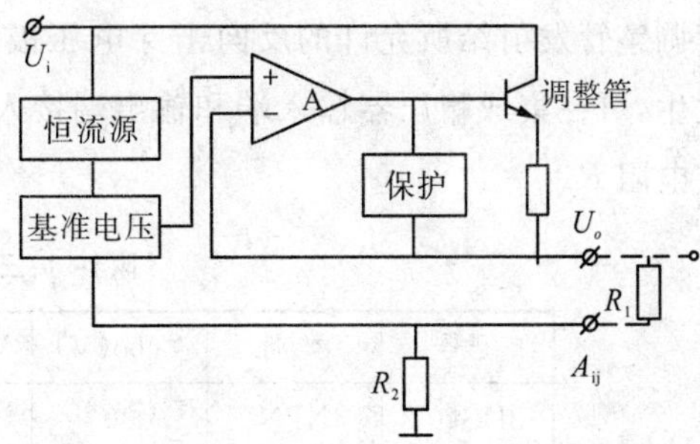

图 2.1.42　LM317 系列稳压器电路框图

三、主要性能指标及其测试方法

衡量直流稳压电源的性能指标有两种:特性指标和质量指标。

1. 特性指标

分别测量稳压电源的交流输入电压 U_1,单相桥式整流电容滤波电路的输出电压 U_F(即集成稳压器的输入),稳压电源的输出电压 U_0。分析测量结果是否符合原理说明中所叙述的数量关系。

2. 质量指标

(1)稳压系数

$$\gamma=\frac{\dfrac{\Delta U_0}{U_0}}{\dfrac{\Delta U_F}{U_F}}\Bigg|(\Delta I=0,\Delta T=0)$$

操作时,可使交流输入电压 U_i 分别增减 10%,利用单相自耦调压器实现,用万用表监测 U_0 的变化。

(2)输出电阻

$$R_0=\Delta U_0/\Delta I_0\,|\,(\Delta U_F=0,\Delta T=0,R_L\text{ 变化})$$

(3)纹波系数

$$r=\frac{u_0}{U_0}$$

r 愈小愈好。纹波电压 u_0 是指在稳压电路输出端叠加在直流输出电压 U_0 上的交流分量的有效值,一般为 mV 数量级。操作时,用双踪示波器分别观测和比较 W7805 的输入端和输出端纹波电压的频率及其峰值。

四、安全使用注意事项

尽管集成稳压器本身具有短路保护的电路装置,但是,如果使用不慎,仍会造成集成稳压器的损坏。如集成稳压器输入端对地瞬时短路,或者在输入端的滤波电容开路情况下切断"全桥"的输出,都会使得集成稳压器输出端电压瞬时值高于输入端电压。一旦压差超过其调整管发射结所允许的反向击穿电压极限值,就将导致器件损坏。为了避免上述事故的发生,可在集成稳压器输入端和输出端接入1只二极管D,并在输出端接入负载R_L或1只泄放电阻R。

附件1:三极管型号查询表

型号	类别	Vcbo(V)	Vceo(V)	Icm(mA)	Pcm(mw)	f_T(MHz)
3DG201	NPN	30	25	20	100	100
3DG12	NPN	60	50	300	700	200
3DG56	NPN	20	20	15	100	500
3DG80	NPN	20	20	30	200	600
9011	NPN	50	30	30	400	350
9012	PNP	40	20	500	620	—————
9013	NPN	40	20	500	620	—————
9014	NPN	50	45	100	450	250
9015	PNP	50	45	100	450	150
9016	NPN	30	20	25	400	600
9018	NPN	30	15	50	400	1 100
8050	NPN	40	25	1.5 A	1 W	200
8550	PNP	40	25	1.5 A	1 W	200
3903	NPN	60	40	200	625	300
3904	NPN	60	40	200	625	300
3905	PNP	40	40	200	625	250
3906	PNP	40	40	200	625	250
4400	NPN	60	40	600	625	300
4401	NPN	60	40	600	625	300
4402	PNP	60	40	600	625	300
4123	NPN	40	30	200	625	300
4124	NPN	30	25	200	625	300
4125	PNP	30	30	200	625	300
4126	PNP	25	25	200	625	200

型号	类别	Vcbo(V)	Vceo(V)	Icm(mA)	Pcm(mw)	f_T(MHz)
5401	PNP	160	150	600	625	200
5551	NPN	180	160	600	350	200

附件2:电子技能实训考核表

项目	权重	评分要点
实训态度	15%	遵守实训纪律、认真填写学生实训手册、爱护实训器材、保持环境整洁
实训操作过程与考核	70%	安全文明操作、操作规范、团结协调、一次测试成功A、二次B、三次C、考核操作能准确、顺利、无误、独立、准时完成
实训报告	15%	完成时间、报告格式规范、字迹清楚、内容详尽、完整、实训分析总结
总成绩	实训态度+实训操作过程与考核+实训报告	

2.2 电动机控制与维护训练

项目一 三相异步电动机的认识与维护

项目描述

三相异步电动机主要是感应电动机,结构简单,使用维护方便,价格低廉,而且工作可靠,坚固耐用。对电气类专业学生来说,认识三相交流异步电动机的构成,掌握三相异步电动机的使用与维护知识,在《维修电工国家职业标准(中级)》中有明确要求。

任务一 三相异步电动机拆装

知识链接

一、电动机拆装的专用工具

由于电动机长时间使用或锈蚀,拆卸带轮及轴承比较困难。在实践中,发明了一种简易的手扳拉具,它是一种拆卸皮带轮、联轴器或轴承等的专用工具。

用拉具拆卸皮带轮或联轴器时,拉脚应钩住其外缘,如图 2.2.1 所示;在拆卸轴承时,拉脚应钩在轴承的内环上,如图 2.2.2 所示。将拉具的丝杠顶尖对准轴中心的顶尖孔,缓慢地旋转丝杠并且应始终保持丝杠与被拉物在同一轴线上,即可把带轮和轴承卸下,而且能保证轴颈部不受损伤。

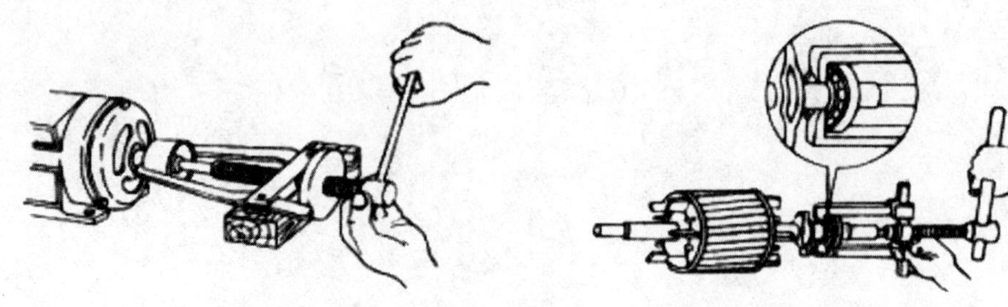

图 2.2.1 用拉具拆卸皮带轮　　图 2.2.2 用拉具拆卸轴承

此外,在拆卸过程中还要经常用到活扳手、木锤、紫铜棒、旋具等。

二、三相异步电动机的拆卸

三相异步电动机应用广泛，受各种因素的影响，难免发生故障，需要及时进行维修保养。为了确保维修质量，在拆卸前应在电动机接线头、端盖等处做好标记和记录，以便装配后使电动机能恢复到原状态。不正确的拆卸，很可能损坏零件或绕组，甚至扩大故障，增加修理的难度，造成不必要的损失。

1. 三相异步电动机的拆卸顺序

(1)切断电源，拆下电动机与电源的连接线，并将电源连接线线头做好绝缘处理。

(2)脱开带轮或联轴器与负载的联接，松开地脚螺栓和接地螺栓。

(3)拆卸带轮或联轴器。

(4)拆卸风罩风扇。

(5)拆卸轴承盖和端盖。

(6)抽出或吊出转子。

2. 主要零部件的拆卸方法

(1)联轴器或皮带轮的拆卸

首先要在联轴器或带轮的轴伸端做好尺寸标记，再将连轴器或带轮上的定位螺钉或销子取出，装上拉具，用图 2.2.1 的方法将联轴器或带轮卸下。如果由于锈蚀而难以拉动，可在定位孔内注入煤油，几小时后再拉。若还是拉不出，可用局部加热的办法，用喷灯等急火在带轮轴套四周加热，使其膨胀就可拉出。但加热温度不能太高，以防止变形。在拆卸过程中，不能用手锤或坚硬的东西直接敲击联轴器或皮带轮，防止碎裂和变形，必要时应垫上木板或用紫铜棒。

(2)拆卸风罩和风扇

拆卸风罩螺钉后，即可取下风罩，然后松开风扇的锁紧螺钉或定位销子，用木锤或紫铜棒在风扇四周均匀的轻轻敲击，风扇就可以松脱下来。风扇一般用铝或塑料制成，比较脆弱，因此在拆卸时切忌用手锤直接敲打。

(3)轴承盖和端盖的拆卸

把轴承外盖的螺栓卸下，拆开轴承外盖。为了便于装配时复位，应在端盖与机座接缝处做好标记，松开端盖紧固螺栓，然后用铜棒或用手锤垫上木板均匀敲打端盖四周，使端盖松动取下，再松开另一端的端盖螺栓，用木锤或紫铜棒轻轻敲打轴伸端，就可以把转子和后端盖一起取下，往外抽转子时要注意不能碰定子绕组。

(4)拆卸轴承的几种方法

①用拉具拆卸。这是最方便的，而且不易损坏轴承和转轴，使用时应根据轴承的大小选择适宜的拉具，按图 2.2.2 的方法夹住轴承，拉具的脚爪应紧扣在轴承内圈上，拉具丝杠的顶尖要对准转子轴的中心孔，慢慢扳转丝杠，用力要均匀，丝杠与转子应保持在同一轴线上。

②用细铜棒拆卸。用直径 18 mm 左右的黄铜棒，一端顶住轴承内圈，用手锤敲打另一端，敲打时要在轴承内圈四周对称轮流均匀地敲打，用力不要过猛，可慢慢向外拆下轴承，应注意不要碰伤转轴。

③端盖内轴承的拆卸。拆卸电动机端盖内的轴承，可将端盖止口面向上，平放在两块铁板或一个孔径稍大于轴承外圈的铁板上，上面用一段直径略小于轴承外圈的金属棒对准轴承，用手锤轻轻敲打金属棒，将轴承敲出。如图 2.2.3 所示。

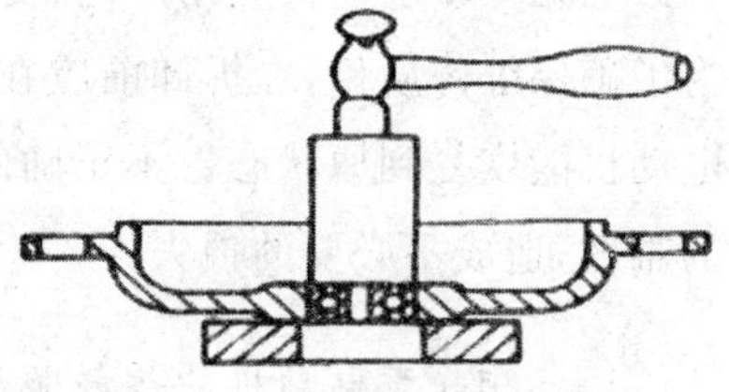

图 2.2.3　拆卸端盖内孔轴承方法

三、三相异步电动机的装配

三相异步电动机修理后的装配顺序，大致与拆卸时相反。装配时要注意拆卸时的一些标记，尽量按原记号复位。装配的顺序如下：

1.滚动轴承的安装

轴承安装的质量将直接影响电动机的寿命，装配前应用煤油把轴承、转轴和轴承室等处清洗干净，用手转动轴承外圈，检查是否灵活、均匀和有无卡住现象。如果轴承不需更换，则需再用汽油洗净，用干净的布擦干待装。

如果是更换新轴承，应将轴承放入 70 ℃～80 ℃的变压器油中加热 5 min 左右，待防锈油全部熔化后，再用汽油洗净，用干净的布擦干待装。

轴承往轴颈上装配的方法有两种：

冷套和热套，套装零件及工具都要清洗干净保持清洁，把清洗干净的轴承内盖加好润滑脂套在轴颈上。

(1)冷套法。把轴承套在轴颈上，用一段内径略大于轴径、外径小于轴承内圈直径的铁管，把轴承敲进去。铁管的一端顶在轴承的内圈上，用手锤敲打铁管的另一端，如果有条件最好是用油压机缓慢压入，如图 2.2.4(a)所示。

(2)热套法。将轴承放在 80 ℃～100 ℃的变压器油中，加热 30～40 min，趁热快速把轴承推到轴颈根部。加热时轴承要放在网架上，不要与油箱底部或侧壁接触，油面要浸过轴承，温度不宜过高，加热时间也不宜过长，以免轴承退火，如图 2.2.4(b)所示。

(3)装润滑脂。轴承的内外环之间和轴承盖内，要塞装润滑脂，润滑脂的塞装要均匀和适量，装的太满在受热后容易溢出，装的太少润滑期短，一般二极电动机应装容腔的(1/3)～(1/2)；四极以上的电动机应装空腔容积的 2/3，轴承内外盖的润滑脂

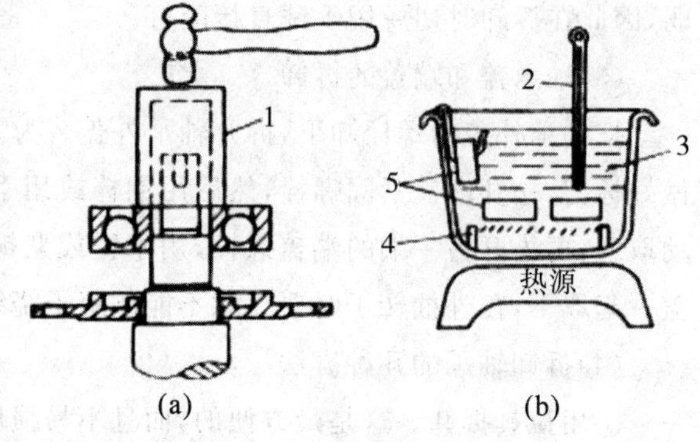

图 2.2.4　轴承的安装方法

1—套管；2—温度计；3—变压器油；4—钢丝网；5—轴承

一般为盖内容积的(1/3)～(1/2)。

2. 后端盖的安装

将电动机的后端盖套在转轴的后轴承上，并保持轴与端盖相互垂直，用清洁的木锤或紫铜棒轻轻敲打，使轴承进入端盖的轴承室内，拧紧轴承内、外盖的螺栓，螺栓要对称逐步拧紧。

3. 转子的安装

把安装好后端盖的转子对准定子铁芯的中心，小心地往里放送，注意不要碰伤绕组线圈。当后端盖已对准机座的标记时，用木锤将后端盖敲入机壳止口，拧上后端盖的螺栓，暂时不要拧得太紧。

4. 前端盖的安装

将前端盖对准机座的标记，用木锤均匀敲击端盖四周，使端盖进入止口，然后拧上端盖的紧固螺栓。最后，按对角线上下、左右均匀地拧紧前、后端盖的螺栓，在拧紧螺栓的过程中，应边拧边转动转子，避免转子不同心或卡住。接下来是装前轴承内、外盖，先在轴承外盖孔插入一根螺栓，一手顶住螺栓，另一只手缓慢转动转子，轴承内盖也随之转动，用手感来对齐轴承内外盖的螺孔，将螺栓拧入轴承内盖的螺孔，再将另两根螺栓逐步拧紧。

5. 安装风扇和皮带轮

在后轴端安装上风扇，再装好风扇的外罩。注意风扇安装要牢固，不要与外罩有碰撞和摩擦。装皮带轮时要修好键槽，磨损的键应重新配制，以保证连接可靠。

四、装配后的检验

1. 一般检查

检查所有紧固件是否拧紧；转子转动是否灵活；轴伸端有无径向偏摆。

2. 测量绝缘电阻

测量电动机定子绕组每相之间的绝缘电阻和绕组对机壳的绝缘电阻，其绝缘电阻值不能小于 0.5 MΩ。

3. 测量电流

经上述检查合格后，根据铭牌规定的电流电压，正确接通电源，安装好接地线，用钳形电流表分别测量三相电流，检查电流是否在规定电流的范围(空载电流约为额定电流的1/3)之内，三相电流是否平衡。

4.通电观察

上述检查合格后可通电观察,用转速表测量转速是否均匀并符合规定要求;检查机壳是否过热;轴承有无异常声音。

任务实践

三相异步电动机拆装

一、训练内容

1.电动机拆卸。

2.电动机内部清理。

3.电动机装配。

二、训练器材

三相异步电动机,拉具,活动扳手、呆扳手和套筒扳手若干把,紫铜棒,小盒(或纸盒),手锤,油盒,刷子,煤油,钠基润滑脂等。

三、训练步骤

1.拆卸(以笼型异步电动机为例,分解示意图如图 2.2.5 所示)

(1)切断电源,拆下电动机与电源的连接线,并将电源连接线线头做好绝缘处理;

(2)脱开带轮或联轴器与负载的联接,松开地脚螺栓和接地螺栓;

(3)拆卸带轮或联轴器;

(4)拆卸风扇罩、风扇;

(5)拆卸轴承盖和端盖;

(6)从定子腔内抽出转子。

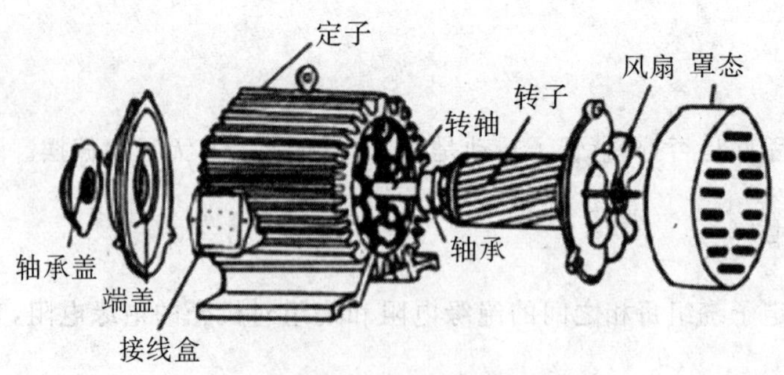

图 2.2.5 笼型异步电动机的分解示意图

2.用压缩空气吹扫电动机内部的灰尘,清洗轴承及端盖,更换润滑脂。

3.按拆卸的逆顺序装配电动机,并通电试运转。

四、训练注意事项

1. 拆卸带轮或轴承时，要正确使用拉具。
2. 电动机解体前，要打好记号，以便组装。
3. 端盖螺钉的松动与紧固必须按对角线上、下、左、右依次旋动。
4. 不能用手锤直接敲打电动机的任何部位，只能用紫铜棒在垫好木块后再敲击。
5. 抽出转子或安装转子时动作要小心，一边送一边接，不可擦伤定子绕组。
6. 清洗轴承时，一定要将陈旧的润滑脂排出洗净，再适量加入合适的新润滑脂。
7. 电动机装配后，要检查转子转动是否灵活，有无卡阻现象。
8. 电动机试车前，应做绝缘检查。

任务评价

任务考核及评分标准见表 2.2.1 所列。

表 2.2.1　任务评价标准表

<table>
<tr><th colspan="2">具体内容</th><th>配分</th><th>评分标准</th><th>扣分</th><th>得分</th></tr>
<tr><td colspan="2">知识吸收应用能力</td><td>10 分</td><td>1. 回答问题不正确，每次　扣 5 分
2. 实际应用不正确，每次　扣 5 分</td><td></td><td></td></tr>
<tr><td colspan="2">安全文明生产</td><td>10 分</td><td>每违规一次　扣 5 分</td><td></td><td></td></tr>
<tr><td rowspan="3">任务实践</td><td>电动机解体</td><td>25 分</td><td>1. 拆卸步骤不正确，每次　扣 5 分
2. 拆卸方法不正确，每次　扣 5 分
3. 工具使用不正确，每次　扣 5 分</td><td></td><td></td></tr>
<tr><td>电动机组装</td><td>35 分</td><td>1. 装配步骤不正确，每次　扣 5 分
2. 装配方法不正确，每次　扣 5 分
3. 一次装配后电动机不合要求，需重装　扣 15 分</td><td></td><td></td></tr>
<tr><td>电动机的清洗与检查</td><td>10 分</td><td>1. 轴承清洗不干净　扣 3 分
2. 润滑脂油量过多或过少　扣 3 分
3. 定子内腔和端盖处未做除尘处理或清洗　扣 6 分</td><td></td><td></td></tr>
<tr><td colspan="2">职业素养</td><td>10 分</td><td>出勤、纪律、卫生、处理问题、团队精神等</td><td></td><td></td></tr>
<tr><td colspan="2">合　计</td><td>100 分</td><td></td><td></td><td></td></tr>
<tr><td colspan="2">备注</td><td colspan="4">每项扣分不超过该项所配分数</td></tr>
</table>

任务二 三相定子绕组首尾端判别

一、交流绕组的基本概念

1. 线圈(元件)

线圈是由绝缘导线,按一定形状、尺寸在绕线模上绕制而成,可由一匝或多匝组成,如图2.2.6所示。线圈嵌入定子铁芯槽内,按一定规律连接成绕组,故线圈是交流绕组的基本单元,又称元件。线圈放在铁芯槽内的直线部分,称为有效边;槽外部分为端接部分,为节省材料,在嵌线工艺允许的情况下,端部应尽可能短。

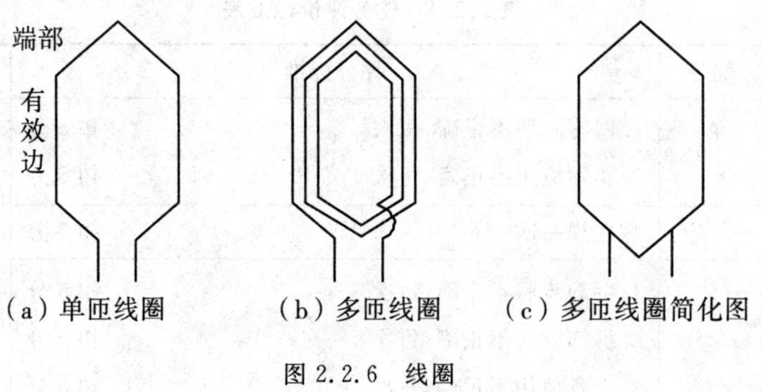

图 2.2.6 线圈

2. 极矩 τ

两个相邻磁极的中心线之间沿定子铁芯内表面所跨过的距离称为极矩 τ,极距一般用每个极面下所占的槽数来表示。即 $\tau=Z/2p$,其中 Z 为定子的槽数,p 为磁极对数。

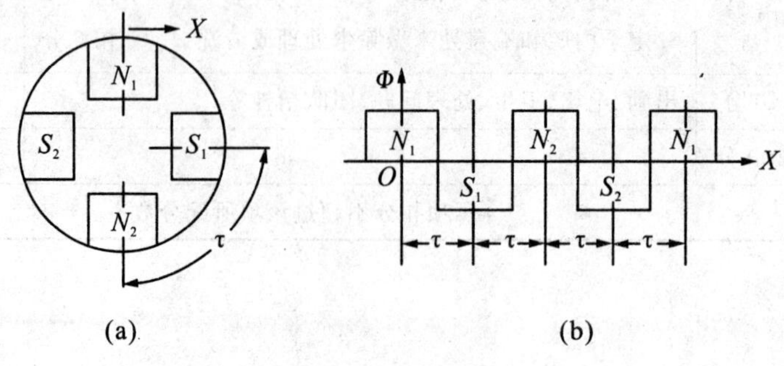

图 2.2.7 极距

3. 线圈节距

一个线圈的两有效边所跨过的定子圆周上的距离称为节距，一般用槽数表示。节距应等于或接近于极距。

(1)当 $y=\tau$ 时，称为整距绕组；

(2)当 $y<\tau$ 时($y=5/6\tau$ 或 $4/5\tau$)，称为短距绕组。

4. 机械角度与电角度

电机定子圆周所对应的几何角度为 360°，该几何角度称为机械角度。而从电磁观点来看，转子导体每经过一对磁极，所产生的感应电动势也就变化一个周期，即 360°电角度。一对磁极的电角度便为 360°电角度，若电动机有 p 对磁极，转子导体转一周(机械角度为 360°)，所产生的感应电动势也就变化 p 个周期，则电角度为 $p\times360°$。

所以：

$$电角度=p\times 机械角度$$

5. 槽距角 α

相邻两槽之间的电角度称为槽距角，用 α 表示。由于定子槽在定子圆周内分布是均匀的，所以若定子槽数为 Z，电机磁极对数为 p，则

$$\alpha=\frac{p\times360°}{Z}$$

6. 每极每相槽数 q

每一个极面下每相所占的槽数为每极每相槽数 q，若绕组相数为 m，则

$$q=\frac{Z}{2pm}$$

7. 相带

每个磁极下的每相绕组(即 q 个槽)所占的电角度为相带。因为每个磁极占的电角度为 180°，被三相绕组均分，则相带为 180°/3=60°，即在一个磁极下一相绕组占电角度，称为 60°相带。

8. 极相组(线圈组)

将一个相带内的 q 个线圈串联起来就构成一个极相组，又称为线圈组。

二、交流绕组的分布原则和分类

1. 交流绕组的分布原则

三相电机应具有三相对称绕组，在空间上应均匀分布且互差120°电角度，相邻磁极下的导体的感应电动势方向相反。所以交流电机的绕组的排列应遵守以下原则：

(1)每相绕组所占槽数要相等，且均匀分布。把定子总槽数 Z 分为 $2p$ 等分，每一等分表示一个极距 $Z/2p$；再将每一个极距内的槽数按相数分成 3 组(三相电机)，每一组所占槽数即为每极每相槽数。

(2)根据节距的概念，节距 y 应等于或接近于极距，所以沿一对磁极对应的定子内圆相带的排列顺序 U_1，W_2，V_1，U_2，W_1，V_2，这样各相绕组线圈所在的相带 U_1，V_1，W_1(或 U_2，V_2，W_2)的中心线恰好为120°电角度。如图 2.2.8 所示，2 极 24 槽、4 极 24 槽绕组分布图。图中所标的60°为电角度，即60°相带。

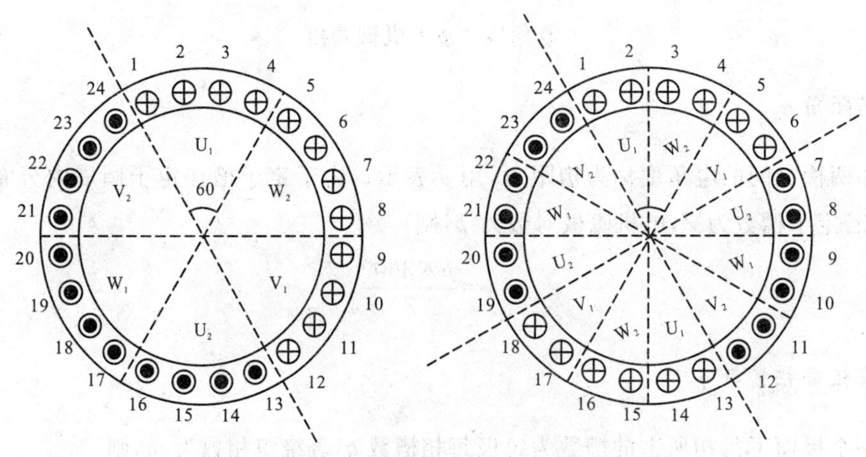

图 2.2.8　2 极 24 槽、4 极 24 槽绕组分布图

(3)规定 U_1、V_1、W_1 为绕组的首端，U_2、V_2、W_2 为绕组的尾端；且当电流由首端流入、尾端流出时为正，当电流由尾端流入、首端流出时为负。这样从正弦交流电波形图的角度看，除电流为零值外的任何瞬时，都是一相为正，两相为负，或两相为正，一相为负。如图 2.2.8 所示。按照图画出的 2 极 24 槽、4 极 24 槽绕组分布状况，表明了当 U、V 为正，W 为负时的电流方向。

(4)把属于各相的导体顺着电流方向联结起来，便得到三相对称绕组。这样在空间分布对称的三相绕组中通入三相对称的交流电，便可以产生圆形的旋转磁场，转子的导体切割圆形旋转磁场则感应电动势和电流，转子的感应电流在圆形磁场中受到电磁力的作用，形成电磁转矩，驱使电动机的转子转动。

2. 交流绕组的分类

三相交流电动机的绕组按槽内导体的槽数，可分为单层绕组和双层绕组。小型异步电动机一般采用单层绕组，大、中型异步电动机一般采用双层绕组。

任务实践

三相定子绕组首尾端判别

一、训练内容

1. 直流法判断三相定子绕组首尾端。

2. 剩磁法判断三相定子绕组首尾端。

二、训练器材

三相异步电动机、万用表、干电池、开关、电工工具等。

三、训练步骤

1. 直流法判断三相定子绕组首尾端

(1)用万用表的欧姆挡($R\times1\ \Omega$)分别测量三相绕组的6个引出线端，找出同一相绕组的两个端头，得到3个绕组，分别做好标记。

(2)万用表选较小的直流电流挡(或电压挡)，将其接在任意一相绕组的两端。

(3)将第二(或第三)相绕组接上干电池，在电池引线端接通瞬间，观察万用表的指针偏转方向。如果万用表的指针反向偏转，则接电池"＋"的端子与接万用表红表笔的端子为首端(或尾端)；如果万用表的指针正向偏转，则接电池"＋"的端子与万用表黑表笔的端子为首端(或尾端)。同理，判断剩余相绕组首尾端。

2. 剩磁法判断三相定子绕组首尾端

(1)首先将万用表调到低电阻挡，把三相绕组分开。

(2)将万用表的转换开关打到直流毫安挡，并将电动机的三相绕组并联在一起，然后用手转动电动机的转子。若万用表的指针不动，则说明3个首端并在一起，3个尾端并在一起；如果指针摆动，则说明不是首端相并和尾端相并。这时，应逐相分别对调后重新试验，直到万用表指针不动为止。

四、训练注意事项

1. 三相异步电动机与电源断开；

2. 万用表、电工工具的正确使用。

任务评价

任务考核及评分标准见表2.2.2所列。

表 2.2.2　任务评价标准表

具体内容		配分	评分标准	扣分	得分
知识吸收应用能力		10 分	1. 回答问题不正确,每次　扣 5 分 2. 实际应用不正确,每次　扣 5 分		
安全文明生产		10 分	每违规一次　扣 5 分		
任务实践	工具选用	15 分	1. 工具选择不合理　扣 5 分 2. 工具使用方法不正确　扣 5 分 3. 仪表使用不正确　扣 5 分		
	实训过程记录	20 分	1. 标记未做　扣 5 分 2. 顺序混乱　扣 5 分		
	三相绕组首尾端判断	35 分	1. 万用表读数不正确,每次　扣 5 分 2. 直流法应用不正确　扣 5 分 3. 剩磁法应用不正确　扣 5 分		
职业素养		10 分	出勤、纪律、卫生、处理问题、团队精神等		
合　计		100 分			
备注		每项扣分不超过该项所配分数			

任务三　三相异步电动机参数测定

知识链接

异步电动机的参数包括励磁参数(R_m、X_m)和短路参数(R_S、X_S)。知道了这些参数,就可用等效电路计算异步电动机的运行特性。异步电动机的励磁参数和短路参数可通过空载试验和短路(堵转)试验来测定。

一、空载试验

空载试验的目的是测定励磁参数 R_m、X_m 以及铁损耗 P_{Fe} 和机械损耗 P_{mec}。试验时,电动机轴上不带任何负载,即电动机处于空载运行状态,定子接到额定频率的对称三相电源上;当电源电压达到额定值时,让电动机运行一段时间,使其机械损耗达到稳定值。用调压器改变外加电压大小,使其从(1.1～1.3)U_N 开始,逐渐降低电压,直到电动机转速发生明显变化为止。记录电动机的端电压 U_1、空载电流 I_0、空载功率 P_0 和转速 n,并绘成曲线 $I_0=f(U_1)$和 $P_0=f(U_1)$,如图 2.2.9 所示。

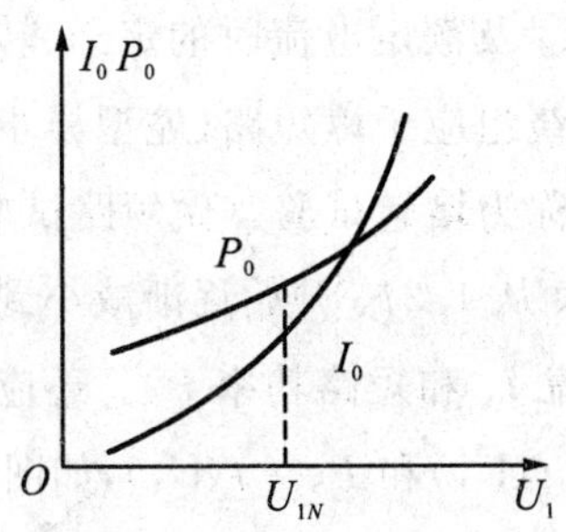

图 2.2.9　异步电动机的空载特性

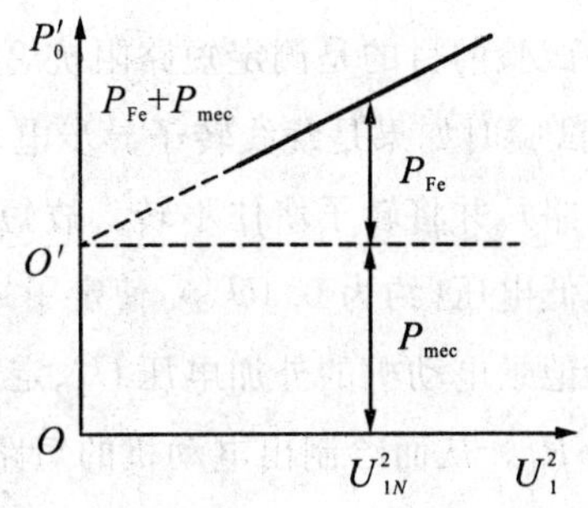

图 2.2.10　$P'_0=f(U_1^2)$曲线

由于电动机空载时，转差率 s 很小，转子电流很小，转子铜损耗 P_{Cu2} 可以忽略。此时输入功率消耗在定子铜损耗 P_{Cu1}、铁损耗 P_{Fe}、机械损耗 P_{mec} 和空载附加损耗 P_{ad} 上，即

$$P_0=3R_1I_0^2+P_{Fe}+P_{mec}+P_{ad}$$

从空载功率中减去定子铜损耗，并用 P'_0 表示，得

$$P'_0=P_0-3R_1I_0^2=P_{Fe}+P_{mec}+P_{ad}$$

由于铁损耗 P_{Fe} 和附加损耗 P_{ad} 随电源电压 U_1 的变化而变化，而机械损耗 P_{mec} 与电源电压 U_1 无关，它只取决于电动机转速的大小，当转速变化不大时，可认为机械损耗 P_{mec} 为常数。因为铁损耗 P_{Fe} 和附加损耗 P_{ad} 可认为与磁通密度的平方成正比，可近似地看成与端电压 U_1^2 成正比。故可将 P'_0 与 U_1^2 的关系绘制成曲线如图 2.2.10 所示，延长此近似直线与纵轴交于 O' 点，过 O' 点作一条虚线将曲线纵坐标分为两部分。显然空载时，$n\approx n_1$，P_{mec} 不变。而当 $U_1=0$ 时，$P_{Fe}+P_{ad}=0$。所以虚线下部纵坐标就表示机械损耗 P_{mec}，其余部分就是铁损耗 P_{Fe} 和空载附加损耗 P_{ad}。

定子加额定电压时，根据空载试验测得的数据 I_0 和 P_0，可以算出：

$$Z_0=\frac{U_1}{I_0}$$

$$R_0=\frac{P_0-P_{mec}}{3I_0^2}$$

$$X_0=\sqrt{Z_0^2-R_0^2}$$

式中，P_0 是测得的三相功率，I_0、U_1 分别为定子相电流和相电压。

电动机空载时，转差率 $s\approx0$，$I_2\approx0$，$\frac{1-s}{s}R'_2\approx\infty$，转子侧可看成开路，从异步电动机的等效电路可得

$$X_0=X_m+X_1$$

式中，X_1 可由下面短路试验测得，于是励磁电抗

$$X_m=X_0-X_1$$

则，励磁电阻为

$$R_m=R_0-R_1$$

二、短路试验

短路试验的目的是测定短路阻抗 $Z_S=R_S+jX_S$ 及额定电流时的定子、转子铜损耗 $P_{Cu1}+P_{Cu2}$。试验时如果是绕线转子异步电动机,转子绕组应予以短路(笼型异步电动机转子本身已经短路),并将转子堵住不转。故短路试验又称为堵转试验。做短路试验时,定子外施三相对称低电压(约为 $0.4U_N$),使定子短路电流 I_S 从 $1.2I_N$ 开始逐渐减小到 $0.3I_N$ 左右为止。每次记录电动机的外加电压 U_1、定子短路电流 I_S 和短路功率 P_S。还应测量定子绕组每相电阻 R_1。从而绘制出电动机的短路特性 $I_S=f(U_1)$ 和 $P_S=f(U_1)$,如图 2.2.11 所示。

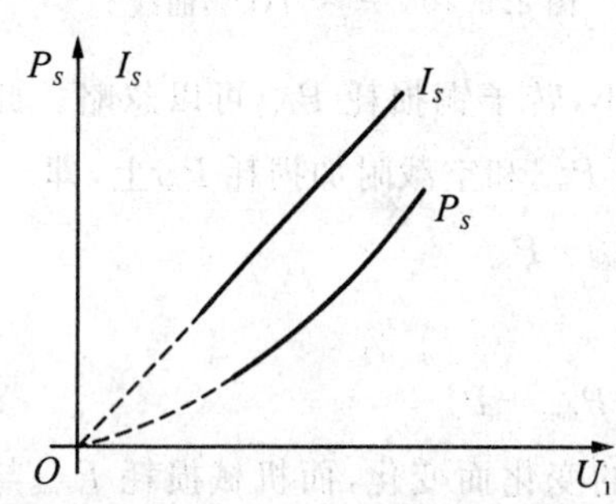

图 2.2.11　异步电动机的短路特性

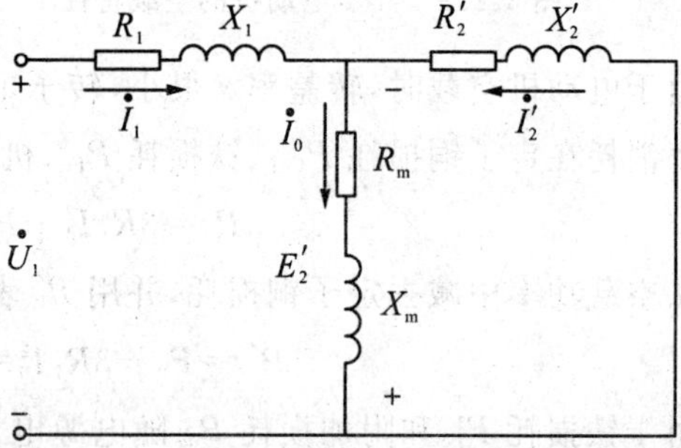

2.2.12　异步电动机转子堵转时的等效电路

如图 2.2.12 所示为异步电动机转子堵转时的等效电路图。因电压低铁损耗可忽略,为简单起见,可认为 $Z_m>Z'_2$,$I_0\approx0$,即图 2.2.12 等效电路中的励磁支路开路。由于试验时,转速 $n=0$,机械损耗 $P_{mec}=0$,定子全部的输入功率 P_S 都消耗在定、转子的电阻上,即

$$P_S=3I_1^2R_1+3I'^2_2R'_2$$

由于 $I_0\approx0$,则有 $I'_2\approx I_1=I_S$,所以

$$P_S=3(R_1+R'_2)I_S^2$$

根据短路试验数据,可求出短路阻抗 Z_S、短路电阻 R_S 和短路电抗 X_S。

$$Z_S=\frac{U_1}{I_S}$$

$$R_S=\frac{P_S}{3I_S^2}$$

$$X_S=\sqrt{Z_S^2-R_S^2}$$

式中,

$$R_S=R_1+R'_2;X_S=X_1+X'_2。$$

从 R_S 中减去定子电阻 R_1,可得 R'_2。对于 X_1 和 X'_2 无法用实验的办法分开。对大、中型异步电动机,可认为

$$X_1\approx X'_2\approx\frac{X_S}{2}$$

由于短路试验时 $P_2=0$,$P_{mec}=P_{ad}=0$ 且 $P_{Fe}\approx0$,所以 P_{SN} 就是额定电流时定、转子铜损耗之和,即:

$$P_{SN}=3I_S^2R_S=3I_{NP}^2R_S=P_{\mathrm{Cu1}}+P_{\mathrm{Cu2}}$$

任务实践

三相异步电动机参数测定

一、试验内容

1. 三相异步电动机的空载试验

(1)掌握电动机空载试验的方法；

(2)会计算励磁阻抗、额定电压下运行时的铁损耗和机械损耗。

2. 三相异步电动机的短路试验

(1)掌握电动机短路试验的方法；

(2)会计算短路阻抗、额定电流时的定子铜损耗 P_{Cu1} 和转子铜损耗 P_{Cu2}。

二、试验器材

三相调压器、待测电动机、交流电压表、交流电流表、低功率因数功率表、转速表、刀开关、导线等。

三、试验步骤

1. 空载试验

(1)正确进行线路连接；

(2)检查无误后，接通 380 V 电源；

(3)用调压器缓慢地将电压调至电动机额定电压的(1.1～1.3)倍，逐渐降低电压，直到电动机转速发生明显变化为止，此时电压约为 $0.3U_N$；

(4)逐次读取电动机的端电压 U_1、空载电流 I_0、空载功率 P_0 和转速 n 的值并记录下来；

(5)进行相关数据计算。

2. 短路试验

(1)用工具使电动机堵住不转；

(2)正确进行线路连接；

(3)检查无误后，接通 380 V 电源；

(4)用调压器缓慢地调节外施电压，使得短路电流 I_S 从 $1.2I_N$ 开始逐渐减小到 $0.3I_N$ 左右为止；

(5)逐次读取电动机的外加电压 U_1、定子短路电流 I_S 和短路功率 P_S 的值并记录下来；

(6)进行相关数据计算。

四、试验注意事项

1. 在接通 380 V 电源前,必须认真检查确保接线正确无误;

2. 空载试验时,测量前电动机应在额定电压、额定频率下空载运行一段时间,使机械损耗达到稳定;

3. 短路试验时,每点测量及读数时,通电持续时间不应超过 10 s,以免绕组过热。

任务评价

任务考核及评分标准见表 2.2.3 所列。

表 2.2.3　任务评价标准表

具体内容		配分	评分标准	扣分	得分
知识吸收应用能力		10 分	1. 回答问题不正确,每次　扣 5 分 2. 实际应用不正确,每次　扣 5 分		
安全文明生产		10 分	每违规一次　扣 5 分		
任务实践	空载试验	35 分	1. 线路连接不正确,每次　扣 10 分 2. 试验方法不正确,每次　扣 5 分 3. 读数计算不正确,每次　扣 5 分		
	短路试验	35 分	1. 线路连接不正确,每次　扣 10 分 2. 试验方法不正确,每次　扣 5 分 3. 读数计算不正确,每次　扣 5 分		
职业素养		10 分	出勤、纪律、卫生、处理问题、团队精神等		
合　计		100 分			
备注		每项扣分不超过该项所配分数			

任务四　三相异步电动机定子绕组断路故障检修

知识链接

当电动机定子绕组中有一相发生断路,电动机星形接法时,通电后发出较强的“嗡嗡”声,启动困难,甚至不能启动,断路相电流为零。当电动机带一定负载运行时,若突然发生一相断路,电动机可能还会继续运转,但其他两相电流将增大许多,并发出较强的“嗡嗡”声。对三角形接法的电动机,虽能自行启动,但三相电流极不平衡,其中一相电流比另外两相约大 70%,且转速低于额定值。采用多根并绕或多支路并联绕组的电动机,其中一根导线断线或一条支路断路并不造成一相断路,这时用电桥可测得断股或断支路相的电阻值比另外两

相大。

一、定子绕组断路的原因

1. 绕组端部伸在铁芯外面，导线易被碰断，或由于接线头焊接不良，长期运行后脱焊，以致造成绕组断路。

2. 导线质量低劣，导线截面有局部缩小处，原设计或修理时导线截面积选择偏小，嵌线时刮削或弯折致伤导线，运行中通过电流时局部发热产生高温而烧断。

3. 接头脱焊或虚焊，多根并绕或多支路并联绕组断股未及时发现，经一段时间运行后发展为一相断路，或受机械力影响断裂及机械碰撞使线圈短路。

4. 绕组内部短路或接地故障，没有发现，长期过热而烧断导线。

二、定子绕组断路故障的检查

断路故障大多数发生在绕组端部、线圈的接头以及绕组与引线的接头处。因此，发生断路故障后，首先应检查绕组端部，找出断路点，重新进行连接、焊牢，包上相应等级的绝缘材料，再经局部绝缘处理，涂上绝缘漆晾干，即可继续使用。

定子绕组断路故障的检查方法有以下几种。

1. 观察法

仔细观察绕组端部是否有碰断现象，找出碰断处。

2. 万用表法

将电动机出线盒内的连接片取下，用万用表或兆欧表测各相绕组的电阻，当电阻大到几乎等于绕组的绝缘电阻时，表明该相绕组存在断路故障，测量方法如图 2.2.13 所示。

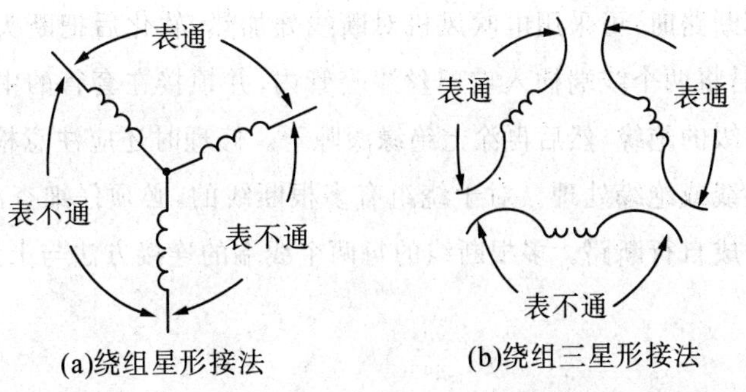

(a)绕组星形接法　　(b)绕组三星形接法

图 2.2.13　用表法检查绕组断路

3. 检验灯法

小灯泡与电池串联，两根引线分别与一相绕组的头尾相连，若有并联支路，拆开并联支路端头的连接线；有并绕的，则拆开端头，使之互不接通。如果灯不亮，则表明绕组有断路故障。测量方法如图 2.2.14 所示。

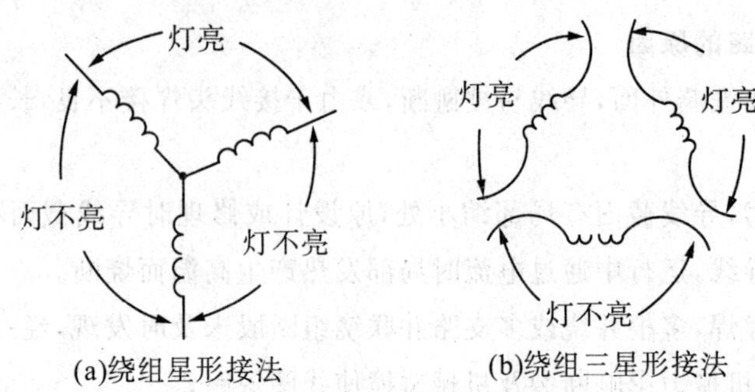

(a)绕组星形接法　(b)绕组三星形接法

图 2.2.14　检验灯法检查绕组断路

三、定子绕组断路故障的检修

查明定子绕组断路部位后,即可根据具体情况进行相应的修理。检修方法如下:

1. 当绕组导线接头焊接不良时,应先拆下导线接头处包扎的绝缘,断开接头,仔细清理,除去接头上的油污、焊渣及其他杂物。如果原来是锡焊焊接的,则先进行搪锡,再用烙铁重新焊接牢固并包扎绝缘。若采用电弧焊焊接,则既不会损坏绝缘,接头也比较牢靠。

2. 引线断路时应更换同规格的引线。若引线长度较长,可缩短引线,重新焊接接头。

3. 槽内线圈断线的处理。出现该故障现象时,应先将绕组加热,翻起断路的线圈,然后用合适的导线接好焊牢,包扎绝缘后再嵌回原线槽,封好槽口并刷上绝缘漆。但注意接头处不能在槽内,必须放在槽外两端。另外,也可以调换新线圈。有时遇到电动机急需使用,一时来不及修理,也可以采取跳接法,直接短接断路的线圈,但此时应降低负载运行。这对于小功率电动机以及轻载、低速电动机是比较适用的。这是一种应急修理办法,事后应采取适当的补救措施。如果绕组断路严重,则必须拆除绕组重绕。

4. 当绕组端部断路时,可采用电吹风机对断线处加热,软化后把断头端挑起来,刮掉断头端的绝缘层,随后将两个线端插入玻璃丝漆套管内,并顶接在套管的中间位置进行焊接。焊好后包扎相应等级的绝缘,然后再涂上绝缘漆晾干。修理时还应注意检查邻近的导线,如有损伤也要进行接线或绝缘处理。对于绕组有多根断线的,必须仔细查出哪两根线对应相接,否则,接错将造成自行断路。多根断线的每两个线端的连接方法与上述单根断线的连接方法相同。

任务实践

三相定子绕组断路故障检修

一、检修内容

1. 电动机拆装。

2. 查找故障。

3. 故障处理。

二、检修器材

故障电动机一台、常用电工工具、万用表、36 V 校验灯、220 V/36 V 变压器、绝缘纸、绝缘漆和电烙铁等。

三、检修步骤

1. 拆开电动机，将接线盒的连接片拆下（△形接法）。

2. 用万用表或校验灯查出断路的一相绕组。

3. 逐步缩小断路故障范围，找出故障所在的线圈。

4. 将定子绕组放在烘箱内加热，使线圈的绝缘软化，再设法找出故障点，断路一般发生在线圈之间的连接处或铁芯槽口处。

5. 视故障情况进行处理。若断路点发生在端部，可将断路处恢复加焊后再进行绝缘处理；若断路点发生在槽口处或槽内，则一般可拆除故障线圈，用穿绕修补法进行修理或重新绕制。

6. 将绕组及电动机复原。

四、检修注意事项

1. 找到故障点后，应首先观察故障现象，分析故障原因，然后再进行修复；

2. 进行锡焊时，焊点处不得有毛刺，焊锡不能掉入绕组内。

任务评价

任务考核及评分标准见表 2.2.4 所列。

表 2.2.4　任务评价标准表

具体内容		配分	评分标准		扣分	得分
知识吸收应用能力		10 分	1. 回答问题不正确，每次 2. 实际应用不正确，每次	扣 5 分 扣 5 分		
安全文明生产		10 分	每违规一次	扣 5 分		
任务实践	查找电动机故障	35 分	1. 拆卸步骤不正确，每次 2. 查找故障方法不对，每次 3. 判断断路点不正确，每次	扣 5 分 扣 5 分 扣 5 分		
	故障处理	35 分	1. 连接或焊接不良 2. 端部恢复不良 3. 绝缘处理不良 4. 装配不良	扣 5 分 扣 5 分 扣 10 分 扣 10 分		
职业素养		10 分	出勤、纪律、卫生、处理问题、团队精神等			
合　计		100 分				
备注		每项扣分不超过该项所配分数				

项目二　三相异步电动机的电气控制

项目描述

三相异步电动机由于具有运行可靠、结构简单、价格低廉等特点，在电力拖动系统中得到了广泛应用。随着电力电子技术、交流调速技术的发展，使得异步电动机在调速性能方面日益成熟。目前三相异步电动机的电力拖动系统已被广泛应用在各个工业电气自动化领域中。

三相异步电动机在应用中常遇到的技术性问题就是在电力拖动系统中的起动、制动和调速问题。各种由三相异步电动机构成的电力拖动系统，其电气控制线路的基本环节是由电动机的基本控制线路组成的，电动机基本控制线路的控制电器是由低压电器构成的。掌握好三相异步电动机的起动、制动、调速及各种设备的电气控制线路的安装、调试与维修知识，是对中级维修电工的基本要求。

任务一　常用低压电器的认识与检测

知识链接

一、低压开关

1. 刀开关

刀开关用来非频繁地接通和分断容量不太大的配电线路。刀开关的外形和内部结构如图 2.2.15 所示。刀开关的电气图形符号及文字符号如图 2.2.16 所示。

图 2.2.15　刀开关

(a)外形图　　(b)结构图

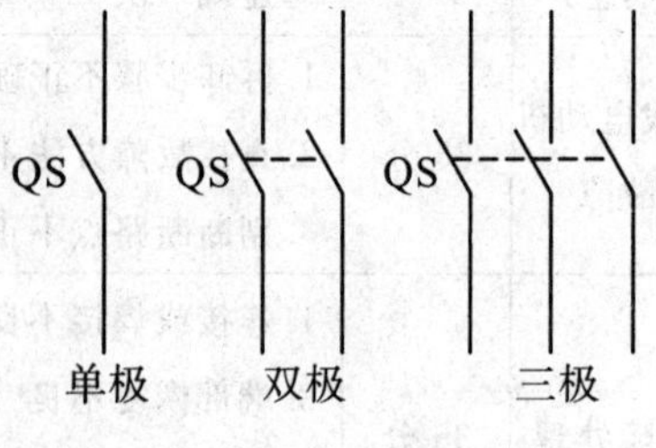

QS　QS　QS

单极　双极　三极

图 2.2.16　刀开关的电气图形符号及文字符号

2. 组合开关

组合开关又称转换开关，是通过操作手柄向右或向左转动来控制电路通断的。常用的组合开关主要有 HZ5、HZ10、HZW 系列。主要用于交流 50 Hz、额定电压 380 V、额定电流

60 A 及以下的电路中，作电源引入开关，控制电动机起动、停止、变速、换向。组合开关的外形和内部结构如图 2.2.17 所示。

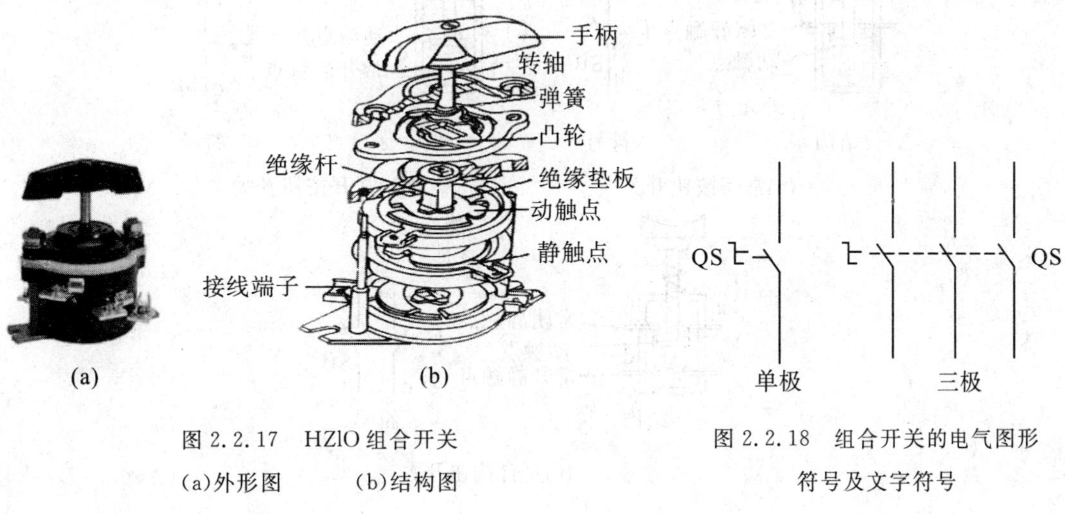

图 2.2.17　HZlO 组合开关
(a)外形图　　(b)结构图

图 2.2.18　组合开关的电气图形符号及文字符号

3. 按钮

按钮是一种手动且可以自动复位的主令电器。在控制电路中用作短时间接通和断开小电流（5 A 及以下）控制电路。常用按钮有 LA2、LA20、LAY3、LAY9 等系列。其主要参数有额定电压（380VAC/220VDC）、额定电流（5 A）。

机床常用的复合按钮，有一组常开和一组常闭的桥式双断点触点，安装在一个塑料基座上。按按钮时，桥式动触点先和上面的静触点分离，然后和下面的静触点接触，手松开后，靠弹簧返回原位。其外形结构如图 2.2.19 所示。

图 2.2.19　按钮外形结构

（1）用途

在电气控制线路中，按钮主要用于操纵接触器、继电器或电气联锁线路，再由它们去控制主电路，来实现各种运动的控制。按钮的电气图形符号及文字符号如图 2.2.20 所示。

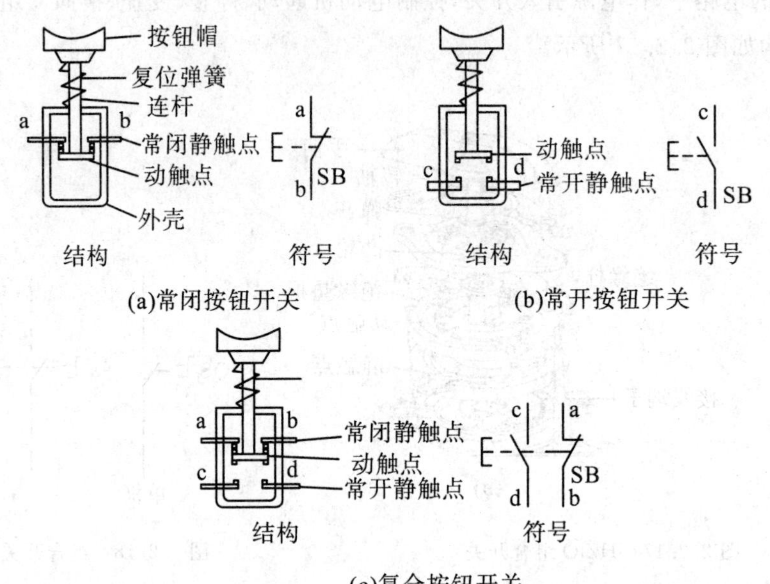

图 2.2.20　按钮电气图形符号及文字符号

(2)按钮的选择

选择按钮时,主要考虑按钮的结构形式、操作方式、触点对数、按钮颜色以及是否需要指示灯等要求。

4. 位置开关

用于机械运动部件位置检测的开关主要有行程开关、接近开关和光电开关等器件。在机床电路中应用最普遍的是行程开关。行程开关又称限位开关,是利用生产机械某些运动部件上的挡铁碰撞行程开关,使其触点动作,来分断或接通控制电路。各种位置开关的基本结构相同,区别在于使位置开关动作的传动装置和动作速度不同,为适应各种情况下使用。常用的行程开关有 JLXKl 系列和 LX19 系列。行程开关的外形如图 2.2.21 所示。

图 2.2.21　行程开关

(1)用途

行程开关是用以反映工作机械的行程位置,发出命令以控制其运动方向或行程大小的主令电器。

(2)选用

可根据使用场合和控制电路的要求进行选用。当机械运动速度很慢,且被控制电路中电流又较大时,可选用快速动作的位置开关;如果被控制的回路很多,又不易安装时,可选用带有凸轮的转动式位置开关;再如要求开关工作频率很高,可靠性也较高的场合,可选用晶体管式的无触点位置开关。

(3)安装注意事项

行程开关应根据动作要求及触点数量和安装位置来选用。安装时应注意滚轮的方向不能装反,与挡铁碰撞的位置应符合控制电路的要求,并确保能可靠地与挡铁碰撞。

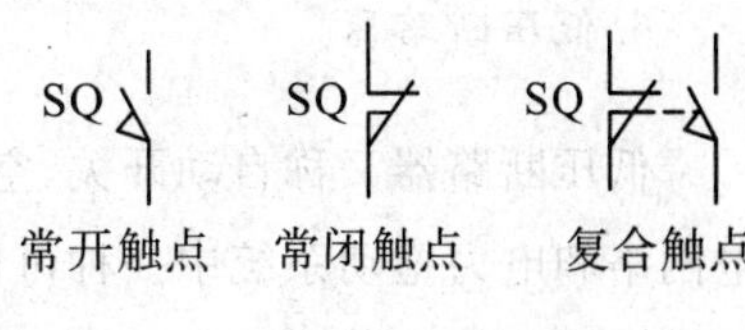

图 2.2.22　行程开关的图形符号及文字符号

行程开关的图形符号及文字符号如图 2.2.22 所示。

5. 万能转换开关

万能转换开关是一种多挡位、多段式、控制多回路的主令电器,当操作手柄转动时,带动开关内部的凸轮机构转动,从而使触点按规定顺序闭合或断开。常用的万能转换开关有 LW5、LW6 等系列。

其外形和结构如图 2.2.23 所示。

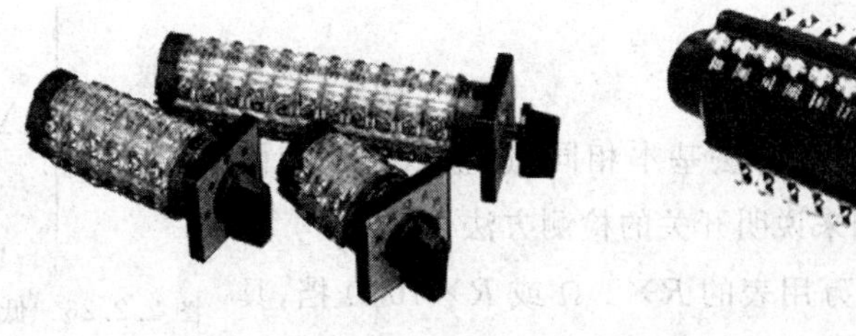

图 2.2.23　万能转换开关

(1)用途

万能转换开关一般用于交流 500V、直流 440V、约定发热电流 20A 以下的电路,作为电气控制电路的转换、配电设备的远距离控制和电气测量仪表转换,也可用于小容量异步电动机、伺服电动机、微电动机的直接控制。

(2)选用

万能转换开关根据用途、接线方式、所需触点挡数和额定电流来选用。

(3)安装时的注意事项

万能转换开关的安装位置应与其他电器元件或机床的金属部分有一定的间隔，以免在通断过程中可能因电弧喷出发生对地短路故障。安装时一般应水平安装在屏板上，但也可倾斜或垂直安装。应尽量使手柄保持水平旋转位置。

万能转换开关符号及触点通断表如图 2.2.24 所示。

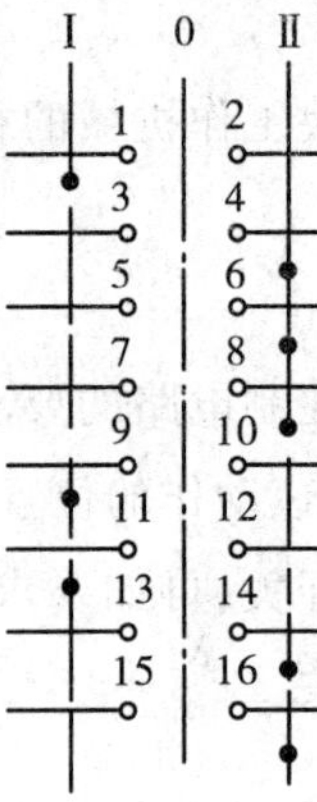

触点标号	Ⅰ	0	Ⅱ
1-2	×		
3-4			×
5-6			×
7-8			×
9-10	×		
11-12	×		
13-14			×
15-16			×

图 2.2.24　万能转换开关符号及触点通断表

(a)符号　(b)触点通断表

有“×”表示两个触点接通

6. 低压断路器

低压断路器又称自动开关、空气开关，是低压配电网络和电力拖动系统中一种可以自动切断故障电路的配电电器。当电路发生短路、过载、失压等故障时，能自动切断电路，在正常情况下，可用作不频繁接通和断开电路以及控制电动机。

低压断路器如图 2.2.25 所示。低压断路器的电气图形符号及文字符号如图 2.2.26 所示。

图 2.2.25　低压断路器

7. 开关的检测

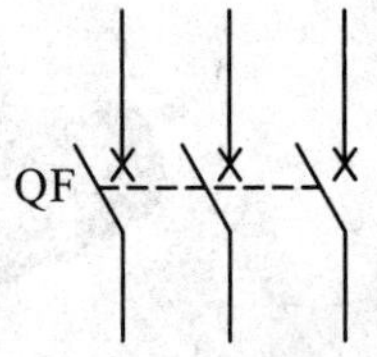

开关种类虽然很多，但检测方法基本相同，这里以检测如图 2.2.27 所示的按钮开关为例来说明开关的检测方法。

按钮开关检测一般采用万用表的 $R\times1\ \Omega$ 或 $R\times10\ \Omega$ 挡，具体测量时通常分以下两个过程：

QF

图 2.2.26　低压断路器的电气图形符号及文字符号

(1)在未按下按钮时进行检测。图 2.2.27 中的开关是一个复合型按钮开关，它包括一个常闭触点和一个常开触点。在检测时，先测量常闭触点的两个接线端之间的阻值，如图 2.2.27(a)所示，然后测量常开触点的两个接线端之间的阻值，如图 2.2.27(b)所示。如果按钮开关正常，则常闭触点阻值应为 0，而常开触点阻值应为无穷大；若与之不符，则表明按钮开关损坏。

(2)在按下按钮时进行检测。在检测时，先按下按钮，在保持按钮处于按下状态时，分别测量常闭触点和常开触点两个接线端之间的阻值。如果按钮开关正常，则常闭触点阻值应为无穷大，而常开触点阻值应为 0；若与之不符，则表明按钮开关损坏。

(3)在测量常闭或常开触点时,如果出现阻值不稳定,则通常是由于相应的开关触点接触不良。

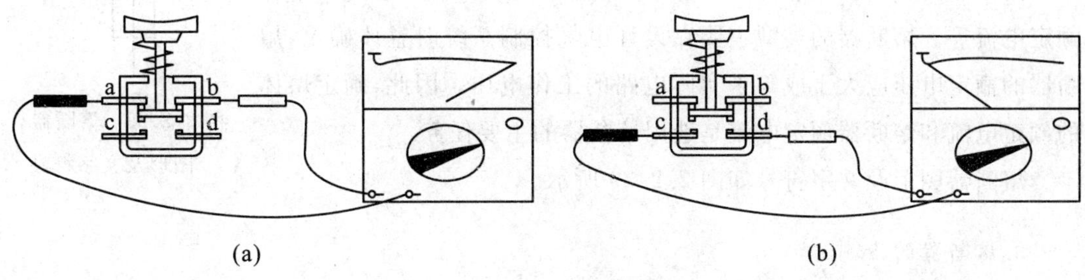

图 2.2.27 开关的检测

二、熔断器

熔断器是低压配电网络和电力拖动系统中最简单、最常用的一种安全保护电器,广泛应用于电网及用电设备的短路保护或过载保护。

熔断器的主要技术参数有额定电压、额定电流、极限分断能力等。额定电压是指熔断器长期正常工作时能够承受的电压,其额定电压值一般等于或大于电气设备的额定电压;额定电流是指熔断器长期正常工作时,各部件温升不超过规定值时所能承受的电流;极限分断能力通常是指熔断器在额定电压及一定功率因素条件下,能分断的最大短路电流值。RC1A、RL1 外形和结构如图 2.2.28 所示。

RC1A 系列瓷插式熔断器　　RL1 螺旋式熔断器

1—瓷帽;2—金属管;3—指示器;4—熔管;
5—瓷套;6—下接线端;7—上接线端;8—瓷座

图 2.2.28 熔断器

1. 用途

熔断器应串联在被保护电路中,当电路短路时,由于电流急剧增大,使熔体过热而瞬间熔断,以保护线路和线路上的设备,所以它主要作为短路保护。

2. 熔断器的选用

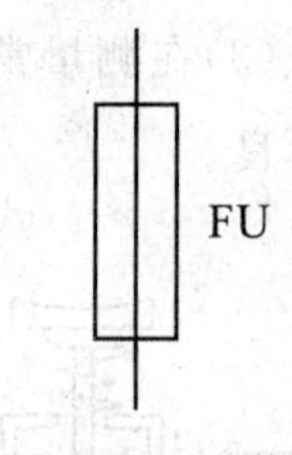

图 2.2.29 熔断器图形及文字符号

熔断器选用主要包括熔断器的类型、额定电压、额定电流和熔体额定电流等。熔断器的类型主要在设计电气控制系统时整体确定，熔断器的额定电压应大于或等于实际电路的工作电压。因此，确定熔体的额定电流和熔断器额定电流是选用熔断器的主要任务。

熔断器图形及文字符号如图 2.2.29 所示。

3. 熔断器的检测

熔断器常见故障是开路和接触不良。熔断器的种类很多，但检测方法基本相同，检测时通常使用万用表的 $R\times1\ \Omega$ 或 $R\times10\ \Omega$ 挡。下面以检测如图 2.2.30 所示的熔断器为例来说明熔断器的检测方法。

检测时，将红、黑表笔分别接熔断器的两端，测量熔断器的阻值。若熔断器正常，则阻值为 0；若阻值无穷大，则表明熔断器开路；若阻值不稳定(时大时小)，则表明熔断器内部接触不良。

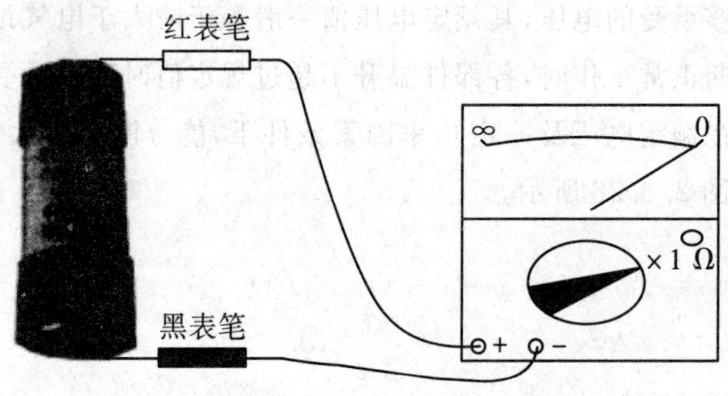

图 2.2.30 熔断器的检测

三、接触器

接触器是电力系统和自动控制系统中应用广泛的一种自动切换电器。接触器按触点通过电流的种类不同，可分为交流接触器和直流接触器。它们的结构基本相同，主要由电磁系统、触点系统与灭弧装置三部分组成，如图 2.2.31 所示。

图 2.2.31 交流接触器

1.用途

接触器是一种自动的电磁式开关,是利用电磁力作用下的吸合和反向弹簧力作用下的释放,使触点闭合和分断,导致电路的接通和断开。它还能实现远距离操作和自动控制,且具有失电压和欠电压的释放功能,适宜频繁地启动及控制电动机。

2.接触器的选用

(1)依据接触器所控制负载的使用类别、工作性质、负载轻重、电流类别来选择。

(2)依据被控对象的功率和操作情况,确定接触器的容量等级。

(3)根据控制回路要求选择线圈的参数,同时要注意下列参数的确定:

①接触器主触点额定电压。要求其大于或等于主电路额定电压。

②接触器吸引线圈的额定电压及工作频率。要求两者必须与接入此线圈的控制电路的额定电压及频率相等。

③额定电流等级确定。按技术条件规定的使用类别使用时,接触器的额定电流应大于或等于负载的额定电流。

接触器的电气图形符号及文字符号如图 2.2.32 所示。

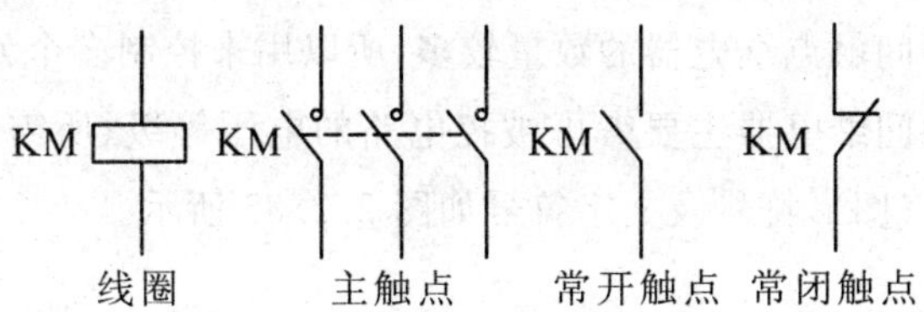

图 2.2.32 接触器的电气图形符号及文字符号

3.接触器的检测

接触器的检测通常使用万用表的×1 Ω挡或×10 Ω挡,检测时一般分以下两个步骤:

(1)如图 2.2.33(a)所示,用万用表测量接触器的每对触点开关接线端之间的阻值。若阻值为 0,说明所测的为常闭触点开关;若阻值为无穷大,则为常开触点开关;若测得某对接线端之间的阻值大于 0(在几十至几百欧之间),则所测的接线端内部为绕组。

(2)给接触器的绕组接线端加控制电压,如图 2.2.33(b)所示,让接触器内部各触点开关产生动作,然后再用万用表测量每对触点开关接线端之间的阻值。如果接触器正常,则这次测得的每对接线端之间的阻值应与前次测量的值正好相反;如未加电压时,1,2 端阻值为 0,那么加电压后,1,2 端阻值应为无穷大。

在测量时,若发现某对接线端两次测量的阻值相同,则说明该接线端内部的触点开关状态不能切换,此时可以拆开接触器进行检修。

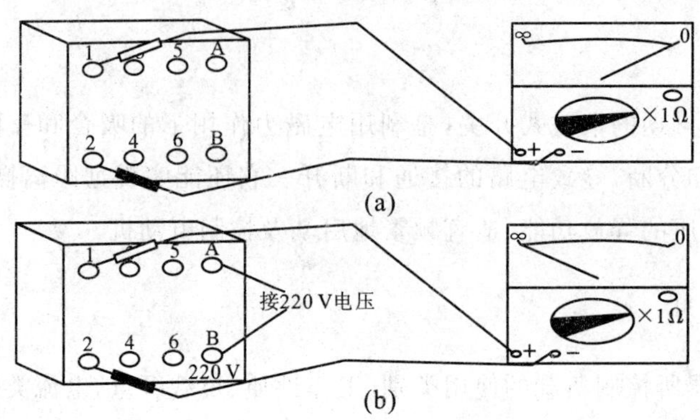

图 2.2.33　接触器的检测

四、电磁式继电器

电磁式继电器的结构和工作原理与电磁式接触器相似,如图 2.2.34 所示。

1. 中间继电器

中间继电器实质上是一种电压继电器,由电磁机构和触点系统组成。其工作原理为:当线圈外加额定控制电压为(85%~110%)U_S时,电磁机构衔铁吸合,带动触点动作;当线圈电压为(20%~75%)U_S时,衔铁释放,触点复位。常用的中间继电器有 JZ7、JZl4 等系列。

(1)作用。由于中间触点继电器的数量较多,所以用来控制多个元件或回路。

(2)选用。选择中间继电器主要考虑被控电路的电压等级、所需触点的类型、容量和数量。中间继电器的电气图形符号及文字符号如图 2.2.35 所示。

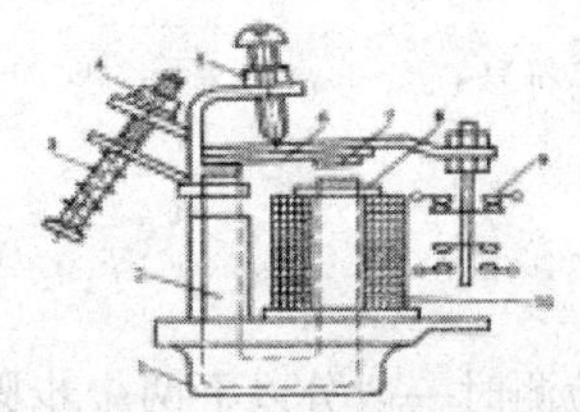

图 2.2.34　电磁式继电器的典型结构

1—底座;2—铁心;3—释放弹簧;4、5—调节螺母;

6—衔铁;7—非磁性垫片;8—极靴;9—触头系统;10—电磁线圈

图 2.2.35　中间继电器电气图形符号及文字符号

2. 电流、电压继电器

电流继电器是根据输入(线圈)电流值的大小变化来控制输出触点动作的继电器。

电压继电器是根据输入电压大小而动作的继电器。

常用的型号有 JT4 系列交流通用继电器和 JLl4 系列交直流通用继电器。

电流、电压继电器的电气图形符号及文字符号如图 2.2.36 所示。

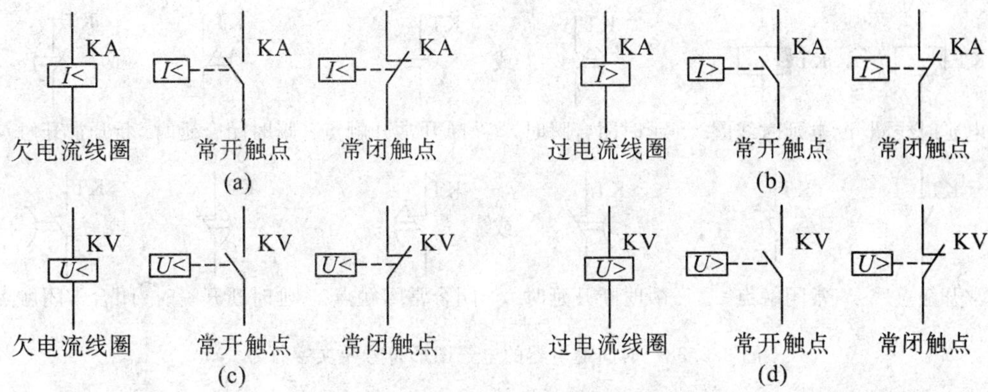

图 2.2.36　电流、电压继电器电气图形符号及文字符号

(a)欠电流继电器；(b)过电流继电器；(c)欠电压继电器；(d)过电压继电器

3.时间继电器

时间继电器是一种按照时间原则工作的继电器，根据预定时间来接通或分断电路。时间继电器的延时类型有通电延时型和断电延时型两种形式；按结构分为空气式、电动式、电磁式、电子式(晶体管、数字式)等类型。常用空气式时间继电器 JS7－A 系列有通电延时和断电延时两种类型；电动式时间继电器有 JS10、JSl 系列和 7PR 系列；常用的晶体管式时间继电器有 JSl4、JS20、ST3P 等系列；常用的数字式时间继电器有 JSSl4、JSl4S 等系列。

常用时间继电器外形图如图 2.2.37 所示。

图 2.2.37　时间继电器

(1)作用

用于接收电信号至触点动作需要延时的场合。在机床电气自动控制系统中，作为实现按时间原则控制的元件或机床机构动作的控制元件。时间继电器的电气图形符号及文字符号如图 2.2.38 所示。

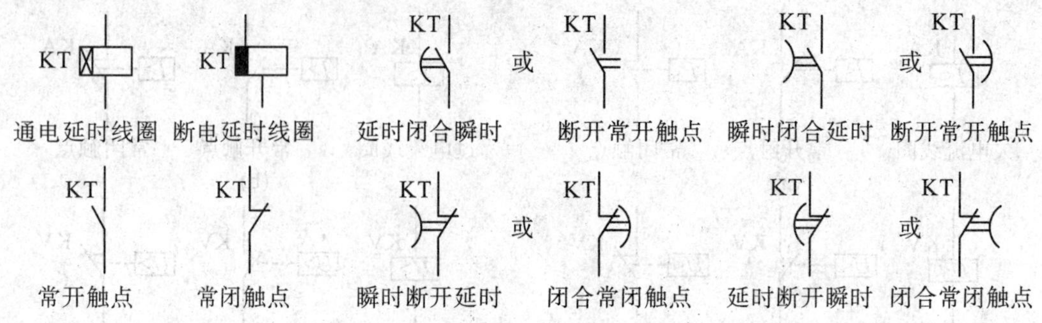

图 2.2.38 时间继电器的电气图形符号及文字符号

(2)时间继电器的选用

时间继电器的选用主要是延时方式和参数配合问题,选用时要考虑以下几个方面:

①延时方式的选择:时间继电器有通电延时和断电延时两种,应根据控制电路的要求来选用。动作后复位时间要比固有动作时间长,以免产生误动作,甚至不延时,这在反复延时电路和操作频繁的场合,尤其重要。

②类型选择:对延时精度要求不高的场合,一般采用价格较低的电磁式或空气阻尼式时间继电器;反之,对延时精度要求较高的场合,可采用电子式时间继电器。

③线圈电压选择:根据控制电路电压来选择时间继电器吸引线圈的电压。

④电源参数变化的选择:在电源电压波动大的场合,采用空气阻尼式或电动式时间继电器比采用晶体管式好;在电源频率波动大的场合,不宜采用电动式时间继电器;在温度变化较大处,则不宜采用空气阻尼式时间继电器。

4.热继电器

热继电器是用来对连续运行的电动机进行过载保护的一种电器,以防止电动机过热而烧毁。另外,热继电器还具有断相保护、温度补偿、自动与手动复位等功能。其结构如图 2.2.39 所示。

图 2.2.39 热继电器

(1)用途

热继电器是一种应用比较广泛的保护继电器,主要用来对三相异步电动机进行过载保

护。由于热继电器的工作原理是过载电流通过热元件后，使双金属片加热弯曲去推动动作机构来带动触点动作，从而将电动机控制电路断开，实现电动机断电停车，起到过载保护的作用。鉴于双金属片受热弯曲过程中，热量的传递需要较长的时间，因此，热继电器不能用作短路保护，而只能用作过载保护。

(2)热继电器的选用

①根据电动机额定电压和额定电流计算出热元件的电流范围，然后选型号及电流等级。

②根据热继电器与电动机的安装条件不同、环境不同，对热元件电流要作适当调整。如高温场合热元件的电流应放大 1.05～1.20 倍。一般情况下，热元件的整定电流为电动机额定电流的 0.95～1.05 倍。

如果电动机过载能力较差，热元件的整定电流可取电动机额定电流的 0.6～0.8 倍。另外，整定电流应留有一定的上下限调整范围。

③设计成套电气装置时，热继电器尽量远离发热电器。

④通过热继电器的电流与整定电流之比称为整定电流倍数。其值越大发热越快，动作时间越短。

⑤对于点动(断续控制)、重载起动、频繁正反转及带反接制动等运行的电动机，一般不用热继电器做过载保护。

热继电器的电气图形符号及文字符号如图 2.2.40 所示。

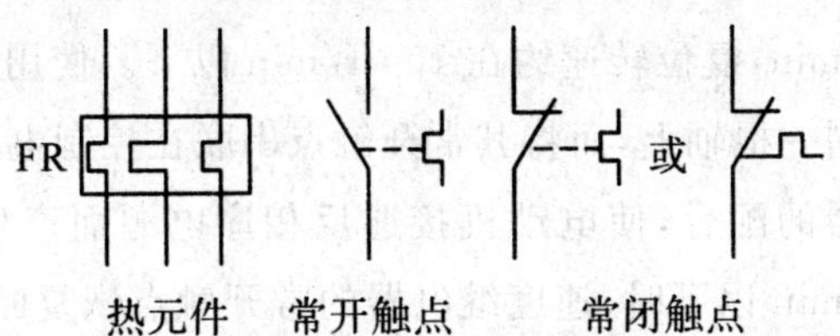

2.2.40　热继电器的电气图形符号及文字符号

5.速度继电器

速度继电器是当转速达到规定值时动作的继电器，是根据电磁感应原理制成，多用于三相交流异步电动机的制动控制。机床控制线路中，常用的速度继电器有 JYl 和 JFZ0 系列。

JYl 型速度继电器的外形及结构如图 2.2.41 所示。

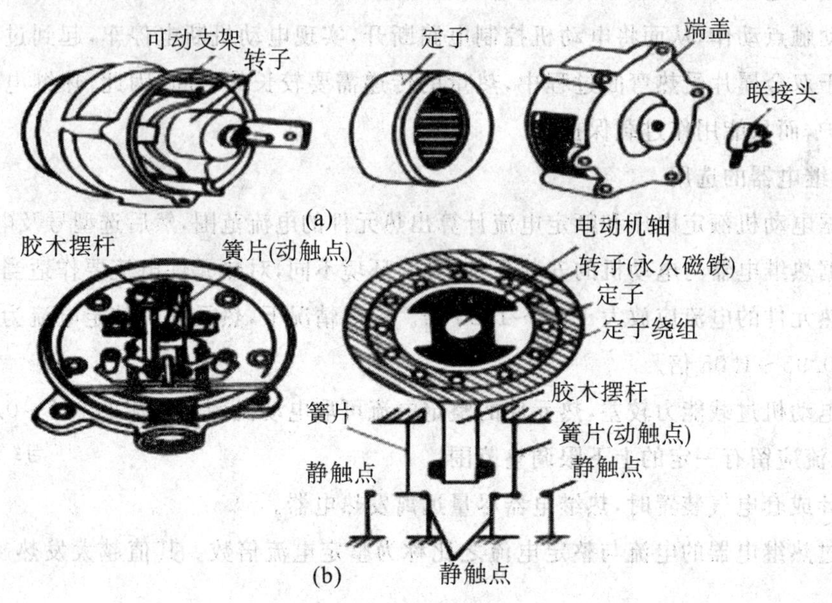

图 2.2.41　JYl 型速度继电器

(a)外形结构图;(b)原理示意图

(1)作用

在机床电气控制中,速度继电器用于电动机的反接制动控制。速度继电器的动作转速一般不低于 100～300 r/min,复位转速约在 100 r/min 以下。使用速度继电器时,应将其转子装在被控制电动机的同一根轴上,而将其常开触点串联在控制电路中。制动时,控制信号通过速度继电器与接触器的配合,使电动机接通反相序电源而产生制动转矩,使其迅速减速;当转速下降至 100 r/min 以下时,速度继电器的常开触点恢复断开,接触器断电释放,其主触点断开而迅速切断电源,电动机便停转而不致反转。

(2)选用

选用速度继电器主要根据所需控制的转速大小、触点数量和触点的电压、电流来选用。如 JY1 型在 3 000 r/min 以下时,能可靠工作;ZF20－1 型适用于 300～1 000 r/min;ZF20－2 型适用于 1 000～3 600 r/min。

(3)速度继电器安装使用注意事项

速度继电器可以先安装好,不属定额时间内。安装时,采用速度继电器的连接头与电动机转轴直接联接方法,使两轴中心线重合。若采用带轮联接方法,应使两轴中心线保持平行。

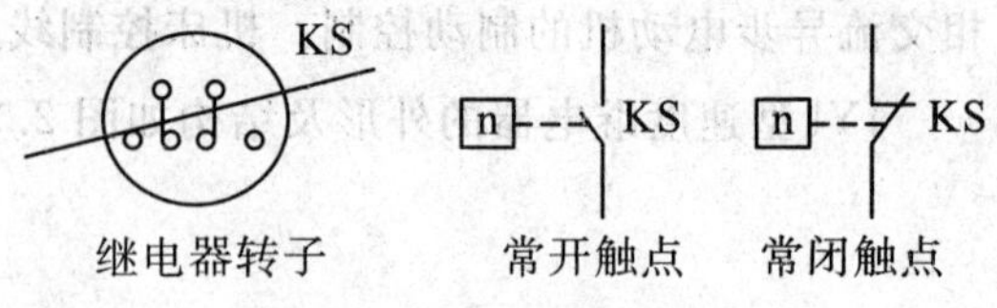

图 2.2.42　速度继电器的电气图形符号及文字符号

速度继电器的电气图形符号及文字符号如图 2.2.42 所示。

6. 继电器的检测

继电器的检测通常使用万用表的 $R\times1\ \Omega$ 挡或 $R\times10\ \Omega$ 挡，其检测过程如图 2.2.44 所示，具体如下：

检测各触点类型，并找出线圈。如图 2.2.43(a)所示，用万用表测量继电器的每对触点接线端之间的阻值，若阻值为 0，则说明所测的为常闭触点；若阻值无穷大，则为常开触点；若测得某对接线端之间的阻值大于 0(至少几欧)，则表明所测的接线端内部为线圈。

检测继电器的性能。根据继电器的类型，给继电器的绕组接线端加控制信号，检查其触点是否会切换以判断继电器的性能。以检测通电延时型时间继电器为例，如图 2.2.43(b)所示。将时间继电器的延迟时间调至 30 s，然后给继电器的绕组加上控制电压，等待约 30 s 时间，再测量各对触点的阻值。如果继电器正常，则这次测得各触点的阻值应与绕组未加控制电压时的测量值相反，如未加电压时 1、2 端阻值为 0，那么加电压并等待 30 s 后，1、2 端阻值应为无穷大。

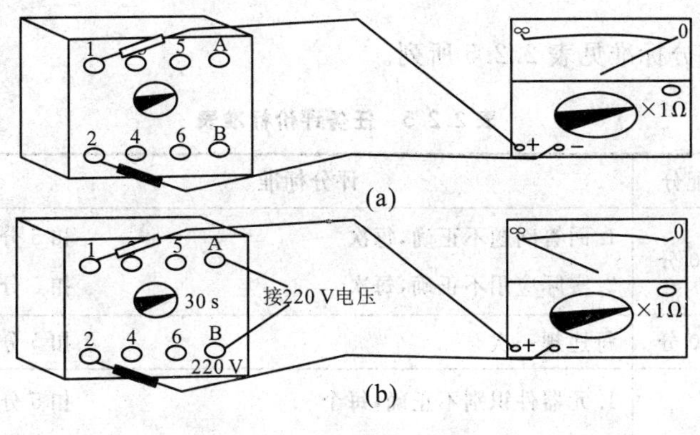

图 2.2.43　继电器的检测

在测量时，若发现某触点两次测量的阻值相同，则说明该接线端内部触点状态不能切换，此时可以拆开继电器进行检修。

常用低压电器的认识与检测

一、训练内容

1. 认识常用低压电器的外形。

2. 了解常用低压电器的构成。

3. 会检测元器件的好坏。

二、训练器材

万用表、刀开关、低压断路器、熔断器、交流接触器、热继电器、控制按钮、行程开关等。

三、训练步骤

1. 认识元器件的外形

(1)熟悉元器件的外观,从其型号识别元器件;

(2)了解元器件的构成。

2. 用万用表检测元器件

(1)根据前面知识链接中所述,将万用表打到合适挡位;

(2)根据前述方法测量各元器件的好坏。

四、训练注意事项

1. 万用表的使用;

2. 不可人为损坏元器件。

任务评价

任务考核及评分标准见表 2.2.5 所列。

表 2.2.5　任务评价标准表

具体内容		配分	评分标准	扣分	得分
知识吸收应用能力		10 分	1. 回答问题不正确,每次　扣 5 分 2. 实际应用不正确,每次　扣 5 分		
安全文明生产		10 分	每违规一次　扣 5 分		
任务实践	元器件识别	25 分	1. 元器件识别不正确,每个　扣 5 分 2. 元器件人为损坏,每处　扣 5 分 3. 不能据型号识别元器件　扣 5 分		
	元器件检测及判别	45 分	元器件好坏判别不正确,每个　扣 5 分		
职业素养		10 分	出勤、纪律、卫生、处理问题、团队精神等		
合　计		100 分			
备注		每项扣分不得超过所配分数			

任务二　电气控制系统图的绘制

知识链接

电气控制系统是由各种电器元件和导线按照一定要求连接而成的，为了表达生产机械电气控制系统的结构、原理等设计意图，同时也为了便于电器元件的安装、接线、运行、维护，需将电气控制系统中各电器元件的连接用一定的图形表示出来，这种图就是电气控制系统图。电气控制系统图一般有三种：电气原理图、安装接线图、电器位置图。通常会在电气控制系统图上标明电气元器件的符号。

一、电气控制系统的符号

1. 图形符号

在电气控制系统图中用来表示电器设备、电器元器件或概念的图形、标记称为图形符号。

2. 文字符号

在电气控制系统图中用来区分不同的电器设备、电器元器件或在区分同类设备、电器元器件时，在相对应的图形、标记旁标注的文字称为文字符号。

二、电气控制系统图

1. 电气原理图

电动机单向连续运行电路电气原理图如图 2.2.44 所示。电气原理图是将电器元件以展开的形式绘制而成的一种电气控制系统图样，包括所有电器元件的导电部件和接线端点。电气原理图并不按照电器元件的实际安装位置来绘制，也不反应电器元件的实际外观及尺寸。电气原理图的作用是：便于操作者详细了解其控制对象的工作原理，为控制线路安装、调试与维修以及绘制接线图提供依据。

现对电气原理图中相关规定作以下说明：

(1)电源电路画成水平线，三相交流电源相序 L1、L2、L3 自上而下依次画出，中线 N 和保护地线 PE 依次画在相线之下。直流电源的“+”端画在上边，“−”端画在下边。电源开关要水平画出。

(2)主电路是从电源向用电设备供电的路径，由主熔断器、接触器的主触点、热继电器的热元件以及电动机等组成。主电路通过的电流较大，一般要画在电气原理图的左侧并垂直电源电路，用粗实线来表示。

(3)辅助电路一般包括控制电路、信号电路、照明电路及保护电路等。辅助电路由继电器和接触器的线圈、继电器的触点、接触器的辅助触点、主令电器的触点、信号灯和照明灯等

电器元件组成。辅助电路通过的电流都较小,一般不超过 5 A。

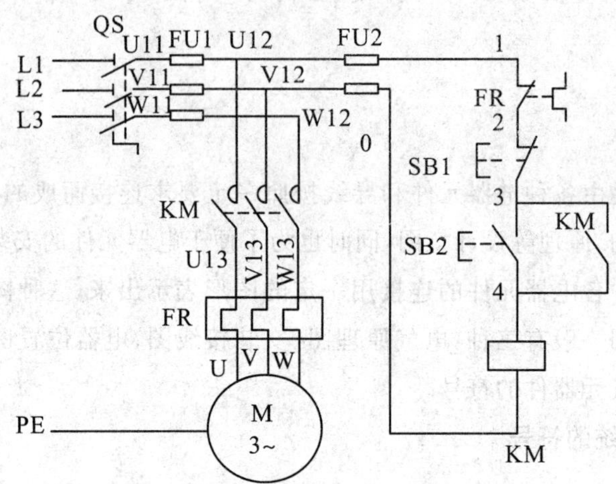

图 2.2.44 电动机单向连续运行电路原理图

(4)在电气原理图中,电气控制系统线路采用字母、数字、符号及其组合标记。标记方法如下:

①三相电源按相序自上而下编号为 L1、L2、L3。

②经过电源开关后,在出线端子上按相序依次编号为 U11、V11、W11。

③主电路中各支路的编号,应从上至下、从左至右,每经过一个电器元件的线桩后,编号要递增,如 U11、V11、W11,U12、V12、W12。单台三相交流电动机(或设备)的三根引出线按相序依次编号为 U、V、W(或用 U1、V1、W1 表示),多台电动机引出线的编号,为了不致引起误解和混淆,可在字母前冠以数字来区别,如 1U、1V、1W,2U、2V、2W。

④控制电路采用阿拉伯数字编号,一般由三位或三位以下的数字组成。标记方法按"等电位"原则进行。在垂直绘制的电路中,标号顺序一般由上至下编号;凡是被线圈、绕组、触点或电阻、电容元件所间隔的线段,都应标以不同的阿拉伯数字来做为线路的区分标记。

2. 安装接线图

安装接线图是用规定的图形符号,按各电器元件相对位置绘制的实际接线图。所表示的是各电器元件的相对位置和它们之间的电路连接状况。在绘制时,不但要画出控制柜内部各电器元件之间的连接方式,还要画出外部相关电器的连接方式。

安装接线图中的回路标号是电器设备之间、电器元件之间、导线与导线之间的连接标记,其文字符号和数字符号应与原理图中的标记一致。安装接线图如图 2.2.45 所示。

现将安装接线图相关规定作以下说明:

(1)接线图中一般显示出以下内容:电气设备和电器元件的相对位置、文字符号、端子号、导线号、导线类型、导线截面积、屏蔽和导线绞合等。

(2)在接线图中,所有的电气设备和电器元件都按其所在的实际位置绘制在图纸上。元件所占图面按实际尺寸以统一比例绘出。

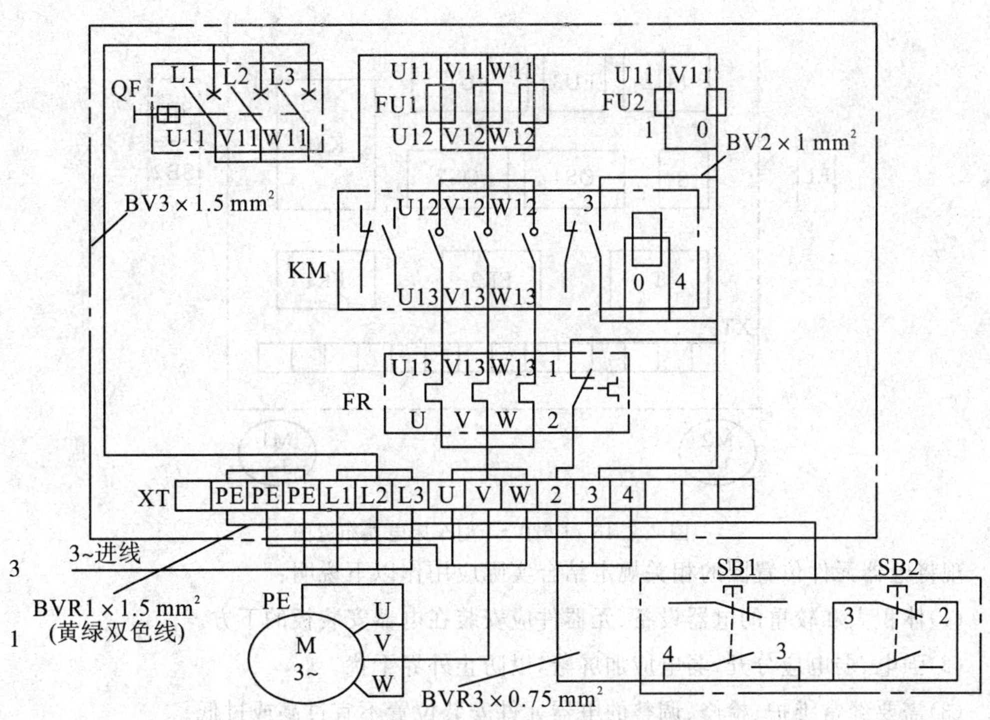

图 2.2.45 电动机单向连续运行电路安装接线图

(3)同一电器的各元件根据其实际结构,使用与原理图相同的图形符号画在一起,并用点划线框上,即采用集中表示法。

(4)接线图中各电器元件的图形符号和文字符号必须与原理图一致,并符合国家标准,以便对照检查接线。

(5)各电器元件上,凡是需要接线的部件端子都应绘出并予以编号,各接线端子的编号必须与原理图上的导线编号相一致。

(6)接线图中的导线有单根导线、导线组(或线扎)、电缆等之分,可用连续线和中断线来表示。凡导线走向相同的可以合并,用线束来表示,到达接线端子板或电器元件的连接点时再分别画出。在用线束来表示导线组、电缆等时,可用加粗的线条表示,在不引起误解的情况下,也可采用部分加粗。另外,导线及管子的型号、根数和规格应标注清楚。

(7)安装配电板内外的电气元器件之间的连线,应通过端子进行连接。

3. 电器布置图(电器元件位置图)

主要是用来表明电气系统中所有电器元件的实际位置,为生产机械电气控制设备的制造、安装提供必要的资料。一般的情况下,电器布置图是与电器安装接线图组合在一起使用的,既起到电器安装接线图的作用,又能清晰表示出所使用的电器的实际安装位置。C620－1 型车床电器布置图如图 2.2.46 所示。

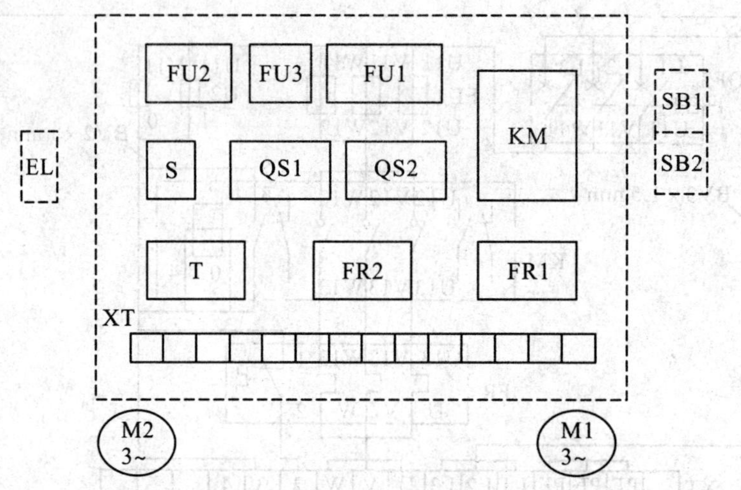

图 2.2.46　C620－1 型车床电器布置图

现将电器元件位置图的相关规定结合实际应用作以下说明:

(1)体积大和较重的电器设备、元器件应安装在电器安装板的下方。

(2)强电、弱电应分开,弱电应加屏蔽,以防止外界干扰。

(3)需要经常维护、检修、调整的电器元件安装位置不宜过高或过低。

(4)电器元件的布置应考虑整齐、美观、对称。

(5)电器元件布置不宜过密,应留有一定间距。

单向连续正转控制线路电气控制系统图的绘制

一、训练内容

1. 绘制电气原理图。

2. 绘制安装接线图。

3. 绘制电器布置图。

二、训练器材

绘图工具、2B 铅笔、白纸(8 开)等。

三、训练步骤

1. 熟悉各元器件的图形及文字符号;

2. 进行电气原理图、安装接线图、电气元器件位置图的识图练习;

3. 根据电气原理图绘制安装接线图和电器布置图。

四、训练注意事项

1. 绘出图形干净整洁;

2.元器件的图形及文字符号书写正确；

3.字迹工整，图形清晰。

任务评价

任务考核及评分标准见表 2.2.6 所列。

表 2.2.6　任务评价标准表

<table>
<tr><th colspan="2">具体内容</th><th>配分</th><th>评分标准</th><th>扣分</th><th>得分</th></tr>
<tr><td colspan="2">知识吸收应用能力</td><td>10 分</td><td>1.回答问题不正确，每次　扣 5 分
2.实际应用不正确，每次　扣 5 分</td><td></td><td></td></tr>
<tr><td colspan="2">安全文明生产</td><td>10 分</td><td>每违规一次　扣 5 分</td><td></td><td></td></tr>
<tr><td rowspan="3">任务实践</td><td>元器件认识</td><td>15 分</td><td>1.元器件图形符号不正确，每次　扣 5 分
2.元器件文字符号不正确，每次　扣 5 分</td><td></td><td></td></tr>
<tr><td>电气图识图及绘制</td><td>50 分</td><td>1.原理图绘制不正确　扣 10 分
2.安装接线图绘制不正确，每处　扣 5 分
3.电器布置图不正确　扣 5 分</td><td></td><td></td></tr>
<tr><td>其他</td><td>5 分</td><td>1.图形看不清楚　扣 2 分
2.字迹太潦草导致图形不清楚　扣 3 分</td><td></td><td></td></tr>
<tr><td colspan="2">职业素养</td><td>10 分</td><td>出勤、纪律、卫生、处理问题、团队精神等</td><td></td><td></td></tr>
<tr><td colspan="2">合　计</td><td>100 分</td><td></td><td></td><td></td></tr>
<tr><td colspan="2">备注</td><td colspan="4">根据实际教学需要配分可作适当调整</td></tr>
</table>

任务三　三相异步电动机点动控制线路装接

知识链接

一、三相异步电动机控制线路安装接线及调试

1.电气元器件的检查

安装接线前，应对所使用的电气元器件逐个进行检查，以保证电气元器件质量。对电气元器件的检查主要有以下几方面：

(1)根据安装接线，需要检查各电气元器件是否有短缺，核对它们的规格是否符合设计要求。

(2)电气元器件外观是否整洁，外壳有无破裂，零部件是否齐全，各接线端子及紧固件有无缺损、锈蚀等现象。

(3)电气元器件的触点是否光滑,接触面是否良好,有无熔焊粘连变形、严重氧化锈蚀等现象;触点闭合分断动作是否灵活;触点开距、超程是否符合标准;接触压力弹簧是否正常。核对各电器元件的电压等级、电流容量、触点数目等。

(4)电器的电磁机构和传动部件的运动是否灵活,衔铁有无卡住、吸合位置是否正常等,使用前应清除铁芯端面的防锈油。

(5)用兆欧表检查电气元器件的绝缘电阻是否符合要求;用万用表检查所有电磁线圈的通断情况。

(6)检查有延时作用的电气元器件功能,如时间继电器的延时动作、延时范围及整定机构的作用;检查热继电器的热元件和触点的动作情况。

2. 电动机控制线路安装步骤和方法

安装电动机控制线路时,必须按照有关技术文件执行。并应适应安装环境的需要。

(1)配齐电器元件并进行检验

所有电气控制器件,至少应具有制造厂的名称或商标、型号或索引号、工作电压性质和数值等标志。若工作电压标志在操作线圈上,则应使装在器件上线圈的标志是显而易见的。

(2)在安装好元器件的控制柜(或板)上布线

①选用导线

导线的选用要求如下:

1)导线的类型硬线只能用在固定安装于不动部件之间,且导线的截面积应小于 0.5 mm^2。若在有可能出现振动的场合或导线的截面积在大于等于 0.5 mm^2时,必须采用软线。

电源开关的负载侧可采用裸导线,但必须是直径大于 3 mm 的圆导线或者是厚度大于 2 mm 的扁导线,并应有预防直接接触的保护措施(如绝缘、间距、屏护等)。

2)导线的绝缘导线必须绝缘良好,并应具有抗化学腐蚀能力。在特殊条件下工作的导线,必须同时满足使用条件的要求。

3)导线的截面积在必须能承受正常条件下流过的最大稳定电流的同时,还应考虑到线路允许的电压降、导线的机械强度和与熔断器相配合。

②敷线方法

所有导线从一个端子到另一个端子的走线必须是连续的,中间不得有接头。有接头的地方应加装接线盒。接线盒的位置应便于安装与检修,而且必须加盖,盒内导线必须留有足够的长度,以便于拆线和接线。

敷线时,对明露导线必须做到平直、整齐、走线合理等要求。

③接线方法

所有导线的连接必须牢固,不得松动。在任何情况下,连接器件必须与连接的导线截面积和材料性质相适应。

导线与端子的接线,一般一个端子只连接一根导线。有些端子不适合连接软导线时,可

在导线端头上采用针形、叉形等冷压接线头。如果采用专门设计的端子,可以连接两根或多根导线,但导线的连接方式,必须是工艺上成熟的各种方式。如夹紧、压接、焊接、绕接等。这些连接工艺应严格按照工序要求进行。

导线的接头除必须采用焊接方法外,所有导线应当采用冷压接线头。如果电气设备在正常运行期间承受很大振动,则不许采用焊接的接头。

④导线的标志

1)导线的颜色标志。保护导线(PE)必须采用黄绿双色;动力电路的中线(N)和中间线(M)必须是浅蓝色;交流或直流动力电路应采用黑色;交流控制电路采用红色;直流控制电路采用蓝色;用作控制电路联锁的导线,如果是与外边控制电路连接,而且当电源开关断开仍带电时,应采用桔黄色或黄色;与保护导线连接的电路采用白色。

2)导线的线号标志。导线线号的标志应与原理图和接线图相符合。在每一根连接导线的线头上必须套上标有线号的套管,位置应接近端子处。

⑤控制柜(板)内部配线方法

一般采用能从正面修改配线的方法,如板前线槽配线或板前明线配线,较少采用板后配线的方法。

采用线槽配线时,线槽装线不要超过容积的70%,以便安装和维修。线槽外部的配线,对装在可拆卸门上的电器接线必须采用互连端子板或连接器,它们必须牢固固定在框架、控制箱或门上。从外部控制、信号电路进入控制箱内的导线超过10根,必须接到端子板或连接器件过渡,但动力电路和测量电路的导线可以直接接到电器的端子上。

⑥控制柜(板)外部配线方法

除有适当保护的电缆外,全部配线必须一律装在导线通道内,使导线有适当的机械保护,防止液体、铁屑和灰尘的侵入。

1)对导线通道的要求。导线通道应留有余量,允许以后增加导线。导线通道必须固定可靠,内部不得有锐边和远离设备的运动部件。

导线通道采用钢管,壁厚应不小于1 mm;如用其他材料,壁厚必须有等效于壁厚为1 mm钢管的强度。若用金属软管时,必须有适当的保护。当利用设备底座作导线通道时,无需再加预防措施,但必须能防止液体、铁屑和灰尘的侵入。

2)通道内导线的要求。移动部件或可调整部件上的导线必须用软线。运动的导线必须支承牢固,使得在接线点上不致产生机械拉力,又不出现急剧的弯曲。

不同电路的导线可以穿在同一线管内,或处于同一个电缆之中。如果它们的工作电压不同,则所用导线的绝缘等级必须满足其中最高一级电压的要求。

为了便于修改和维修,凡安装在同一机械防护通道内的导线束,需要提供备用导线的根数;当同一管中相同截面积导线的根数在3～10根时,应有1根备用导线,以后每递增1～10根增加1根。

(3)连接保护电路

电气设备的所有裸露导体零件(包括电动机、机座等),必须接到保护接地专用端子上。

①连续性

保护电路的连续性必须用保护导线或机床结构上的导体可靠结合来保证。

为了确保保护电路的连续性,保护导线的连接件不得作任何别的机械紧固用,不得由于任何原因将保护电路拆断,不得利用金属软管作保护导线。

②可靠性

保护电路中严禁用开关和熔断器。除采用特低安全电压电路外,在接上电源电路前,必须先接通保护电路;在断开电源电路后,才断开保护电路。

③明显性

保护电路连接处应采用焊接或压接等可靠方法,连接处要便于检查。

(4)通电前检查

控制线路安装好后,在接电前应进行以下项目的检查:

①各个元部件的代号、标记是否与原理图上的一致和齐全。

②各种安全保护措施是否可靠。

③控制电路是否满足原理图所要求的各种功能。

④各个电气元件安装是否正确和牢靠。

⑤各个按线端子是否连接牢固。

⑥布线是否符合要求、整齐。

⑦各个按钮、信号灯罩、光标按钮和各种电路绝缘导线的颜色是否符合要求。

⑧电动机的安装是否符合要求。

⑨保护电路导线连接是否正确、牢固可靠。测试外部保护导线端子与电气设备任何裸露导体零件和外壳之间的电阻应不大于 0.1 Ω。

⑩检查电气线路的绝缘电阻是否符合要求。其方法是:短接主电路、控制电路和信号电路,用 500 VMΩ 表测量与保护电路导线之间的绝缘电阻不得小于 1 MΩ。当控制电路或信号电路不与主电路连接的,应分别测量主电路与保护电路、主电路与控制和信号电路、控制和信号电路与保护电路之间的绝缘电阻。

(5)空载例行试验

通电前应检查所接电源是否符合要求。通电后应先点动,然后验证电气设备的各个部分的工作是否正确和操作顺序是否正常。特别要注意验证急停器件的动作是否正确。验证时,如有异常情况,必须立即切断电源查明原因。

(6)负载形式试验

在正常负载下连续运行,验证电气设备所有部分运行的正确性,特别要验证电源中断和恢复时是否会危及人身安全、损坏设备。同时要验证全部器件的温升不得超过规定的允许温升和在有载情况下验证急停器件是否仍然安全有效。

二、电动机点动运行控制

电动机单向点动运行控制电气原理图如图 2.2.47 所示。所谓点动,就是按下按钮时,

电动机得电运转；松开按钮时，电动机失电停转。

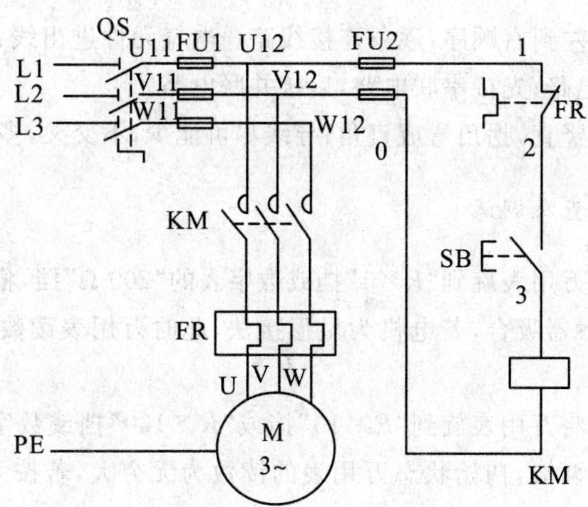

图 2.2.47 三相异步电动机的点动控制线路

主电路由刀开关 QS、熔断器 FU、交流接触器 KM 的主触点和笼型电动机 M 组成；控制电路由按钮 SB 和交流接触器线圈 KM 组成。

1. 合上电源开关 QS，接通控制电路电源，按下按钮 SB，其常开触头闭合。交流接触器 KM 线圈通电吸合，KM 常开主触头闭合，KM 常开主触头使电动机接入三相交流电源启动旋转，电动机启动并运行。

2. 松开按钮 SB，其常开触头断开，KM 常开主触头断开，KM 线圈断电释放，主电路断开，电动机断电停止运行。

按按钮，电动机运行；松按钮，电动机停止。实现点动控制功能。

任务实践

三相异步电动机点动控制线路装接

一、训练内容

1. 元器件的选择与安装。

2. 三相异步电动机点动控制线路装接。

3. 电气控制线路检查与调试。

二、训练器材

常用电工工具、刀开关、低压断路器、熔断器、交流接触器、热继电器、控制按钮、导线、配线板、三相异步电动机等。

三、训练步骤

1. 元器件的选择与安装

(1)根据控制电路原理图，分别选用相应的元器件并检查元器件是否完好；

(2)根据电气原理图，绘制安装接线图。

2. 电气控制线路装接

(1)按从上到下、从左到右顺序,逐条连接线路。电气元件进出线:上进下出、左进右出;先接主电路,后接控制电路;先接串联电路,后接并联电路。

(2)工艺要求:横平竖直,拐角弯成直角;导线尽可能少,不交叉,多线并拢一起走。

3. 电气控制线路检查及调试

(1)主电路检查:将万用表旋到“$R\times1$”挡或数字表的“200 Ω”挡,将表笔分别放在三相中的任意两相,使交流接触器吸合,若电机为星形接法,此时万用表读数应为电动机两绕组的串联电阻值。

(2)控制电路检查:将万用表旋到“$R\times10$”挡或“$R\times100$”挡或数字表的“2 kΩ”挡,将表笔分别放在控制电路的两端,初始状态万用表的读数为无穷大,若按下启动按钮,此时万用表的读数应为交流接触器线圈的电阻。

四、训练注意事项

1. 电路装接前必须检查元器件的好坏;
2. 电路装接必须遵循工艺要求;
3. 通电试车注意操作规范。

任务评价

任务考核及评分标准见表 2.2.7 所列。

表 2.2.7 评价标准表

具体内容		配分	评分标准	扣分	得分
知识吸收应用能力		10 分	1. 回答问题不正确,每次 扣 5 分 2. 实际应用不正确,每次 扣 5 分		
安全文明生产		10 分	每违规一次 扣 5 分		
任务实践	元器件选择及安装	15 分	1. 元器件选择不正确,每个 扣 5 分 2. 元器件故障未检查出,每处 扣 5 分 3. 安装不合理,每处 扣 5 分		
	电气控制线路装接及检查调试	55 分	1. 线路装接不符合工艺要求,每处 扣 2 分 2. 线路功能不能实现,每处 扣 5 分 3. 出现短路,每次 扣 10 分 4. 通电调试不成功 扣 30 分		
职业素养		10 分	出勤、纪律、卫生、处理问题、团队精神等		
合 计		100 分			
备注		可根据实际情况调整配分			

任务四　三相异步电动机单向连续运行控制线路装接

知识链接

电动机单向连续运行控制电气图如图 2.2.48 所示。依靠接触器自身辅助常开触点而使其线圈继续保持通电的现象称为自锁，其自锁作用的触点称为自锁触点。

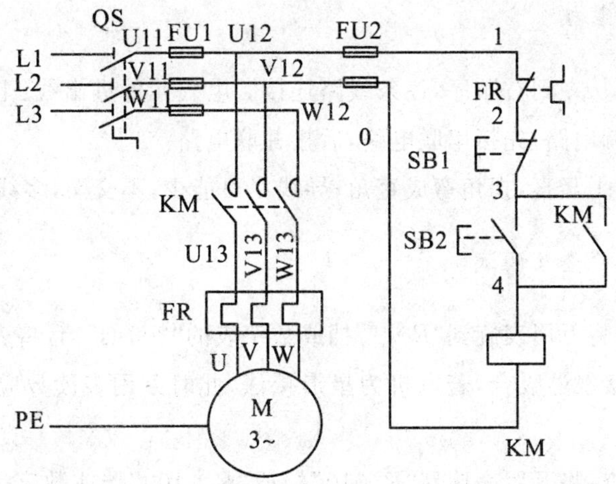

图 2.2.48　三相异步电动机的单向连续运行控制线路

1. 合上电源开关 QS，接通控制电路电源，按下启动按钮 SB2，其常开触头闭合。接触器 KM 线圈通电吸合，KM 常开主触头与常开辅助触头同时闭合，KM 常开主触头使电动机接入三相交流电源启动旋转；KM 常开辅助触头并接在启动按钮 SB2 两端，从而使 KM 线圈经 SB2 常开触头与 KM 自身的常开辅助触头两路供电（KM 常开辅助触点实现自锁功能），电动机启动并单向连续运行。

2. 按下停止按钮 SB1，KM 线圈断电释放，主电路及自锁电路均断开，电动机断电停止运行。

任务实践

三相异步电动机单向连续运行控制线路装接

一、训练内容

1. 元器件的选择与安装。

2. 三相异步电动机单向连续运行控制线路装接。

3. 电气控制线路检查与调试。

二、训练器材

常用电工工具、刀开关、低压断路器、熔断器、交流接触器、热继电器、控制按钮、导线、配线板、三相异步电动机等。

三、训练步骤

1.元器件的选择与安装

(1)根据控制电路原理图,分别选用相应的元器件并检查元器件是否完好;

(2)根据电气原理图,绘制安装接线图,进行线路连接。

2.电气控制线路装接

(1)按从上到下、从左到右顺序,逐条线路连接。电气元件进出线:上进下出、左进右出;先接主电路,后接控制电路;先接串联电路,后接并联电路。

(2)工艺要求:横平竖直,拐角弯成直角;导线尽可能少,不交叉,多线并拢一起走。

3.电气控制线路检查及调试

(1)主电路检查:将万用表旋到"$R\times1$"挡或数字表的"200 Ω"挡,将表笔分别放在三相中的任意两相,使交流接触器吸合,若电机为星形接法,此时万用表读数应为电动机两绕组的串联电阻值。

(2)控制电路检查:将万用表旋到"$R\times10$"挡或"$R\times100$"挡或数字表的"2 kΩ"挡,将表笔分别放在控制电路的两端,初始状态万用表的读数为无穷大,若按下启动按钮,此时万用表的读数应为交流接触器线圈的电阻。松开起动按钮,手动使接触器吸合,万用表的读数应为交流接触器线圈的电阻。

四、训练注意事项

1.电路装接前必须检查元器件的好坏;

2.电路装接必须遵循工艺要求;

3.通电试车注意操作规范。

任务评价

任务考核及评分标准见表 2.2.8 所列。

表 2.2.8　任务评价标准表

具体内容	配分	评分标准		扣分	得分
知识吸收应用能力	10分	1.回答问题不正确,每次	扣5分		
		2.实际应用不正确,每次	扣5分		
安全文明生产	10分	每违规一次	扣5分		

续表

<table>
<tr><th colspan="2">具体内容</th><th>配分</th><th>评分标准</th><th>扣分</th><th>得分</th></tr>
<tr><td rowspan="2">任务实践</td><td>元器件选择及安装</td><td>15 分</td><td>1.元器件选择不正确,每个　扣 5 分
2.元器件故障未检查出,每处　扣 5 分
3.安装不合理,每处　扣 5 分</td><td></td><td></td></tr>
<tr><td>电气控制线路装接及检查调试</td><td>55 分</td><td>1.线路装接不符合工艺要求,每处　扣 2 分
2.线路功能不能实现,每处　扣 5 分
3.出现短路,每次　扣 10 分
4.通电调试不成功　扣 30 分</td><td></td><td></td></tr>
<tr><td colspan="2">职业素养</td><td>10 分</td><td>出勤、纪律、卫生、处理问题、团队精神等</td><td></td><td></td></tr>
<tr><td colspan="2">合　计</td><td>100 分</td><td></td><td></td><td></td></tr>
<tr><td colspan="2">备注</td><td colspan="4">根据实际情可适当调整配分</td></tr>
</table>

任务五　三相异步电动机点动与连续运行控制

知识链接

电动机点动与连续运行控制电路如图 2.2.49 所示。

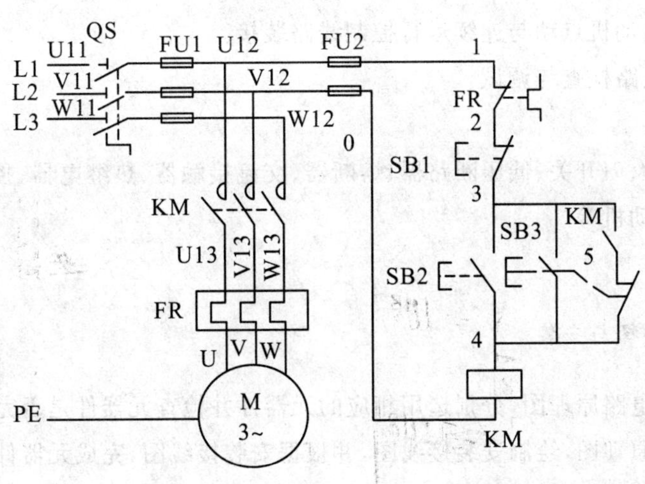

图 2.2.49　电动机点动与连续运行控制线路

一、点动控制

合上电源开关 QS,按下按钮 SB3,其在 4 号线至 5 号线间的常闭触点首先断开,然后在 3 号线至 4 号线间的常开触点接通,使接触器 KM 通过以下途径得电:U12→FU2→1 号线

→热继电器 FR 常闭触点→2 号线→按钮 SB1 常闭触点→3 号线→按钮 SB3 常开触点→4 号线→接触器 KM 线圈→0 号线→FU2→V12。接触器 KM 吸合,电动机 M 点动运转,同时串在 4 号线至 5 号线间接触器 KM 的辅助常开触点闭合。松开按钮 SB3 时,按钮 SB3 在 3 号线至 4 号线间的常开触点先断开,接触器 KM 断电释放,所有触点复位,然后 SB3 在 3 号线至 5 号线间的常闭触点闭合,使电动机 M 只能实现点动控制。

二、连续运行控制

合上电源开关 QS,按下按钮 SB2,接触器 KM 线圈通过以下路径得电:FU2→1 号线→热继电器 FR 常闭触点→2 号线→按钮 SB1 常闭触点→3 号线→按钮 SB2 常开触点→4 号线→接触器 KM 线圈→0 号线→FU2。接触器 KM 吸合,其主触点闭合接通电动机 M 的电源,电动机 M 启动运行,同时串接在 3 号线至 5 号线之间 KM 的辅助常开触点闭合实现自锁。当松开按钮 SB2 时,接触器 KM 通过以下途径得电:FU2→1 号线→热继电器 FR 常闭触点→2 号线→按钮 SB1 常闭触点→3 号线→接触器 KM 辅助常开触点→5 号线→按钮 SB3 常闭触点→4 号线→接触器 KM 线圈→0 号线→FU2,使得在松开按钮 SB2 时接触器 KM 仍然保持吸合,电动机 M 连续单向运转。按下停车按钮 SB1,接触器 KM 失电,电动机 M 停转。

任务实践

三相异步电动机点动与连续运行控制线路装接

一、训练内容

1.元器件的选择与安装。

2.三相异步电动机点动与连续运行控制线路装接。

3.电气控制线路检查与调试。

二、训练器材

常用电工工具、刀开关、低压断路器、熔断器、交流接触器、热继电器、控制按钮、导线、配线板、三相异步电动机等。

三、训练步骤

1.元器件的选择与安装

(1)根据控制电路原理图,分别选用相应的元器件并检查元器件是否完好;

(2)根据电气原理图,绘制安装接线图,并根据安装接线图,完成元器件的安装。

2.电气控制线路装接

(1)按从上到下、从左到右顺序,逐条线路连接。电气元件进出线:上进下出、左进右出;先接主电路,后接控制电路;先接串联电路,后接并联电路。

(2)工艺要求:横平竖直,拐角弯成直角;导线尽可能少,不交叉,多线并拢一起走。

3. 电气控制线路检查及调试

(1)主电路检查:将万用表旋到“$R\times1$”挡或数字表的“200 Ω”挡,将表笔分别放在三相中的任意两相,使交流接触器吸合,若电机为星形接法,此时万用表读数应为电动机两绕组的串联电阻值。

(2)控制电路检查:将万用表旋到“$R\times10$”挡或“$R\times100$”挡或数字表的“2 kΩ”挡,将表笔分别放在控制电路的两端,初始状态万用表的读数为无穷大,若按下启动按钮 SB2 或 SB3,或手动使交流接触器线圈吸合,此时万用表的读数应为交流接触器线圈的电阻。

四、训练注意事项

1. 电路装接前必须检查元器件的好坏;

2. 电路装接必须遵循工艺要求;

3. 通电试车注意操作规范。

任务评价

任务考核及评分标准见表 2.2.9 所列。

表 2.2.9　任务评价标准表

具体内容		配分	评分标准	扣分	得分
知识吸收应用能力		10 分	1. 回答问题不正确,每次　扣 5 分 2. 实际应用不正确,每次　扣 5 分		
安全文明生产		10 分	每违规一次　扣 5 分		
任务实践	元器件选择及安装	15 分	1. 元器件选择不正确,每个　扣 5 分 2. 元器件故障未检查出,每处　扣 5 分 3. 安装不合理,每处　扣 5 分		
	电气控制线路装接及检查调试	55 分	1. 线路装接不符合工艺要求,每处　扣 2 分 2. 线路功能不能实现,每处　扣 5 分 3. 出现短路,每次　扣 10 分 4. 通电调试不成功　扣 30 分		
职业素养		10 分	出勤、纪律、卫生、处理问题、团队精神等		
合　计		100 分			
备注		每项扣分不得超过配分			

任务六　三相异步电动机正反转连续运行控制线路装接

知识链接

电动机正、反向连续运行控制电路如图 2.2.50 所示。合上电源开关 QS，当需要电动机正转时，按下正转启动按钮 SB2，接触器 KM1 线圈通过以下途径得电：U12→FU2→1 号线→FR 常闭触点→2 号线→SB1 常闭触点→3 号线→SB2 常开触点→4 号线→接触器 KM2 常闭触点→5 号线→接触器 KM1 线圈→0 号线→FU2→V12。接触器 KM1 得电吸合，其主触点闭合接通电动机 M 的正转电源，电动机 M 启动正转。同时，接触器 KM1 并接在 3 号线至 4 号线间的辅助常开触点闭合自锁，使得松开按钮 SB2 时，接触器 KM1 线圈仍然能够保持通电吸合。而串接在接触器 KM2 线圈回路 6 号线至 7 号线之间的接触器 KM1 辅助常闭触点断开，切断接触器 KM2 线圈回路的电源，使得在接触器 KM1 得电吸合，电动机 M 正转时，接触器 KM2 不能得电，电动机 M 不能接通反转电源。这种利用接触器常闭触点互相控制的方法叫接触器联锁(或互锁)。当电动机 M 需要停车时，按下停车按钮 SB1，接触器 KM1 线圈失电释放，所有常开、常闭触点复位，电动机 M 停车。

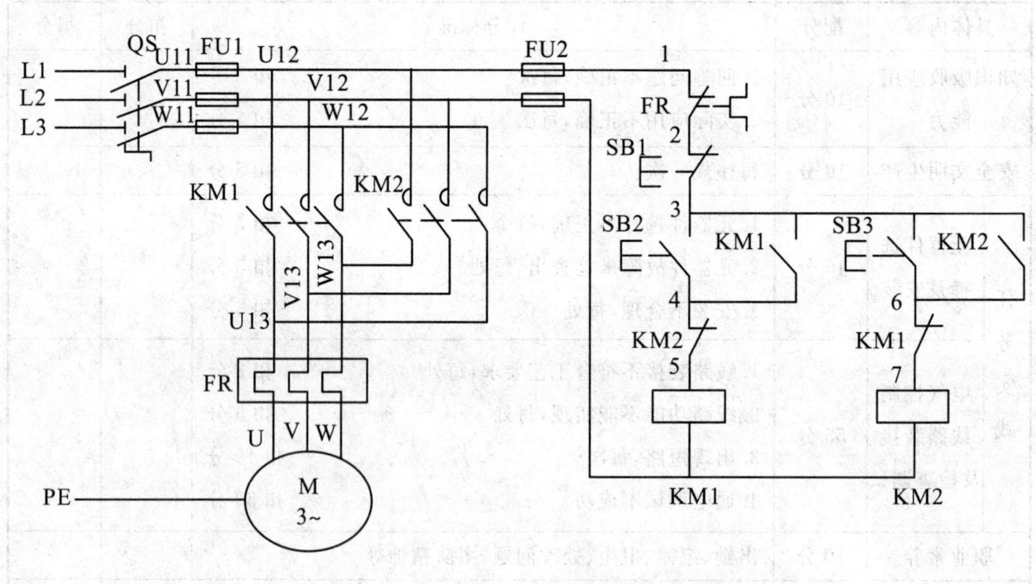

图 2.2.50　电动机正、反向连续运行控制线路

思考：反转时，电路如何得电？

任务实践

三相异步电动机正反转连续运行控制线路装接

一、训练内容

1. 元器件的选择与安装。

2. 三相异步电动机正反转连续运行控制线路装接。

3. 电气控制线路检查与调试。

二、训练器材

常用电工工具、刀开关、低压断路器、熔断器、交流接触器、热继电器、控制按钮、导线、配线板、三相异步电动机等。

三、训练步骤

1. 元器件的选择与安装

(1)根据控制电路原理图，分别选用相应的元器件并检查元器件是否完好；

(2)根据电气原理图，绘制安装接线图，并根据安装接线图，完成元器件的安装。

2. 电气控制线路装接

(1)按从上到下、从左到右顺序，逐条线路连接。电气元件进出线：上进下出、左进右出；先接主电路，后接控制电路；先接串联电路，后接并联电路。

(2)工艺要求：横平竖直，拐角弯成直角；导线尽可能少，不交叉，多线并拢一起走。

3. 电气控制线路检查及调试

(1)主电路检查：将万用表旋到“$R\times1$”挡或数字表的“200 Ω”挡，将表笔分别放在三相中的任意两相，分别使交流接触器 KM1 和 KM2 吸合，若电机为星形接法，此时万用表读数应为电动机两绕组的串联电阻值。

(2)控制电路检查：将万用表旋到“$R\times10$”挡或“$R\times100$”挡或数字表的“2 kΩ”挡，将表笔分别放在控制电路的两端，初始状态万用表的读数为无穷大，若按下启动按钮 SB2 或 SB3，或手动使交流接触器 KM1 或 KM2 的线圈吸合，此时万用表的读数应为交流接触器线圈的电阻。

四、训练注意事项

1. 电路装接前必须检查元器件的好坏；

2. 电路装接必须遵循工艺要求；

3. 通电试车注意操作规范。

任务评价

任务考核及评分标准见表 2.2.10 所列。

表 2.2.10 任务评价标准表

具体内容		配分	评分标准	扣分	得分
知识吸收应用能力		10 分	1. 回答问题不正确,每次 扣 5 分 2. 实际应用不正确,每次 扣 5 分		
安全文明生产		10 分	每违规一次 扣 5 分		
任务实践	元器件选择及安装	15 分	1. 元器件选择不正确,每个 扣 5 分 2. 元器件故障未检查出,每处 扣 5 分 3. 安装不合理,每处 扣 5 分		
	电气控制线路装接及检查调试	55 分	1. 线路装接不符合工艺要求,每处 扣 2 分 2. 线路功能不能实现,每处 扣 5 分 3. 出现短路,每次 扣 10 分 4. 通电调试不成功 扣 30 分		
职业素养		10 分	出勤、纪律、卫生、处理问题、团队精神等		
合 计		100 分			
备注		每项扣分不超过所配分数			

任务七 三相异步电动机 Y—△降压启动控制线路装接

知识链接

一、启动原理

Y—△降压启动适用于正常运行时定子绕组为△形接法的电动机。对于正常运行为△形接法的三相交流异步电动机,若在启动时将其定子绕组接为 Y 形,则启动时其定子绕组上所加的电压仅为正常运行的 $1/\sqrt{3}$,降低了启动电压;待速度上升到一定值后,再切换成△形接法投入正常运行。如图 2.2.51 所示是 Y—△降压启动的原理图。

启动过程:合上电源开关 QS,按按钮 SB2,交流接触器 KM1 和 KM3 线圈得电,交流接触器 KM1 和 KM3 的主触点同时闭合,KM3 将电动机的定子绕组接成 Y 形,KM1 将电源引到电动机定子绕组端,电动机降压启动。当电动机的转速达到一定值时,时间继电器动作,KM3 先断开而后 KM2 立即闭合,切除电动机定子绕组的 Y 形接法而改接成△形,投入正常运行。

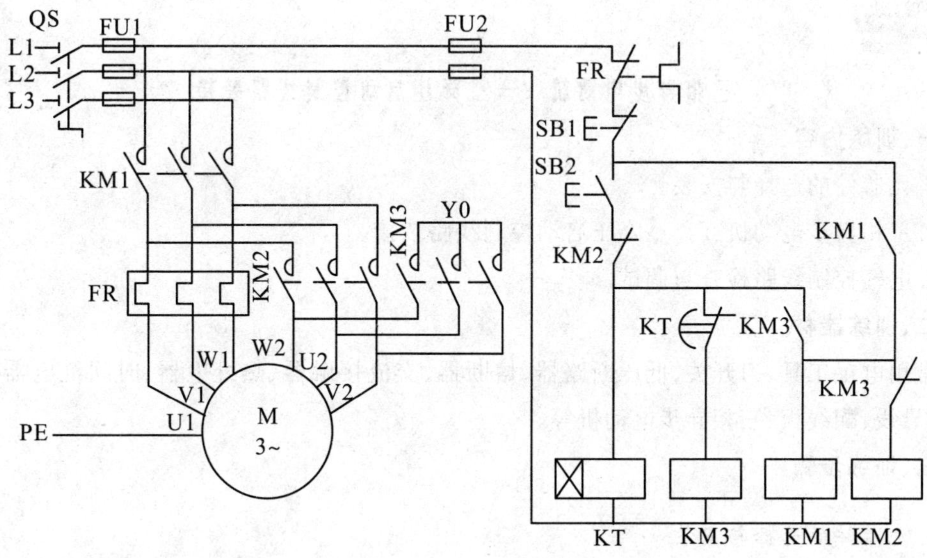

图 2.2.51　Y－△降压启动

二、启动电流与启动转矩

设电动机的额定电压为 U_N，每相漏阻抗为 Z_1，则

Y 联结时的启动电流为：$I_{stY}=\dfrac{\frac{U_N}{\sqrt{3}}}{Z_1}$

△联结时的启动电流(线电流)，即直接启动电流为：$I_{st\triangle}=\sqrt{3}\dfrac{U_N}{Z_1}$

因此，Y－△降压启动的启动电流为：

$$I_{stY}=\frac{1}{3}I_{st\triangle}$$

由于启动转矩与 U_1 的平方成正比，可得 Y－△降压启动的启动转矩为：

$$T_{stY}=\frac{1}{3}T_{st\triangle}$$

可见，Y－△降压启动时，启动电流和启动转矩都降为直接启动时的 1/3。

三、优缺点

Y－△降压启动的最大优点是启动简单、运行可靠、操作方便、成本低。目前国产 Y 系列三相异步电动机容量在 4 kW 以上时，定子绕组正常运行时均为△形接法。Y－△降压启动的缺点是启动转矩只有直接启动时的 1/3，只能用于空载或轻载启动。

任务实践

三相异步电动机 Y—△降压启动控制线路装接

一、训练内容

1. 元器件的选择与安装。

2. 三相异步电动机 Y—△降压启动控制线路装接。

3. 电气控制线路检查与调试。

二、训练器材

常用电工工具、刀开关、低压断路器、熔断器、交流接触器、热继电器、时间继电器、控制按钮、导线、配线板、三相异步电动机等。

三、训练步骤

1. 元器件的选择与安装

(1)根据控制电路原理图,分别选用相应的元器件并检查元器件是否完好;

(2)根据电气原理图,绘制安装接线图,并根据安装接线图,完成元器件的安装。

2. 电气控制线路装接

(1)按从上到下、从左到右顺序,逐条线路连接。电气元件进出线:上进下出、左进右出;先接主电路,后接控制电路;先接串联电路,后接并联电路。

(2)工艺要求:横平竖直,拐角弯成直角;导线尽可能少,不交叉,多线并拢一起走。

3. 电气控制线路检查及调试

(1)主电路检查:将万用表旋到"$R\times1$"挡或数字表的"200 Ω"挡,将表笔分别放在三相中的任意两相,使交流接触器吸合,若电机为星形接法,此时万用表读数应为电动机两绕组的串联电阻值。将万用表旋转到"$R\times100$"挡或数字表的"2 kΩ"挡,检查 KM2 的进出线端,若电阻为无穷大,则接线正确;反之,接线有误。

(2)控制电路检查:将万用表旋到"$R\times10$"挡或"$R\times100$"挡或数字表的"2 kΩ"挡,将表笔分别放在控制电路的两端,初始状态万用表的读数为无穷大,若按下启动按钮,此时万用表的读数应为交流接触器线圈的电阻,然后逐条线路检查。

四、训练注意事项

1. 电路装接前必须检查元器件的好坏;

2. 电路装接必须遵循工艺要求;

3. 通电试车注意操作规范。

任务评价

任务考核及评分标准见表 2.2.11 所列。

表 2.2.11 任务评价标准表

具体内容		配分	评分标准		扣分	得分
知识吸收应用能力		10 分	1. 回答问题不正确,每次 2. 实际应用不正确,每次	扣 5 分 扣 5 分		
安全文明生产		10 分	每违规一次	扣 5 分		
任务实践	元器件选择及安装	15 分	1. 元器件选择不正确,每个 2. 元器件故障未检查出,每处 3. 安装不合理,每处	扣 5 分 扣 5 分 扣 5 分		
	电气控制线路装接及检查调试	55 分	1. 线路装接不符合工艺要求,每处 2. 线路功能不能实现,每处 3. 出现短路,每次 4. 通电调试不成功	扣 2 分 扣 5 分 扣 10 分 扣 30 分		
职业素养		10 分	出勤、纪律、卫生、处理问题、团队精神等			
合 计		100 分				
备注		可根据实际情况适当调整				

任务八 三相异步电动机能耗制动控制线路装接

知识链接

一、能耗制动方法

能耗制动是将运行着的异步电动机的定子绕组从三相交流电源上断开后,立即接到直流电源上。当定子绕组通入直流电源,将在电机中将产生一个恒定磁场。当转子因机械惯性按原转速方向继续旋转时,转子导体会切割这一恒定磁场,从而在转子绕组中产生感应电势和电流。转子电流又和恒定磁场相互作用产生电磁转矩 T_{em},根据右手定则可以判断电磁转矩的方向与转子转动的方向相反,则 T_{em} 为一制动转矩。在制动转矩作用下,转子转速将迅速下降,当 $n=0$ 时,$T_{em}=0$,制动过程结束。转子的动能变为电能,消耗在转子回路电阻上。

能耗制动的机械特性曲线如图 2.2.53 中曲线 1 所示。当负载为反抗性负载时,将制动到转速为零停车,此时应断开直流电源,停止工作。当负载为位能性负载时,将反向下降,稳定工作在某一转速下,即实现限速下放。通过改变直流电压的高低或所串入电阻的大小,可以改变其制动性能,如图 2.2.53 中曲线 3 或曲线 2 所示。

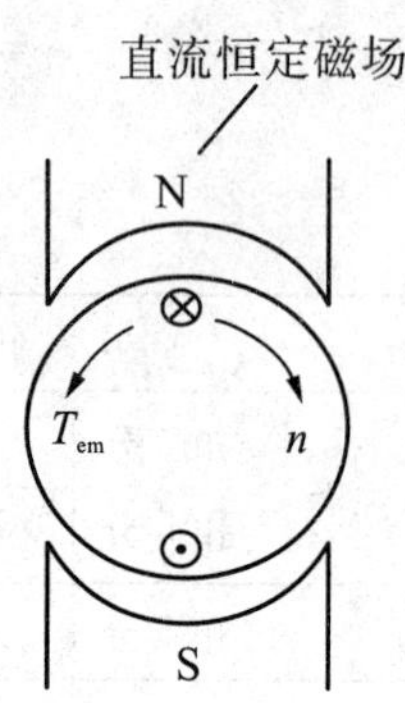

图 2.2.52　能耗制动原理图

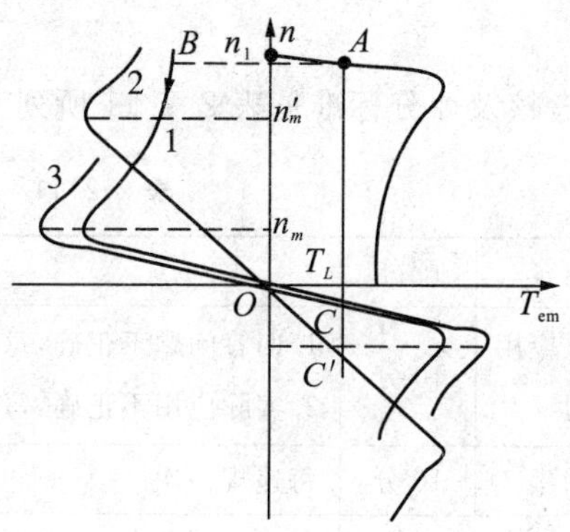

图 2.2.53　能耗制动机械特性图

二、能耗制动控制电路

能耗制动控制电路如图 2.2.54 所示。当电动机 M 需要停车时,按下停车按钮 SB1 时,SB1 常闭触点断开,切断接触器 KM1 线圈的电源,KM1 失电释放,主触点断开,电动机 M 脱离三相交流电源;按钮 SB1 常开触点闭合,使接触器 KM2 与时间继电器 KT 线圈得电吸合,KT 瞬动常开触点闭合,KM2 常开触点闭合自锁,接触器 KM2 主触点闭合,将两相电源通过变压器 TC 降压,经过桥式整流及电阻 R 限流后的直流电压接至电动机 M 的两相定子绕组上,对电动机 M 进行能耗制动,电动机 M 转速迅速下降。接触器 KM2 常闭触点断开,对接触器 KM1 实现联锁。当电动机转速接近零时,时间继电器 KT 延时断开常闭触点断开,接触器 KM2 线圈失电释放,切断通入电动机 M 的两相直流电源,完成电动机 M 能耗制动过程。同时,接触器 KM2 常开触点复位,使时间继电器 KT 失电释放,所有触点复位。

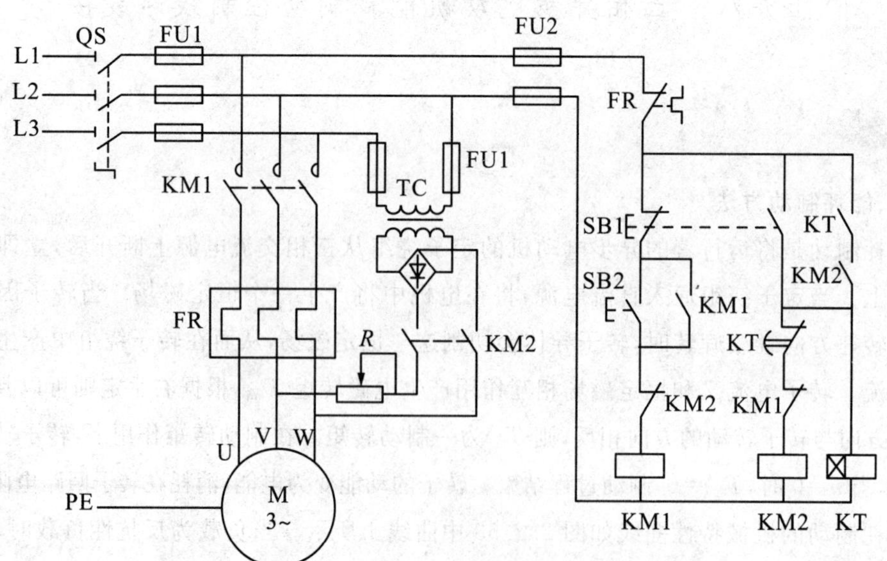

图 2.2.54　能耗制动

三、能耗制动特点

1. 从能量角度看，能耗制动是把电动机转子运行所储存的动能转变为电能，且又消耗在电动机转子的制动上，与反接制动相比，能量损耗少，制动停车准确。所以，能耗制动适用于电动机容量大，要求制动平稳和启动频繁的场合。

2. 制动速度较反接制动慢一些，另外能耗制动需整流电路。

任务实践

三相异步电动机能耗制动控制线路装接

一、训练内容

1. 元器件的选择与安装。

2. 三相异步电动机能耗制动控制线路装接。

3. 电气控制线路检查与调试。

二、训练器材

常用电工工具、刀开关、低压断路器、熔断器、交流接触器、热继电器、控制按钮、导线、配线板、三相异步电动机等。

三、训练步骤

1. 元器件的选择与安装

(1)根据控制电路原理图，分别选用相应的元器件并检查元器件是否完好；

(2)根据电气原理图，绘制安装接线图，并根据安装接线图，完成元器件的安装。

2. 电气控制线路装接

(1)按从上到下、从左到右顺序，逐条线路连接。电气元件进出线：上进下出、左进右出；先接主电路，后接控制电路；先接串联电路，后接并联电路。

(2)工艺要求：横平竖直，拐角弯成直角；导线尽可能少，不交叉，多线并拢一起走。

3. 电气控制线路检查及调试

(1)主电路检查：将万用表旋到“R×1”挡或数字表的“200 Ω”挡，将表笔分别放在三相中的任意两相，使交流接触器 KM_1 吸合，若电机为星形接法，此时万用表读数应为电动机两绕组的串联电阻值；手动使交流接触器 KM2 吸合，检测整流电路。

(2)控制电路检查：将万用表旋到“R×10”挡或“R×100”挡或数字表的“2 kΩ”挡，将表笔分别放在控制电路的两端，初始状态万用表的读数为无穷大，若按下启动按钮，此时万用表的读数应为交流接触器线圈的电阻，逐条检测控制电路。

四、训练注意事项

1. 电路装接前必须检查元器件的好坏；

2.电路装接必须遵循工艺要求；

3.通电试车注意操作规范。

任务评价

任务考核及评分标准见表2.2.12所列。

表2.2.12 任务评价标准表

具体内容		配分	评分标准	扣分	得分
知识吸收应用能力		10分	1.回答问题不正确,每次 扣5分 2.实际应用不正确,每次 扣5分		
安全文明生产		10分	每违规一次 扣5分		
任务实践	元器件选择及安装	15分	1.元器件选择不正确,每个 扣5分 2.元器件故障未检查出,每处 扣5分 3.安装不合理,每处 扣5分		
	电气控制线路装接及检查调试	55分	1.线路装接不符合工艺要求,每处 扣2分 2.线路功能不能实现,每处 扣5分 3.出现短路,每次 扣10分 4.通电调试不成功 扣30分		
职业素养		10分	出勤、纪律、卫生、处理问题、团队精神等		
合 计		100分			
备注		根据需要配合可适当调整			

任务九 三相异步电动机反接制动控制线路装接

知识链接

反接制动可分为电源反接制动和倒拉反转反接制动。

一、电源反接制动

1.电源反接制动方法

改变电动机定子绕组与电源的联接相序。

2.电源反接制动原理

当电源的相序发生变化,旋转磁场旋转方向立即发生变化,转向与原来转向相反,从而

使转子绕组中的感应电势、电流和电磁转矩都改变方向。因机械惯性，转子转向未发生变化，则电磁转矩 T_{em} 与转子的转速 n 方向相反，电机进入制动状态，这个制动过程我们称为电源反接制动。

二、倒拉反转反接制动

1. 倒拉反转反接制动方法

当绕线式异步电动机拖动位能性负载时，在其转子回路中串入很大的电阻。

2. 倒拉反转反接制动原理

在转子回路串入很大的电阻，机械特性变为斜率很大的曲线，如图 2.2.55 所示，因机械惯性，工作点向下移。此时电磁转矩小于负载转矩，转速下降。当电机减速至 $n=0$，电磁转矩仍小于负载转矩，在位能负载的作用下，电动机反转，工作点继续下移。此时因 $n<0$，电机进入制动状态，直至电磁转矩等于负载转矩，电机才稳定运行。

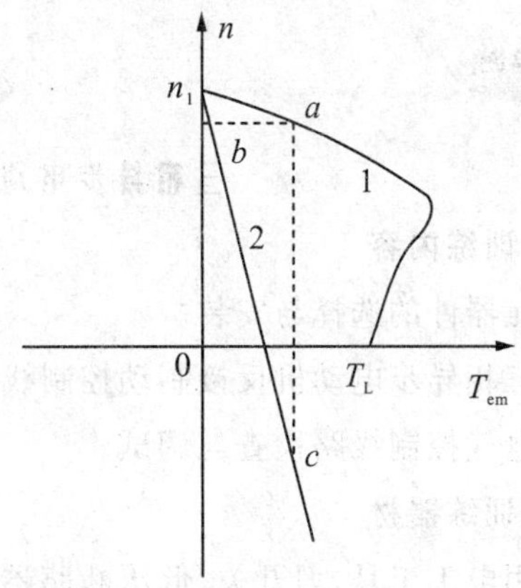

图 2.2.55　倒拉反转反接制动机械特性

三、反接制动控制电路

反接制动控制电路如图 2.2.56 所示。由于反接制动时转子与旋转磁场的相对转速较高，约为起动时的 2 倍，致使定子、转子中的电流很大，大约是额定值的 10 倍。因此，反接制动电路增加了限流电阻 R。

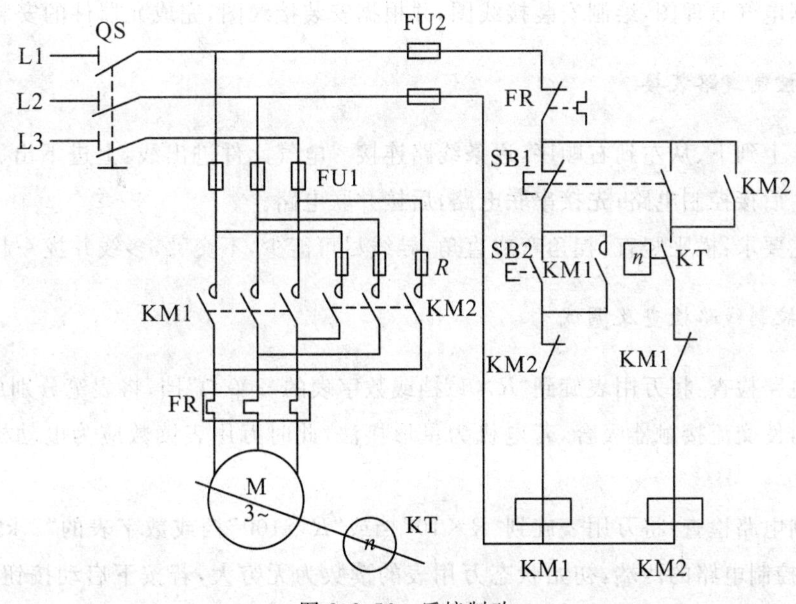

图 2.2.56　反接制动

KM1 为运转接触器;KM2 为反接制动接触器;KV 为速度继电器,其与电动机联轴,当电动机的转速上升到约为 100 r/min 时,速度继电器 KV 常开触头闭合为制动作好准备。电动机 M 停车时,按下停止按钮 SB1,复合按钮 SB1 的常闭触头先断开切断 KM1 线圈,KM1 主、辅触头恢复无电状态,结束正常运行并为反接制动作好准备;后接通 KM2 线圈(KV 常开触头在正常运转时已经闭合),其主触头闭合,电动机改变相序进入反接制动状态,辅助触头闭合自锁持续制动;当电动机的转速下降到设定的释放值时,KV 触头释放,切断 KM2 线圈,反接制动结束。

任务实践

三相异步电动机反接制动控制线路装接

一、训练内容

1. 元器件的选择与安装。

2. 三相异步电动机反接制动控制线路装接。

3. 电气控制线路检查与调试。

二、训练器材

常用电工工具、刀开关、低压断路器、熔断器、交流接触器、热继电器、速度继电器、控制按钮、导线、配线板、三相异步电动机等。

三、训练步骤

1. 元器件的选择与安装

(1)根据控制电路原理图,分别选用相应的元器件并检查元器件是否完好;

(2)根据电气原理图,绘制安装接线图,并根据安装接线图,完成元器件的安装。

2. 电气控制线路装接

(1)按从上到下、从左到右顺序,逐条线路连接。电气元件进出线:上进下出、左进右出;先接主电路,后接控制电路;先接串联电路,后接并联电路。

(2)工艺要求:横平竖直,拐角弯成直角;导线尽可能少,不交叉,多线并拢一起走。

3. 电气控制线路检查及调试

(1)主电路检查:将万用表旋到“$R\times1$”挡或数字表的“200 Ω”挡,将表笔分别放在三相中的任意两相,使交流接触器吸合,若电机为星形接法,此时万用表读数应为电动机两绕组的串联电阻值。

(2)控制电路检查:将万用表旋到“$R\times10$”挡或“$R\times100$”挡或数字表的“2 kΩ”挡,将表笔分别放在控制电路的两端,初始状态万用表的读数为无穷大,若按下启动按钮,此时万用表的读数应为交流接触器 KM1 线圈的电阻;按下停止按钮,并使 KV 常开触头闭合,此时万

用表读数为交流接触器 KM2 线圈电阻。

四、训练注意事项

1. 电路装接前必须检查元器件的好坏；

2. 电路装接必须遵循工艺要求；

3. 通电试车注意操作规范。

任务评价

任务考核及评分标准见表 2.2.13 所列。

表 2.2.13　任务评价标准表

具体内容		配分	评分标准		扣分	得分
知识吸收应用能力		10 分	1. 回答问题不正确，每次 2. 实际应用不正确，每次	扣 5 分 扣 5 分		
安全文明生产		10 分	每违规一次	扣 5 分		
任务实践	元器件选择及安装	15 分	1. 元器件选择不正确，每个 2. 元器件故障未检查出，每处 3. 安装不合理，每处	扣 5 分 扣 5 分 扣 5 分		
	电气控制线路装接及检查调试	55 分	1. 线路装接不符合工艺要求，每处 2. 线路功能不能实现，每处 3. 出现短路，每次 4. 通电调试不成功	扣 2 分 扣 5 分 扣 10 分 扣 30 分		
职业素养		10 分	出勤、纪律、卫生、处理问题、团队精神等			
合　计		100 分				
备注		每项扣分不超过配分				

任务十　变频器对异步电动机的控制

知识链接

一、西门子通用变频器 MM420(MicroMaster420)

西门子通用变频器 MM420 由微处理器控制，并采用具有现代先进技术水平的绝缘栅双极型晶体管(IGBT)作为功率输出器件，它们具有很高的运行可靠性和功能多样性。脉冲宽度调制的开关频率是可选的，降低了电动机运行的噪音。

1. MM420 输入输出端子

MM420 变频器的端口图如图 2.2.57 所示。包含数字输入点:DIN1(端子 5),DIN2(端子 6),DIN3(端子 7),内部电源+24 V(端子 8),内部电源 0 V(端子 9);模拟输入点:AIN+(端子 3),内部电源+10 V(端子 1),内部电源 0 V(端子 2);继电器输出:RL1-B(端子 10),RL1-C(端子 11);模拟量输出:AOUT+(端子 12),AOUT-(端子 13);RS-485 串行通信接口:P+(端子 14),N-(端子 15)等输入输出接口。同时带有人机交互接口基本操作板(BOP)。其核心部件为 CPU 单元,根据设定的参数,经过运算输出控制正弦波信号,经过 SPWM 调制,放大输出三相交流电压,驱动三相交流电机运转。

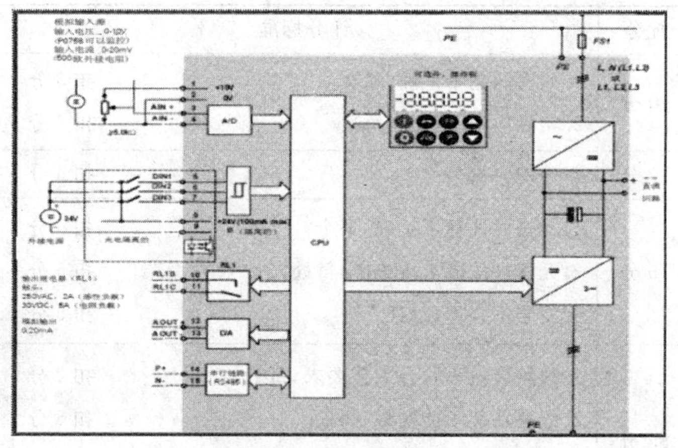

图 2.2.57　MM420 变频器端口图

2. MM420 参数设置

MM420 变频器是一个智能化的数字式变频器,在基本操作板(BOP)上可以进行参数设置。参数分为 4 个级别:(1)标准级:可以访问最经常使用的参数。(2)扩展级:允许扩展访问参数的范围,例如变频器的 I/O 功能。(3)专家级:只供专家使用。(4)维修级:只供授权的维修人员使用,具有密码保护。BOP 操作面板如图 2.2.58 所示。

状态显示屏(SDP)　基本操作板(BOP)

图 2.2.58　操作面板

利用操作面板可以改变变频器的各个参数。BOP 具有 7 段显示的五位数字，可以显示参数的序号和数值，报警和故障信息，设定值和实际值。参数的信息不能用 BOP 存储。

BOP 上的按钮及其功能

显示/按钮	功能	功能的说明
r0000	状态显示	LCD 显示变频器当前的设定值。
I	起动电动机	按此键起动变频器，缺省值运行时此键是被封锁的。为了使此键的操作有效应设定 P0700＝1。
O	停止电动机	OFF1：按此键，变频器将按选定的斜坡下降速率减速停车；缺省值运行时此键被封锁；为了允许此键操作，应设定 P0700＝1。 OFF2：按此键两次（或一次，但时间较长）电动机将在惯性作用下自由停车。 此功能总是“使能”的。
	改变电动机的转动方向	按此键可以改变电动机的转动方向。电动机的反向用负号（－）表示或用闪烁的小数点表示。缺省值运行时此键是被封锁的，为了使此键的操作用效，应设定 P0700＝1。
jog	电动机点动	在变频器无输出的情况下按此键，将使电动机起动，并按预设定的点动频率运行。释放此键时，变频器停车。如果变频器/电动机正在运行，按此键将不起作用。
Fn	功能	此键用于浏览辅助信息。 变频器运行过程中，在显示任何一个参数时按下此键并保持不动 2 s，将显示以下参数值： 1. 直流回路电压（用 d 表示—单位：V）。 2. 输出电流（A）。 3. 输出频率（Hz）。 4. 输出电压（用 o 表示—单位：V）。 5. 由 P0005 选定的数值[如果 P0005 选择显示上述参数中的任何一个（3，4 或 5），这里将不再显示]。 连续多次按下此键，将轮流显示以上参数。 跳转功能： 在显示任何一个参数（rXXXX 或 PXXXX）时短时间按下此键，将立即跳转到 r0000，如果需要的话，用户可以接着修改其他的参数。跳转到 r0000 后，按此键将返回原来的显示点。
P	访问参数	按此键即可访问参数。

	增加数值	按此键即可增加面板上显示的参数数值。
	减少数值	按此键可减少面板上显示的参数数值。

二、变频器对电机的控制线路

典型的三相异步电动机的变频器控制系统中,电动机速度和方向的控制可采用西门子通用变频器 MM420,其电气连接如图 2.2.59 所示。三相交流电源经过熔断器、交流接触器、滤波器(可选)、变频器输出到交流电动机。

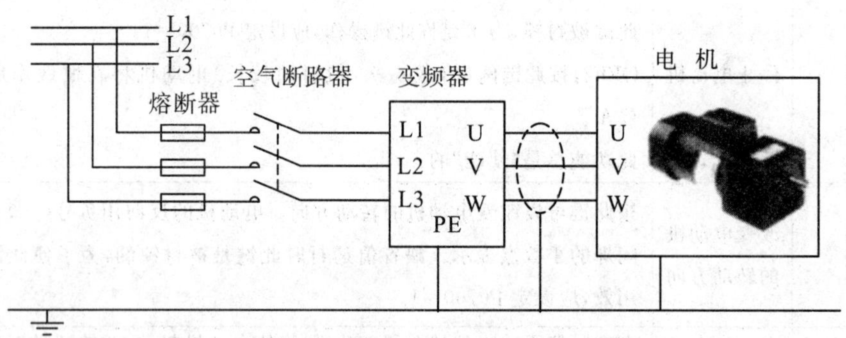

图 2.2.59 变频器与电机的安装接线

任务实践

变频器对异步电动机的控制

一、训练内容

1. 变频器面板简单参数的设置。

2. 熟悉变频器运行模式。

二、训练器材

MM420 变频器模块一块、电动机一台、万用表一块、连接导线若干等。

三、训练步骤

1. 如图 2.2.60 所示连接变频器和电机并检查线路

2. 将变频器复位为出厂设置

为了将变频器的全部参数复位为工厂的缺省设置值,应设定参数:P0010=30;P0970=1。

3. 设置电动机参数

将变频器调入快速调试状态,进行电动机参数的设置,与电动机有关的参数可在电动机铭牌上找到。如果未设电动机参数,变频器会发出报警信号,提示变频器未带负载。快速调

试过程流程图如图 2.2.60 所示。

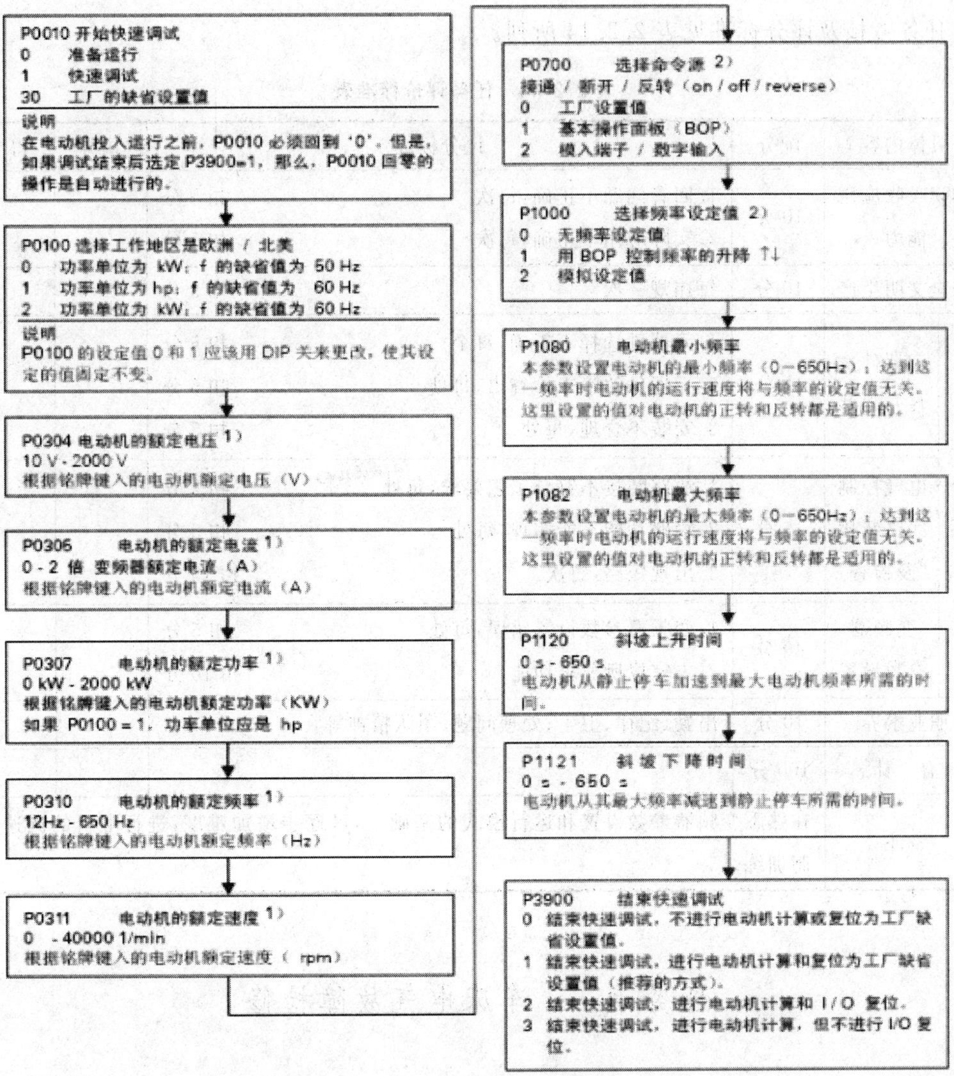

P0010 开始快速调试
0　准备运行
1　快速调试
30　工厂的缺省设置值

说明
在电动机投入运行之前，P0010 必须回到‘0’。但是，如果调试结束后选定 P3900=1，那么，P0010 回零的操作是自动进行的。

↓

P0100 选择工作地区是欧洲 / 北美
0　功率单位为 kW；f 的缺省值为 50 Hz
1　功率单位为 hp；f 的缺省值为 60 Hz
2　功率单位为 kW；f 的缺省值为 60 Hz

说明
P0100 的设定值 0 和 1 应该用 DIP 关来更改，使其设定的值固定不变。

↓

P0304 电动机的额定电压 1)
10 V - 2000 V
根据铭牌键入的电动机额定电压（V）

↓

P0305　电动机的额定电流 1)
0 - 2 倍 变频器额定电流（A）
根据铭牌键入的电动机额定电流（A）

↓

P0307　电动机的额定功率 1)
0 kW - 2000 kW
根据铭牌键入的电动机额定功率（KW）
如果 P0100 = 1，功率单位应是 hp

↓

P0310　电动机的额定频率 1)
12Hz - 650 Hz
根据铭牌键入的电动机额定频率（Hz）

↓

P0311　电动机的额定速度 1)
0 - 40000 1/min
根据铭牌键入的电动机额定速度（rpm）

↓

P0700　选择命令源 2)
接通 / 断开 / 反转（on / off / reverse）
0　工厂设置值
1　基本操作面板（BOP）
2　模入端子 / 数字输入

↓

P1000　选择频率设定值 2)
0　无频率设定值
1　用 BOP 控制频率的升降 ↑↓
2　模拟设定值

↓

P1080　电动机最小频率
本参数设置电动机的最小频率（0－650Hz）；达到这一频率时电动机的运行速度将与频率的设定值无关。这里设置的值对电动机的正转和反转都是适用的。

↓

P1082　电动机最大频率
本参数设置电动机的最大频率（0－650Hz）；达到这一频率时电动机的运行速度将与频率的设定值无关。这里设置的值对电动机的正转和反转都是适用的。

↓

P1120　斜坡上升时间
0 s - 650 s
电动机从静止停车加速到最大电动机频率所需的时间。

↓

P1121　斜坡下降时间
0 s - 650 s
电动机从其最大频率减速到静止停车所需的时间。

↓

P3900　结束快速调试
0　结束快速调试，不进行电动机计算或复位为工厂缺省设置值。
1　结束快速调试，进行电动机计算和复位为工厂缺省设置值（推荐的方式）。
2　结束快速调试，进行电动机计算和 I/O 复位。
3　结束快速调试，进行电动机计算，但不进行 I/O 复位。

图 2.2.60　快速调试过程流程图

4. 运行电动机

按变频器“启动电动机”按钮运行电动机；按“增加（减少）数值”按钮调节变频器输出频率；按“改变电动机转向”按钮变换电动机旋转方向；按“停止电动机”按钮，电动机停车。

四、训练注意事项

1. 变频器到电动机的线采用屏蔽线，屏蔽层需要接地；

2. 电动机外壳要可靠接地。

任务评价

任务考核及评分标准见表 2.2.14 所列。

表 2.2.14　任务评价标准表

具体内容		配分	评分标准	扣分	得分
知识吸收应用能力		10 分	1.回答问题不正确,每次　扣 5 分 2.实际应用不正确,每次　扣 5 分		
安全文明生产		10 分	每违规一次　扣 5 分		
任务实践	元器件选择及安装	15 分	1.元器件选择不正确,每个　扣 5 分 2.元器件故障未检查出,每处　扣 5 分 3.安装不合理,每处　扣 5 分		
	电气控制线路装接及检查	15 分	1.线路装接不符合工艺要求,每处　扣 2 分 2.线路功能不能实现,每处　扣 5 分 3.出现短路,每次　扣 15 分		
	变频器参数设置	40 分	1.变频器参数设置错误,每处　扣 5 分 2.未完成所要求功能　扣 10 分		
职业素养		10 分	出勤、纪律、卫生、处理问题、团队精神等		
合　计		100 分			
备注		在熟悉变频器参数设置和运行模式的基础上,可逐步增加难度,进行电机的调速控制训练。			

任务十一　车床电气故障检修

知识链接

一、CA6140 型车床电气控制线路

CA6140 型车床的电路中,备有快速移动电机,能拖动拖板、刀架快速移动。因此,设备相应的控制电路,拖板、刀架的移动方向改变,均是由机械装置来完成的。如图 2.2.61 所示。

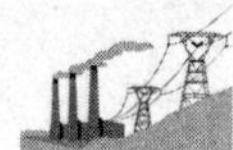

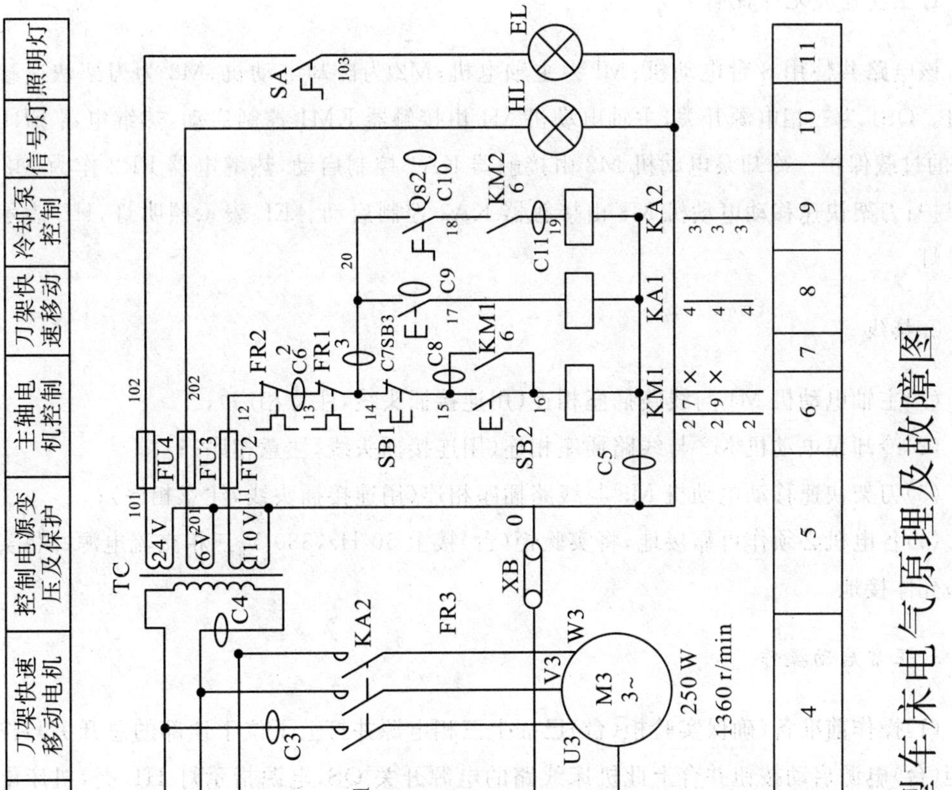

CA6140型车床电气原理及故障图
电源保护
电源开关
主轴电动机
短路保护
冷却泵电动机
刀架快速移动电机
控制电源变压及保护
主轴电机控制
刀架快速移动
冷却泵控制
信号灯
照明灯
L1
L2
L3
FU
QS1
PE
U
V
W
U0
V0
W0
FU1
KM1
U11
V11
W11
FR1
U1
V1
W1
M1
3~
7.5 KW
1450 r/min
C1
C2
U21
V21
W21
KA1
FR2
U2
V2
W2
M2
3~
90 W
C3
KA2
FR3
U3
V3
W3
M3
3~
250 W
1360 r/min
C4
TC
XB
0
110 V
6 V
24 V
FU2
FU3
FU4
101
102
201
202
11
12
13
14
15
16
17
18
19
20
103
FR2
FR1
C6
C5
C7
SB3
SB1
SB2
C8
KM1
C9
Qs2
C10
KM2
C11
KA1
KA2
SA
HL
EL
1
2
3
4
5
6
7
8
9
10
11

图 2.2.61

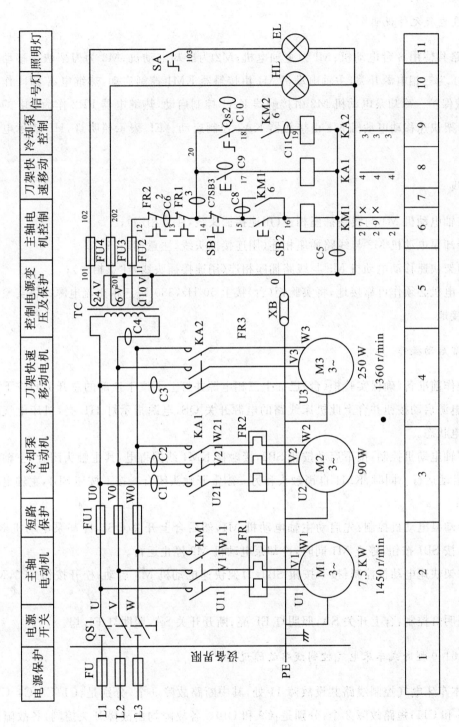

1. 主要电气元件说明

该电路共使用3台电动机:Ml为主轴电机;M2为冷却电动机;M3为刀架快速移动电动机。QS1为三相电源开关,主轴电动机M1由接触器KM1控制启动,热继电器FR1作为M1的过载保护。冷却泵电动机M2由接触器KA1控制启动,热继电器FR2作为M2的过载保护;刀架快速移动电动机M3由接触器KA2控制启动。EL表示照明灯,HL表示电源信号灯。

2. 接线

(1)主轴电动机M1与线路插座相连(用连接插头线,注意相序);

(2)冷却泵电动机M2与线路插座相连(用连接插头线,注意相序);

(3)刀架快速移动电动机M3与线路插座相连(用连接插头线,注意相序);

(4)各电机必须作可靠接地,将实验柜(台)接上50 Hz,380 V三相交流电源并将实验柜(台)壳体接地。

3. 正常启动操作

(1)操作前准备(确保实验柜(台)已插上三相电源并打上了位于顶部的总开关):按下实验柜(台)电源启动按钮并合上此机床线路的电源开关QS,电源指示灯HL亮,机床电气线路进入带电状态。

(2)主轴电动机控制:按下启动按钮SB2,接触器KM1线圈得电,其主触头闭合,主轴电动机M1启动运行。同时,KM1自锁触头和另一副常开触头闭合。按下按钮SB1,主轴电动机M1停车。

(3)冷却泵电动机控制:先启动主轴电动机M1,然后合上开关QS2,冷却泵电动机M2启动运行,按SB1按钮,停止M1同时,冷却泵电动机M2停止运行。

(4)刀架快速电动机控制:按下按钮SB3,刀架快速电动机M3启动;松开按钮SB3,M3立即停止。

(5)照明灯控制:合上开关SA,照明灯EL亮;断开开关SA,照明灯EL熄。

4. CA6140型卧式车床电气控制线路故障说明

假设本车床电气控制线路共设故障11处,其中断路故障9个,分别是:C1、C3、C4、C5、C6、C7、C8和C11;短路故障2个,分别是:C9和C10。各故障均由故障开关控制,各故障现象分析如下:

(1)C1故障开关和C2故障开关分别串接在冷却泵电动机M2的两根相线上,断开任一开关,冷却泵均会出现缺相现象。

(2)C3故障开关设在刀架移动电机的一根相线上,断开此开关,刀架快速移动电动机启

动时，出现缺相现象。

(3)C4 故障开关串接在控制变压器 TC 输入端，断开此开关，控制变压器 TC 无输入电压，控制回路无法工作。

(4)C5 故障开关串接在控制变压器 110 V 输出公共端处，断开此开关，所有控制回路无法工作。

(5)C6 故障开关串接在 FR1 与 FR2 常闭触头之间，断开此开关，所有电机无法启动。

(6)C7 故障开关串接在刀架移动、冷却泵控制电路与主电机控制电路的并联处，断开此开关，刀架移动电机、冷却泵电机无法启动。

(7)C8 故障开关串接在接触器 KM1 自锁点处，断开此开关，主轴电机无法连续工作。

(8)C9 故障开关与刀架移动点动按钮 SB3 并联，合上此开关，刀架移动电机自动连续运转。

(9)C10 故障开关与组合开关 QS2 并联，合上此开关，主电机运转时，冷却泵同时自动启动。

(10)C11 故障开关串接在 KM2 接触器线圈上，断开此开关，冷却泵无法启动。

二、CW6163B 车床电气故障检修

CW6163B 型车床的电路中，备有快速移动电机，能拖动拖板、刀架快速移动。因此，设备相应的控制电路，拖板、刀架的移动方向改变，均是由机械装置来完成的。

CW6163B 车床电气原理图如图 2.2.62 所示，图上标注如“C1”为故障设置点。该车床电路共使用三台电动机；M1 为主轴电动机，M2 为冷却电动机；M3 为刀架快速移动电动机。QS1(现常用断路器 QF 代替)为三相电源开关，主轴电动机 M1 由接触器 KM1 控制启动，热继电器 FR1 作为 M1 的过载保护。冷却泵电动机 M2 由接触器 KM2 控制启动，热继电器 FR2 作为 M2 的过载保护；刀架快速移动电动机 M3 由接触器 KM3 控制启动。EL 表示照明灯，HL 表示电源接能信号灯，位置开关 SQ 用作进给限位。

1. CW6163B 车床主电路分析

CW6163B 车床电源采用三相 380 V 的交流电源，由电源开关引入，并有保护接地措施。电动机 M1 的短路保护是由低压断路器 QF 的电磁脱扣器来实现的；M2、M3 的短路保护是由熔断器 FU1 来实现的。普通机床电动机 M1 与 M2 的过载保护是由各自的热继电器 FR1 与 FR2 来实现的。三台电动机分别采用三个交流接触器控制。

2. CW6163B 车床控制电路分析

控制电路采用控制变压器 TC 供电，控制电路电压为 110 V，并采用熔断器 FU4 作短路保护。主轴电动机采用两地控制，在启动时，按下启动按钮 SB3 或 SB4，CW6163B 车床接触器 KM1 线圈通电吸合，其常开触头闭合自锁，同时 KM1 主触头闭合，主轴电动机 M1 启动运转。停车时，按下停止按钮 SB1 或 SB2，接触器 KM1 断电释放，电动机 M1 断电停转并失去自锁。

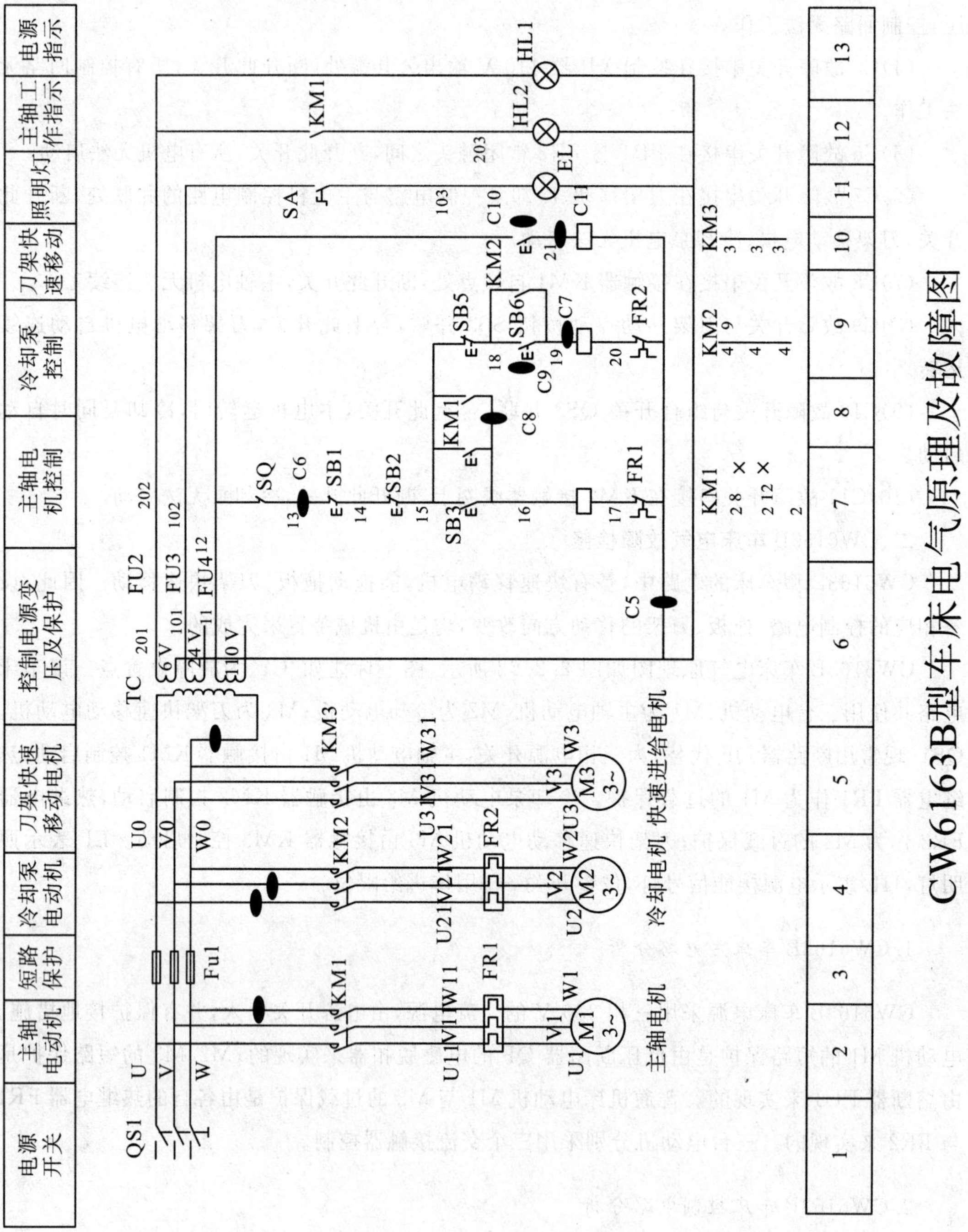

图 2.2.62　CW6163B 车床电气原理及故障设置图

按下按钮 SB6,交流接触器 KM2 线圈通电吸合,KM2 常开触头闭合自锁,同时 KM2 主触头闭合,冷却泵电动机 M2 起动运转。按下按钮 SB5,冷却泵电动机停止运行。按下停止

按钮 SB1 或 SB2,也可使冷却泵电动机停车。

快速进给电动机采用点动控制,是为了安全需要。按下按钮 SB7,刀架快速进给电动机 M3 启动;松开按钮 SB7,M3 立即停止。当电动机 M1 或 M2 过载时,CW6163B 车床热继电器 FR1 或 FR2 动作,热继电器 FR1 或 FR2 常闭辅助触头断开控制电路电源,接触器 KM1 或 KM2 断电释放,使电动机 M1 和 M2 断电停转,从而起到过载保护作用。

3. CW6163B 车床照明、指示灯电路分析

车床照明电源是由控制变压器采用 24 V 安全电压。指示灯电路的电源从照明电源的控制变压器抽头获得。指示灯电路的电源电压为 6 V。当机床电源接通后,普通车床指示灯 HL1 亮,普通机床主轴电动机 M1 工作时,指示灯 HL2 亮。合上开关 SA,照明灯 EL 亮;断开开关 SA,照明灯 EL 熄。

4. CW6163B 型车床电气控制线路故障现象分析

假设本车床电气控制线路共设故障 11 处,其中断路故障 9 个,分别是:C1、C2、C3、C4、C5、C6、C7、C8 和 C11;短路故障 2 个,分别是:C9 和 C10。假设各故障均由故障开关控制,各故障现象分析如下:

(1)C1 故障开关和 C2 故障开关分别串接在冷却泵电动机 M2 的两根相线上,断开任一开关,冷却泵均会出现缺相现象。

(2)C3 故障开关设在主轴电机的一根相线上,断开此开关,主轴电动机 M1 启动时,出现缺相现象。

(3)C4 故障开关串接在控制变压器 TC 输入端,断开此开关,控制变压器 TC 无输入电压,控制回路无法工作。

(4)C5 故障开关串接在控制变压器 110 V 输出公共端处,断开此开关,所有控制回路无法工作。

(5)C6 故障开关串接在 SQ 与 SB1 之间,断开此开关,M1 和 M2 无法启动。

(6)C7 故障开关串接在 KM2 线圈处,断开此开关,冷却泵电动机 M2 无法启动。

(7)C8 故障开关串接在接触器 KM1 自锁点处,断开此开关,主轴电动机 M1 无法连续工作。

(8)C9 故障开关与冷却泵点动按钮 SB6 并联,合上此开关,冷却泵电动机 M2 自动连续运转。

(9)C10 故障开关与 SB7 并联,合上此开关,快速进给电动机 M3 自动启动。

(10)C11 故障开关串接在 KM3 接触器线圈上,断开此开关,快速进给电动机 M3 无法启动。

5. CW6163B 车床常见故障检查方法

(1)电动机 M1、M2 和 M3 均不能启动

①检查熔断器 FU1 和 FU2 是否熔断。

②检查交流接触器公共出线是否断开。

③检查变压器 TC 线圈是否断路,输出电压是否有 110 V。

(2)主轴电动机 M1 不能启动,普通车床快速进给电动机 M3 能启动

①按下启动按钮 SB3,观察接触器 KM1 是否吸合,如 KM1 没有吸合,可依次检查 FR1 动断触头、SB1 和 SB2 的动断触头、SB3 的动合触头及 KM1 线圈的连线端是否断路。

②按下 SB3,如接触器 KM1 吸合,而电动机 M1 不能启动,则可依次检查 KM1 的主触头、普通机床热继电器 FR1 热元件的接线是否断路,电动机 M1 的进线是否断路。

(3)电动机 M1 不能自锁

应检查接触器 KM1 的自锁触头的接触及闭合情况。

任务实践

一、训练内容

1. CA6140 车床主轴电动机控制回路的检修。

2. CA6140 车床电动机缺相不能运转的检查。

3. CA6140 车床在运行过程中自动停车的检修。

二、训练器材

常用电工工具一套、万用表、兆欧表、钳形电流表、CA6140 车床电气控制柜等。

三、训练步骤

1. KM1 接触器不吸合,主轴电动机不工作

首先根据故障现象在电气原理图上标出可能的最小故障范围,然后逐步进行检查,直至找出故障点。

相关提示:(1)按通 QS 电源开关,观察各元器件有无异常;(2)用万用表检测熔器及变压器 TC 有无故障;(3)检测 KM1 线圈有无故障,依次检查,直到找出故障。

2. CA6140 车床电动机缺相不能运转的检查

首先根据故障现象在电气原理图上标出可能的最小故障范围,然后逐步进行检查,直至找出故障点。

相关提示:

(1)电动机有“嗡嗡”声说明电动机缺相运行,若电动机不运行,则可能无电源。

(2)QS 的电源进线缺相应检查电源,若出线缺相应检修 QS 开关。

(3)接触器 KM1 进线电源缺相,则电力线路有断点;若出线缺相,则 KM1 的主触点损坏,需要更换触点。

四、训练注意事项

1. 带电操作时,应作好安全防护,穿绝缘鞋,身体各部分不得碰触机床,并且需要由老师监护。

2. 正确使用仪表，各点测试时，表笔的位置要准确，不得与相邻点相碰撞，防止发生短路事故。一定要在断电的情况下使用万用表的欧姆挡测电阻。

3. 发现故障部位后，必须用另一种方法复查，准确无误后，方可修理或更换有故障的元件。更换时要采用原型号规格的元件。

4. 带电操作注意安全，防止仪表的指针造成短路。

5. 万用表的挡位要选择正确，以免损坏万用表。

任务评价

任务考核及评分标准见表 2.2.15 所列。

表 2.2.15　任务评价标准表

<table>
<tr><th colspan="2">具体内容</th><th>配分</th><th>评分标准</th><th>扣分</th><th>得分</th></tr>
<tr><td colspan="2">知识吸收应用能力</td><td>20 分</td><td>1. 回答问题不正确，每次　扣 5 分
2. 实际应用不正确，每次　扣 5 分</td><td></td><td></td></tr>
<tr><td colspan="2">安全文明生产</td><td>10 分</td><td>每违规一次　扣 5 分</td><td></td><td></td></tr>
<tr><td rowspan="3">任务实践</td><td>元器件选择及安装</td><td>15 分</td><td>1. 元器件选择不正确，每个　扣 5 分
2. 元器件故障未检查出，每处　扣 5 分
3. 安装不合理，每处　扣 5 分</td><td></td><td></td></tr>
<tr><td>电气控制线路装接及检查</td><td>15 分</td><td>1. 线路装接不符合工艺要求，每处　扣 2 分
2. 线路功能不能实现，每处　扣 5 分
3. 出现短路，每次　扣 15 分</td><td></td><td></td></tr>
<tr><td>车床故障检修</td><td>30 分</td><td>1. 故障查找错误，每处　扣 5 分
2. 增加新的故障点，每处　扣 10 分</td><td></td><td></td></tr>
<tr><td colspan="2">职业素养</td><td>10 分</td><td>出勤、纪律、卫生、处理问题、团队精神等</td><td></td><td></td></tr>
<tr><td colspan="2">合　计</td><td>100 分</td><td></td><td></td><td></td></tr>
<tr><td colspan="2">备注</td><td colspan="4">在熟悉简单故障排除方法的基础上，可逐步增加难度。</td></tr>
</table>

2.3 PLC控制训练(西门子)

引导学习 熟悉可编程控制器梯形图编辑规则

编程的几个步骤：

1.决定系统所需的动作及次序

当使用可编程控制器时，最重要的一环是决定系统所需的输入及输出，这主要取决于系统所需的输入及输出接口分立元件。

输入及输出要求：

(1)第一步是设定系统输入及输出数目，可由系统的输入及输出分立元件数目直接取得。

(2)第二步是决定控制先后、各器件相应关系以及作出何种反应。

2.将输入及输出器件编号

每一输入和输出，包括定时器、计数器、内置寄存器等，都有一个唯一的对应编号，不能混用。

3.画出梯形图

根据控制系统的动作要求，画出梯形图。

梯形图设计规则：

(1)触点应画在水平线上，不能画在垂直分支上。应根据从左至右、自上而下的原则和对输出线圈的几种可能控制路径来画。

(2)不包含触点的分支应放在垂直方向，不可放在水平位置，以便于识别触点的组合和对输出线圈的控制路径。

(3)在有几个串联回路相并联时，应将触头多的那个串联回路放在梯形图的最上面。在有几个并联回路相串联时，应将触点最多的并联回路放在梯形图的最左面。这种安排，所编制的程序简洁明了，语句较少。

(4)不能将触点画在线圈的右边，只能在触点的右边接线圈。

4.将梯形图转化为程序

把继电器梯形图转变为可编程控制器的编码，当完成梯形图以后，下一步是把它编码成可编程控制器能识别的程序。

这种程序语言是由地址、控制语句、数据组成的。地址是控制语句及数据所存储或摆放的位置;控制语句告诉可编程控制器怎样利用数据做出相应的动作。

5. 在编程方式下用键盘输入程序

6. 编程及设计控制程序

7. 测试控制程序的错误并修改

8. 保存完整的控制程序

项目一 基本指令编程练习

项目描述

基本逻辑控制指令是 PLC 最基本的指令,也是任何一个 PLC 应用程序不可缺少的指令。项目一通过两个实验任务使同学们熟悉基本指令的功能。任务中给出了梯形图程序、指令表程序以及软件和硬件的操作顺序,在完成任务的过程中,同学们应熟悉 STEP7 MicroWin 软件的操作应用以及计算机与 PLC 的通讯过程。

任务一 与或非逻辑功能实验

任务描述

本任务要求同学们通过与或非逻辑功能实验熟悉 PLC 实验装置,S7－200 系列可编程控制器的外部接线方法;了解编程软件 STEP7 的编程环境,软件的使用方法;掌握与、或、非逻辑功能的编程方法。

实践指导

一、参考程序

通过程序判断 Q0.1、Q0.2、Q0.3、Q0.4 的输出状态,然后再输入并运行程序加以验证。

实验参考程序:

1.指令表

步序	指令	器件号	说明	步序	指令	器件号	说明
0	LD	I0.1	输入	7	ANI	I0.3	
1	AN	I0.3	输入	8	=	Q0.3	或非门输出
2	=	Q0.1	与门输出	9	LDI	I0.1	
3	LD	I0.1		10	OI	I0.3	
4	O	I0.3		11	=	Q0.4	与非门输出
5	=	Q0.2	或门输出	12	END		程序结束
6	LDI	I0.1					

2. 梯形图

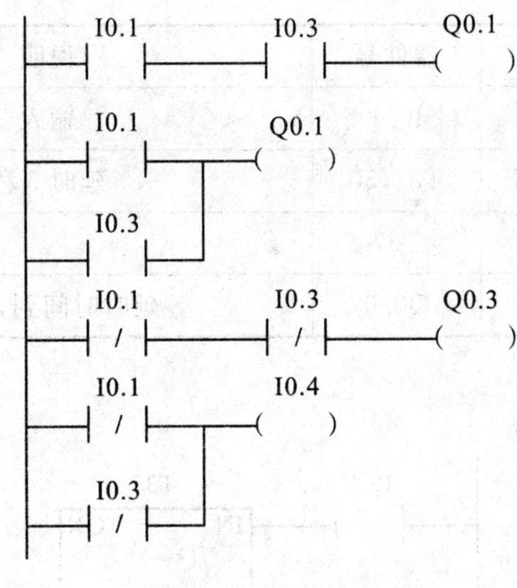

梯形图

二、实践步骤

梯形图中的 I0.1、I0.3 分别对应控制实验单元输入开关 I0.1、I0.3。

通过专用 PC/PPI 电缆连接计算机与 PLC 主机。打开编程软件 STEP7，逐条输入程序，检查无误后，将所编程序下载到主机内，并将可编程控制器主机上的 STOP/RUN 开关拨到 RUN 位置，运行指示灯点亮，表明程序开始运行，有关的指示灯将显示运行结果。

拨动输入开关 I0.1、I0.3，观察输出指示灯 Q0.1、Q0.2、Q0.3、Q0.4 是否符合与、或、非逻辑的正确结果。

任务二　定时器/计数器功能实验

任务描述

本任务要求同学们通过实践掌握定时器、计数器的正确编程方法，并学会定时器和计数器扩展方法，用编程软件对可编程控制器的运行进行监控。

实践指导

一、定时器的认识实验

定时器的控制逻辑是经过延时动作，产生控制作用。其控制作用同一般继电器。

实验参考程序：

1. 指令表

步序	指令	器件号	说明
0	LD	I0.1	输入
1	TON	T37,50	延时5秒
2	LD	T37	
3	=	Q0.0	延时时间到,输出

2. 梯形图

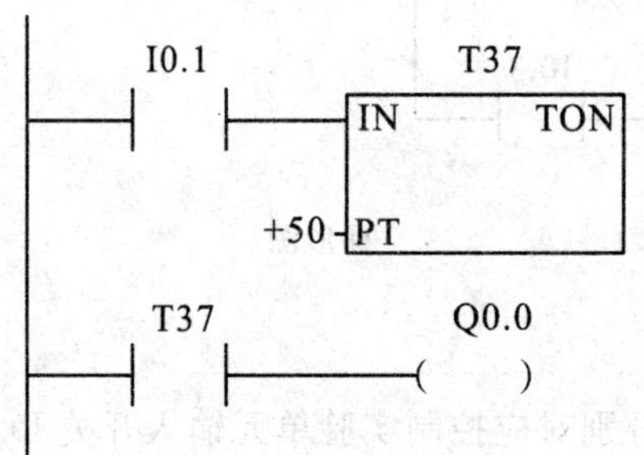

二、定时器扩展实验

PLC的定时器和计数器都有一定的定时范围和计数范围。如果需要的设定值超过机器范围,我们可以通过几个定时器和计数器的串联组合来扩充设定值的范围。

实验参考程序:

1. 指令表

步序	指令	器件号	说明
0	LD	I0.1	输入
1	TON	T37,50	延时5秒
2	LD	T37	
3	TON	T38,30	延时3秒
4	LD	T38	
5	=	Q0.0	延时时间到,输出

2. 梯形图

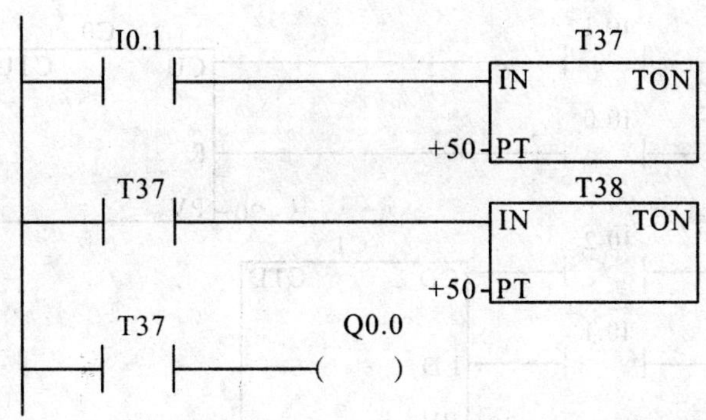

三、计数器认识实验

西门子 S7－200/300 系列的内部计数器分为加计数器、减计数器和加减计数器三种。

实验参考程序：

1. 指令表

步序	指令	器件号	说明	步序	指令	器件号	说明
0	LD	I0.1	输入	6	LD	I2.0	增计数端计数
1	LD	I0.0	复位	7	LD	I2.1	减计数端计数
2	CTU	C0,20	开始计数 20	8	LD	I2.2	计数器复位
3	LDN	I0.2	输入	9	CTUD	C48,＋3	计数器输出
4	LD	I0.1	计数器复位	10			
5	CTD	C1,30		11			

2. 梯形图

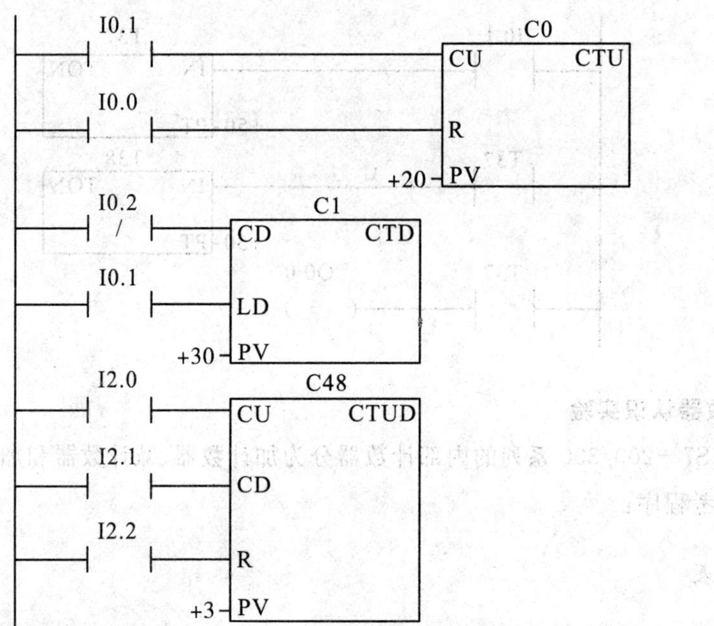

3. 计数器的扩展实验

计数器的扩展与定时器扩展的方法类似,此处不再赘述。

项目二　S7－200系列PLC基本指令编程与实践

项目描述

在熟悉了逻辑控制指令的基本功能之后，项目二安排了4个任务。这4个任务把基本指令的应用和具体的工程实例联系起来，使同学们在完成不同的工程实例的过程中，逐步掌握基本指令的应用并能够灵活的运用经验的编程方法实现具体的控制要求。

任务一　基于PLC的三相异步电动机Y/△换接启动控制

任务描述

由于电动机正反转换接时，有可能因为电动机容量较大或操作不当等原因，使接触器主触头产生较为严重的起弧现象。如果电弧还未完全熄灭时，反转的接触器就闭合，则会造成电源相间短路。用PLC来控制电动机，则可避免这一问题。

要求同学们通过本任务的实践，掌握电动机星/三角换接启动主回路的接线；学会用可编程控制器实现电机动星/三角换接降压启动过程的编程方法。

分别由两个按钮SB2、SB3控制三相异步电动机的星/三角换接启动控制，触动启动按钮SB2后，电动机先作星形连接启动，经延时6秒后自动换接到三角形连接运转；触动停止按钮SB3后，电动机停止转动。当电动机过载时，热过载保护继电器FR的动断触点断开，电动机也停车。

实践指导

一、实践接线

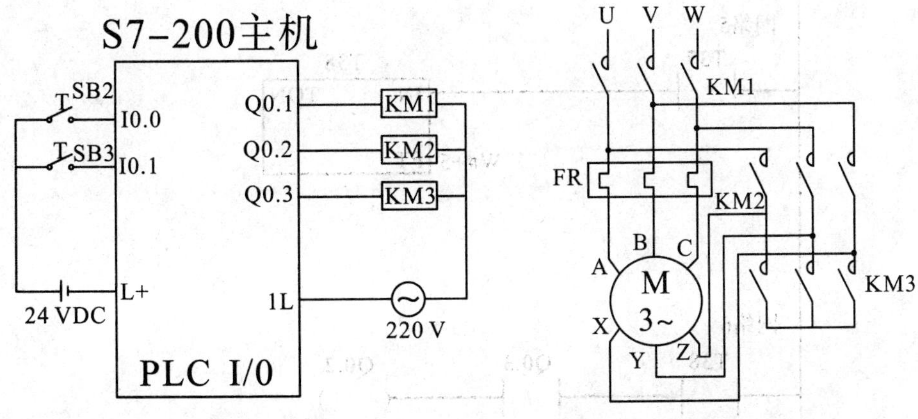

图2.3.1　PLC接线图　　　　图2.3.2　电机接线图

二、梯形图参考程序

(a) (b)

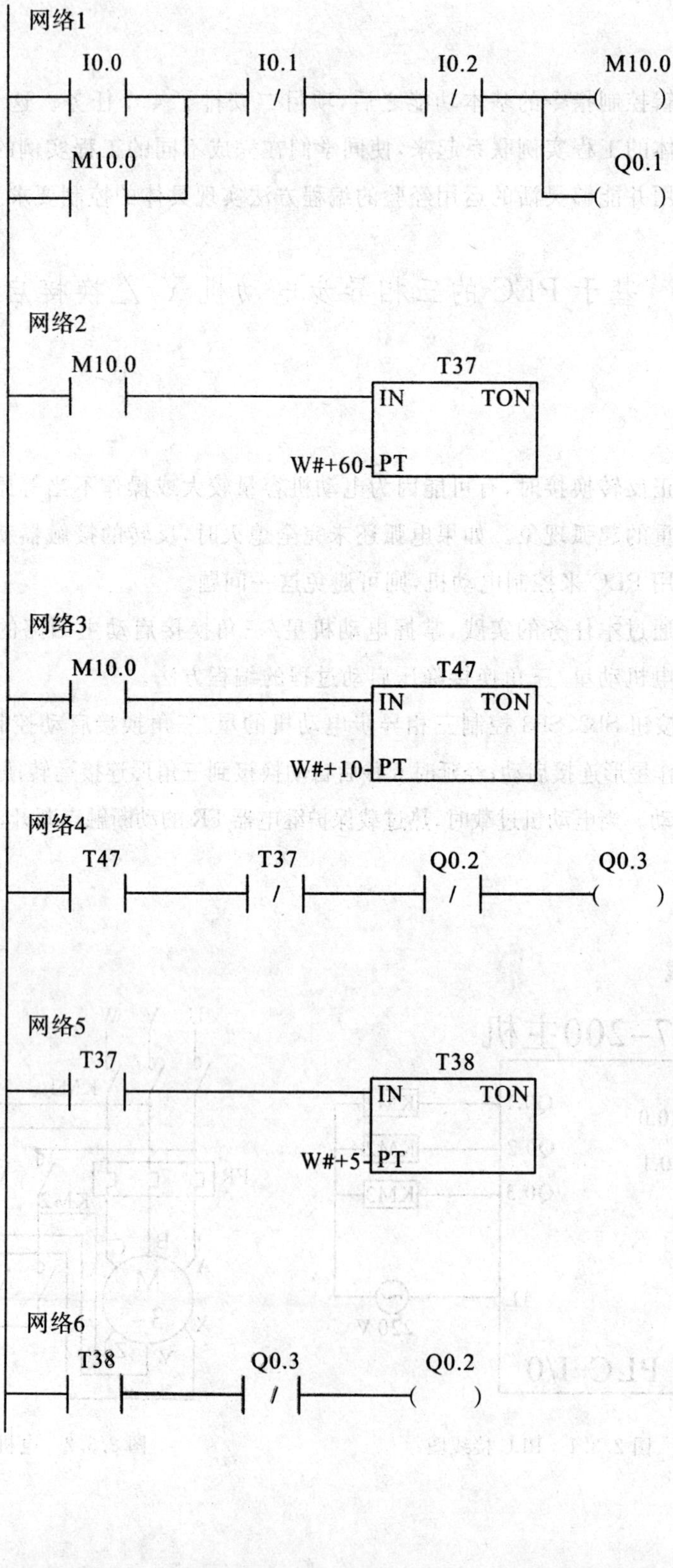

网络1

I0.0 I0.1 / I0.2 / M10.0 ( )

M10.0 Q0.1 ( )

网络2

M10.0 T37 IN TON

W#+60-PT

网络3

M10.0 T47 IN TON

W#+10-PT

网络4

T47 T37 / Q0.2 / Q0.3 ( )

网络5

T37 T38 IN TON

W#+5-PT

网络6

T38 Q0.3 / Q0.2 ( )

任务二　三台电机顺序启动和停止的PLC控制

任务描述

本任务要求同学们在掌握基本触点指令、线圈指令、定时器指令、计数器指令应用的基础上，实现三台电机循环工作的PLC控制。掌握利用定时器和计数器建立时间节点的方法。

该系统由一个启动开关控制，当开关接通时，系统开始运行，三台电机相隔5 s启动，各运行10 s停止，循环往复。其工作时序图如下图所示。

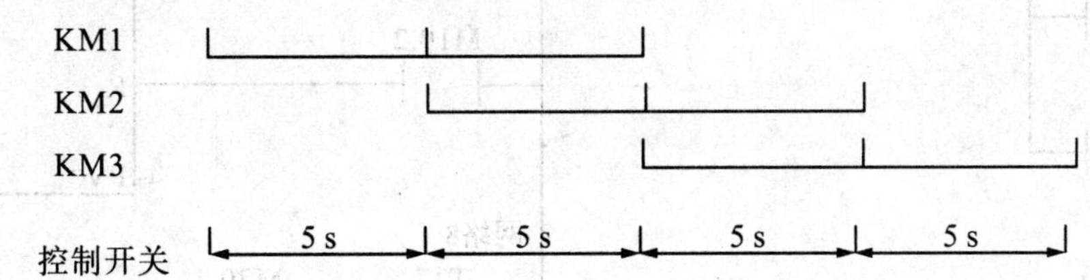

实践指导

一、实践接线

三台电机循环工作PLC控制I/O分配表

输入接口		输出接口	
控制开关S	I0.1	接触器KM1(电机一)	Q0.1
		接触器KM2(电机二)	Q0.2
		接触器KM3(电机三)	Q0.3

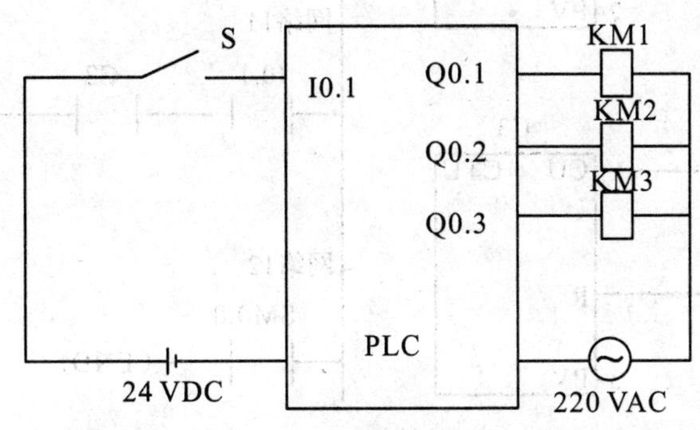

图2.3.3　三台电机循环工作PLC接线图

二、梯形图参考程序

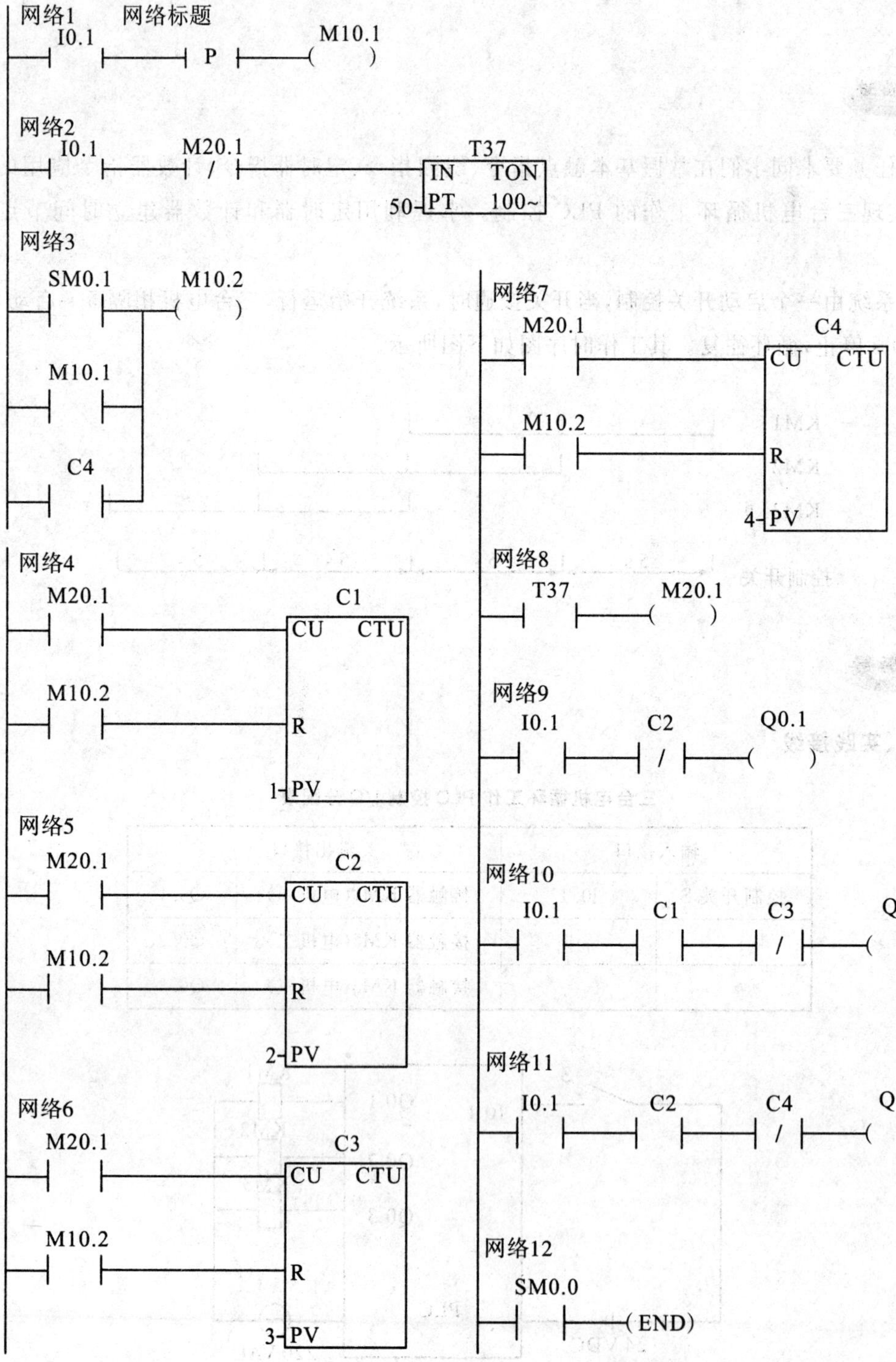

网络1　网络标题
I0.1 —| P |— M10.1 ( )

网络2
I0.1 —|/|— M20.1 — T37 IN TON
50-PT 100~

网络3
SM0.1, M10.1, C4 — M10.2 ( )

网络4
M20.1 — C1 CU CTU
M10.2 — R
1-PV

网络5
M20.1 — C2 CU CTU
M10.2 — R
2-PV

网络6
M20.1 — C3 CU CTU
M10.2 — R
3-PV

网络7
M20.1 — C4 CU CTU
M10.2 — R
4-PV

网络8
T37 — M20.1 ( )

网络9
I0.1 — C2 / — Q0.1 ( )

网络10
I0.1 — C1 — C3 / — Q0.2 ( )

网络11
I0.1 — C2 — C4 / — Q0.3 ( )

网络12
SM0.0 —(END)

任务三　十字路口交通灯控制的模拟

任务描述

熟练运用基本逻辑控制指令，了解经验的编程方法。在此基础上，综合运用基本逻辑指令，实现十字路口交通灯控制的模拟。

交通灯系统如图 2.3.4 所示，南北方向和东西方向分别有红、黄、绿三种颜色。交通灯受一个启动开关控制，当启动开关接通时，信号灯系统开始工作，且先南北红灯亮，东西绿灯亮。当启动开关断开时，所有信号灯都熄灭。

南北红灯亮维持 25 s，在南北红灯亮的同时东西绿灯也亮，并维持 20 s。到 20 s 时，东西绿灯闪亮，闪亮 3 s 后熄灭。在东西绿灯熄灭时，东西黄灯亮，并维持 2 s。到 2 s 时，东西黄灯熄灭，东西红灯亮，同时，南北红灯熄灭，绿灯亮。东西红灯亮维持 30 s。南北绿灯亮维持 20 s，然后闪亮 3 s 后熄灭。同时南北黄灯亮，维持 2 s 后熄灭，这时南北红灯亮，东西绿灯亮。周而复始。

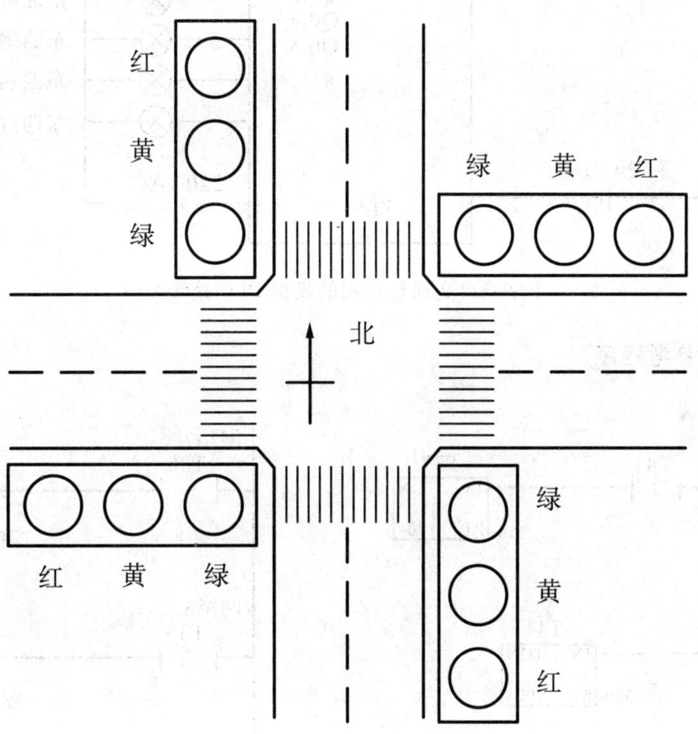

图 2.3.4　十字路口交通灯

实践指导

一、实践接线

十字路口交通灯控制的模拟 I/O 分配表

输入接口		输出接口	
启动开关 S	I0.1	南北绿灯	Q0.0
		南北黄灯	Q0.1
		南北红灯	Q0.2
		东西绿灯	Q0.3
		东西黄灯	Q0.4
		东西红灯	Q0.5

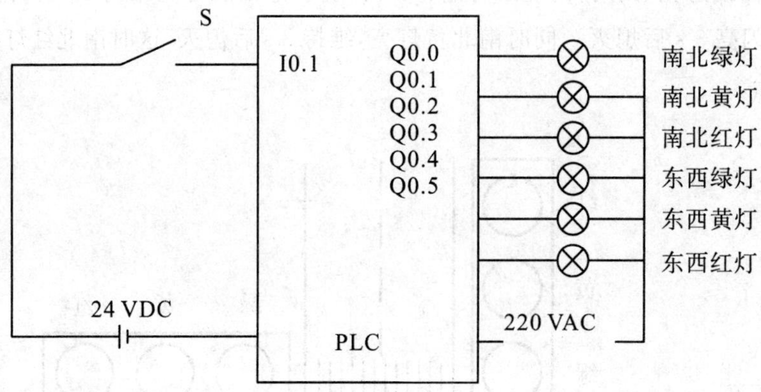

十字路口交通灯控制的模拟 PLC 接线图

二、梯形图参考程序

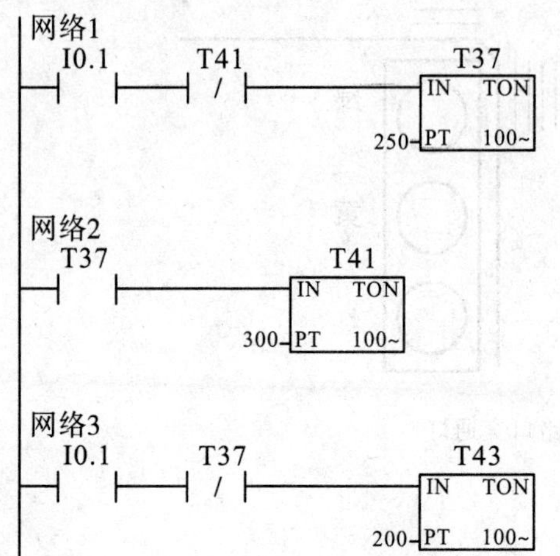

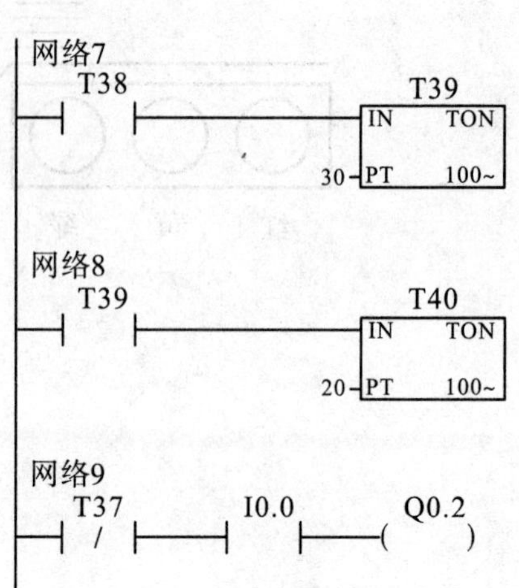

网络4
T43 — T44 IN TON, 30-PT 100~

网络5
T44 — T42 IN TON, 20-PT 100~

网络6
T37 — T38 IN TON, 250-PT 100~

网络13
Q0.5 — T38 / — Q0.0 ( )
T38 — T39 / — T59

网络14
T39 — T40 / — Q0.1 ( )

网络15
I0.1 — T60 / — T59 IN TON, 5-PT 100~

网络10
T37 / — Q0.5 ( )

网络11
Q0.2 — T43 / — Q0.3 ( )
T43 — T44 / — T59

网络12
T44 — T52 / — Q0.4 ( )

网络16
T59 — T60 IN TON, 5-PT 100~

网络17
SM0.0 — (END)

三、程序说明

当启动开关S合上时，I0.1触点接通，Q0.2得电，南北红灯亮；同时Q0.2的动合触点闭合，Q0.3线圈得电，东西绿灯亮。维持到20 s，T43的动合触点接通，与该触点串联的T59动合触点每隔0.5 s导通0.5 s，从而使东西绿灯闪烁。又过3 s，T44的动断触点断开，Q0.3线圈失电，东西绿灯灭；此时T44的动合触点闭合，Q0.4线圈得电，东西黄灯亮。再过2 s后，T42的动断触点断开，Q0.4线圈失电，东西黄灯灭；此时启动累计时间达25 s，T37的动断触点断开，Q0.2线圈失电，南北红灯灭，T37的动合触点闭合，Q0.5线圈得电，东西红灯亮，Q0.5的动合触点闭合，Q0.0线圈得电，南北绿灯亮。又经过25 s，即启动累计时间为50 s时，T38动合触点闭合，与该触点串联的T59的触点每隔0.5 s导通0.5 s，从而使南北绿灯闪烁;闪烁 3 s,T39 动断触点断开,Q0.0 线圈失电,南北绿灯灭;此时 T39 的动合触点闭合,Q0.1 线圈得电,南北黄灯亮。维持 2 s 后,T40 动断触点断开,Q0.1 线圈失电,南北黄灯灭。这时启动累计时间达 5 s,T41 的动断触点断开,T37 复位,Q0.3 线圈失电,即维持了 30 s 的东西红灯灭。

任务四　运料台车 PLC 控制系统

任务描述

在了解控制要求的基础上,设计台车的 PLC 控制系统。通过台车 PLC 控制系统的设计与调试,初步了解顺序控制编程方法。

如下图所示,台车的一个工作周期动作要求如下。

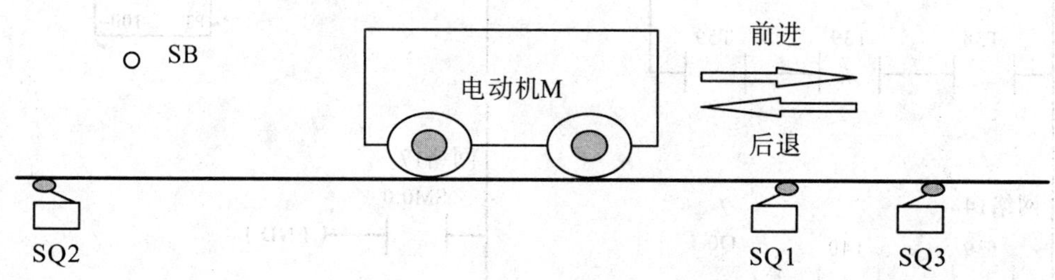

图 2.3.5　台车自动往返工况示意图

1. 按下启动按钮 SB,台车电动机正转,台车第一次前进,碰到限位开关 SQ1 后,台车电动机反转,台车后退。

2. 台车后退碰到限位开关 SQ2 后,电动机 M 停转。停 5 s 后,第二次前进,碰到限位开关 SQ3 后,再次后退。

3. 第二次后退碰到限位开关 SQ2 后,台车停止。

实践指导

一、实践接线

表 2.3.1　运料台车 PLC 控制系统设计与调试 I/O 分配表

输入接口		输出接口	
启动按钮 SB	I0.0	台车前进接触器 KM1	Q1.0
限位开关 SQ1	I0.1	台车后退接触器 KM2	Q1.1
限位开关 SQ2	I0.2		
限位开关 SQ3	I0.3		

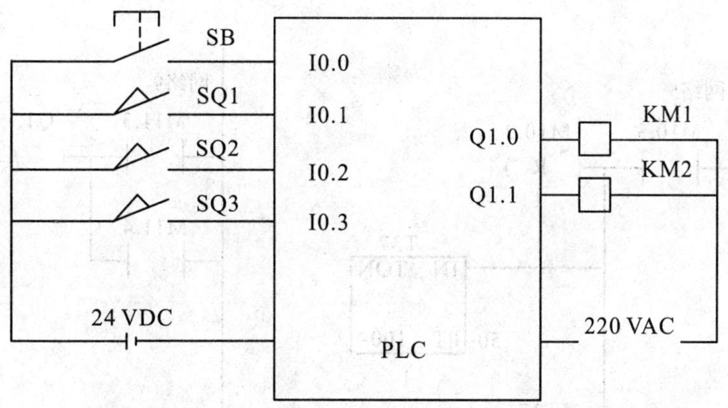

图 2.3.6 运料台车 PLC 控制系统设计与调试 PLC 接线图

二、梯形图参考程序

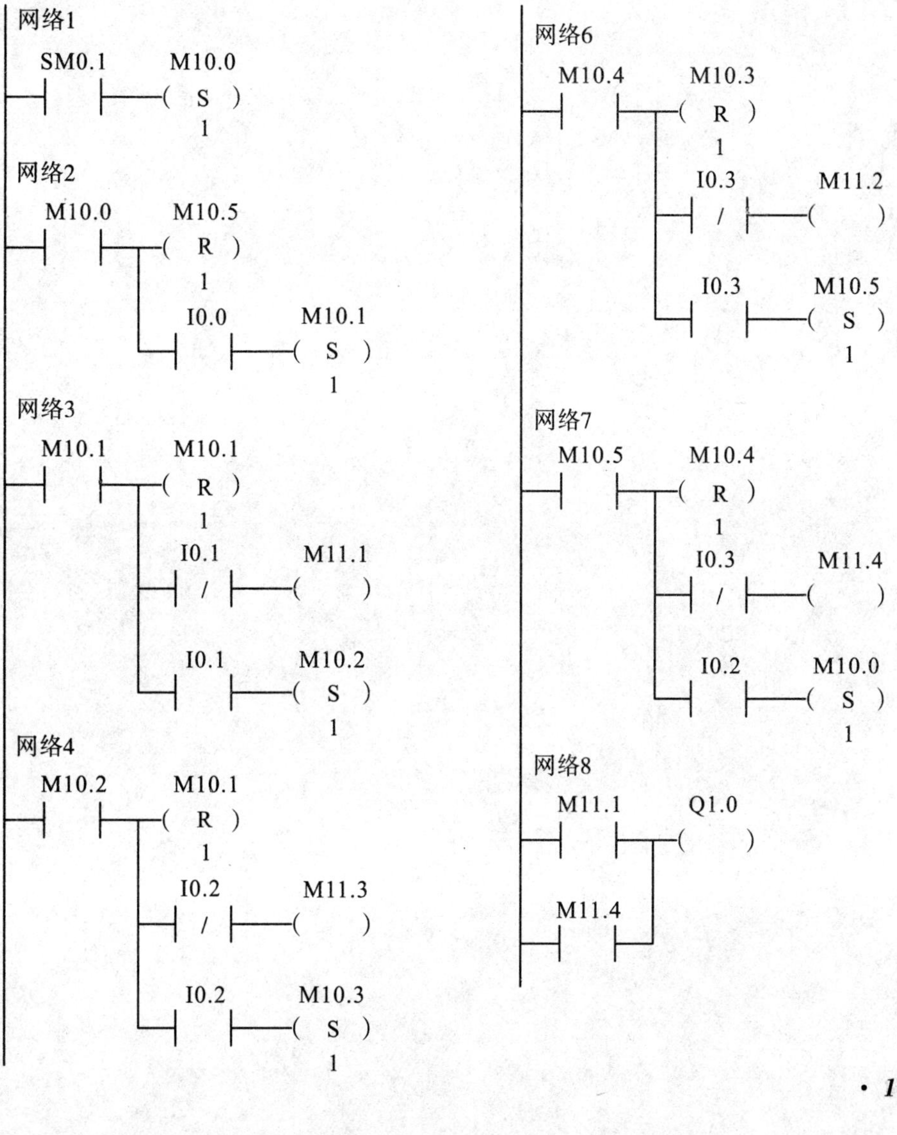

网络1

```
SM0.1        M10.0
--| |--------( S )
               1
```

网络2

```
M10.0        M10.5
--| |----+---( R )
         |     1
         |   I0.0         M10.1
         +---| |----------( S )
                            1
```

网络3

```
M10.1        M10.1
--| |----+---( R )
         |     1
         |   I0.1         M11.1
         +---|/|----------(   )
         |
         |   I0.1         M10.2
         +---| |----------( S )
                            1
```

网络4

```
M10.2        M10.1
--| |----+---( R )
         |     1
         |   I0.2         M11.3
         +---|/|----------(   )
         |
         |   I0.2         M10.3
         +---| |----------( S )
                            1
```

网络6

```
M10.4        M10.3
--| |----+---( R )
         |     1
         |   I0.3         M11.2
         +---|/|----------(   )
         |
         |   I0.3         M10.5
         +---| |----------( S )
                            1
```

网络7

```
M10.5        M10.4
--| |----+---( R )
         |     1
         |   I0.3         M11.4
         +---|/|----------(   )
         |
         |   I0.2         M10.0
         +---| |----------( S )
                            1
```

网络8

```
M11.1        Q1.0
--| |----+---(   )
         |
M11.4    |
--| |----+
```

网络5

M10.3 M10.2 (R) 1

T37 IN TON

50-PT 100~

1

T37 (S)

网络9

M11.3 Q1.1 ( )

M11.4

SM0.0 (END)

项目三　S7－200 系列 PLC 功能指令编程实践

项目描述

功能指令大大地开拓了 PLC 的工业应用能力，也使得 PLC 的编程工作更加接近普通计算机。相对基本指令，功能指令有着许多的特殊性。项目三通过七个任务的实践，使同学们熟悉 S7－200 系列 PLC 常用功能指令的应用。

任务一　机械手抓取 PLC 控制

任务描述

用顺控继电器指令完成机械手抓取的 PLC 控制系统编程调试工作。学习掌握顺控图的画法，学习掌握顺控继电器指令的用法。

下图为一个将工件由 A 处传送到 B 处的机械手，上升/下降和左移/右移的执行用双线圈二位五通电磁阀推动气缸完成。当某个电磁阀线圈通电，就一直保持现有的机械动作，例如一旦下降的电磁阀线圈通电，机械手下降，即使线圈再断电，仍保持现有的下降动作状态，直到相反方向的线圈通电为止。另外，夹紧/放松由单线圈二位三通电磁阀推动气缸完成，线圈通电执行夹紧动作，线圈断电时执行放松动作。设备装有上、下限位和左、右限位开关，它的工作过程如图所示，有 8 个动作，即为：

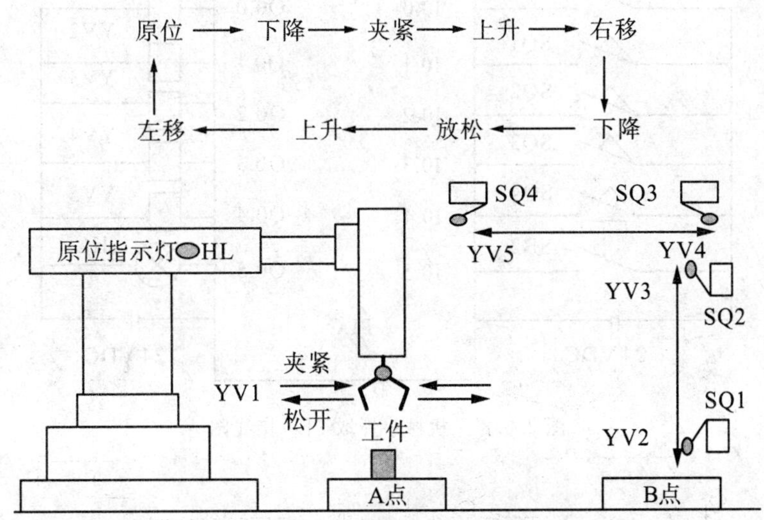

图 2.3.7　机械手工状况示意图

当 PLC 上电后,机械手要先回到原位,即左限位开关 SQ4,上限位开关 SQ2 得电,这时候原位指示灯亮,表示准备工作。按下启动按钮 SB1,YV2 得电,机械手下降;下降到位后,YV1 得电,机械手夹紧;延时 2 s 后,YV3 得电,机械手自动上升;上升到位后,YV4 得电,机械手右移;右移到位后,YV2 得电,机械手下降;下降到位后,YV1 失电,放下工件;延时 2 s 后,YV3 得电,机械手自动上升;上升到位后,YV5 得电,机械手左移;左移到位后,开始下一个周期。如按下停止按钮 SB2,机械手会在本轮周期运行完毕后停在原位。

在机械手工况示意图中,SQ1 为下降到位限位开关,SQ2 为上升到位限位开关,SQ3 为右移到位限位开关,SQ4 为左移到位限位开关。

实践指导

一、实践接线

机械手抓取 PLC 控制 I/O 分配表

输入接口		输出接口	
启动按钮 SB1	I0.0	下降电磁阀线圈 YV2	Q0.1
停止按钮 SB2	I0.5	上升电磁阀线圈 YV3	Q0.2
下降到位限位开关 SQ1	I0.1	右移电磁阀线圈 YV4	Q0.3
上升到位限位开关 SQ2	I0.2	左移电磁阀线圈 YV5	Q0.4
右移到位限位开关 SQ3	I0.3	夹紧电磁阀线圈 YV1	Q0.0
左移到位限位开关 SQ4	I0.4	原位指示灯 HL	Q0.5

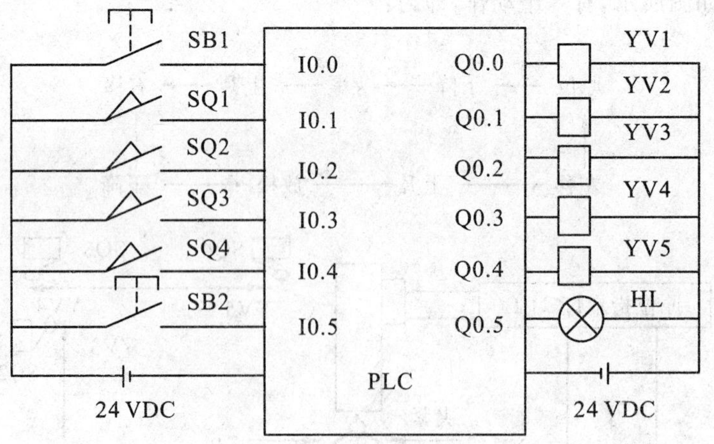

图 2.3.8　机械手抓取 PLC 接线图

二、梯形图参考程序

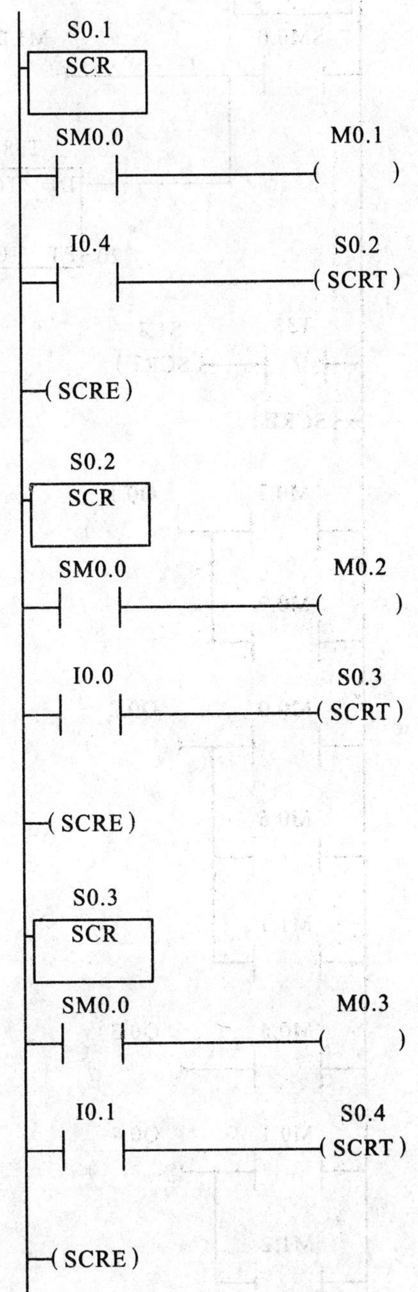
S0.1
SCR
SM0.0
M0.1
I0.4
S0.2
SCRT
SCRE
S0.2
SCR
SM0.0
M0.2
I0.0
S0.3
SCRT
SCRE
S0.3
SCR
SM0.0
M0.3
I0.1
S0.4
SCRT
SCRE

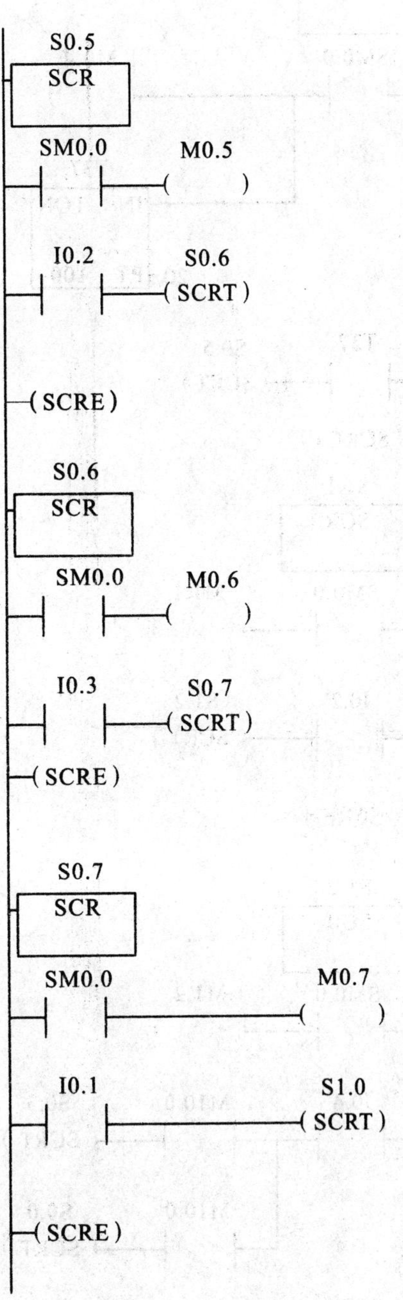
S0.5
SCR
SM0.0
M0.5
I0.2
S0.6
SCRT
SCRE
S0.6
SCR
SM0.0
M0.6
I0.3
S0.7
SCRT
SCRE
S0.7
SCR
SM0.0
M0.7
I0.1
S1.0
SCRT
SCRE

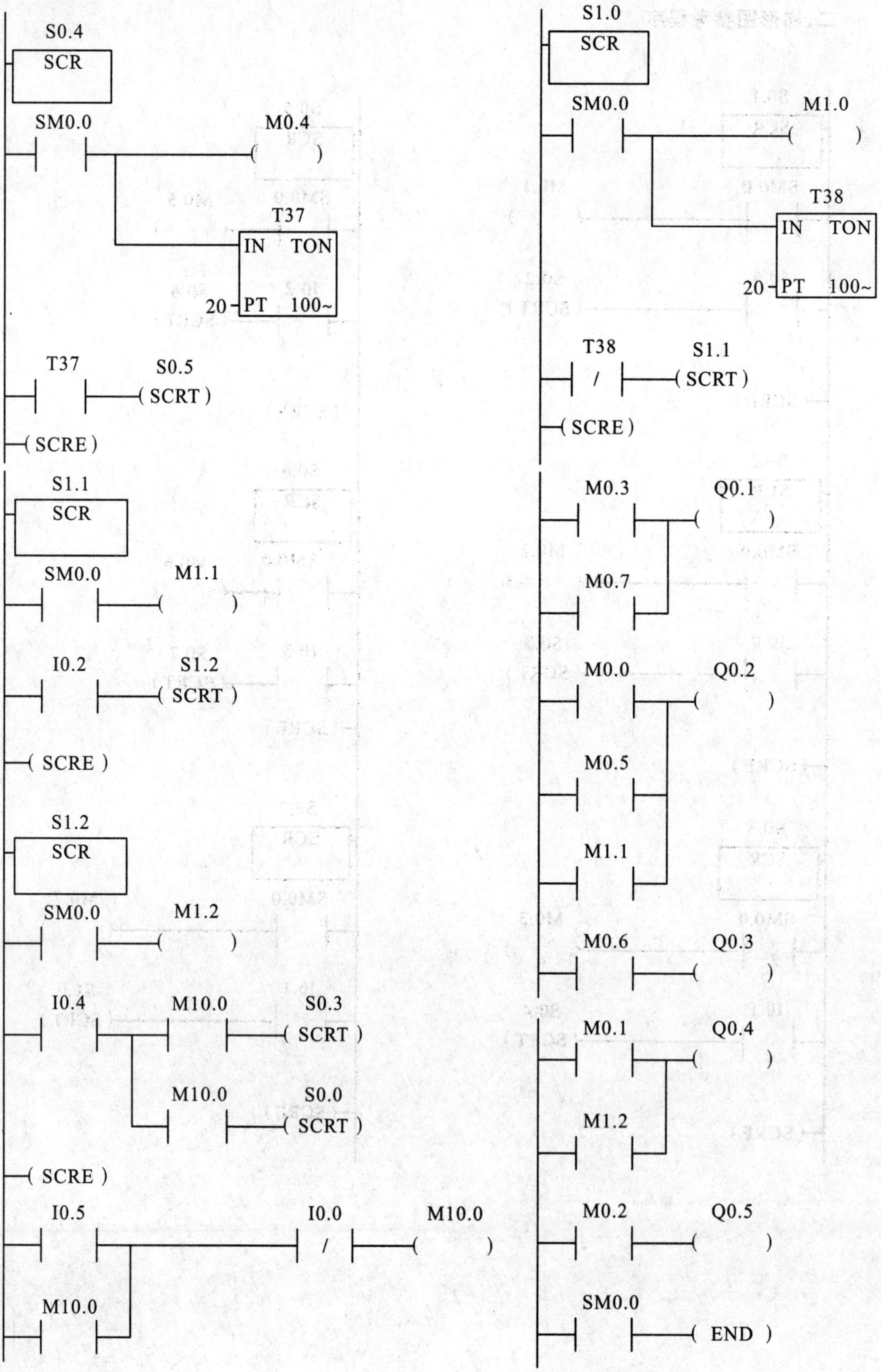

S0.4
SCR

SM0.0 M0.4
( )

T37
IN TON
20 PT 100~

T37 S0.5
(SCRT)

(SCRE)

S1.1
SCR

SM0.0 M1.1
( )

I0.2 S1.2
(SCRT)

(SCRE)

S1.2
SCR

SM0.0 M1.2
( )

I0.4 M10.0 S0.3
(SCRT)

M10.0 S0.0
(SCRT)

(SCRE)

I0.5 I0.0 M10.0
/ ( )

M10.0

S1.0
SCR

SM0.0 M1.0
( )

T38
IN TON
20 PT 100~

T38 S1.1
/ (SCRT)

(SCRE)

M0.3 Q0.1
( )

M0.7

M0.0 Q0.2
( )

M0.5

M1.1

M0.6 Q0.3
( )

M0.1 Q0.4
( )

M1.2

M0.2 Q0.5
( )

SM0.0
(END)

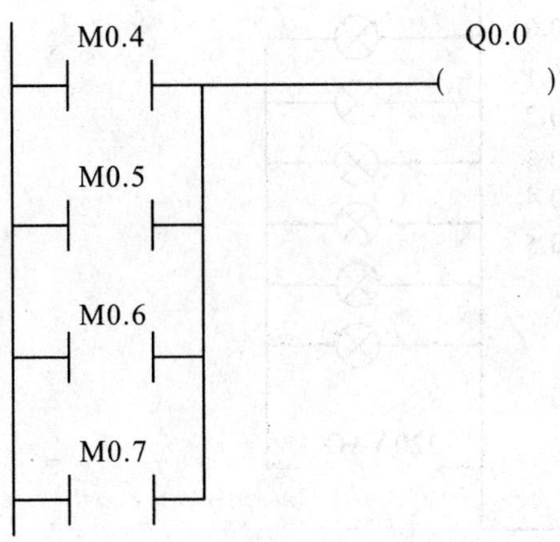

任务二　彩灯循环亮灭 PLC 控制

任务描述

在学习功能指令的基本概念及传送和比较功能指令之后，用所学知识完成彩灯循环亮灭 PLC 控制。

有 6 盏颜色不同的彩灯，分别接于 PLC 的 6 个输出口上，用一个开关控制。当开关接通时，该系统开始工作。首先第一盏灯先亮，以后每隔 2 s 依次点亮一盏灯，直到 6 盏灯全部点亮 2 s 后，每隔 2 s 熄灭一盏灯，直到 6 盏灯全部熄灭，2 s 后再循环。

实践指导

一、实践接线

表 2.3.2　彩灯循环亮灭 PLC 控制 I/O 分配表

输入接口		输出接口	
控制开关 S	I1.0	彩灯 0	Q0.0
		彩灯 1	Q0.1
		彩灯 2	Q0.2
		彩灯 3	Q0.3
		彩灯 4	Q0.4
		彩灯 5	Q0.5

S
I1.0
Q0.0
Q0.1
Q0.2
Q0.3
Q0.4
Q0.5
24 VDC
PLC
220 VAC

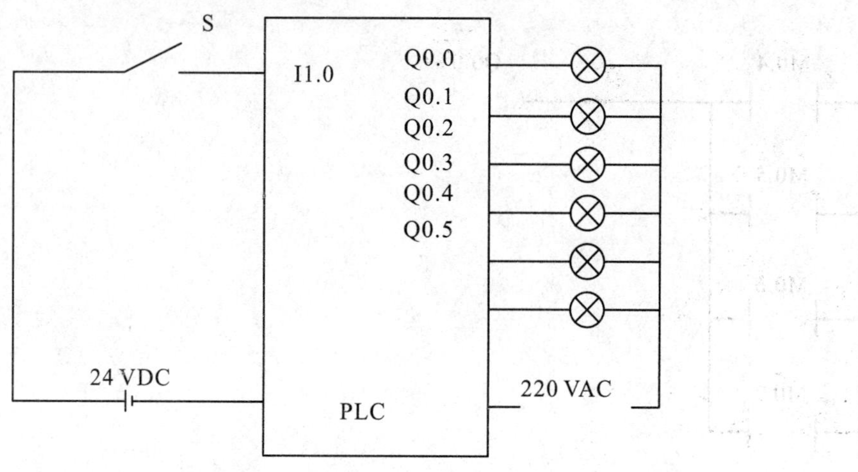

图 2.3.9 彩灯循环亮灭控制 PLC 接线图

二、梯形图参考程序

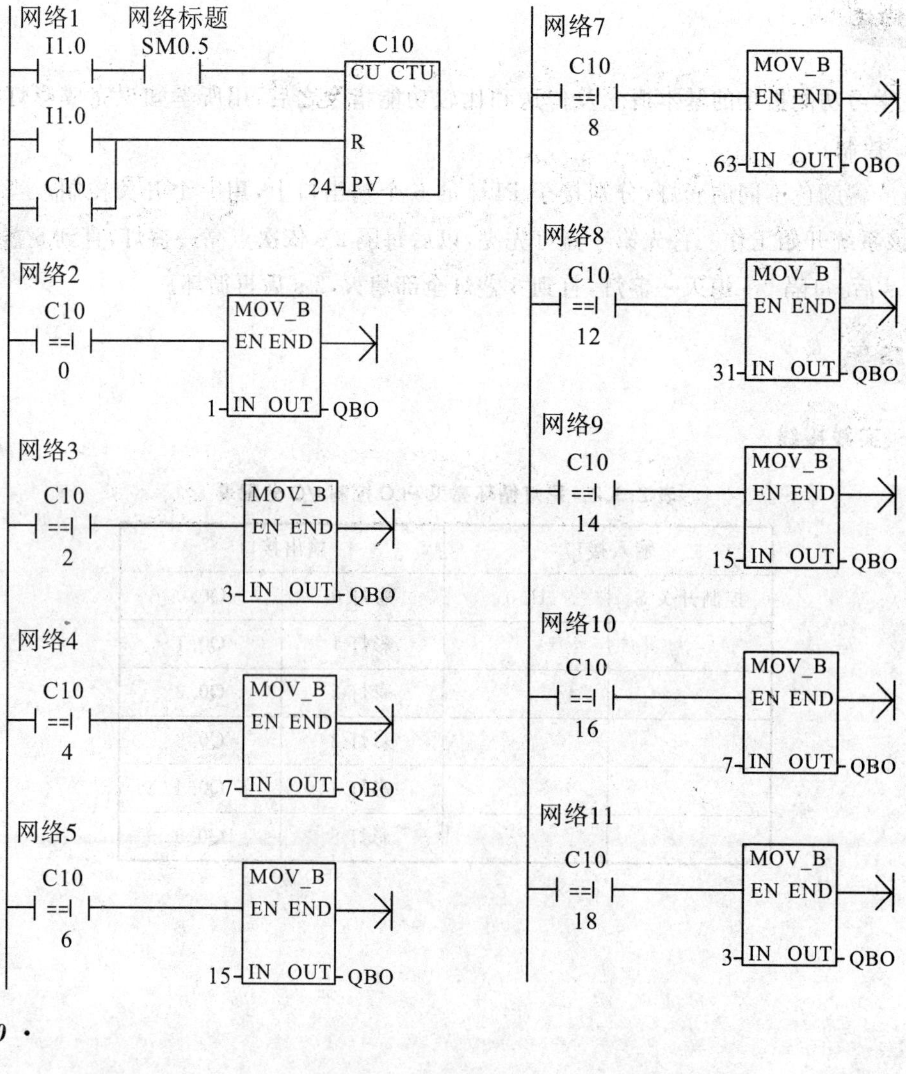

网络1 网络标题
I1.0 SM0.5
C10
CU CTU
I1.0
R
C10
24-PV
网络2
C10
==I
0
MOV_B
EN END
1-IN OUT-QBO
网络3
C10
==I
2
MOV_B
EN END
3-IN OUT-QBO
网络4
C10
==I
4
MOV_B
EN END
7-IN OUT-QBO
网络5
C10
==I
6
MOV_B
EN END
15-IN OUT-QBO
网络7
C10
==I
8
MOV_B
EN END
63-IN OUT-QBO
网络8
C10
==I
12
MOV_B
EN END
31-IN OUT-QBO
网络9
C10
==I
14
MOV_B
EN END
15-IN OUT-QBO
网络10
C10
==I
16
MOV_B
EN END
7-IN OUT-QBO
网络11
C10
==I
18
MOV_B
EN END
3-IN OUT-QBO

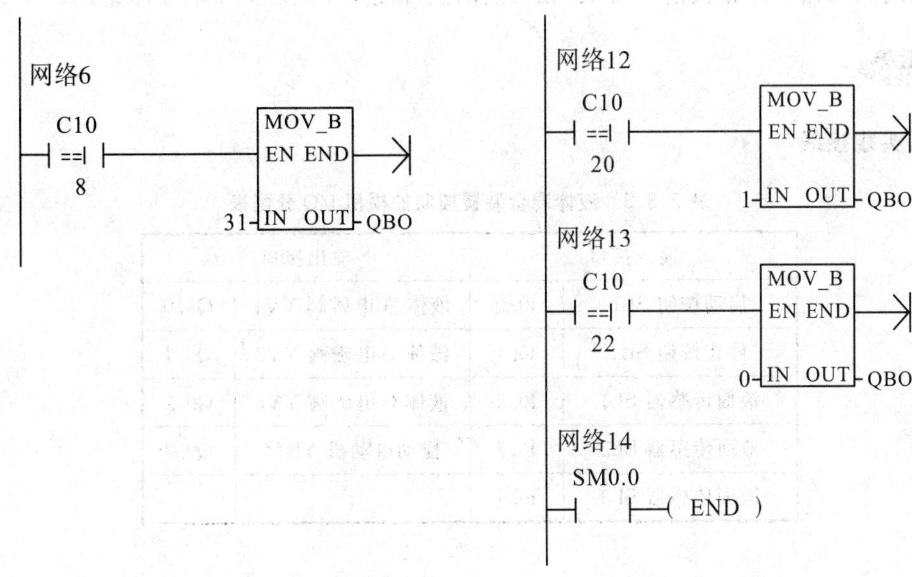

任务三　液体混合装置控制的模拟

任务描述

学习移位/循环移位指令，用移位指令完成液体混合装置控制的模拟。

本装置为两种液体混合装置，SL1、SL2、SL3 为液面传感器，液体 A、B 阀门与混合液阀门由电磁阀 YV1、YV2、YV3 控制，YKM 为搅动电机。如图 2.3.10 所示。

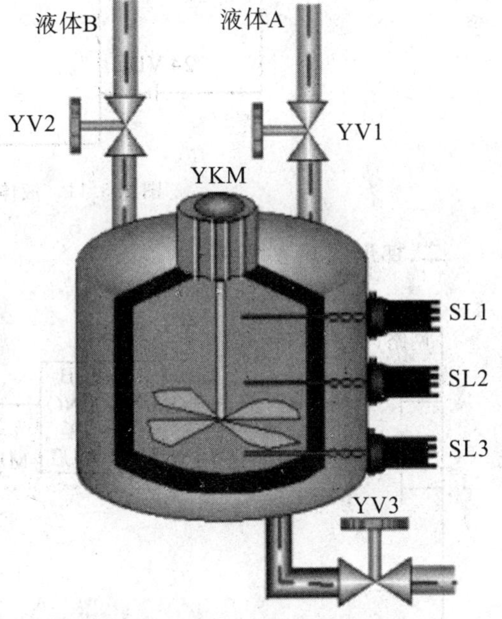

图 2.3.10　液体混合装置示意图

控制要求如下：

初始状态：装置投入运行时，液体 A、B 阀门关闭，混合液体阀门打开 20 s 将容器放空后关闭。

启动操作：按下启动按钮 SB1，液体 A 阀门打开，液体 A 流入容器；当液面达到 SL2（SL2 为 ON）时，关闭 A 阀门，打开液体 B 阀门。液面达到 SL1 时，关闭 B 阀门，搅动电机开始搅动，搅动 6 s 后停止，混合液体阀门打开；当液面下降到 SL3（SL3 为 OFF）时，再过 2 s，容器放空，混合液阀门关闭，开始下一周期。

停止操作:按下停止按钮 SB2 后,在当前的混合液操作处理完毕后才停止。

实践指导

一、实践接线

表 2.3.3 液体混合装置控制的模拟 I/O 分配表

输入接口		输出接口	
启动按钮 SB1	I0.0	液体 A 电磁阀 YV1	Q0.0
停止按钮 SB2	I0.1	液体 B 电磁阀 YV2	Q0.1
液面传感器 SL1	I0.2	液体 C 电磁阀 YV3	Q0.2
液面传感器 SL2	I0.3	搅动电动机 YKM	Q0.3
液面传感器 SL3	I0.4		

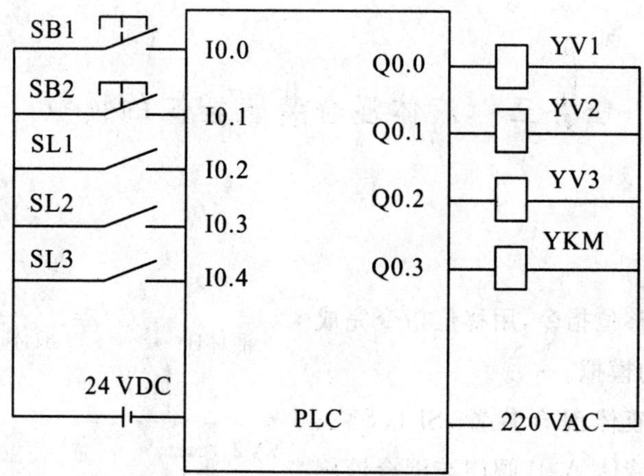

图 2.3.11 液体混合装置 PLC 接线图

二、梯形图参考程序

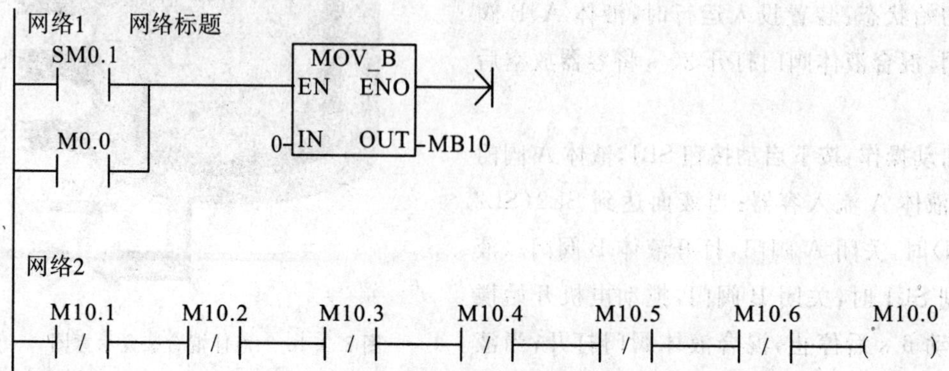

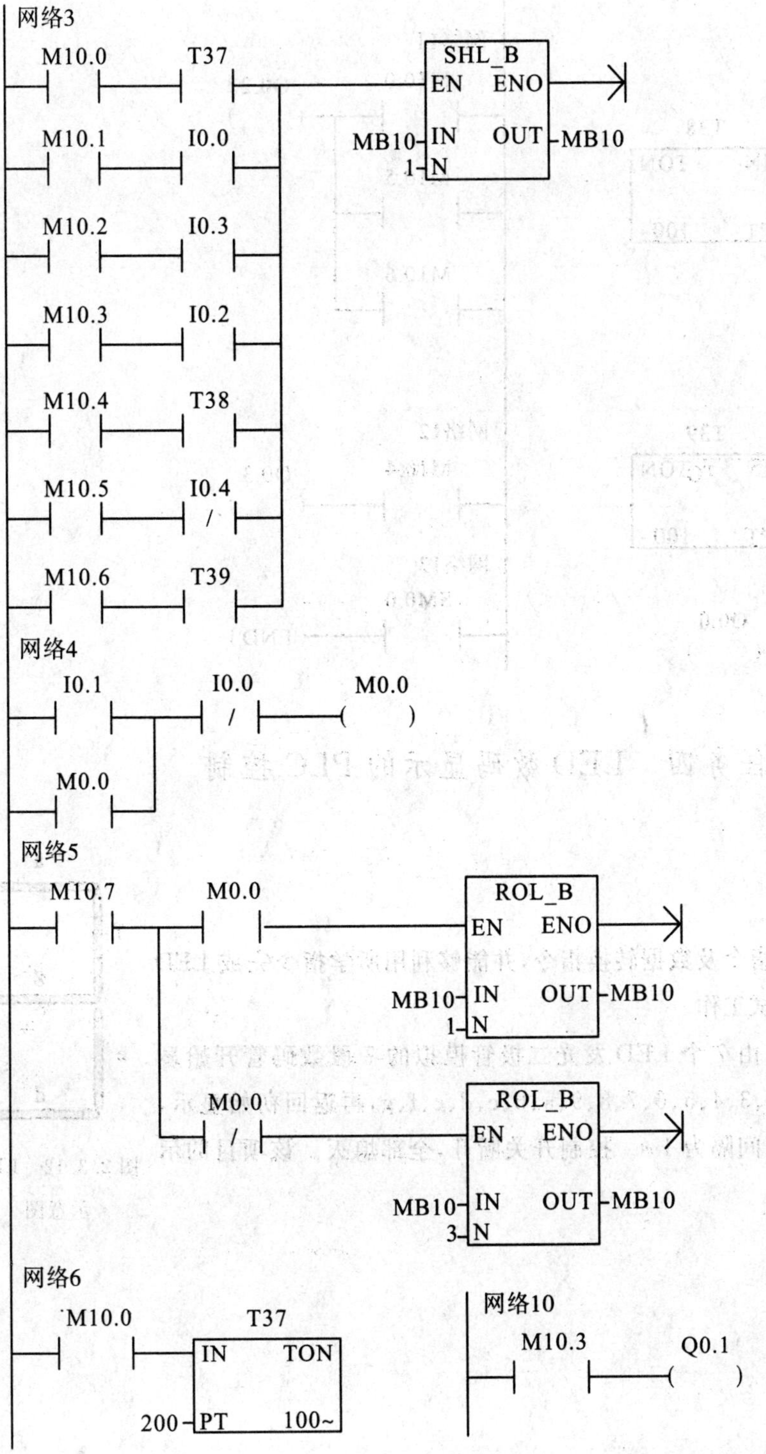

网络3
M10.0
T37
SHL_B
EN
ENO
MB10
IN
OUT
MB10
1
N
M10.1
I0.0
M10.2
I0.3
M10.3
I0.2
M10.4
T38
M10.5
I0.4
M10.6
T39
网络4
I0.1
I0.0
M0.0
M0.0
网络5
M10.7
M0.0
ROL_B
EN
ENO
MB10
IN
OUT
MB10
1
N
M0.0
ROL_B
EN
ENO
MB10
IN
OUT
MB10
3
N
网络6
M10.0
T37
IN
TON
200
PT
100~
网络10
M10.3
Q0.1

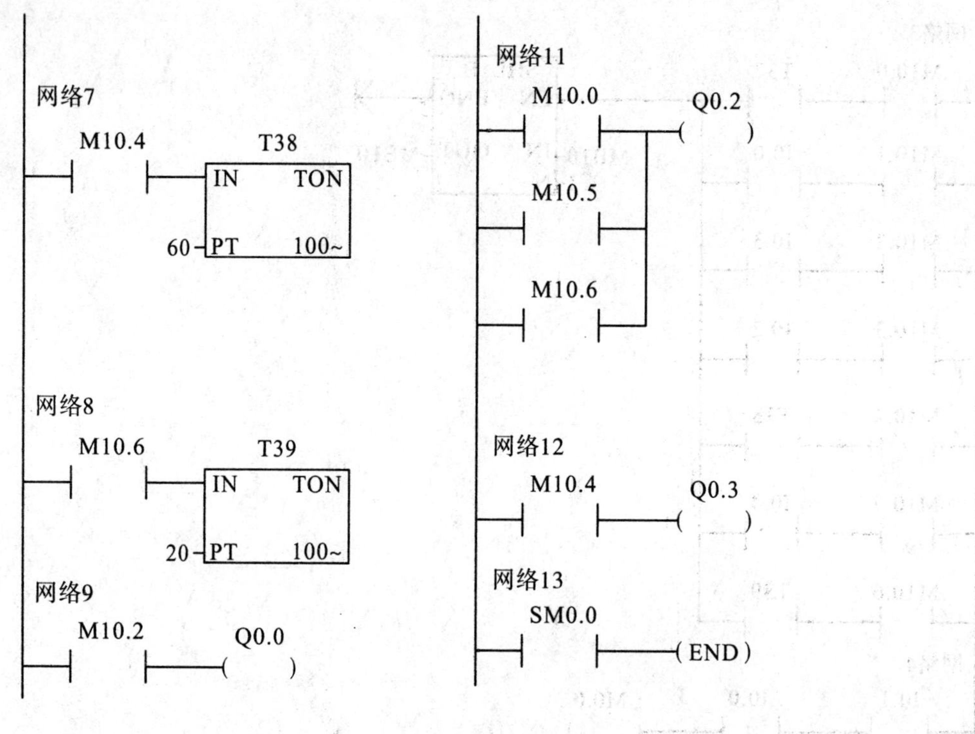

任务四　LED数码显示的PLC控制

任务描述

学习数学运算类指令及数据转换指令，并能够利用所学指令完成LED数码显示的编程与调试工作。

接通控制开关后，由7个LED发光二极管模拟的7段数码管开始显示，显示次序是0、1、2、3、4、5、6、7、8、9、a、b、c、d、e、f、g，再返回初始显示，并循环不止，显示时间间隔为1 s。控制开关断开，全部熄灭。该项目的示意图如右图所示。

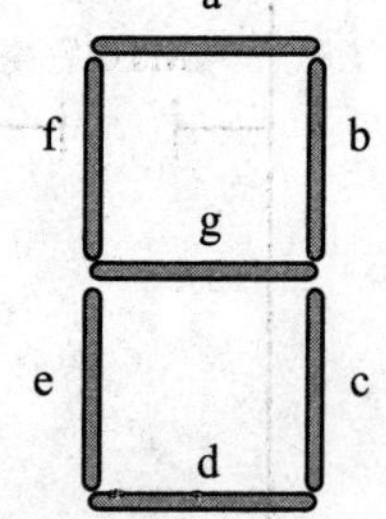

图2.3.12　LED示意图

实践指导

一、实践接线

表 2.3.4 LED 数码显示 PLC 控制 I/O 分配表

输入接口		输出接口		
控制开关 S	I1.0	a 端发光二极管	Q0.0	QB0
		b 端发光二极管	Q0.1	
		c 端发光二极管	Q0.2	
		d 端发光二极管	Q0.2	
		e 端发光二极管	Q0.4	
		f 端发光二极管	Q0.5	
		g 端发光二极管	Q0.6	

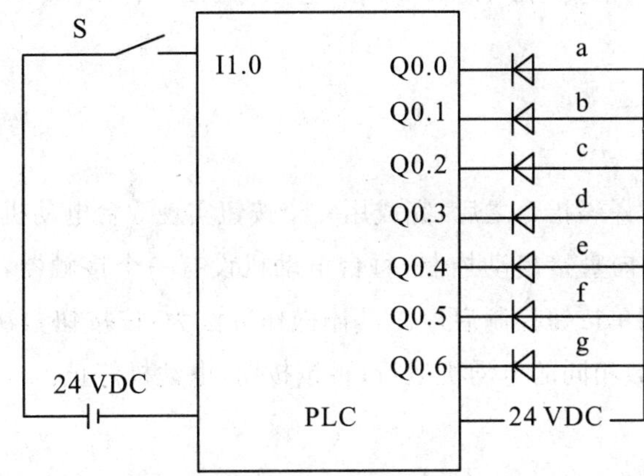

图 2.3.13 LED 数码显示 PLC 接线图

二、梯形图参考程序

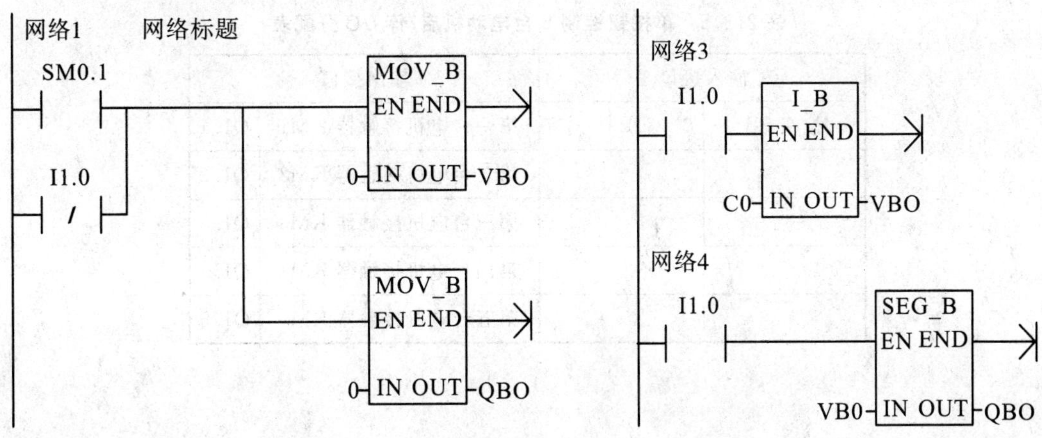

网络2

I1.0　SM0.5　C0 CU CTU

I1.0 / R

C0　16-PV

网络5

SM0.0 (END)

可以发现,利用段码指令可以大大地简化类似的程序。以上程序是把计数器的当前值通过段码指令送到输出口显示的,还可以用递增指令来实现,这个留给读者思考。

任务五　单按钮控制5台电动机启/停的PLC控制

任务描述

学习表指令、编码、译码指令之后,完成用一个按钮实现5台电动机的启动和停止控制。

5台电动机均为单向直接启动控制,每台电动机设有一个接触器,分别是KM1、KM2、KM3、KM4、KM5,使用单按钮控制启停。具体操作方法为:按按钮数次,最后一次保持2 s以上,则号码与按钮次数相同的电动机运行;再按按钮,电动机停止。

实践指导

一、实践接线

表2.3.5　单按钮控制5台电动机启/停I/O分配表

输入接口		输出接口	
按钮SB	I1.0	第一台电机接触器KM1	Q1.1
		第二台电机接触器KM2	Q1.2
		第三台电机接触器KM3	Q1.3
		第四台电机接触器KM4	Q1.4
		第五台电机接触器KM5	Q1.5

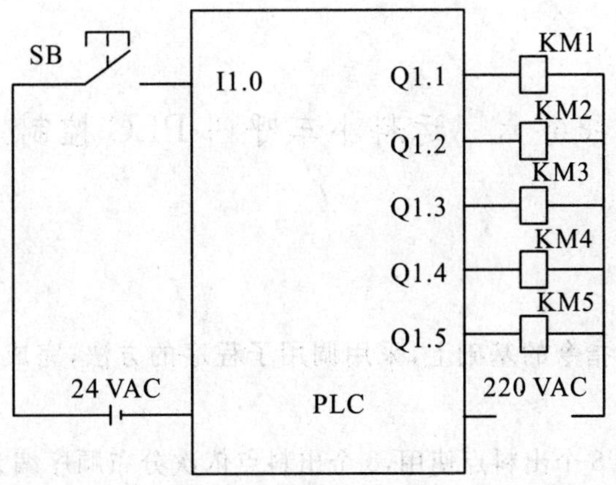

图 2.3.14　单按钮控制 5 台电动机启/停 PLC 接线图

二、梯形图参考程序

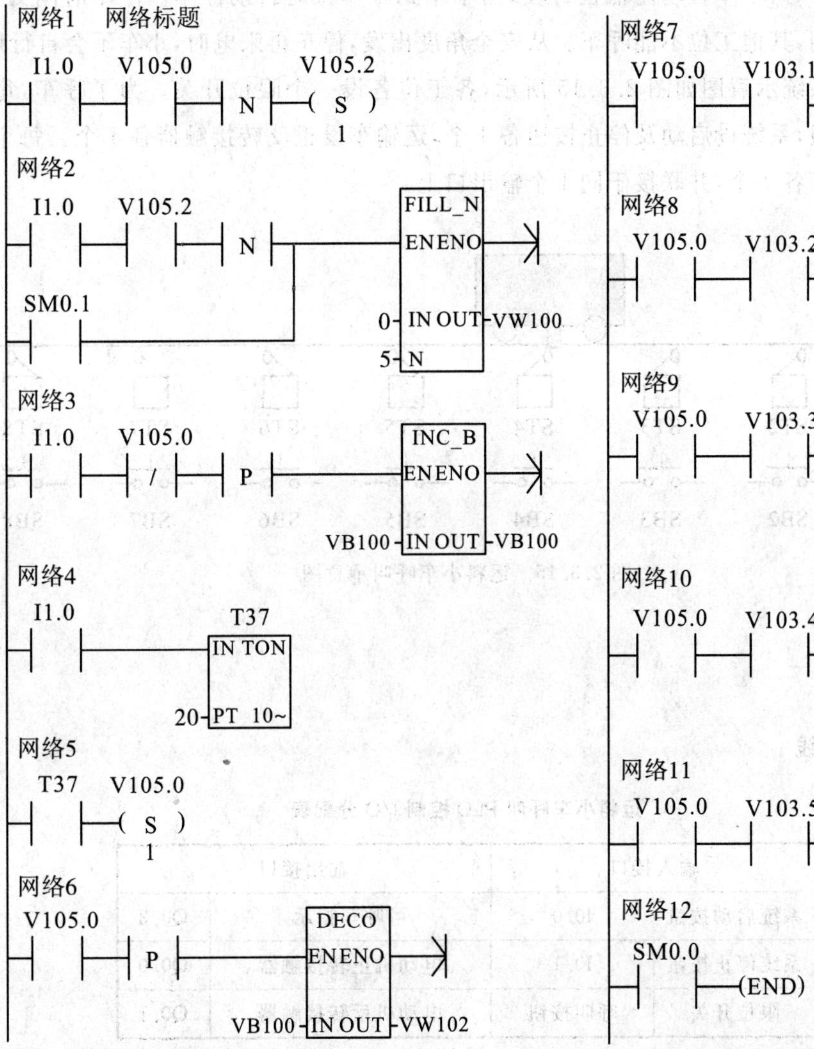

```
网络1　网络标题
I1.0  V105.0  V105.2
--| |--|  |--| |--N--( S )
                        1

网络2
I1.0  V105.2
--| |--| |--N--+--[FILL_N  EN ENO]
SM0.1          |   0-IN OUT-VW100
--| |----------+   5-N

网络3
I1.0  V105.0
--| |--|/|--P--[INC_B  EN ENO]
         VB100-IN OUT-VB100

网络4
I1.0            T37
--| |--------[IN TON]
          20-PT  10~

网络5
T37   V105.0
--| |--( S )
          1

网络6
V105.0
--| |--P--[DECO  EN ENO]
   VB100-IN OUT-VW102

网络7
V105.0  V103.1  Q1.1
--| |-----| |-----(  )

网络8
V105.0  V103.2  Q1.2
--| |-----| |-----(  )

网络9
V105.0  V103.3  Q1.3
--| |-----| |-----(  )

网络10
V105.0  V103.4  Q1.4
--| |-----| |-----(  )

网络11
V105.0  V103.5  Q1.5
--| |-----| |-----(  )

网络12
SM0.0
--| |-----(END)
```

任务六　运料小车呼叫 PLC 控制

任务描述

在学习程序控制类指令的基础上,采用调用子程序的方法,完成运料小车呼叫的 PLC 控制。

一部电动运输车供 8 个出料点使用,8 个出料点依次分布顺序编为 1～8 号。PLC 上电后,车停在某个出料点(下称工位)。若无用车呼叫时,则各工位指示灯亮,表示各工位均可呼车。某工作人员按本工位的按钮呼叫时,各工位的指示灯均灭,此时别的工位呼车无效。如停车位呼车时,小车不动。当呼车工位号大于停车位时,小车自动向高位行驶;当呼车工位号小于停车位时,小车自动向低位行驶,当小车到呼车位时自动停车。停车时间为 30 s,供呼车工位使用,其他工位不能呼车。从安全角度出发,停车再来电时,小车不会自行启动。

本项目的系统示意图如图 2.3.15 所示,各工位各设一个限位开关。为了呼车,每个工位设一呼车按钮,系统设启动及停止按钮各 1 个,运输车设正反转接触器各 1 个。每个工位设置呼车指示灯各 1 个,并联接于同 1 个输出口上。

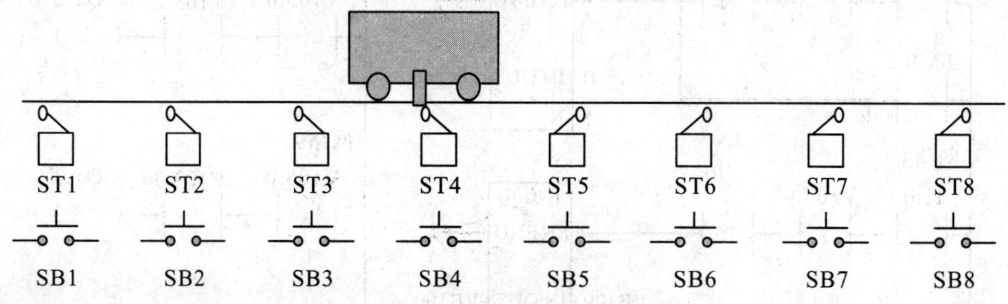

图 2.3.15　运料小车呼叫示意图

实践指导

一、实践接线

运料小车呼叫 PLC 控制 I/O 分配表

输入接口		输出接口	
系统启动按钮	I0.0	可呼车指示	Q0.3
系统停止按钮	I0.1	电动机正转接触器	Q0.0
限位开关	呼叫按钮	电动机反转接触器	Q0.1

输入接口				输出接口	
ST1	I2.0	SB1	I1.0		
ST2	I2.1	SB2	I1.1	辅助继电器	
ST3	I2.2	SB3	I1.2	呼车封锁中间继电器	M10.1
ST4	I2.3	SB4	I1.3	系统启动中间继电器	M10.2
ST5	I2.4	SB5	I1.4		
ST6	I2.5	SB6	I1.5		
ST7	I2.6	SB7	I1.6		
ST8	I2.7	SB8	I1.7		

二、梯形图参考程序

主程序：

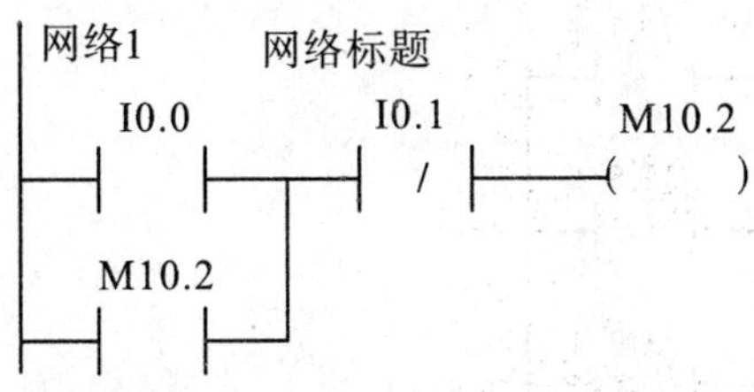

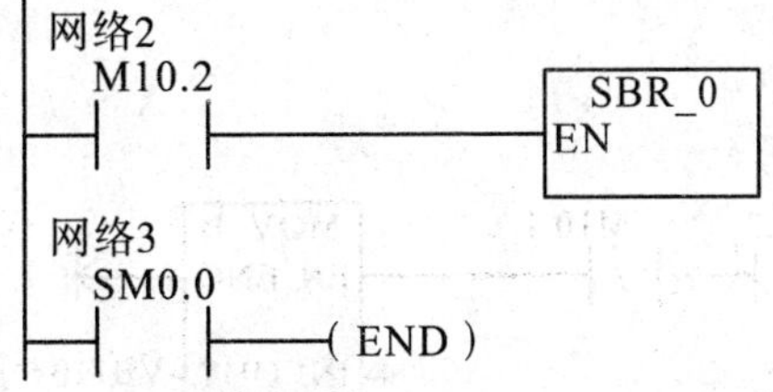

子程序0：

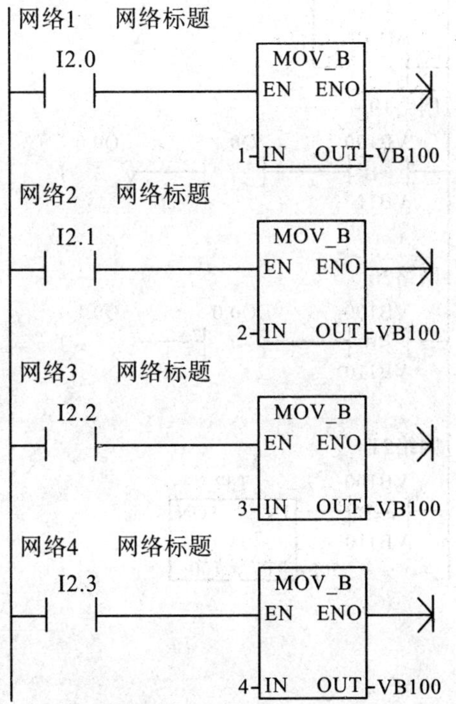

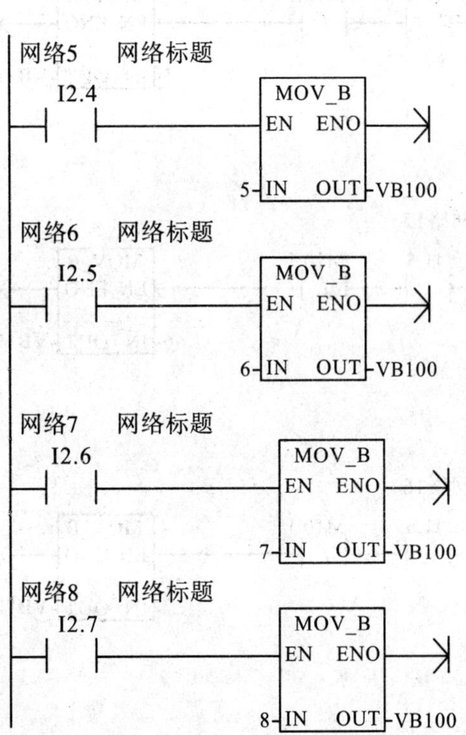

网络9

M10.1 Q1.0

网络10

I1.0 M10.1 MOV_B EN ENO 1-IN OUT-VB110

网络12

I1.2 M10.1 MOV_B EN ENO 3-IN OUT-VB110

网络13

I1.3 M10.1 MOV_B EN ENO 4-IN OUT-VB110

网络14

I1.4 M10.1 MOV_B EN ENO 5-IN OUT-VB110

网络15

I1.5 M10.1 MOV_B EN ENO 6-IN OUT-VB110

网络16

I1.6 M10.1 MOV_B EN ENO 7-IN OUT-VB110

网络17

I1.7 M10.1 MOV_B EN ENO 8-IN OUT-VB110

网络18

I1.0 T37 M10.1

I1.1

I1.2

I1.3

I1.4

I1.5

I1.6

I1.7

M10.1

网络19

VB100 >B VB110 Q0.1 Q0.0

网络20

VB100 <B VB110 Q0.0 Q0.1

网络21

VB100 ==B VB110 T37 IN TON 300-PT 100~

任务七　基于高速计数器的箱体包装工序PLC控制

任务描述

在学习高速处理指令的基础上，用高速计数器指令实现传送带的控制，完成箱体包装工序。

包装箱用传送带输送，当箱体到达检测传感器A时，开始计数。计数到2 000个脉冲时，箱体刚好到达封箱机下进行封箱，此时传送带并没有停下，而是继续运转。在封箱过程中，箱体还在前行。假设封箱过程共用300个脉冲，然后封箱机停止工作。继续前行，当计数脉冲又累加到1 500个时，开始喷码，喷码机开始工作。假设喷码机共用5 s进行喷码，喷码结束后，整个工作过程结束。箱体输送过程示意图如图2.3.16所示。

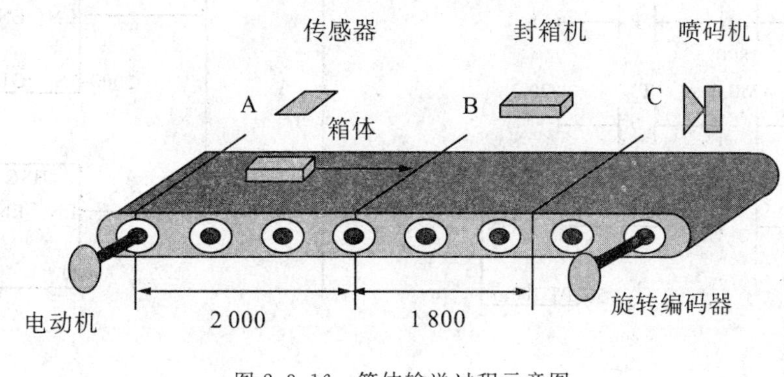

图2.3.16　箱体输送过程示意图

实践指导

一、实践接线

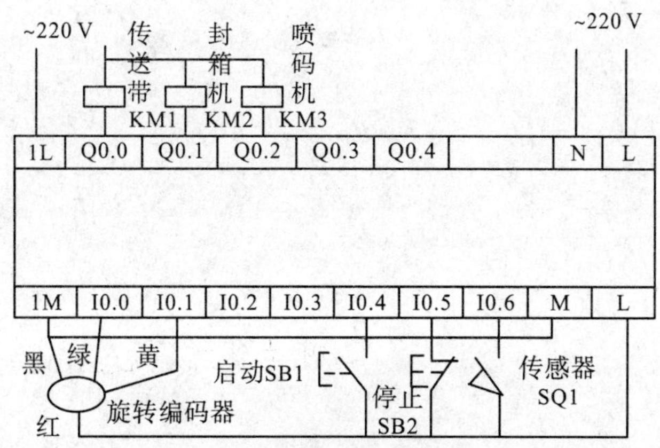

图2.3.17　控制系统I/O接线图

二、梯形图参考程序

主程序

```
I0.4      I0.5      Q0.0
─┤ ├──┬──┤/├──────( )
Q0.0  │   I0.6                 SBR_0
─┤ ├──┼──┤ ├────┤P├──────────EN
      │   HCO                   Q0.1
      ├──┤==D├───┤P├────( S )
      │   SMD42                  1
      │   HCO                   Q0.1
      ├──┤==D├───┤P├────( R )
      │   2300                   1
      │   HCO                   Q0.0
      ├──┤==D├───┤P├────( S )
      │   3800                   1
      │   M0.0      T37         Q0.2
      ├──┤ ├───────┤/├──────( )
      │   Q0.2                  T37
      ├──┤ ├─────────────IN   TON
      │                  50-PT 100ms
      │   T37       M0.0
      └──┤ ├──────( R )
                     1
```

SBR_0

```
Q0.0
─┤ ├──┬────────── MOV_B: EN ENO
      │           16#FC-IN  OUT-SMB37
      ├────────── HDEF: EN ENO
      │           0-HSC
      │           9-MODE
      ├────────── MOV_DW: EN ENO
      │           2000-IN  OUT-SMD42
      └────────── HSC: EN ENO
                  0-N
```

项目四　技能训练

项目描述

授课教师可根据学生对知识的掌握情况，有选择的安排技能训练。

技能训练中的任务除了输入输出分配情况已经给出，其他的工作任务，如绘制 PLC 外部端子接线图、编写程序等工作，需要同学们利用所学知识独立完成。

任务一　水塔水位控制的模拟

任务描述

用 PLC 构成水塔水位自动控制系统。

当水池水位低于水池低水位界(S4 为 ON 表示)，阀 Y 打开进水(Y 为 ON)，定时器开始定时，4 秒后，如果 S4 还不为 OFF，那么阀 Y 指示灯闪烁，表示阀 Y 没有进水，出现故障，S3 为 ON 后，阀 Y 关闭(Y 为 OFF)。当 S4 为 OFF 时，且水塔水位低于水塔低水位界时，S2 为 ON，电动机 M 运转抽水。当水塔水位高于水塔高水位界时，电动机 M 停止。

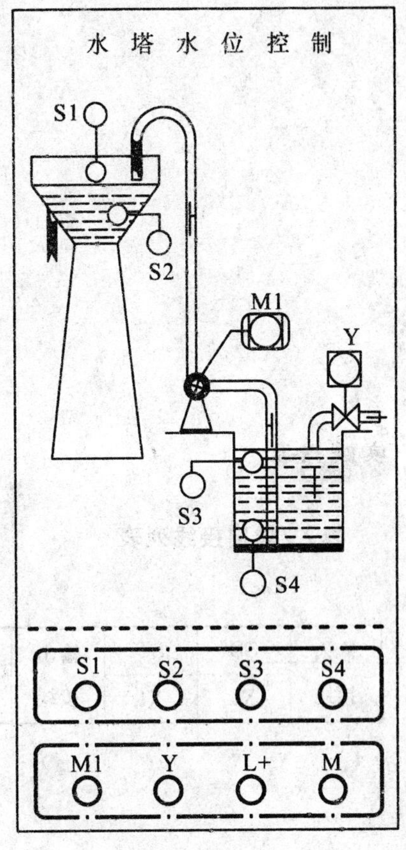

图 2.3.18

实践指导

输入/输出接线列表

表 2.3.6

面板	S1	S2	S3	S4	M1	Y
PLC	I0.0	I0.1	I0.2	I0.3	Q0.0	Q0.1

任务二　天塔之光

任务描述

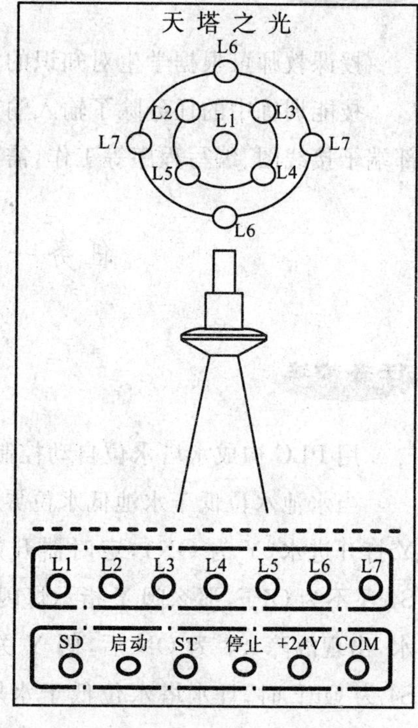

图 2.3.19

用 PLC 构成天塔之光闪光灯控制系统。

合上启动按钮后，按以下规律显示：L1→L1、L2→L1、L3→L1、L4→L1、L5→L1、L2、L4、→L1、L3、L5→L1→L2、L3、L4、L5→L6、L7→L1、L6→L1、L7→L1→L1、L2、L3、L4、L5→L1、L2、L3、L4、L5、L6、L7→L1、L2、L3、L4、L5、L6、L7→L1……如此循环，周而复始。

实践指导

输入/输出接线列表

表 2.3.7

输入接线	SD	ST	输出接线	L1	L2	L3	L4	L5	L6	L7
	X0	X1		Y1	Y2	Y3	Y4	Y5	Y6	Y7

任务三 五相步进电动机控制的模拟

任务描述

了解并掌握移位指令在控制中的应用及其编程方法。

要求对五相步进电动机 5 个绕组依次自动实现以下方式的循环通电控制。

第一步：A→B→C→D→E。

第二步：A→AB→BC→CD→DE→EA。

第三步：AB→ABC→BC→BCD→CD→CDE→DE→DEA。

第四步：EA→ABC→BCD→CDE→DEA。

图中灯光的亮与灭用以模拟步进电动机 5 个绕组的导电状态。

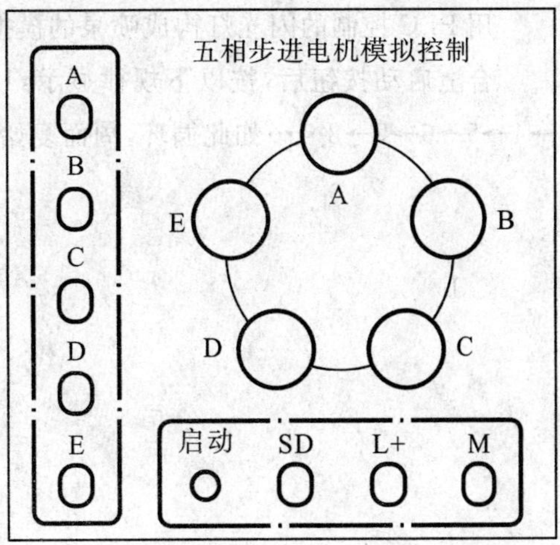

图 2.3.20

实践指导

一、输入/输出接线列表

表 2.3.8

面板	SD	A	B	C	D	E
PLC	I0.0	Q0.1	Q0.2	Q0.3	0.4	0.5

二、练习题

1. 试编制三相步进电动机单三拍反转的 PLC 控制程序。
2. 试编制三相步进电动机三相六拍正转的 PLC 控制程序。
3. 试编制三相步进电动机双三拍正转的 PLC 控制程序。
4. 试编制五相十拍运行方式的 PLC 控制程序。

任务四　喷泉的模拟控制

任务描述

用 PLC 控制的闪光灯构成喷泉的模拟系统。

合上启动按钮后，按以下规律显示：1→2→3→4→5→6→7→8……如此循环，周而复始。

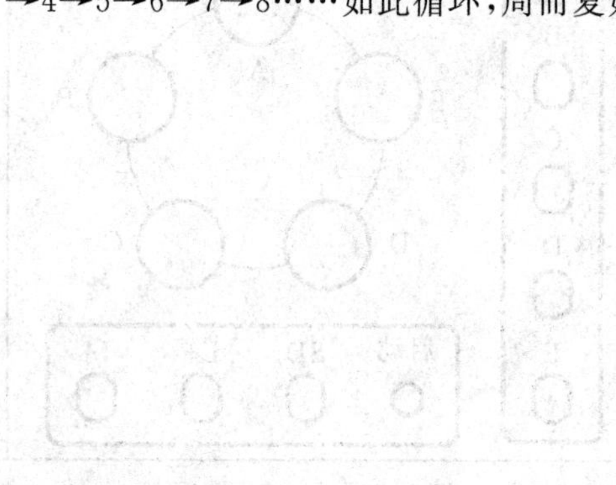

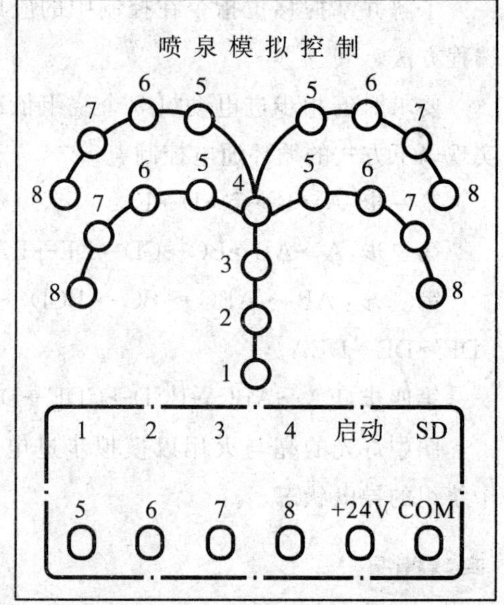

图 2.3.21

实践指导

一、输入/输出接线列表

表 2.3.9

面板	SD	1	2	3	4	5	6	7	8
PLC	I0.0	Q0.0	Q0.1	Q0.2	Q0.3	Q0.4	Q0.5	Q0.6	Q0.7

二、思考题

编制程序，使喷泉的“水流速度”加快、“水量”加大，运行并验证可行性。

任务五　三层电梯控制系统的模拟

任务描述

通过本任务的实践，进一步熟悉 PLC 的 I/O 连接；熟悉三层楼电梯控制系统的编程方法。

电梯由安装在各楼层厅门口的上升和下降呼叫按钮进行呼叫操纵，其操纵内容为电梯运行方向。电梯轿厢内设有楼层内选按钮 S1～S3，用以选择需停靠的楼层。L1 为一层指示、L2 为二层指示、L3 为三层指示，SQ1～SQ3 为到位行程开关。电梯上升途中只响应上升呼叫，下降途中只响应下降呼叫，任何反方向的呼叫均无效。例如，电梯停在一层，在二层轿厢外呼叫时，必须按二层上升呼叫按钮，电梯才响应呼叫（从一层运行到二层），按二层下降呼叫按钮无效；反之，若电梯停在三层，在二层轿厢外呼叫时，必须按二层下降呼叫按钮，电梯才响应呼叫（从三层运行到二层），按二层上升呼叫按钮无效，依此类推。

电梯控制系统模拟

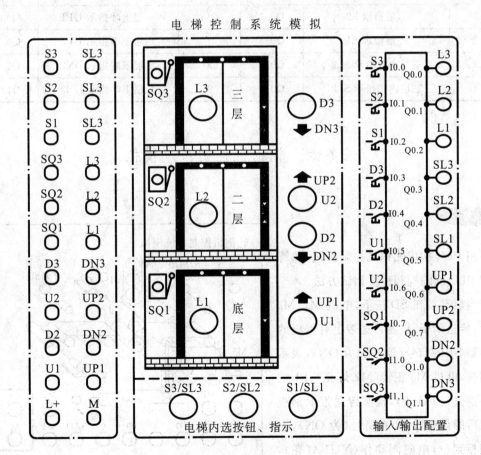

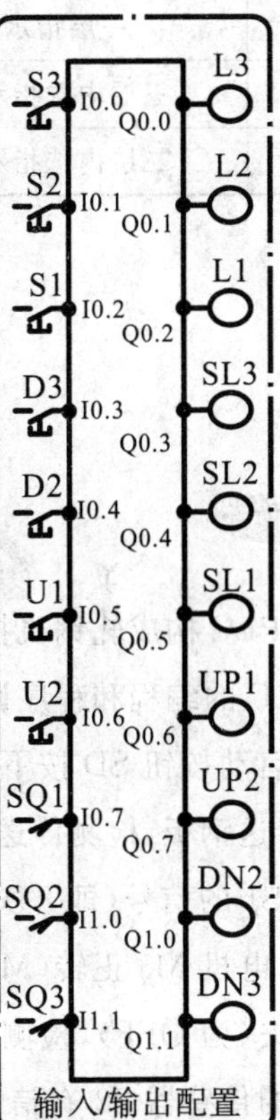

图 2.3.22

实践指导

输入/输出接线列表：

输入

序号	名　　称	输入点	序号	名　　称	输出点
0	三层内选按钮 S3	I0.0	5	一层上呼按钮 U1	I0.5
1	二层内选按钮 S2	I0.1	6	二层上呼按钮 U2	I0.6
2	一层内选按钮 S1	I0.2	7	一层行程开关 SQ1	I0.7
3	三层下呼按钮 D3	I0.3	8	二层行程开关 SQ2	I1.0
4	二层下呼按钮 D2	I0.4	9	三层行程开关 SQ3	I1.1

输出

序号	名　　称	输入点	序号	名　　称	输出点
0	三层指示 L3	Q0.0	5	一层内选指示 SL1	Q0.5
1	二层指示 L2	Q0.1	6	一层上呼指示 UP1	Q0.6
2	一层指示 L1	Q0.2	7	二层上呼指示 UP2	Q0.7
3	三层内选指示 SL3	Q0.3	8	二层下呼指示 DN2	Q1.0
4	二层内选指示 SL2	Q0.4	9	三层下呼指示 DN3	Q1.1

任务六　轧钢机控制系统模拟

任务描述

用 PLC 构成轧钢机控制系统，熟练掌握 PLC 的编程和程序调试方法。

当启动按钮 SD 按下，电机 M1、M2 运行，传送钢板，检测传送带上有钢板的传感器 S1 的信号(即开关为 ON)，表示有钢板，电机 M3 正转(MZ 灯亮)；S1 的信号消失(为 OFF)，检测传送带上钢板到位后的传感器 S2 有信号(为 ON)，表示钢板到位，电磁阀动作(YU1 灯亮)，电机 M3 反转(MF 灯亮)。Y1 给一向

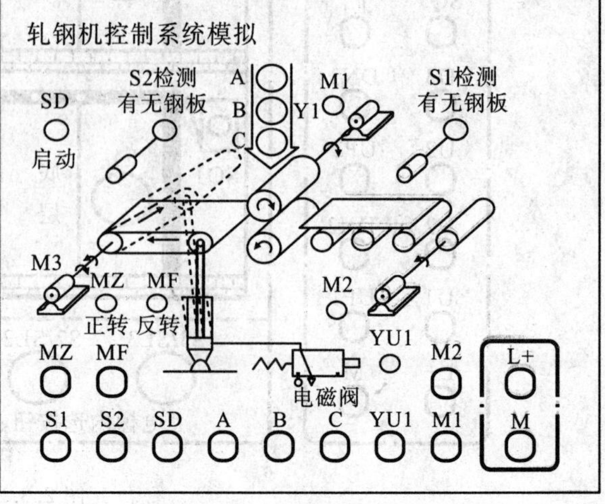

图 2.3.23

下压下量，S2 信号消失，S1 有信号，电机 M3 正转……重复上述过程。

Y1 第一次接通时，发光管 A 亮，表示有一向下压下量；第二次接通时，A、B 亮，表示有两个向下压下量；第三次接通时，A、B、C 亮，表示有 3 个向下压下量，若此时 S2 有信号，则停机，须重新启动。

实践指导

输入/输出接线列表

表 2.3.10

面板	SD	S1	S2	M1	M2	MZ	MF	A	B	C	YU1
PLC	I0.0	I0.1	I0.2	Q0.0	Q0.1	Q0.2	Q0.3	Q0.4	Q0.5	Q0.6	Q0.7

任务七　邮件分拣系统模拟

任务描述

用 PLC 构成邮件分拣控制系统，熟练掌握 PLC 编程和程序调试方法。

启动后，绿灯 L1 亮表示可以进邮件，S1 为 ON 表示模拟检测邮件的光信号检测到了邮件，拨码器模拟邮件的邮码，从拨码器读到的邮码的正常值为 1、2、3、4、5，若是此 5 个数中的任一个，则红灯 L2 亮，电机 M5 运行，将邮件分拣至邮箱内，完成后 L2 灭，L1 亮，表示可以继续分拣邮件。若读到的邮码不是该 5 个数，则红灯 L2 闪烁，表示出错，电机 M5 停止，重新启动后，方能重新运行。

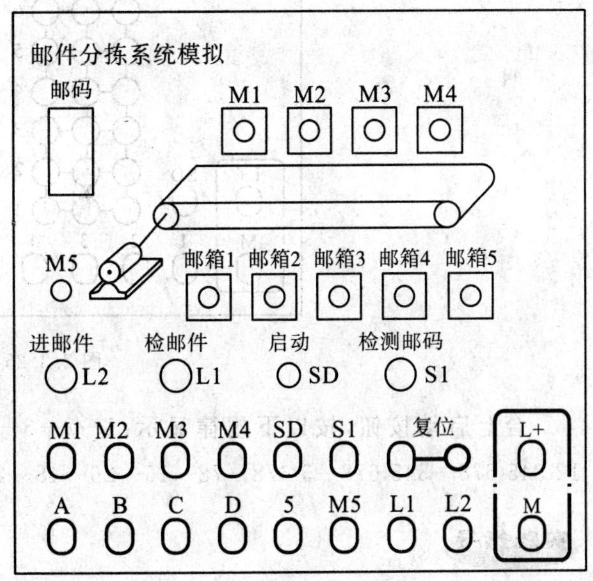

图 2.3.24

实践指导

输入/输出接线列表

表 2.3.11

面板	SD	S1	A	B	C	D	复位	

面板	SD	S1	A	B	C	D	复位	
PLC	I0.0	I0.1	I0.2	I0.3	I0.4	I0.5	I0.6	
面板	L1	L2	M5	M1	M2	M3	M4	5
PLC	Q0.0	Q0.1	0.2	0.3	0.4	Q0.5	Q0.6	Q0.7

任务八　舞台灯光的模拟

任务描述

用 PLC 构成舞台灯光控制系统。

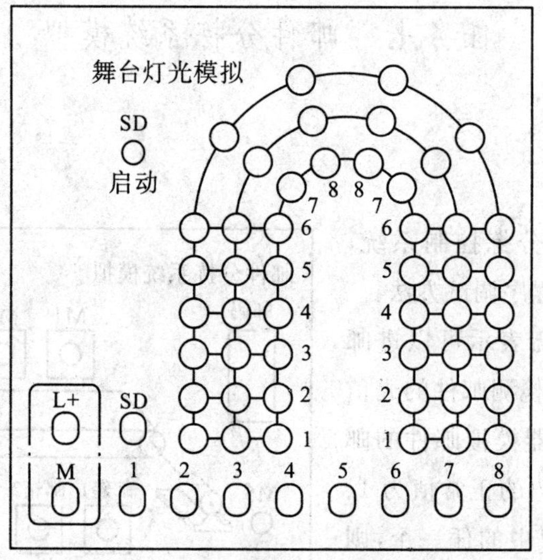

图 2.3.25

合上启动按钮，按以下规律显示：1—2—3—4—5—6—7—8—12—1 234—123 456—12 345 678—345 678—5 678—78—15—26—48—26—15—1 357—2 468—1 如此循环。

实践指导

输入/输出接线列表

表 2.3.12

面板	SD	1	2	3	4	5	6	7	8
PLC	I0.0	Q0.0	Q0.1	Q0.2	Q0.3	Q0.4	Q0.5	Q0.6	Q0.7

任务九　加工中心模拟实验

任务描述

通过对加工中心实验的模拟，熟练运用 PLC 的 I/O 接线；熟练掌握 PLC 的编程和调试方法；熟悉对加工中心的控制和编程方法。

对整个实验过程实现自动模拟演示。加工中心由 X 轴、Y 轴、Z 轴模拟加工中心三坐标的六个方向进给运动。围绕 T1～T6 刀具，分别运用 X 轴的左右运动，Y 轴的前后运动，Z 轴的上下运动实现整个过程的演示。

在 X、Y、Z 轴运动中，分别用 DECX、DECY、DECZ 按钮模拟伺服电机的反馈控制。用 X 左、X 右拨动开关模拟 X 轴的左、右方向限位；用 Y 前、Y 后模拟 Y 轴的前、后限位；用 Z 上、Z 下模拟刀具的退刀和进刀过程中的限位现象。

T1、T2、T3 为钻头，用其实现钻功能；T4、T5、T6 为铣刀，用其实现铣刀功能。

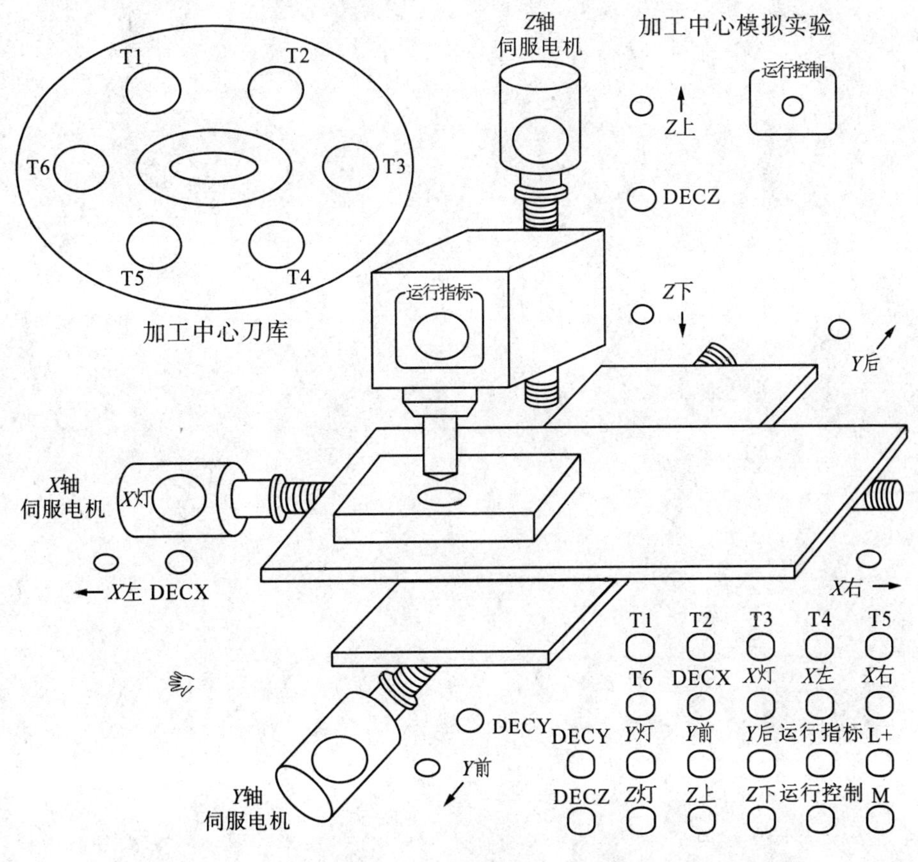

图 2.3.26

实践指导

输入/输出接线列表

表 2.3.13

面板	运行控制	DECX	X 左	X 右	DECY	Y 前	Y 后	DECZ	Z 上	Z 下
PLC	I0.0	I0.1	I0.2	I0.3	I0.4	I0.5	I0.6	I0.7	I1.0	I1.1
面板	T1	T2	T3	T4	T5	T6	运行指示	X 灯	Y 灯	Z 灯
PLC	Q0.0	Q0.1	Q0.2	Q0.3	Q0.4	Q0.5	Q0.6	Q0.7	Q1.0	Q1.1

附　录

西门子 S7－200 指令集简表

布尔指令		
LD	N	装载
LDI	N	立即装载
LDN	N	取反后装载
LDNI	N	取反后立即装载
A	N	与
AI	N	立即与
AN	N	取反后与
ANI	N	取反后立即与
O	N	或
OI	N	立即或
ON	N	取反后或
ONI	N	取反后立即或
LDBx	N1，N2	装载字节比较的结果 N1（x：<,<=,=,>=,>,<>）N2
ABx	N1，N2	与 字节比较的结果 N1（x：<,<=,=,>=,>,<>）N2
OBx	N1，N2	或 字节比较的结果 N1（x：<,<=,=,>=,>,<>）N2
LDWx	N1，N2	装载字比较的结果 N1（x：<,<=,=,>=,>,<>）N2
AWx	N1，N2	与 字比较的结果 N1（x：<,<=,=,>=,>,<>）N2
OWx	N1，N2	或 字比较的结果 N1（x：<,<=,=,>=,>,<>）N2
LDDx	N1，N2	装载双字比较的结果 N1（x：<,<=,=,>=,>,<>）N2
ADx	N1，N2	与 双字比较的结果 N1（x：<,<=,=,>=,>,<>）N2
ODx	N1，N2	或 双字比较的结果 N1（x：<,<=,=,>=,>,<>）N2
LDRx	N1，N2	装载实数比较的结果 N1（x：<,<=,=,>=,>,<>）N2
ARx	N1，N2	与 实数比较的结果 N1（x：<,<=,=,>=,>,<>）N2
ORx	N1，N2	或 实数比较的结果 N1（x：<,<=,=,>=,>,<>）N2
NOT		堆栈取反
EU		检测上升沿
ED		检测下降沿
=	N	赋值
=1	N	立即赋值
S	S_BIT,N	置位一个区域
R	S_BIT,N	复位一个区域
SI	S_BIT,N	立即置位一个区域
RI	S_BIT,N	立即复位一个区域

数学、增减指令		
+I +D +R	IN1，OUT IN1，OUT IN1，OUT	整数、双整数或实数加法 IN1+OUT=OUT
-I -D -R	IN1，OUT IN1，OUT IN1，OUT	整数、双整数或实数减法 OUT-IN1=OUT
MUL *R	IN1，OUT IN1，OUT	整数或实数乘法 IN1*OUT=OUT
*D，*I	IN1，OUT	整数或双整数乘法
DIV /R	IN1，OUT IN1，OUT	整数或实数除法 IN1/OUT=OUT
/D,/I	IN1，OUT	整数或双整数除法
SQRT	IN，OUT	平方根
LN	IN，OUT	自然对数
EXP	IN，OUT	自然指数
SIN	IN，OUT	正弦
COS	IN，OUT	余弦
TAN	IN，OUT	正切
INCB INCW INCD	OUT OUT OUT	字节、字和双字增1
DECB DECW DECD	OUT OUT OUT	字节、字和双字减1
PID	Table,Loop	PID回路
定时器和计数器指令		
TON	Txxx，PT	接通延时定时器
TOF	Txxx，PT	关断延时定时器
TONR	Txxx，PT	带记忆的接通延时定时器
CTU	Cxxx，PV	增计数
CTD	Cxxx，PV	减计数
CTUD	Cxxx，PV	增/减计数
实时时钟指令		
TODR	T	读实时时钟
TODW	T	写实时时钟
程序控制指令		
END		程序的条件结束
STOP		切换到STOP模式
WDR		看门狗复位（300ms）
JMP	N	跳到定义的标号
LBL	N	定义一个跳转的标号
CALL	N[N1,...]	调用子程序[N1，...可以有16个可选参数]
CRET		从SBR条件返回
FOR NEXT	INDX，INIT FINAL	For/Next循环
LSCR SCRT SCRE	N N	顺控继电器段的启动、转换和结束

续表

传送、移位、循环和填充指令		
MOVB MOVW MOVD MOVR BIR BIW	OUT OUT OUT OUT ZN，OUT ZN，OUT	字节、字、双字和实数传送
BMB BMWI BMD	IN, OUT, N IN, OUT, N IN, OUT, N	字节、字和双字块传送
SWAP	IN	交换字节
SHRB DATA , S_BIT,	 N	寄存器移位
SRB SRW SRD	OUT, N OUT, N OUT, N	字节、字和双字右移
SLB SLW SLD	OUT, N OUT, N OUT, N	字节、字和双字左移
RRB RRW RRD	OUT, N OUT, N OUT, N	字节、字和双字循环右移
RLB RLW RLD	OUT, N OUT, N OUT, N	字节、字和双字循环左移
FILL	IN, OUT, N	用指定的元素填充存储器空间
逻辑操作		
ALD OLD		与一个组合 或一个组合
LPS LRD LPP LDS		逻辑堆栈（堆栈控制） 读逻辑栈（堆栈控制） 逻辑出栈（堆栈控制） 装入堆栈（堆栈控制）
AENO		对ENO进行与操作
ANDB ANDW ANDD	IN1, OUT IN1, OUT IN1, OUT	对字节、字和双字取逻辑与
ORB ORW ORD	IN1, OUT IN1, OUT IN1, OUT	对字节、字和双字取逻辑或
XORB XORW XORD	IN1, OUT IN1, OUT IN1, OUT	对字节、字和双字取逻辑异或
INVB INVW INVD	OUT OUT OUT	对字节、字和双字取反（1的补码）

表、查找和转换指令		
ATT	TABLE, DATA	把数据加到表中
LIFO FIFO	TABLE, DATA TABLE, DATA	从表中取数据
FND= FND<> FND< FND>	SRC, PATRN, INDX SRC, PATRN, INDX SRC, PATRN, INDX SRC, PATRN INDX	根据比较条件在表中查找数据
BCDI IBCD	OUT OUT	把BCD码转换成整数 把整数转换成BCD码
BTI ITB ITD DTI	IN, OUT IN, OUT IN, OUT IN, OUT	Convert Byte to Integer Convert Integer to Byte 把整数转换成双整数 把双整数转换成整数
DTR TRUNC ROUND	IN, OUT IN, OUT IN, OUT	把双字转换成实数 把实数转换成双字 把实数转换成双整数
ATH HTA ITA DTA RTA	IN, OUT, LEN IN, OUT, LEN IN, OUT, FMT IN, OUT, FM IN, OUT, FM	把ASCII码转换成16进值格式 把16进值格式转换成ASCII码 把整数转换成ASCII码 把双整数转换成ASCII码 把实数转换成ASCII码
DECO ENCO	IN, OUT IN, OUT	解码 编码
SEG	IN, OUT	产生7段格式
中断		
CRETI		从中断条件返回
ENI DISI		允许中断 禁止中断
ATCH DTCH	INT, EVENT EVENT	给事件分配中断程序 解除事件
通讯		
XMT	TABLE, PORT	自由口传送
RCV	TABLE, PORT	自由口接受信息
TODR TODW GPA SPA	TABLE, PORT TABLE, PORT ADDR，PORT ADDR，PORT	网络读 网络写 获取口地址 设置口地址
高速指令		
HDEF	HSC, Mode	定义高速计数器模式
HSC	N	激活高速计数器
PLS	X	脉冲输出

2.4 三菱FX系列PLC电器控制技术实训

实训装置操作规程

1.检查实训柜的电源开关位置(应在分或OFF位),在确保断电的状态下,方可进行下一步的操作。

2.检查装置内的各元器件是否完好;取下线槽盖板,放于柜内或柜头上,严禁随手丢放。

3.根据各元件的相对位置选择长度合适的连接导线,接线顺序是:先接主电路,后接控制电路。

4.压接导线时,用力要求适当,防止损坏器件。

5.禁止带电拔插PLC的通信电缆。

6.完成接线后,应检查有无错误,在确认无误且经老师同意后,再盖上线槽板,等待通电。

7.整个装接过程注意工具的规范使用和摆放整齐,注意安全文明操作,保持现场整洁、卫生。

项目一　实训装置的概要

建议学时:4 学时

项目描述

本实训考核控制装置柜(图 2.4.1)是根据学院电工实训考核的实际情况而设计集培训学习、理论验证、实际操作能力、考核鉴定于一体的多功能设备。

图 2.4.1　实训控制考核装置外形图

任务1　装置的熟悉

知识链接

一、PLC 控制系统的组成

1. PLC 选用三菱 FX_{1N}60MR 可编程序控制器(1 个);
2. 配模拟输入量模块四通道,型号为 FX2N－4AD(1 块);
3. 两通道模拟量输出模块,型号为 FX2N－2AD(1 块);
4. 触摸屏,型号为 F940GOT—SWD—C(1 块);
5. 通讯电缆,型号为 FX—50DU—CAB0(1 根);
6. 触摸屏组态软件和三菱 PLC 编程软件;
7. 常用低压电器若干(如:交流接触器、行程开关等)。

二、变频控制系统

三菱变频器(1 个),型号为 FRS540－1.5K－CK,既能通过操作面板进行变频器基本操作练习,又能通过外部按钮控制变频器,也能通过 PLC 组成闭环控制系统,还可以通过对触摸屏的组态完成相应控制系统。

任务实践

一、要求乙方(学生)

1. 在不带电的环境下,对控制装置内各电器设备和元器件进行认知;

2. 运用所学知识,使用仪器仪表在不带电的环境下对控制装置内各电器设备和元器件进行测试;

3. 对不熟悉的电器设备和元器件查询资料;

4. 和甲方(老师)交流。

二、根据上述要求查询资料并写出报告

如(基本技术指标及配置:1. 工作电源:三相五线 380 V+5%,50 Hz;2. 工作环境:0～55 ℃;相对湿度 35%～85%RH(不结露)使用;3. 外形尺寸:1700 cm×550 cm×700 cm 等)。

任务 2　熟知 FX_{1N}－60MRPLC 各端子、各通信口的功能及辅助器件

任务实践

一、要求乙方

1. 熟知 FX_{1N}－60MR 的型号和含义;

2. 外部端子的接线类别;

3. 与上位机的通信接口及连接方式;

4. 面板各类符号的含义和作用;

5. RUN/STOP 开关的作用和正确使用;

6. 接线端子排的认识(规格、作用、功能等);

7. 和甲方(老师)交流。

图 2.4.2　FX_{1N}系列 PLC 外形图

二、根据上述要求查询资料并写出报告

如:[(RUN/STOP)开关:PLC 面板上有运行(RUN)/停止(STOP)开关,当 PLC 进行内部处理和通信操作服务等内容,开关要处于 STOP 状态;当 PLC 执行输入处理、程序执行、输出处理等操作时,开关要处于 RUN 状态等]。

任务 3　GX Developer 软件环境的基本应用

知识链接

一、利用 PC－09(RS－232)编程电缆,连接 PLC 与微机

二、启动 GX Developer 软件

运行 GX Developer 软件后，将出现初始启动画面，点击初始启动界面菜单栏中“工程文件”菜单，并在下拉菜单条中选取“创建新工程”菜单条，即出现如图 2.4.3 所示的界面。

图 2.4.3　GX Developer 界面

选择 PLC 的系列和类型如：FX1N 机型，点击“确认”按钮后，则出现程序编辑主界面，如图 2.4.4 所示。主界面包含以下几个分区：菜单栏，工具栏(快捷操作窗口)，用户编辑区，编辑区下边分别是状态栏及功能键栏，界面右侧还可以看到功能图栏。

1. 菜单栏

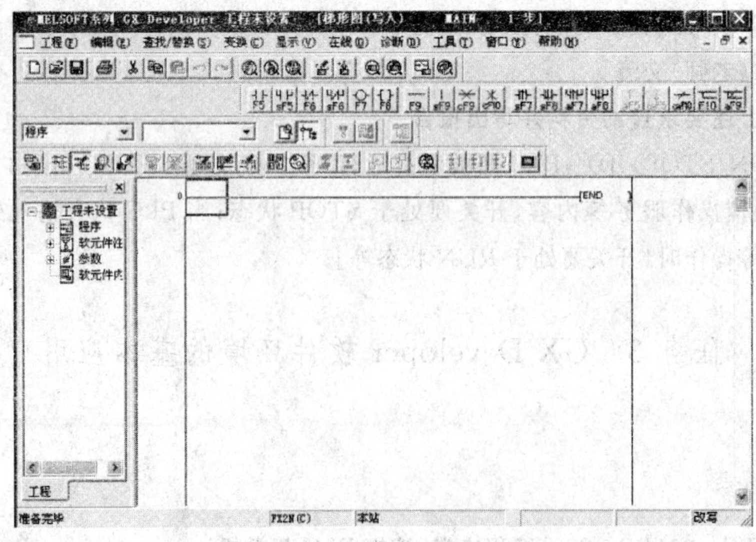

图 2.4.4　编程界面

2. 工具栏

3. 编辑区

4. 状态栏，功能键栏及功能图栏

三、程序编辑操作

1. 采用梯形图方式的编辑操作；

2. 采用指令表方式的编程操作；

3. 请完成图 2.4.5 梯形图程序的输入。

四、程序的下载

五、程序的调试及运行监控

1. 程序的运行及监控；

2. 位元件的强制状态；

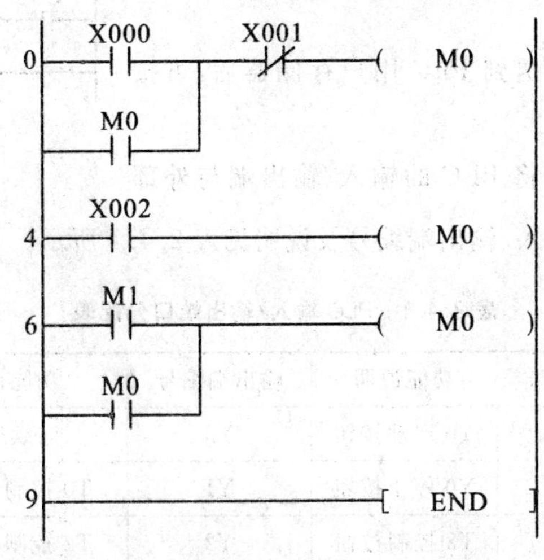

图 2.4.5　梯形图

3. 改变 PLC 字元件的当前值；

在调试中有时需改变字元件的当前值，如定时器、计算器的当前值及存储单元的当前值等。

任务实践

一、实训目的

1. 熟悉三菱公司的 GX Developer 编程软件，掌握其使用方法；

2. 利用 GX Developer 软件进行程序分析、调试和监控。

二、实训内容(程序编写与调试)

1.采用梯形图编程的方法,将如图 2.4.6 所示的梯形图程序输入到计算机,并通过编辑操作对输入程序进行修改和检查,最后将编辑好的梯形图程序保存并给文件命名。

(1)程序的写出。打开程序文件,通过“写入”操作将程序文件传送到 PLC 用户存储器 RAM 中,然后进行校验。

(2)程序的读出。通过“读出”操作将 PLC 用户存储器中已有的程序读入到计算机中,然后进行校验。

(3)程序的校验。在上述程序校验过程中,只有当计算机对两端程序比较无误后,方可认为程序传送正确,否则应查清原因,重新传送。

2.运行操作。程序传送到 PLC 用户存储器后,可按以下操作步骤运行程序:

(1)根据梯形图程序,将 PLC 的输入/输出端与外部输入信号连接好。PLC 输入/输出端编号及说明见表 2.4.1 所示。

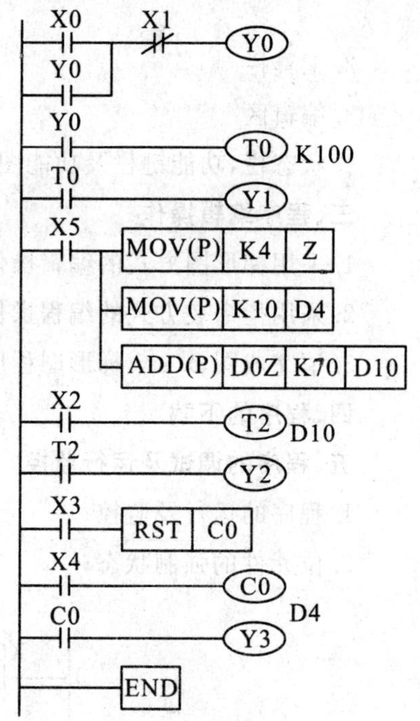

图 2.4.6 梯形图

表 2.4.1 PLC 输入/输出端口分配表

输入端编号	功能说明	输出端编号	功能说明
X0	Y0 启动按钮	Y0	连续运行
X1	Y0 停止按钮	Y1	T0 控制的输出
X2	T2 控制按钮	Y2	T2 控制的输出
X3	C0 复位控制	Y3	C0 控制的输出
X4	C0 计数控制		
X5	赋值控制		

(2)接通 PLC 运行开关,PLC 面板上 RUN 灯亮,表明程序已投入运行。

(3)结合控制程序,操作有关输入信号,在不同输入状态下观察输入/输出指示灯的变化,若输出指示灯的状态与程序控制要求一致,则表明程序运行正常。

3.监控操作

(1)元件的监视

监视 X0－X5、Y0－Y3 的 ON/OFF 状态,监视 T0、T2 和 C0 的设定值及当前值,并将结果填于表 2.4.2。

(2)输出强制 ON/OFF

对 Y0、Y1 进行强制 OFF 操作，对 Y2、Y3 进行强制 ON 操作。

4. 修改 T、C、D、Z 的当前值

(1)将 Z 的当前值 K4 修改为 K6 后，观察运行结果，分析变化的原因。

表 2.4.2　元件监视结果一览表

元件	ON/OFF	元件	ON/OFF	元件	设定值	当前值
X0		X5		T0		
X1		Y0		T2		
X2		Y1		C0		
X3		Y2				
X4		Y3				

(2)将 D4 的当前值 K10 修改为 K20 后，观察运行结果，分析变化的原因。

5. 修改 T、C 的设定值

(1)将 T0 的设定值 K100 修改为 K150 后，观察运行结果，并写出实际操作过程。

(2)将 C0 的设定值 D4 修改为 K10 后，观察运行结果，并写出实际操作过程。

项目二　电动机的启停和点动控制

建议学时:4 学时

图 2.4.7　电动伸缩门

项目描述

场景:许多政府机关、企业等单位都选用电动门、电动伸缩门如图 2.4.7 所示。

电动门、电动伸缩门电器控制线路运用了数字技术,单片机技术;机械构造合理、具有低噪音、运行平稳、坚固耐用、性能可靠、性价比超高等优势,目前已被广泛使用。

现以电动伸缩门为例,介绍如何由继电器、接触器等低压电器控制电路的实现过渡到由 PLC 控制的实现完成点动控制、启停控制和伸缩控制(电机正反转)等功能。

通过项目二、项目三任务的完成,掌握使用 PLC 技术实现对三相异步电动机的控制技术;熟悉 PLC 的选型;提高 PLC 的应用能力;掌握梯形图编程的方法。

知识链接

一、控制要求

在日常管理工作过程中,要求电动伸缩门既能正常启动,又能实现调整位置的点动,实现开、关门的功能。

二、PLC 的选型

请根据图 2.4.8 电动机的启停和点动控制原理图及工作过程,对可编程控制器进行设备选型,并采用基本逻辑指令来实现电动伸缩门的点动及连续运行控制。

图(a)为主电路。工作时,合上刀开关 QS,三相交流电经过 QS,熔断器 FU,接触器 KM 主触点,热继电器 FR 至三相交流电动机。

图(b)为简单的点动控制线路。启动按钮 SB 没有并联接触器 KM 的自锁触点,按下 SB,KM 线圈通电,松开按钮 SB 时,接触器 KM 线圈失电,其主触点断开,电动机停止运转。

图(c)为带手动开关 SA 的点动控制线路。当需要点动控制时,只要把开关 SA 断开,由按钮 SB2 来进行点动控制。当需要正常运行时,只要把开关 SA 合上,将 KM 的自锁触点接入,即可实现连续控制。

图(d)中增加了一个复合按钮 SB3 来实现点动控制。需要点动运行时,按下 SB3 点动按钮,其常闭触点先断开自锁电路,常开触发后闭合接通启动控制电路,KM 线圈得电,主触点闭合,接通三相电源,电动机启动运转。当松开点动按钮 SB3 时,KM 线圈失电,KM 主触点断开,电动机停止运转。

若需要电动机连续运转，由停止按钮 SB1 及启动按钮 SB2 控制，接触器 KM 的辅助触点起自锁作用。

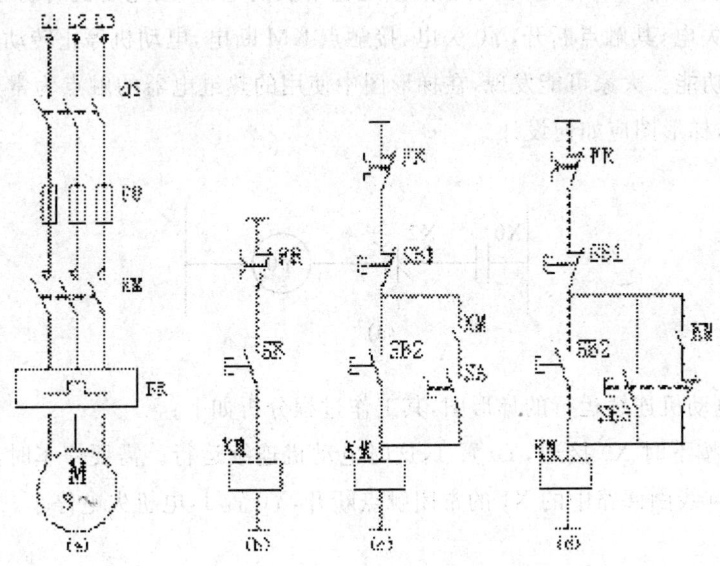

图 2.4.8　电动机启停和点动控制原理图

三、PLC 的 I/O 配置和外部接线

实现电动机的点动及连续运行所需的器件有：启动按钮 SB1，停止按钮 SB2，交流接触器 KM，热继电器 FR 及刀开关 QS 等。其控制电路的接线图如图 2.4.9 所示。

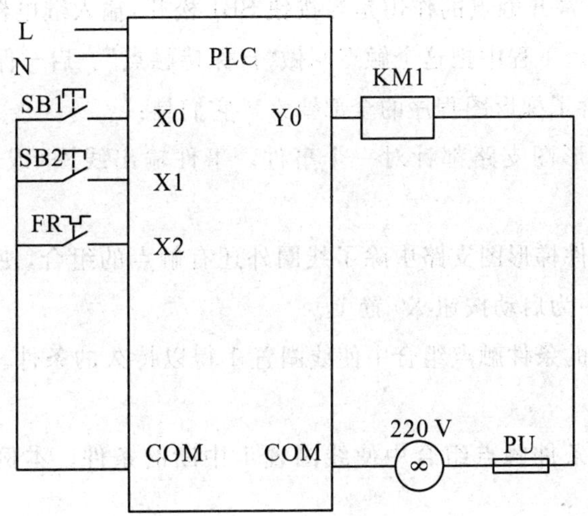

图 2.4.9　控制电路接线图

四、程序（梯形图）设计

根据输入输出及线圈可设计出异步电动机点动运行的梯形图如图(a)所示。工作过程

分析如下:当按下 SB1 时,输入继电器 X0 得电,其常开触点闭合,因为异步电动机未过热,热继电器常开触点不闭合,输入继电器 X2 失电,其常闭触点保持闭合,则此时输出继电器 Y0 接通,进而接触器 KM 得电,其主触点接通电动机的电源,则电动机启动运行。当松开按钮 SB1 时,X0 失电,其触点断开,Y0 失电,接触点 KM 断电,电动机停止转动,即本梯形图可实现点动控制功能。大家可能发现,在梯形图中使用的热继电器的触点为常开触点,如果要使用常闭触点,梯形图应如何设计?

(a)

图(b)为电动机连续运行的梯形图,其工作过程分析如下:

当 SB1 被按下时 X0 接通,Y0 置 1,这时电动机连续运行。需要停车时,按下停车按钮 SB2,串联于 Y0 线圈回路中的 X1 的常闭触点断开,Y0 置 1,电机失电停车。

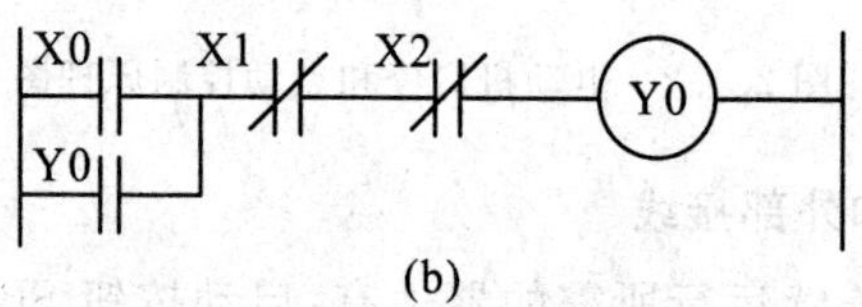

(b)

梯形图(b)称为启—保—停电路。这个名称主要来源于图中的自保持触点 Y0。并联在 X0 常开触点上的 Y0 常开触点的作用是当按钮 SB1 松开,输入继电器 X0 断开时,线圈 Y0 仍然能保持接通状态。工程中把这个触点叫做“自保持触点”。启—保—停电路是梯形图中最典型的单元,它包含了梯形图程序的全部要素。它们是:

1. 事件每一个梯形图支路都针对一个事件。事件输出线圈(或功能框)表示,本例中为 Y0。

2. 事件发生的条件梯形图支路中除了线圈外还有触点的组合,使线圈置 1 的条件是事件发生的条件,本例中为启动按钮 X0 置 1。

3. 事件得以延续的条件触点组合中使线圈置 1 得以持久的条件。本例中为与 X0 并联的 Y0 的自保持触点。

4. 使事件终止的条件触点组合中使线圈置 1 中断的条件。本例中为 X1 的常闭触点断开。

任务实践

一、完成主电路的设计与绘制;

二、确定 PLC 输入输出点数,列出 I/O 地址分配表;

三、选择元器件，安装电路；

四、程序设计与调试。

项目拓展

1. 在控制系统的实现中，你遇到哪些问题？是如何解决的？

2. 画出相应的I/O分配表，写出实训报告。

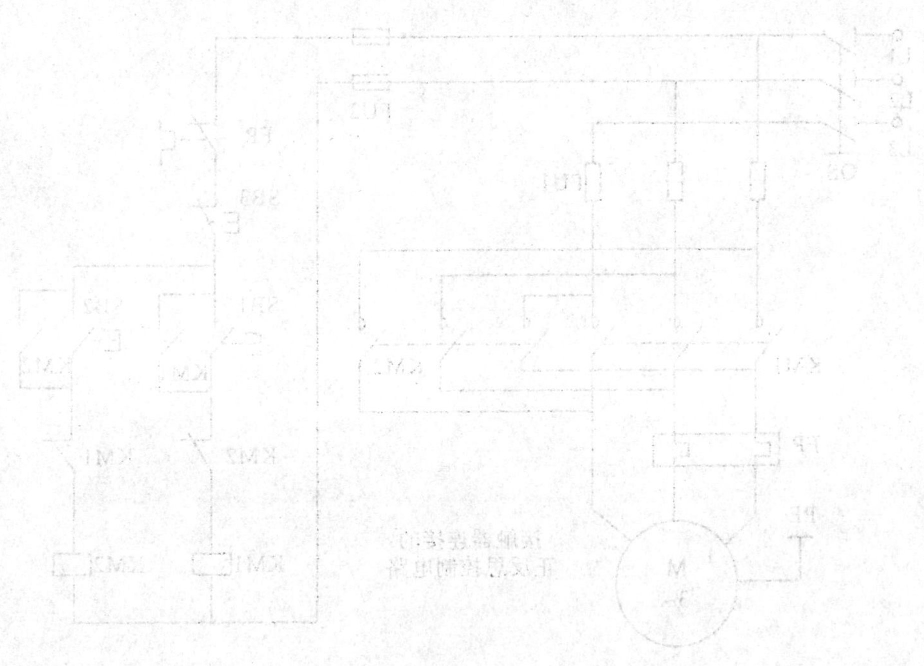

项目三　电机的正反转控制

建议学时:4 学时

项目描述

项目二中讲的电机点动和连续控制,它们具有一个共同的特征,就是一个方向运转。正反转控制的特征是做往返运动。在生产生活中,电机正反转控制的例子有很多,比如电动伸缩门、电梯、运料小车等工作场景。

知识链接

下面以电动伸缩门为例对电机的正反转控制进行分析,其工作原理图如 2.4.10 所示。

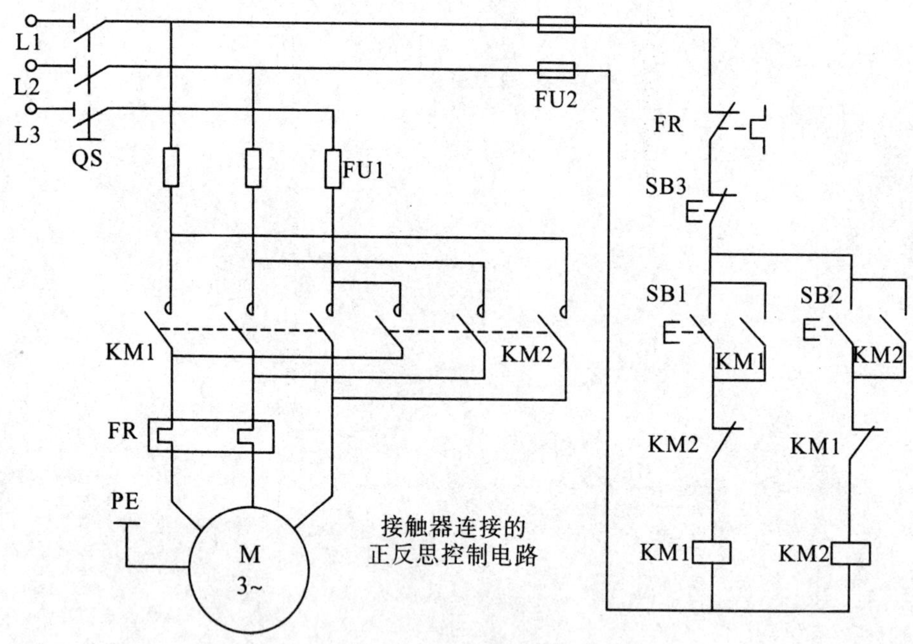

图 2.4.10　电动机正反转控制原理图

一、工作过程分析

假设 SB1 是正转启动按钮,打开电动伸缩门;SB2 是反转启动按钮,关闭电动伸缩门;SB3 是停止按钮;电动伸缩门无论是打开还是关闭的过程均停止。

1. 当按下 SB1 时,交流接触器 KM1 得电吸合并自锁,KM1 主触点闭合,电动机得电运行,KM1 的常闭触点对 KM2 线圈联锁。

2. 当按下 SB3 时,交流接触器 KM1 失电释放,KM1 主触点断开,电动机失电停止运行。

3. 当按下 SB2 时,交流接触器 KM2 得电吸合并自锁,KM2 主触点闭合,电动机得电运行,KM2 的常闭触点对 KM1 线圈联锁。

4. 当按下 SB3 时，交流接触器 KM2 失电释放，KM2 主触点断开，电动机失电停止运行。

任务实践

一、控制任务

要求用三菱 PLC 模拟电动伸缩门实现开、关门的控制功能。

二、控制要求

按下按钮 SB1，电动机 M1 正转运行；按下按钮 SB2，电动机 M1 反转运行；按下按钮 SB3，电动机 M1 停止。

三、实训指导

1. 根据控制要求分配 I/O 端口表(见表 2.4.3 所列)。

表 2.4.3 I/O 端口表

功能说明	输入元件(I)	功能说明	输出元件(O)
正转按钮 SB1	X000	电动机正转	Y000
反转按钮 SB2	X001		
停止按钮 SB3	X002	电动机反转	Y001
过载保护	X003		

2. 请参考图 2.4.11 并完成主电路和控制电路的接线。

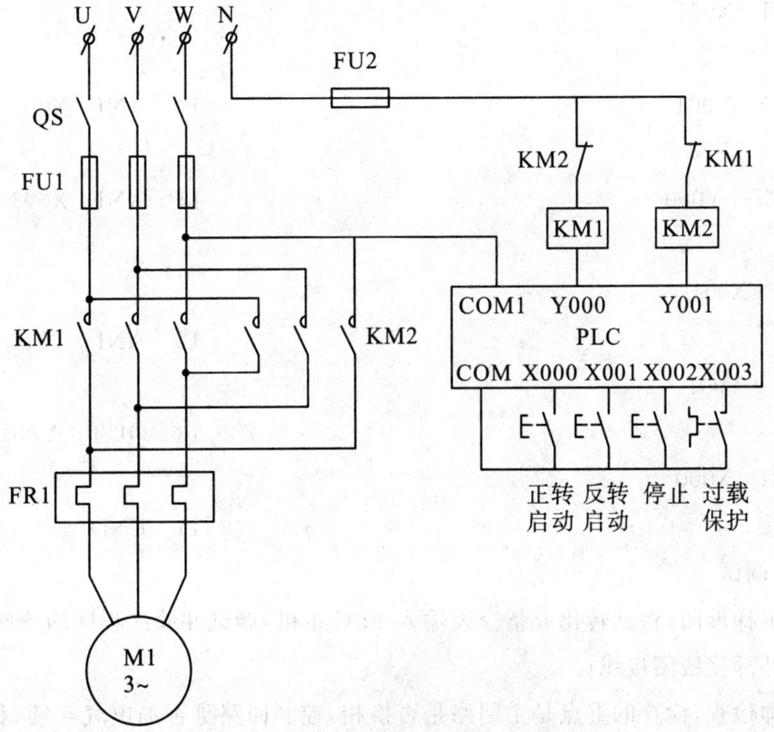

图 2.4.11 控制电路接线图

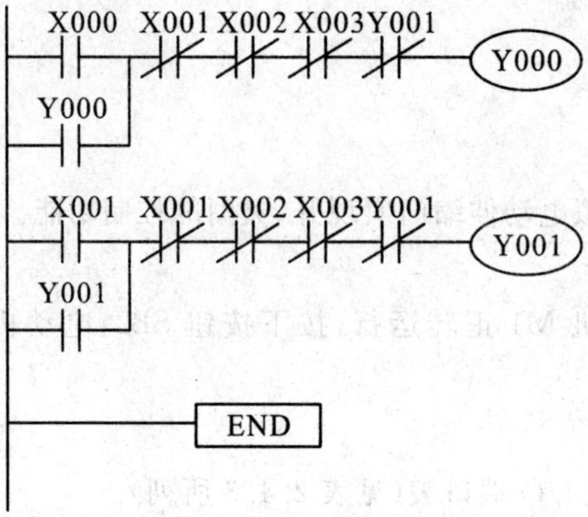

图 2.4.12　梯形图

3.请参考图 2.4.12 独立完成 PLC 控制梯形图的程序设计。

4.参考下面的程序，将你设计的 PLC 控制程序的梯形图转换成指令表的形式（仅供参考）。

```
0   LD    X000
1   OR    Y000
2   ANI   X001
3   ANI   X002
4   ANI   X003
5   ANI   Y001
6   OUT   Y000
7   LD    X001
8   OR    Y001
9   ANI   X000
10  ANI   X002
11  ANI   X003
12  ANI   Y000
13  OUT   Y001
14  END
```

5.通电调试

(1)画出梯形图，将其转化成指令表输入 PLC 主机，调试并验证程序的正确性；

(2)按外部接线图接线；

(3)教师检查，检查的重点是主回路是否换相，控制回路是否加电气互锁，程序的输出是否加互锁；

(4)检查正确后，通电试车；

(5)如果按实训室控制制柜内的 FX_{IN} —600 MR 进行接线，输出的公共端口接 COM。这样是否正确，为什么？

项目小结

1. 按以上要求写出实训报告。

2. 写出试车过程，并分析试车过程中发生的问题。

项目四　全自动洗衣机的模拟

项目描述

全自动洗衣机的应用现在比较普遍，大家知道，它的洗衣桶是由洗衣桶(外桶)和脱水桶(内桶)两个部分组成，这两个桶以同一中心安放。外桶固定，做盛水用。内桶可以旋转，做洗衣和脱水用。内桶的四周有很多的小孔，使内外桶的水流相通。该洗衣机的进水和排水分别由进水电磁阀和排水电磁阀来执行。进水时，通过电控系统使进水阀打开，经过水管将水注入外桶；排水时，通过电控系统使排水阀打开，将水由外桶排到机外。洗涤正、反转由洗涤电动机驱动波盘正、反转来实现，此时内桶并不旋转。脱水时，通过电控系统将离合器合上，由洗涤电动机带动内桶正转进行甩干。高、中、低水位开关分别用来检测高、中、低水位。启动按钮用来启动洗衣机工作，停止按钮用来实现手动让洗衣机停止工作。

本项目涉及的元件及控制功能：定时器、计数器、电机的启停和正反转控制等。

任务1　定时器/计数器的功能实现

建议学时：2学时

知识链接

PLC的定时器和计数器都有一定的定时范围和计数范围。如果需要的设定值超过机器范围，我们可以通过几个定时器和计数器的串联组合来扩充设定值范围。

定时器的扩展方法1，如下程序所示：

```
LD   X0                OUT   T1   K500
OUT   T0   K100        LD   T1
LD   T0                OUT   Y0
```

程序中，X0一接通，定时器T0开始定时，经过0.1s＊100＝10s，T0的常开接点闭合，T1线圈接通，在经过50 s，Y0线圈接通，该电路的定时时间为两个定时器的时间和。

$$T_{总}=T0+T1=(100*0.1+500*0.1)\text{s}=60\text{s}$$

程序2是一个由定时器T0和计数器C0组合电路。T0形成一个设定值为10s的自复位定时器，当X0接通，T0线圈接通，延时10s，T0的常闭接点断开，T0定时器断开复位，待下一次扫描时，T0的常闭接点才闭合，T0线圈又重新接通。即T0接点每10s接通一次，每次接通时间为一个扫描周期，计数器对这个脉冲信号进行计数，计数到200次，C0常开接点闭合，使Y0线圈接通。从X0接通到Y0有输出，延时时间为定时器和计数器设定值的乘积。

$$T_{总}=T0\times C0=(10\times 20)\ s=200\ s$$

```
LD   X0             LD   M8000          OUT  C0  K200
ANI  T0             RST  C0             LD   C0
OUT  T0  K100       LD   T0             OUT  Y0
```

项目拓展

一、思考并验证下面的程序，计数器扩展又是如何？请写出正确答案。

```
LD        C0
OR        M8000
RST       C0
LD        X0
OUT  C0   K500
LD        M8000
RST       C1
LD        C0
OUT  C1   K300
LD        C1
OUT       Y0
  END
```

二、将上述程序转换成梯形图。

任务 2　全自动洗衣机模拟

建议学时：4 学时

任务实践

任务(甲方需求)1：构建 1 台全自动洗衣机模型，完成一般衣物的洗涤，即接通电源，按下启动按钮 X0，开始注水，当水位达到设定值(高水位)后开始时正向洗涤 25s，停 5s，再反向洗涤 25s，停 5s；如此周而复始，洗涤时间共 300s 后(或重复上述过程 10 次)，脱水 30s 后停止洗涤。

任务(甲方需求)2：根据衣物的多少，采取节水模式(即增加 3 个不同的水位段)，在任务 1 的基础上完成。

任务(甲方需求)3：根据不同衣物的料质(如牛仔类强力洗涤、化纤类中力洗涤、真丝类弱洗涤)，采取节能模式，即在任务 2 的基础上完成。

1. 根据控制要求分配 I/O 地址表(见表 2.4.4 所列)

表 2.4.4 I/O 地址分配表

输入		输出	
X0	启动按钮	Y0	进水电磁阀
X1	停止按钮	YI	排水电磁阀
X2	高水位开关	Y2	电动机正转接触器
X3	中水位开关	Y3	电动机反转接触器
X4	低水位开关	Y4	脱水电磁阀

2. 方案提示

(1)用基本指令、定时指令和计数指令组合起来设计该控制程序。

(2)请你利用所提供的实训设备,通过电动机或灯泡演示并验证上述 3 个任务的功能,并画出相关时序。

(3)也可以用步进顺控指令实现该控制。

项目小结

(1)写出实训工作报告。

(2)水位开关能否采用传感器替代?若能,请你为本项目选用适合的传感器。

(3)如果本项目真的采用 PLC 实现其功能,请你通过查找资料选择合适的 PLC。

项目五　两台电动机的联动控制实现

建议学时：4 学时

项目描述

某加工车间有镗床 TPX6111B/2 如图2.4.13所示，现需要加工工件，其加工简要步骤：

接通总电源，启动油泵电机加压，确定机床加工转速；按下启动主轴旋转开关，进行正常加工切削。

停车：先关主轴旋转开关，再关总电源。

图 2.4.13　镗床 TPX6111B/2

任务实践

一、请用现有实训设备，实现自动控制，要求如下：

按下启动按钮，第一台电动机 M1 启动，3s 后第二台电动机 M2 启动；3s 后 M1 停，3s 后 M2 停；3s 后重复上述过程一次，程序停止运行。

通过实训应能掌握以下技能：

1. 通过编程，熟练掌握定时器、计数器的使用方法；
2. 掌握每台电动机过载保护的编程方法；
3. 掌握循环控制的编程方法。

二、实训指导

1. 根据上述控制要求进行 I/O 地址分配（见表 2.4.5 所例）

表 2.4.5　I/O 地址分配

功能说明	输入元件(I)	功能说明	输出元件(O)
启动	X000	M1 电动机	Y000
停止	X001	M2 电动机	Y001
M1 的过载输入	X002	M1 电动机的过载驱动	M10
M2 的过载输入	X003	M2 电动机的过载驱动	M11
M1 的过载解除	X005		
M2 的过载解除	X006		

2. 参考外部接线图 2.4.14,完成硬件接线。

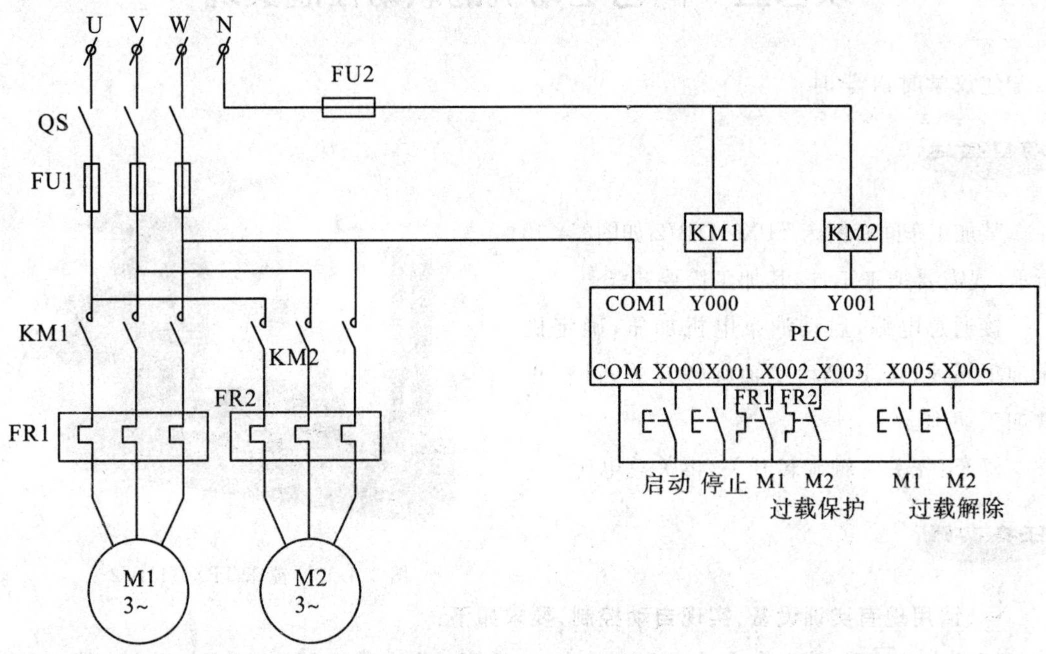

图 2.4.14 外部接线图

3. 画出梯形图(图 2.4.15 仅供参考)

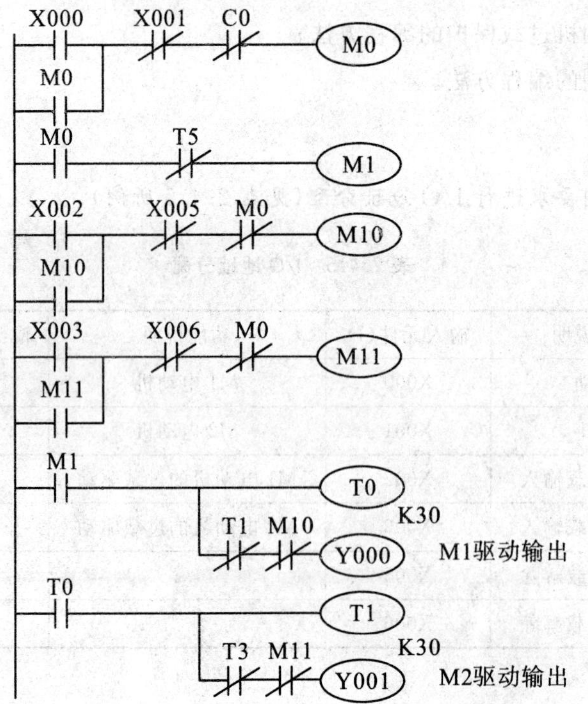

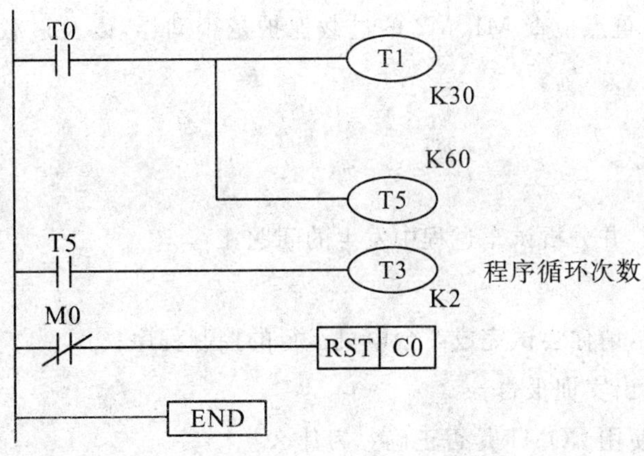

图 2.4.15 梯形图

4. 编写指令(参考表 2.4.6)

表 2.4.6 指令表

序号	指令	序号	指令	序号	指令
0	LD X000	12	OUT M10	24	OUT T1 K30
1	OR M0	13	LD X003	25	ANI T3
2	ANI X001	14	OR M11	26	ANI M11
3	ANI C0	15	ANI X006	27	OUT Y001
4	OUT M0	16	AND M0	28	LD T1
5	LD M0	17	OUT M11	29	OUT T3 K30
6	ANI T5	18	LD M1	30	OUT T5 K60
7	OUT M1	19	OUT T0 K30	31	LD T5
8	LD X002	20	ANI T1	32	OUT C0 K2
9	OR M10	21	ANI M10	33	LD M0
10	ANI X005	22	OUT Y000	34	RST C0
11	AND M0	23	LD T0	35	END

注:序号不是程序步号。

5. 通电试车

(1)画出梯形图,将其转化成指令表输入 PLC 主机,调试并验证程序的正确性;
(2)按外部接线图接线;
(3)检查的重点是主回路、控制回路接线是否正确,经教师检查后可进行下步工作;

(4)检查正确后,通电试车,并做记录;

(5)试车过程中,重点检查 M1、M2 的过载保护是否动作,以及过载解除能否恢复过载保护功能。

项目拓展

1. 写出试车过程,并分析试车过程中发生的问题;
2. 画出相关时序;
3. 通过本次实训,请你尝试完成 3 台电机运行的控制程序;
4. 按以上要求写出实训报告。
5. 图 2.4.14 仅使用 COM1 是否正确?为什么?
6. 图 2.4.14 中的 PLC 还少了哪部分接线?

项目六　交通信号灯的控制实现(SFC的应用)

建议学时:4学时

任务实践

一、实训目的

1. 通过使用状态转移图编程,训练编程的思想和方法;

2. 熟悉PLC的技术应用,提高应用PLC的能力。

二、控制要求

交通灯的控制要求见表2.4.7所列。

表2.4.7　交通灯控制要求

<table>
<tr><td rowspan="2">东西向</td><td>绿灯 Y0</td><td>绿灯 Y0 闪烁</td><td>黄灯 Y1</td><td colspan="3">红灯 Y2</td></tr>
<tr><td>20s</td><td>ON0.5sOFF0.5s2次</td><td>2s</td><td colspan="3"></td></tr>
<tr><td rowspan="2">南北向</td><td colspan="3" rowspan="2">红灯 Y3</td><td>绿灯 Y4</td><td>绿灯 Y4 闪烁</td><td>黄灯 Y5</td></tr>
<tr><td>30s</td><td>ON0.5sOFF0.5s2次</td><td>2s</td></tr>
</table>

三、实训指导

1. 根据控制要求分配I/O元件(见表2.4.8所列)

表2.4.8　I/O元件分配表

<table>
<tr><td>功能说明</td><td>输入元件(I)</td><td colspan="2">功能说明</td><td>输出元件(O)</td></tr>
<tr><td rowspan="3">程序启动按钮</td><td rowspan="3">X000</td><td rowspan="3">东西向</td><td>绿灯</td><td>Y000</td></tr>
<tr><td>黄灯</td><td>Y001</td></tr>
<tr><td>红灯</td><td>Y002</td></tr>
<tr><td rowspan="3">程序停止按钮</td><td rowspan="3">X001</td><td rowspan="3">南北向</td><td>红灯</td><td>Y003</td></tr>
<tr><td>绿灯</td><td>Y004</td></tr>
<tr><td>黄灯</td><td>Y005</td></tr>
</table>

2. 外部接线图(图2.4.16),并找出图中的缺失部分;

3. 使用逻辑指令编写程序;

(1)采用SFC的形式实现;找出图2.4.17中的错误并完成调试;

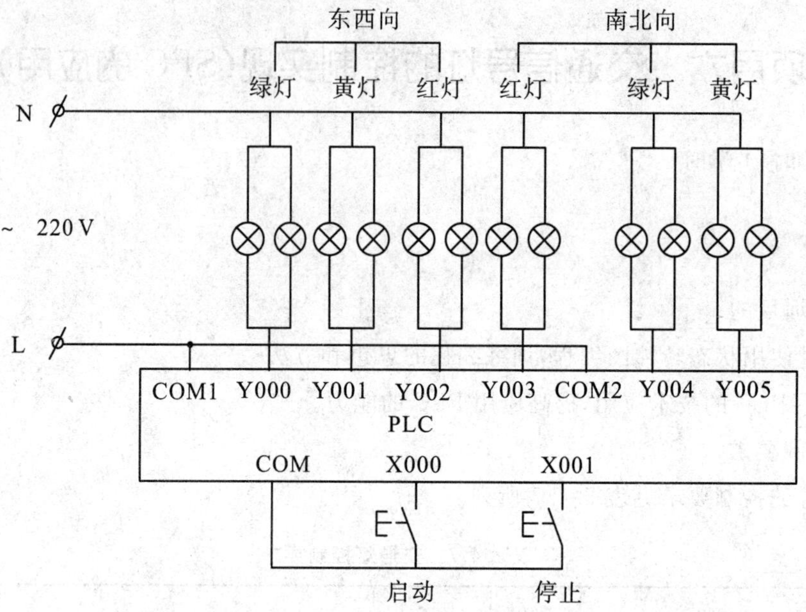

图 2.4.16 外部接线图

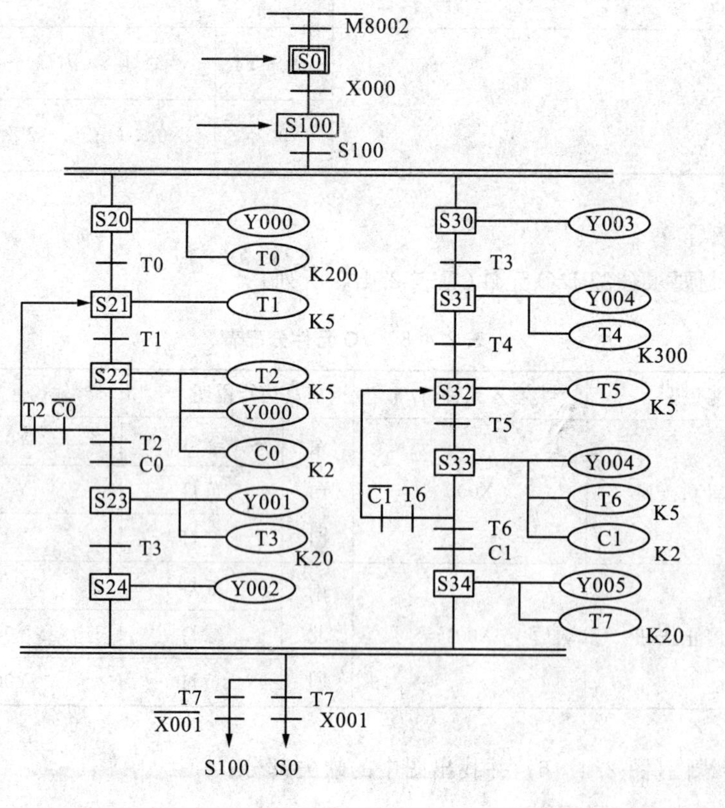

图 2.4.17 SFC

(2)通电试验。教师检查，主要检查绿灯的闪烁，红灯、黄灯的变化是否同步；

(3)将 SCF 转变为指令表;

(4)你能否改变 I/O 的地址分配,并通过指令实现其功能。

项目小结

1. 按以上要求写出实训报告。

2. 写出实训过程,并分析实训过程中发生的问题。

项目七 喷泉的 PLC 控制

建议学时:4 学时

图 2.4.18 喷泉

场景:学院教学楼前的喷泉池有 A、B、C 三组喷头如图 2.4.18 所示,其控制要求是:启动后,A 组先喷 3s,之后 B、C 同时喷;5s 后 A、B 停止,再过 5s 后 C 停止;而 A、B 同时喷;再过 2s 后 C 也喷,ABC 同时喷 5s 后全部停止,再过 2s 重复前面过程,当按下停止按钮后,马上停止。说明:A(Y0)、B(Y1)、C(Y2),启动信号 X0,停止信号 X1。

知识链接

一、时序图

一般来说有些控制对象的运动过程随着时间的发展是呈一定规律变化的,我们把这些元件的状态变化用相应的波形图画出来就称之为时序图。当输入、输出控件得电时,对应的波形为高电平;当输入、输出控件失电时,对应的波形为低电平。

二、利用时序图编写 PLC 程序的方法

在日常生活中有很多控制对象的变化规律都可以用时序图来反应,因此,我们在编程过程中除了使用常规的那些编程方法外还可以借助时序图来完成程序的分析和编写。

1. 时序图编写步骤

(1)分析系统要求,系统的运用规律及动作时序;

(2)进行资源分配,画出相应的 I/O 分配表或硬件接线图;

(3)根据分配表画出输入输出控件的时序图;

(4)根据时序图进行程序编写。

2. 程序编写方法

(1)根据时序图中各负载状态发生的变化,确定要用的定时器的数量、编号和各定时器要延时的时间;

(2)由于各定时器是按先后顺序循环接通的,因此用前一个定时器的触点接通后一个定时器的线圈,再用最后一个定时器的触点去断开第一个定时器的线圈,这样就完成了定时器

的循环计时；

(3)编写驱动负载的程序。根据时序图中各负载上升沿和下降沿的变化，上升沿表示负载接通，用相应的常开触点，下降沿表示负载断开，用相应的常闭触点。在一个周期中负载有多次接通是，将各路触点并联。

任务实践

一、项目要求

1. 请你为本项目进行合理的 PLC 的造型；
2. 设计 I/O 端口分配表，并画出相应的时序图；
3. 完成外部硬件接线；
4. 根据时序图编写控制程序；
5. 通电试车。试车成功后，请用 SFC 编程实现上述控制。

二、技能要求

1. 能根据控制要求，画出相应时序图；
2. 掌握时序图在 PLC 编程中的应用。

项目小结

1. 按以上要求写出实训报告。
2. 写出实训过程，并分析实训过程中发生的问题。

项目八　变频器的基本操作

建议学时:8 学时

知识链接

一、变频器型号的含义(如图 2.4.19 所示)。

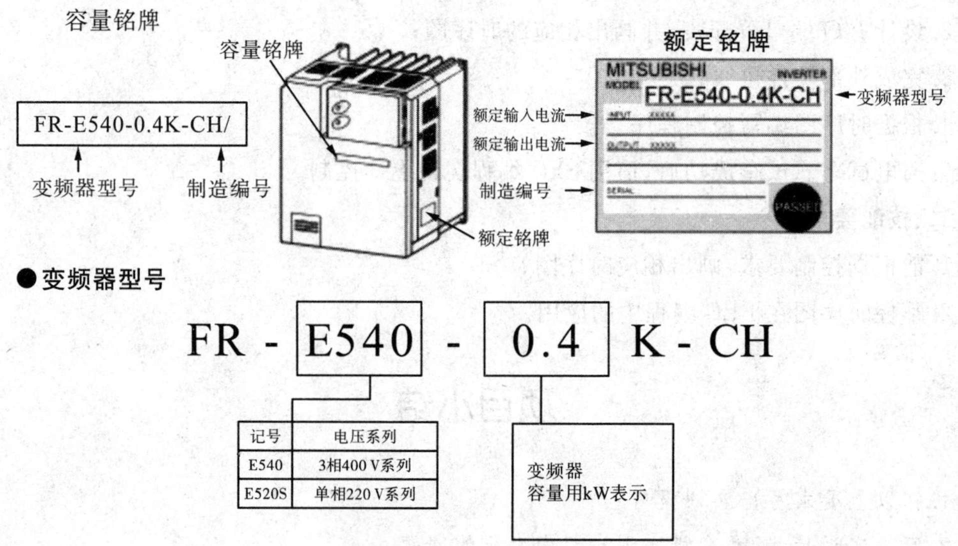

图 2.4.19　变频器的铭牌

二、接线和端子的规格

1. 主回路

端子记号	端子名称	内容说明
L_1、L_2、L_3	电源输入	连接工频电源。
U、V、W	变频器输出	连接三相鼠笼电机。
－	直流电压公共端	此端子为直流电压公共端子。与电源和变频器输出没有绝缘。
＋,P1	连接改善功率因数直流电抗器	拆下端子＋－P1 间的短路片,连接选件改善功率因数用直流电抗器(FR－BEL)。
⏚	接地	变频器外壳接地用,必须接大地。

(注)　单相电源输入时,变成 L_1,N 端子。

2.控制回路

端子记号			端子名称	内容说明	
输入信号	接点输入	STF	正转启动	STF 信号 ON 时为正转，OFF 时为停止指令。	STF、STR 信号同时为 ON 时，为停止指令。
		STR	反转启动	STR 信号 ON 时为反转，OFF 时为停止指令。	根据输入端子功能选择(Pr. 60～Pr. 63)可改变端子的功能。(＊4)
		RH、RM、RL	多段速度选择	可根据端子 RH、RM、RL 信号的短路组合，进行多段速度的选择。 速度指令的优先顺序是 JOG，多段速设定(RH、RM、RL、REX)，AU 的顺序。	
	SD(＊1)		接点输入(漏型)	此为接点输入(端子 STF、STR、RH、RM、RL)的公共端子。 端子 5 和端子 SE 被绝缘。	
	PC(＊1)		外部晶体管公共端 DC24 V 电源 接点输入公共端(漏型)	当连接程序控制器(PLC)之类的晶体管输出(集电极开路输出)时，把晶体管输出用的外部电源接头连接到这个端子，要防止因回流电流引起的误动作。 PC－SD 间的端子可作为 DC 24V～0.1A 的电源使用。 选择源型逻辑时，为输入接点信号的公共端子。	
	10		频率设定用电源	DC 5V。容许负荷电流 10mA。	
	频率设定	2	频率设定(电压信号)	输入 DC 0～5V，(0～10)时，输出成比例：输入 5V(10V)时，输出为最高频率。 5V/10V 切换用 Pr. 73“0～5V，0～10V 选择”进行。 输入阻抗 10kΩ。最大容许输入电压为 20V。	
		4	频率设定(电流信号)	输入 DC 4～20mA。出厂时调整为 4mA 对应 0Hz，20mA 对应 60Hz。 最大容许输入电流为 30mA。输入阻抗约 250Ω。 电流输入时，请把信号 AU 设定为 ON。 AU 信号用 Pr. 60～Pr. 63(输入端子功能选择)设定。	
	5		频率设定公共输入端	此端子为频率设定信号(端子 2.4)及显示仪表端子“AM”的公共端子。 端子 SD 和端子 SE 被绝缘。请不要接地。	

续表

<table>
<tr><th colspan="3">端子记号</th><th>端子名称</th><th colspan="2">内容说明</th></tr>
<tr><td rowspan="4">输出信号</td><td colspan="2">A
B
C</td><td>报警输出</td><td>表示变频器的保护功能动作,输出停止的输出接点。AC 230V　0.3A　DC 30V　0.3A。报警时 B～C之间不导通(A～C间导通),正常时 B～C之间导通(A～C间不导通)(＊6)</td><td rowspan="2">根据输出端子功能选择 Pr. 64, Pr. 65,可以改变端子的功能。(＊5)</td></tr>
<tr><td>集电极开路</td><td>RUN</td><td>变频器运行中</td><td>变频器输出频率高于启动频率时(出厂为 0.5Hz 可变动)为低电平,停止及直流制动的为高电平。容许负荷 DC 24V　0.1A</td></tr>
<tr><td colspan="2">SE</td><td>集电极开路公共端</td><td colspan="2">变频器运行时端子 RUN 的公共端子。端子 5 及端子 SD 被绝缘。</td></tr>
<tr><td>模拟</td><td>AM</td><td>模拟信号输出</td><td>从输出频率,电机电流选择一种作为输出。输出信号与各监示项目的大小成比例。</td><td>出厂设定的输出项目:频率容许负荷电流 1mA 输出信号 DC 0～5V。</td></tr>
<tr><td>通信</td><td colspan="2">——</td><td>RS－485 接口
(＊3)</td><td colspan="2">用参数单元连接电缆(FR－CB201～205),可以连接参数单元(FR－PU04)。可用 RS－485 进行通信运行。</td></tr>
</table>

注:＊1. 端子 SD,PC 不要相互连接,不要接地。

漏型逻辑(出厂设定)时,端子 SD 为输入接点的公共端子,源型逻辑时,端子 PC 为输入接点的公共端子。

＊2. 低电平表示集电极开路输出用的晶体管为 ON(导通状态)。高电平表示为 OFF(不导通状态)。

＊3. 仅对应有 RS－485 通信功能的型号。

＊4. RL、RM、RH、RT、AU、STOP、MRS、OH、REX、JOG、RES、X14、X16.(STR)信号选择。

＊5. RUN、SU、OL、FU、RY、Y12、Y13、FDN、FUP、RL、LF、ABC 信号选择。

＊6. 对应欧洲标准(低电压标准)时,继电器输出(A、B、C)的使用容量为 DC 30V,0.3A。

三、标准接线图

●三相400 V电源输入

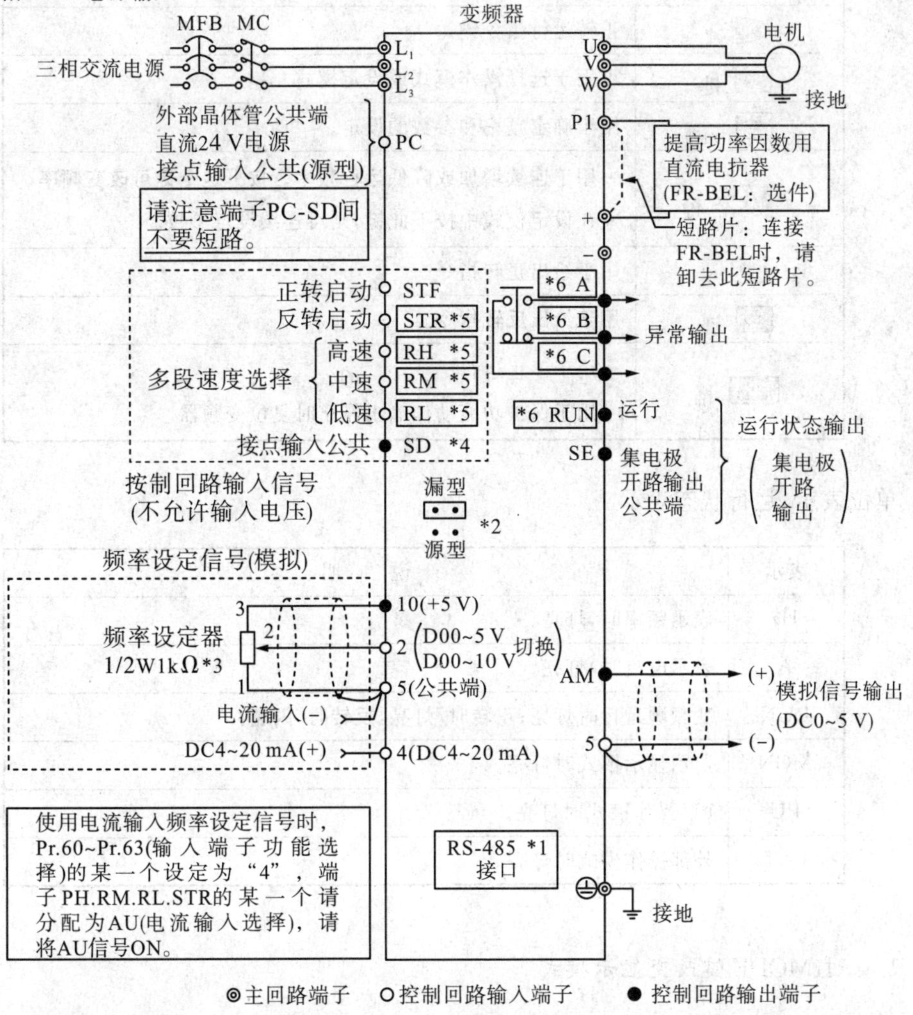

变频器

MFB　MC

三相交流电源

L1 L2 L3

U V W

电机

接地

外部晶体管公共端
直流24 V电源
接点输入公共(源型)　PC

请注意端子PC-SD间不要短路。

P1

提高功率因数用
直流电抗器
(FR-BEL：选件)

+

短路片：连接FR-BEL时，请卸去此短路片。

−

正转启动　STF

反转启动　STR *5

多段速度选择　高速　RH *5

中速　RM *5

低速　RL *5

接点输入公共　SD *4

按制回路输入信号
(不允许输入电压)

漏型

*2

源型

*6 A

*6 B

*6 C

异常输出

*6 RUN　运行

SE　集电极开路输出公共端

运行状态输出
(集电极开路输出)

频率设定信号(模拟)

3　10(+5 V)

频率设定器
1/2W1kΩ*3

2　2 (D00~5 V / D00~10 V　切换)

1　5(公共端)

电流输入(−)

DC4~20 mA(+)　4(DC4~20 mA)

AM　(+)　模拟信号输出(DC0~5 V)

5　(−)

使用电流输入频率设定信号时，Pr.60~Pr.63(输入端子功能选择)的某一个设定为“4”，端子PH.RM.RL.STR的某一个请分配为AU(电流输入选择)，请将AU信号ON。

RS-485 *1
接口

接地

◎主回路端子　○控制回路输入端子　●控制回路输出端子

图 2.4.20

四、操作方法

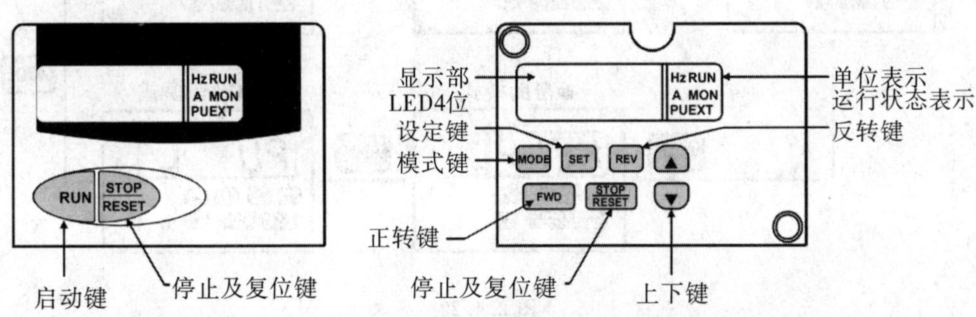

图 2.4.21

键表示

按　　键	说　　明
RUN 键	正转运行指令键。
MODE 键	可用于选择操作模式或设定模式。
SET 键	用于确定频率和参数的设定。
▲/▼ 键	·用于连续增加或降低运行频率。按下这个键可改变频率。 ·在设定模式中按下此键,则可连续设定参数。
FWD 键	用于给出正转指令。
REV 键	用于给出反转指令。
STOP RESET 键	·用于停止运行。 ·用于保护功能动作输出停止时复位变频器。

单位表示,运行状态表示

表示	说　　明
Hz	表示频率时,灯亮。
A	表示电流时,灯亮。
RUN	变频顺运行时灯亮;正转时/灯亮,反转时/闪亮。
MON	监示显示模式时灯亮。
PU	PU 操作模式时灯亮。
EXT	外部操作模式时灯亮。

1. 通过 MODE 键改变显示模式

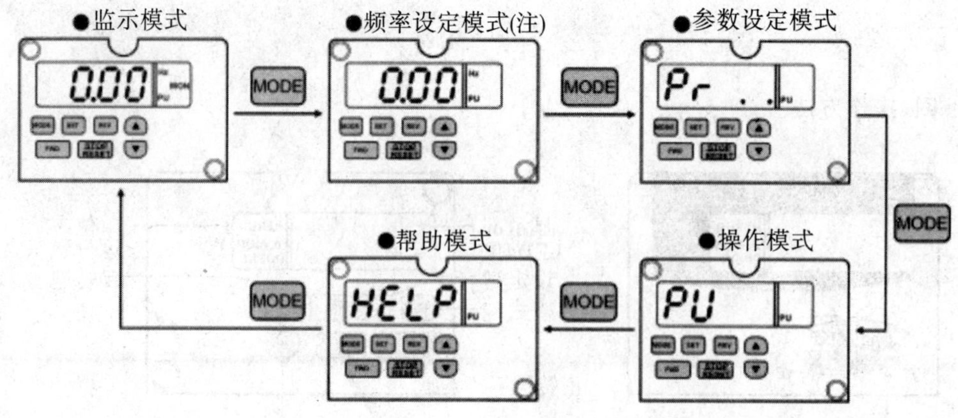

图 2.4.22

注:频率设定模式,仅在操作模式为 PU 操作模式时显示。

监视器显示运转中的指令说明：

(1)EXT 指示灯亮表示外部操作；

(2)PU 指示灯亮表示 PU 操作；

(3)EXT 和 PU 灯同时亮表示 PU 和外部操作组合方式。

2. 参数设定方法

(1)除一部分参数之外，参数的设定仅在用 Pr. 79 选择 PU 操作模式时可以实施；

(2)一个参数值的设定既可以用数字键设定也可以用 ▲/▼ 键增减；

(3)按下 SET 键 1.5s 写入设定值并更新。

注：参数写入不可的情况下，参照产品使用说明书第 13 页。

例 1　将 Pr. 79“操作模式选择”的设定值，由“2”(外部操作模式)变更为“1”(PU 操作模式)的情况。

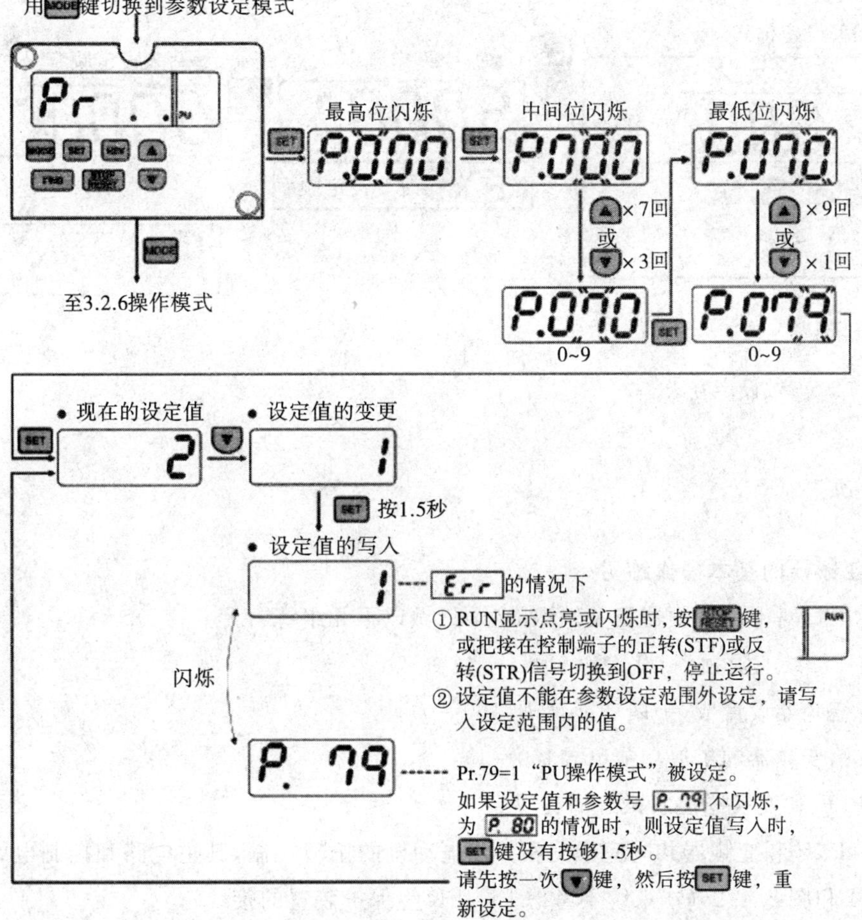

图 2.4.23

例 2　全部消除

将参数值和校准值全部初始化到出厂设定值。

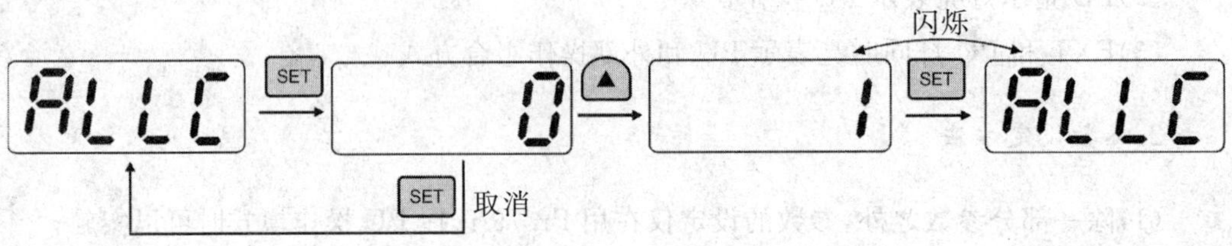

(注)　Pr. 75"复位选择/PU 脱离检测/PU 停止选择"不被初始化。

例 3　频率设置

在 PU 操作模式下,用 RUN 键(FWD 或 REV 键)设定运行频率值。此模式只在 PU 操作模式时显示。

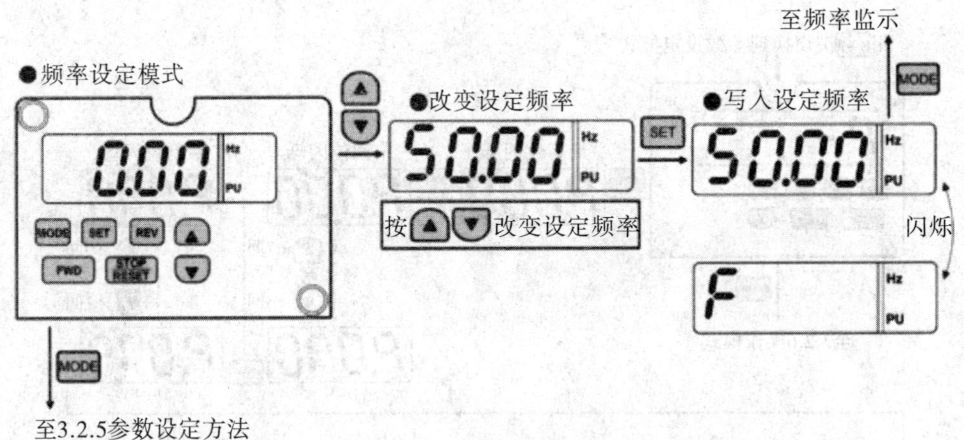

任务实践

一、变频器的基本操作练习

请你根据对上面变频器相关知识的学习,做以下几组练习:

1. 将 Pr. 1(上限频率)设置为 60Hz;

2. 将变频器设置成"扩展功能"(Pr. 160=0);

3. 取消变频器的扩展功能(Pr. 160=1)

二、PLC 和变频器控制系统的实现

1. 用 PLC 和变频器共同完成三相异步电动机的正转控制,其主电路和控制电路的接线图 2. 4. 24 和图 2. 4. 25(本系统不考虑 FU、FR 等保护装置的接线);

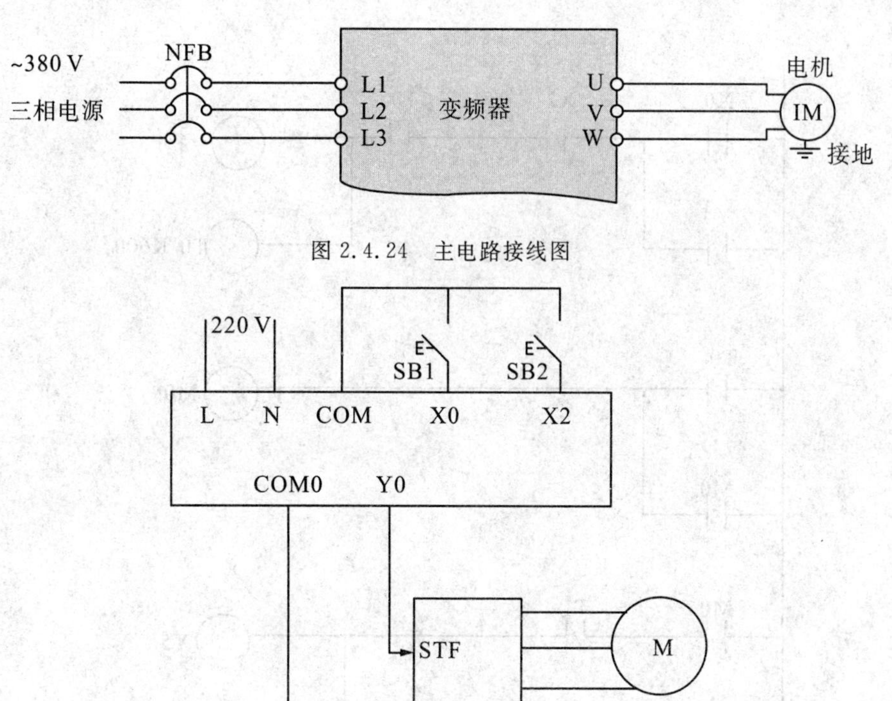

图 2.4.24　主电路接线图

图 2.4.25　控制电路接线图

2.请在练习(1)的基础上,用 PLC 和变频器共同完成三相异步电动机的正反转控制的接线和程序,如图 2.4.26 和图 2.4.27 所示;

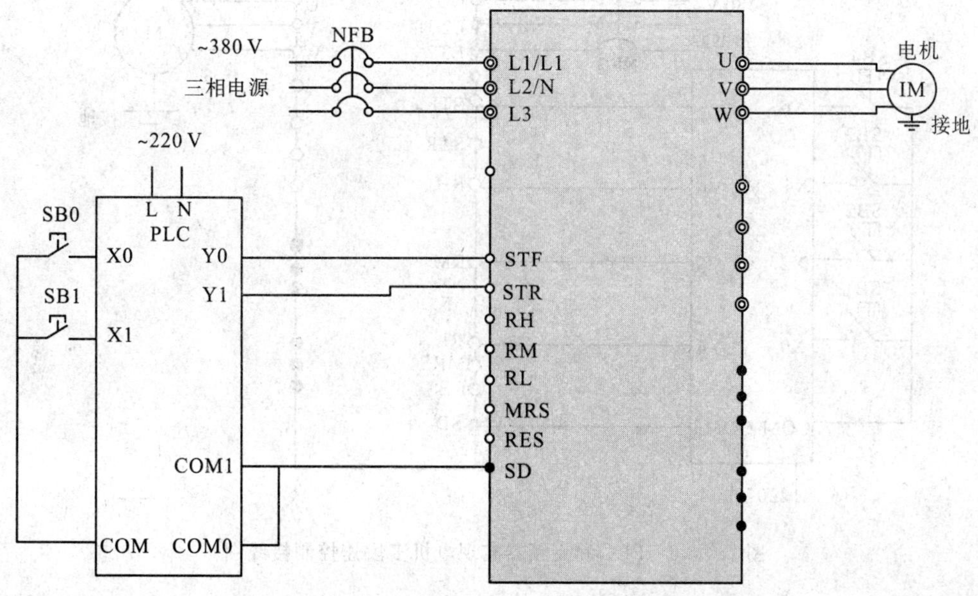

图 2.4.26　PLC 和变频器控制电机正反转接线图

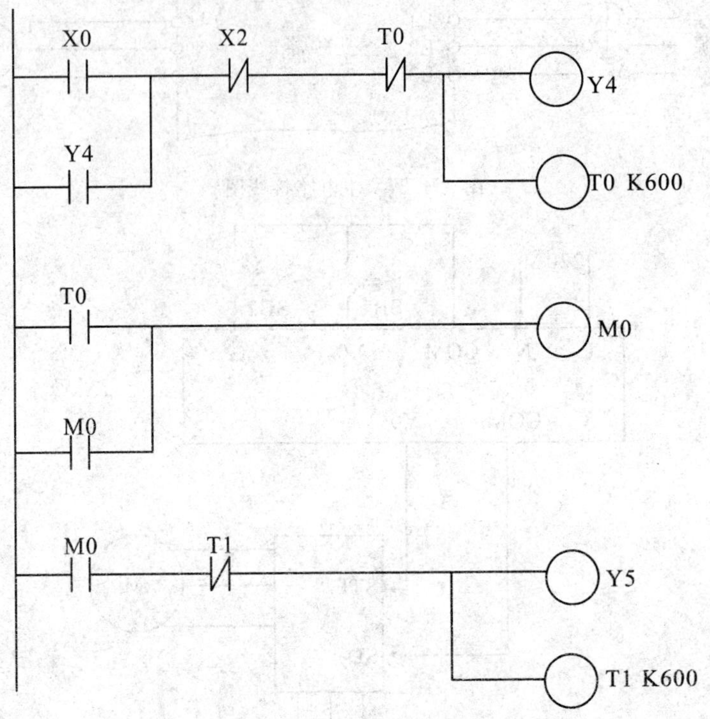

图 2.4.27　PLC 和变频器控制电机正反转控制程序

3.用多个开关控制变频器完成对三相异步电动机的多段速控制,其接线如图 2.4.28 所示,梯形图程序如图 2.4.29 所示。

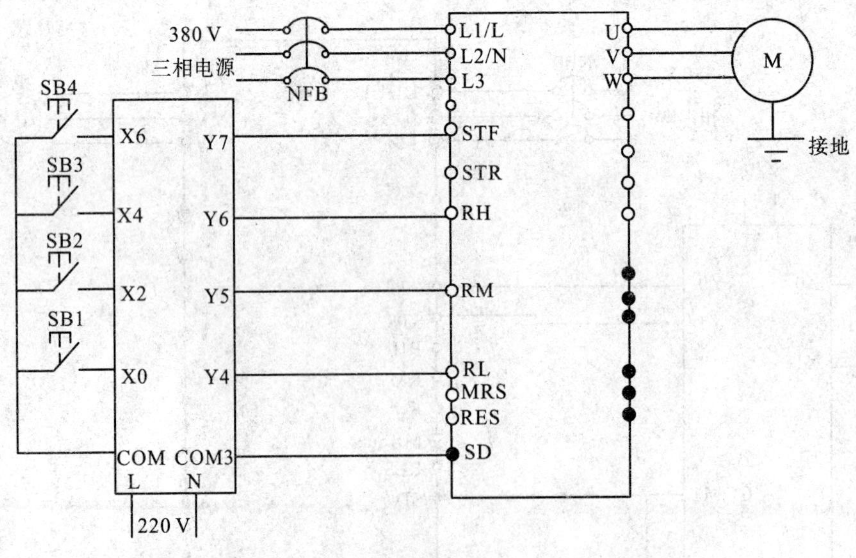

图 2.4.28　PLC 和变频器实现电机多段速控制接线图

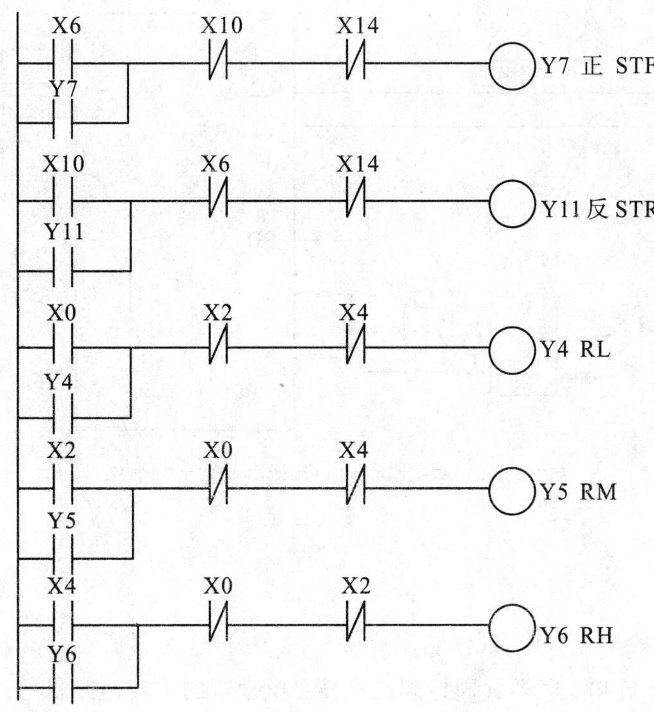

图 2.4.29　PLC 和变频器实现电机多段速控制程序

4. 用模拟信号控制变频器完成三相异步电动机的控制，其控制原理图如图 2.4.29 所示，接线图如图 2.4.30 所示。

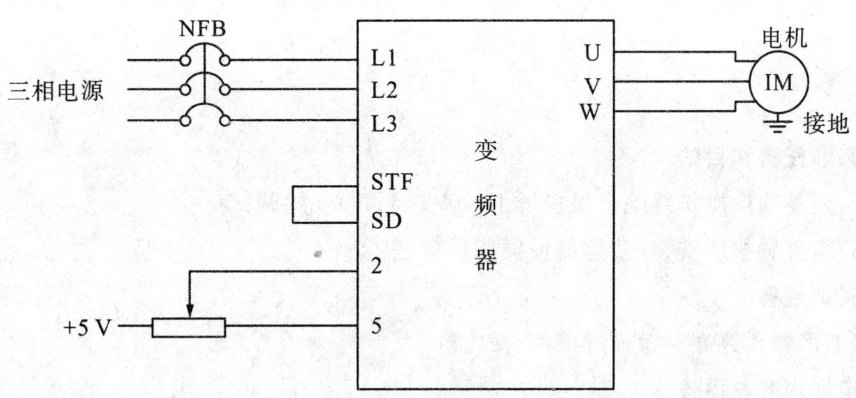

图 2.4.30　采用模拟量控制变频器的原理图

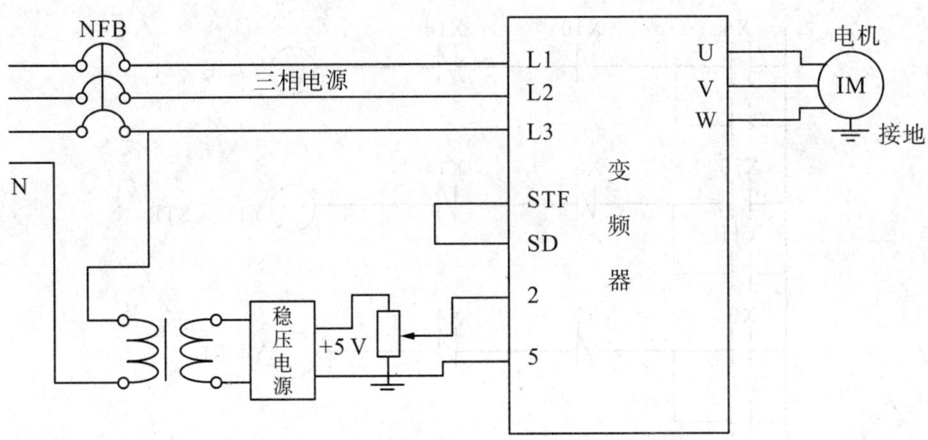

图 2.4.31　模拟量(电压)控制变频器的接线图

项目拓展

通过上述任务的学习和练习,你能完成电机的多段速(速度值自定义)的硬件接线并编写控制程序实现 PLC 和变频器共同控制三相异步电动机的多转速控制吗?

项目九　触摸屏的基本操作

建议学时:3 学时

任务实践

一、实训任务和目的

任务:三菱图形操作终端－触摸屏 F900 安装;F900 的调试

目的:掌握触摸屏安装;掌握触摸屏调试方法

二、实训设备

三菱图形操作终端－触摸屏 F900;PC 机

三、实训内容与操作

F940GOT－SWD－C(以下简称 GOT)是安装在实训柜的表面,并和一个 PLC 或通讯口(通讯单元接口)相连。通过 GOT 上的画面,可以监控各种元件,并对 PLC 的数据进行更改,GOT 内置多幅显示画面,用户也可创建自己的画面。

1. GOT 可以与三菱 FX,A,QnA 和 Q 系列 PLC 相连,另外也可以和第三方制造的上位单元相连。

2. 通过 GOT,PLC 用户程序可以在个人计算机 PC 上的编程软件 GX－Developer 上进

行下载、上载和监控。

3.显示画面可以使用表2.4.9中软件来创建。

表2.4.9　软件名称和版本

软件名称	版本
GT－Designer	Windows 上的画面创建软件 SW5D5C－GOTR－PACKE
FX－PCS－DU/WIN－C	Windows 上的画面创建软件 SWOPC－FXDU/WIN－C

4.操作注意事项：

(1)使用 GOT 进行监控时，出现异常通讯时(包括电缆断裂)，GOT 和 PLC 之间的通讯中断，此时不能通过 GOT 对 PLC 中的开关或元件进行操作。

(2)当 GOT 系统正确配置后，通讯和操作恢复。

(3)不要设计将急停或安全装置通过 GOT 来操作，并且确认 GOT－PLC 间通讯故障时不会产生有害结果。

(4)不要将信号线敷设在高电压动力线的附近，或使用相同的电缆槽，否则可能会有噪声的影响或浪涌感应现象。在这些电缆之间保持大于10cm的安全距离。

(5)用手操作显示屏幕上的触摸键，不要使用过大的力，也不要使用坚硬的或尖锐的物体来进行操作。螺丝刀、笔或相似物的尖端可能会损坏屏幕。

5.外形和部件名称

(1)附件：安装支架拧紧螺栓，防止粉尘和水的密封条。

(2)显示

(3)DC 电源输入端子

(4)PM－20BL

(5)扩展接口

通讯口	功能
E)COM0(RS422)	RS422 口用于连接 PLC(含 1:N 连接) 或通讯(计算机连接)单元(9 芯 D－sub)
F)COM1(RS－232)	RS－232 口用于连接 PC、打印机、条码 阅读器或 1:N 连接(9 芯 D－sub)

(6)电源参数

表 2.4.10　电源参数表

项目	规格
电源电压	24V DC,+10%　-15%
电源波动	200mV 或更小
电流消耗	额定:390Ma/24V DC
保险丝	GOT 内置保险丝(不能更换)
最大允许瞬间掉电时间	5ms:若小于 5ms GOT 将继续运行 大于等于 5ms GOT 将关断
电池	内置式,PM-20BL 型锂电池

6. GOT 的安装步骤

(1)准备面板表面在面板表面上,切割符合 GOT 尺寸的安装槽槽边的上下均留下 10 mm 的空间用以安装在面板内部的金属夹具;

(2)将 GOT 塞入面板表面将密封条附在 GOT 上,从面板前表面塞入 GOT;

(3)安装 GOT 将安装支架钩放入 GOT 的安装孔中。拧紧安装螺栓,直至 GOT 被可靠固定。在所有 4 个位置固定安装螺栓,GOT 的上部和下部。

7. 电源配线

(1)为了避免电击或毁坏产品,请在安装或配线钱切断外部各相电源;

(2)进行电源配线时,应使用 0.75mm^2 或更粗的电线,以不产生电压降。接线端子应可靠拧紧;

(3)确认 DC 电源的正确极性,不正确的连接可能导致设备故障或 GOT 被烧毁;

(4)在 24V DC 电源输入处加上一个 2A 的保险丝;

(5)用至少 1.25mm^2 的电线完成接地(100Ω 或更小),决不要与强电系统使用公用的接地。

8. 基本维护

(1)正确连接用于内存后备的电池,决不要对电池充电、拆开、加热、燃烧或短路,如果这样处理电池,可能会引起爆炸或火灾;

(2)在开始更换背灯或电池前,务必切断电源并将 GOT 从面板中取出。如果不这样,背灯可能掉落,可能引起伤害或遭电击;

(3)决不要拆开或改装 GOT,拆开或改装可能导致故障、误动作或火灾。如需维修,必须经指导老师同意,并在配线前切断外部各相电源;

特别提示:在连接或断开电缆之前,确认断开电源。如果上电时连接或断开电缆,可能引起故障或误动作。

9.更换电池

当电池电压过低时，有画面创建软件设定的控制元件(系统信息)将接通。控制元件和PLC中的一个辅助继电器互锁。建议使用PLC的输出提供一个灯，那么可在外部监控到电压过低。

在电池电压过低的控制元件接通后大约1个月内，电池仍可保持报警履历、采样数画面数据存储在flash存储器中。即使电池耗尽，画面数据仍可保持。

10.电池更换步骤

(1)切断GOT的电源，取下电池支架盖；

(2)从电池支架中取出原有电池，断开连接；

(3)在30s内，连接上新的电池；

(4)将新电池塞入支架中，合上该盖子。

11.更换背灯(F940GOT－LWD－C)，按以下顺序更换备用背灯

(1)螺丝；

(2)背灯连接器；

(3)F9GT－40LTS型背灯；

(4)固定背灯的夹子；

①切断GOT的电源后。卸下4个角的螺丝；

②取下2背灯连接器；

③从固定背灯的夹子上取下F9GT－40LTS型背灯，用梯子螺丝刀插入夹子内即可；

(5)将准备好的F9GT－40LTS型背灯按(3)、(2)、(1)的顺序安装上去。

项目十 3人抢答器的模拟(能力提升)

建议学时:4学时

项目描述

现有1名老师和3名学生进行知识竞赛抢答,需要设计1个三路智力抢答器。其要求如下:

任务(甲方需求)1:每个人的桌子上有1个抢答按钮,分别为SB1、SB2、SB3,用3盏灯HL1、HL2和HL3显示他们的抢答信号;当老师按下启动按钮(开始抢答)后,学生抢答开始。最先按下按钮的抢答者对应的灯亮,与此同时禁止另外两个抢答者,指示灯在老师按下结束按钮(断开开关)后熄灭。

任务(甲方需求)2:请在任务1的基础上实现以下功能:按下启动按钮(开始抢答)后10 s内无人抢答,则抢答器自动撤销抢答信号,说明该题没人抢答,自动作废。

任务(甲方需求)3:请在任务2的基础上实现以下功能,若有人抢答即按下任意一个抢答按钮,从按下按钮开始计时,在答题时间(如1min)完毕时,有灯光提示答题时间到。

任务实践

1. 画出系统动作流程图;
2. 设计外部输入输出(I/O)端子;
3. 画出PLC外部接线图;
4. 请设计完整的梯形图。

项目十一　宾馆自动门的控制模拟(能力提升)

建议学时:4 学时

项目描述

当有顾客由内到外或由外到内通过自动门(经光电检测开关 K1 或 K2)时,开门机构 KM1 动作,电机正转;到达限位开关 SQ1 位置时,电机停止运行。

自动门在开门位置停留 20s 后,自动进入关门过程,关门执行机构 KM2 启动,电机反转;当自动门到达限位开关 SQ2 位置时,电机停止运行。

在关门过程中,又有顾客由内到外或由外到内通过自动门时,自动门应立即停止关门,并自动进入开门状态。

在自动门打开后 15s 等待时间内,若有顾客由外到内或由内到外通行时,必须重新开始等待 15s 后,再自动进入关门过程,以确保顾客安全通行。

任务实践

请你根据工程的需求,进行必要的分析,完成如下设计要求:

1. 画出系统动作流程图;
2. 设计外部输入输出(I/O)端子;
3. 画出 PLC 外部接线图;
4. 请设计完整的控制程序。

2.5 电力电子技术项目实践

电力电子技术实训(实验)安全操作规程

为了顺利完成电力电子技术的培训与考核,确保人身安全与设备的可靠运行,要严格遵守以下安全操作规程:

1.实验开始前,指导教师对实验装置作介绍,要求学生熟悉本次实验使用的实验设备、仪器,明确这些设备的功能与使用方法。

2.电源控制屏启动后,绝对不允许实验人员用手接触“主电路电源输出”的U、V、W端的任何一端(该输出无隔离变压器保护),也绝对不允许实验人员双手同时接到隔离变压器的两个输出端(A、B、C端),将人体作为负载使用。

3.任何接线和拆线都必须在切断主电源后方可进行。

4.为了提高实验过程中的效率,学生独立完成接线或改接线路后,应仔细再次核对线路,并使组内其他同学引起注意后方可接通电源。

5.如果在实验过程中发生过流警告,应仔细检查线路以及电位器的调节参数,确定无误后方能重新进行实验。

6.在实验中应注意所接仪表的最大量程,选择合适的负载完成实验,以免损坏仪表、电源或负载。

7.电源控制屏以及各挂件所用保险丝规格和型号是经我们反复实验选定的,不得私自改变其规格和型号,否则可能会引起不可预料的后果。

8.在完成电流、转速闭环实验前一定要确保反馈极性是否正确,应构成负反馈,避免出现正反馈,造成过流。

9.除作阶跃启动试验外,系统启动前负载电阻必须放在最大阻值,给定电位器必须退回至零位后,才允许合闸起动并慢慢增加给定,以免元件和设备过载损坏。

10.在直流电机启动时,要先开励磁电源,后加电枢电压。在完成实验后,要先关电枢电压,再关励磁电源。

11.使用示波器时,应特别注意安全保护。由于示波器垂直信号输入端的接地端是与机壳相连接的,而机壳通过电源插头接地线,为了防止测量主回路时可能造成被测点对地短路,一般将示波器电源插头的接地暂时断开,但这样使用示波器时仪器机壳带电,因此必须注意对地绝缘,以防止人身触电。由于双踪示波器的两个垂直信号输入端是共地的,所以两个探头的地线不能同时接在同一电路的不同电位的两个点上,否则这两点会通过示波器外壳发生电气短路。为此,为了保证测量的顺利进行,可将其中一根探头的地线取下或外包绝缘,只使用其中一路的地线,这样从根本上解决了这个问题。当需要同时观察两个信号时,

必须在被测电路上找到这两个信号的同电位参考点，将探头的地线接于此处，信号输入端各接至被测信号，只有这样才能在示波器上同时观察到两个信号，而不发生意外。另外，示波器的 X 轴、Y 轴均需校准，探头需在测试信号下补偿好。

项目一　调光灯的制作与调试

项目描述

调光灯的外形多种多样，它的功能及调光原理也各有不同，其中控制电路中的核心器件为 SCR，电路可采用单相半波、桥式整流电路控制，触发电路常采用单结晶体管触发电路。因此，本项目分为：SCR 的质量检测和性能测试任务；单结晶体管触发电路的调试；单相半波可控整流电路的调试。

任务 1　SCR 的质量检测和性能测试

知识链接

一、晶闸管导通必须同时具备两个条件：

1. 晶闸管阳极和阴极承受正向电压。

2. 晶闸管控制极和阴极承受正向电压。

晶闸管一旦导通，控制极就失去了控制。晶闸管关断的条件是阳极和阴极间承受反向电压或使阳极电流减小为零。即晶闸管具有可控的单向导电性，控制极可以控制晶闸管导通，控制不了晶闸管的关断，属于半控型器件。

任务实践

一、调试步骤

1. 熟悉实训装置。

2. 万用表的正确使用。参考常用工具、仪器的简介。

3. 万用表检测晶闸管的质量。检测 SCR 的好坏——利用 PN 结特性的好坏，即 PN 结特性的测量。

(1)G 和 K 测量：控制极和阴极之间是一个 PN 结，正反向阻值有差别。如果正、反向阻值均为 0，说明 K 和 G 短路；若正、反向阻值均为∞，则说明 K 和 G 断路。

(2)G 和 A 测量：门极和阳极为两个 PN 结反向串联，所以在测量它们之间电阻时，不论表笔怎样接，其阻值都应很大；如果阻值为 0，则说明门极和阳极短路；如果出现像二极管一样，正、反向阻值不一样，则说明其中有一个 PN 结击穿短路。

(3)A 和 K 的测量：阳极和阴极之间有 3 个 PN 结反向串联，所以在测量它们之间的正、反电阻时均为∞。如果正、反向阻值为 0，则说明短路；如果出现正、反阻值不一样，则说明两个 PN 结击穿短路。

二、调试电路

晶闸管的导电性能测试图

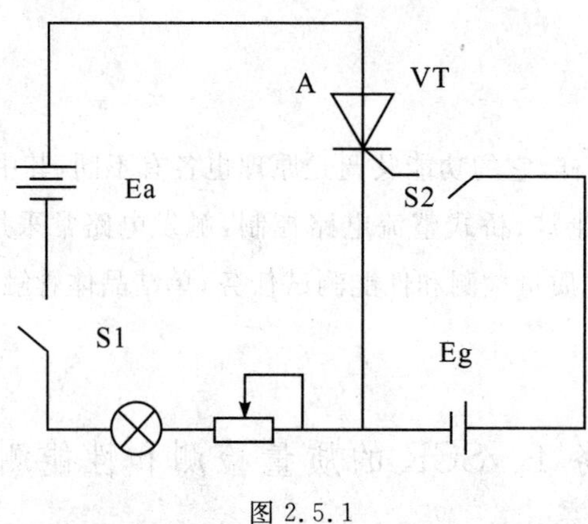

图 2.5.1

三、数据记录

序号	操作	灯的状况	晶闸管的状态
1	合上 S1 接通 Ea		
2	合上 S2 接通 Eg		
3	断开 S2		
4	断开 S1，Ea 反向		

四、注意事项

1. 经老师检查后方可接通电源。

2. 万用表使用完毕要关掉开关。

3. 项目完成后整理台面并切断操作电源。

任务评价

项目任务报告书

任务2　单结晶体管触发电路的调试

知识链接

一、调试电路

利用单结晶体管(又称双基极二极管)的负阻特性和RC的充放电特性,可组成频率可调的自激振荡电路,调试电路如图2.5.2所示。图中V6为单结晶体管,其常用的型号有BT33和BT35两种,由等效电阻V5和C1组成RC充电回路,由C1－V6－脉冲变压器组成电容放电回路,调节RP1即可改变C1充电回路中的等效电阻。

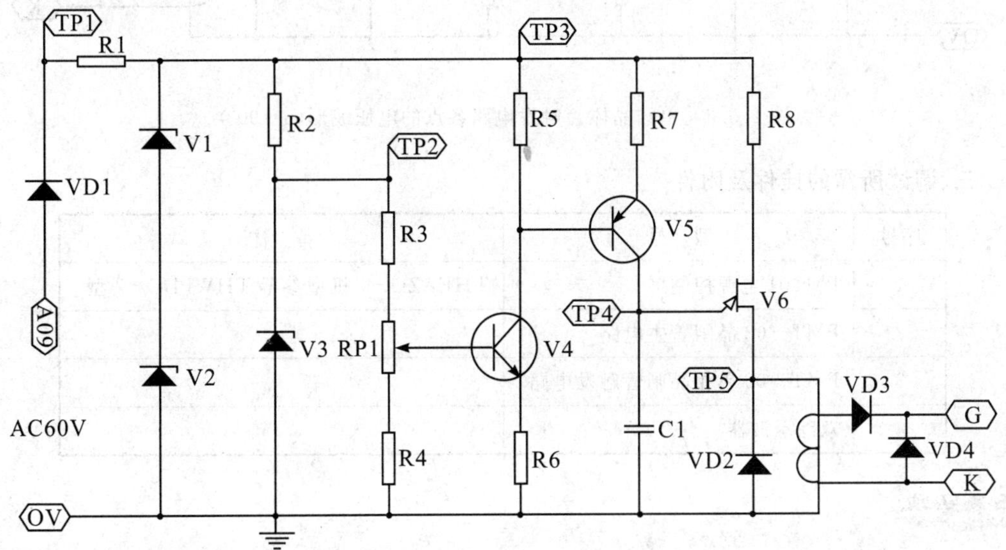

图2.5.2　单结晶体管触发电路原理图

二、工作原理

由同步变压器副边输出60V的交流同步电压,经VD1半波整流,再由稳压管V1、V2进行削波,从而得到梯形波电压,其过零点与电源电压的过零点同步,梯形波通过R7及等效可变电阻V5向电容C1充电,当充电电压达到单结晶体管的峰值电压UP时,单结晶体管V6导通,电容通过脉冲变压器原边放电,脉冲变压器副边输出脉冲。同时由于放电时间常数很小,C1两端的电压很快下降到单结晶体管的谷点电压Uv,使V6关断,C1再次充电,周而复始,在电容C1两端呈现锯齿波形,在脉冲变压器副边输出尖脉冲。在一个梯形波周期内,V6可能导通、关断多次,但对晶闸管的触发只有第一个输出脉冲起作用。电容C1的充电时间常数由等效电阻等决定,调节RP1改变C1的充电的时间,控制第一个尖脉冲的出现时刻,实现脉冲的移相控制。

单结晶体管触发电路的各点波形如图2.5.3所示。

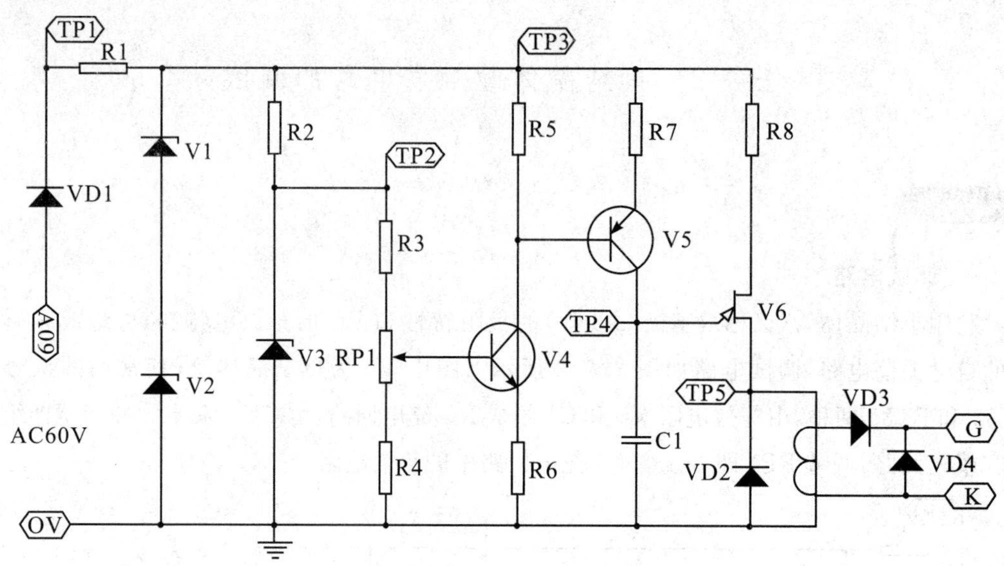

图 2.5.3　单结晶体管触发电路各点的电压波形(α=90°)

三、调试所需的挂件及附件

序号	型　号	备　注
1	PMT01 电源控制屏	THEAZD－1 机型参考 THWPDC－2 型
2	PMT－02 晶闸管主电路	
3	PMT－06 单相晶闸管触发电路	
4	双踪示波器	

任务实践

一、调试步骤

1. 观察单结晶体管触发电路波形

用两根导线将 PMT01 电源控制屏“主电路电源输出”的 220V 交流线电压接到 PMT－06 的“外接 220V”端，按下“启动”按钮，打开 PMT－06 电源开关，这时挂件中所有的触发电路都开始工作，用双踪示波器通道 1 接入同步变压器副边输出 60V 的交流同步电压，通道 2 观察单结晶体管触发电路不同测试点的波形。经半波整流后“1”点的波形，经稳压管削波得到“2”点的波形，调节移相电位器 RP1，观察“4”点锯齿波的周期变化及“5”点的触发脉冲波形；最后观测输出的“G、K”触发电压波形，其能否在 30°～170°范围内移相。

二、注意事项

1. 技能实训时必须注意人身安全，杜绝触电事故发生。接线与拆线必须在断电的情况下进行。

2. 技能实训时必须注意实训设备的安全，接线完成后必须进行检查，待接线正确之后方可进行实训。

3. 双踪示波器有两个探头，可同时观测两路信号，但这两探头的地线都与示波器的外壳相连，所以两个探头的地线不能同时接在同一电路的不同电位的两个点上，否则这两点会通过示波器外壳发生电气短路。因此，为了保证测量的顺利进行，可将其中一根探头的地线取下或外包绝缘，只使用其中一路的地线，这样从根本上解决了这个问题。当需要同时观察两个信号时，必须在被测电路上找到这两个信号的公共点，将探头的地线接于此处，探头各接至被测信号，只有这样才能在示波器上同时观察到两个信号，而不发生意外。

由于脉冲“G”、“K”输出端有电容影响，故观察输出脉冲电压波形时，需将输出端“G”和“K”分别接到晶闸管的门极和阴极，否则无法观察到正确的脉冲波形。

三、单结晶体管触发电路各点波形的记录

当 $\alpha=30°$、$60°$、$120°$时，将单结晶体管触发电路的各观测点波形描绘下来，并与 $\alpha=90°$的各波形进行比较。

任务评价

项目任务报告书

任务3　单相半波可控整流电路的调试

知识链接

一、调试电路

将 PMT－06 挂件上的单结晶体管触发电路的输出端“G”和“K”接到 PMT－02 挂件面板上的任意一个晶闸管的门极和阴极，晶闸管主电路的“触发脉冲输入”端的扁平电缆不要接(防止误触发)，接线如图 2.5.4 所示。图中的 R 负载用 450Ω 电阻(将两个 900Ω 接成并联形式)。二极管 VD1、电感 Ld 在 PMT－02 面板上，Ld 有 200mH、700mH 两档可供选择，本实验中选用 700mH。直流电压表及直流电流表从 PMT－02 挂件上得到。

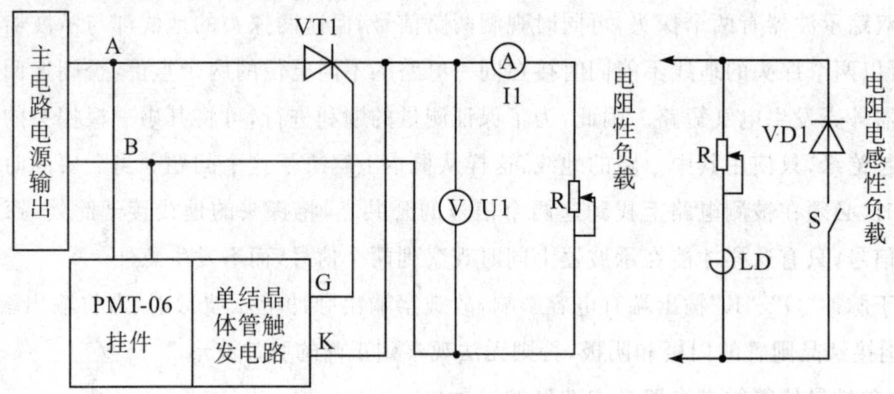

图 2.5.4 单相半波可控整流电路接线图

二、调试所需挂件及附件

序号	型号	备注
1	PMT01 电源控制屏	THEAZD－1 机型参考 THWPDC－2 型
2	PMT－02 晶闸管主电路	
3	PMT－06 单相晶闸管触发电路	
4	PWD－17 可调电阻器	
5	双踪示波器	
6	万用表	

任务实践

一、调试步骤

1. 单结晶体管触发电路的调试。

2. 单结晶体管触发电路各点电压波形的观察并记录。

3. 单相半波可控整流电路带电阻性负载时 Ud/U2＝$f(\alpha)$特性的测定。

4. 单相半波可控整流电路带电阻电感性负载时续流二极管作用的观察。

具体如下：

(1)单相半波可控整流电路接电阻性负载。

触发电路调试正常后，切断电源，按调试电路图接线。将电阻器调在最大阻值位置，按下“启动”按钮，用示波器观察负载电压 Ud、晶闸管 VT 两端电压 Uvt 的波形，调节电位器 RP1，观察 α＝30°、60°、90°、120°、150°时 Ud、Uvt 的波形变化，并测量整流输出电压 Ud 和电源电压 U_2 的值，记录数值于表格 2.5.1。

(2)单相半波可控整流电路接电阻电感性负载

将负载电阻 R 改成电阻电感性负载(由电阻器与平波电抗器 Ld 串联而成)。暂不接续流二极管 VD1，观察并记录 α＝30°、60°、90°、120°时的直流输出电压 Ud 及晶闸管两端电压

Uvt 的波形，并记录数值于表格 2.5.2。

(3)接入续流二极管 VD1，重复上述实验，观察续流二极管的作用及其两端电压 UVD 波形的变化，并记录数值于表格 2.5.3。

二、注意事项

1.在本实验中触发电路选用的是单结晶体管触发电路，同样也可以用锯齿波同步移相触发电路来完成实验。

2.为避免晶闸管意外损坏，实验时要注意以下几点：

(1)在主电路未接通时，首先要调试触发电路，只有触发电路工作正常后，才可以接通主电路。

(2)在接通主电路前，必须先将控制电压 U_{ct} 调到零，且将负载电阻调到最大阻值处；接通主电路后，才可逐渐加大控制电压 U_{ct}，避免过流。

(3)要选择合适的负载电阻和电感，避免过流。在无法确定的情况下，应尽可能选用大的电阻值。

3.由于晶闸管持续工作时，需要有一定的维持电流，故要使晶闸管主电路可靠工作，其通过的电流不能太小，否则可能会造成晶闸管时断时续，工作不可靠。在本实验装置中，要保证晶闸管正常工作，负载电流必须大于 50mA 以上。

4.在实验中要注意同步电压与触发相位的关系，例如在单结晶体管触发电路中，触发脉冲产生的位置是在同步电压的上半周，而在锯齿波触发电路中，触发脉冲产生的位置是在同步电压的下半周，所以在主电路接线时应充分考虑到这个问题，否则实验就无法顺利完成。

5.使用电抗器时要注意其通过的电流不要超过 1A。

三、数据记录及汇总

表 2.5.1

α	30°	60°	90°	120°	150°
U2(V)					
Ud(记录值)					
Ud/U2					
Ud(计算值)					

$Ud=0.45U2(1+\cos\alpha)/2$

表 2.5.2

α	30°	60°	90°	120°	150°
U2(V)					
Ud(记录值)					
Ud/U2					
Ud(计算值)					

表 2.5.3

α	30°	60°	90°	120°	150°
U2(V)					
Ud(记录值)					
Ud/U2					
Ud(计算值)					

$Ud=0.45U2(1+\cos\alpha)/2$

任务评价

1. 画出 $\alpha=60°$时,单结晶体管触发电路各点输出的波形及其幅值。

2. 画出 $\alpha=90°$时,电阻性负载和电阻电感性负载时的 Ud、Uvt 波形。

3. 画出电阻性负载时 $Ud/U2=f(\alpha)$的实验曲线,并与计算值 Ud 的对应曲线相比较。

项目任务报告书

项目二　直流稳压电源的制作与调试

项目描述

常用的直流稳压电源由电源变压器、整流、滤波以及稳压电路组成。其中整流电路采用了4只晶闸管按桥式全波整流的形式并封闭为一体构成，将交流信号转换为直流信号。因此，本项目分为：锯齿波同步移相触发电路调试；单相桥式半控整流电路调试；单相桥式全控整流电路调试。

任务1　锯齿波同步移相触发电路的调试

知识链接

一、调试电路

本装置如图2.5.5所示有两路锯齿波同步移相触发电路，Ⅰ和Ⅱ，在电路上完全一样，只是锯齿波触发电路Ⅱ输出的触发脉冲相位与Ⅰ恰好互差180°，供单相整流及逆变实验用。电位器RP1、RP2、RP3均已安装在挂箱的面板上，同步变压器副边已在挂箱内部接好，所有的测试信号都在面板上引出。

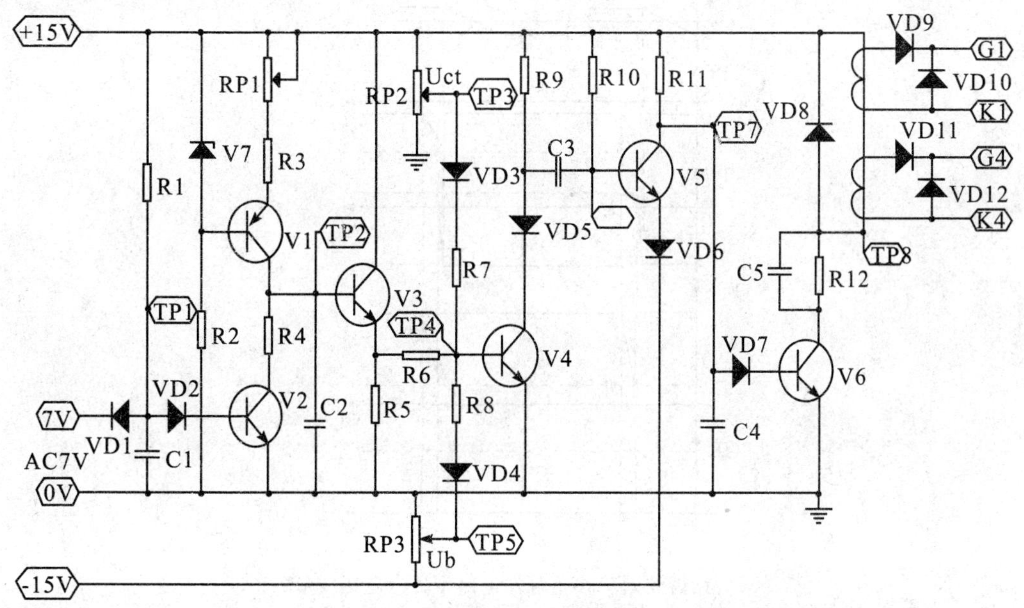

图2.5.5　锯齿波同步移相触发电路Ⅰ原理图

二、工作原理

锯齿波同步移相触发电路Ⅰ、Ⅱ由同步检测、锯齿波形成、移相控制、脉冲形成、脉冲放大等环节组成，由 V2、VD1、VD2、C1 等元件组成同步检测环节，其作用是利用同步电压 UT 来控制锯齿波产生的时刻及锯齿波的宽度。锯齿波的形成电路如图 2.5.6 中的恒流源(V7，R2，RP1，R3，V1)及电容 C2 和开关管 V2 所组成。由 V7、R2 组成的稳压电路对 V1 管设置了一个固定基极电压，则 V1 发射极电压也恒定。从而形成恒定电流对 C2 充电。当 V2 截止时，恒流源对 C2 充电形成锯齿波；当 V2 导通时，电容 C2 通过 R4、V2 放电。调节电位器 RP1 可以调节恒流源的电流大小，从而改变了锯齿波的斜率。控制电压 Uct、偏移电压 Ub 和锯齿波电压在 V4 基极综合叠加，从而构成移相控制环节，RP2、RP3 分别调节控制电压 Uct 和偏移电压 Ub 的大小。V5、V6 构成脉冲形成放大环节，C5 为强触发电容改善脉冲的前沿，由脉冲变压器输出触发脉冲，电路的各点电压波形如下图 2.5.6 如示

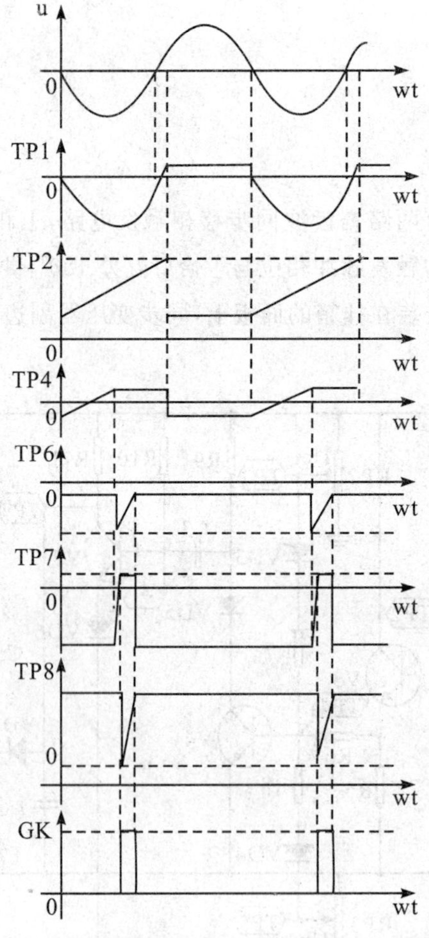

图 2.5.6　锯齿波同步移相触发电路Ⅰ各点电压波形(α=90°)

三、调试所需的挂件及附件

序号	型号	备　注
1	PMT01 电源控制屏	THEAZD－1 机型参考 THWPDC－2 型
2	PMT－02 晶闸管主电路	
3	PMT－06 单相晶闸管触发电路	
4	双踪示波器	

任务实践

一、调试步骤

1. 锯齿波同步移相触发电路的调试。

2. 锯齿波同步移相触发电路各点波形的观察和分析。

具体方法如下：

(1)用两根导线将 PMT01 电源控制屏“主电路电源输出”的 220V 交流电压接到 PMT－06 的“外接 220V”端，按下“启动”按钮，打开 PMT－06 电源开关，这时挂件中所有的触发电路都开始工作，用双踪示波器观察锯齿波同步触发电路各观察孔的电压波形。

①同时观察同步电压和“1”点的电压波形，了解“1”点波形形成的原因。

②观察“1”、“2”点的电压波形，了解锯齿波宽度和“1”点电压波形的关系。

③调节电位器 RP1，观测“2”点锯齿波斜率的变化。

④观察“4”、“6”、“7”、“8”点电压波形和输出电压的波形，记下各波形的幅值与宽度，并比较“4”点电压 U4 和“8”点电压 U8 的对应关系。

(2)调节触发脉冲的移相范围

将控制电压 Uct 调至零(将电位器 RP2 顺时针旋到底)，用示波器观察同步电压信号和“8”点 U8 的波形，调节偏移电压 Ub(即调 RP3 电位器)，使 $\alpha=170^\circ$ 其波形如图 2.5.7 所示。

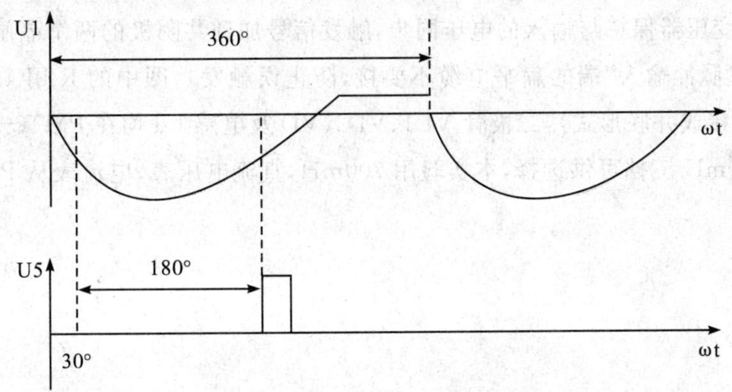

图 2.5.7　锯齿波同步移相触发电路

3. 调节 Uct(即电位器 RP2)使 $\alpha=60°$，观察并记录各观测孔及输出“G、K”脉冲电压的波形(“G”、“K”端接 PMT－02 上任一晶闸管)，标出其幅值与宽度，并记录在下表中(可在示波器上直接读出，读数时应将示波器的“V/DIV”和“t/DIV”微调旋钮旋到校准位置)。记录下表中。

二、注意事项

参照单结晶体管触发电路调试。

三、数据记录及汇总

	U1	U2	U4	U6	U7	U8
幅值(V)						
宽度(ms)						

任务评价

1. 整理、描绘实训中记录的各点波形，并标出其幅值和宽度。

2. 总结锯齿波同步移相触发电路移相范围的调试方法，如果要求在 Uct＝0 的条件下，使 $\alpha=90°$，如何调整？

项目任务报告书

任务 2　单相桥式半控整流电路的调试

知识链接

一、调试电路

调试接线如图 2.5.8 所示，两组锯齿波同步移相触发电路均在 PMT－06 挂件上，它们由同一个同步变压器保持与输入的电压同步，触发信号加到共阴极的两个晶闸管上(晶闸管主电路的“触发脉冲输入”端的扁平电缆不要接，防止误触发)，图中的 R 用 450Ω 可调电阻(将两个 900Ω 接成并联形式)，二极管 VD1、VD2、VD 及电感 Ld 均在 PMT－02 面板上，Ld 有 200mH、700mH 三档可供选择，本实验用 700mH，直流电压表、电流表从 PMT－02 挂件获得。

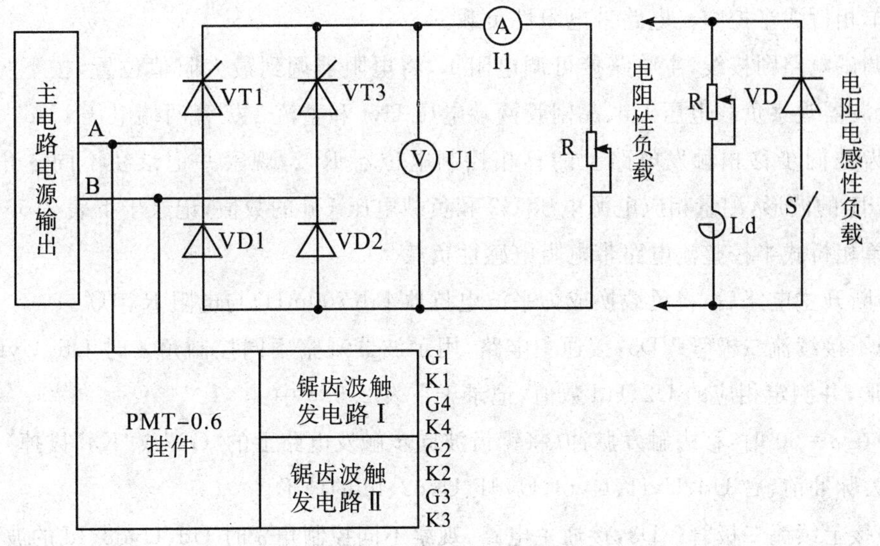

图 2.5.8　单相桥式半控整流电路接线图

二、调试所需的挂件及附件

序号	型号	备　注
1	PMT01 电源控制屏	THEAZD－1 机型参考 THWPDC－2 型
2	PMT－02 晶闸管主电路	
3	PMT－06 单相晶闸管触发电路	
4	PWD－17 可调电阻器	
5	双踪示波器	
6	万用表	

任务实践

一、调试步骤

1. 锯齿波同步触发电路的调试。

2. 单相桥式半控整流电路带电阻性负载调试。

3. 单相桥式半控整流电路带电阻电感性负载调试。

具体如下：

1. 用两根导线将 PMT01 电源控制屏“主电路电源输出”的 220V 交流线电压接到 PMT－06 的“外接 220V”端，按下“启动”按钮，打开 PMT－06 电源开关，这时挂件中所有的触发电路都开始工作，用双踪示波器观察锯齿波同步触发电路各观察孔的电压波形。

2. 锯齿波同步移相触发电路调试：将控制电压 Uct 调至零（将电位器 RP2 顺时针旋到底），观察同步电压信号和“8”点 U8 的波形，调节偏移电压 Ub（即调 RP3 电位器），使 $\alpha=170°$。

3.单相桥式半控整流电路带电阻性负载。

按调试电路图接线,主电路接可调电阻 R,将电阻器调到最大阻值位置,按下“启动”按钮,用示波器观察负载电压 Ud、晶闸管两端电压 Uvt 和整流二极管两端电压 Uvd1 的波形,调节锯齿波同步移相触发电路上的移相控制电位器 RP2,观察并记录在不同 α 角时 Ud、Uvt、Uvd1 的波形,测量相应电源电压 U2 和负载电压 Ud 的数值,记录于下表 2.5.4 中。

4.单相桥式半控整流电路带电阻电感性负载。

(1)断开主电路后,将负载换成为平波电抗器 Ld(700mH)与电阻 R 串联。

(2)不接续流二极管 VD3,接通主电路,用示波器观察不同控制角 α 时 Ud、Uvt、Uvd1、Id 的波形,并测定相应的 U2、Ud 数值,记录于下表 2.5.5 中:

(3)在 $\alpha=60°$ 时,移去触发脉冲(将锯齿波同步触发电路上的“G3”或“K3”拔掉),观察并记录移去脉冲前、后 Ud、Uvt1、Uvt3、Uvd1、Uvd2、Id 的波形。

(4)接上续流二极管 VD3,接通主电路,观察不同控制角 α 时 Ud、Uvd3、Id 的波形,并测定相应的 U2、Ud 数值,记录于下表 2.5.6 中:

(5)在接有续流二极管 VD3 及 $\alpha=60°$ 时,移去触发脉冲(将锯齿波同步触发电路上的“G3”或“K3”拔掉),观察并记录移去脉冲前、后 Ud、Uvt1、Uvt2、Uvd2、Uvd1 和 Id 的波形。

二、注意事项

不要用扁平线将 PMT－02、PMT－03 的正反桥触发脉冲“输入”“输出”相连,并将 U1f 及 U1r 悬空,避免误触发。

三、数据记录及汇总

表 2.5.4

α	30°	60°	90°	120°	150°
U2(V)					
Ud(记录值)					
Ud/U2					
Ud(计算值)					

计算公式:$Ud=0.9U2(1+\cos\alpha)/2$

表 2.5.5

α	30°	60°	90°
U2(V)			
Ud(记录值)			
Ud/U2			
Ud(计算值)			

表 2.5.6

α	30°	60°	90°
U2(V)			
Ud(记录值)			
Ud/U2			
Ud(计算值)			

任务评价

1. 画出电阻性负载、电阻电感性负载时 Ud/U2=f(α)的曲线。
2. 画出电阻性负载、电阻电感性负载，α 角分别为 30°、60°、90°时的 Ud、Uvt 的波形。
3. 说明续流二极管对消除失控现象的作用。

项目任务报告书

任务 3　单相桥式全控整流电路的调试

知识链接

一、调试电路

调试电路如图 2.5.9 所示，两组锯齿波同步移相触发电路与任务 2 一样均在 PMT－06 挂件上，它们由两组触发信号加到 4 个晶闸管上(晶闸管主电路的“触发脉冲输入”端的扁平

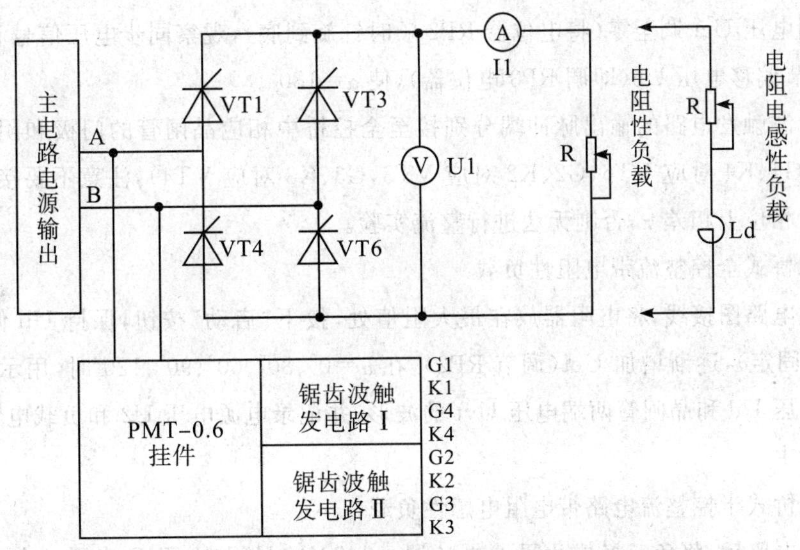

图 2.5.9　单相桥式全控整流接线图

电缆不要接,防止误触发),其输出负载 R 用 450Ω 可调电阻器(将两个 900Ω 接成并联形式),电抗 Ld 用 PMT－02 面板上的 700mH,直流电压、电流表均在 PMT－02 面板上。

二、调试所需的挂件及附件

序号	型　号	备　注
1	PMT01 电源控制屏	THEAZD－1 机型参考 THWPDC－2 型
2	PMT－02 晶闸管主电路	
3	PMT－06 单相晶闸管触发电路	
4	PWD－17 可调电阻器	
5	双踪示波器	
6	万用表	

任务实践

一、调试步骤

1. 锯齿波同步触发电路的调试。

2. 单相桥式全控整流电路带电阻性负载调试。

3. 单相桥式全控整流电路带电阻电感性负载调试。

具体如下:

1. 触发电路的调试

用两根导线将 PMT01 电源控制屏“主电路电源输出”的 220V 交流线电压接到 PMT－06 的“外接 220V”端,按下“启动”按钮,打开 PMT－06 电源开关,这时挂件中所有的触发电路都开始工作,用双踪示波器观察锯齿波同步触发电路各观察孔的电压波形。

将控制电压 Uct 调至零(将电位器 RP2 顺时针旋到底),观察同步电压信号和“8”点 U8 的波形,调节偏移电压 Ub(即调 RP3 电位器),使 $\alpha=180°$。

将锯齿波触发电路的输出脉冲端分别接至全控桥中相应晶闸管的门极和阴极(G1、K1 对应 VT1,G4、K4 对应 VT6,G2、K2 对应 VT3,G3、K3 对应 VT4),注意不要接反了,两组触发脉冲在相位上相差 π,否则无法进行整流实验。

2. 单相桥式全控整流带电阻性负载

按调试电路图接线,将电阻器放在最大阻值处,按下“启动”按钮,保持 Ub 偏移电压不变(即 RP3 固定),逐渐增加 Uct(调节 RP2),在 $\alpha=0°$、30°、60°、90°、120°时,用示波器观察、记录整流电压 Ud 和晶闸管两端电压 Uvt 的波形,并记录电源电压 U2 和负载电压 Ud 的数值于下表 1 中。

3. 单相桥式半控整流电路带电阻电感性负载

断开主电路后,将负载换成为平波电抗器 Ld(70OmH)与电阻 R 串联。在 $\alpha=0°$、30°、60°、90°、120°时,用示波器观察、记录整流电压 Ud 和晶闸管两端电压 Uvt 的波形,并记录电

源电压 U2 和负载电压 Ud 的数值于下表 2 中。

二、注意事项

1. 为了保证整流过程不发生过流，其回路的电阻 R 应取比较大的值，但也要考虑到晶闸管的维持电流，保证可靠导通。

2. 晶闸管主电路的“触发脉冲输入”端的扁平电缆不要接(防止误触发)。

3. 两对桥臂上晶闸管的触发脉冲不能接错，相位上相差 π。

三、数据记录及汇总

表 1

α	30°	60°	90°	120°
U2(V)				
Ud(记录值)				
Ud(计算值)				

计算公式：$Ud=0.9U2(1+\cos\alpha)/2$

表 2

α	30°	60°	90°	120°
U2(V)				
Ud(记录值)				
Ud(计算值)				

计算公式：$Ud=0.9U2\cos\alpha$

任务评价

1. 画出 $\alpha=30°$、60°、90°、120°、150°时 Ud 和 Uvt 的波形。

2. 画出电路的移相特性 $Ud=f(\alpha)$ 曲线。

项目任务报告书

项目三　变频器的制作与调试

项目描述

变频器作为交流电动机的驱动装置,具有调速性能好,效率高,性能稳定,可靠性高等优点,在数控伺服、纺织机械、冷轧机同步传动、高楼供水、起重机械等多种场合都得到广泛的应用。变频器的主电路主要由整流电路、直流中间电路和逆变电路3部分以及有关的辅助电路组成,其中,整流电路的主要作用是对电网的交流电源进行整流后给逆变电路和控制电路提供。因此,本项目分为:三相半波可控整流电路的调试;三相桥式半控整流电路的调试;三相桥式全控整流电路的调试。

任务1　三相半波可控整流电路调试

知识链接

一、调试电路

调试电路如图2.5.10所示。三相半波可控整流电路用了3只晶闸管,与单相电路比较,其输出电压脉动小,输出功率大。不足之处是晶闸管电流即变压器的副边电流在一个周期内只有1/3时间有电流流过,变压器利用率较低。图中晶闸管在PMT－02上,电阻R用450Ω可调电阻(将两个900Ω接成并联形式),电感Ld用PMT－02面板上的700mH,其三相触发信号由PMT－03内部提供,只需在其外加一个给定电压接到Uct端即可,给定电压在PMT－04挂件上。直流电压、电流表由PMT－02获得。

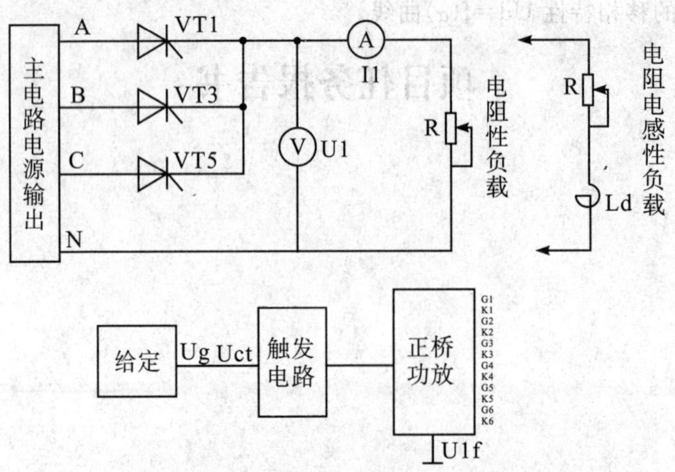

图2.5.10　三相半波可控整流电路接线图

二、调试所需的挂件及附件

序号	型　号	备　注
1	PMT01 电源控制屏	THEAZD－1 机型参考 THWPDC－2 型
2	PMT－02 晶闸管主电路	
3	PMT－03 三相晶闸管触发电路	
4	PMT－04 电机调速控制电路Ⅰ	
5	PWD－17 可调电阻器	
6	双踪示波器	
7	万用表	

任务实践

一、调试步骤

1. 三相晶闸管触发电路的调试。

2. 三相半波可控整流电路带电阻性负载的调试。

3. 三相半波可控整流电路带电阻电感性负载调试。

具体如下：

(1)三相晶闸管触发电路的调试

PMT－02 和 PMT－03 上的“触发电路”调试

①打开 PMT01 总电源开关，操作“电源控制屏”上的“三相电网电压指示”开关，观察输入的三相电网电压是否平衡。

②用导线将 PMT－02 的“三相同步信号输出”端和 PMT－03“三相同步信号输入”端相连，打开 PMT－03 电源开关，拨动“触发脉冲指示”钮子开关，使“窄”的发光管亮。用双踪示波器观测三相同步电压波形，要求 a 超前 b 为 120°，b 超前 c 为 120°。然后再用双踪示波器一路观测 a 相同步信号，另一路观测 a 相锯齿波波形，调节面板上电位器 RP2，要求同步信号过零点与锯齿波的下降沿对齐，按照同样的方法分别调节 b、c 两相的过零点。如图 2.5.11 所示。

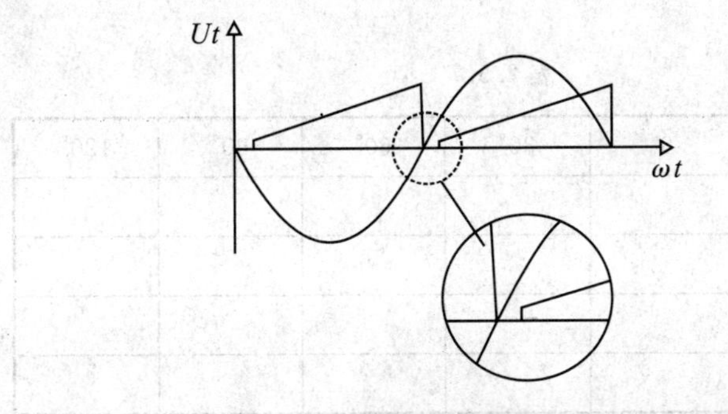

图 2.5.11　各相锯齿波与同步信号的相位关系

③观察 a、b、c 三相的锯齿波，并调节 a、b、c 三相锯齿波斜率调节电位器(RP5、RP6、RP7)，使三相锯齿波斜率尽可能一致。

④将 PMT－04 上的"给定"输出 Ug 直接与 PMT－03 上的移相控制电压 Uct 相接，将给定开关 S2 拨到接地位置(即 Uct＝0)，调节 PMT－03 上的偏移电压电位器(RP1)，用双踪示波器观察 a 相同步电压信号和"双脉冲观察孔"VT1'的输出波形，使 α＝120°(注意此处的 α 表示三相晶闸管电路中的移相角，它的 0°是从自然换流点开始计算，而单相晶闸管电路的 0°移相角表示从同步信号过零点开始计算，两者存在相位差，前者比后者滞后 30°)。

⑤适当增加给定 Ug 的正电压输出，观测 PMT－03 上"脉冲观察孔"的波形，此时应观测到单窄脉冲和双窄脉冲。

⑥将 PMT－03 面板上的 Ulf 端接地，用 20 芯的扁平电缆将 PMT－03 的"正桥触发脉冲输出"端和 PMT－02"正桥触发脉冲输入"端相连，观察正桥 VT1～VT6 晶闸管门极和阴极之间的触发脉冲是否正常。

(2)三相半波可控整流电路带电阻性负载

按调试电路图接线，将电阻器放在最大阻值处，按下"启动"按钮，PMT－04 挂件上的"给定"从零开始，慢慢增加电压，使 α 能从 0°～150°范围内调节，用示波器观察并纪录 α＝0°、30°、60°、90°、120°时整流输出电压 Ud 和晶闸管两端电压 Uvt 的波形，并记录相应的电源电压 U2 及 Ud 的数值于表 2.5.7 中。

(3)三相半波可控整流带电阻电感性负载

将 PMT－02 上 700mH 的电抗器与负载电阻 R 串联后接入主电路，观察不同移相角 α 时输出电压 Ud、输出电流 Id 的波形，并记录电源电压 U2 及 Ud、Id 值于表 2.5.8 中，画出 α＝90°时的 Ud 及 Id 波形图。

二、注意事项

1.整流电路与三相电源连接时，一定要注意相序，必须一一对应。

2.正桥控制端 Ulf 及反桥控制端 Ulr 这两个端子用于控制正反桥功放电路的工作与否，当端子与地短接，表示功放电路工作，触发电路产生的脉冲经功放电路从正、反桥脉冲输出端输出；悬空表示功放不工作；Ulf 控制正桥功放电路，Ulr 控制反桥。

三、数据记录及汇总

表 2.5.7

α	0°	30°	60°	90°	120°
U2(V)					
Ud(记录值)					
Ud/U2					
Ud(计算值)					

计算公式：Ud＝1.17U2cosα(0°～30°)

Ud＝0.675U2[1＋cos(α＋　)](30°～150°)

表 2.5.8

α	0°	30°	60°	90°	
U2(V)					
Ud(记录值)					
Ud/U2					
Ud(计算值)					

任务评价

绘出当α＝90°时，整流电路供电给电阻性负载、电阻电感性负载时的Ud及Id的波形，并进行分析讨论。

项目任务报告书

任务2　三相桥式半控整流电路的调试

知识链接

一、调试电路

调试电路如图2.5.12所示。其中3个晶闸管和3个二极管在PMT－02面板上，三相触发电路在PMT－03上，给定在PMT－04挂件上，直流电压电流表以及电感Ld从PMT－02上获得，电阻R用450Ω(将两个900Ω接成并联形式)。

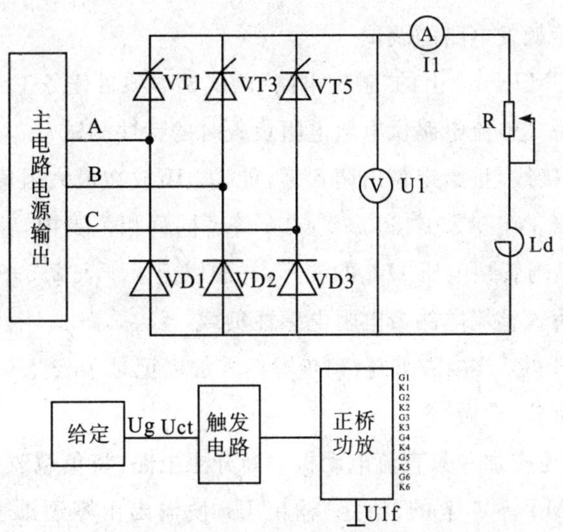

图2.5.12　三相桥式半控整流电路接线图

三相桥式半控整流电路比三相全控桥式整流电路更简单、经济。它由共阴极接法的三相半波可控整流电路与共阳极接法的三相半波不可控整流电路串联而成,因此这种电路兼有可控与不可控两者的特性。共阳极组3个整流二极管总是在自然换流点换流,使电流换到比阴极电位更低的一相,而共阴极组3个晶闸管则要在触发后才能换到阳极电位高的一个。输出整流电压Ud的波形是3组整流电压波形之和,改变共阴极组晶闸管的控制角α,可获得(0～2.34)U2的直流可调电压。

二、调试所需的挂件及附件

序号	型　号	备　注
1	PMT01电源控制屏	THEAZD－1机型参考THWPDC－2型
2	PMT－02晶闸管主电路	
3	PMT－03三相晶闸管触发电路	
4	PMT－04电机调速控制电路Ⅰ	
5	PWD－17可调电阻器	
6	双踪示波器	
7	万用表	

任务实践

一、调试步骤

1.三相桥式半控整流电路带电阻性负载的调试。

2.三相桥式半控整流电路带电阻电感性负载的调试。

3.三相桥式半控整流电路带反电势负载的调试(选做)。

具体如下:

(1)三相晶闸管触发电路的调试

PMT－02和PMT－03上的“触发电路”调试见本项目任务1。

(2)三相半控桥式整流电路供电给电阻负载时的特性测试

按调试电路图接线,将给定输出调到零,负载电阻放在最大阻值位置,按下“启动”按钮,缓慢调节给定,观察α在0°、30°、60°、90°、120°等不同移相范围内,整流电路的输出电压Ud,输出电流Id以及晶闸管端电压Uvt的波形,并加以记录于表2.5.9中。

(3)三相半控桥式整流电路带电阻电感性负载

将电抗700mH的Ld接入重复(1)步骤。并加以记录于表2.5.10中。

(4)带反电势负载(选做)

要完成此实训还应加一只直流电动机。断开主电路,将负载改为直流电动机,不接平波电抗器Ld,调节PMT－04上的“给定”输出Ug使输出由零逐渐上升,直到电机电压额定值,用示波器观察并记录不同α时输出电压Ud和电动机电枢两端电压Ua的波形。

(5)接上平波电抗器,重复上述过程(选做)

二、注意事项

见本项目任务 2。

三、数据记录及汇总

表 2.5.9

α	0°	30°	60°	90°	120°
U2(V)					
Ud(记录值)					
Ud/U2					
Ud(计算值)					

表 2.5.10

α	0°	30°	60°	90°	120°
U2(V)					
Ud(记录值)					
Ud/U2					
Ud(计算值)					

任务评价

1.绘出整流电路供电给电阻负载时的 Ud=$f(t)$,Id=$f(t)$以及晶闸管端电压 Uvt=$f(t)$的波形。

2.绘出整流电路在 $\alpha=60°$与 $\alpha=90°$时带电阻电感性负载时的波形。

项目任务报告书

任务 3　三相桥式全控整流电路的调试

知识链接

一、调试电路

调试电路如图 2.5.13 所示。主电路由三相全控整流电路组成,触发电路为 PMT—03 中的集成触发电路,由 KCO4、KC41、KC42 等集成芯片组成,可输出经高频调制后的双窄脉冲链。集成触发电路的原理可参考相关资料,三相桥式整流电路的工作原理可参见电力电子技术教材的相关内容。

图中的 R 用 900Ω;电感 Ld 在 PMT－02 面板上,选用 700mH,直流电压、电流表由 PMT－02 获得。

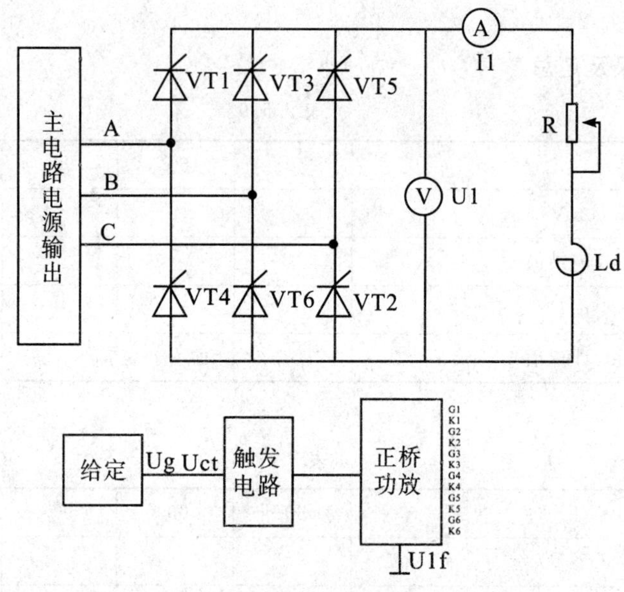

图 2.5.13　三相桥式全控整流电路接线图

二、调试所需的挂件及附件

序号	型　号	备　注
1	PMT01 电源控制屏	THEAZD－1 机型参考 THWPDC－2 型
2	PMT－02 晶闸管主电路	
3	PMT－03 三相晶闸管触发电路	
4	PMT－04 电机调速控制电路Ⅰ	
5	PWD－17 可调电阻器	
6	双踪示波器	
7	万用表	

任务实践

一、调试步骤

1. 三相桥式全控整流电路带电阻性负载的调试。

2. 三相桥式全控整流电路带电阻电感性负载的调试。

具体如下:

1. 三相晶闸管触发电路的调试

PMT－02 和 PMT－03 上的“触发电路”调试见本项目任务 1。

2. 三相桥式全控整流电路

按调试电路图接线，将 PMT－04 挂件上的“给定”输出调到零（逆时针旋到底），电阻器放在最大阻值处，按下“启动”按钮，调节给定电位器，增加移相电压，使 α 角在 0°～150°范围内调节，同时，根据需要不断调整负载电阻 R，使得负载电流 Id 保持在 0.6A 左右（注意 Id 不得超过 0.65A）。用示波器观察并记录 α＝30°、60°及 90°时的整流电压 Ud 和晶闸管两端电压 Uvt 的波形，并记录相应的 Ud 数值于下表中。

二、注意事项

1. 为了防止过流，启动时将负载电阻 R 调至最大阻值位置。

2. 有时会发现脉冲的相位只能移动 120°左右就消失了，这是因为 A、C 两相的相位接反了，这对整流状态无影响，但在逆变时，由于调节范围只能到 120°，使实验效果不明显，用户可自行将四芯插头内的 A、C 相两相的导线对调，就能保证有足够的移相范围。

三、数据记录及汇总

表 2.5.11

α	30°	60°	90°
U2(V)			
Ud(记录值)			
Ud/U2			
Ud(计算值)			

计算公式：Ud＝2.34U2cosα　(0°～60°)

Ud＝2.34U2[1＋cos(α＋　)](60°～120°)

任务评价

1. 画出电路的移相特性 Ud＝$f(\alpha)$。

2. 画出触发电路的传输特性 $\alpha=f(Uct)$。

3. 画出 α＝0°、30°、60°、90°、120°时的整流电压 Ud 和晶闸管两端电压 Uvt 的波形。

项目任务报告书

项目四　开关电源制作与调试

项目描述

开关电源是一种电压转换电路,与稳压电源相比功耗大大减小,提高了效率。开关电源的主要内容是升压和降压,广泛应用于电子产品。因此,本项目分为:降压斩波变换电路的调试;升压斩波变换电路的调试;库克直流电压变换电路的调试。

任务1　降压斩波变换电路的调试

知识链接

一、调试电路

降压斩波电路(BuckChopper)的原理图及工作波形如图 2.5.14 所示。图中 V 为全控型器件,选用 IGBT。D 为续流二极管。由图中 V 的栅极电压波形 UGE 可知,当 V 处于通态时电源 Ui 向负载供电,UD=Ui;当 V 处于断态时,负载电流经二极管 D 续流,电压 UD 近似为零,至一个周期 T 结束,再驱动 V 导通,重复上一个周期的过程。负载电压的平均值为:

$$U_0=\frac{t_{on}}{t_{on}+t_{off}}U_i=\frac{t_{on}}{T}U_i=\alpha U_i$$

式中 t_{on} 为 V 处于通态的时间,t_{off} 为 V 处于断态的时间,T 为开关周期,α 为导通占空比,简称占空比或导通比($\alpha=t_{on}/T$)。由此可知,输出到负载的电压平均值 U_0 最大为 U_i,若减小占空比 α,则 U_0 随之减小,由于输出电压低于输入电压,故称该电路为降压斩波电路。

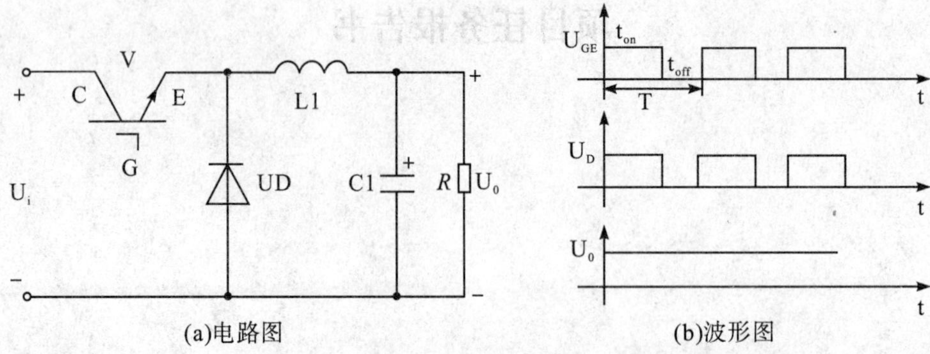

图 2.5.14　降压斩波电路的原理图及波形

二、调试所需的挂件及附件

序号	型号	备　注
1	PMT01 电源控制屏	THEAZD－1 机型参考 THWPDC－2 型
2	PE－19 直流斩波实训	
3	PWD－18 单相调压与可调负载	
4	PWD－17 可调电阻器	
5	双踪示波器	
6	万用表	

任务实践

一、调试步骤

控制与驱动电路的调试

控制电路以 SG3525 为美国 SiliconGeneral 公司生产的专用 PWM 控制集成电路，其电路原理图如图 2.5.15 所示，它采用恒频脉宽调制控制方案，SG3525 内部包含有精密基准源、锯齿波振荡器、误差放大器、比较器、分频器、和保护电路等。调节两脚输入电压的大小，在 11 脚、14 脚两端可输出两个幅度相等、频率相等、相位相差、占空比可调的锯齿波（即 PWM 信号）。它适用于各开关电源、斩波器的控制。

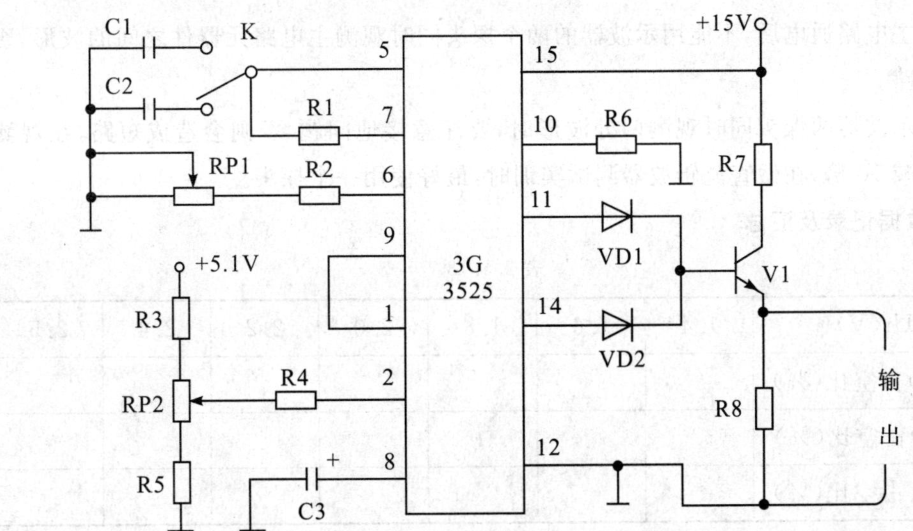

图 2.5.15　PWM 发生器的原理图

具体如下：

1. 启动装置的电源，开启 PE19 挂件控制电路电源开关。

2. 调节 PWM 脉宽调节电位器改变 Ur，用双踪示波器分别观测 SG3 的第 11 脚与第 14 脚的波形，观测输出 PWM 信号的变化情况，并填入下表 2.5.13 中。

3.用示波器分别观测 A、B 和 PWM 信号的波形,记录其波形、频率和幅值,并填入下表 2.5.14 中。

4.用双踪示波器的两个探头同时观测 11 脚和 14 脚的输出波形,调节 PWM 脉宽调节电位器,观测两路输出的 PWM 信号,测出两路信号的相位差,并测出两路 PWM 信号之间最小的"死区"时间。

5.直流斩波器的测试(使用一个探头观测波形)。

斩波电路的输入直流电压 Ui 由交流电经 PWD－18 整流滤波后得到。接通交流电源,观测 Ui 波形,记录其平均值(注:本装置限定直流输出最大值为 50V,输入交流电压的大小由调节器调节输出)。

(1)切断电源,根据调试电路图,利用面板上的元器件连接好相应的斩波实训线路,并接上电阻负载,负载电流最大值限定在 200mA 以内。将控制与驱动电路的输出"V－G"、"V－E"分别接至 V 的 G 和 E 端。

(2)检查接线正确,尤其是电解电容的极性是否接反后,接通主电路和控制电路的电源。

(3)用示波器观测 PWM 信号的波形、UGE 的电压波形、UCE 的电压波形及输出电压 U_0 和二极管两端电压 UD 的波形,注意各波形间的相位关系。

(4)调节 PWM 脉宽调节电位器改变 Ur,观测在不同占空比(α)时,记录 Ui、U_0 和 α 的数值于下表 2.5.15 中,从而画出 $U_0=f(\alpha)$的关系曲线。

二、注意事项

1.在主电路通电后,不能用示波器的两个探头同时观测主电路元器件之间的波形,否则会造成短路。

2.用示波器两探头同时观测两处波形时,要注意接地问题,否则会造成短路,在观测高压时应衰减 10 倍,在做直流斩波器测试实训时,最好使用一个探头。

三、数据记录及汇总

表 2.5.13

Ur(V)	1.4	1.6	1.8	2.0	2.2	2.4	2.5
11(A)占空比(%)							
14(B)占空比(%)							
PWM 占空比(%)							

表 2.5.14

观测点	A(11 脚)	B(14 脚)	PWM				
波形类型							
幅值 A(V)							
频率 f(Hz)							

表 2.5.15

Ur(V)	1.4	1.6	1.8	2.0	2.2	2.4	2.5
占空比 α(%)							
Ui(V)							
U_0(V)							

任务评价

整理数据绘制斩波电路的 $Ui/U_0-\alpha$ 曲线，并做比较与分析。

项目任务报告书

任务 2　升压斩波变换电路的调试

知识链接

一、调试电路

升压斩波电路(BoostChopper)的原理图及工作波形如图 2.5.16 所示。电路也使用一个全控型器件 V。图中 V 的栅极电压波形 UGE 可知，当 V 处于通态时，电源 Ui 向电感 L1 充电，充电电流基本恒定为 I1，同时电容 C1 上的电压向负载供电，因 C1 值很大，基本保持输出电压 U_0 为恒值。设 V 处于通态的时间为 t_{on}，此阶段电感 L1 上积蓄的能量为 $UiI1t_{on}$。当 V 处于断态时 Ui 和 L1 共同向电容 C1 充电，并向负载提供能量。设 V 处于断态的时间为 t_{off} 则在此期间电感 L1 释放的能量为 $(U_0-Ui)I1t_{on}$。当电路工作于稳态时，一个周期 T 内电感 L1 积蓄的能量与释放的能量相等，即：$UiI1t_{on}=(U_0-Ui)I1t_{on}$

$$U_0=\frac{t_{on}+t_{off}}{t_{off}}U_i=\frac{T}{t_{off}}U_i$$

上式中的 $T/t_{off}\geqslant 1$，输出电压高于电源电压，故称该电路为升压斩波电路。

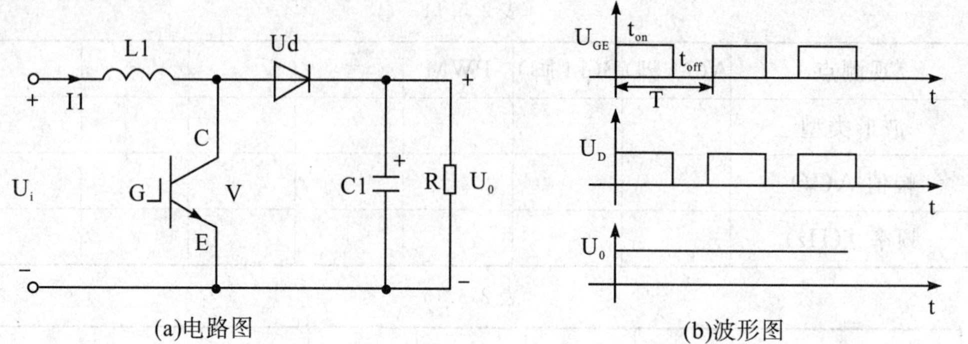

图 2.5.16　升压斩波电路的原理图及波形

五、调试所需的挂件及附件

序号	型号	备　注
1	PMT01 电源控制屏	THEAZD－1 机型参考 THWPDC－2 型
2	PE－19 直流斩波实训	
3	PWD－18 单相调压与可调负载	
4	PWD－17 可调电阻器	
5	双踪示波器	
6	万用表	

任务实践

一、调试步骤

1. 控制与驱动电路的调试

见任务 1 降压斩波变换电路调试。

2. 直流斩波器的测试(使用一个探头观测波形)

斩波电路的输入直流电压 Ui 由交流电经 PWD－18 整流滤波后得到。接通交流电源，观测 Ui 波形，记录其平均值(注：本装置限定直流输出最大值为 50V，输入交流电压的大小由调节器调节输出)。

具体如下：

(1)切断电源，根据调试电路图，利用面板上的元器件连接好相应的斩波实训线路，并接上电阻负载，负载电流最大值限定在 200mA 以内。将控制与驱动电路的输出“V－G”、“V－E”分别接至 V 的 G 和 E 端。

(2)检查接线正确，尤其是电解电容的极性是否接反后，接通主电路和控制电路的电源。

(3)用示波器观测 PWM 信号的波形、UGE 的电压波形、UCE 的电压波形及输出电压 U_0 和二极管两端电压 UD 的波形，注意各波形间的相位关系。

(4)调节 PWM 脉宽调节电位器改变 Ur，观测在不同占空比(α)时，记录 Ui、Uo 和 α 的数值于下表中，从而画出 $U_0=f(\alpha)$ 的关系曲线。

二、注意事项

1. 在主电路通电后，不能用示波器的两个探头同时观测主电路元器件之间的波形，否则会造成短路。

2. 用示波器两探头同时观测两处波形时，要注意接地问题，否则会造成短路，在观测高压时应衰减 10 倍，在做直流斩波器测试实训时，最好使用一个探头。

三、数据记录及汇总

Ur(V)	1.4	1.6	1.8	2.0	2.2	2.4	2.5
占空比 α(%)							
Ui(V)							
U_0(V)							

任务评价

整理数据绘制斩波电路的 $Ui/U_0-\alpha$ 曲线，并做比较与分析。

项目任务报告书

任务 3　CuK 斩波变换电路和 Sepic 斩波电路的调试

知识链接

一、调试电路

Cuk 斩波电路的原理图如图 2.5.17 所示。电路的基本工作原理是：当可控开关 V 处于通态时，Ui－L1－V 回路和负载 R－L2－C2－V 回路分别流过电流。当 V 处于断态时，Ui－L1－C2－D 回路和负载 R－L2－D 回路分别流过电流，输出电压的极性与电源电压极性相反。

若改变导通比 α，则输出电压可以比电源电压高，也可以比电源电压低。当 $0<\alpha<(1/2)$ 时为降压，当 $(1/2)<\alpha<1$ 时为升压。

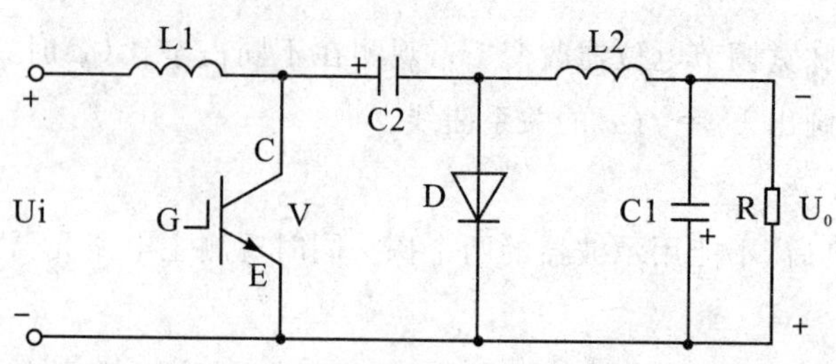

图 2.5.17　Cuk 斩波电路的原理图

Sepic 斩波电路

Sepic 斩波电路的原理图如图 2.5.18 所示。电路的基本工作原理是:可控开关 V 处于通态时,Ui—L1—V 回路和 C2—V—L2 回路同时导电,L1 和 L2 贮能。当 V 处于断态时,Ui—L1—C2—D—R 回路及 L2—D—R 回路同时导电,此阶段 Ui 和 L1 既向 R 供电,同时也向 C2 充电,C2 贮存的能量在 V 处于通态时向 L2 转移。输出电压为:

$$U_0=\frac{t_{on}}{t_{off}}U_i=\frac{t_{on}}{T-t_{on}}U_i=\frac{a}{1-a}U_i$$

若改变导通比 α,则输出电压可以比电源电压高,也可以比电源电压低。当 0<α<(1/2)时为降压,当(1/2)<α<1 时为升压。

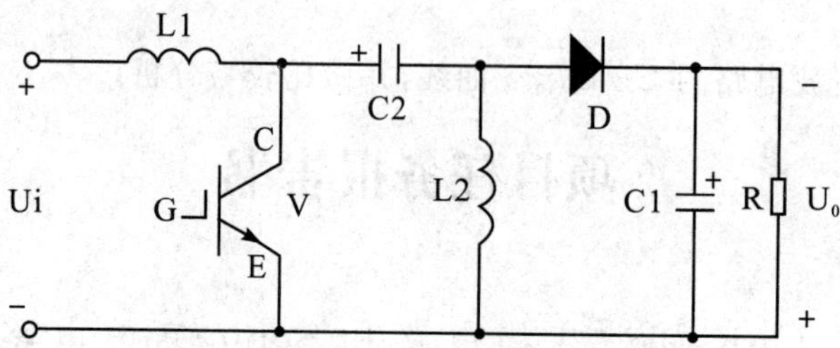

图 2.5.18　Sepic 斩波电路的原理图

二、调试所需的挂件及附件

序号	型号	备　注
1	PMT01 电源控制屏	THEAZD−1 机型参考 THWPDC−2 型
2	PE−19 直流斩波实训	
3	PWD−18 单相调压与可调负载	
4	PWD−17 可调电阻器	
5	双踪示波器	
6	万用表	

任务实践

一、调试步骤

1. 控制与驱动电路的调试

见任务 1 降压斩波变换电路调试。

2. 直流斩波器的测试(使用一个探头观测波形)

斩波电路的输入直流电压 Ui 由交流电经 PWD—18 整流滤波后得到。接通交流电源，观测 Ui 波形，记录其平均值(注：本装置限定直流输出最大值为 50V，输入交流电压的大小由调节器调节输出)。

具体如下：

(1)切断电源，根据调试电路图，利用面板上的元器件连接好相应的斩波实训线路，并接上电阻负载，负载电流最大值限定在 200mA 以内。将控制与驱动电路的输出“V－G”、“V－E”分别接至 V 的 G 和 E 端。

(2)检查接线正确，尤其是电解电容的极性是否接反后，接通主电路和控制电路的电源。

(3)用示波器观测 PWM 信号的波形、UGE 的电压波形、UCE 的电压波形及输出电压 U_0 和二极管两端电压 UD 的波形，注意各波形间的相位关系。

(4)调节 PWM 脉宽调节电位器改变 Ur，观测在不同占空比(α)时，记录 Ui、U_0 和 α 的数值于下表中，从而画出 $U_0=f(\alpha)$的关系曲线。

二、注意事项

见任务一。

三、数据记录及汇总

Ur(V)	1.4	1.6	1.8	2.0	2.2	2.4	2.5
占空比 α(%)							
Ui(V)							
U_0(V)							

任务评价

整理各组实训数据绘制各直流斩波电路的 Ui/U_0－α 曲线，并做比较与分析。

项目任务报告书

项目五　可调电火锅的制作与调试

项目描述

可调电火锅电路中,主电路是由双向晶闸管构成的交流调压及触发电路组成,因此,该项目分为:西门子 TCA785 集成触发电路的调试;单相交流调压电路的调试;三相交流调压电路的调试。

任务1　西门子 TCA785 集成触发电路的调试

知识链接

一、调试电路

TCA785 是德国西门子(Siemens)公司于 1988 年前后开发的第三代晶闸管单片移相触发集成电路。与原有的 KJ 系列或 KC 系列晶闸管移相触发电路相比,它对零点的识别更加可靠,输出脉冲的齐整度更好,而移相范围更宽,且由于它输出脉冲的宽度可人为自由调节,所以适用范围较广。调试电路如图 2.5.19 所示。电位器 RP1 主要调节锯齿波的斜率,电位器 RP2 则调节输入的移相控制电压,脉冲从第 14、15 脚输出,输出的脉冲恰好互差 180°,可供单相整流及逆变实验用,各点波形可参考波形图。电位器 RP1、RP2 均已安装在挂箱的面板上,同步变压器副边已在挂箱内接好,所有的测试点都已在面板上引出。

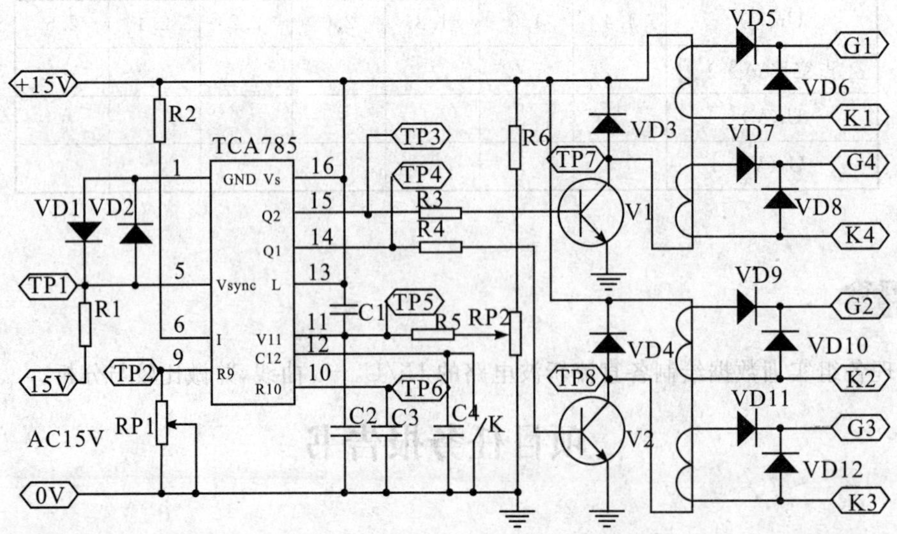

图 2.5.19　TCA785 集成触发电路原理图

各测试点的波形图如图 2.5.20 所示。

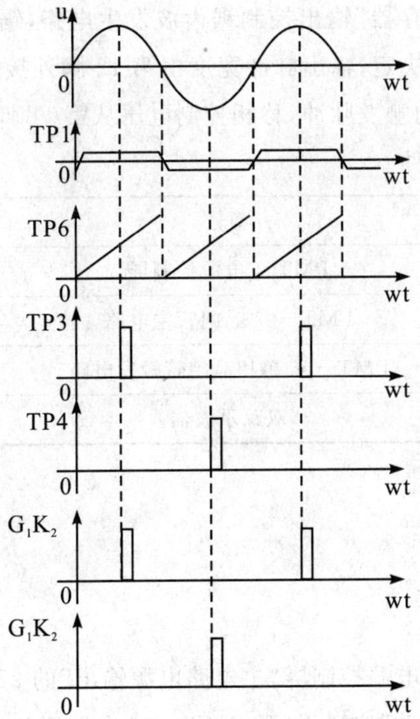

图 2.5.20　TCA785 集成触发电路各点电压波形($\alpha=90°$)

二、工作原理

西门子 TCA785 集成触发电路的内部框图如图 2.5.21 所示

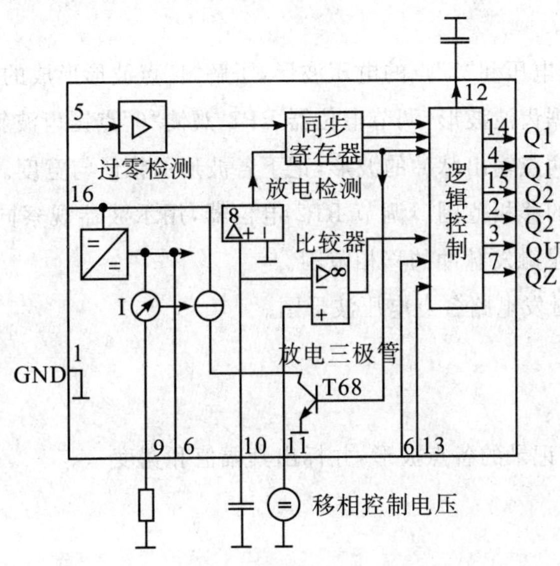

图 2.5.21　TCA785 集成电路内部框图

TCA785 集成块内部主要有“同步寄存器”、“基准电源”、“锯齿波形成电路”、“移相电压”、“锯齿波比较电路”和“逻辑控制功率放大”等功能块组成。同步信号从 TCA785 集成电路的第 5 脚输入,“过零检测”部分对同步电压信号进行检测。当检测到同步信号过零时,信号送“同步寄存器”。“同步寄存器”输出控制锯齿波发生电路,锯齿波的斜率大小由第 9 脚外接电阻和第 10 脚外接电容决定;输出脉冲宽度由第 12 脚外接电容的大小决定;第 14、15 脚输出对应负半周和正半周的触发脉冲,移相控制电压从第 11 脚输入。

三、调试所需的挂件及附件

序号	型号	备　注
1	PMT01 电源控制屏	
2	PMT－02 晶闸管主电路	
3	PMT－06 单相晶闸管触发电路	
4	双踪示波器	

任务实践

一、调试步骤

1. 用两根导线将 PMT01 电源控制屏“主电路电源输出”的 220V 交流电压接到 PMT－06 的“外接 220V”端,按下“启动”按钮,打开 PMT－06 电源开关,这时挂件中所有的触发电路都开始工作,用双踪示波器一路探头观测 15V 的同步电压信号,另一路探头观察 TCA785 触发电路,同步信号“1”点的波形,“6”点锯齿波,调节斜率电位器 RP1,观察“6”点锯齿波的斜率变化,“3”、“4”互差 1 800 的触发脉冲;最后观测输出的四路触发电压波形,其能否在 30°～170°范围内移相。

(1)同时观察同步电压和“1”点的电压波形,了解“1”点波形形成的原因。

(2)观察“6”点的锯齿波波形,调节电位器 RP1,观测“6”点锯齿波斜率的变化。

(3)观察“3”、“4”两点输出脉冲的波形,记下各波形的幅值与宽度。

2. 调节触发脉冲的移相范围。调节 RP2 电位器,用示波器观察同步电压信号和“3”点 U3 的波形,观察和记录触发脉冲的移相范围。

3. TCA785 集成触发电路各点电压波形图。

任务评价

整理、描绘实验中记录的各点波形,并标出其幅值和宽度。

任务2　单相交流调压电路的调试

知识链接

一、调试电路

单相交流调压器的主电路由两个反向并联的晶闸管组成，如图 2.5.22 所示。图中电阻 R 用 450Ω(将两个 900Ω 接成并联接法)，晶闸管则利用 PMT－02 上的 VT1、VT4 元件，交流电压、电流表由 PMT－02 挂件上得到，电抗器 Ld 从 PMT－02 上得到，用 700mH。

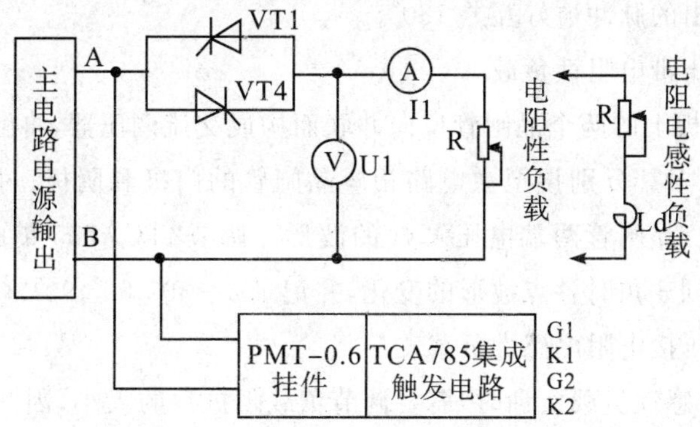

图 2.5.22　单相交流调压主电路接线图

二、调试所需的挂件及附件

序号	型　号	备　注
1	PMT01 电源控制屏	THEAZD－1 机型参考 THWPDC－2 型
2	PMT－02 晶闸管主电路	
3	PMT－03 三相晶闸管触发电路	
4	PWD－17 可调电阻器	
5	双踪示波器	
6	万用表	

任务实践

一、调试步骤

1. TCA78 集成触发电路的调试。

2. 单相交流调压电阻性负载。

3. 单相交流调压电路带电阻性电感性负载。

4.单相交流调压电路的排故训练。

具体如下：

(1)TCA785 集成触发电路调试

用两根导线将 PMT01 电源控制屏“主电路电源输出”的 220V 交流电压接到 PMT－06 的“外接 220V”端，按下“启动”按钮，打开 PMT－06 电源开关，用示波器观察 TCA785 集成触发电路的各观测点及脉冲输出的波形。调节电位器 RP1，观察锯齿波斜率是否变化，调节 RP2，观察输出脉冲的移相范围如何变化，移相能否达到 170°，记录上述过程中观察到的各点电压波形。

电位器 RP1 主要调节锯齿波的斜率，电位器 RP2 则调节输入的移相控制电压，脉冲从第 14、15 脚输出，输出的脉冲恰好互差 180°。

(2)单相交流调压带电阻性负载

将 PMT－02 面板上的两个晶闸管反向并联而构成交流调压器，将触发器的输出脉冲端“G1”、“K1”、“G2”和“K2”分别接至主电路相应晶闸管的门极和阴极。接上电阻性负载，用示波器观察负载电压、晶闸管两端电压 Uvt 的波形。调节“TCA785 集成触发电路”上的电位器 RP2，观察在不同 α 角时各点波形的变化，并记录 $\alpha=30°$、$60°$、$90°$、$120°$时的波形。

(3)单相交流调压接电阻电感性负载

①在进行电阻电感性负载实训时，需要调节负载阻抗角的大小，因此应该知道电抗器的内阻和电感量。常采用直流伏安法来测量内阻，如图 2.5.23 所示。电抗器的内阻为：

$$R_L=U_L/I$$

电抗器的电感量可采用交流伏安法测量，如图 2.5.23 所示。由于电流大时，对电抗器的电感量影响较大，采用自耦调压器调压，多测几次取其平均值，从而可得到交流阻抗。

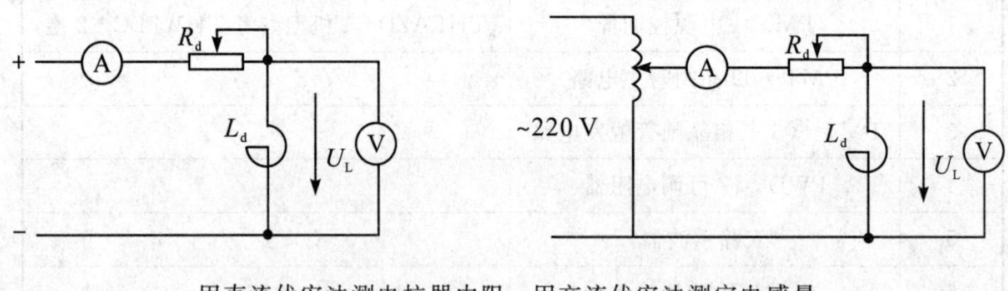

用直流伏安法测电抗器内阻　用交流伏安法测定电感量

图 2.5.23

$$Z_L=\frac{U_L}{I}$$

电抗器的电感为

$$L=\frac{\sqrt{Z_L{}^2-R_L{}^2}}{2\pi f}$$

$$\varphi=\arctan\frac{\omega L}{R_d+R_L}$$

这样，即可求得负载阻抗角。在实训中，欲改变阻抗角，只需改变滑线变阻器 R 的电阻值即可。

②切断电源，将 L 与 R 串联，改接为电阻电感性负载。按下“启动”按钮，用双踪示波器同时观察负载电压 U1 和负载电流 I1 的波形。调节 R 的数值，使阻抗角为一定值，观察在不同 α 角时波形的变化情况，记录 $\alpha>\varphi$、$\alpha=\varphi$、$\alpha<\varphi$ 三种情况下负载两端的电压 U1 和流过负载的电流 I1 波形。

二、注意事项

1. 由于“G”、“K”输出端有电容影响，故观察触发脉冲电压波形时，需将输出端“G”和“K”分别接到晶闸管的门极和阴极（或者也可用约 100Ω 左右阻值的电阻接到“G”、“K”两端，来模拟晶闸管门极与阴极的阻值），否则，无法观察到正确的脉冲波形。

三、数据记录及汇总

整理、画出实训中所记录的各类波形。

任务评价

1. 整理、画出实训中所记录的各类波形。
2. 分析电阻电感性负载时，α 角与 φ 角相应关系的变化对调压器工作的影响。

项目任务报告书

任务 3　三相交流调压电路的调试

知识链接

一、调试电路

交流调压器应采用宽脉冲或双窄脉冲进行触发。实训装置中使用双窄脉冲。实训线路如下图 2.5.24 所示。图中晶闸管均在 PMT－02 上，其所用的交流表均在 PMT01 电源控制屏的面板上。

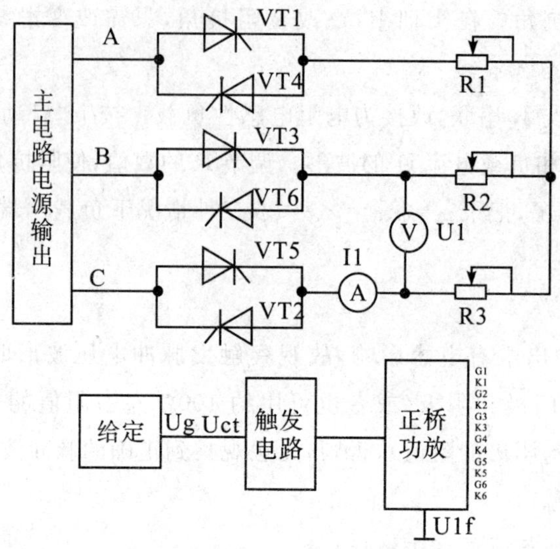

图 2.5.24　三相交流调压接线路图

二、调试所需的挂件及附件

序号	型号	备　注
1	PMT01 电源控制屏	THEAZD－1 机型参考 THWPDC－2 型
2	PMT－02 晶闸管主电路	
3	PMT－03 三相晶闸管触发电路	
4	PMT－04 电机调速控制电路Ⅰ	
5	PWD－17 可调电阻器	
6	PWD－18 单相交流调压与可调负载	
7	双踪示波器	

任务实践

一、调试步骤

1. 三相交流调压触发电路的调试。

2. 三相交流调压电路带电阻性负载的调试。

具体如下：

(1)PMT－02 和 PMT－03 上的“触发电路”调试见三相晶闸管触发电路的调试。

(2)三相交流调压器带电阻性负载

按接线图连成三相交流调压主电路，其触发脉冲已通过内部连线接好。接上三相平衡电阻负载，接通电源，用示波器观察并记录 $\alpha=0°$、30°、60°、90°及 120°时的输出电压波形，并记录相应的输出电压有效值，填入下表 2.5.16。

表 2.5.16

α	0°	30°	60°	90°	120°
U(V)					

任务评价

1. 整理并画出实训中记录的波形。

2. 讨论、分析操作出现的各种问题。

项目任务报告书

附 1 THWPDC—2 型装置的简介

一、装置的基本配置

1. PMT01 电源控制屏

电源控制屏主要为实验提供各种电源，如三相交流电源、直流励磁电源等；同时为实验提供所需的仪表，如直流电压、电流表；交流电压、电流表。在屏的正面大凹槽内，设有两根不锈钢方管，可挂置实验所需部件，凹槽底部设有 14 芯、3 芯、7 芯等插座，从这些插座提供有源挂件的电源。在屏的两侧设有单相三极 220V 电源插座及三相四极 380V 电源插座。主控制屏面板图如图 2.5.25 所示。

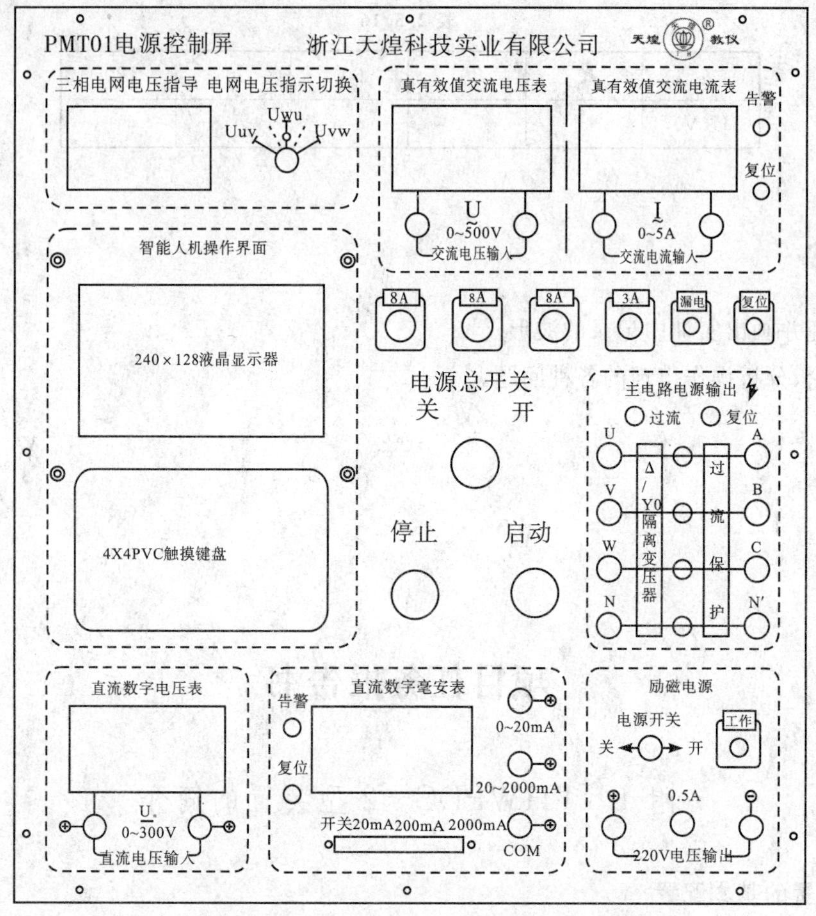

图 2.5.25 PMT01 电源控制屏面板图

(1)三相电网电压指示

三相电网电压指示主要用来监视输入电网电压的有效值以及是否存在缺相的情况,可通过其下方的波段开关切换指示三相电网输入线电压是否平衡,精度 1.0 级;

(2)智能人机操作界面

设有 240×128 蓝底背光液晶显示屏及 PVC 轻触键盘,主要用于本装置的智能设故与排故,还可以自动记录由于接线或操作错误所造成的告警次数,并且用文字提示产生告警的原因。

(3)电源控制部分

它的主要作用是控制“主电路电源输出”及“励磁电源”,它由电源总开关、启动按钮和停止按钮组成。当电源总开关打开时,红灯亮;当按下启动按钮后,红灯灭,绿灯亮,此时控制屏的“三相主电路电源输出”及“励磁电源”都有电压输出。

(4)主电路电源输出

“主电路电源输出”可提供三相交流 380V(U、V、W 端,该输出不经隔离变压器,由 8A 熔丝做短路保护)和 220V(A、B、C 端,该输出经过隔离变压器,设有过流和短路保护)电源,

在 U、V、W 端子附近装有黄、绿、红发光二极管，用以指示输出电压是否正常。同时在主电源输出回路中还装有电流互感器，电流互感器可测定主电源输出电流的大小，供电流反馈使用。

(5)励磁电源

在按下启动按钮后将励磁电源开关拨向“开”侧，则励磁电源输出为 220V 的直流电压，并有发光二极管指示输出是否正常，励磁电源由 0.5A 熔丝做短路保护，由于励磁电源的容量有限，仅为直流电机提供励磁电流，故一般不能作为大电流的直流电源使用。

(6)面板仪表

面板下部设置有±300V 数字式直流电压表和±2 000mA 数字式直流毫安表，精度为 0.5 级，能为可逆调速系统及直流电机实验提供电压及电流指示；面板上部设置有 500V 真有效值交流电压表和 5A 真有效值交流电流表，精度为 0.5 级，供交流调速系统及交流电机实验时使用。

2.挂件功能介绍

(1)PMT－02 挂件(晶闸管主电路实训组件)

其面板如图 2.5.26 所示.该挂件装有 12 只晶闸管、4 只二极管、直流电压和电流表等。

①三相同步信号输出

同步信号是从电源控制屏内获得，屏内装有■/Y 接法的三相同步变压器，和主电源输出保持同步，其输出相电压幅度为 15V 左右，供三相晶闸管触发电路(PMT－03 挂件)使用，只要将本挂件的 14 芯插头与屏相连接，则输出相位一一对应的三相同步电压信号。

②正、反桥脉冲输入端

从 PMT－03 挂件来的正、反桥触发脉冲分别通过该输入接口，加到相应晶闸管的门极和阴极。

③电流互感器输出

电流互感器是装在电源控制屏内的，只要将本挂件的 14 芯插头与屏相连接，则面板上便有电流互感器信号输出，TA1、TA2、TA3 为信号输出端。

④三相正、反桥主电路

正桥主电路和反桥主电路分别由 6 只 5A/1 000V 晶闸管组成；其中由 VT1～VT6 组成正桥元件(一般不可逆、可逆系统的正桥使用正桥元件)；由 VT1′～VT6′组成反桥元件(可逆系统的反桥以及需单个或几个晶闸管的实验可使用反桥元件)；所有这些晶闸管元件均配置有阻容吸收及快速熔断丝保护，此外正桥还设有压敏电阻接成三角形，起过压吸收。

注意：整流桥输入的相电压值不可超过200V，否则会造成整流桥处的压敏电阻损坏。

⑤二极管　提供 4 只实验所需的二极管

⑥电抗器

实验主回路中所使用的平波电抗器装在电源控制屏内，其各引出端通过 14 芯的插座连接到 PMT—02 面板的中间位置，有两档电感量可供选择，分别为 200mH、700mH(各档在

1A 电流下能保持线性),可根据实验需要选择合适的电感值。电抗器回路中串有 3A 熔丝保护,熔丝座装在挂件内。

⑦直流电压表及直流电流表

面板上装有±300V 的带镜面直流电压表、±2A 的带镜面直流电流表,均为中零式,精度为 1.0 级,为实验提供电压及电流指示。

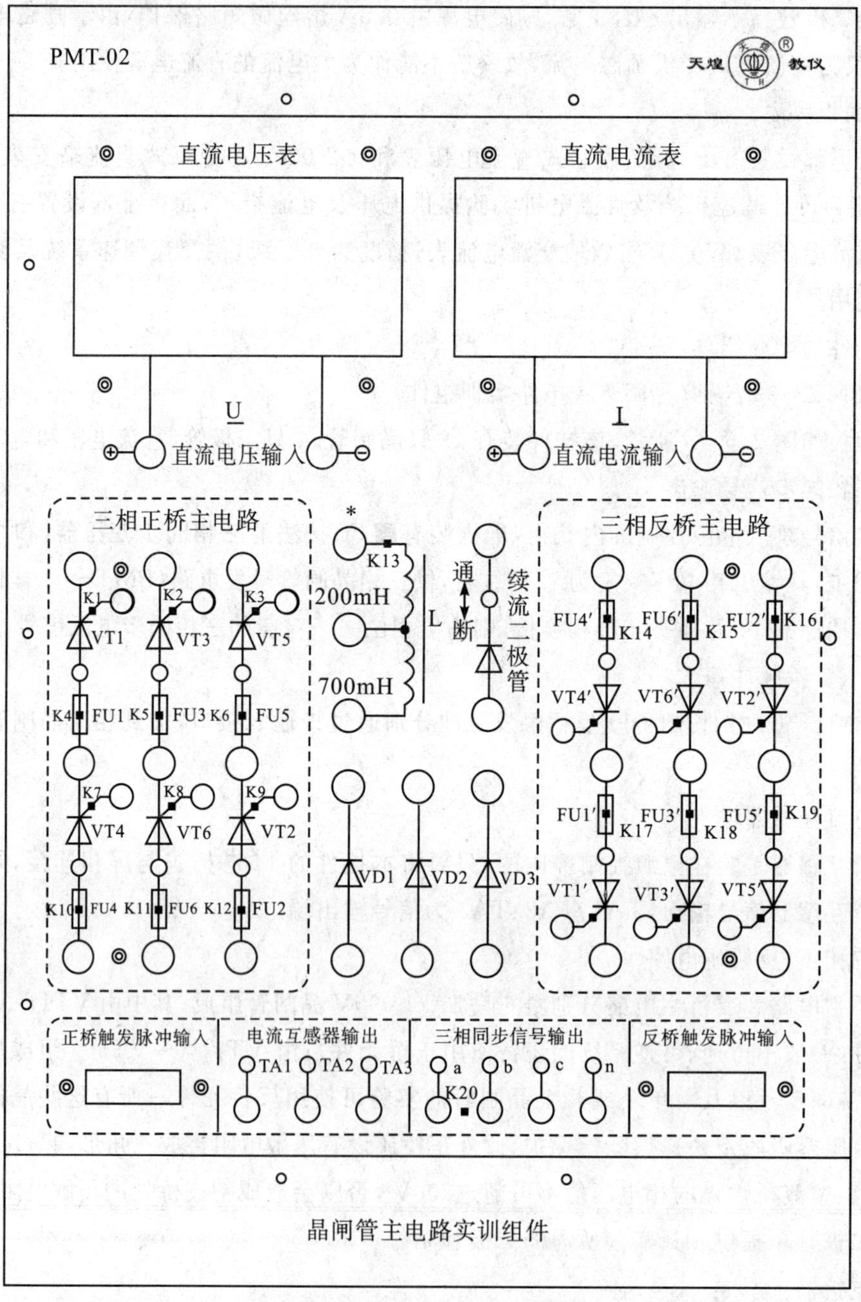

PMT-02
天煌 教仪
直流电压表
直流电流表
U
直流电压输入
I
直流电流输入
三相正桥主电路
K1 VT1 K2 VT3 K3 VT5
K4 FU1 K5 FU3 K6 FU5
K7 VT4 K8 VT6 K9 VT2
K10 FU4 K11 FU6 K12 FU2
*
K13
200mH
L
700mH
通
断
续流二极管
VD1 VD2 VD3
三相反桥主电路
FU4′ K14 FU6′ K15 FU2′ K16
VT4′ VT6′ VT2′
FU1′ K17 FU3′ K18 FU5′ K19
VT1′ VT3′ VT5′
正桥触发脉冲输入
电流互感器输出
TA1 TA2 TA3
三相同步信号输出
a b c n
K20
反桥触发脉冲输入
晶闸管主电路实训组件

图 2.5.26 PMT-02 面板图

(2)PMT－03 挂件(三相晶闸管触发电路实训组件)

面板图如图 2.5.27 所示。该挂件装有三相晶闸管触发电路和正、反桥功放电路。

①移相控制电压 Uct 输入及偏移电压 Ub 观测及调节

Uct 及 Ub 用于控制触发电路的移相角;在一般的情况下,我们首先将 Uct 接地,调节 Ub,从而确定触发脉冲的初始位置;当初始触发角固定后,在以后的调节中只调节 Uct 的电压,这样能确保移相角始终不会大于初始位置,防止实验失败。

②触发脉冲指示

在触发脉冲指示处设有钮子开关用以控制触发电路,开关拨到下边,绿色发光管亮,在触发脉冲观察孔处可观测到后沿固定、前沿可调的宽脉冲链;开关拨到上边,红色发光管亮,触发电路产生双窄脉冲。

③三相同步信号输入端

通过导线将 PMT－02 上的"三相同步信号输出"与 PMT－03"三相同步信号输入"连接,为其内部的触发电路提供同步信号;同步信号也可以从其他地方提供,但要注意同步信号的幅度和相序问题。

④锯齿波斜率调节与观测孔

由外接的三相同步信号经 KC04 集成触发电路,产生三路锯齿波信号,调节相应的斜率调节电位器(RP5、RP6、RP7),可改变相应的锯齿波斜率,三路锯齿波斜率在调节后应保证基本相同,使六路脉冲间隔基本保持一致,才能使主电路输出的整流波形整齐划一。

⑤控制电路

触发电路由 KC04、KC41 和 KC42 等集成电路组成,在面板上设有三相同步信号观测孔、两路触发脉冲观测孔及锯齿波观测孔。VT1～VT6 为单脉冲观测孔;VT1'～VT6'为双脉冲观测孔。

三相同步电压信号从每个 KC04 的"8"脚输入,在其"4"脚相应形成线性增加的锯齿波,移相控制电压 Uct 和偏移电压 Ub 经叠加后,从"9"脚输入。每个 KC04 从"1、15"脚输出相位相差 180°的单窄脉冲(可在上面的 VT1'～VT6'脉冲观测孔观测到),窄脉冲经 KC41(六路双脉冲形成器)后,得到六路双窄脉冲(可在下面的 VT1～VT6 脉冲观测孔观测到)。

⑥正、反桥功放电路

正、反桥功放电路的原理以正桥的一路为例,如前图 2.5.3 所示;由触发电路输出的脉冲信号经三极管放大后由脉冲变压器输出。Ulf 接地才可使三极管工作,脉冲变压器输出脉冲;正桥共有六路功放电路,六路电路完全一致;反桥功放和正桥功放线路完全一致,只是控制端不一样,将 Ulf 改为 Ulr。

⑦正桥控制端 Ulf 及反桥控制端 Ulr

这两个端子用于控制正反桥功放电路的工作与否,当端子与地短接,表示功放电路工作,触发电路产生的脉冲经功放电路从正、反桥脉冲输出端输出;悬空表示功放不工作;Ulf 控制正桥功放电路,Ulr 控制反桥。

⑧正、反桥触发脉冲输出端

经功放电路放大的触发脉冲,通过专用的20芯扁平线将PMT－02“正、反桥脉冲输入端”与PMT－03上的“正、反桥脉冲输出端”连接,为其晶闸管提供相应的触发脉冲。

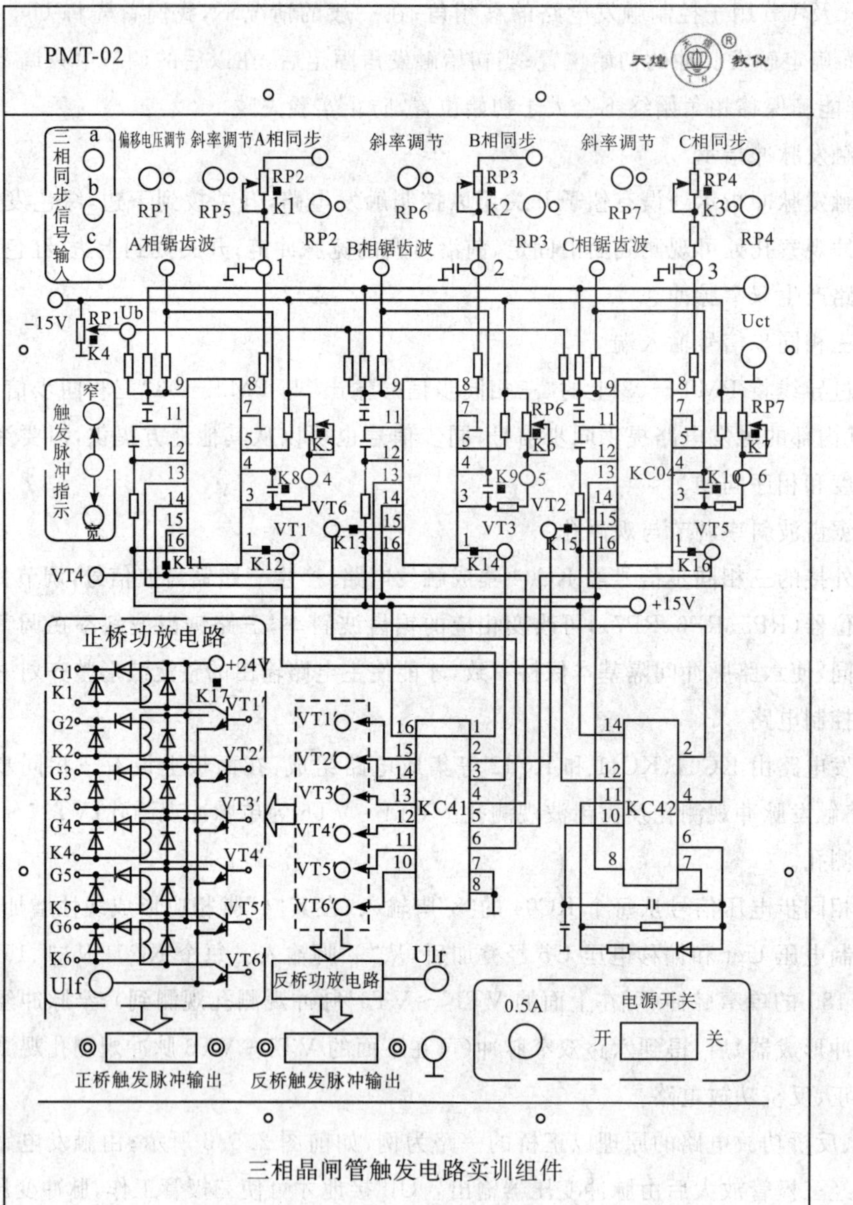

图2.5.27　PMT－03面板图

(3)PMT－04挂件(电机调速控制电路实训组件Ⅰ)

面板图如图2.5.28所示。该挂件主要完成电机调速实验,如单闭环直流调速实验、双闭环直流调速实训。

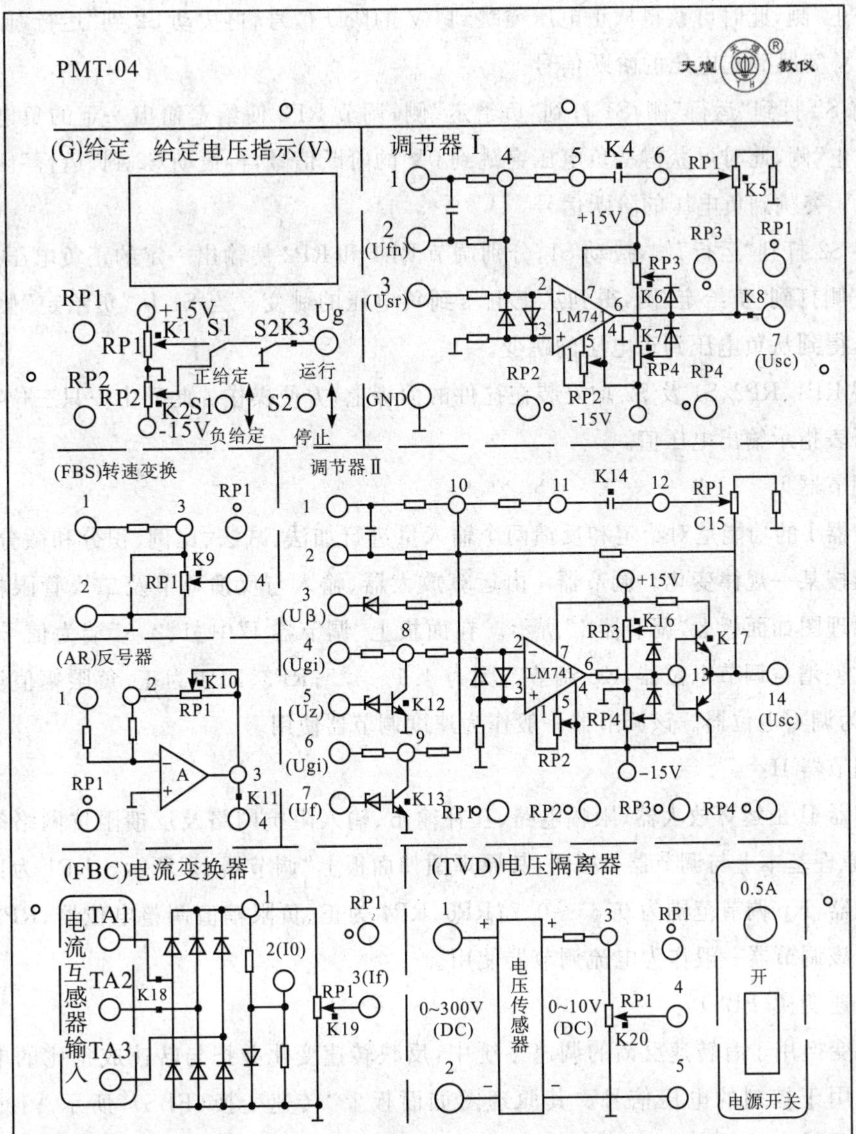

PMT-04

天煌 教仪

(G)给定　给定电压指示(V)

RP1 +15V K1 S1 S2 K3 Ug

RP1 正给定 运行

RP2 RP2 K2 S1 S2

-15V 负给定 停止

调节器Ⅰ

1 4 5 K4 6 RP1 K5

2 (Ufn) +15V RP3 RP1

3 (Usr) LM741 RP3 K6 K8

RP2 RP2 RP4 RP4 7 (Usc)

GND -15V

(FBS)转速变换

1 3 RP1 K9 RP1 2 4

(AR)反号器

1 2 K10 RP1 A 3 K11 4 RP1

调节器Ⅱ

1 10 11 K14 12 RP1 C15

2 +15V

3 (Uβ) RP3 K16 K17

4 (Ugi) 8 LM741 13 14 (Usc)

5 (Uz) K12 RP4

6 (Ugi) 9 RP2 -15V

7 (Uf) K13 RP1 RP2 RP3 RP4

(FBC)电流变换器

电流互感器输入 TA1 TA2 TA3 K18

1 2(I0) RP1 3(If) K19 RP1

(TVD)电压隔离器

1 + 电压传感器 + 3 RP1

0~300V (DC) 0~10V (DC) RP1 K20 4

2 − − 5

0.5A 开 电源开关

电机调速控制电路实训组件Ⅰ

图 2.5.28　PMT－04 面板图

①给定(G)

电压给定由两个电位器 RP1、RP2 及两个钮子开关 S1、S2 组成，S1 为正、负极性切换开关，输出的正、负电压的大小分别由 RP1、RP2 来调节，其输出电压范围为 0～15V，S2 为输出控制开关，打到“运行”侧，允许电压输出，打到“停止”侧，则输出恒为零。按以下步骤拨动 S1、S2，可获得以下信号：

a. 将 S2 打到“运行”侧，S1 打到“正给定”侧，调节 RP1 使给定输出一定的正电压，拨动

S2 到“停止”侧,此时可获得从正电压突跳到 0V 的阶跃信号,再拨动 S2 到“运行”侧,此时可获得从 0V 突跳到正电压的阶跃信号。

b. 将 S2 打到“运行”侧,S1 打到“负给定”侧,调节 RP2 使给定输出一定的负电压,拨动 S2 到“停止”侧,此时可获得从负电压突跳到 0V 的阶跃信号,再拨动 S2 到“运行”侧,此时可获得从 0V 突跳到负电压的阶跃信号。

c. 将 S2 打到“运行”侧,拨动 S1,分别调节 RP1 和 RP2 使输出一定的正负电压,当 S1 从“正给定”侧打到“负给定”侧,得到从正电压到负电压的跳变。当 S1 从“负给定”侧打到“正给定”侧,得到从负电压到正电压的跳变。

元件 RP1、RP2、S1 及 S2 均安装在挂件的面板上,方便操作。此外由一只三位半的直流数字电压表指示输出电压值。

②调节器 I

调节器 I 的功能是对给定和反馈两个输入量进行加法、减法、比例、积分和微分等运算,使其输出按某一规律变化。调节器 I 由运算放大器、输入与反馈环节及二极管限幅环节组成。其原理图如面板上“调节器 I”所示。在面板上“调节器 I”中“1、2、3”端为信号输入端;RP1 为比例增益调节电位器,Kp 调节范围为 4.1～4.5;RP3、RP4 为正、负限幅值调整电位器;RP2 为调零电位器。该调节器一般作为速度调节器使用。

③调节器 II

调节器 II 由运算放大器、限幅电路、互补输出、输入阻抗网络及反馈阻抗网络等环节组成,工作原理基本上与调节器 I 相同,其原理图如面板上“调节器 II”所示。RP1 为比例增益调节电位器,Kp 调节范围为 0.65～0.7;RP3、RP4 为正、负限幅值调整电位器;RP2 为调零电位器。该调节器一般作为电流调节器使用。

④转速变换(FBS)

转速变换用于有转速反馈的调速系统中,反映转速变化并把与转速成正比的电压信号变换成适用于控制的电压信号。其原理图如面板上“转速变换(FBS)”所示。使用时,将 DD03－3 导轨上的电压输出端接至转速变换的输入端“1”和“2”,调节电位器 RP1 可改变转速反馈系数。

⑤反号器(AR)

反号器由运算放大器及相关电阻组成,用于调速系统中信号需要倒相的场合。反号器的输入信号 U1 由运算放大器的反相输入端输入,故输出电压 U2 为:U2＝－(RP1＋R3)/R1×U1,调节电位器 RP1 的滑动触点,改变 RP1 的阻值,使 RP1＋R3＝R1,则 U2＝－U1,输入与输出成倒相关系。电位器 RP1 装在面板上,调零电位器 RP2 装在内部线路板上(在出厂前我们已经将运放调零,用户不需调零)。

⑥电流变换器(FBC)

其原理如前图 2.5.4 所示,TA1、TA2、TA3 为电流互感器的信号输入端,它的电压高低反映三相主电路输出的电流大小,用弱电导线将 PMT－02 挂件的“电流互感器输出”与

PMT－04 挂件的"TA1、TA2、TA3"连接，TA1、TA2、TA3 就与屏内的电流互感器输出端相连。电位器 RP1 的滑动抽头端输出作为电流反馈信号，从"3"端输出，电流反馈系数由 RP1 进行调节。

⑦电压隔离器(TVD)

电压隔离器的目的是为电压环提供电压反馈信号，在本实验装置中采用 WB121 电压传感器，它利用线性光耦隔离，对输入的直流电压进行实时测量，并转变为适当的电压值输出，通过调节电位器 RP1，可得到所需的电压反馈系数。

WB121 的主要技术指标如下：

输入电压范围：0～300V

输出电压范围：0～10V

测量精度：0.2 级

输出负载能力：5mA(DC)

(4)PMT－06 挂件(单相晶闸管触发电路)

面板图如图 2.5.29 所示。PMT－06 挂件是晶闸管触发电路专用调试挂箱，其中有单结晶体管触发电路、西门子 TCA785 集成触发电路、锯齿波同步移相触发电路Ⅰ和Ⅱ。

晶闸管装置的正常工作与其触发电路的正确、可靠的运行密切相关，门极触发电路必须按主电路的要求来设计，为了能可靠触发晶闸管应满足以下几点要求：

①触发脉冲应有足够的功率，触发脉冲的电压和电流应大于晶闸管要求的数值，并保留足够的裕量。

②为了实现变流电路输出的电压连续可调，触发脉冲的相位应能在一定的范围内连续可调。

③触发脉冲与晶闸管主电路电源必须同步，两者频率应该相同，而且要有固定的相位关系，使每一周期都能在同样的相位上触发。

④触发脉冲的波形要符合一定的要求。多数晶闸管电路要求触发脉冲的前沿要陡，以实现精确的导通控制。对于电感性负载，由于电感的存在，其回路中的电流不能突变，所以要求其触发脉冲要有一定的宽度，以确保主回路的电流在没有上升到晶闸管擎住电流之前，其门极与阴极始终有触发脉冲存在，保证电路可靠工作。

a.单结晶体管触发电路

利用单结晶体管(又称双基极二极管)的负阻特性和 RC 的充放电特性，可组成频率可调的自激振荡电路。单结晶体管触发电路各点的电压波形见第二章实训一。

b.西门子 TCA785 触发电路

教科书上讲述的晶闸管集成触发电路，如 KC04、KC05 等，在目前工业现场很少使用了。工业现场正在使用的新型晶闸管集成触发电路，主要有西门子 TCA785，与 KC04 等相比它对零点的识别更加可靠，输出脉冲的齐整度更好，移相范围更宽；同时它输出脉冲的宽度可人为自由调节。

西门子 TCA785 外围电路中锯齿波斜率由电位器 RP1 调节，RP2 电位器调节晶闸管的触发角。开关 K 为“宽”、“窄”脉冲选择开关。电位器 RP1、RP2 已安装在挂箱的面板上，所有的测试信号都在面板上引出。

c. 锯齿波同步移相触发电路 I、II

本装置有两路锯齿波同步移相触发电路，I 和 II，在电路上完全一样，只是锯齿波触发电路 II 输出的触发脉冲相位与 I 恰好互差 180°，供单相整流及逆变实验用。其原理图如图 2.5.29 所示。电位器 RP1、RP2、RP3 均已安装在挂箱的面板上，同步变压器副边已在挂箱内部接好，所有的测试信号都在面板上引出。锯齿波同步移相触发电路 I 各点电压波形见第一章实训二。

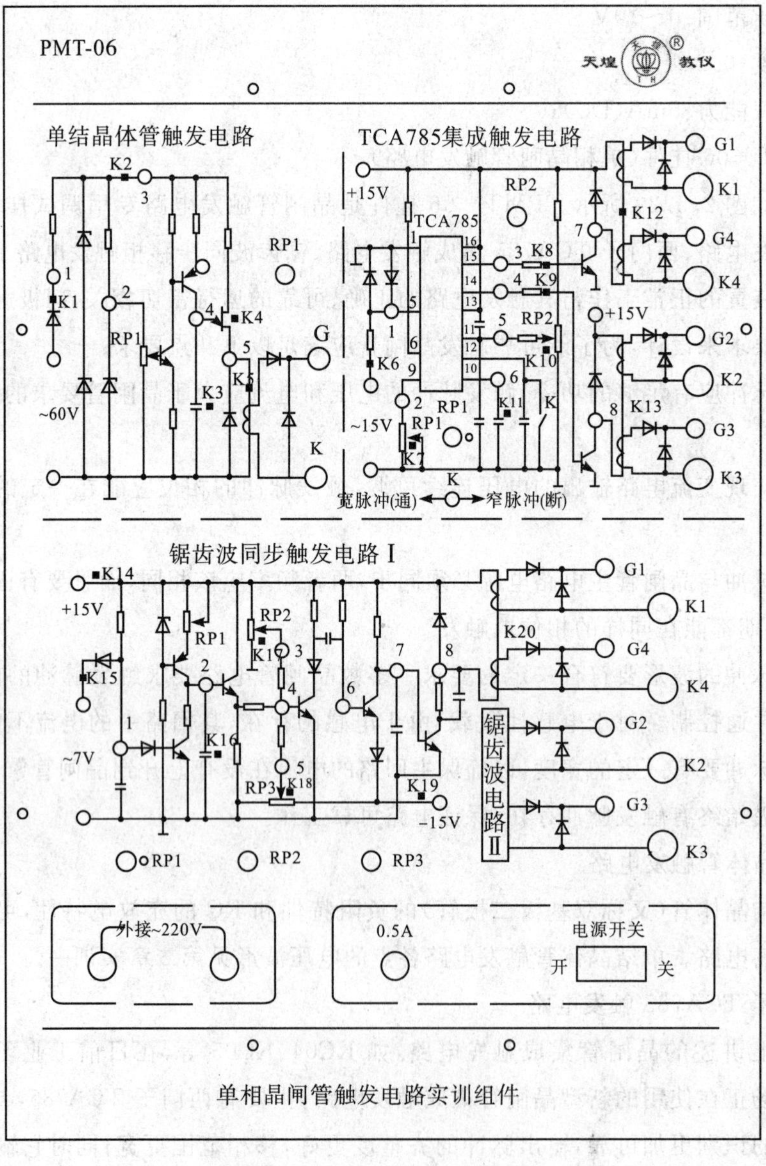

图 2.5.29 PMT－06 面板图

(5)外接 220V 输入端该挂件的电源及同步信号都是由“外接 220V”输入端提供的，注意输入的电压范围为 220V±10%，如超过此范围会造成设备严重损坏。

(6)PE－19 挂件(直流斩波电路)

PE－19 挂件为直流斩波电路挂箱，分为斩波器主电路和斩波器触发电路两大部分。斩波器触发电路以 SG3525 为美国 SiliconGeneral 公司生产的专用 PWM 控制集成电路，它采用恒频脉宽调制控制方案，SG3525 内部包含有精密基准源、锯齿波震荡器、误差放大器、比较器、分频器、和保护电路等。

(7)PWD — 16 给定及实验器件

提供一只灯泡负载、给定(带数显，＋15V 可调电压输出)、二极管。

(8)PWD－17 挂件(可调电阻器)、PWD－18 挂件(单相调压与可调负载)

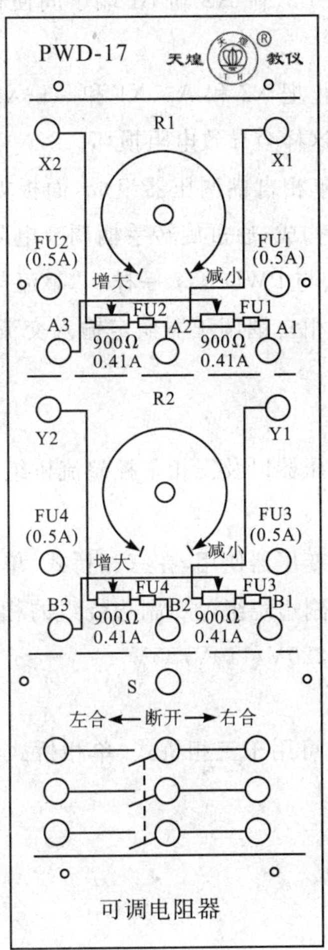

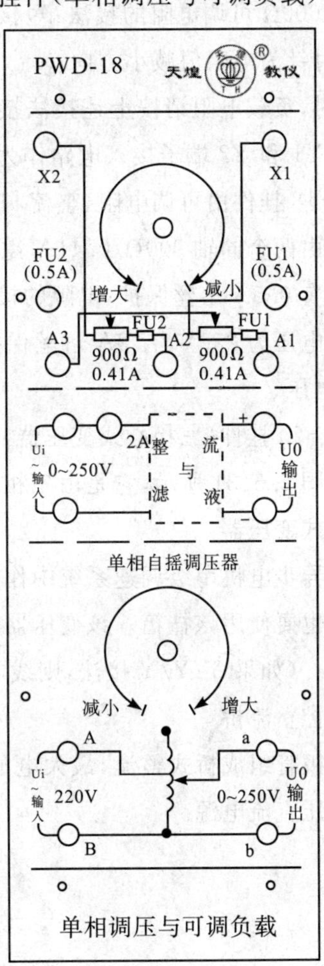

图 2.5.30　PWD－17、PWD－18 面板图

①PWD－17 挂件由两组两个同轴 900Ω/0.41A 瓷盘电阻和一只 3 位转换开关组成，瓷盘电阻可通过旋转手柄调节电阻值的大小，单个电阻回路中有 0.5A 熔丝保护。电阻的串、

并联接法以及本装置实验中所用电阻值的接法如下：

a. 两个 900Ω(0.41A)并联获得 450Ω(0.82A)可调电阻：短接 A1 和 A2(或 B1 和 B2)，在 A3 和 A1 端子(或 B3 和 B1)间便得到了 450Ω(0.82A)可调电阻，顺时针为电阻值减小方向。

b. 两个 900Ω(0.41A)串联获得 1 800Ω(0.41A)可调电阻：A1 和 A2(或 B1 和 B2)端子间便是 1 800Ω(0.41A)可调电阻，顺时针为电阻值减小方向。

c. 获取 2 250Ω 可调电阻的接法：短接 B1 和 B2、A1 和 B3，在 A2 和 B1 端子间便得到了 2 250Ω 可调电阻[为使 0.5A 熔丝不致烧坏，实验时应先减小 1 800Ω(0.41A)串联电阻值，直至最小并用导线短接 A1 和 A2，再调节 450Ω(0.82A)的并联可调电阻]，顺时针为电阻值减小方向。

d. 获取 3 600Ω 可调电阻的接法：短接 A1 和 B2，在 A2 和 B1 端子间便得到了 3 600Ω 可调电阻，顺时针为电阻值减小方向。

注：实验时，负载电阻请按上述接法接线，禁止把 X2 和 A3、X1 和 A1、X1 和 X2、Y2 和 B3、Y1 和 B1、Y1 和 Y2 端子接入电路作为负载，这样会导致电阻损坏。

②PWD－18 挂件由可调电阻、整流与滤波、单相自耦调压器组成，面板如图 2.5.30 所示。可调电阻由两个同轴 900Ω/0.41A 瓷盘电阻构成，通过旋转手柄调节电阻值的大小，单个电阻回路中有 0.5A 熔丝保护，电阻的接线方法与 PWD－17 一样。“整流与滤波”交流输入侧输入最大电压为 250V，有 2A 熔丝保护。单相自耦调压器额定输入交流 220V，输出 0～250V 可调电压。

(8)PWD－20 挂件(三相心式变压器)

其面板如图 2.5.31 所示，它是由三相心式变压器以及三相不控整流桥组成。

①三相心式变压器

在绕线式异步电机串级调速系统中作为逆变变压器使用，在三相桥式、单相桥式有源逆变电路实验中也要使用该挂箱。该变压器有两套副边绕组，原、副边绕组的相电压为 127V/63.5V/31.8V。(如果 Y/Y/Y 接法，则线电压为 220V/110V/55V)

②三相不控整流桥

由 6 只二极管组成桥式整流，最大电流 3A。可用于三相桥式、单相桥式有源逆变电路等实验中的高压直流电源。

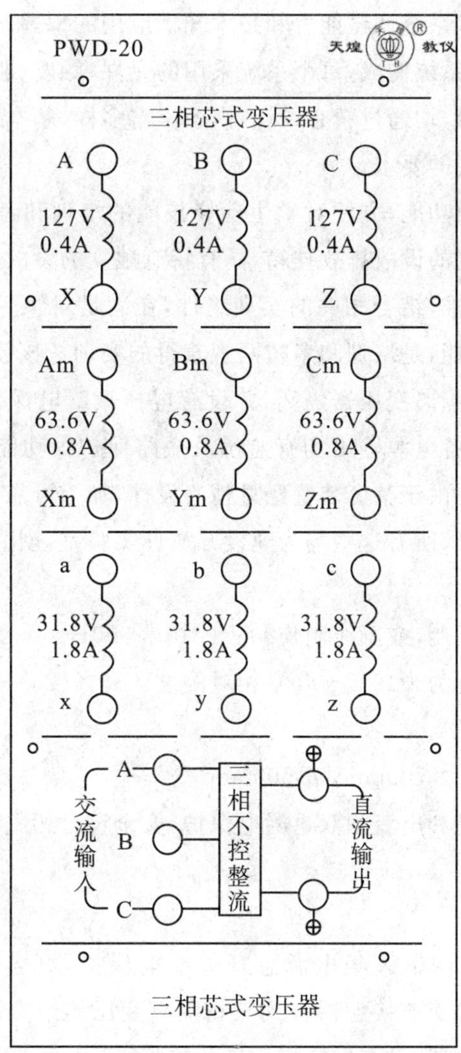

图 2.5.31　PWD－20 挂件面板图

附 2　THEAZD－1 型实训装置的简介

一、特点

1. 本实训装置综合了电气工程、自动化、应用电子、供用电等多门课程的实验、实训项目，能满足学校相应课程的实验、实训教学，深度和广度可根据需要做灵活调整。装置采用组件式结构，更换便捷，如需要扩展功能或开发新实验实训项目，只需添加部件即可，永不淘汰。

2. 装置采用组件式结构，组件面板采用铝质喷塑、凹字烂板工艺，不易发生变形和磨损，面板上标有原理图与测试点，图线分明，任务明确，操作、维护方便。

3. 引用典型线路，模仿实际生产现场，这些系统基本上从相关工业产品移植而来，能很好的培养学生对波形分析、系统调试能力和技术知识应用的掌握。

4.装置由大大小小的系统构成,每个系统采用的元件、触发(驱动)电路、主电路、控制方式、控制对象及保护环节等,均通过精心设计,内容丰富多样,基本概括了当前工业上的技术应用,体现了实际工业应用的要求。

5.装置具有设故、排故功能,方便对学生检修技能的培训和考核,每个功能模块故障点不少于6个,本装置所标配的设故排故挂箱,具有特有独立的设故区域、排故区域,对学生的技能有一个统一的考核标准,结合相关的实训组件,在满足对学生培训的同时,还能满足真正意义上的"闭卷"考核功能,是培训和考核两者兼得的实训考核装置。

6.装置供电采用三相隔离变压器隔离,并设有电压型漏电保护装置和电流型漏电保护装置,确保操作者的安全;各电源输出均有监示及短路保护等功能,各测量仪表均有可靠的保护功能,使用安全可靠。由于整套装置经过精心设计,加上可靠的元器件质量及可靠的工艺作为保障,产品性能优异,所有这些均为建设开放性实验室,创造了条件。

二、技术参数

1.输入电压:三相四线制(或五线制)380V±10%　50Hz

2.工作环境:环境温度为-10℃～40℃相对湿度<85%(25℃)海拔<4 000m

3.装置容量:<1.5kVA

4.外形尺寸:1 550mm×700mm×1 500mm

5.安全性能:带电压型和电流型双重漏电保护,安全符合相关国家安全标注

三、电源控制屏

1.MEC01交流电源

三相四线(或五线)电网输入经电源总开关漏电保护器(容量10A,漏电动作电流≤30mA,动作时间≤0.1s)和交流接触器再到三相隔离变压器给实训设备供电;通过起动、停止、急停按钮控制交流接触器,设有供电指示灯及缺相指示。

提供三相0～450V可调交流电源,同时可得到单相0～250V可调的交流电源,配有一台三相同轴联动自耦调压器(规格:1.5kVA、0～450V)。可调交流电源输出处设有过流保护装置,当相间、线间过电流及直接短路均能自动保护,克服了调换保险丝带来的麻烦,并具有过流声光告警。控制屏的供电由三相电网经三相漏电保护开关、电网电压指示表、熔断器、启/停按钮控制交流接触器输出,具有漏电声光告警、过流保护等功能,同时配有一只急停按钮,便于切断电源,还配有一只指针式交流电压表,通过切换和转换开关,可方便地指示三相电网和三相调压输出的每一相的线电压。

2.电流互感器

一组三相电流互感器3只。

3.高压直流稳压电源

励磁电源:220V/0.5A,具有输出短路保护。

4.示波器支架

示波器支架设在电源箱的顶部，方便用户放置示波器。

5. 人身安全保护体系

(1)三相隔离变压器一组：三相电源首先通过三相漏电保护器，然后经接触器到隔离变压器，使输出与电网隔离（浮地设计），对人身安全起到一定的保护作用。

(2)电压型漏电保护器 1：对隔离变压器前的线路出现的漏电现象进行保护，使控制屏内的接触器跳闸，切断电源。

(3)电压型漏电保护器 2：对隔离变压器后的线路及实验过程中的接线等出现的漏电现象进行保护，发出声光报警信号并切断电源，确保人身安全。

(4)电流型漏电保护装置：控制屏若有漏电现象，漏电流超过一定值，即切断电源。

(5)实训连接线及插座：强、弱电连接及插座分开，不能混插。强电连接线及插座采用全封闭工艺，使用安全、可靠、防触电。

6. 仪器、仪表保护体系

(1)设有交流过流、短路保护器，如果三相隔离变压器或三相调压器输出电流大于整定电流（用户可调整）或线路错接短路时，即能发出声光告警并切断输出电源；待用电或线路故障排除后方可重新启动控制屏，对交流电源起到良好的保护作用。

(2)设有直流电源过压、过流、及短路保护器，如果直流电源输出出现过压、过流、及线路错接短路时，即能发出声光告警并切断输出电源，待用电或线路故障排除后自动恢复输出，对直流电源起到良好的保护作用。

(3)设有仪表超量程保护器，如果被测电压、电流大于测量仪表量程时，即能发出声光告警并切断输出电源，待选择正确量程后可重新启动使用，对仪表起到良好的保护作用

四、故障功能使用说明

本实训装置共有 12 个挂箱设置了故障，分别是 PAC10（晶闸管及电抗器组件）、PAC13（三相 785 触发电路组件）、PAC14（晶闸管触发电路组件）、PAC20（直流斩波电路组件）、PAC21（新器件驱动与保护电路组件）、PAC22－1（单相 H 型交直交变频电路组件）、PAC23（开关型稳压电源电路组件）、PAC24－1（单相交流调功电路组件）、PAC25（GTR 单相并联逆变电路组件）、PAC31（调速控制组件Ⅰ）、PAC32（调速控制组件Ⅱ）、PAC34（小容量晶闸管直流调速系统组件），每个挂箱分别设置了 3～12 个故障点，每个故障点都有观测孔引出，供学生排故时测试、分析使用。本节将对设故、排故功能的操作以及对每个挂箱的故障点设置加以说明叙述。

1. 设故、排故功能的操作说明

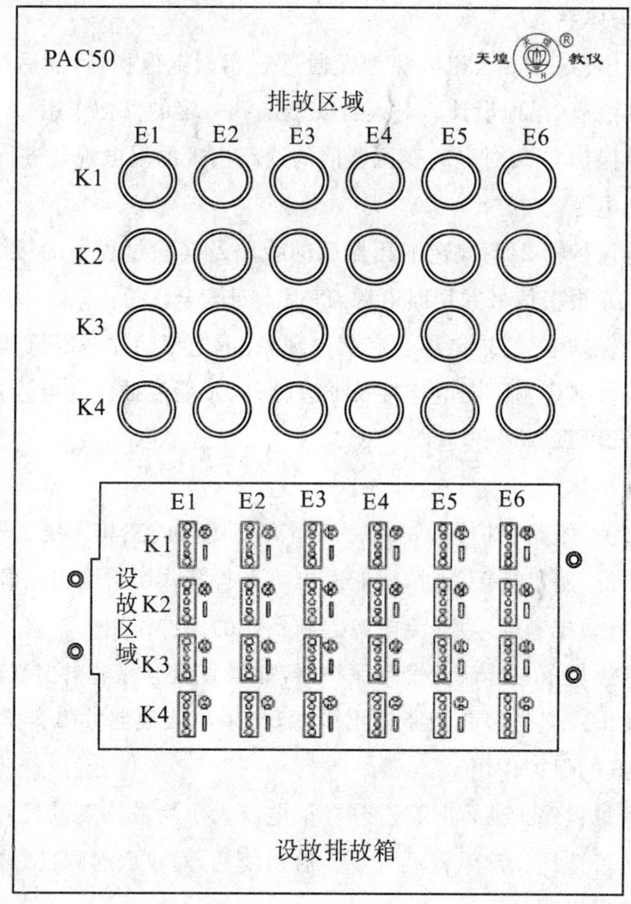

图 2.5.32　PAC50 设故排故箱正面

打开 PAC50 设故排故箱的故障设置门,在其正面部分设有“设故区域”和“排故区域”,如图 2.5.32 所示。在设故区域,设有“故障设置开关”、“故障设置指示灯”;在排故区域,设有“故障点排除按钮(该按钮为带灯自锁按钮)”。

在 PAC50 的顶部设有 6 个 9 芯串口,用以连接所要设置故障的实训挂箱。6 个 9 芯串口的排列顺序与故障设置开关一一对应,即 1 号串口对应 K1 所在行的 6 个故障设置开关、2 号串口对应 K2 所在行的 6 个故障设置开关,依次类推(PAC50 只用到 P1～P44 只串口,P5、P6 为备用接口,无电气连接)。

大实训挂箱的两根串口线的排列顺序如图 2.5.34 所示,A 号串口线对应 1～6 的故障点、B 号串口线对应 7～12 的故障点。

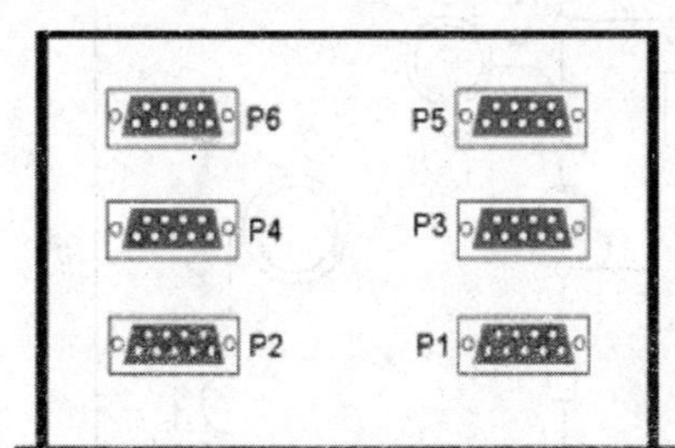

图 2.5.33　PAC50 设故排故箱顶部接口示意图

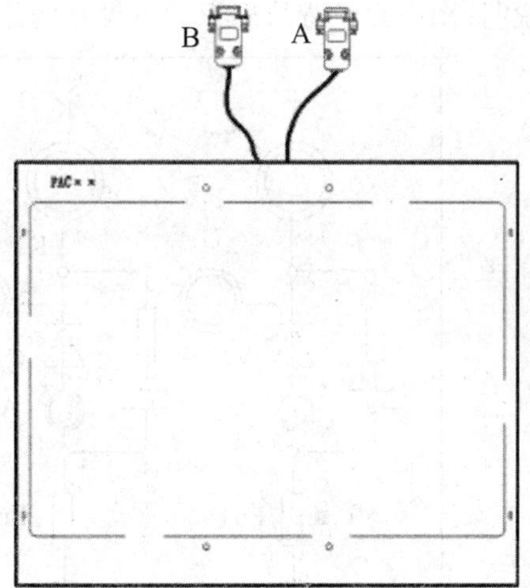

图 2.5.34　实训用大挂箱串口线示意图

另外，具有设故功能的实训挂箱，无需连接 PAC50 即可作为一般的实训设备使用；如需实训考核时，将 9 芯串口故障线正确连接到 PAC50 的对应串口接入处，即可进行相应的实训项目考核。下面就故障点的设置与排除举例说明：

(1)PAC31 挂箱的“K1、K10”故障点的设置

①将 PAC31 自带的“A”号 9 芯串口线接 PAC50 的 P1 口、“B”号 9 芯串口线接 PAC50 的 P2 口。

②PAC50 挂箱通电后，打开 PAC50 的故障设置门，在设故区域，向下拨动坐标为“K1、E1”的故障设置开关，所对应的故障设置指示灯点亮，这时 PAC31 挂箱的 K1 故障点设置完成；同样，向下拨动坐标为“K2、E4”的故障设置开关，所对应的故障设置指示灯点亮，这时 PAC31 挂箱的 K10 故障点设置完成。故障设置完成后，将故障设置门锁上，以对学生进行考核。

(2)PAC31 挂箱的“K1、K10”故障点的排除

①按下坐标为“K1、E1”的故障点排除按钮，其自锁按钮灯点亮，设故区域坐标为“K1、E1”的故障指示灯灭，表明 PAC31 的“K1”故障点已经排除。

②再按下排故区域坐标为“K2、E4”的故障点排除按钮，其自锁按钮灯点亮，设故区域坐标为“K2、E4”的故障指示灯灭，表明 PAC31 的“K10”故障点已经排除。

③打开故障设置门，将故障设置开关、故障点排除按钮全部复位，准备进行下一次实训考核。

注意：设置故障之前必须先将实训模块的主电路电源切掉，否则会造成设备的损坏，如整流桥在其工作时设置晶闸管保险丝的故障，因电流突然切断，将会产生过电压，使晶闸管击穿。另外由于电流过大，如果突然断开晶闸管的阳极，产生的电弧可能会使设故用的继电器烧坏。

2. 挂件故障点设置图(如下图所示)

说明:图中黑色方块标识为可设置的故障点。

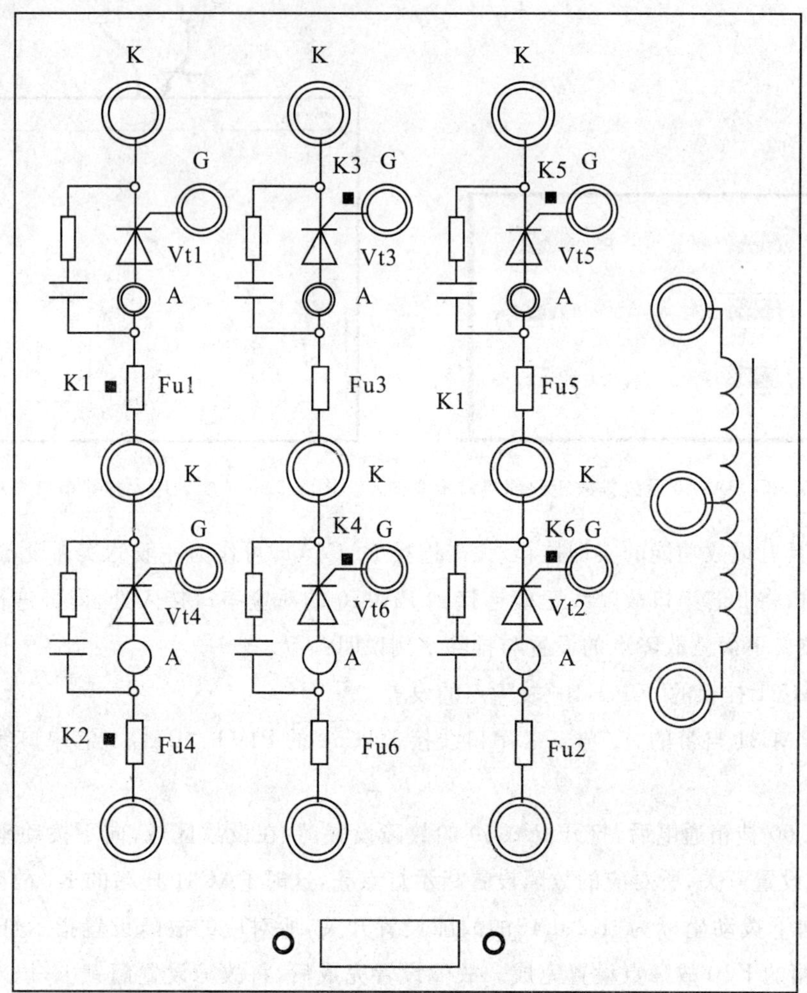

图 2.5.35　PAC10 挂箱故障点设置示意图

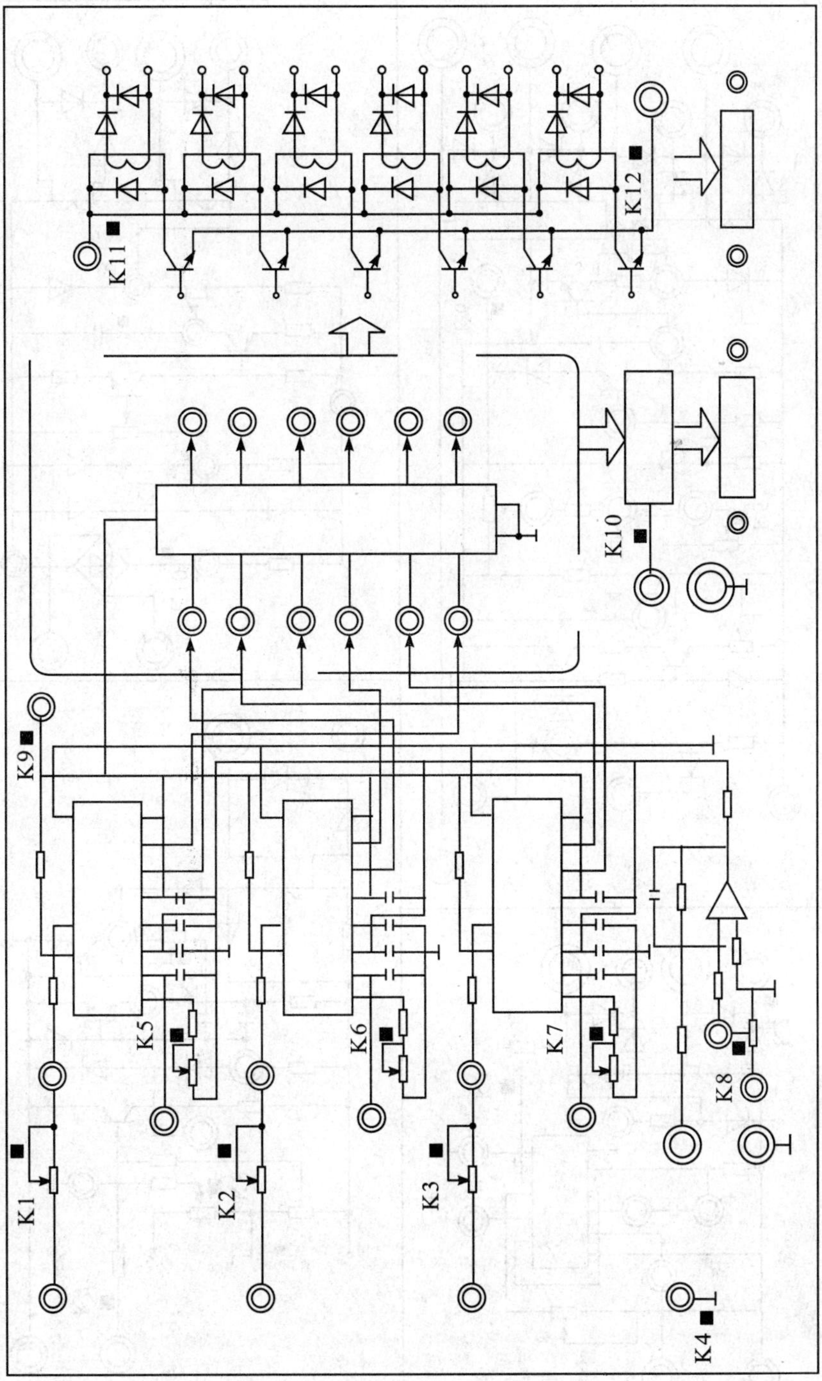

图 2.5.36　PAC13 挂箱故障点设置示意图

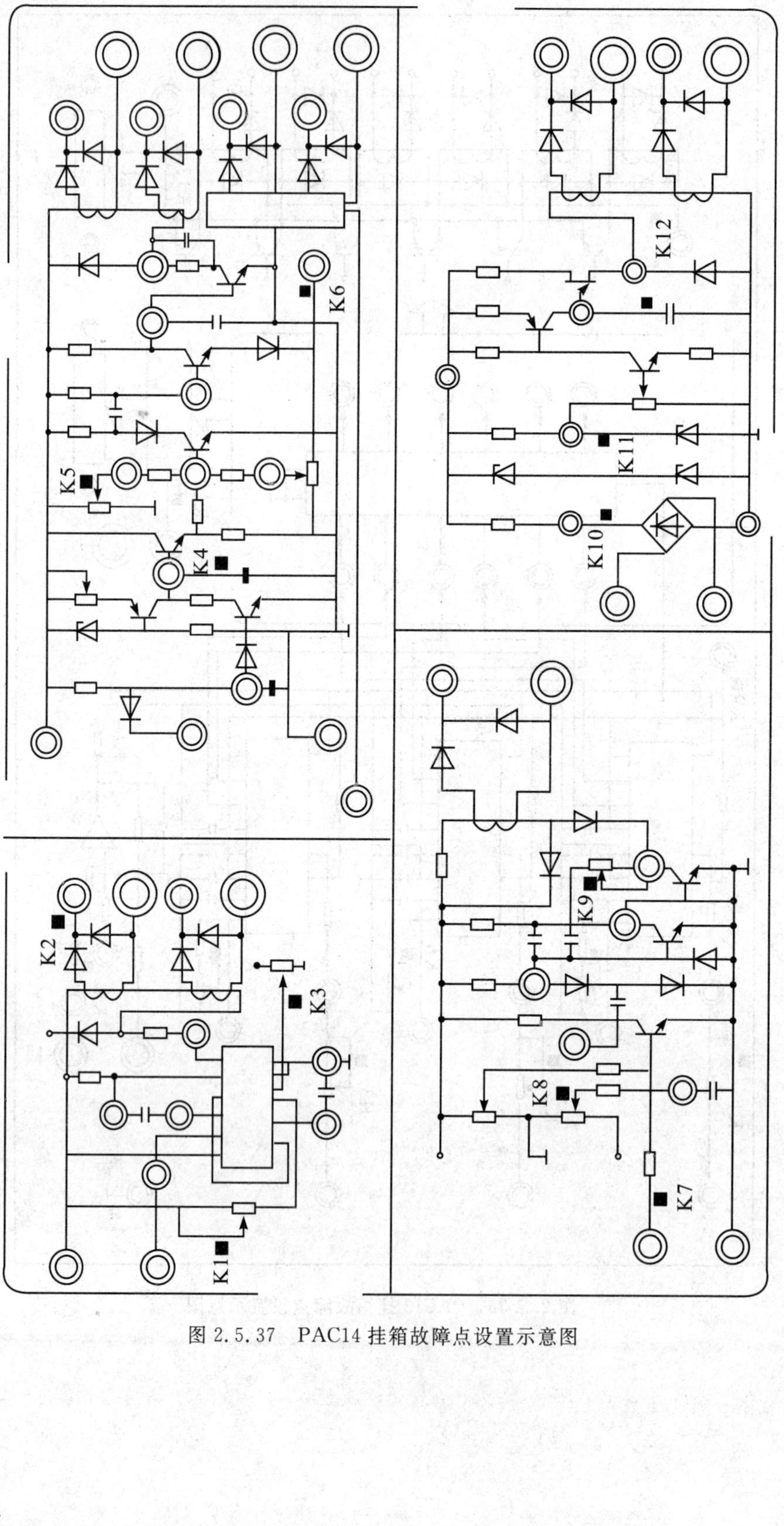

图 2.5.37　PAC14 挂箱故障点设置示意图

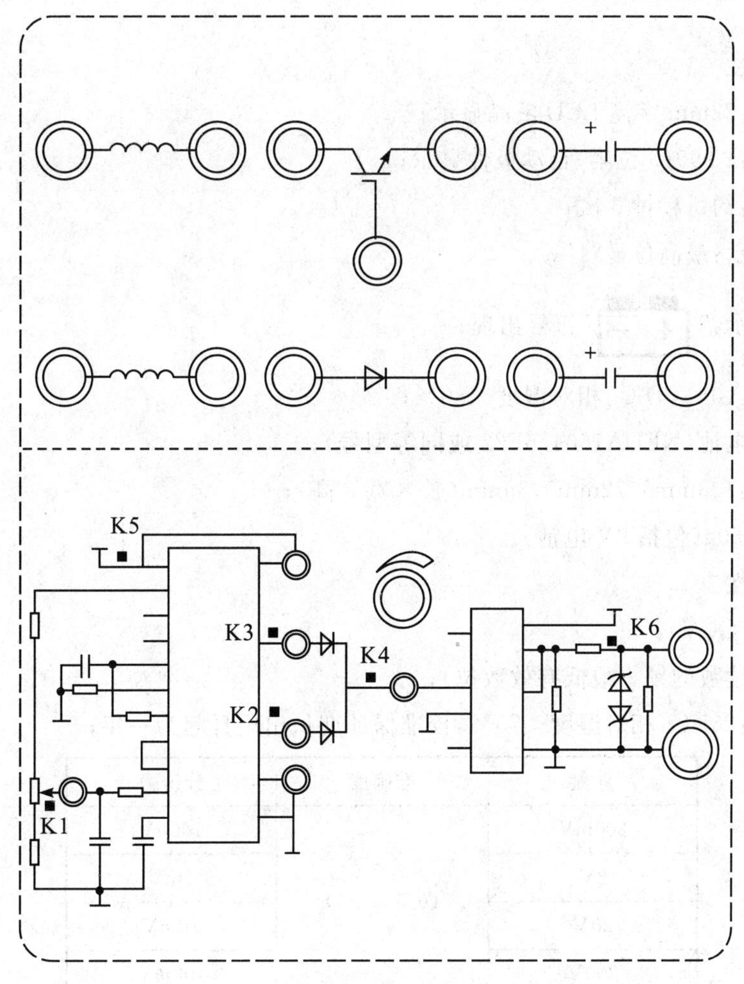

图 2.5.38　PAC20 挂箱故障点设置示意图

附 3　30L 型数字多用表操作指导及说明

一、概述

该仪表是一种袖珍式数字多用表，可用来测量直流电压和交流电压、直流电流、电阻、二极管、通断测试等参数。

二、安全事项

1. 测量时，请勿输入超过量程的极限值；

2. 在测高于 36V 直流、25V 交流电压时，要检查表笔是否可靠接触，是否正确连接、是否绝缘良好等，以避免电击；

3. 换功能和量程时，表笔应该离开测试点；

4. 在电阻挡，请不要加电压到输入端。

三、特性

1. 一般特性

显示方式:22mm 字高 LCD 液晶显示;

最大显示:1 999(3 位半)自动极性显示;

采样速度:约每秒钟 3 次;

超量程显示:最高位显“1”;

低电压显示:“+ −”符号出现;

工作环境:(0～40)℃,相对湿度＜80%;

电源:9V 电池(NEDA1604/6F22 或同等型号);

外形尺寸:138mm×72mm×35mm(长×宽×高);

重量:约 150g(包括 9V 电池)。

2. 技术特性

直流电压(DCV):

准确度:(读数的%＋最低有效数位);

环境温度:235℃,相对湿度＜75%,校准保证期从出厂日起为一年;

量程	准确度	分辨力
200mV	(0.5%＋4)	100μV
2V		1mV
20V		10mV
200V		100mV
600V	(1.0%＋5)	1V

输入阻抗:所有量程为 1MΩ。

交流电压(ACV):

量程	准确度	分辨力
200V	(1.2%＋10)	100mV
600V		1V

输入阻抗:1MΩ　频率响应:(40～200)Hz。

直流电流(DCA):

<table>
<tr><th>量程</th><th>准确度</th><th>分辨力</th></tr>
<tr><td>20μA</td><td rowspan="5">1.5%+3)</td><td>0.01μA</td></tr>
<tr><td>200μA</td><td>0.1μA</td></tr>
<tr><td>2mA</td><td>1μA</td></tr>
<tr><td>20mA</td><td>10μA</td></tr>
<tr><td>200mA</td><td>100μA</td></tr>
<tr><td>10A</td><td>(2.0%+5)</td><td>10mA</td></tr>
</table>

最大输入电流：10A(不超过 6s)；

过载保护：0.2A/250V 速熔保险丝；10A/250V 速熔保险丝。

电阻(Ω)：

<table>
<tr><th>量程</th><th>准确度</th><th>分辨力</th></tr>
<tr><td>200Ω</td><td>(0.8%+5)</td><td>0.1Ω</td></tr>
<tr><td>2kΩ</td><td rowspan="3">(0.8%+3)</td><td>1Ω</td></tr>
<tr><td>20kΩ</td><td>10Ω</td></tr>
<tr><td>200kΩ</td><td>100Ω</td></tr>
<tr><td>20MΩ</td><td>(1.0%+5)</td><td>10kΩ</td></tr>
</table>

过载保护：250V 直流和交流峰值；

注意事项：在使用 200Ω 量程时，应先将表笔短路，测得引线电阻，然后在实测中减去。

二极管及通断测试：

<table>
<tr><th>量程</th><th>显示值</th><th>测试条件</th></tr>
<tr><td></td><td>二极管正向压降</td><td>正向直流电流约 1mA
反向电压约 3V</td></tr>
<tr><td></td><td>蜂鸣器发声长响，测试两
点阻值小于 70±30Ω</td><td>开路电压约 3V</td></tr>
</table>

过载保护：250V 直流或交流峰值。

四、测量的正确方法

1. 直流电压测量：

(1)将黑表笔插入“COM”插孔，红表笔插入“V/Ω”插孔；

(2)将量程开关转至相应的 DCV 量程上，然后将测试表笔跨接在被测电路上，红表笔所接的该电压与极性显示在屏幕上。

注意：

(1)如果事先对被测电压范围没有概念，应将量程开关转到最高的挡位，然后根据显示值转至相应挡位上；

(2)如在高位显“1”,表明已超过量程范围,须将量程开关转至较高挡位上;

(3)输入电压切勿超过 600V,如超过,则有损坏仪表电路的危险;

(4)当测量高电压电路时,人体千万注意避免触及高压电路。

2.交流电压测量:

(1)将黑表笔插入“COM”插孔,红表笔插入“V/Ω”插孔;

(2)将量程开关转至相应的 ACV 量程上,然后将测试表笔跨接在被测电路上。

注意:

(1)如果事先对被测电压范围没有概念,应将量程开关转到最高的挡位,然后根据显示值转至相应挡位上;

(2)如在高位显“1”,表明已超过量程范围,须将量程开关转至较高挡位上;

(3)输入电压切勿超过 600Vrms,如超过则有损坏仪表电路的危险;

(4)当测量高电压电路时,人体千万注意避免触及高压电路。

3.直流电流测量:

(1)将黑表笔插入“COM”插孔,红表笔插入“V/Ω/mA”插孔中(最大为 200mA),或红表笔插入“10A”中(最大为 10A);

(2)将量程开关转至相应的 DCA 量程上,然后将测试表笔跨接在被测电路中,被测电流值及红色表笔点的电流极性将同时显示在屏幕上。

注意:

(1)如果事先对被测电压范围没有概念,应将量程开关转到最高的挡位,然后根据显示值转至相应挡位上;

(2)如 LCD 显“1”,表明已超过量程范围,须将量程开关调高一挡;

(3)最大输入电流为 200mA 或者 10A(视红表笔插入位置而定),过大的电流会使保险丝熔断,在测量时,仪表如无读数,则请检查相应的保险丝。

4.电阻测量:

(1)将黑表笔插入“COM”插孔,红表笔插入“V/Ω”插孔;

(2)将量程开关转至相应的电阻量程上,将测试表笔跨接在被测电阻上。

注意:

(1)如果电阻值超过所选的量程值,则会显“1”,这时应将开关转高一挡,当测量电阻阻值超过 1MΩ 以上时,读数需一定时间才能稳定,这在测量高电阻时时正常的;

(2)当输入端开路时,则显示过载情形;

(3)测量在线电阻时,要确认被测电路所有电源已关断而所有电容都已完全放电时,才可进行;

(4)请勿在电阻量程输入电压,这是绝对禁止的,虽然仪表在该挡位上有电压防护功能。

5.二极管及通断测试:

(1)将黑表笔插入“COM”插孔,红表笔插入“V/Ω”插孔(注意红表笔极性为“+”);

(2)将量程开关置"—▶|—"挡，表笔连接到待测试二极管，红表笔接二极管正极，读数为二极管正向压降的近似值。

(3)将量程开关置"—▶|—"挡，表笔连接到待测线路的两点，如蜂鸣器发声，则两点之间的电阻值低于约(70～30Ω)。

五、仪表保养：

该仪表是一台精密仪器，使用者不要随意更改电路。

注意：

不要将高于600V直流电压或600Vrms的交流电压接入；

不要在量程开关为Ω位置时，去测量电压值；

在电池没有装好或后盖没有上紧时，请不要使用此表进行测试工作；

在更换电池或保险丝前，请将测试表笔从测试点移开，并关闭电源开关；

电池更换，电池使用情况，当LCD显示出"—▶|—"符号时，应更换电池；

保险丝更换：是在断电状态下进行操作，请使用规格型号相同的保险丝。

附4　示波器操作指导及说明

一、概述

YB43020、YB43020B、YB43020D系列示波器，具有0～20MHz的频带宽度；垂直灵敏度为2mV/div～10V/div，扫描系统采用全频带触发式自动扫描电路，并具有交替扩展扫描功能，实现二踪四迹显示。具有丰富的触发功能，如交替触发、TV－H、TV－V等。仪器备有触发输出、正弦50Hz电源信号输出及Z轴输入。YB43020D采用长余辉慢扫描，最慢扫描时间10s/div，最长扫描每次可达250s。

仪器具有以下特点：

(1)采用SMT表面贴装工艺；

(2)垂直衰减开关，扫描开关均采用编码开关，具有手感轻、可靠性高；

(3)交替触发、交替扩展扫描、触发锁定、单次触发等功能；

(4)垂直灵敏度范围宽2mV/div～10V/div；

(5)扫描时间0.2s/div～0.1μs/div(YB43020D最慢扫描时间10s/div)；

(6)外形小巧美观，操作手感轻便、内部工艺整齐；

(7)面板具有非校准和触发状态等指示；

(8)备有触发输出，sin50Hz电源信号输出、Z轴输入，方便于各种测量；

(9)校准信号采用晶振和高稳定度幅度值，以获得更精确的仪器校准。

二、控制件位置图

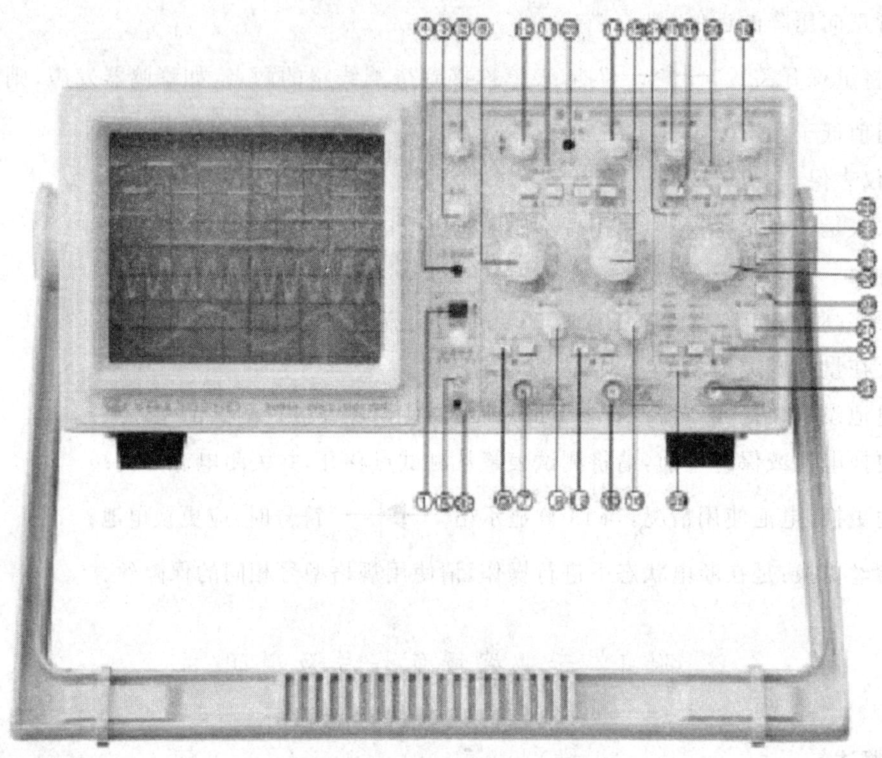

图 2.5.39　控制体位置图

三、控制件的作用

序号	控制件名称	控制件作用
1	电源开关(POWER)	按入此开关，仪器电源接通，指示灯亮。
2	亮度(INTENSITY)	光迹亮度调节，顺时针旋转光迹增亮。
3	聚焦(FOCUS)	用以调节示波管电子束的焦点，使显示的光点成为细而清晰的圆点。
4	光迹旋转(TRACEROTATION)	调节光迹与水平线平行。
5	探极校准信号(PROBEADJUST)	此端口输出幅度为0.5V，频率为1kHz的方波信号，用以校准Y轴偏转系数和扫描时间系数。
6	耦合方式(ACGNDDC)	垂直通道1的输入耦合方式选择，AC：信号中的直流分量被隔开，用以观察信号的交流成分；DC：信号与仪器通道直接耦合，当需要观察信号的直流分量或被测信号的频率较低时应选用此方式，GND输入端处于接地状态，用以确定输入端为零电位时光迹所在位置。

7	通道1输入插座CH1(X)	双功能端口,在常规使用时,此端口作为垂直通道1的输入口,当仪器工作在 $X-Y$ 方式时此端口作为水平轴信号输入口。
8	通道1灵敏度选择开关(VOLTS/DIV)	选择垂直轴的偏转系数,从2mV/div～10V/div分12个档级调整,可根据被测信号的电压幅度选择合适的档级。
9	微调(VARIABLE)	用以连续调节垂直轴的CH1偏转系数,调节范围≥2.5倍,该旋钮逆时针旋足时为校准位置,此时可根据"VOLTS/DIV"开关度盘位置和屏幕显示幅度读取该信号的电压值。
10	垂直位移(POSITION)	用以调节光迹在CH1垂直方向的位置。
11	垂直方式(MODE)	选择垂直系统的工作方式。 CH1:只显示CH1通道的信号。 CH2:只显示CH2通道的信号。 交替:用于同时观察两路信号,此时两路信号交替显示,该方式适合于在扫描速率较快时使用。 断续:两路信号断续工作,适合于在扫描速率较慢时同时观察两路信号。 叠加:用于显示两路信号相加的结果,当CH2极性开关被按入时,则两信号相减。 CH2反相:此按键未按入时,CH2的信号为常态显示,按入此键时,CH2的信号被反相。
12	耦合方式(ACGNDDC)	作用于CH2,功能同控制件(6)
13	通道2输入插座	垂直通道2的输入端口,在 $X-Y$ 方式时,作为 Y 轴输入口。
14	垂直位移(POSITION)	用以调节光迹在垂直方向的位置。
15	通道2灵敏度选择开关	功能同(8)
16	微调	功能同(9)
17	水平位移(POSITION)	用以调节光迹在水平方向的位置。
18	极性(SLOPE)	用以选择被测信号在上升沿或下降沿触发扫描。
19	电平(LEVEL)	用以调节被测信号在变化至某一电平时触发扫描。

20	扫描方式(SWEEPMODE)	选择产生扫描的方式。 自动(AUTO):当无触发信号输入时,屏幕上显示扫描光迹,一旦有触发信号输入,电路自动转换为触发扫描状态,调节电平可使波形稳定的显示在屏幕上,此方式适合观察频率在50Hz以上的信号。 常态(NORM):无信号输入时,屏幕上无光迹显示,有信号输入时,且触发电平旋钮在合适位置上,电路被触发扫描,当被测信号频率低于50Hz时,必须选择该方式。 锁定:仪器工作在锁定状态后,无需调节电平即可使波形稳定的显示在屏幕上。 单次:用于产生单次扫描,进入单次状态后,按动复位键,电路工作在单次扫描方式,扫描电路处于等待状态,当触发信号输入时,扫描只产生一次,下次扫描需再次按动复位按键。
21	触发指示 (TRIG'DREADY)	该指示灯具有两种功能指示,当仪器工作在非单次扫描方式时,该灯亮表示扫描电路工作在被触发状态,当仪器工作在单次扫描方式时,该灯亮表示扫描电路在准备状态,此时若有信号输入将产生一次扫描,指示灯随之熄灭。
22	扫描扩展指示	在按入"×5扩展"或"交替扩展"后指示灯亮。
23	×5扩展	按入后扫描速度扩展5倍。
24	交替扩展扫描	按入后,可同时显示原扫描时间和被扩展×5后的扫描时间。(注:在扫描速度慢时,可能出现交替闪烁)
25	光迹分离	用于调节主扫描和扩展×5扫描后的扫描线的相对位置。
26	扫描速率选择开关	根据被测信号的频率高低,选择合适的档极。当扫描"微调"置校准位置时,可根据度盘的位置和波形在水平轴的距离读出被测信号的时间参数。
27	微调(VARIABLE)	用于连续调节扫描速率,调节范围≥2.5倍。逆时针旋足为校准位置。
28	慢扫描开关	用于观察低频脉冲信号。

29	触发源(TRIGGERSOURCE)	用于观察低频脉冲信号。 用于选择不同的触发源。 第一组: CH1:在双踪显示时,触发信号来自CHl通道,单踪显示时,触发信号则来自被显示的通道。 CH2:在双踪显示时,触发信号来自CH2通道,单踪显示时,触发信号则来自被显示的通道。 交替:在双踪交替显示时,触发信号交替来自于两个 Y 通道,此方式用于同时观察两路不相关的信号。 外接:触发信号来自于外接输入端口。
		第二组: 常态:用于一般常规信号的测量。 TV－V:用于观察电视场信号。 TV－H:用于观察电视行信号。 电源:用于与市电信号同步。
30	AC/DC	外触发信号的耦合方式,当选择外触发源,且信号频率很低时,应将开关置DC位置。
31	外触发输入插座(EXTINPUT)	当选择外触发方式时,触发信号由此端口输入。
32	⊥	机壳接地端。
33	带保险丝电源插座	仪器电源进线插口。
34	电源50Hz输出	市电信号50Hz正弦输出,幅度约2Vp－p。
35	触发输出	随触发选择输出约100mV/div的CH1或CH2通道输出(TRIGGERSIGNALOUTPUT) 信号,方便于外加频率计等。
36	Z 轴输入	亮度调制信号输入端口。

四、主机的检查

把各有关控制件置于下表所列作用位置

控制件名称	作用位置	控制件名称	作用位置
亮度 INTENSITY	居中	输入耦合	DC

聚焦 FOCUS	居中	扫描方式 SWEEPMODE	自动
位移(三只) POSITION	居中	极性 SLOPE	
垂直方式 MODE	CH1	SEC/DIV	0.5ms
VOLTS/DIV	0.1V	触发源 TRIGGERSOURCE	CH1
微调(三只) VARIABLE	逆时针旋足	耦合方式 COUPLING	AC 常态

接通电源,电源指示灯亮。稍等加热,屏幕中出现光迹,分别调节亮度和聚焦旋钮,使光迹的亮度适中、清晰。

五、测量

电压测量:

在测量时一般把“VOCIS/DIV”开关的微调装置以逆时针方向旋至满度的校准位置,这样可以按“VOLTS/DIV”的指示值直接计算被测信号的电压幅值。由于被测信号,一般都含有交流和直流两种成分,因此在测试时应根据下述方法操作:

1. 交流电压的测量

当只需测量被测信号的交流成分时,应将 Y 轴输入耦合方式开关置“AC”位置,调节“VOLTS/DIV”开关,使波形在屏幕中的显示幅度适中,调节“电平”旋钮使波形稳定,分别调节 Y 轴和 X 轴位移,使波形显示值方便读取。

$$Vp-p=V/DIV\times H(DIV)$$

$$V\text{有效值}=Vp-p/2\sqrt{2}$$

2. 直流电压的测量

当需测量被测信号的直流或含直流成分电压时,应先将 Y 轴耦合方式开关置“GND”位置,调节 Y 轴移位使扫描基线在一个合适的位置上,再将耦合方式开关转换到“DC”位置,调节“电平”使波形同步。根据波形偏移原扫描基线的垂直距离,用上述方法读取该信号的各个电压值。

附 5:项目任务报告书

任务名称__________

日期__________

2.6 单片机小系统的设计与制作训练

基本项目

项目1　彩灯控制器

项目描述

许多户外商业广告、公益广告、节日彩灯等大多采用循环灯控制形式，它们通过巧妙构思与创作，使得彩灯作品，变化形式丰富，起着宣传和美化环境的作用。本项目采用基于计算机仿真技术的开发流程开发设计彩灯控制器。

任务1　用程序控制 LED 的亮灭

知识链接

参考教材《单片机小系统设计与制作》第 91 页到第 92 页的相关知识。

任务实践

一、任务目的

1. 了解单片机应用系统的开发过程。
2. 会编写简单的输入输出控制程序。
3. 掌握 PROTEUS 的使用。
4. 熟悉 Keil 的使用步骤。

二、任务要求

用两个开关分别控制 LED 的亮灭：K0 控制 1 盏灯的亮灭，开关 K1 控制 4 盏灯的亮灭。

三、任务内容

1. 电路设计

使用 PROTEUS 进行项目仿真设计，并演示如图 2.6.1 所示。

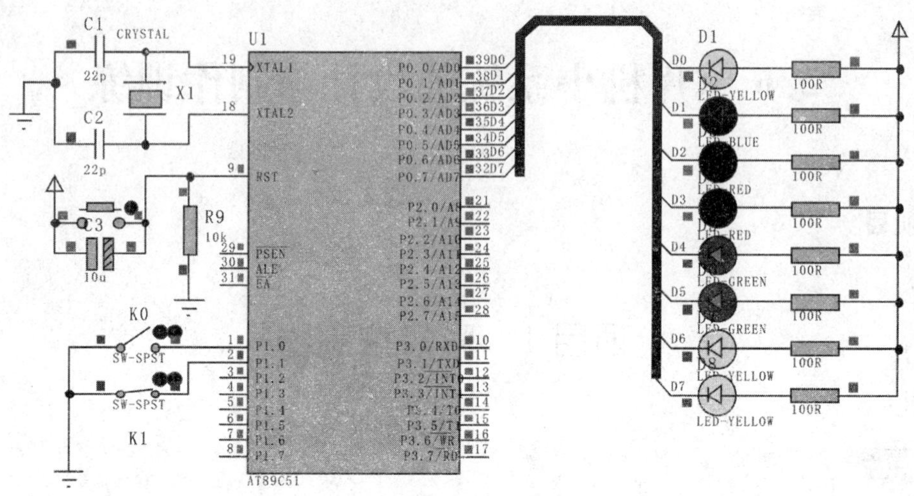

图 2.6.1　开关控制 LED 灯亮灭电路原理图

电路元器件清单

表 2.6.1

元器件	类别/子类别	关键字
单片机芯片 AT89C51	Micoprocessor IC/ 8051 Family	89C51
红、黄、绿、蓝色 发光二极管 LED	Optoelectrics	LED－RED、YELLOW GREEN、BLUE
10K 电阻	Resistor	10K
100Ω 电阻		100R
22pF 和 10nF 电容	Capacitor	22pF 和 10nF
单刀单掷开关	Switches & Relay	SW－SPST
晶振	Miscellaneous	CRYSTAL

2. 程序设计

```
    // 单片机控制 LED 灯的亮灭
#include "reg51.h" // 包含 51 寄存器符号声明;
sbit K0=P1^0;  // 声明位变量
sbit K1=P1^1;
sbit P00=P0^0;
void main()  // 主函数
{
    if (K0)  P00=0;              // 若 P1.0=1 ,P0.0 灯亮,
```

```
elseP00=1;                  // 否则该灯灭
if (! K1)  P0 &= 0x0F;      // 若 P1.1=0 ,P0 高四位清 0,对应灯亮
elseP0|= 0xF0;              // 若 P1.1=1 ,P0 高四位置 1,对应灯灭
    }
```

四、任务步骤

1. 用 Proteus ISIS 绘制硬件电路

(1)新建设计文件或打开一个现有的设计文件。

(2)选择元器件(通过关键字或分类检索)。

(3)将元器件放入设计窗口。

(4)添加其他模型(电源、地线、信号源等)和相关的虚拟仪器。

(5)编辑和连接电路。

(6)根据需要,设置对象的属性,如设置晶振的频率、加载目标程序。

(7)启动仿真功能,对电路进行仿真操作,验证其功能。

2. Keil 编写程序

(1)启动 μVision2 软件,创建新的工程名为:P1-1、CPU 选择 ATMEL89C51。

(2)工程的属性进行设置:目标属性中选择"生成 HEX 文件"。

(3)编写源程序;以.c 为扩展名保存在工程文件夹之中。

(4)将源程序加入源程序组:鼠标右键单击源程序组图标,加入文件组。

(5)构造工程:使用热键 F7 或构造工具进行构造,修改源程序,直到没有语法错误为止。

(6)调试:进入调试状态,打开相应窗口,运行程序,观察运行结果。

3. 仿真调试

打开 ProteusISIS 设计的电路图,在单片机属性中选择目标文件,然后进行仿真运行,操作电路中的开关,观察运行结果。

五、任务预习要求

1. 单片机应用系统开发仿真过程:电路设计仿真软件 Proteus 绘图的方法和 Keil 开发软件程序的步骤;

2. 输入电平的判别;

3. 输出控制;

4. MCS-51 单片机封装形式与引脚功能;

5. 位逻辑运算指令。

任务评价

参考《单片机小系统设计与制作》教材第 266 页附录表 7。

任务2　LED彩灯滚动控制

知识链接

参考教材《单片机小系统设计与制作》第93页到第94页的相关知识。

任务实践

一、任务目的

1. 会使用左移函数_crol_()或右移函数_cror_()实现循环移位输出。

2. 会利用自定义的延时函数进行延时时间的控制。

二、任务要求

用开关K0控制彩灯滚动的速度,用开关K1控制滚动的方向。

三、任务内容

1. 电路设计

2. 程序设计

```
//示例程序 1－2.C
#include "reg51.h" // 包含51寄存器符号声明
#include "intrins.h" // 包含本征函数
sbit  K0＝P1^0;  // 声明位变量
sbit  K1＝P1^1;
void delay(unsigned int ms);  /* 声明自定义的延时函数 */
void main()              // 主函数
{P0＝0xfe;                    // P0初始值,最低位＝0点亮
 while(1)          // 无条件循环
  {
  if (K0)  P0＝_crol_(P0,1); // 若K0＝1 ,P0左移1位,下一盏灯亮
  elseP0＝_cror_(P0,1);    // 否则,P0右移1位,上一盏灯亮
  if(K1)delay(200);else delay(50); // 若K1＝1慢速,否则快速
      }
 }
/* 用户自定义的延时函数,利用循环实现程序延时  */
void delay(unsigned int ms)
{  unsigned int i;
for(;ms>0;ms－－)
```

```
    { for(i=0;i<124;i++) {;} }
}
```

四、任务步骤

1.用 Proteus ISIS 绘制如图 2.6.1 的硬件电路图。

2.使用 Keil 编写程序。

3.程序的跟踪调试：

1)在 Keil 中创建目标，修改程序直到没有语法错误为止；

2)在 Keil 中创建目标程序后进入 Debug 状态，进行单步、断点等跟踪调试程序，查看单片机的资源。

4.电路仿真运行：

下载目标程序到仿真电路后启动仿真，观察运行结果。

五、任务预习要求

库函数和自定义函数。

任务评价

参考《单片机小系统设计与制作》教材第 266 页附录表 7。

任务 3　LED 彩灯花样控制

知识链接

参考教材《单片机小系统设计与制作》第 93 页到第 94 页的相关知识

任务实践

一、任务目的

1.学会按钮输入的扫描判断。

2.学会使用"与"、"或"指令来进行字节的位处理。

二、任务要求

使彩灯依次变换输出不同的花样，用开关 K1 控制花样变化的快慢。

三、任务内容

2.程序设计

```
///示例程序
#include "reg51.h" // 包含 51 寄存器符号声明
sbit   K1=P1^1;  // 声明位变量 K1
```

```
// 定义花样数组
unsigned char LED[8]={0xff,0xe7,0xc3,0x81,0x00,0x81,0xc3,0xe7};
void delay(unsigned int ms);  /* 用户自定义函数声明 */
void main()  // 主函数
{
unsigned char i;
while(1)          // 无条件循环
    {
for(i=0;i<8;i++)
        {
        P0=LED[i]; // 循环输出花样
    if(K1)delay(200);else delay(100);// K1 控制速度
        }
    }
}
/* 用户自定义的延时函数 */
void delay(unsigned int ms)
{   unsigned int i;
for(;ms>0;ms--)
    { for(i=0;i<124;i++) {;} }
}
```

四、任务步骤

1. 用 Proteus ISIS 绘制如图 2.6.1 的硬件电路图。

2. 使用 Keil 编写程序。

3. 程序的跟踪调试

在 Keil 中创建目标程序后进入 Debug 状态,进行单步、断点等跟踪调试程序,查看单片机的资源。

4. 电路仿真运行

下载目标程序到仿真电路后启动仿真,观察运行结果。

五、任务预习要求

数组。

任务评价

参考《单片机小系统设计与制作》教材第 266 页附录表 7。

项目 2　通过 LED 数码管显示数字

项目描述

在单片机系统中，常用 LED 数码管来显示各种数字或符号。由于它具有价格低廉，性能稳定，显示清晰，亮度高，使用电压低，寿命长等特点，所以应用非常广泛。本项目通过两个任务介绍了数码管的两种显示方式：静态显示和动态显示。

任务 1　1 位 LED 数码管的静态显示

知识链接

参考教材《单片机小系统设计与制作》第 99 页到第 100 页的相关知识。

任务实践

一、任务目的

1. 理解七段(或八段)LED 数码管的显示原理。
2. 掌握用单片机 I/O 口静态驱动 LED 数码管显示的电路设计。
3. 掌握利用数组实现数字与 LED 显示段码的转换。
4. 学习在 Keil 中单步跟踪调试程序的方法。

二、任务要求

要求如图 2.6.2 所示：在单片机 P1 口通过拨码开关设置二进制数 0000～1111，通过单片机 P2 口驱动 1 位 LED 数码管以 16 进制显示该数字。

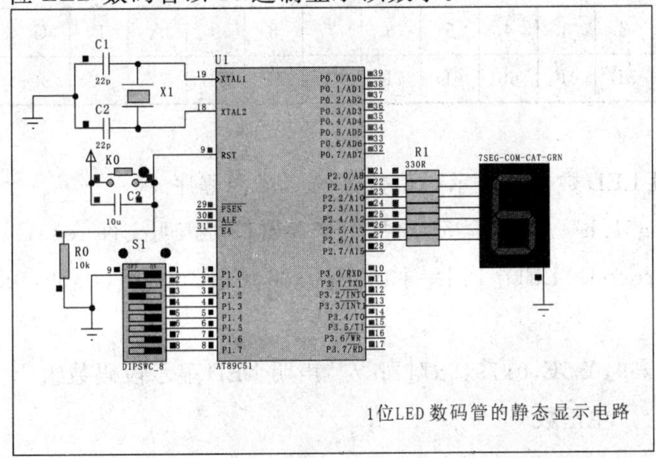

1位LED 数码管的静态显示电路

图 2.6.2

三、任务内容

1. 电路设计

仿照如图 2.6.2 所示绘制出 1 位 LED 数码管静态显示电路，图中元件参数见表 2.6.2 所列

表 2.6.2

器件编号	器件型号/关键字	功能与作用
U1	AT89C51	单片机
X1	CRYSTAL	晶振
C1,C2	22p	振荡电容
C3	10u	上电复位电容
R0	10K	复位端下拉电阻
K0	BUTTON	手动复位按钮
S1	DIPSWC_8	8 位拨码开关
R1－R7	330R	330Ω 限流电阻
LED1	7SEG－COM－CAT－GRN	7 段共阴绿色数码管

2. 程序流程

根据任务要求，我们需要通过程序将 P1 口拨码开关所设置的数读入，再将该数转换为 LED 数码管的显示段码送 P2 口驱动 LED 数码管。程序流程如图 2.6.3 所示。

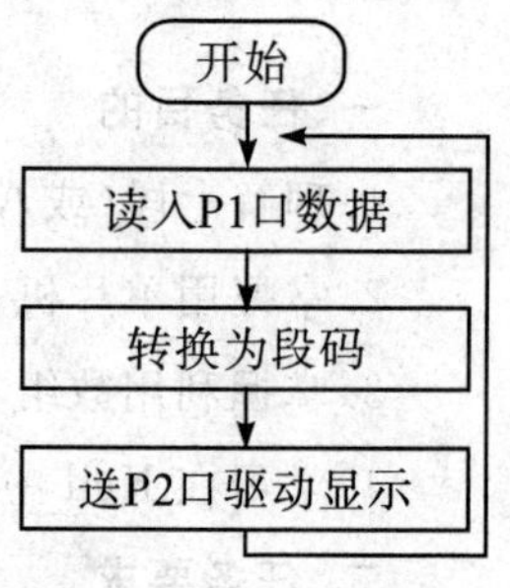

图 2.6.3 程序流程

在 C 语言程序中，我们可以将十六进制数 0～9，A～F 共 16 个数字的 16 进制段码定义为一个数组。这样，只要以待显示数字为下标，从数组所返回的数组元素即是该数字的显示段码。(表 2.6.3)

表 2.6.3 0～9，A～F 16 个数字的 LED 显示段码

数字	0	1	2	3	4	5	6	7	8	9	A	B	C	D	E	F
段码	3F	06	5B	4F	66	6D	7D	07	7F	6F	77	7C	39	5E	79	71

3. 示例程序

```
/* 通过 7 段 LED 数码管显示一位数字的 C51 源程序 */
#include "reg51.h" // 包含 51 单片机寄存器符号声明文件 reg51.h
unsigned char code LED[16]={0x3F,0x06,0x5B,0x4F,0x66,0x6D,0x7D,0x07,
0x7F,0x6F,
0x77,0x7C,0x39,0x5E,0x79,0x71}; // 声明 LED 显示段码数组
void main() // 主函数
{ while(1)
```

```
{
P2=LED[P1 & 0x0f]；  // 将 P1 口数据保留低 4 位作为下标，
}                     // 返回数组中的显示代码送 P2
    }
```

四、任务步骤

1. 用 Proteus ISIS 绘制如图 2.6.2 所示的硬件电路图。

2. 使用 Keil 编写程序。

3. 程序调试

(1)在 Keil 中创建目标程序排除语法错误后，单击 Debug 按钮进入调试状态。

(2)通过"外围设备"打开 I/O Port 中的 P1 和 P2 口。其中各位打勾的为高电平 1，否则为低电平 0。用鼠标点击可以在 1 和 0 之间切换。

(3)将 P1 口置为 00 000 001(数字 1 的二进制形式)，单击"单步"按钮跟踪程序，单步执行后可以看到 P2 变为 00 000 110，即显示数字"1"对应的笔划段码。同理，将 P1 口置为 00 000 010(数字 2 的二进制形式)，单步执行后观察 P2 的状态。用此方法可观察程序中利用数组实现数字 0～F 到笔划段码的转换过程。(如图 2.6.4 所示)

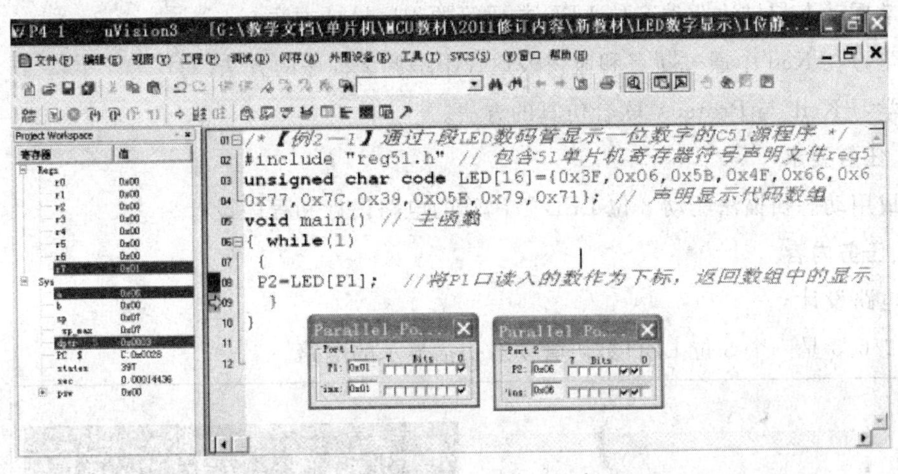

/*【例2—1】通过7段LED数码管显示一位数字的C51源程序 */
#include "reg51.h" // 包含51单片机寄存器符号声明文件reg5
unsigned char code LED[16]={0x3F,0x06,0x5B,0x4F,0x66,0x6
0x77,0x7C,0x39,0x05E,0x79,0x71}; // 声明显示代码数组
void main() // 主函数
{ while(1)
{
P2=LED[P1]; //将P1口读入的数作为下标，返回数组中的显示
}
}
Parallel Po...
Parallel Po...

图 2.6.4　跟踪程序的运行，观察 P1 口输入数字后 P2 口输出段码

4. 电路仿真运行

在 Proteus 电路中将单片机属性中"Programing"设为所创建的目标文件"P2—1.hex"，然后启动仿真，用鼠标改变 P1 口拨码开关输入值，观察 P2 口驱动的 LED 数码管显示结果。

五、任务预习要求

1. 8 段 LED 数码管显示原理。

2. 如何得到 LED 数码管的段码。

任务评价

参考《单片机小系统设计与制作》教材第 266 页附录表 7。

任务 2 多位 LED 数码管动态扫描显示

知识链接

参考教材《单片机小系统设计与制作》第 103 页的相关知识。

任务实践

一、任务目的

1. 理解多位 LED 数码管的动态扫描显示原理。
2. 掌握用单片机动态扫描法驱动 LED 数码管的电路设计。
3. 掌握动态扫描法驱动 8 位 LED 数码管的程序设计方法。
4. 学习在 Keil 中通过断点和监视表达式跟踪调试程序的方法。
5. 学习 Keil 与 Proteus 联合仿真的方法。

二、任务要求

完成用动态扫描法驱动 8 位 LED 数码管的电路设计和程序设计。

三、任务内容

1. 电路设计

图 2.6.5 是一个 8 位 LED 数码管动态扫描显示的电路。

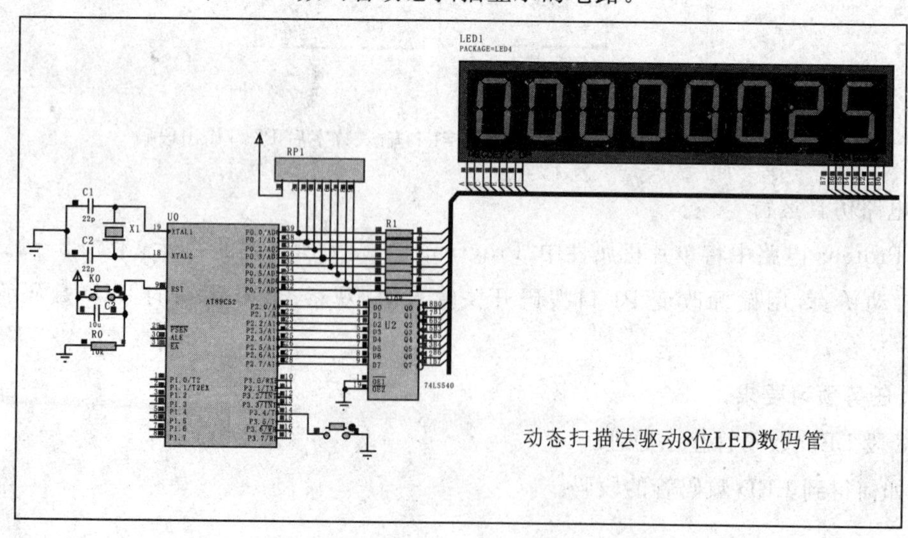

图 2.6.5 动态扫描驱动 8 位 LED 数码管的电路

表 2.6.4　图 P2－6 元器件清单

器件编号	器件型号/关键字	功能与作用
U1	AT89C51	单片机
U2	74LS540	八反相器，LED 位驱动
X1	CRYSTAL	晶振
C1,C2	22p	振荡电容
C3	10u	上电复位电容
R0	10K	复位端下拉电阻
K0	BUTTON	手动复位按钮
K1	BUTTON	输入按钮
R1－R7	330R	330 欧姆限流电阻
RP1	RESPACK－8	8 位排阻：P0 口上拉电阻
LED1	7SEG－MPX8－CC－BLUE	8 位共阴蓝色数码管

2.程序流程

图 2.6.6 给出了主函数和动态扫描显示函数的程序流程。

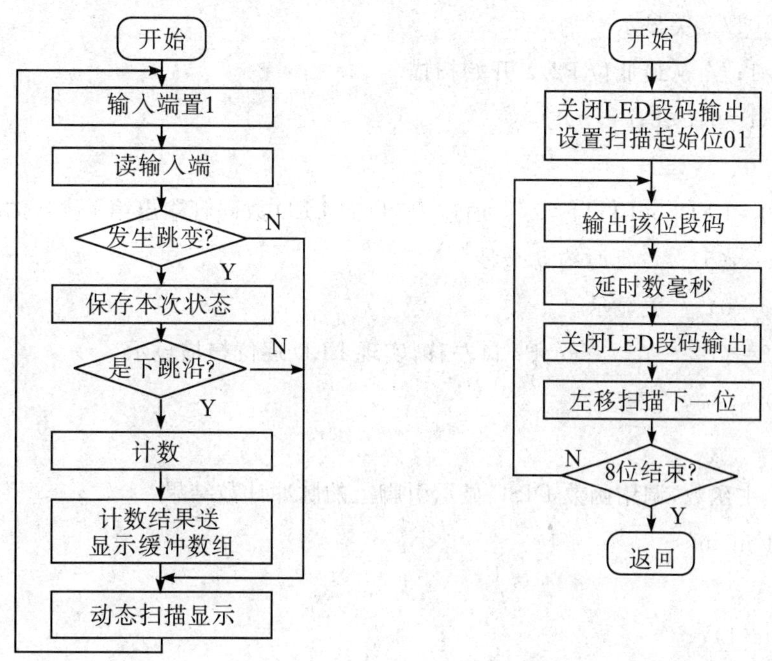

图 2.6.6(a)　主函数流程图　　　图 2.6.6(b)　LED 动态扫描显示函数流程图

3.示例程序

```
/* 计数并通过 8 位 LED 扫描显示程序 */
#include <reg51.h>
```

```
#define uchar unsigned char
#define uint unsigned int
uint X=0; // 计数变量 X
char buff[8]; // 声明显示缓冲数组(存放待显示的 8 个数字)
void D2BUFF(uint D);// 声明将数据拆送数据缓冲的函数
void DISP(uchar * buff); // 声明 8 位 LED 显示函数 DISP()
sbit IN=P3^4; // 指定信号输入引脚为 P3.4
bit IN0; // 声明位变量 IN0 保存引脚 IN 原状态
void delay(int ms) ;  // 声明延时函数
void D2BUFF(uint D); // 声明拆送显示缓冲(数组 buff)函数
/*  定义显示函数,动态扫描显示数组 buff 中的 8 个数字  */
void DISP(uchar * buff)
{
uchar code LED[16]={0x3F,0x06,0x5B,0x4F,0x66,0x6D,0x7D,0x07,0x7F,
0x6F,0x77,0x7C,0x39,0x5E,0x79,0x71}; // 数字 0-F 笔划段码
uchar i=0;
P0=0;// 关显示
P2=1;// 从最低位 P2.1 开始扫描
for (i=0;i<8;i++)
 {
  P0=LED[buff[i]];  // 通过 P0 口向 LED 数码管输出第 i 位数的段码
  delay(5);// 延时约 5 毫秒
  P0=0;// 关显示
  P2=(P2<<1) ;// P2 口左移,实现 LED 逐位扫描显示
 }
}
/*  主函数,调用函数 DISP 显示引脚上的脉冲计数结果  */
void main()
{
while(1)
 {
IN=1;   // 输入端置 1
if( IN != IN0 )   // 如果发生跳变
{
IN0=IN;   // 保存本次状态
```

```
if( ! IN)
{++X;   // 如果为下跳沿,X+1 计数
D2BUFF(X);        // 计数结果送显示数组
}
}
DISP(buff);// 调用 disp 函数显示计数结果
delay(10);// 延时
  }
}
/* 将数 D 的各位拆送显示缓冲(数组 buff)函数 */
void D2BUFF(uint D)
{
uint X;
uchar i;
X=D;
for(i=0;i<8;i++)  // 对整形数逐位分离(<65536)需要分离 5 次
{
 buff[i]=X %10; // 取最低位数字存入数组元素 buff[i]
 X=X /10; // 舍去最低位数字
 }
}
/* 延时函数,入口参数 ms 为延时的毫秒数 */
void delay(int ms)
{  unsigned int i;
 for(i=ms*91;i>0;i--)  // 每次循环用时是一定的,根据参数 ms 确定循环次数达到延时
   {;}
  }
```

四、任务步骤

1. 用 Proteus ISIS 绘制如图 2.6.5 所示的硬件电路图,元件清单见表 2.6.4 所列;

2. 使用 Keil 编写程序;

3. Keil 程序仿真调试

图 P2—8 给出了操作基本步骤:

(1)在 Keil 中创建目标程序后,单击 Debug 按钮进入调试状态。

(2)在源程序中需要观察的各语句上,用断点工具或双击行头设置断点,例如在主函数语句 D2BUFF(X)处设置断点。

(3)在变量 X 上右击,快捷菜单中选“Add‘X’ to Watch Windows ＃1”。

(4)在变量 buff 上右击,快捷菜单中选“Add‘buff’ to Watch Windows ＃1”。

(5)在视图菜单中打开“监视和调用堆栈窗口”。

(6)单击“运行”按钮启动程序运行。

(7)在外围设备中打开 P3 口,用鼠标单击 P3.4 ,使其发生跳变,从而程序在断点处暂停。

(8)在“监视和调用堆栈窗口”窗口 Watch ＃1 观察有关对象或变量。

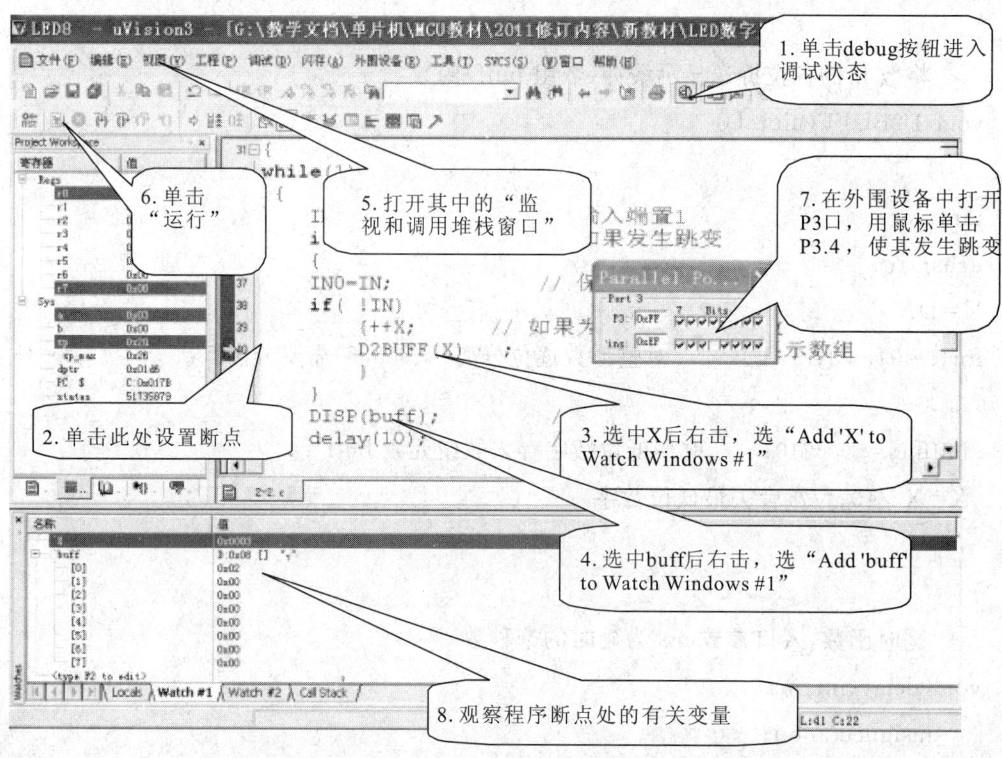

图 2.6.7　通过断点和监视表达式跟踪调试程序

4. Keil 与 Proteus 联合调试

将 Keil 与 Proteus 结合起来进行程序与电路的联合仿真调试,为此需要在 Keil 工程属性的 Debug 页中按图 2.6.7 设置,在 Proteus 的 Debug 中,勾选“Use Remote Debug Monitor ”。(如果没有此选项,就说明没有安装 Proteus 的 Keil 驱动程序 vdmagdi. exe,应予安装)。

在 Proteus 电路中将单片机属性中“Programing”设为所创建的目标文件“P2－3. hex”,然后可以在 Keil 中进入 Debug 状态,实现程序与电路的联合仿真调试。例如,在 Keil 中设置断点,可在 Proteus 中观察电路在断点处暂停时的运行情况,或在电路中操作,满足断点条件时程序暂停。

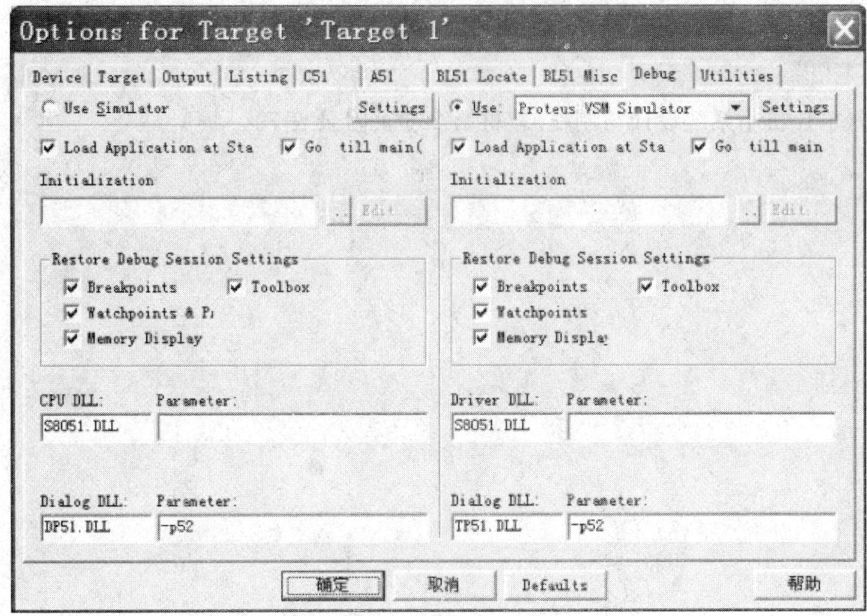

图 2.6.8　在 Keil 的工程属性中设置 Debug 方式为 Proteus VSM Simulator

5. Proteus 仿真运行

若在 Proteus 中没有勾选"Use Remote Debug Monitor"，则可在独立进行 Proteus 仿真，用鼠标反复按下按钮，观察 LED 数码管显示计数结果。(图 2.6.9)

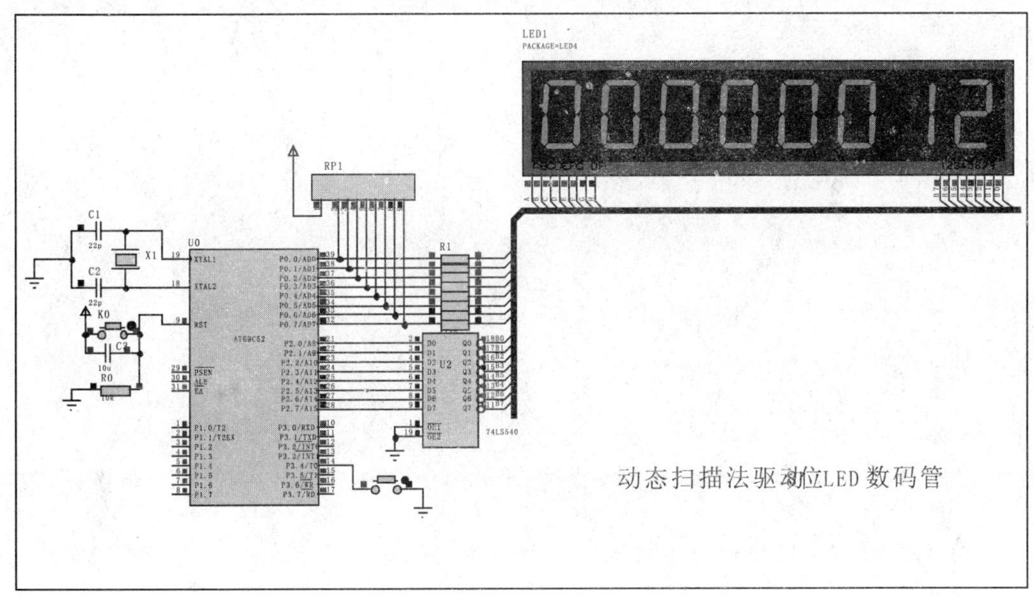

图 2.6.9　电路仿真运行，驱动 8 位 LED 显示计数结果

五、任务预习要求

数码管动态扫描显示原理

任务评价

参考《单片机小系统设计与制作》教材第 266 页附录表 7。

项目3 电路板设计与制作

项目描述

为了完整地完成整个单片机应用系统的开发，仿真通过之后还需要设计制作印刷电路板、安装焊接电路元件和下载测试，本项目包含3个任务，分别介绍了印刷电路板的设计、电路元件的安装和焊接以及程序的移植和下载。

任务1 印刷电路板设计

知识链接

参考教材《单片机小系统设计与制作》第157页到第158页的相关知识。

任务实践

一、任务目的

1. 初步掌握利用 Proteus ARES 模块进行印刷电路板设计的方法和步骤。

2. 完成一个单片机简单应用电路板的设计。

二、任务要求

设计一个51单片机最小系统的印刷电路板。

三、任务内容及步骤

1. 在原理图设计 ISIS 中需要完成的工作(后处理)。

先使用 Proteus ISIS 绘制如图2.6.10所示的电路原理图：

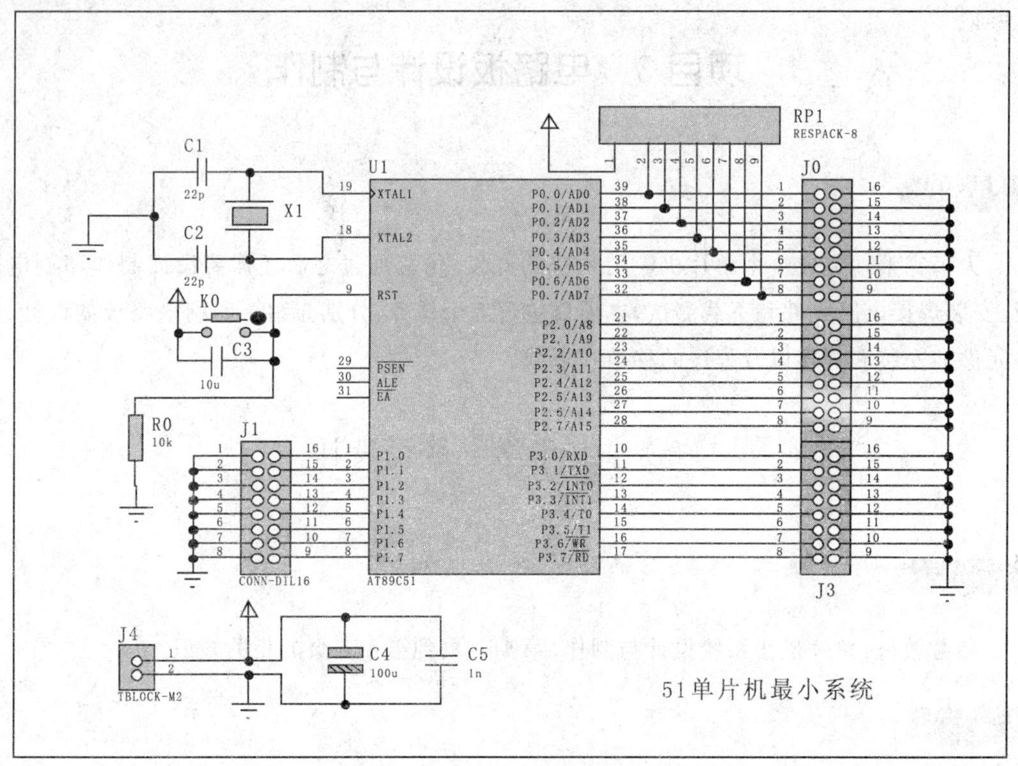

图 2.6.10 单片机最小系统电路原理图

Proteus 中印刷电路板设计是在原理图设计的基础上进行的。为此,需要在原理图设计(Proteus ISIS)中做好以下工作:

下面我们先按此步骤在 ISIS 中进行必要的操作。

步骤 1 指定元件封装

2. ARES 的基本操作

如果在原理图设计时有些元件没有指定封装或指定的封装不存在,则在进入 ARES 时会显示对话框(如图 2.6.11 所示),可在此从封装库中选定封装或 Skip 跳过该元件的封装。

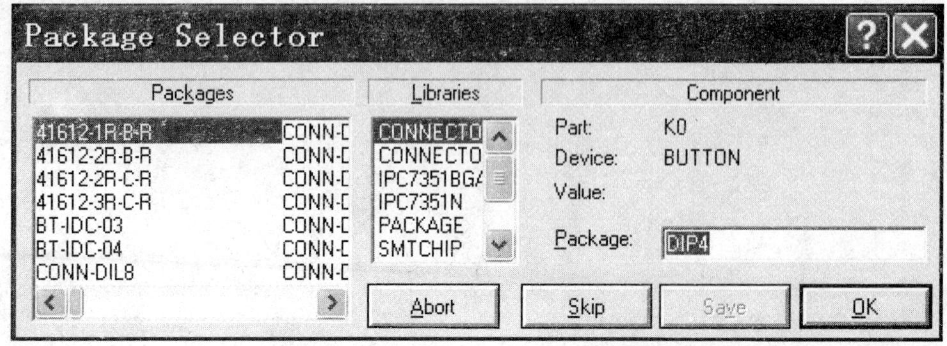

图 2.6.11 进入 ARES 时为元件选择封装

用 ARES 设计 PCB 的基本步骤如下：

步骤 1　在 Board Edge 层绘出电路板大小范围：(如图 2.6.12 所示)

具体操作如下：

(1)选长度单位(这里按下 m，选择公制单位)；

(2)选 2D 矩形工具；

(3)在层选择列表中选 Board Edge(边缘层)；

(4)根据屏幕右下角所指示的坐标值，用鼠标绘出电路板大小，例如 70mm×50mm；

(5)再单击“Zoom To View Entire Board”按钮，将所划定区域放大到整个窗口。

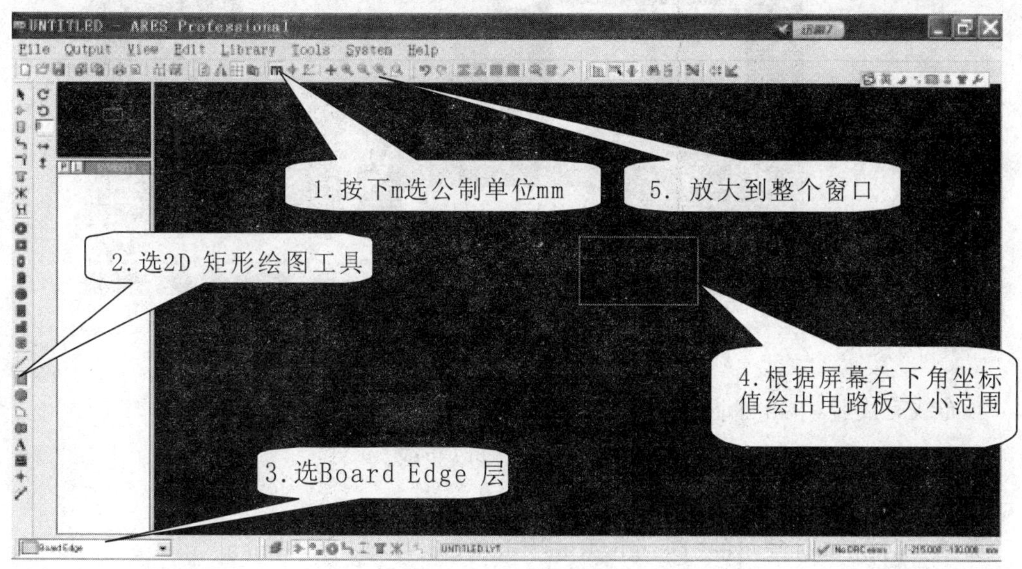

图 2.6.12　步骤 1 的操作过程

步骤 2　放置元器件

(1)选“Tools”菜单下的“AutoPlace”(自动放置)，出现下列“Auto Placer”对话框，根据需要设置或取默认值后单击“OK”按钮，自动将电路中的元件放入电路板；

(2)手工调整元件布局用鼠标选中元件后拖动位置，或利用快捷菜单进行旋转等操作，使元件间的连线(未布线前显示为飞线)尽可能短。

步骤 3　设置布线区域与布线规则

先选择 2D 绘图工具，在 Keepout 层绘出布线区域：(Keepout 层默认为橙色线框)；

再通过“System”菜单下的“Set Default Rules”设置默认布线规则，包括焊盘、导线的间距等。

步骤 4　布线

布线一般包括手工预布线、自动布线、手工调整布线 3 个步骤。

手工预布线多用来对电路板布闭环地线和电源线，此时尽量选较大的线宽(如图 2.6.13 所示)；

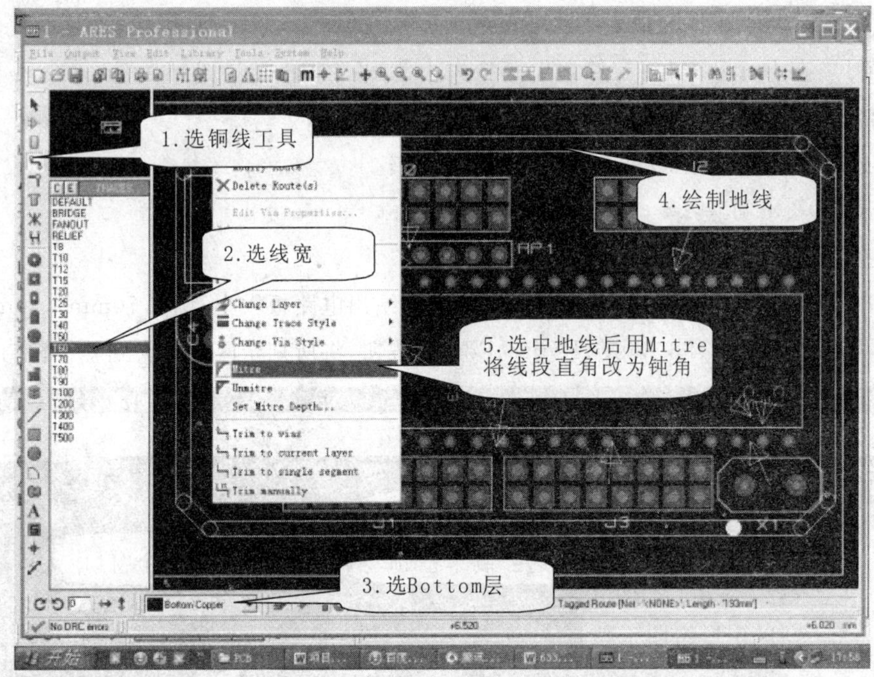

图 2.6.13　手工预布地线环路

预布线完成后，单击自动布线工具开始自动布线；

最后，通过手工删除不合适的布线，添加或修改布线。

步骤 5　布线规则检查

如果我们在 Tool 菜单的“Design Ruls Manager”中选中了“Enable design rule checking”选项，则如果电路板上存在违反设计规则的问题(如间隔小于规则规定的下限等)，ARES 窗口左下角会显示“DRC Error”的提示，单击此提示，会弹出一个 DRC 错误报告窗口，给出错误的具体信息。

步骤 6　调整线宽、添加字符说明

如果需要，还可以通过修改默认线宽，调整电路板中的整体线宽，或通过手工调整个别导线线宽。还要利用工具栏中的字符工具，在电路板的丝印层，为电路板添加必要的字符标记或说明。

步骤 7　输出电路板文件

最后，通过 OUTPUT 菜单可输出多种格式的文件，常用的有：

BitMap(电路板布局图)；

3D Visualizision (三维虚拟布局图)；

Gerber(标准光绘图)；

Gerber 格式在 PCB 制造中被用作行业标准格式。单击“OK”可以生成 CADCAM 输出文件(即 Gerber 格式)，交 PCB 制作厂家进行制版。

四、任务预习要求

1. 了解一些印刷电路板的有关知识；

2. 掌握 Proteus ARES 设计印刷电路板文件的方法。

任务评价

参考《单片机小系统设计与制作》教材第 266 页附录表 7。

任务 2　单片机应用电路板的安装焊接

知识链接

参考教材《单片机小系统设计与制作》第 168 页到第 171 页的相关知识。

任务实践

一、任务目的

完整地认识一个真实单片机应用电路，了解电路中各元件的作用、参数以及封装等相关知识。

通过该单片机应用电路的安装焊接，掌握常用焊接工具的使用和电路元件焊接工艺。

学习使用万用表等测试工具对电路进行检测和故障分析。

二、任务要求

完成一个实际单片机应用电路板的硬件安装、焊接、检测。

三、任务所需电路和元件清单

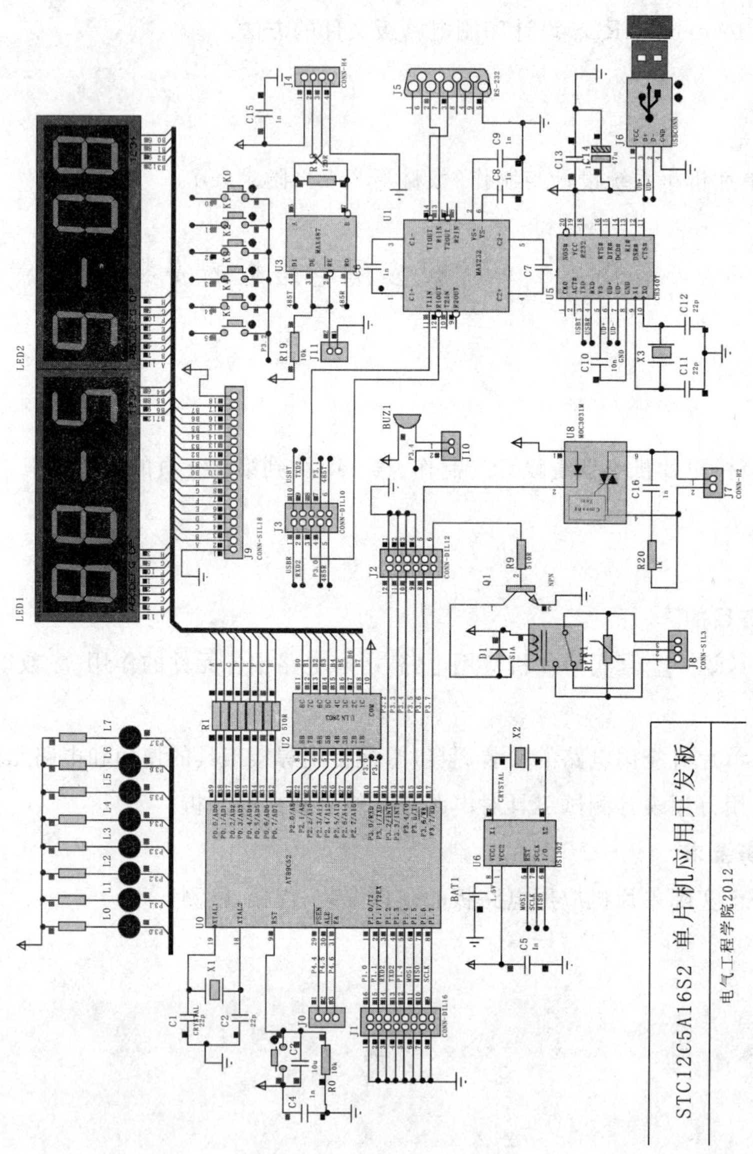

图 2.6.14

表 2.6.5　单片机开发任务板元器清单

类别	电路标号	作用	型号/参数	封装
电阻	R0	下拉电阻	10K	0805
	R0－R7	限流电阻	330Ω	0805
	R9,R10－R17	限流电阻	1K	0805

电容	C0, C4, C10, C13,C15	高频去耦电容	0.1u(104)	0805
	C6－C9	升压电容	1u(105)	0805
	C1,C2	单片机振荡电容	22P	0603
	C3	上电复位	10u(106)	0805
	C14	低频去耦电容	47u/16V	
IC	U0	51 系列单片机	STC12C5A16S2	DIP40
	U1	TTL/232 电平转换	MAX232	DIP16
	U2	8 达林顿驱动	ULN2803	DIP18
	U3	TTL/485 电平转换	SN75176	DIP8
	U5	USB 接口电路	CH340T	SSOP20
	U6	RTC 时钟	DS1302	SOP8
	U8	光隔双向晶闸管	MOC3061	DIP6
晶体管	Q1	继电器驱动三极管	NPN 型 8050	SOT23
	D1	续流二极管	1N4007	SOT214
	L0－L7	发光二极管	Φ3mm 红/绿/黄/蓝	LED－RAD3
	LED1,LED2	0.36"4 位共阴数码管	SR42036	自定义
接插件	J0	单排＊3 插针	P4.4－P4.6 输入/输出	SIL3
	J1	双排＊8 插针	P1 口输入/输出	DIL16
	J2	双排＊6 插针	P3 口输入/输出	DIL12
	J3	双排＊5 插针	串口选择跳线	DIL10
	J4	单排＊4 插针	RS－485 接口	SIL4
	J5	串口 DB9 插座	RS－232 接口	D－09－M－R
	J6	D 型 USB 插座	USB 接口(兼电源)	USB－B－S－TH
	J7	KF－2P 接线端子	晶闸管输出接口	2EDG＊2
	J8	KF－3P 接线端子	继电器输出接口	2EDG＊3
	J9	单排＊18 插针	P0 和 P2 口输入/输出	SIL18
	J10	单排＊2 插针	蜂鸣器开关跳线	SIL2
	J11	单排＊2 插针	RS－485 发送/接收跳线	SIL2

其他	RL1	继电器	SRD－05VDC－SL－C	自定义
	X1	单片机时钟晶振	11.0592MHz	HC－49S
	X2	RTC时钟晶振	32768Hz	CSA－310
	X3	USB接口芯片晶振	12MHz	HC－49S
	K0－K5	小型按键开关	输入指令	自定义
	BUZ1	蜂鸣器	HYDZ－5V	自定义

四、任务内容及步骤

1.熟悉任务环境和设备要求

2.认识元器件

3.元件焊接

(1)焊接前的准备工作

①新的烙铁头或已氧化的烙铁头在正式焊接前应先进行镀锡处理。方法是将烙铁头用细砂纸打磨干净,然后沾上松香和焊锡在硬物(例如木板)上反复研磨,使烙铁头端部全部镀上锡。焊接过程中若发现烙铁头上有污垢时,可以将烙铁头在湿海绵上擦去这些污垢。

②防静电恒温焊台936B:温度控制旋钮转至200℃位置;连接好烙铁和控制台;接上电源,打开开关,电源指示灯LED即发亮;温度控制旋钮转至270℃～320℃的位置。

(2)元器件焊接

①先进行表贴元件的焊接

基本步骤如下:

a.焊接之前先在焊盘上涂上助焊剂,目的主要是增加焊锡的流动性,这样焊锡可以用烙铁牵引,并依靠表面张力的作用光滑地包裹在引脚和焊盘上。

b.用镊子小心地将芯片放到PCB板上,使其与焊盘对齐,要保证芯片的放置方向正确。把烙铁的温度调到300℃左右,将烙铁头尖沾上少量的焊锡,用镊子向下按住已对准位置的芯片,先焊接两个对角位置上的引脚,使芯片固定。在焊完对角后重新检查芯片的位置是否对准。

c.开始焊接所有的引脚时,应在烙铁尖上加上焊锡,将所有的引脚涂上焊剂使引脚保持湿润。用烙铁尖接触芯片每个引脚的末端(点焊法),或用烙铁牵引焊锡到各引脚(拖焊法)。在焊接时要调到合适的温度(一般300℃～320℃),并防止因焊锡过量发生搭接。必要时用铜丝带吸掉多余的焊锡,以消除任何短路和搭接。

②插入式元件的焊接

对插入式元件,一般是从元件面插入,从焊接面进行焊接。为防止焊接时元件插入深度变化造成高度不整齐,可以用另外一块板从元件面压住元件并用夹子夹住,再从焊接面逐个焊接。显然,这种方法应按元件高度从低到高逐层安装焊接,即先插入高度低的元件,焊接完成后再插入高度高一些的元件进行夹持和焊接,最后焊接最高的元件。

焊接操作要点：

①焊接时不是将焊锡沾在烙铁头上再去点元件和焊盘，而是如图 2.6.15 所示步骤操作。

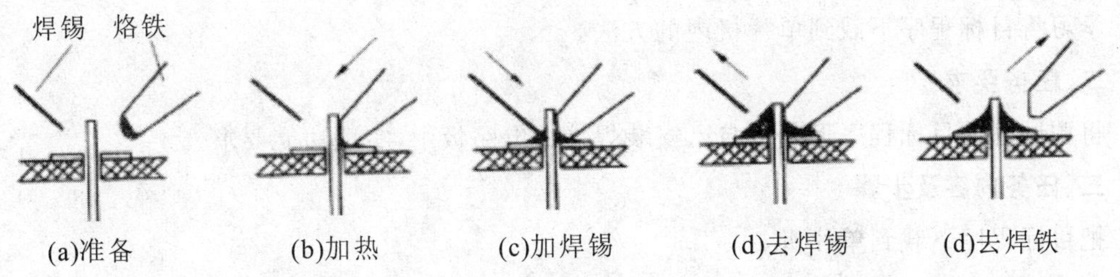

图 2.6.15　手工焊接步骤

② 注意温度和时间控制。

③用锡量适中。

焊锡量应适中而均匀、焊点四周完整如图 2.6.16 所示。

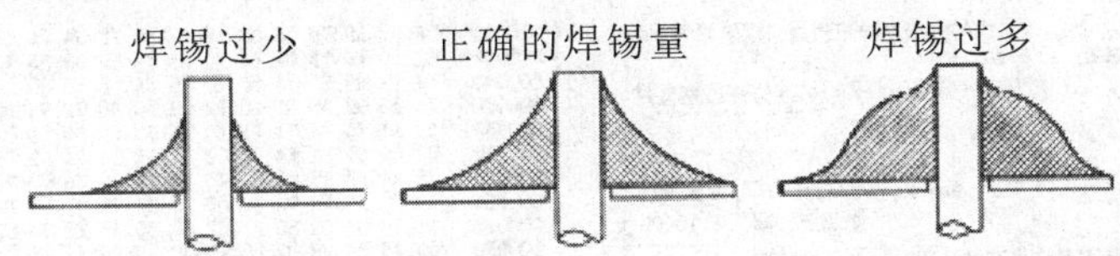

图 2.6.16　焊锡用量(左:偏少;中:合适;右:过多)

4.完成焊接后的检查

(1)用放大镜检查焊点，用万用表检查主要端点(如电源和地线)，不要有虚焊和短路现象；

(2)检查完成后用硬毛刷浸上酒精沿引脚方向仔细擦拭，从电路板上清除焊剂。

注意:目前多数焊锡中含有铅、锡等有害金属，焊后应洗手后再拿食物。

五、任务预习要求

1.读任务板的电路图；

2.查找元器件的相关知识。

任务 3　程序移植与下载

知识链接

参考教材《单片机小系统设计与制作》第 174 页的相关知识。

任务实践

一、任务目的

学习将目标程序下载到单片机内的方法。

二、任务要求

将调试好的目标程序下载到自己安装焊接的电路板中,实现功能要求。

三、任务内容及步骤

把目标程序下载到单片机。

目标程序使用 ISP 下载。打开通过宏晶公司提供的 STC－ISP 程序,操作界面和步骤如图 2.6.17 所示。

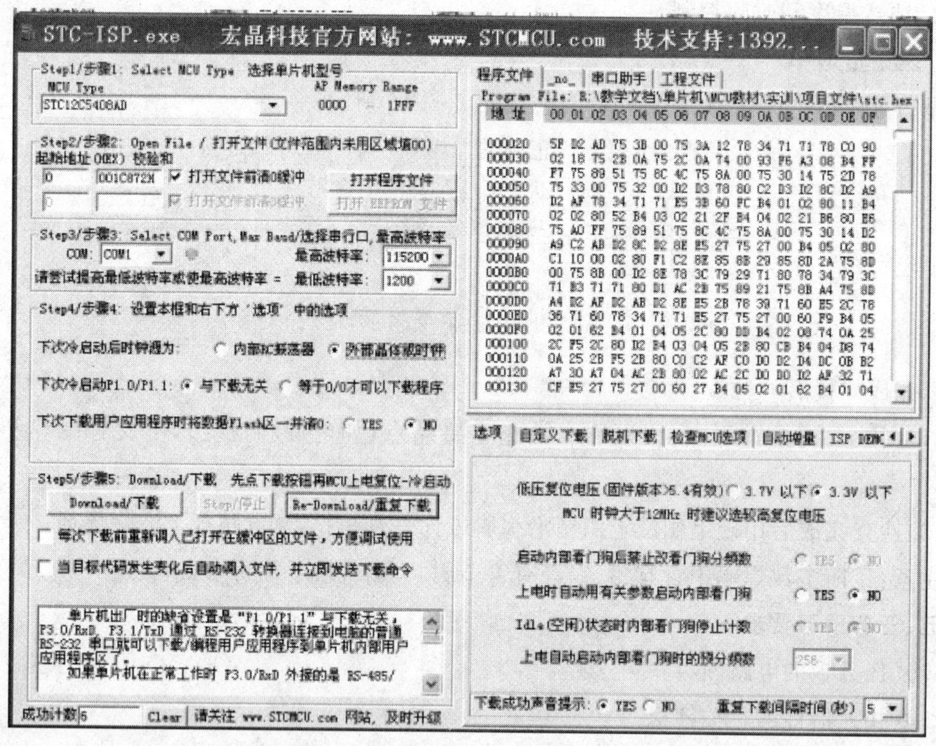

图 2.6.17　STC 单片机 ISP 下载软件操作界面

步骤 1　选择单片机型号;

步骤 2　打开所要写入芯片的目标文件(.HEX);

步骤 3　选择 COM 口和波特率,根据 RS－232 电缆所连接的 PC 机串口号(可以在 PC 机的设备管理器—端口中查看通讯端口的序号)选择(一般为 COM1～COM4),波特率可以取默认值;

步骤 4　设置选项,主要是根据电路采用的是外部晶振还是内部 RC 振荡器选择;

步骤 5　开始下载,单击下载按钮,然后根据屏幕提示给单片机上电。下载失败或成功,

均会显示有关信息。

四、任务预习要求

1. 了解任务板单片机的头文件；

2. 检查实际电路中的 I/O 口线跟程序是否相符。

任务评价

参考《单片机小系统设计与制作》教材第 266 页附录表 7。

项目4　电子表决器

项目描述

C51在标准C的基础上添加了一些专门针对51单片机的内容。本项目通过电子表决器的设计介绍了C51程序设计的基础。

任务1　简单的三输入端电子表决器

知识链接

参考教材《单片机小系统设计与制作》第109页到第110页的相关知识。

任务实践

一、任务目的

1.了解3人评判的原理,会根据开关量的逻辑关系写出逻辑表达式。

2.会用逻辑运算指令完成逻辑表达式的运算、实现逻辑控制。

二、任务要求

设计一个评判系统。红黄绿3个灯分别由P3.0～P3.2控制,3位评委各控制一个开关K1、K2、K3分别接P1.0～P1.2 ,对于某位选手:

若3位评委都认可(输入置1,即开关断开,)选手可晋级,亮绿灯;

若3位评委都不认可(输入置0,即开关合上,)选手被淘汰,亮红灯;

若只有1位或2位评委认可即待定,亮黄灯。

三、任务内容

1.电路设计(如图2.6.18所示)

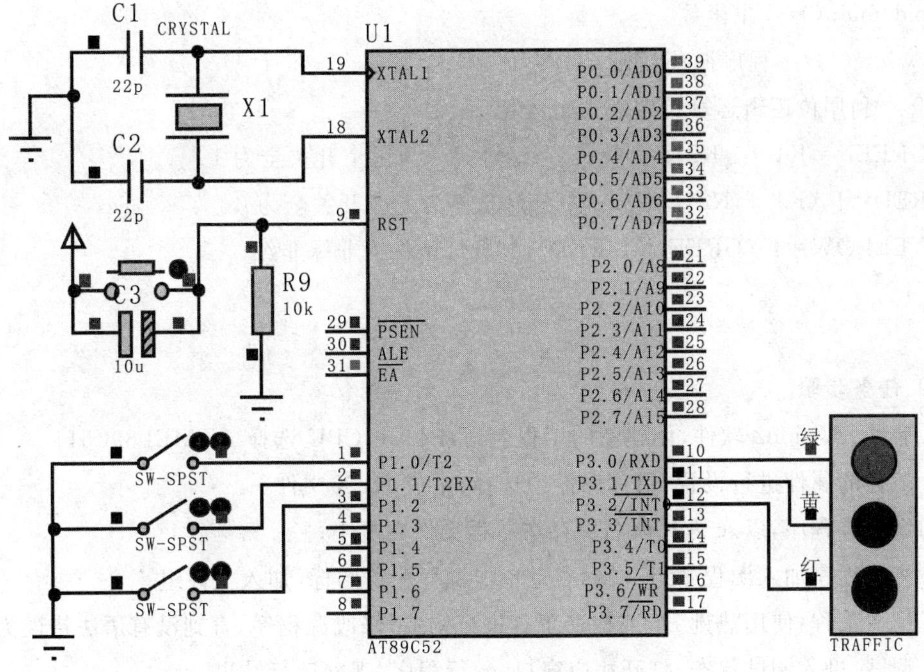

图 2.6.18　三输入端表决器电路原理图

该仿真电路中利用了交通灯模型(关键字 TRAFFIC LIGHTS)，当引脚输入高电平点亮对应的绿、黄、红灯。

2.程序设计

(1)程序分析

晋级条件:3 位评委的开关全为 1 时即可晋级，亮绿灯，用逻辑“与”运算，即：

绿灯逻辑:GREEN＝　K1 & K2 & K3

淘汰条件:3 位评委的开关全为 0 时即淘汰，亮红灯，用逻辑“或非”运算，即：

红灯:RED＝～ (K1|K2|K3)

待定条件:不是晋级和淘汰的即为待定，即绿灯和红灯都不亮(用“或非”运算)：

黄灯:YELLOW＝～(RED|GREEN)

(2)参考程序

```
/＊实现 3 人表决逻辑功能的 C51 源程序 ＊/
#include "reg51.h"//  头文件 reg51.h 中包含了 51 寄存器的符号声明
sbit  K1=P1^0;//  变量声明：
sbit  K2=P1^1;//  K1、K2、K3 分别代表接 P1.0、P1.1、P1.2 的开关状态
sbit  K3=P1^2;//
sbit  GREEN=P3^0;//  GREEN 表示接 P3.0 的绿灯
sbit  YELLOW=P3^1; //  YELLOW 表示接 P3.1 的黄灯
sbit  RED=P3^2;//  RED 表示接 P3.2 的红灯
```

```
void main()// 主函数
{ while(1)// 程序循环运行
 {// 利用位逻辑运算符实现逻辑运算
 GREEN=K1 & K2 & K3;  //绿灯条件为三个开关全为1
 RED=!(K1 | K2 | K3);//红灯条件为三个开关全为0
 YELLOW=!(GREEN | RED);//黄灯条件为非绿非红
  }
}
```

四、任务步骤

1. 启动 μVision2 软件，创建新的工程名为：P4－1，CPU 选择 ATMEL89C51；

2. 工程的属性进行设置：目标属性中选择“生成 HEX 文件”；

3. 编写源程序，以.c 为扩展名保存在工程文件夹之中；

4. 将源程序加入源程序组：鼠标右键单击源程序组图标，加入文件组；

5. 构造工程：使用热键 F7 或构造工具进行构造，修改源程序，直到没有语法错误为止；

6. 调试：进入调试状态，打开相应窗口，运行程序，观察运行结果。

7. 启动 ProteusISIS，设计电路图并保存，单片机属性中选择目标文件，然后进行仿真运行，操作电路中的开关，观察运行结果。

五、任务预习要求

位运算符和位运算。

任务评价

参考《单片机小系统设计与制作》教材第 266 页附录表 7。

任务 2 具有多输入端和票数显示功能的电子表决器

知识链接

参考教材《单片机小系统设计与制作》第 111 页的相关知识。

任务实践

一、任务目的

1. 了解 8 人评判的原理。

2. 会判断同一评测状态的人数。

3. 会根据不同人数执行不同的输出控制。

二、任务要求

设计一个评判系统，如图 2.6.19 所示：红黄绿 3 个灯分别由 P3.0～P3.2 控制，八位评委各控制 P1 口的八位拨码开关中的一位，分别为 P1.0～P1.7，要求将评委认可的票数显示在数码管上。同时，对于某位选手：

若 5 位及以上评委都认可（输入置 1，即开关断开），选手可晋级，亮绿灯；

若 3 位及以下评委都认可，选手被淘汰，亮红灯；

若 4 位评委认可、4 位不认可即待定，亮黄灯；

三、任务内容

1. 电路设计

使用 PROTEUS 进行电路设计（如图 2.6.19 所示）。

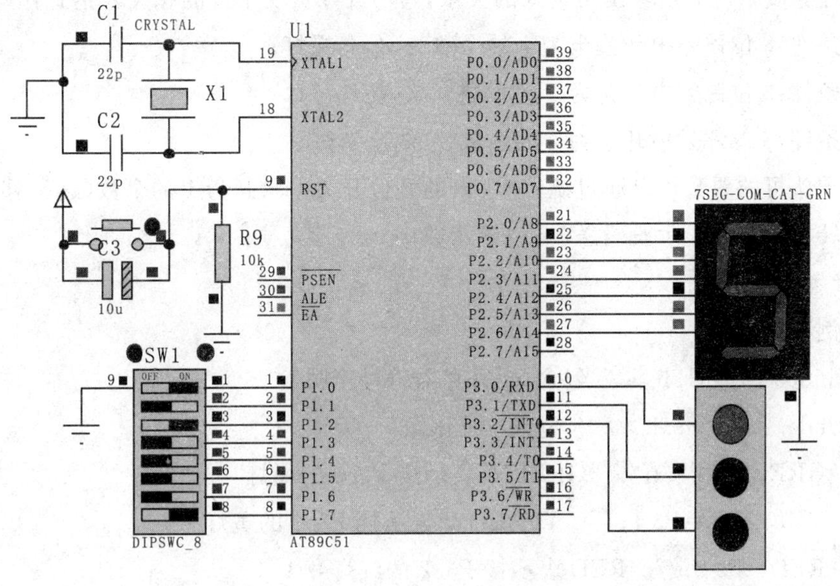

图 2.6.19 八输入端带票数显示的表决器电路原理图

所需元器件清单见表 2.6.6 所列

表 2.6.6　元器件清单

元器件	类别/子类别	关键字
单片机芯片 AT89C51	Micoprocessor IC/ 8051 Family	89C51
发光二极管 LED 红、黄、绿、蓝;交通灯	Optoelectrics	LED－RED、YELLOW、 GREEN、BLUE:traffic
共阴极数码管	Optoelectrics	7SEG－COM－CAT－GRN
10K 电阻	Resistor	10K
100Ω 电阻		100R
22pF 和 10uF 电容	Capacitor	22pF 和 10uF
单刀单掷开关	Switches & Relay	SW－SPST
按钮		Button
8 位拨码开关		DIPSWC_8
晶振	Miscellaneous	CRYSTAL

2.程序设计

(1)程序分析

根据任务要求可分析输出与输入的关系,写出红绿黄三个灯的相关表达式:

晋级条件:8 位评委中开关全为 1 的个数> 4,亮绿灯;

淘汰条件:8 位评委中开关为 1 的个数< 4,亮红灯;

待定条件:8 位评委中开关为 1 的个数＝ 4,亮黄灯;

而评委认可的票数可以通过统计 P1 口的 8 位开关中状态为 1 的个数(逐一移位判断),并将票数转换为数字显示段码送 P2 口显示数字。

(2)参考程序

```
//示例程序
#include <reg51.h>// 包含 51 寄存器符号声明
#include <intrins.h> // 包含本征函数
sbit  GREEN=P3^0;//  GREEN 表示接 P3.0 的绿灯
sbit  YELLOW=P3^1;//  YELLOW 表示接 P3.1 的黄灯
sbit  RED=P3^2;//  RED 表示接 P3.2 的红灯
sbit  P17=P1^7;
unsigned char code led[9]={0x3f,0x06,0x5b,0x4f,0x66,0x6d,0x7d,0x07,0x7f};
void delay(int ms);  /* 用户自定义函数声明 */


/****主函数******/
void main()
```

```
{
unsigned char CNT;    // 票数统计
unsigned char x; // P1 八个开关的状态
unsigned char i;
P3=0x00;// P3 初始值,指示灯全灭
while(1)        // 无条件的死循环
{
P1=0xff;// 输入先置 1
x=P1;// 读入 P1 状态
CNT=0;
for(i=0;i<8;i++)//检测 8 个开关中状态为 1 的个数
{
if(x>=128) ++CNT;    // 如果最高位为 1,则票数 CNT 加 1
x=_crol_(x,1);// 依次将各位左移至最高位
}
P2=led[CNT];
if(CNT>4)
{GREEN=1; YELLOW=0; RED=0;} // 票数>4,亮绿灯
else if(CNT==4)
{ GREEN=0; YELLOW=1; RED=0;} // 票数=4,亮黄灯
else
{ GREEN=0; YELLOW=0; RED=1;} // 票数<4,亮红灯
 }
}
```

四、任务步骤

1.用 Proteus ISIS 绘制如图 2.6.19 所示的硬件电路图。

2.使用 Keil 编写程序。

3.程序的跟踪调试

(1)在 Keil 中创建目标,修改程序直到没有语法错误为止;

(2)进入 Debug 状态,进行单步、断点等跟踪;如果需要,还可以将 Keil 与 Proteus 结合起来进行程序与电路的联合仿真调试。

4.电路仿真运行

下载目标程序到仿真电路后启动仿真,观察运行结果。

在 Proteus 电路中将单片机属性中“Programing”设为所创建的目标文件“P4-2.hex”,然后启动仿真,用鼠标改变 P1 口拨码开关状态,观察 P2 口驱动的 LED 数码管显示的票数和红绿黄灯的运行结果。

5. 目标程序下载到学习板打开 ISP 软件,将目标程序下载到学习板进行功能验证。

五、任务预习要求

程序的 3 种基本结构。

任务评价

参考《单片机小系统设计与制作》教材第 266 页附录表 7。

项目5　顺序控制

项目描述

本项目利用单片机来设计十字路口的智能交通灯，通过项目的学习要掌握顺序控制程序设计的方法。

任务　按钮式人行横道交通灯控制

知识链接

参考教材《单片机小系统设计与制作》第116页的相关知识。

任务实践

一、任务目的

1.理解顺序控制的含义。

2.掌握完成任务的主要步骤。

3.掌握顺控程序设计的方法。

4.学会BCD码驱动LED数码管使用方法。

二、任务要求

1.设计电路与程序，实现带有倒计时显示按钮式人行横道交通灯顺序控制过程。

2.控制要求：在正常情况下，主干道（东西方向）绿灯亮（green），汽车通行。同时人行横道上的红灯亮，禁止行人通行；

当行人想通过马路，就按按钮，请求主干道的汽车停止通行。当按下“stop”按钮之后，主干道（东西方向）交通灯在延时一段时间后从绿灯变为红灯，禁止汽车通过，同时，人行横道由红灯变为绿灯，提醒行人通过。主干道红灯持续20s之后重新变为东西方向汽车通行，南北方向行人禁止通行，恢复到最初状态。

主干道（东西方向）的绿灯亮5s→东西方向绿灯、黄灯闪动5s→红灯亮20s，当主干道红灯亮时，人行横道从红灯亮转为绿灯亮。15s以后，人行道绿灯开始闪烁，闪烁5s后转入主干道绿灯亮，人行道红灯亮。

三、任务内容

1.电路设计

使用PROTEUS设计如图2.6.20所示的电路

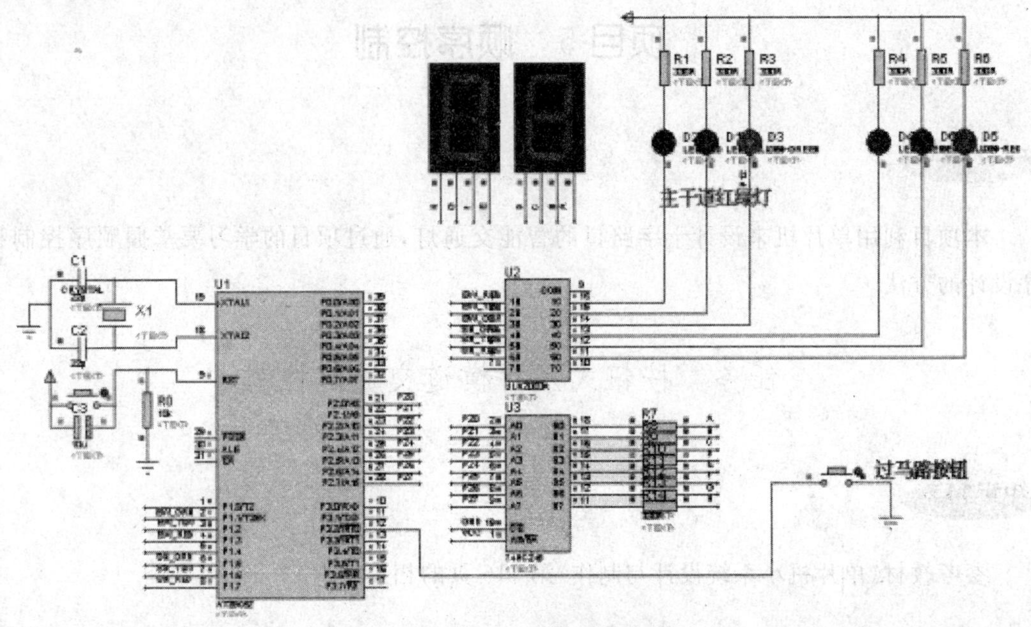

图 2.6.20 电路原理图

表 2.6.7 图 P5－2 器件清单

器件编号	器件型号/关键字	功能与作用
U1	AT89C52	单片机
U2	ULN2003A	驱动信号灯
U3	74HC245	驱动数码管
R1－R14	MINRES330R	限流电阻
L1	7SEG－BCD	7 段 BCD 红色数码管
D1～D6	LED－RED(GREEN、YELLOW)	三色发光二极管

2. 程序设计

(1)按钮式人行横道交通灯的控制流程框图

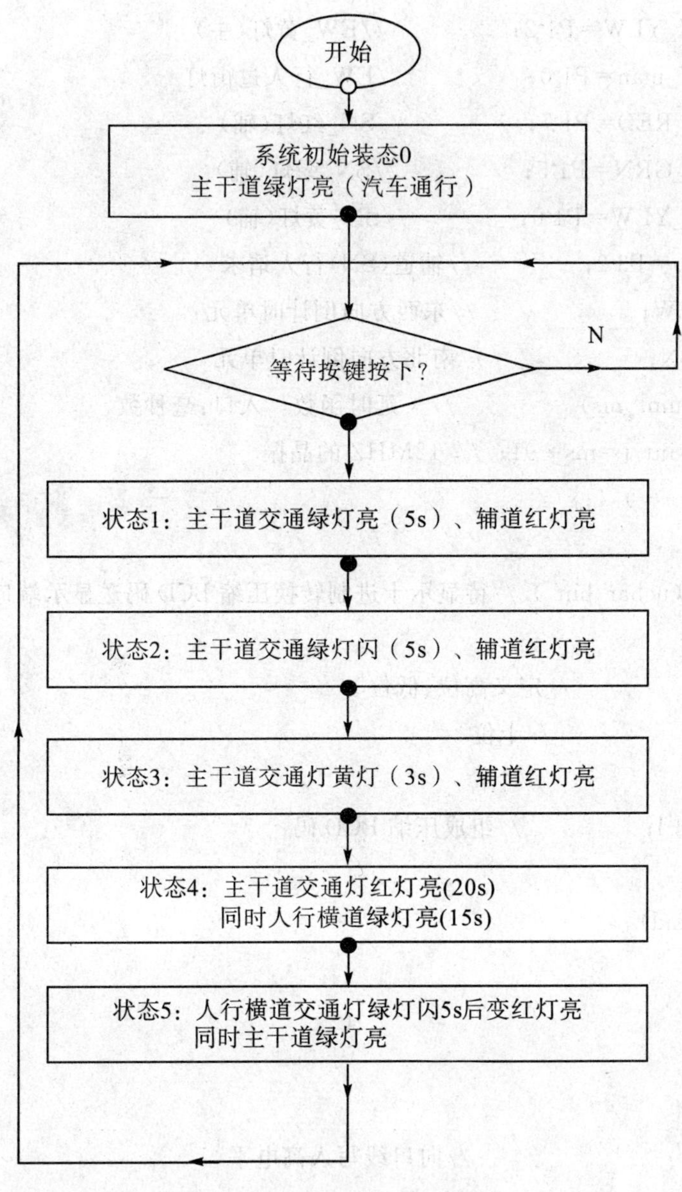

图 2.6.21　程序框图

(2)参考程序：

```
/*****行人过街手动控制交通灯参考程序**/
#defineucharunsigned char
#defineuintunsigned int
#include<reg52.h>
/*****定义控制位*******************/
sbit    EW_RED=P1^3;            //EW_红灯(主)
sbit    EW_GRN=P1^1;            //EW_绿灯(主)
```

```
sbit    EW_YLW=P1^2;           //EW_黄灯(主)
sbit    EW_man=P1^0;           //EW_行人过街灯
sbit    SN_RED=P1^7;           //SN_红灯(辅)
sbit    SN_GRN=P1^5;           //SN_绿灯(辅)
sbit    SN_YLW=P1^6;           //SN_黄灯(辅)
sbit    stop=P3^2;         //辅道(SN)行人请求
charTime_EW;               //东西方向倒计时单元
charTime_SN;               //南北方向倒计时单元
void delay(uint ms)           //*延时函数  入口:毫秒数
{ unsigned int i=ms*91; // 12MHZ的晶振
for(;i>0;i--) {;}
}
voidDisplay(uchar bin ) //待显示十进制转换压缩BCD码送显示端口
{
char h,l;            //定义高位、低位
h=bin/10;            //十位
l=bin%10;            //个位
P2=h*16+l;              //组成压缩BCD码
        }
voidmain(void)
 {
  char i,j;
while(1)
    {
stop=1;                        //向口线写入高电平
while(stop)
{
    Time_EW=0;
stop=1;
P1=0x82;                  //主道(EW)行、辅道(SN)停
Display(Time_EW); //LED显示0
  }
 delay(20);                 //延时20ms
stop=1;
while(! stop)               //按键请求过街
```

```
{
  Time_EW=10;
for(i=Time_EW;i>=5;i--)
    {
Display(i);
  delay(500);              //0.5s 延时
  P1=0x82;                    //主道(EW)行、辅道(SN)停
delay(500);
 }
   for (i=5;i>=0;i--) //提醒主道绿灯闪
    {
Display(i);
  P1=0x80;                  //主道(EW)绿灯闪、辅道(SN)停
  delay(500);  //0.5s 延时
  P1=0x82;                  //主道(EW)行、辅道(SN)停
delay(500);
    }
 for (i=3;i>=0;i--) //主道黄灯 3s
    {
Display(i);
  P1=0x84;                 //主道(EW)黄灯亮、辅道(SN)停
  delay(500);          //0.5s 延时
  delay(500);          //0.5s 延时
    }
 Time_EW=20;
   for(j=Time_EW;j>=10;j--)    //切换主道(EW)停、辅道(SN)行
    {
Display(j);
  delay(500);              //0.5s 延时
  P1=0x28;                  //主道(EW)停、辅道(SN)行
delay(500);
 }
   for(j=10;j>=0;j--)           //切换主道(EW)停、辅道(SN)行
    {
  P1=0x08;                 //主道(EW)停、辅道(SN)闪
```

```
Display(j);
  delay(500);            //0.5s 延时
  P1=0x28;                //主道(EW)停、辅道(SN)行
delay(500);
}
  }
  }
}
```

四、任务步骤

1. 用 Proteus ISIS 绘制如图 2.6.20 所示的硬件电路图。

2. 使用 Keil 编写程序。

3. 程序的跟踪调试

(1)在 Keil 中创建目标,修改程序直到没有语法错误为止。

(2)进入 Debug 状态,进行单步、断点等跟踪;如果需要,还可以将 Keil 与 Proteus 结合起来进行程序与电路的联合仿真调试。

4. 电路仿真运行

在 Proteus 电路中将单片机属性中"Programing"设为所创建的目标文件,然后启动仿真,用鼠标改变操作电路中的按钮开关,观察红绿灯的工作情况。

五、任务预习要求

1. 时序控制和顺序控制。

2. ULN2003A 芯片的作用。

任务评价

参考《单片机小系统设计与制作》教材第 266 页附录表 7。

项目 6　电子计数器

项目描述

在测量和控制领域经常要用到定时和计数的功能，所以几乎所有的单片机内部都包含定时器/计数器，通过本项目的学习要掌握定时器/计数器的编程方法。

任务　利用定时/计数器实现计数

知识链接

参考教材《单片机小系统设计与制作》第 129 页到第 130 页的相关知识。

任务实践

一、任务目的

(1)掌握 MCS－51 定时/计数器的结构和组成，了解其工作原理。

(2)了解两种工作方式(计数方式和和定时方式)及 4 种工作模式的特点。

(3)掌握定时/计数器的编程要点。

二、任务要求

用单片机中的定时/计数器对 T0 输入端的脉冲信号进行计数，并将计数结果显示在数码管上。

三、任务内容

1. 电路设计(如图 2.6.22 所示)

图 2.6.22　电子计数器电路原理图

表 2.6.8 元器件清单

标号	型号或参数	作用
U1	AT89C51	单片机
U2	74LS540	8 反相驱动器
LED1	7SEG－MPX8－CC－BLUE	8 位 LED 数码管
R1～R8	330R	限流电阻
RP1	RESPACK－8	上拉电阻
K1	BUTTON	按钮
	Dclock	时钟信号源

2.程序设计

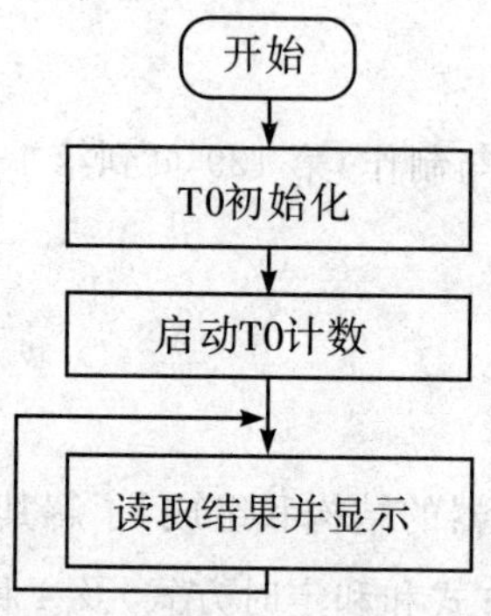

图 2.6.23 程序流程

(1)程序流程如图 2.6.23 所示

(2)参考程序:

```
/＊计数并显示的示例程序,流程图如图 2.6.23 所示＊/
#include "reg51.h"//  头文件 reg51.h 中包含了 51 寄存器的符号声明
unsigned char  code LED[16]={0x3F,0x06,0x5B,0x4F,0x66,0x6D,0x7D,
0x07,0x7F,0x6F,0x77,0x7C,0x39,0x5E,0x79,0x71}；  // 7 段 LED 字型码
void disp(unsigned int n) ；
/＊ 主函数  ＊/
void main()
{
TMOD=0x05； // T0 设为计数、方式 1
TR0=1；        // 启动计数
while(1)
{
disp(TH0＊256+TL0)；  // 调用 disp 函数显示计数结果
```

```
}
}

/* 延时函数,对于12MHz晶振,入口参数为延时毫秒值 */
void delay(unsigned int ms)
{ unsigned int i=ms*91;
for(;i>0;i--)
  {;}
 }

/*显示函数,将整形参数n扫描显示在8位LED上  */
void disp(unsigned int n)
{
unsigned char i,d;
P2=1; // 从最低位开始扫描显示
for(i=0;i<8;i++)
{
d=n % 10;// 分离出1字节
n=n / 10;
P0=LED[d]; // 送显示
delay(2); // 延时1ms
P2=P2<<1; // 左移1位显示
}
}
```

四、任务步骤

1. 用 Proteus ISIS 绘制如图 2.6.22 的硬件电路图。

2. 使用 Keil 编写程序。

3. 程序的跟踪调试

(1)在 Keil 中创建目标,修改程序直到没有语法错误为止。

(2)进入 Debug 状态,进行单步、断点等跟踪;如果需要,还可以将 Keil 与 Proteus 结合起来进行程序与电路的联合仿真调试。

4. 电路仿真运行

双击时钟信号源,修改其频率(例如取 5),将生成的可执行文件加载进电路图后运行,不点击按钮的情况下,计数器对信号计数,计数值不断增加。如果将时钟信号源移开,则每按一下按钮,T0 输入端产生一次下跳沿,计数值加 1。

5.将目标程序下载到学习板

五、任务预习要求

定时/计数器的编程要点。

任务评价

参考《单片机小系统设计与制作》教材第 266 页附录表 7。

项目 7　方波信号发生器

项目描述

本项目介绍了两种设计方波信号发生器的方式：查询方式和中断方式。通过本项目的学习要掌握定时/计数器的应用，掌握中断系统的使用。

任务 1　利用定时器溢出查询的方波信号发生器

知识链接

参考教材《单片机小系统设计与制作》第 133 页到第 134 页的相关知识。

任务实践

一、任务目的

掌握定时器的应用。

二、任务要求

在 P3.0 上产生周期为 1ms 的方波信号。

三、任务内容

1. 电路设计

使用 PROTEUS 进行电路设计，如图 2.6.24 所示。虚拟示波器（虚拟仪表中的 OSCILLOSCOPE）。

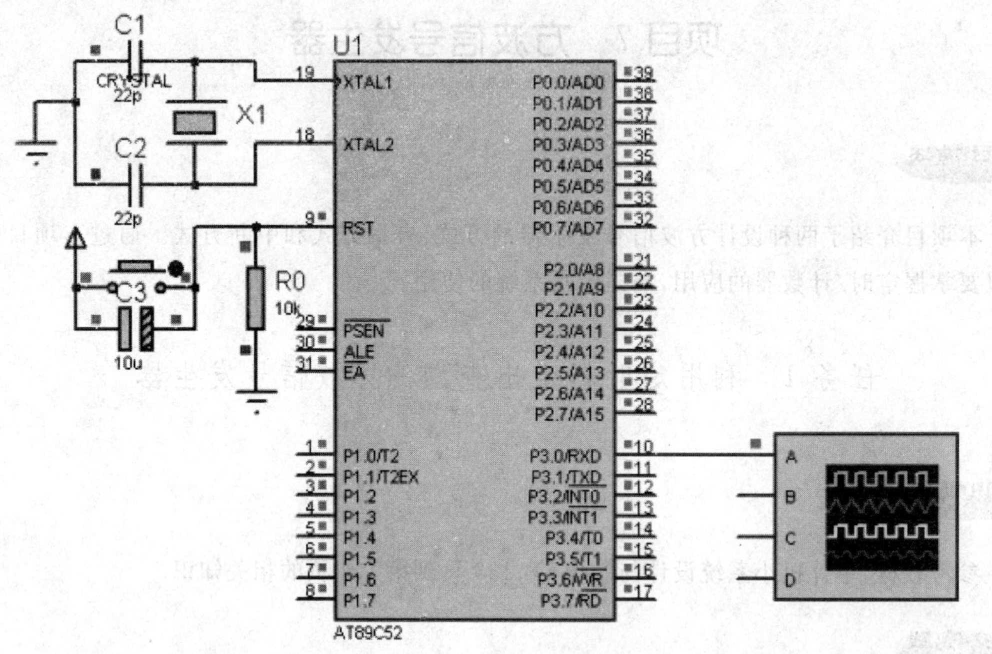

图 2.6.24　方波信号发生器电路

2.程序设计

(1)程序流程图

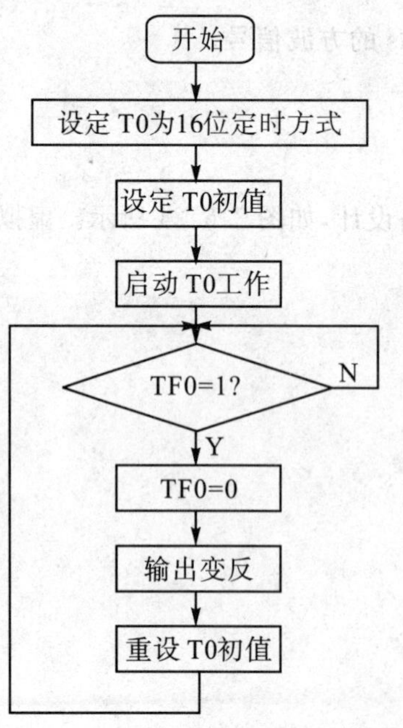

图 2.6.25　程序流程

(2)参考程序：

```
#include <reg51.h>
sbit P30=P3^0;
char TH,TL;
void main()
{
 TMOD=0x01;  // T0 定时方式 1
//12MHz 晶振,T=1us,
//定时 0.5ms,初始值=65536-500=65036,
TH0=65036/256;
TL0=65036%256;
TR0=1;          // 启动计数
while(1)
{
while (! TF0); // 等待 T0 溢出
TF0=0;
P30=~P30; // P3.0 变反,产生方波
TH0=650361256;
TL0=65036%256;
}
```

四、任务步骤

1.用 Proteus ISIS 绘制如图 2.6.24 的硬件电路图。

2.使用 Keil 编写程序

(1)创建新的工程、设置工程属性、编写源程序并加入工程。

(2)创建目标,修改程序直到没有语法错误为止。

(3)调试:进入调试状态,分别使用单步、多步和设置断点的方式跟踪调试。

(4)打开 Peripherals 中的 Timer0 和 P3 窗口,查看程序执行过程中相应状态的变化。

3.电路仿真

(1)在图中单片机的 Program File 属性对话框中,设定程序为本程序的目标程序,进行仿真运行。

(2)调节示波器的水平扫描和垂直增益旋钮,观察和测量方波周期。

4.目标程序下载到学习板

打开 ISP 软件,将目标程序下载到学习板进行功能验证,把学习板上产生的方波信号的引脚连接到示波器,通过示波器观察波形。

五、任务预习要求

1. 查询方式下定时器的使用。

2. 初值的计算。

任务评价

参考《单片机小系统设计与制作》教材第 266 页附录表 7。

任务 2 利用定时器中断实现的方波信号发生器

知识链接

参考教材《单片机小系统设计与制作》第 136 页的相关知识。

任务实践

一、任务目的

1. 理解中断的概念和优点；

2. 掌握定时器中断的编程。

二、任务要求

利用定时器中断方式在 P3.0 上产生周期为 1ms 的方波信号。

三、任务内容

1. 电路设计

与本项目任务 1 电路相同(如图 2.6.24 所示)，在 P3.0 口连接虚拟示波器观察方波信号。

2. 程序设计

(1)程序流程图(如图 2.6.26 所示)

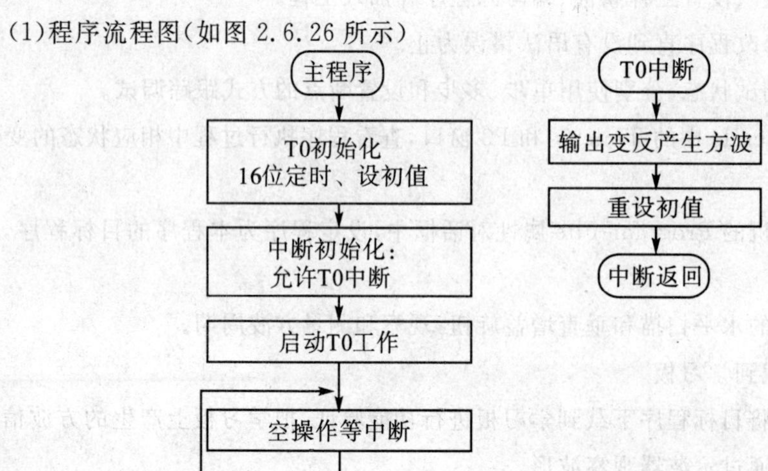

图 2.6.26 定时器中断方式程序流程图

(2)参考程序

```
#include <reg51.h>
sbit OUT=P3^0; // 输出口线
/** 主函数**/
void main()
{
TMOD=0x01;  // T0 定时方式1
TH0=65 036/256;     // 定时 0.5ms,初始值=65 536-500=65 036,对 12MHz 晶振,T=1us
TL0=65 036%256;
EA=1; // 允许 T0 中断
ET0=1;
TR0=1; // 启动计数
while(1); // 空循环等中断
}

/** T0 中断函数**/
void T0_time() interrupt 1
{
OUT=~OUT;// 输出变反产生方波
TH0=65 036/256;     // 定时 0.5ms,初始值=65 536-500=65 036,对 12MHz 晶振,T=1us
TL0=65 036%256;
}
```

四、任务步骤

1. 用 Proteus ISIS 绘制如图 2.6.24 的硬件电路图。

2. 使用 Keil 编写程序:

(1)创建新的工程、设置工程属性、编写源程序并加入工程。

(2)创建目标,修改程序直到没有语法错误为止。

(3)调试:进入调试状态,分别使用单步、多步和设置断点的方式跟踪调试。

3. 电路仿真运行

下载目标程序到仿真电路后启动仿真,观察运行结果。

在 Proteus 电路中将单片机属性中"Programing"设为所创建的目标文件,然后启动仿真,通过虚拟示波器观察输出信号。

4. 目标程序下载到学习板

打开 ISP 软件，将目标程序下载到学习板进行功能验证，把学习板上产生的方波信号的引脚连接到示波器，通过示波器观察波形。

五、任务预习要求

1. 中断的优点；

2. 定时器中断的初始化编程步骤。

任务评价

参考《单片机小系统设计与制作》教材第 266 页附录表 7。

任务 3　频率可调方波信号发生器的设计

知识链接

参考教材《单片机小系统设计与制作》第 137 页到第 138 页的相关知识。

任务实践

一、任务目的

1. 掌握外部中断的使用方法。

2. 掌握多个中断同时工作的程序设计。

二、任务要求

在 P3.0 上产生频率可调的方波信号。

三、任务内容

1. 电路设计

在任务 1 电路基础上，添加两个按钮，连接到 INT0 和 INT1 引脚，按钮按下所产生的下跳沿作为外部中断触发信号。如图 2.6.27 所示，在 P3.0 口连接虚拟示波器观察所产生方波信号的频率。

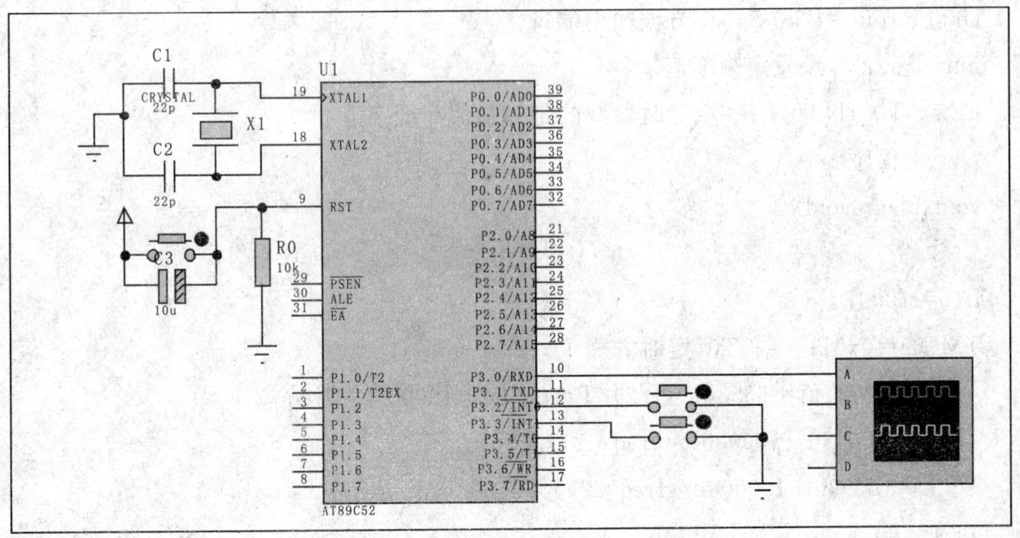

图 2.6.27 频率可调的方波发生器电路

2.程序设计

(1)流程图

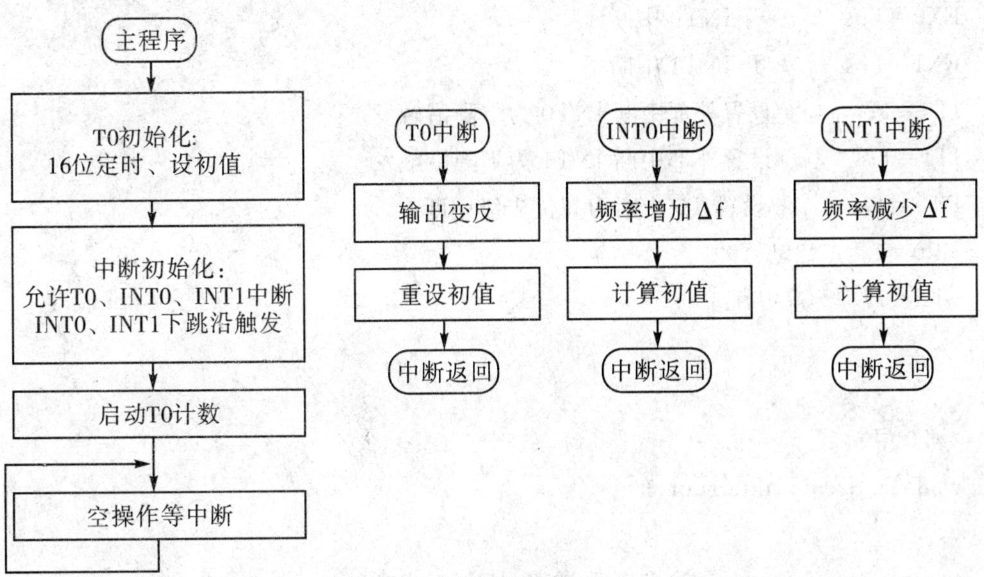

图 2.6.28 程序流程

(2)参考程序

```
#include <reg51.h>
#define uchar unsigned char
#define uint unsigned int
//晶振频率 fosc=12MHZ,所以系统周期 T=1us
uchar adj=100;      // 频率调节增量
```

```
sbit output=P3^0;    //方波输出端口
uint freq; // 设定频率值
uchar T0_H,T0_L; //定时器 0 的定时初值高低字节
/* 主程序 */
void main(void)
{
freq=1000;
TMOD=0x01; // T0 定时方式 1
//定时器初始值=65536-(t/2)/T=65536-1000000/(freq*2)
T0_H=(65536-1000000/(freq*2))/256;
T0_L=(65536-1000000/(freq*2))%256;
TL0=T0_L;
TH0=T0_H;
EA=1;        //开总中断
ET0=1;       //开 T0 中断
EX0=1;       //开 INT0 中断
EX1=1;       //开 INT1 中断
IT0=1;       //设置外部中断 INT0 为下降沿触发
IT1=1;       //设置外部中断 INT1 为下降沿触发
PT0=1;       //设置 T0 中断为高优先级中断
TR0=1;// 启动 T0
while(1);// 等中断
}

//T0 中断
void T0_freq() interrupt 1
{
output=~output;  //输出变反,产生方波
TL0=T0_L; // 重设初值
TH0=T0_H;
}

 //INT0 中断
void freq_inc() interrupt 0
{
```

```
 freq=freq+adj；  // 频率增加 Δf
 T0_H=(65536-1000000/(freq*2))/256；// 重新计算初值
 T0_L=(65536-1000000/(freq*2))%256；
}
//INT1 中断
void freq_dec() interrupt 2
{
 freq=freq-adj；  // 频率减少 Δf
 T0_H=(65536-1000000/(freq*2))/256；// 重新计算初值
 T0_L=(65536-1000000/(freq*2))%256；
}
```

四、任务步骤

1. 用 Proteus ISIS 绘制如图 2.6.27 的硬件电路图。

2. 使用 Keil 编写程序：

(1)创建新的工程、设置工程属性、编写源程序并加入工程。

(2)创建目标，修改程序直到没有语法错误为止。

(3)程序的跟踪调试：

①在 Keil 中创建目标，修改程序直到没有语法错误为止。

②进入 Debug 状态，进行单步、断点等跟踪；如果需要，还可以将 Keil 与 Proteus 结合起来进行程序与电路的联合仿真调试。

3. 电路的仿真运行

在 Proteus 中下载目标程序，进行仿真运行。通过按钮改变频率，用虚拟示波器观察输出信号。

4. 目标程序下载到学习板

打开 ISP 软件，将目标程序下载到学习板进行功能验证，把学习板上产生的方波信号的引脚连接到示波器，通过示波器观察波形。

五、任务预习要求

1. 外部中断触发方式的设置。

2. 多个中断的使用方法。

任务评价

参考《单片机小系统设计与制作》教材第 266 页附录表 7。

项目8　数字频率计

项目描述

利用定时器/计数器除了可以直接实现时间测量和控制、脉冲计数等,也可以通过时间测量和计数间接计算出频率、距离、转速等其他物理量。本项目通过频率计的设计介绍了利用定时器/计数器与中断结合的方式实现频率测量的方法。

任务　用单片机测量外部信号的频率

知识链接

参考教材《单片机小系统设计与制作》第142页到第143页的相关知识。

任务实践

一、任务目的

1. 了解测量频率的几种方法。

2. 会利用定时器、计数器与中断相结合地方式编程实现频率的测量。

二、任务要求

利用中断功能实现对外部方波信号的频率测量。

三、任务内容

1. 电路设计

可利用项目2或项目6的电路为基础,将单片机T1(P3.5)引脚接虚拟仪器中的SIGNAL GENERATOR信号发生器),如图2.6.29所示。

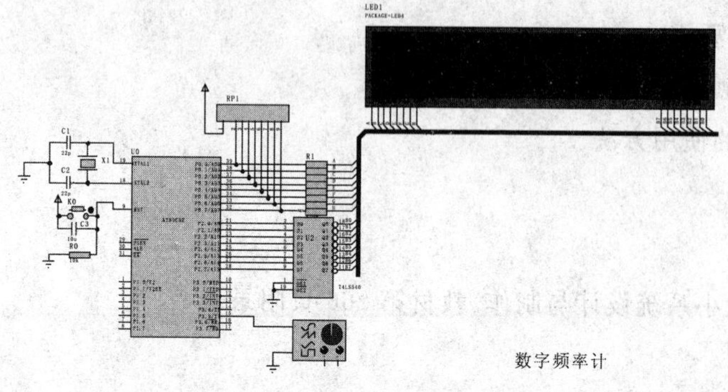

图2.6.29　频率计电路原理图

2. 程序设计

(1)程序流程

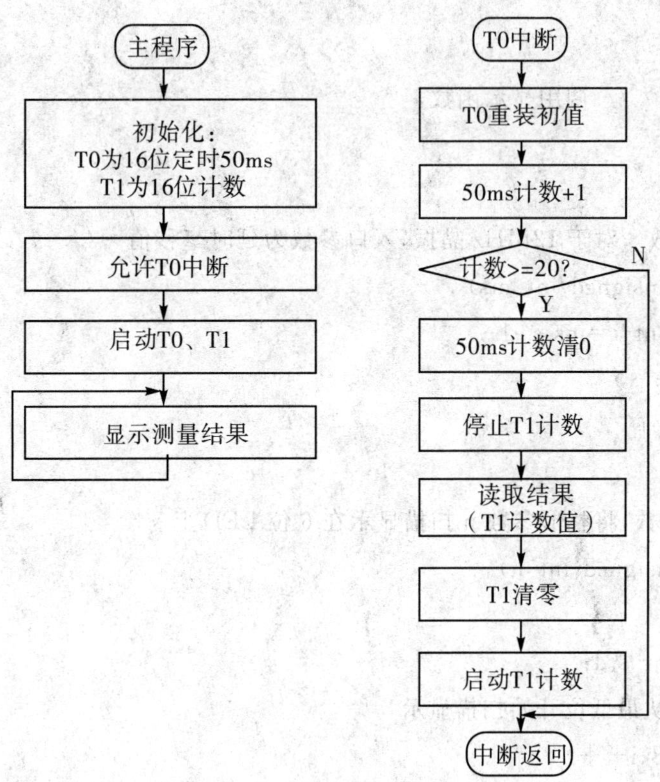

图 2.6.30 频率计程序流程

(2)参考程序

```
/* 单位时间对信号计数 */
#include <reg51.h>
unsigned char  code LED[16]={0x3F,0x06,0x5B,0x4F,0x66,0x6D,0x7D,
0x07,0x7F,0x6F,0x77,0x7C,0x39,0x5E,0x79,0x71}; // 7段LED字型码
unsigned int f;
void disp(unsigned int n)  ;
/* 主函数 */
void main()
{
TMOD=0x51 ;// T0-16位定时方式,T1-16位计数
TH0=0x3C ;
TL0=0xB0 ; //50ms定时,取初值 x=65536-50000/1=15536= 0x3CB0
TR0=1;       //启动
```

```
TR1=1;
EA=1;
ET0=1;
while (1)
{ disp(f); } // 调用显示函数,
}

/* 延时函数 ,对于12MHz晶振,入口参数为延时毫秒值*/
void delay(unsigned int ms)
{ unsigned int i=ms*91;
for(;i>0;i--)
  {;}
 }
/*  显示函数,将整形参数n扫描显示在6位LED上*/
void disp(unsigned int n)
{
unsigned char i,d;
P2=1; // 从最低位开始扫描显示
for(i=0;i<8;i++)
{
d=n % 10;// 分离出1字节
n=n / 10;
P0=LED[d]; // 送显示
delay(2); // 延时1ms
P2=P2<<1; // 左移1位显示
}
}

/* T0中断函数 */
void T0_int() interrupt 1
{
static unsigned char ms50;
TH0=0x3C    ;
TL0=0xB0 ;     // 恢复定时初值
if (++ms50>=20) // 到50ms
```

```
{
ms50=0;
TR1=0;              // 停止 T1
f=TH1*256+TL1; // 取得计数结果,即频率值 f
TH1=0;              // 计数清零
TL1=0;
TR1=1;              // 启动 T1
}
}
```

四、任务步骤

1.用 Proteus ISIS 绘制如图 2.6.29 的硬件电路图。

2.使用 Keil 编写程序:

(1)创建新的工程、设置工程属性、编写源程序并加入工程。

(2)创建目标,修改程序直到没有语法错误为止。

(3)程序的跟踪调试

①在 Keil 中创建目标,修改程序直到没有语法错误为止。

②进入 Debug 状态,进行单步、断点等跟踪;如果需要,还可以将 Keil 与 Proteus 结合起来进行程序与电路的联合仿真调试。

3.电路仿真运行

下载目标程序到仿真电路后启动仿真,观察运行结果。

启动仿真,将信号发生器设为输出方波,电压幅度 5V,频率约几百赫兹,仿真结果如图 2.6.31 所示。可通过信号发生器面板调整信号的频率,可以看出测量显示的频率与其一致。

4.目标程序下载到学习板

打开 ISP 软件,将目标程序下载到学习板并进行功能验证,方法为:分组合作,A 小组下载方波信号发生器的程序,B 小组下载数字频率计程序,把 A 组产生方波的引脚通过导线连接到 B 组的计数器引脚,即可进行功能验证。

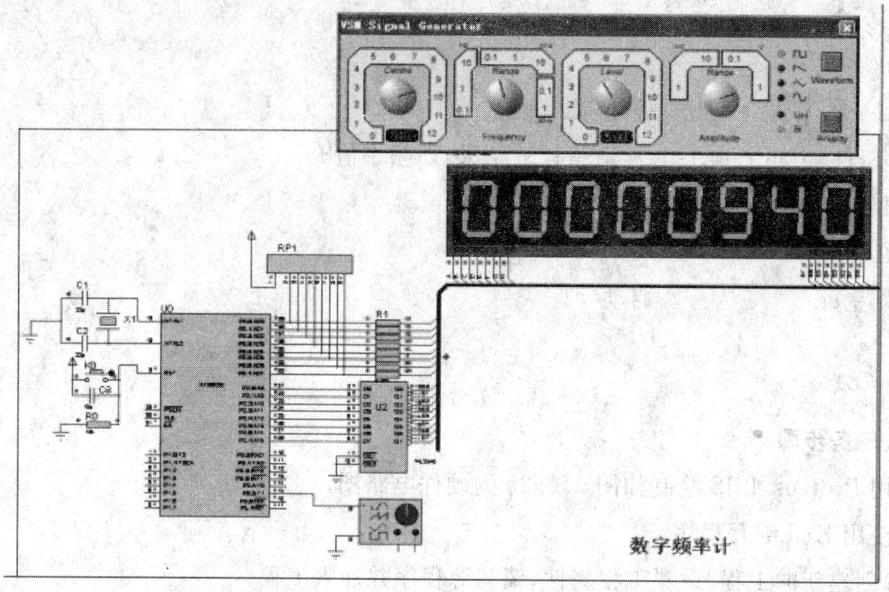

图 2.6.31 频率计电路仿真结果

五、任务预习要求

测量周期或频率的常用方法:单位时间对信号计数法、测周期法、测脉宽法。

任务评价

参考《单片机小系统设计与制作》教材第 266 页附录表 7。

项目9　单片机串行口的应用

项目描述

MCS－51系列单片机有一个可编程的全双工串行通信接口，通过本项目的学习要求掌握串行口的编程步骤和程序设计要点。

任务　通过串行口发送数据块。

知识链接

参考教材《单片机小系统设计与制作》第183页到第185页的相关知识。

任务实践

一、任务目的

1. 了解串行通信的基本概念，掌握串行口的结构和工作原理。
2. 掌握串行口初始化设定与控制的步骤和方法。
3. 掌握串行通信C语言程序设计的基本步骤和方法。
4. 掌握ISIS中虚拟终端的使用方法。
5. 了解串行口功能扩展方法。
6. 熟悉常见串行通信接口规范。

二、任务要求

利用MCS51串行口以9600bps的波特率连续发送包含128个字节的数据块。

三、任务内容

1. 电路设计

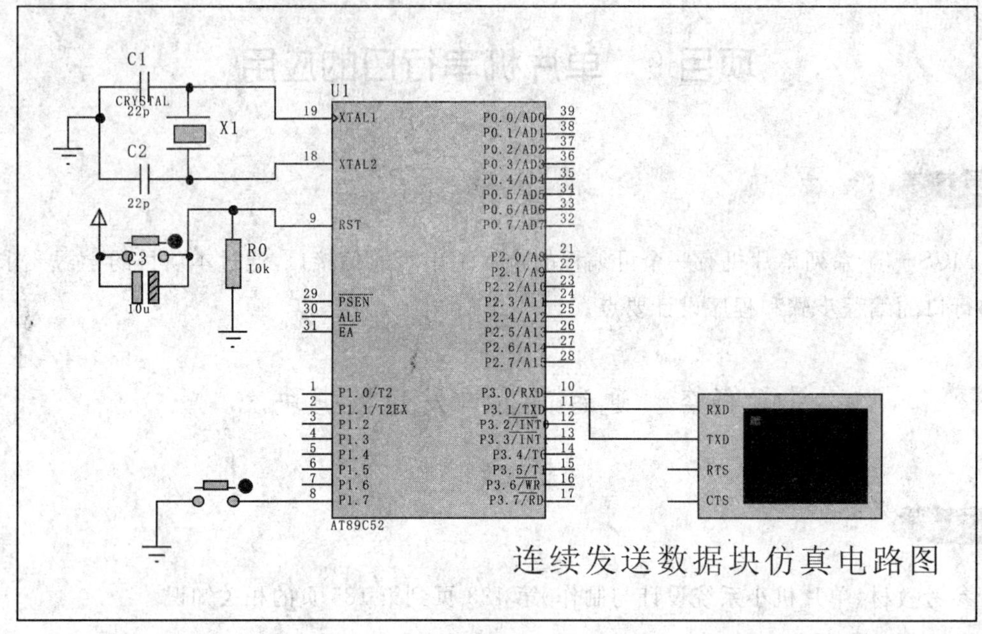

图 2.6.32　串口发送数据块仿真电路

(1)在 ISIS 中按照图 2.6.32 绘制电路图(或从现有类似电路图修改另存),保存到指定..\P9－1 文件夹。因与前面项目基本相同,这里略去元器件清单。

(2)为测试通信功能,需要在电路中添加虚拟终端。点击虚拟仪表模型工具(virtual Instruments Mode),添加“虚拟终端”(VIRTUAL TERMINAL),双击虚拟终端设定串行通信的波特率和帧格式(通信双方需一致)。这里按图 2.6.33 设置为波特率 9 600、数据位 8、校验位 NONE、停止位 1。

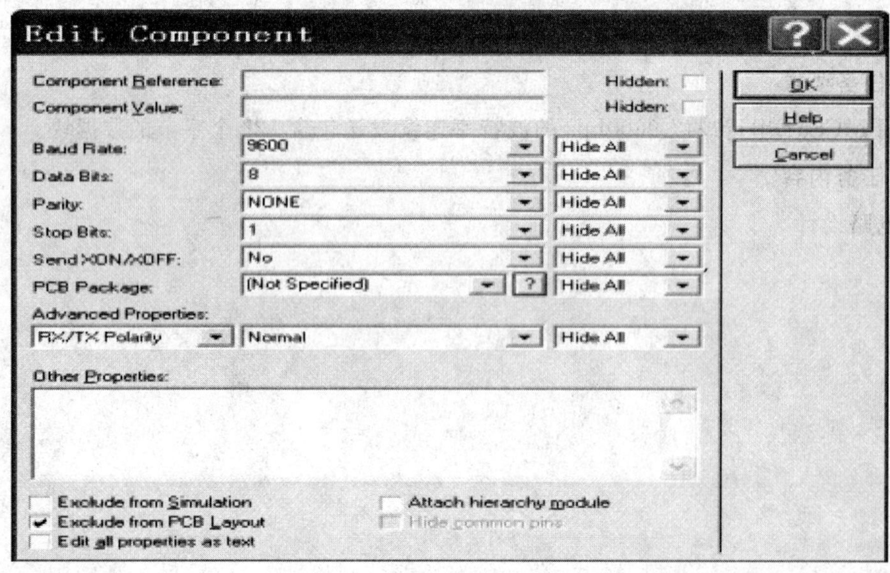

图 2.6.33　虚拟终端的属性设置

四、仿真运行

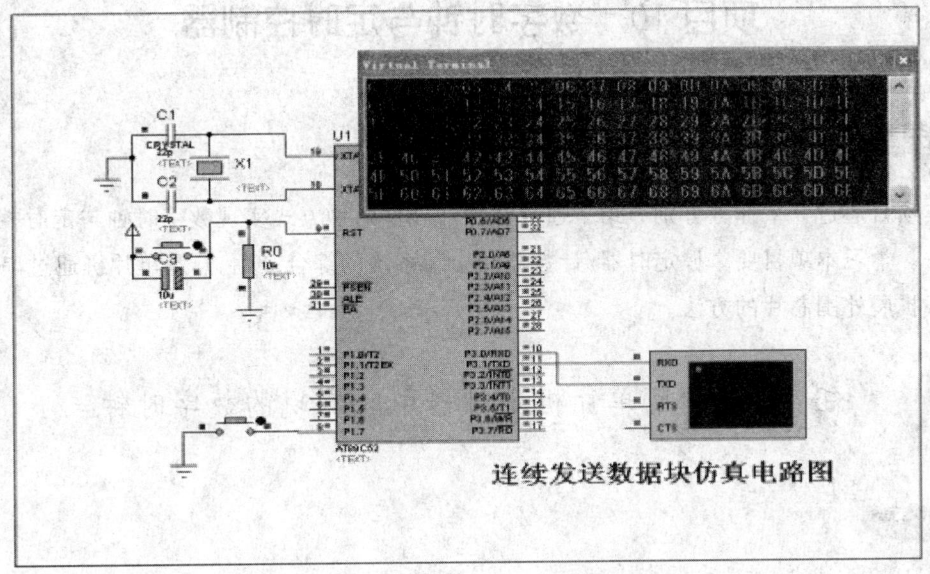

图 2.6.34　串口发送数据块仿真结果

1. 将创建的目标程序 P9－1. hex 下载到仿真电路的单片机中。

2. 启动仿真，右击虚拟终端窗口，(如果虚拟终端窗口被关闭，可以在 Bebug 菜单中重新打开)。选择“Hex Display Mode”，以十六进制显示方式，(否则将以 ASCII 码方式显示)。

3. 每次按下按钮，虚拟终端窗口将显示从单片机串口发送出的数据。

五、任务预习要求

1. 数据通信的方式。

2. 串行口的编程要点。

任务评价

参考《单片机小系统设计与制作》教材第 266 页附录表 7。

项目 10　数字时钟与定时控制器

项目描述

本项目通过 3 个任务分别介绍了通过软件和硬件两种方式实现数字时钟与定时控制器的方法。学习本项目要掌握定时器/计数器和中断系统的综合应用、熟悉单片机通过串行 I/O 方式扩展外围芯片的方法。

任务 1　利用单片机定时器中断实现的数字时钟

知识链接

参考教材《单片机小系统设计与制作》第 204 页的相关知识。

任务实践

一、任务目的

1. 学习定时器初始化程序设计。

2. 学习利用定时器中断实现长延时的方法。

3. 学习利用软件实现时钟功能。

二、任务要求

设计一个利用单片机定时器中断和软件计时的数字时钟，包括电路设计与程序设计，仿真运行，最后下载到学习板。

三、任务内容

1. 电路设计

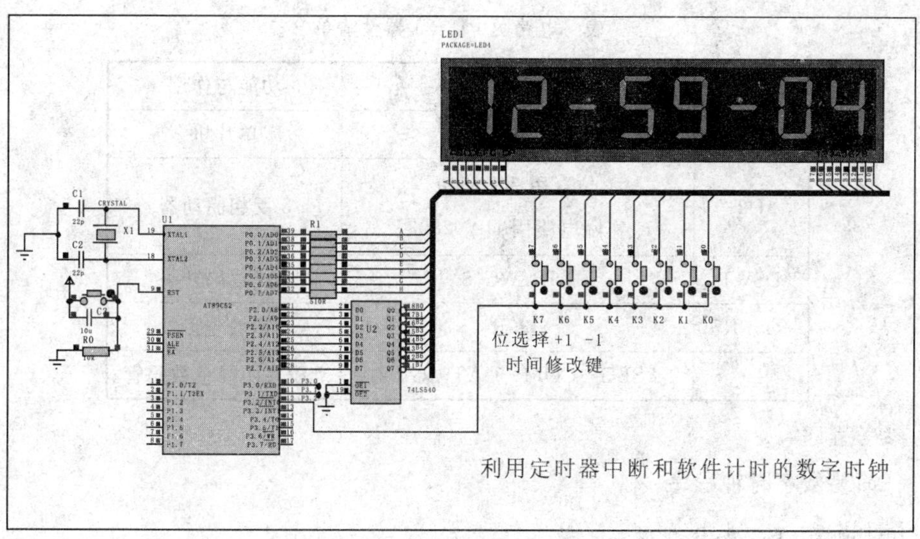

图 2.6.35　单片机数字时钟电路

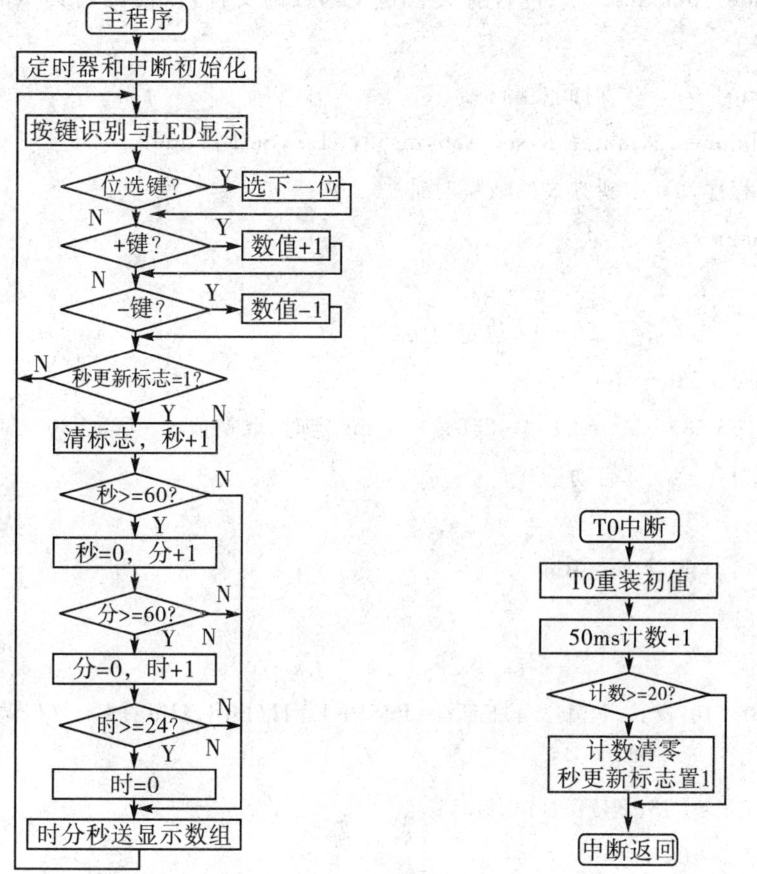

图 2.6.36　T0 中断程序流程　　　　图 2.6.37　单片机数字时钟主程序流程

表　电路图 P13－1 器件清单

器件编号	器件型号/关键字	功能与作用
U1	AT89C51	单片机
U2	仿真用 74LS540 实际电路用 ULN2803	8 反相驱动器
DSW1	DIPSWC_8	8 位拨码开关
R1－R7	330R	限流电阻
L1	7SEG－COM－CAT－GRN	7 段共阴绿色数码管

2.参考程序

```
/* 简易数字时钟程序 */
#include <reg51.h>
#define uchar  unsigned char
#include "pub.h" // 包含有关自定义函数的文件,以便调用其中的显示、按键等函数
bit secup=0; // 时间更新标志
uchar hour=12,min=58,sec=56,ms50,KEY,SetB,Hide;
/* 主程序,T0 中断方式的数字时钟 */
void main()
{//1
TMOD=0x01 ;// T0-16 位定时方式,
TH0=(65 536-50 000) /256 ;
TL0=(65 536-50 000) % 256;// 50ms 定时,取初值 x=(65 536-50 000)/1us
TR0=1;        //启动 T0
EA=1;
ET0=1;//允许 T0 中断
while (1)
{
if(ms50<10 && Hide>4)KEY=DISPKEYH(buff,Hide);    // 调用显示与判断按键函数
else KEY=DISPKEYH(buff,0);
if(KEY! =0xff)
{
switch (KEY)
{
```

```
case 7:// 按键 7
    {
SetB=(SetB>2)? --SetB:7;// 选择设置位 SetB
Hide=1<<SetB; // 将设置位 SetB 设为消隐位(Hide 对应位=1)
}break;
case 6: // 按键 6:对所选位为小时(第 7,6 位)和分(第 4,3 位)进行+1 修改
{switch (SetB)
{case 7: hour=(hour<14)? hour+10:0;break; // 时+10
case 6: hour=(++hour<24)? hour:0;break; // 时+1
case 4: min=(min<50)? min+10:0;break; // 分+10
case 3: min=(++min<60)? min:0;break; } // 分+1
secup=1;
 } break;
case 5: // 按键 5:对所选位为小时(第 7,6 位)和分(第 4,3 位)进行-1 修改
 {switch (SetB)
{case 7: hour=(hour-10>0)? hour-10:0;break;  // 时-10
case 6: hour=(--hour>0)? hour:0;break;// 时-1
case 4: min=(min-10>0)? min-10:0;break;     // 分-10
case 3: min=(--min>0)? min:0;break; }// 分-1
secup=1;
 } break;
}
}
if (secup) // 如果秒更新了
{
secup=0;
  if(++sec>=60)// 秒+1
{sec=0;// 如果=60,则秒回 0
     if(++min>=60)// 分+1
    {min=0;// 如果=60 ,则分回 0
     if(++hour>=24)hour=0; //时+1,如果=24,回 0 点
    }
}
buff[7]=hour / 10;// 时送显示数组
buff[6]=hour % 10;
```

```
buff[5]=32;// 显示分隔号"-"
buff[4]=min / 10;
buff[3]=min % 10;// 分送显示数组
buff[2]=32;// 显示分隔号"-"
buff[1]=sec / 10;
buff[0]=sec % 10;// 秒送显示数组
}

}
}

/* T0 中断服务程序 */
void T0_int() interrupt 1  // T0 中断
{
TH0=(65536-50000) /256 ;
TL0=(65536-50000) % 256;  // 重新装入定时初值
if (++ms50>=20)
{
ms50=0;       // 到 1 秒,计数清零
secup=1;      // 置时间更新标志
}
}
```

四、任务步骤

1. 用 Proteus ISIS 绘制如图 2.6.35 的硬件电路图。

2. 使用 Keil 编写程序:

(1)创建新的工程、设置工程属性、编写源程序并加入工程。

(2)创建目标,修改程序直到没有语法错误为止。

3. 程序的跟踪调试

(1)在 Keil 中创建目标,修改程序直到没有语法错误为止。

(2)进入 Debug 状态,进行单步、断点等跟踪;如果需要,还可以将 Keil 与 Proteus 结合起来进行程序与电路的联合仿真调试。

4. 电路仿真运行

下载目标程序到仿真电路后启动仿真,观察运行结果。

5. 目标程序下载到学习板

打开 ISP 软件,将目标程序下载到学习板并进行功能验证。

五、任务预习要求

复习定时/计数器和中断系统的编程方法。

任务评价

参考《单片机小系统设计与制作》教材第 266 页附录表 7。

任务 2　利用 RTC 芯片实现的数字时钟

知识链接

参考教材《单片机小系统设计与制作》第 209 页到第 210 页的相关知识。

任务实践

一、任务目的

1. 了解实时时钟 RTC 芯片的功能，用来实现数字时钟功能。

2. 理解单片机通过串行 I/O 方式扩展外围器件的方法。

3. 会利用芯片厂商提供的有关函数，通过软件模拟外围芯片接口时序，实现对芯片进行串行数据读写的方法。

二、任务要求

设计制作一个利用实时时钟 RTC 芯片实现的数字日历 & 时钟。

三、任务内容及设计步骤

1. 电路设计

只需在本项目任务 1 电路基础上，添加并连接芯片 DS1302 即可，如图 2.6.38 所示。

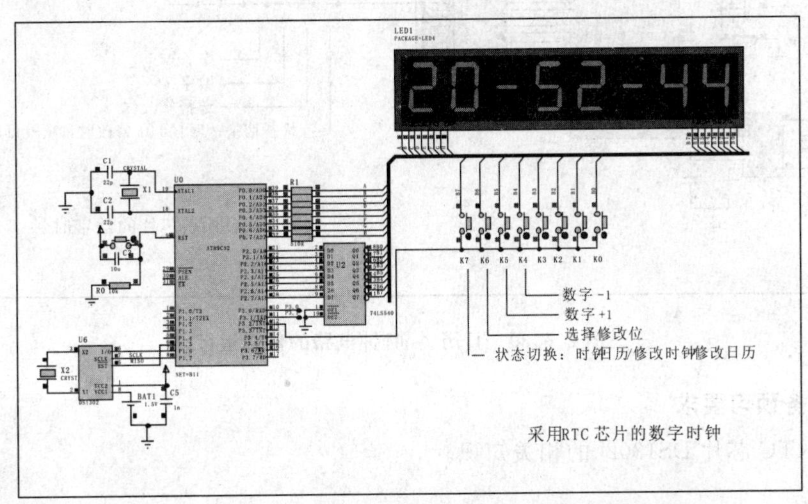

图 2.6.38　采用实时时钟芯片的单片机日历 & 时钟电路

2.程序设计:参考教材 211～213 页

相应的源程序如下:(模拟 I^2C 总线操作,读写该芯片数据的程序 DS1302.h 位于本教材附带的子程序包中,在用户程序中需要将此文件包含进来。

键盘和显示函数已在前面的项目中介绍过并已放在头文件 pub.h 中,可将该文件添加到工程中,并在程序开始用#include "pub.h"包含进来,以便调用这些函数。

由于 DS1302 内部采用 BCD 码格式保存日期和时间数据,这里添加了两个用户函数:BCD 加法和 BCD 减法调整函数,用来在运算和修改时进行 BCD 调整,使数据仍以 BCD 格式保存。当然,用户也可以将这些函数保存到头文件 pub.h 中供调用,以简化本任务的源程序设计。

3.程序的跟踪调试

(1)在 Keil 中创建目标,修改程序直到没有语法错误为止。

(2)进入 Debug 状态,进行单步、断点等跟踪;如果需要,还可以将 Keil 与 Proteus 结合起来进行程序与电路的联合仿真调试。

4.电路仿真运行

下载目标程序后,启动电路仿真(图 2.6.39)。用按钮 K8 在以下不同的工作状态之间切换:

(1)显示时钟;(2)显示日期;(3)设置时钟;(4)设置日期。

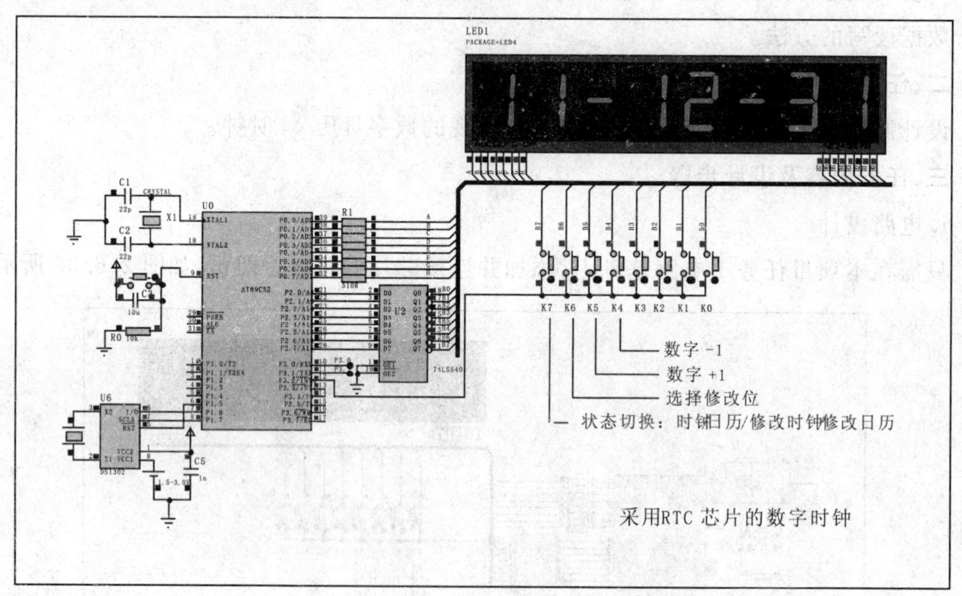

图 2.6.39 日历 & 时钟电路的仿真运行

四、任务预习要求

学习 RTC 芯片 DS1302 的相关知识。

任务评价

参考《单片机小系统设计与制作》教材第 266 页附录表 7。

任务3　作息时间定时控制器

知识链接

参考教材《单片机小系统设计与制作》第 214 页到第 215 页的相关知识。

任务实践

一、任务目的

1. 了解实时时钟 RTC 芯片的功能，用来实现数字时钟功能。

2. 单片机与实时时钟 RTC 芯片的电路连接。

3. 实时时钟 RTC 芯片的程序设计。

二、任务要求

设计制作一个可预置作息时间的控制器，在各预定时刻发出控制信号，控制照明、电铃、广播等电气设备。

三、任务内容及设计步骤

1. 电路设计

如图 2.6.40，考虑到系统在停电时应能继续运行，这里为 DS1302 芯片提供了后备电池。另外，分别通过电磁继电器和光隔离双向可控硅驱动强电电气设备(本电路用照明灯代表)。

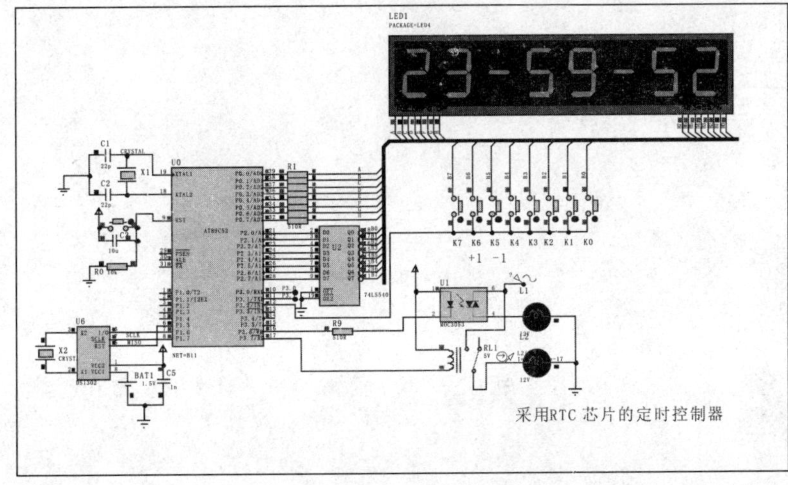

图 2.6.40　作息时间控制器电路图

2. 程序设计:参考程序见教材 215～217 页

由于本任务的程序与本项目任务 1 基本相同,只是添加了一个用来保存各预订时间和操作码的二维数组,每当时间更新时,程序都将当前时刻与数组里的时刻逐一对比,当发现当前时间与某预定时间相符,则输出相应的控制码。为节省 RAM 和简化程序,将该数组保存在程序存储器中,这样做的缺点是改变预设时间需要重新下载程序。有兴趣的读者可以考虑将数组保存在 89C52 的片内 RAM 中,以便可以通过键盘修改。

为简化起见,这里还在程序中删去了日期显示功能,省去了 BCD 调整函数的定义(读者可考虑从任务 1 的程序中复制,或放入头文件 pub. h,从而简化程序的编写)。

3. 在 Proteus ISIS 中仿真运行

在 89C52 的属性中设置 Program File 为目标程序,启动电路仿真,操作按钮,观察时钟运行结果。

4. 将程序下载到实际电路板中运行

由于实际电路板采用的是 STC 单片机,所以在源程序中需做以下两点改动:

(1)将＃include ＜REG51. H＞改为＃include ＜STC12. H＞;

(2)添加端口引脚配置的语句将 STC 单片机 P0、P2 口配置为强推挽输出:

P0M1＝0x00; P0M0＝0xff;

P2M1＝0x00; P2M0＝0xff。

任务评价

参考《单片机小系统设计与制作》教材第 266 页附录表 7。

项目 11　液晶显示器的应用

项目描述

液晶显示器(LCD)是人机交互界面中常用的一种方式,本项目通过在液晶显示器上显示字符介绍了 LCD 的编程和使用方法。

任务 1　用 LCD 显示字符

知识链接

参考教材《单片机小系统设计与制作》第 196 页到第 199 页的相关知识。

任务实践

一、任务目的

1. 了解 LCD 显示器的工作原理、种类、特点。
2. 掌握图形点阵 LCD 的编程使用方法。
3. 理解 LCD 显示模块命令的种类、功能及使用方法。

二、任务要求

在 LCD 上显示“Hello!”和“Nice to see you!”。

三、任务内容及完成步骤

1. 电路设计

使用 PROTEUS 进行项目仿真设计,由于 Proteus 中没有提供 1602 仿真模型,可用完全兼容的 LM016L 代替,如图 2.6.41 所示。

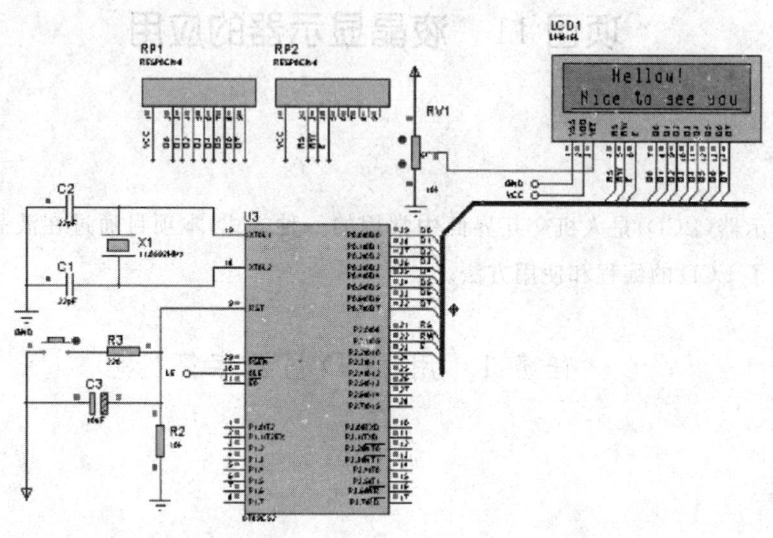

图 2.6.41　1602 液晶显示电路原理图

所需元器件清单见表 2.6.9 所列

表 2.6.9　液晶显示电路器件清单

元器件	类别/子类别	关键字
单片机芯片 AT89C51	Micoprocessor IC/ 8051 Family	89C51
排阻	Resistor	RESPACK－8
10K 电阻		10K
100Ω 电阻		100R
电位器		POT－LIN
22pF 和 10nF 电容	Capacitor	22pF 和 10nF
LCD	Optoelectrics	LM016L
晶振	Miscellaneous	CRYSTAL

2. 程序设计

```
//示例程序
/*****************************************************************************
*  功能描述:
*   程序运行后显示
*          第一行:HELLOW!          *
*          第二行:Nice to see you!
******************************************
```

```
**********************************/
#include <reg52.h>
#include<intrins.h>
#include<math.h>
#define uchar unsigned char   //预定义
#define uint unsigned int     //预定义
#define DD P0                 //预定义液晶数据线用P0口
sbit Rs=P2^0;                 //定义数据/命令选择端
sbit Rw=P2^1;                 //定义读/写选择端
sbit E=P2^2;                  //定义使能信号端
sbit busy_p=ACC^7;
//************函数声明************************
**//
void delay_ms(unsigned int ms);
void delay_us(unsigned int us);
void rd_busy(void);
void write_com(unsigned char com,bit p);
void write_data(unsigned char DATA);
void init(void);
void string(uchar ad,uchar *s);
/**********主程序**********/
void main(void)
{
init();  //液晶初始化
while(1)
{
string(0x84,"Hellow!");  //第一行显示"Hellow!
string(0xC1,"Nice to see you!"); //第二行显示Nice to see you!
delay_ms(100);  //延时100ms
write_com(0x01,0);//清屏
delay_ms(100);
}
}

//*********延时ms函数(延时=参数*ms)********//
```

```
void delay_ms(unsigned int ms)
{ unsigned char j;
while(ms--)
for(j=0;j<125; j++);
}

/********延时 us 函数(延时=参数*1us)********/
void delay_us(unsigned int us)
{
unsigned int i;
for(i=0;i<us;i++);
}

void rd_busy(void)          //读忙。
{
do{
Rs=0;
Rw=1;
E=0;
delay_us(40); //>30us
E=1; delay_us(10); //<25us
DD=0xfe; delay_us(40); //<100us
ACC=DD;
}while(busy_p==1);
}
void write_com(unsigned char com,bit p)    //写指令
{if(p)
rd_busy();
delay_ms(1);
delay_us(5);
E=0;
Rs=0;
Rw=0;
DD=com;
delay_us(250); //>40us
```

```
E=1;
delay_ms(2); //>150us
E=0;
delay_us(40); //>25+10us
}
void write_data(unsigned char DATA)   //写数据
{
rd_busy(); delay_ms(1);
delay_us(250);
E=0;
Rs=1;
Rw=0;
DD=DATA;
delay_us(250);
E=1;
delay_ms(1);
delay_us(250);
E=0;
delay_us(40);
}
void init(void)  //液晶初始化
{
write_com(0x38,1);//8位总线,双行显示,5*7点阵字符
write_com(0x0C,1);//开整体显示,光标关,无黑块
write_com(0x06,1);//光标右移
write_com(0x01,1);//清屏
}
void string(uchar ad,uchar *s) //显示字符串
{
write_com(ad,0);
while(*s>0)
{
write_data(*s++);
delay_ms(1);
}
```

}

3. 程序的跟踪调试

(1)在 Keil 中创建目标,修改程序直到没有语法错误为止。

(2)进入 Debug 状态,进行单步、断点等跟踪;如果需要,还可以将 Keil 与 Proteus 结合起来进行程序与电路的联合仿真调试。

4. 电路仿真运行

下载目标程序到仿真电路后启动仿真,观察运行结果。

四、任务预习要求

学习 1602 字符型 LCD 的知识。

任务评价

参考《单片机小系统设计与制作》教材第 266 页附录表 7。

项目12　模拟量采集

项目描述

本项目介绍了模拟量采集的3种方法：A/D转换芯片、直接输出数字量的传感器、单片机内置ADC进行模拟量的采集。

任务1　A/D转换芯片的应用

知识链接

参考教材《单片机小系统设计与制作》第218页到第219页的相关知识。

任务实践

一、任务目的

1.熟悉A/D转换的接口方式。

2.了解ADC接口芯片。

二、任务要求

利用ADC0832实现模拟电压的测量。

三、任务内容及设计步骤

1.电路设计

利用单片机的3根口线实现与ADC0832的数据传输，信号时序通过软件模拟，电路如图2.6.42所示，元件清单见表2.6.10所列。

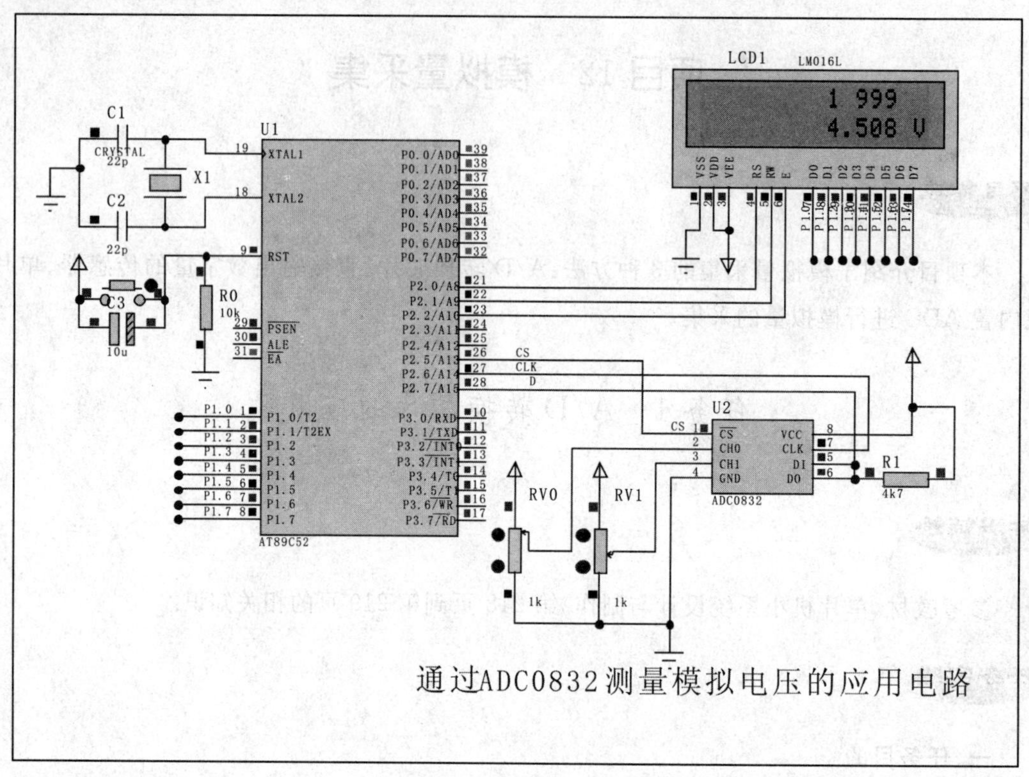

图 2.6.42　ADC0832 模拟电压测量电路

表 2.6.10　元器件清单

器件编号	器件型号/关键字	功能与作用
U1	AT89C51	单片机
U2	ADC0832	AD 转换芯片
LCD1	LM016L	液晶显示器
RV2	POT _LIN	电位器 调整待测模拟电压
R1	4.7K	上拉电阻
略	略	振荡、复位电路

2.程序设计:参考教材 220～221 页

3.程序的跟踪调试

(1)在 Keil 中创建目标,修改程序直到没有语法错误为止。

(2)进入 Debug 状态,进行单步、断点等跟踪;如果需要,还可以将 Keil 与 Proteus 结合起来进行程序与电路的联合仿真调试,(可参照项目 2 任务 3 介绍的方法)。

4.电路仿真运行

(1)将创建的目标程序 P12－1.hex 下载到仿真电路的单片机中;

(2)启动仿真,调节电位器改变模拟电压,观察液晶显示器显示出的测量结果,如图 P13

—1 所示。

四、任务预习要求

学习 ADC0832 芯片的知识。

任务评价

参考《单片机小系统设计与制作》教材第 266 页附录表 7。

任务 2　温度与水位的采集与控制

知识链接

参考教材《单片机小系统设计与制作》第 222 页的相关知识。

任务实践

一、任务目的

1. 熟悉数字温度传感器 DS18B20 的使用。

2. 掌握利用单片机进行温度和水位控制的方法。

二、任务要求

1. 采集锅炉的水温和水位。

2. 自动调节锅炉的水温和水位。

三、任务内容及设计步骤

1. 电路设计

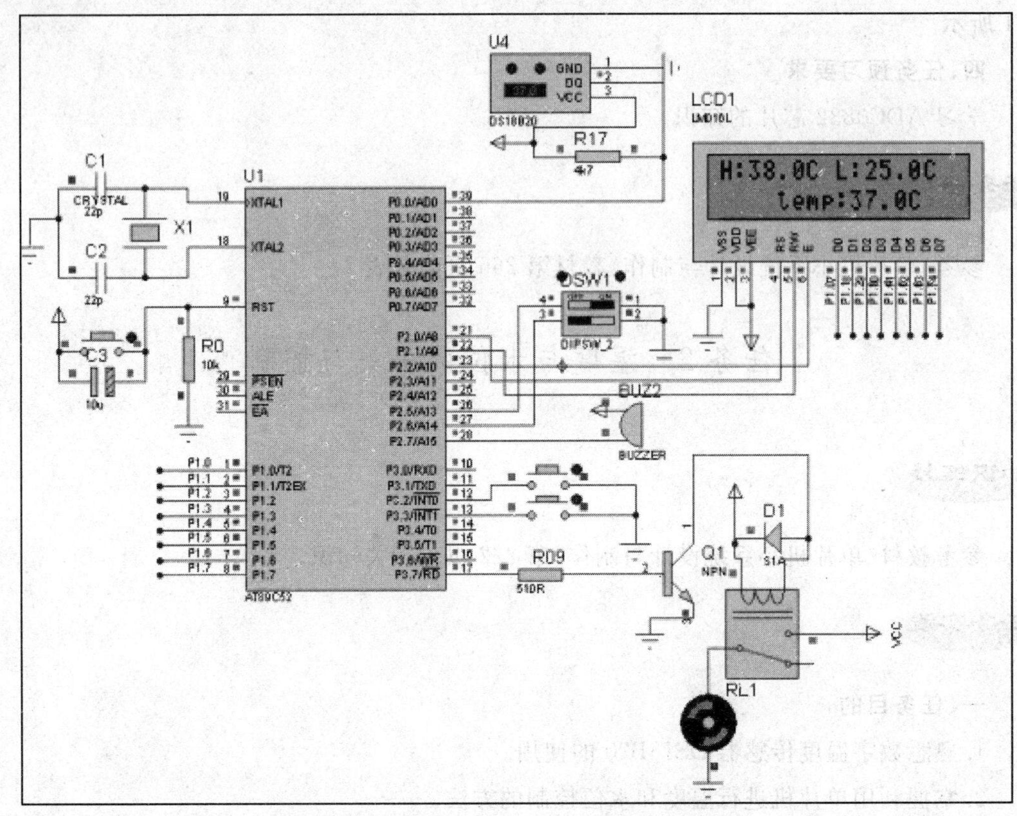

图 2.6.43 温度水位采集控制电路

2.程序设计

(1)水位控制及流程

P2.5 连接低液位控制器、P2.6 连接高液位控制器。当水位处于上、下限之间时,P2.5=1,P2.6=0,此时无论电机是在带动水泵给水塔供水使水位不断上升,还是电机没有工作使水位不断下降,都应继续维持原有工作状态;当水位低于下限时,P2.5=0,P2.6=0,此时启动电机转动,带动水泵给水塔供水。水位控制程序流程如图 2.6.44 所示。

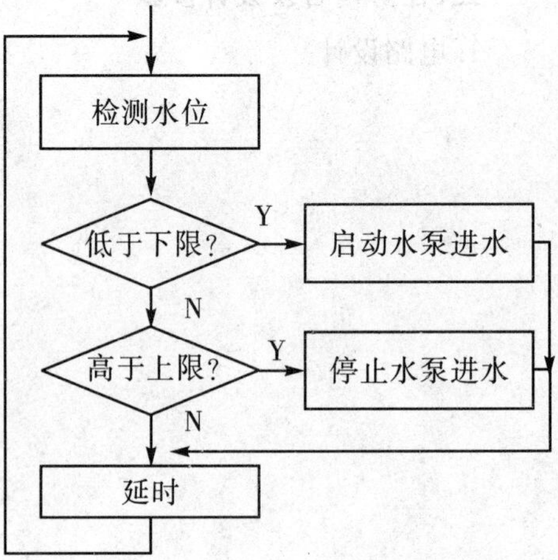

检测水位
低于下限?
Y
启动水泵进水
N
高于上限?
Y
停止水泵进水
N
延时

图 2.6.44 水位控制流程

(2)温度采集与控制流程

单片机通过 P0.0 口读取温度传感器 DS18B20 检测到的温度,连接在 P3.1 口的开关用于低温设置,连接在 P3.2 口的开关用于进行高温设置。温度采集与控制的流程如图 2.6.45 所示。

参考程序：见教材 223～225 页。

3. 程序的跟踪调试

(1)在 Keil 中创建目标，修改程序直到没有语法错误为止。

(2)进入 Debug 状态，进行单步、断点等跟踪；如果需要，还可以将 Keil 与 Proteus 结合起来进行程序与电路的联合仿真调试。

4. 电路仿真运行

下载目标程序到仿真电路后启动仿真，观察运行结果。

四、任务预习要求

学习数字温度传感器 DS18B20 和浮球液位控制器的相关知识。

任务评价

参考《单片机小系统设计与制作》教材第 266 页附录表 7。

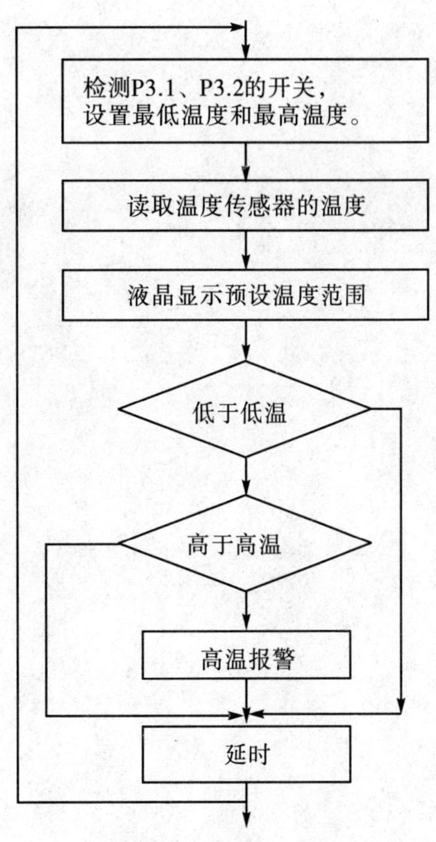

图 2.6.45　温度控制程序流程

国家骨干高等职业院校

重点建设专业（电力技术类）“十二五”规划教材

电气自动化技术专业技能训练教程（下）

主　编　温淑玲

副主编　周传杰

参　编　胡孔忠　陶为明　张海云　刘淑红

王　萍　赵　玲　吴丽杰　李碧红

王　斌

主审　杨圣春　许戈平

合肥工业大学出版社

图书在版编目(CIP)数据

电气自动化专业技能训练教程/温淑玲主编.—合肥:合肥工业大学出版社,2013.8(2017.1重印)

ISBN 978-7-5650-1453-6

Ⅰ.①电… Ⅱ.①温… Ⅲ.①自动化技术—高等学校—教材 Ⅳ.①TP2

中国版本图书馆CIP数据核字(2013)第183240号

电气自动化技术专业技能训练教程(下)

温淑玲 主编　　　　责任编辑 陆向军

出 版	合肥工业大学出版社	版 次	2013年8月第1版
地 址	合肥市屯溪路193号	印 次	2017年1月第2次印刷
邮 编	230009	开 本	787毫米×1092毫米 1/16
电 话	综合编辑部:0551-62903028	印 张	43.75
	市场营销部:0551-62903198	字 数	955千字
网 址	www.hfutpress.com.cn	印 刷	安徽省瑞隆印务有限公司
E-mail	hfutpress@163.com	发 行	全国新华书店

ISBN 978-7-5650-1453-6　　　　定价:79.80元(上下册)

目　录

上　册

第一部分　技能训练必备知识 …… (1)

1.1　技能训练须知 …… (1)
1.2　常用电工测量工具的使用 …… (4)
1.3　常用电工拆装工具的使用 …… (14)

第二部分　基本技能训练 …… (20)

2.1　电子技能训练 …… (20)
2.2　电动机控制与维护训练 …… (76)
2.3　PLC 控制训练(西门子) …… (148)
2.4　三菱 FX 系列 PLC 电器控制技术实训 …… (195)
2.5　电力电子技术项目实践 …… (238)
2.6　单片机小系统的设计与制作训练 …… (309)

下　册

第三部分　综合技能训练 …… (391)

3.1　交直流传动控制实训 …… (391)
3.2　自动生产线安装与调试实训 …… (441)
3.3　MCGS 组态控制实训 …… (550)
3.4　低压配电工程实训 …… (598)
3.5　取证指导 …… (654)
3.6　顶岗实训指导 …… (663)

参考文献 …… (685)

第三部分　综合技能训练

3.1　交直流传动控制实训

项目一　晶闸管直流调速系统主要单元的调试

项目描述

在闭环控制系统中需要用到比例积分调节器，在双闭环控制系统中有两个比例积分调节器，在完成直流调速系统之前需要先熟悉比例积分调节器及其调试。调节器的功能是对给定和反馈两个输入量进行加法、减法、比例、积分和微分等运算，使其输出按某一规律变化。调节器Ⅰ由运算放大器、输入与反馈环节及二极管限幅环节组成，一般作为速度调节器使用。调节器Ⅱ由运算放大器、限幅电路、互补输出、输入阻抗网络及反馈阻抗网络等环节组成，一般作为电流调节器使用。

任务一　调节器Ⅰ的调试

知识链接

一、加法运算电路

反相加法电路如图 3.1.1 所示。由图有

$$i_1+i_2+i_3=i_f$$

其中

$$i_1=\frac{u_{i1}}{R_1},\quad i_2=\frac{u_{i2}}{R_2},\quad i_3=\frac{u_{i3}}{R_3},\quad i_f=-\frac{u_0}{R_f}$$

所以有

$$u_0=-R_f\left(\frac{u_{i1}}{R_1}+\frac{u_{i2}}{R_2}+\frac{u_{i3}}{R_3}\right)$$

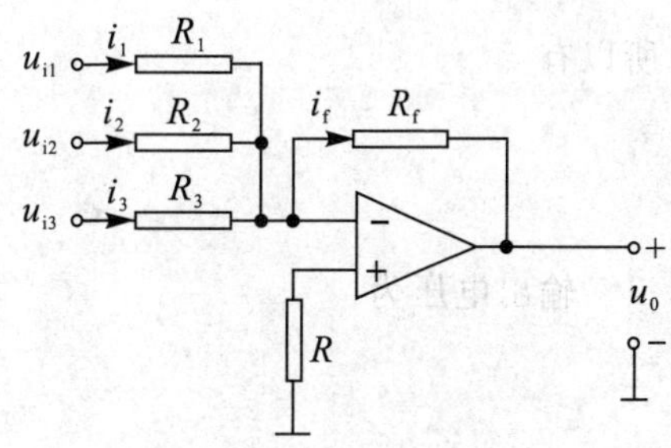

图 3.1.1　反相加法电

二、减法运算电路

减法运算电路是如图 3.1.2 所示。由图有

$$\frac{u_{i1}-u_{-}}{R_1}=\frac{u_{-}-u_0}{R_f} \qquad \frac{u_{i2}-u_{+}}{R_2}=\frac{u_{+}}{R_3}$$

由于 $u_{-}=u_{+}$，所以

$$u_0=\left(1+\frac{R_f}{R_1}\right)\left(\frac{R_3}{R_2+R_3}\right)u_{i2}-\frac{R_f}{R_1}u_{i1}$$

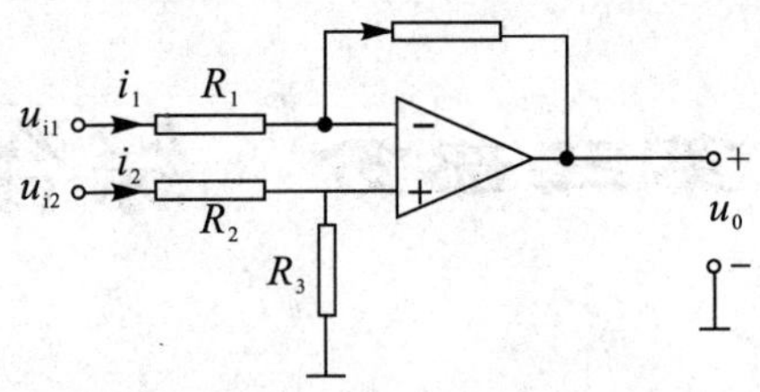

图 3.1.2　减法运算电

三、反相积分运算电路

积分运算电路如图 3.1.3 所示。

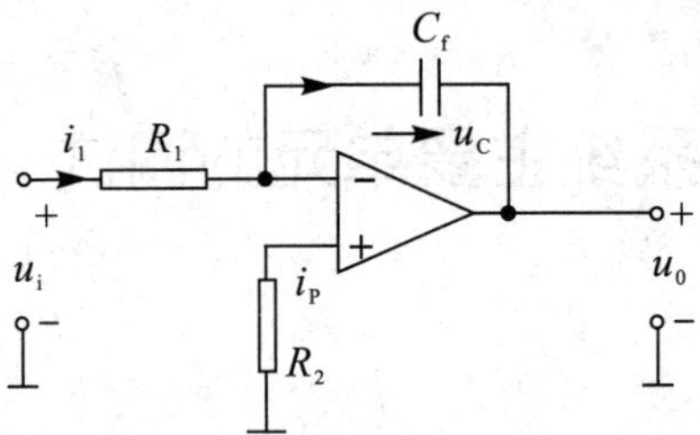

图 3.1.3　积分运算电路

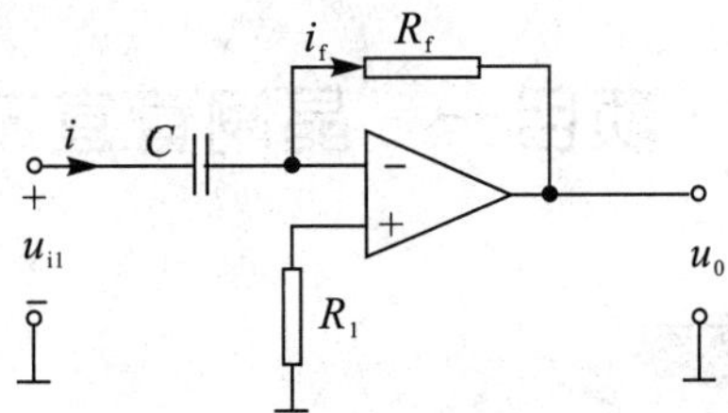

图 3.1.4　微分运算电路

利用“虚地”的概念，有 $i_1=i_f=\frac{u_i}{R_1}$，所以

$$u_0=-u_C=-\frac{1}{C_f}\int i_f\mathrm{d}t=-\frac{1}{C_fR_1}\int u_i\mathrm{d}t$$

若输入电压为常数，则有

$$u_0=-\frac{u_i}{R_1C_f}t$$

四、微分运算电路

微分运算电路如图 3.1.4 所示。根据“虚短”、“虚断”的概念，电容两端的电压 $u_C=u_i$，所以有

$$i_f=i_C=C\frac{du_i}{dt}$$

输出电压为

$$u_0=-i_fR_f=-R_fC\frac{\mathrm{d}u_1}{\mathrm{d}t}$$

任务实践

一、训练内容

调节器 1 的调试方法及调试步骤。

二、工具清单

序号	型　号	备　注
1	PMT01 电源控制屏	
2	PMT－04 电机调速控制电路Ⅰ	
3	PMT－05 电机调速控制电路Ⅱ	
4	慢扫描示波器	
5	万用表	

三、实施步骤

1. 调零

将 PDC－14 中"调节器Ⅰ"所有输入端接地，再将 RP1 电位器顺时针旋到底(逆时针旋到底为 0，顺时针旋到底为 100K)，用导线将"6"、"7"短接，使"调节器Ⅰ"成为 P(比例)调节器。调节面板上的调零电位器 RP2，用万用表的毫伏挡测量调节器Ⅰ"7"端的输出，使调节器的输出电压尽可能接近于零。

2. 调整输出正、负限幅值

把"6"、"7"短接线去掉，此时调节器Ⅰ成为 PI(比例积分)调节器，然后将 PDC01 电源控制屏的给定输出端接到调节器Ⅰ的"3"端，当加一定的正给定时，调整负限幅电位器 RP4，观察输出负电压的变化，当调节器输入端加负给定时，调整正限幅电位器 RP3，观察调节器输出正电压的变化。

3. 测定输入输出特性

再将反馈网络中的电容短接(将"6"、"7"端短接)，使调节器Ⅰ成为 P(比例)调节器，在调节器的输入端分别逐渐加入正负电压，测出相应的输出电压，直至输出限幅，并画出曲线。

4. 观察 PI 特性

拆除"6"、"7"短接线，突加给定电压，用慢扫描示波器观察输出电压的变化规律。改变调节器的放大倍数(调节 RP1)，观察输出电压的变化。

任务评价

任务考核及评分标准见表 3.1.1。

表 3.1.1　任务评价标准表

<table>
<tr><th colspan="2">具体内容</th><th>配分</th><th>评分标准</th><th>扣分</th><th>得分</th></tr>
<tr><td colspan="2">知识吸收
应用能力</td><td>30 分</td><td>1. 回答问题不正确，每次　扣 5 分
2. 实际应用不正确，每次　扣 5 分</td><td></td><td></td></tr>
<tr><td colspan="2">安全文明生产</td><td>10 分</td><td>每违规一次　扣 5 分</td><td></td><td></td></tr>
<tr><td colspan="2">工具的正确使用</td><td>10 分</td><td>每错一次　扣 2 分</td><td></td><td></td></tr>
<tr><td rowspan="4">任务实践</td><td>调　零</td><td>10 分</td><td>1. 调整方法不正确　扣 5 分
2. 调试结果不正确　扣 5 分</td><td></td><td></td></tr>
<tr><td>调整输出正、负限幅值</td><td>10 分</td><td>1. 调整方法不正确　扣 5 分
2. 调试结果不正确　扣 5 分</td><td></td><td></td></tr>
<tr><td>输入输出特性</td><td>10 分</td><td>1. 调整方法不正确　扣 5 分
2. 调试结果不正确　扣 5 分</td><td></td><td></td></tr>
<tr><td>PI 特性</td><td>10 分</td><td>1. 调整方法不正确　扣 5 分
2. 调试结果不正确　扣 5 分</td><td></td><td></td></tr>
<tr><td colspan="2">职业素养</td><td>10 分</td><td colspan="3">出勤、纪律、卫生、处理问题、团队精神等</td></tr>
<tr><td colspan="2">合　计</td><td>100 分</td><td colspan="3"></td></tr>
<tr><td colspan="2">备　注</td><td colspan="4">每项扣分不超过该项所配分数</td></tr>
</table>

任务二　调节器Ⅱ的调试

知识链接

一、二极管限幅电路

1. 二极管下限幅电路

在图 3.1.5(a)所示的限幅电路中，因二极管是串在输入、输出之间，故称它为串联限幅电路。图中，若二极管具有理想的开关特性，那么，当 u_i 低于 E 时，D 不导通，$u_0=E$；当 u_i 高于 E 以后，D 导通，$u_0=u_i$。该限幅器的限幅特性如图 3.1.5(b)所示，当输入振幅大于 E 的正弦波时，输出电压波形见。可见，该电路将输出信号的下限电平限定在某一固定值 E 上，所以称这种限幅器为下限幅器。如将图中二极管极性对调，则得到将输出信号上限电平限定在某一数值上的上限幅器。

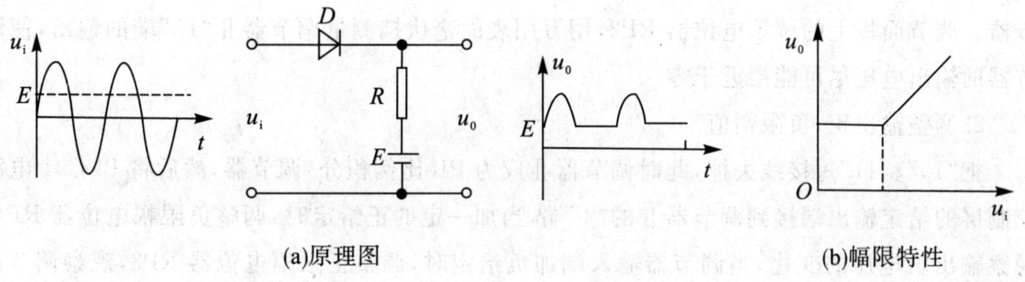

图 3.1.5　二极管下限幅电路

2. 二极管上限幅电路

在图 3.1.6 所示二极管上限限幅电路中，当输入信号电压低于某一事先设计好的上限电压时，输出电压将随输入电压而增减；但当输入电压达到或超过上限电压时，输出电压将保持为一个固定值，不再随输入电压而变，这样，信号幅度即在输出端受到限制。

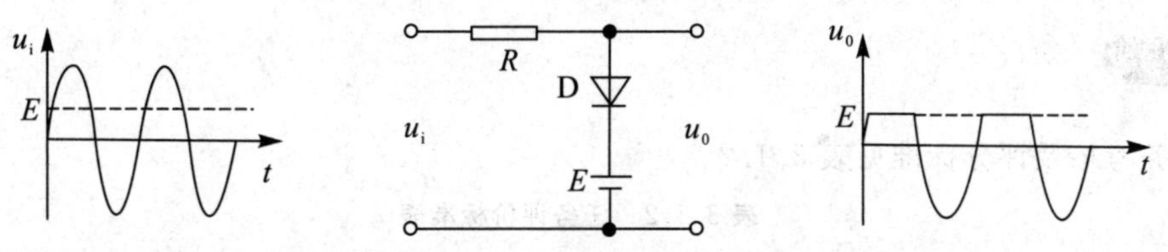

图 3.1.6　二极管上限限幅电路

任务实践

一、训练内容

调节器Ⅱ的调试方法及调试步骤。

二、工具清单

序号	型　号	备　注
1	PMT01 电源控制屏	
2	PMT—04 电机调速控制电路Ⅰ	
3	PMT—05 电机调速控制电路Ⅱ	
4	慢扫描示波器	
5	万用表	

三、实施步骤

1. 调零

将 PDC—14 中“调节器Ⅱ”所有输入端接地，再将 RP1 电位器逆时针旋到底(逆时针旋到底为 0,顺时针旋到底为 100K),用导线将“10”、“11”短接,使“调节器Ⅱ”成为 P(比例)调节器。调节面板上的调零电位器 RP2,用万用表的毫伏挡测量调节器Ⅱ“13”端的输出,使调节器的输出电压尽可能接近于零。

2. 调整输出正、负限幅值

把“10”、“11”短接线去掉,此时调节器Ⅱ成为 PI(比例积分)调节器,然后将 PDC01 电源控制屏的给定输出端接到调节器Ⅱ的“4”端,当加一定的正给定时,调整负限幅电位器 RP4,观察输出负电压的变化,当调节器输入端加负给定时,调整正限幅电位器 RP3,观察调节器输出正电压的变化。

3. 测定输入输出特性

再将反馈网络中的电容短接(将“10”、“11”端短接),使电流调节器为 P 调节器,在调节器的输入端分别逐渐加入正负电压,测出相应的输出电压,直至输出限幅,并画出曲线。

4. 观察 PI 特性

拆除“10”、“11”短接线,突加给定电压,用慢扫描示波器观察输出电压的变化规律。改变调节器的放大倍数(调节 RP1),观察输出电压的变化。

任务评价

任务考核及评分标准见表 3.1.2。

表 3.1.2 任务评价标准表

具体内容		配分	评分标准	扣分	得分
知识吸收应用能力		30 分	1. 回答问题不正确,每次 扣 5 分 2. 实际应用不正确,每次 扣 5 分		
安全文明生产		10 分	每违规一次 扣 5 分		
工具的正确使用		10 分	每错一次 扣 2 分		
任务实践	调 零	10 分	1. 调整方法不正确 扣 5 分 2. 调试结果不正确 扣 5 分		
	调整输出正、负限幅值	10 分	1. 调整方法不正确 扣 5 分 2. 调试结果不正确 扣 5 分		
	输入输出特性	10 分	1. 调整方法不正确 扣 5 分 2. 调试结果不正确 扣 5 分		
	PI 特性	10 分	1. 调整方法不正确 扣 5 分 2. 调试结果不正确 扣 5 分		
职业素养		10 分	出勤、纪律、卫生、处理问题、团队精神等		
合 计		100 分			
备 注		每项扣分不超过该项所配分数			

项目二　电压单闭环不可逆直流调速系统调试

项目描述

为了提高直流调速系统的动静态性能指标，通常采用闭环系统。对调速指标要求不高的场合，可采用单闭环系统，按反馈的方式不同分为转速反馈、电流反馈、电压反馈。电压单闭环不可逆直流调速系统，是将加在直流电机电枢两端的直流电压（即整流器的输出电压）作为反馈量，通过电压隔离器、反号器引入输入端，形成负反馈，以维持电枢两端的直流电压不变。

任务一　开环调速系统调试

知识链接

一、直流电机调速方法

直流电机转速方程为：

$$n=\frac{U-I_{\mathrm{d}}R}{C_{\mathrm{e}}\Phi}$$

由式可以看出，有 3 种方法调节电动机的转速：

(1)调节电枢供电电压 U。改变电枢电压主要是从额定电压往下降低电枢电压，从电动机额定转速向下调速，属恒转矩调速方法，见图 3.1.7。I_{d} 变化遇到的时间常数较小，能快速响应，但是需要大容量可调直流电源。

(2)改变电动机主磁通 Φ。改变磁通可以实现无级平滑调速，但只能减弱磁通进行调速（简称弱磁调速），从电机额定转速向上调速，属恒功率调速方法，见图 3.1.8。励磁电流 I_{f} 变化遇到的时间常数同 I_{d} 变化遇到的相比要大得多，响应速度较慢，但所需电源容量小。

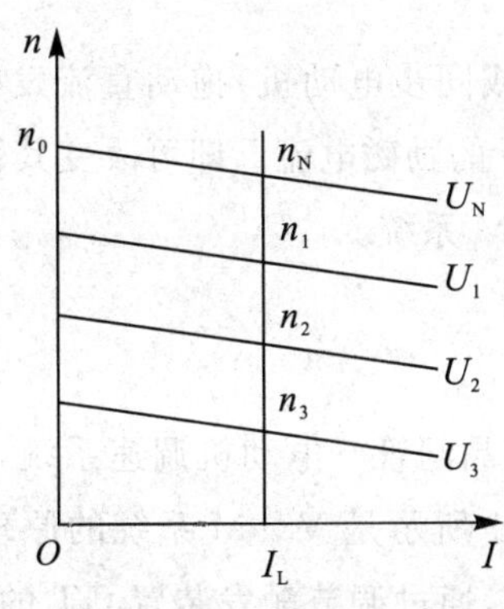

图 3.1.7　调压调速特性曲

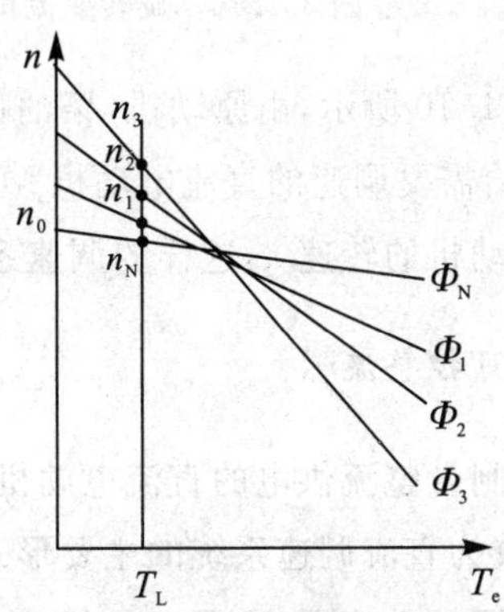

图 3.1.8　调磁调速特性曲线

(3)改变电枢回路电阻 R。在电动机电枢回路外串电阻进行调速的方法,设备简单,操作方便。但是只能进行有级调速,调速平滑性差,机械特性较软,见图 3.1.9。空载时几乎没什么调速作用;还会在调速电阻上消耗大量电能。

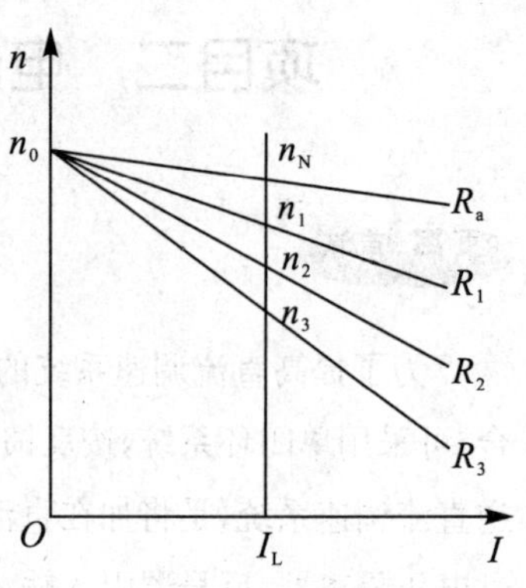

图 3.1.9 调阻调速特性曲线

改变电枢回路电阻进行调速缺点很多,目前很少采用,仅在有些起重机、卷扬机及电车等调速性能要求不高或低速运转时间不长的传动系统中采用。

二、直流调速用可控直流电源

常用的可控直流电源有以下 3 种:旋转变流机组、静止可控整流器、直流斩波器或脉宽调制变换器,下面分别对各种可控直流电源以及由它供电的直流调速系统作概括性介绍。

1. 旋转变流机组

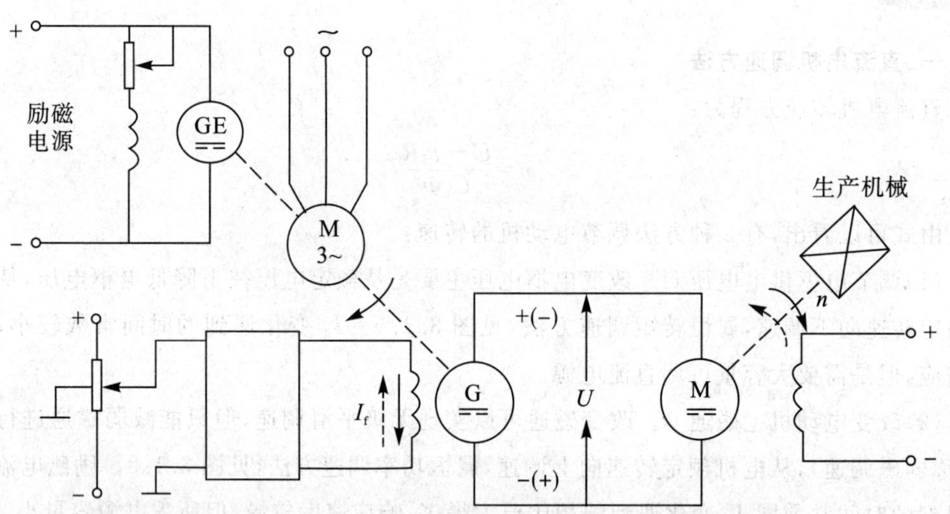

图 3.1.10 旋转变流机组供电的直流调速系统(G—M 系统)

如图 3.1.10 所示,由原动机(柴油机、交流异步或同步电动机)拖动直流发电机 G 实现变流,由 G 给需要调速的直流电动机 M 供电,调节 G 的励磁电流 I_f 即可改变其输出电压 U,从而调节电动机的转速 n,这样的调速系统简称 G—M 系统。

2. 静止可控整流器

采用晶闸管整流供电的直流电动机调速系统(即晶闸管—电动机调速系统,简称 V—M 系统)已经成为直流调速系统的主要形式。图 3.1.11 所示是 V—M 系统的原理框图,图中 V 是晶闸管可控整流器,它可以是任意一种整流电路,通过调节触发装置 GT 的控制电压来移动触发脉冲的相位,从而改变整流输出电压平均值 U_d,实现电动机的平滑调速。

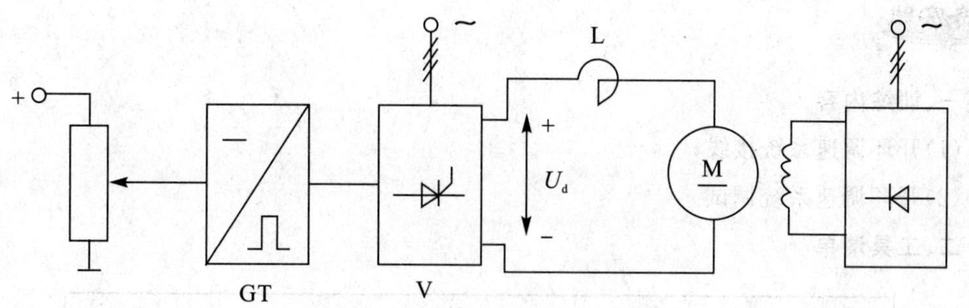

图 3.1.11　晶闸管一电动机调速系统原理框图(V—M系统)

3. 直流斩波器或脉宽调制变换器

直流斩波器又称直流调压器，是利用开关器件来实现通断控制，将直流电源电压断续加到负载上，通过通、断时间的变化来改变负载上的直流电压平均值，将固定电压的直流电源变成平均值可调的直流电源，亦称直流一直流变换器。它具有效率高、体积小、重量轻、成本低等优点，现广泛应用于电力机车、城市无轨电车以及地铁电机车等电力牵引设备的变速拖动中。在原理图 3.1.12(a)中，VT 表示电力电子开关器件，VD 表示续流二极管。当 VT 导通时，直流电源电压 U_s 加到电动机上；当 VT 关断时，直流电源与电机脱开，电动机电枢经 VD 续流，两端电压接近于零。如此反复，电枢端电压波形如图 3.1.10(b)，好像是电源电压 U_s 在 t_{on}时间内被接上，又在 $T-t_{on}$时间内被斩断，故称“斩波”。

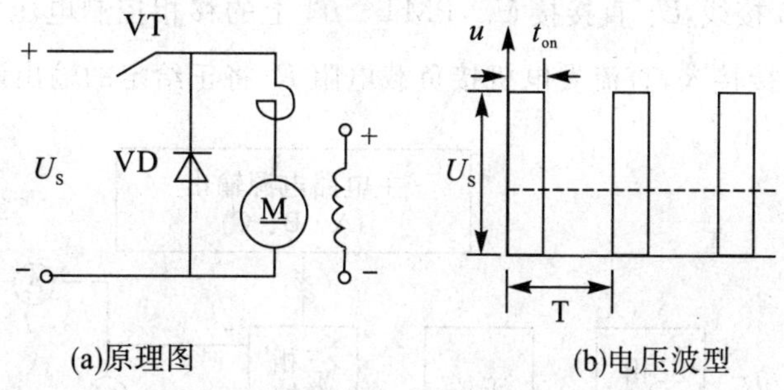

图 3.1.12　直流斩波器原理电路及输出电压波形

这样，电动机电枢端电压的平均值为：

$$U_d=\frac{t_{on}}{T}U_s=\rho U_s$$

式中：T——开关器件的通断周期；

t_{on}——开关器件的导通时间。

目前，受到器件容量的限制，PWM 直流调速系统只用于中、小功率的系统。

任务实践

一、训练内容

(1)开环调速系统接线;

(2)开环调速系统调试。

二、工具清单

序号	型　　号	备　注
1	PMT01 电源控制屏	
2	PMT－02 晶闸管主电路	
3	PMT－03 三相晶闸管触发电路	
4	PMT－04 电机调速控制电路 I	
5	PWD－17 可调电阻器	
6	DD03－3 电机导轨、光码盘测速系统及数显转速表	
7	DJ13－1 直流发电机	
8	DJ15 直流并励电动机	
9	慢扫描示波器	自备
10	万用表	自备

三、实施步骤

(1)按图 3.1.13 接线,U_g 直接接 U_{ct},PMT－03 上的移相控制电压 U_{ct} 由 PMT－04 上的“给定”输出 U_g 直接接入,直流发电机接负载电阻 R,将正给定的输出调到零。

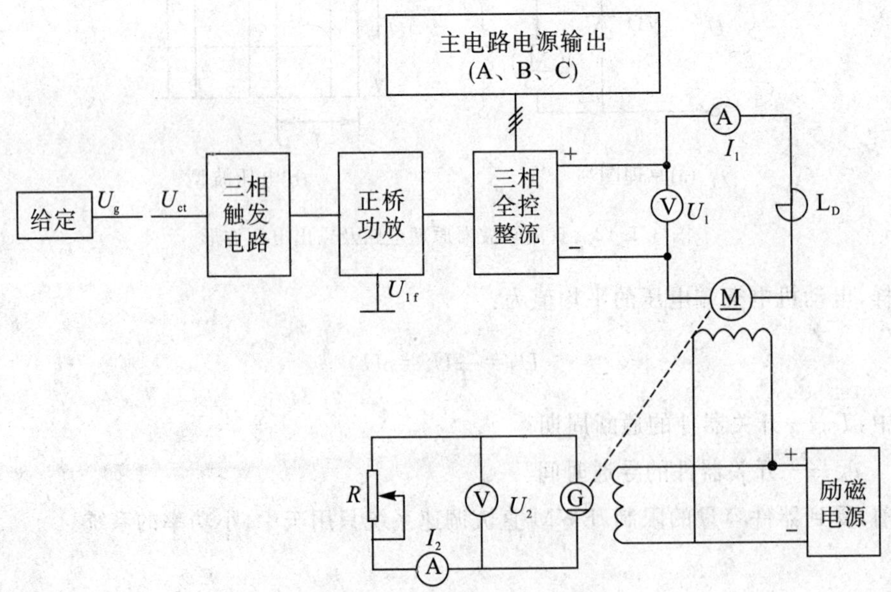

图 3.1.13　开环调速系统接线图

(2)先闭合励磁电源开关,按下 PMT01 上面的启动按钮,使主电路输出三相交流电源(线电压为 220V),然后从零开始逐渐增加“给定”电压 U_g,使电动机慢慢启动并使转速 n 达到 1 200r/min。

(3)改变负载电阻 R 的阻值,使电动机的电枢电流从空载直至额定电流 I_{ed}. 即可测出在 U_{ct} 不变时的直流电动机开环外特性 $n=f(I_d)$,测量并记录数据于下表:

n(r/min)							
I_d(A)							

(4)U_d 不变时直流电机开环外特性的测定

①控制电压 U_{ct} 由 PMT－04 的“给定”U_g 直接接入,直流发电机接负载电阻 R,将正给定的输出调到零。

②按下 PMT01 控制屏启动按钮,然后从零开始逐渐增加给定电压 U_g,使电动机启动并达到 1 200 r/min。

③改变负载电阻 R,使电动机的电枢电流从空载直至 I_{ed}。用电压表监视三相全控整流输出的直流电压 U_d,在实验中始终保持 U_d 不变(通过不断的调节 PMT－04 上的“给定”电压 U_g 来实现),测出在 U_d 不变时直流电动机的开环外特性 $n=f(I_d)$,并记录于下表:

n(r/min)							
I_d(A)							

任务评价

任务考核及评分标准见表 3.1.3。

表 3.1.3　任务评价标准表

具体内容		配分	评分标准		扣分	得分
知识吸收 应用能力		30 分	1. 回答问题不正确,每次 2. 实际应用不正确,每次	扣 5 分 扣 5 分		
安全文明生产		10 分	每违规一次	扣 5 分		
工具的正确使用		5 分	每错一次	扣 2 分		
任务实践	正确接线	15 分	接线不正确	扣 5 分		
	调试成功	15 分	调试不成功	扣 5 分		
	参数测定	15 分	参数测定不准确	扣 5 分		
职业素养		10 分	出勤、纪律、卫生、处理问题、团队精神等			

合　计	100 分	
备　注	每项扣分不超过该项所配分数	

任务二　电压单闭环调速系统调试

知识链接

电压单闭环系统原理图如图 3.1.14 所示，在电压单闭环中，将反映电压变化的电压隔

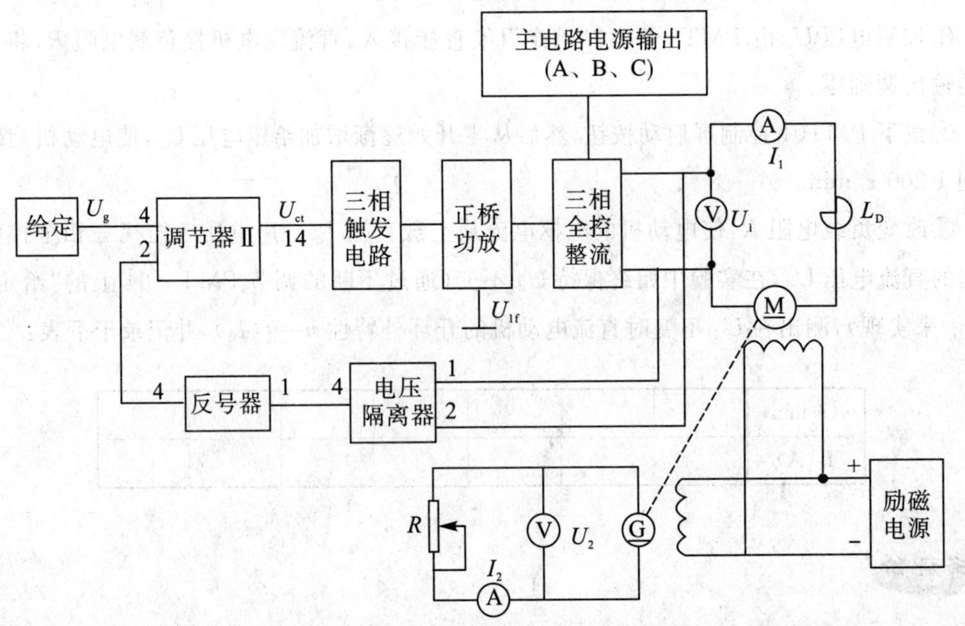

图 3.1.14　电压单闭环系统原理图(L_D=200mH,R=2250Ω)

离器输出电压信号作为反馈信号加到“电压调节器”(用调节器Ⅱ作为电压调节器)的输入端，与“给定”的电压相比较，经放大后，得到移相控制电压 U_{ct}，控制整流桥的“触发电路”，改变“三相全控整流”的电压输出，从而构成了电压负反馈闭环系统。电机的最高转速也由电压调节器的输出限幅所决定。调节器若采用 P(比例)调节，对阶跃输入有稳态误差，要消除该误差将调节器换成 PI(比例积分)调节。当“给定”恒定时，闭环系统对电枢电压变化起到了抑制作用，当电机负载或电源电压波动时，电机的电枢电压能稳定在一定的范围内变化。

任务实践

一、训练内容

(1)电压单闭环调速系统接线；

(2)电压单闭环调速系统调试。

二、工具清单

序号	型　　号	备　注
1	PMT01 电源控制屏	
2	PMT－02 晶闸管主电路	
3	PMT－03 三相晶闸管触发电路	
4	PMT－04 电机调速控制电路Ⅰ	
5	PWD－17 可调电阻器	
6	DD03－3 电机导轨、光码盘测速系统及数显转速表	
7	DJ13－1 直流发电机	
8	DJ15 直流并励电动机	
9	慢扫描示波器	自备
10	万用表	自备

三、实施步骤

(1)按图 3.1.14 接线，在本实验中，PMT－04 上的“给定”电压 U_g 为负给定，电压反馈为正电压，将“调节器Ⅱ”接成 P(比例)调节器或 PI(比例积分)调节器。直流发电机接负载电阻 R，给定输出调到零。

(2)直流发电机先轻载，从零开始逐渐增大“给定”电压 U_g，使电动机转速接近 n=1 200r/min。

(3)由小到大调节直流发电机负载 R，测定相应的 I_d 和 n，直至电动机 $I_d=I_{ed}$，即可测出系统静态特性曲线 $n=f(I_d)$。记录于下表中：

n(r/min)							
I_d(A)							

任务评价

任务考核及评分标准见表 3.1.4。

表 3.1.4　任务评价标准表

具体内容	配分	评分标准	扣分	得分
知识吸收 应用能力	30 分	1. 回答问题不正确，每次　扣 5 分 2. 实际应用不正确，每次　扣 5 分		
安全文明生产	10 分	每违规一次　扣 5 分		
工具的正确使用	5 分	每错一次　扣 2 分		

任务实践	正确接线	15 分	接线不正确	扣 5 分	
	调试成功	15 分	调试不成功	扣 5 分	
	参数测定	15 分	参数测定不准确	扣 5 分	
职业素养		10 分	出勤、纪律、卫生、处理问题、团队精神等		
合　计		100 分			
备　注		每项扣分不超过该项所配分数			

项目三　带电流截止负反馈的转速单闭环直流调速系统调试

项目描述

对于调速系统来说，输出量是转速，显然，引入转速负反馈构成闭环调速系统，能够大大减少转速降落。在电动机轴上安装一台测速发电机 TG，引出与输出量转速成正比的负反馈电压 U_n，与转速给定电压 U_n^* 进行比较，得到偏差电压 ΔU_n，经过放大器 A，产生驱动或触发装置的控制电压 U_c，去控制电动机的转速，这就组成了反馈控制的闭环调速系统。图 3.1.17所示为采用晶闸管相控整流器供电的闭环调速系统，因为只有一个转速反馈环，所以称为单闭环调速系统。由图可见，该系统由电压比较环节、放大器、晶闸管整流器与触发装置、直流电动机和测速发电机等部分组成。

知识链接

一、单闭环调速系统的基本特征

转速负反馈单闭环调速系统是一种基本的反馈控制系统，它具有以下基本特征，也就是反馈控制的基本规律。

1. 具有比例放大器的单闭环调速系统是有静差的

从前面对于闭环系统静特性的分析中可以看出，闭环系统的开环放大系数 K 值对系统的稳态性能影响很大。K 越大，稳态速降越小，静特性就越硬，在一定静差率要求下的调速范围越宽。但是，当放大器只是比例放大器（K_p 为常数），稳态速降只能减少而不可能消除，因为

$$\Delta n_{cl} = \frac{RI_d}{C_e\Phi(1+K)}$$

只有当 $K=\infty$ 才能使 $\Delta n_{cl}=0$，而这是不可能的。因此，这样的调速系统属于有静差调速系统，简称有差调速系统。这种系统正是依靠偏差来保证实现控制作用的。

2. 闭环系统具有较强的抗干扰性能

反馈闭环系统具有很好的抗扰性能，对于作用在被负反馈所包围的前向通道上的一切扰动都能有效地抑制。除给定信号外，作用在控制系统上一切能使输出量发生变化的因素都叫做“扰动作用”。上面我们只讨论了负载扰动所引起的稳态速降，实际上还有许多因素会引起电动机转速的变化，如图 3.1.15 所示。图中除了负载扰动用代表电流 I_d 的箭头表示外，其他指向方框的箭头分别表示引起该环节传递系数变化的扰动作用。所有这些扰动都和负载扰动一样，最终都会引起输出量转速的变化，都可以被转速反馈装置检测出来，再

通过闭环自动调节作用,减少它们对稳态转速的影响。因此,凡是被反馈环所包围的加在闭环系统前向通道各环节上的扰动作用对输出量的影响都会受到反馈控制的抑制。这一性质是闭环自动控制系统最突出的特征。

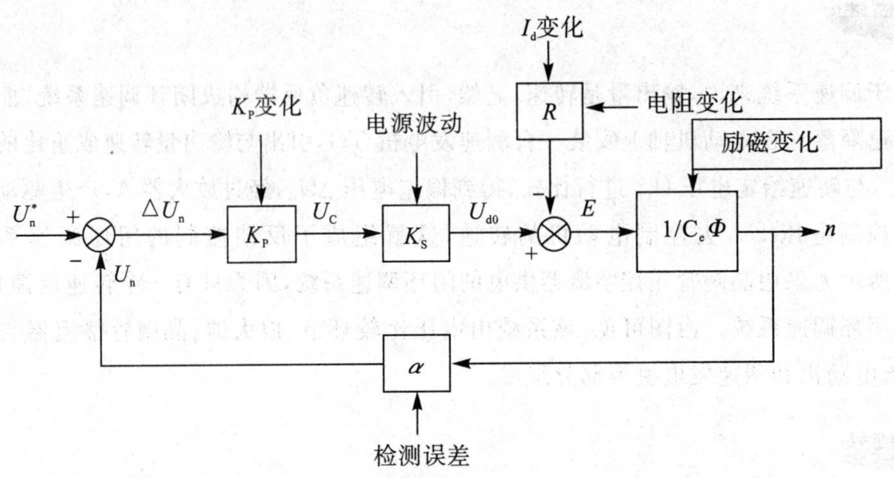

图 3.1.15　闭环调速系统的给定和扰动

3. 闭环系统对给定信号和检测装置中的扰动无能为力

在闭环调速系统中,给定作用如果有细微的变化,输出转速就会立即随之变化,丝毫不受反馈作用的抑制。如果给定电源发生了不应有的波动,则输出转速也要跟着发生变化,反馈控制系统无法区分是正常的调节给定电压还是给定电源的变化。因此,闭环调速系统的精度依赖于给定稳压电源的精度。

二、单闭环调速系统的限流保护——电流截止负反馈

为了解决反馈控制单闭环调速系统启动和堵转时电流过大的问题,系统中必须设有自动限制电枢电流的环节,当电流大到一定程度时才起作用的电流负反馈叫做电流截止负反馈。为了实现电流截止负反馈,必须在系统中引入电流负反馈截止环节。其基本思想是将电流反馈信号转换成电压信号,然后去和一个比较电压 U_{com} 进行比较。电流负反馈信号的获得可以采用在交流侧的交流电流检测装置,也可以采用直流侧的直流电流检测装置。最简单的是在电动机电枢回路串入一个小阻值的电阻 R_s,I_dR_s 是正比于电流的电压信号,用它去和比较电压 U_{com}进行比较。当 $I_dR_s > U_{com}$,电流负反馈信号 U_i

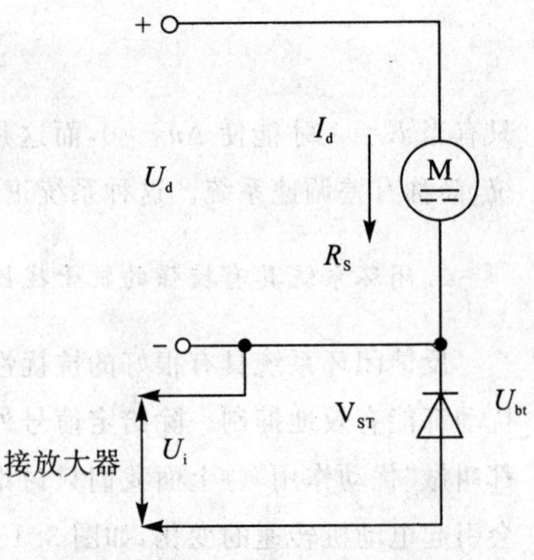

图 3.1.16　电流负反馈截止环节

起作用，当 $I_dR_s \leqslant U_{com}$，电流负反馈信号被截止。可以利用稳压管的击穿电压 U_{br} 作为比较电压，组成电流负反馈截止环节，如图 3.1.16 所示。

三、带电流截止负反馈的转速单闭环直流调速系统原理分析

带电流截止负反馈的转速单闭环直流调速系统原理如图 3.1.17 所示。转速单闭环直流调速系统是将反映转速变化的电压信号作为反馈信号，经“速度变换”后接到“调节器Ⅱ”的输入端，与“给定”的电压相比较，经放大后，得到移相控制电压 U_{ct}，用作控制整流桥的“触发电路”，触发脉冲经功率放大后加到晶闸管的门极和阴极之间，以改变“三相全控整流”的输出电压，这就构成了速度负反馈闭环系统。电机的转速随给定电压变化，电机最高转速由“调节器Ⅱ”的输出限幅所决定。在本系统中“调节器Ⅱ”可采用 PI(比例积分)调节器或者 P(比例)调节器，当采用 P(比例)调节器时属于有静差调速系统，增加“调节器Ⅱ”的比例放大系数即可提高系统的静特性硬度。为了防止在启动和运行过程过程中出现过大的电流冲击，系统引入了电流截止负反馈。由电流变换器 FBC 取出与电流成正比的电压信号(FBC＋FA 的“3”端)，当电枢电流超过一定值时，将“调节器Ⅱ”的“5”端稳压管击穿，送出电流反馈信号进入“调节器Ⅱ”进行综合调节，以限制电流不超过其允许的最大值。

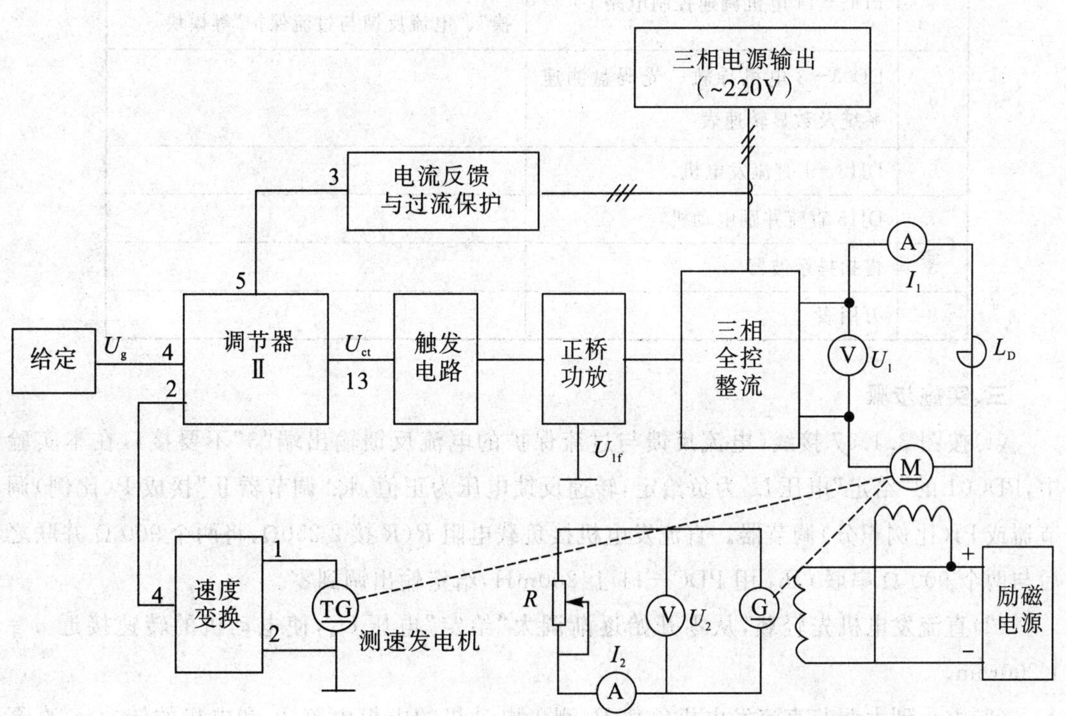

图 3.1.17　带电流截止负反馈的转速单闭环直流调速系统性

任务实践

一、训练内容

(1)转速单闭环调速系统接线;

(2)转速单闭环调速系统调试;

(3)对一些常见故障进行分析与处理。

二、工具清单

序号	型　　号	备　　注
1	PDC01 电源控制屏	该控制屏包含"三相电源输出"、"给定"等模块
2	PDC－11 晶闸管主电路	
3	PDC－12 三相晶闸管触发电路	该挂件包含"触发电路"、"正、反桥功放"等模块
4	PDC－14 电机调速控制电路 I	该挂件包含"调节器Ⅰ、Ⅱ"、"速度变换"、"电流反馈与过流保护"等模块
5	DD03－3 电机导轨、光码盘测速系统及数显转速表	
6	DJ13－1 直流发电机	
7	DJ15 直流并励电动机	
8	慢扫描示波器	
9	万用表	

三、实施步骤

(1)按图 3.1.17 接线(电流反馈与过流保护的电流反馈输出端"3"不要接),在本实验中,PDC01 的"给定"电压 U_g 为负给定,转速反馈电压为正值,将"调节器Ⅱ"接成 P(比例)调节器或 PI(比例积分)调节器。直流发电机接负载电阻 R(R 接 2 250Ω:将两个 900 Ω 并联之后与两个 900 Ω 串联),L_d 用 PDC－11 上 200mH,给定输出调到零。

(2)直流发电机先轻载,从零开始逐渐调大"给定"电压 U_g,使电动机的转速接近 n＝1 200rpm。

(3)由小到大调节直流发电机负载 R,测出电动机的电枢电流 I_d 和电机的转速 n,直至 $I_d＝I_{ed}$,即可测出系统静态特性曲线 $n＝f(I_d)$。

n(rpm)							
I_d(A)							

(4)电流截止负反馈环节的整定。

把电流反馈与过流保护的电流反馈输出端“3”接到“调节器Ⅱ”的输入端“5”，从零开始逐渐调大“给定”电压 U_g，使电动机的转速接近 n=1 200rpm；由小到大调节直流发电机负载 R，使主回路电流升至额定值 1.1I_N。调整电流反馈单元（FBC＋FA）中的电流反馈电位器 RP1，使电流反馈电压“I_f”逐渐升高直至将“调节器Ⅱ”的输入端“5”连接的稳压管击穿，此时电动机的转速会明显降低，说明电流截止负反馈环节已经起作用。I_N 即为截止电流。停机后可突加给定启动电动机。

①动态波形的观察。先调节好给定电压 U_g，使电动机在某一转速下运行，断开给定电压 U_g 的开关 S_2。然后突然合上 S_2，即突加给定启动电动机，用慢扫描示波器观察和记录系统加入电流截止负反馈后的电流 I_d 和转速 n 的动态波形曲线。

②测定挖土机特性。具有电流截止负反馈环节的转速负反馈单闭环直流调速系统的静特性是挖土机特性，其测定方法如下：逐渐增加给定 U_g，使电动机转速接近 n=1 200rpm，由小到大调节直流发电机负载 R，使主回路电流升至额定值 I_N，记录额定工作点的数据。然后继续改变负载 R 使电流超过截止电流，转速下降到接近于零为止。记录几组转速和电流的数据，可画出挖土机特性。

n(rpm)							
I_d(A)							

任务评价

任务考核及评分标准见表 3.1.5。

表 3.1.5 任务评价标准表

<table>
<tr><th colspan="2">具体内容</th><th>配分</th><th>评分标准</th><th>扣分</th><th>得分</th></tr>
<tr><td colspan="2">知识吸收
应用能力</td><td>30 分</td><td>1.回答问题不正确，每次 扣 5 分
2.实际应用不正确，每次 扣 5 分</td><td></td><td></td></tr>
<tr><td colspan="2">安全文明生产</td><td>10 分</td><td>每违规一次 扣 5 分</td><td></td><td></td></tr>
<tr><td colspan="2">工具的正确使用</td><td>5 分</td><td>每错一次 扣 2 分</td><td></td><td></td></tr>
<tr><td rowspan="3">任务实践</td><td>正确接线</td><td>15 分</td><td>接线不正确 扣 5 分</td><td></td><td></td></tr>
<tr><td>调试成功</td><td>15 分</td><td>调试不成功 扣 5 分</td><td></td><td></td></tr>
<tr><td>参数测定</td><td>15 分</td><td>参数测定不准确 扣 5 分</td><td></td><td></td></tr>
<tr><td colspan="2">职业素养</td><td>10 分</td><td colspan="3">出勤、纪律、卫生、处理问题、团队精神等</td></tr>
<tr><td colspan="2">合 计</td><td>100 分</td><td colspan="3"></td></tr>
<tr><td colspan="2">备 注</td><td colspan="4">每项扣分不超过该项所配分数</td></tr>
</table>

项目四　转速、电流双闭环直流调速系统实训

项目描述

采用转速负反馈和PI调节器的单闭环直流调速系统可以在保证系统稳定的前提下实现转速无静差。但在工业部门中，有许多生产机械，对调速系统的动态性能要求较高，例如龙门刨床、可逆轧钢机等，由于生产的需要及加工工艺特点，经常处于启动、制动、反转的过渡过程中，如何加快系统的过渡过程，显然单闭环系统因为缺少对电流的调节很难满足要求。为了解决这个问题，必须在电动机最大电流(转矩)受限制的约束条件下，充分发挥电动机的过载能力，在过渡过程中始终保持电流(转矩)为允许的最大值，使电力拖动系统尽可能用最大的加速度启动，在电动机启动到稳态转速后，又让电流(转矩)立即降下来，使转矩与负载转矩相平衡，从而转入稳态运行。调速系统理想的启动过程如图3.1.18所示。

为了在启动过程中只有电流负反馈起作用以保证最大允许恒定电流，不应让电流负反馈和转速负反馈同时加到一个调节器的输入端；到达稳态转速后希望能使转速恒定，静差尽可能小，应只要转速负反馈，不再靠电流负反馈发挥主要作用。即启动过程，只有电流负反馈，没有转速负反馈。稳态时，只有转速负反馈，没有电流负反馈。转速、电流双闭环调速系统能够做到既有转速和电流两种负反馈作用，又使它们只能分别在不同的阶段起主要作用。

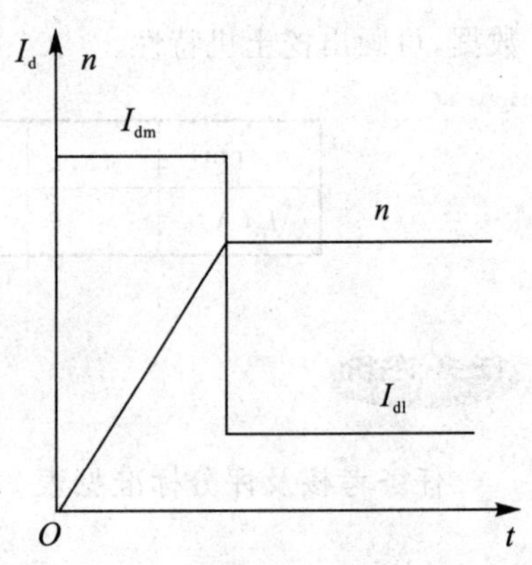

图3.1.18　调速系统的理想启动过程

知识链接

一、转速、电流双闭环调速系统的组成

图3.1.19所示为转速、电流双闭环调速系统的原理框图。为了实现转速和电流两种负反馈分别起作用，在系统中设置了两个调节器，分别调节转速和电流，二者之间实行串联连接。把转速调节器ASR的输出作为电流调节器ACR的输入，用电流调节器的输出去控制晶闸管整流的触发器。从闭环结构上看，电流调节环在里面，是内环；转速调节环在外面，叫做外环。

为了获得良好的静、动态性能，双闭环调速系统的两个调节器通常都采用PI调节器。在图3.1.19中，标出了两个调节器输入输出电压的实际极性，它们是按照触发器GT的控制电压U_c为正电压的情况标出的，而且考虑运算放大器的反相作用。通常，转速电流两个调节器的输出值是带限幅的，转速调节器的输出限幅电压为U_{im}^*，它决定了电流调节器给定电压的最大值；电流调节器的输出限幅电压是U_{cm}，它限制了晶闸管整流装置输出电压的最大值。

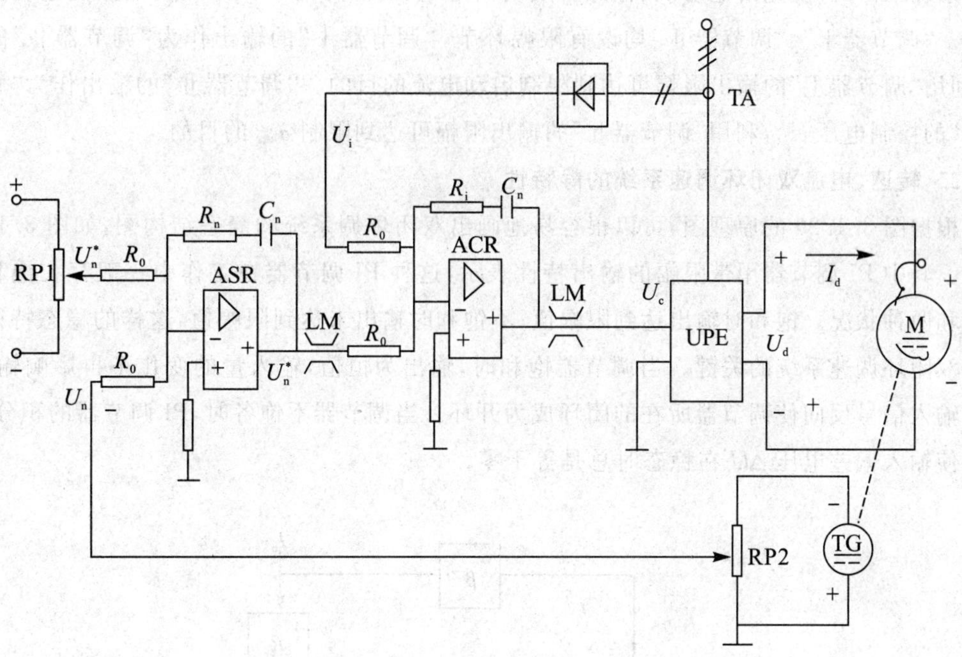

图 3.1.19　双闭环直流调速系统电路原理图

实验系统的原理框图如图 3.1.20 所示，其组成如下：

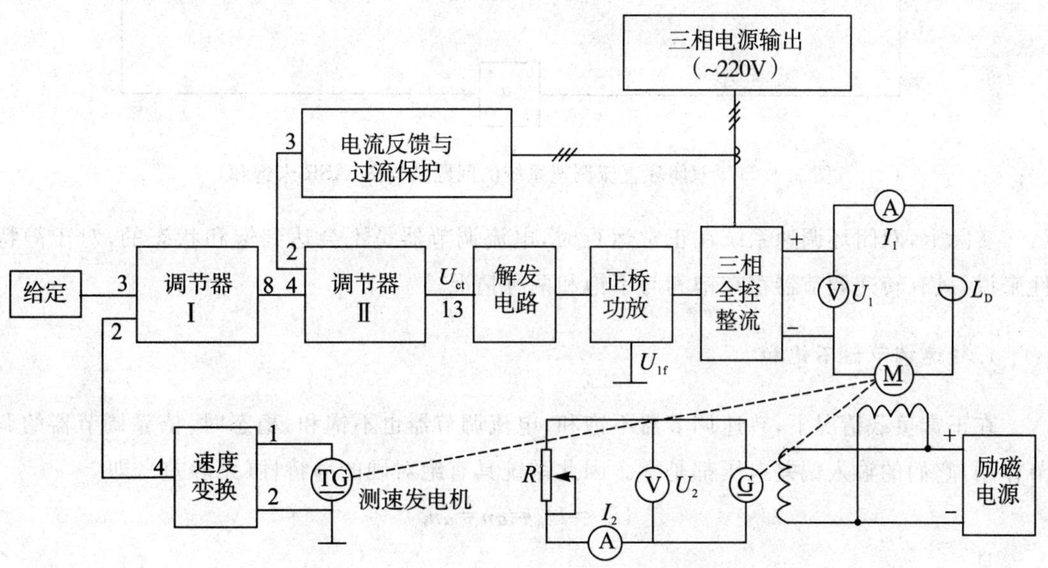

图 3.1.20　双闭环直流调速系统原理框图

启动时，加入给定电压 U_g，“调节器Ⅰ”和“调节器Ⅱ”即以饱和限幅值输出，使电动机以限定的最大启动电流加速启动，直到电机转速达到给定转速（即 $U_g = U_{fn}$），并在出现超调后，“调节器Ⅰ”和“调节器Ⅱ”退出饱和，最后稳定在略低于给定转速值下运行。

系统工作时,要先给电动机加励磁,改变给定电压U_g的大小即可方便地改变电动机的转速。“调节器Ⅰ”、“调节器Ⅱ”均设有限幅环节,“调节器Ⅰ”的输出作为“调节器Ⅱ”的给定,利用“调节器Ⅰ”的输出限幅可达到限制启动电流的目的。“调节器Ⅱ”的输出作为“触发电路”的控制电压U_{ct},利用“调节器Ⅱ”的输出限幅可达到限制α_{max}的目的。

二、转速、电流双闭环调速系统的静特性

根据图 3.1.20 的原理图,可以很容易地画出双闭环调系统的静态结构图,如图 3.1.21 所示。其中 PI 调节器用带限幅的输出特性表示,这种 PI 调节器在工作中一般存在饱和和不饱和两种状况。饱和时输出达到限幅值;不饱和时输出未达到限幅值,这样的稳态特征是分析双闭环调速系统的关键。当调节器饱和时,输出为恒值,输入量的变化不再影响输出,除非输入信号反向使调节器所在的闭环成为开环。当调节器不饱各时,PI 调节器的积分(I)作用使输入偏差电压 ΔU 在稳态时总是等于零。

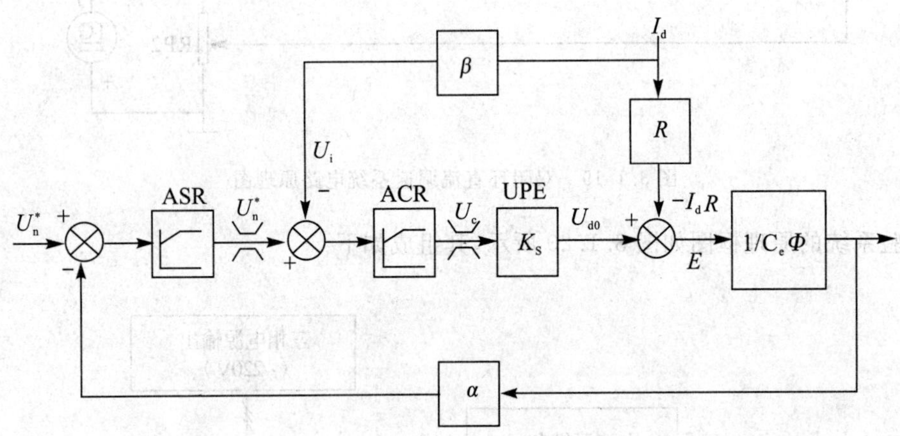

图 3.1.21　双闭环直流调速系统的问题结构图(ASR 未饱和)

实际上,双闭环调速系统在正常运行时,电流调节器是不会达到饱和状态的,对于静特性来说,只有转速调节器存在饱和与不饱和两种情况。

1. 转速调节器不饱和

在正常负载情况下,转速调节器不饱和,电流调节器也不饱和,稳态时,依靠调节器的调节作用,它们的输入偏差电压都是零。因此系统具有绝对硬的静特性(无静差),即

$$U_n^* = U_n = \alpha n = \alpha n_0$$

且

$$U_i^* = U_i = \beta I_d$$

由上式可得

$$n = \frac{U_n^*}{\alpha} = n_0$$

从而得到图 3.1.22 静特性的 n_0－A 段。由于转速调节器不饱和,$U_i^* < U_{im}^*$,所以 $I_d <$

I_{dm}。这表明，O—A 段静特性从理想空载状态（$I_d=0$）一直延续到电流最大值 I_{dm}，而 I_{dm} 一般都大于电动机的额定电流 I_{com}。这是系统静特性的正常运行段。

$$I_d=\frac{U_{im}^*}{\beta}=I_{dm}$$

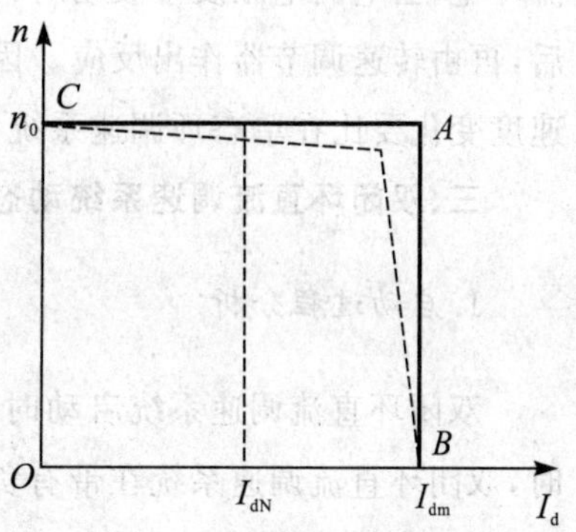

图 3.1.22　双闭环直流调速系统的静特性

2.转速调节器饱和

当电动机的负载电流上升时，转速调节器的输出 U_i^* 也将上升，当 I_d 上升到某一数值（I_{dm}）时，转速调节器输出达到限幅值 U_{im}^*，转速环失去调节作用，呈开环状态，转速的变化对系统不再产生影响。此时只剩下电流环起作用，双闭环调系统由转速无静差系统变成一个电流无静差的单闭环恒流调节系统。稳态时

$$U_i^*=U_{im}^*=\beta I_{dm}$$

$$I_d=\frac{U_{im}^*}{\beta}=I_{dm}$$

因而 I_{dm} 是 U_{im}^* 所对应的电枢电流最大值，由设计者根据电动机的允许过载能力和拖动系统允许的最大加速度选定。这时的静特性为图 3.1.22 中的 A—B 段，呈现很陡的下垂特性。由以上分析可知，双闭环调速系统的静特性在负载电流 $I_d<I_{dm}$ 时表现为转速无静差，这时 ASR 起主要调节作用。当负载电流达到 I_{dm} 之后，ASR 饱和，ACR 起主要调节作用，系统表现为电流无静差，得到过电流的自动保护。这就是采用了两个 PI 调节器分别形成内、外两个闭环的效果，这样的静特性显然比带电流截止负反馈的单闭环调速系统的静特性要强得多。

综合以上分析结果可以看出，双闭环调速系统在稳态工作中，当两个调节器都不饱和时，系统变量之间存在如下关系：

$$U_n^*=U_n=\alpha n=\alpha n_0$$

$$U_i^*=U_i=\beta I_d=\beta I_{dL}$$

$$U_c=\frac{U_{d0}}{K_s}=\frac{C_e\Phi n+I_dR}{K}=\frac{C_e\Phi U_n^*/\alpha+I_{dL}R}{K_s}$$

上述关系表明，双闭环调速系统在稳态工作点上，转速 n 是由给定电压 U_n^* 和转速反馈系数 α 决定的，转速调节器的输出电压即电流环给定电压 U_i^* 是由负载电流 I_{dl} 和电流反馈系数 β 决定的，而控制电压即电流调节器的输出电压 U_c 则同时取决于转速 n 和电流 I_d，或者说同时取决于 U_n^* 和 I_{dl}。这些关系反映了 PI 调节器不同于 P 调节器的特点：比例调节器的输出量总是正比于输入量，而 PI 调节器的稳态输出量与输入量无关，而是由其后面环节的需要所决定，后面需要 PI 调节提供多大的输出量，它就能提供多少，但这要在调节器不饱和的情况下。

采用转速、电流双闭环调速系统后，由于增加了电流内环，而电网电压扰动被包围在电

流环里,当电网电压发生波动时,可以通过电流反馈得到及时调节,不必等到它影响到转速后,再由转速调节器作出反应。因此,在双闭环调速系统中,由电网电压扰动所引起的动态速度变化要比在单态环调速系统中小得多。

三、双闭环直流调速系统动态性能分析

1. 启动过程分析

双闭环直流调速系统启动时的转速和电流波形如图 3.1.23 所示。突加给定电压 U_n^* 时,双闭环直流调速系统在带有负载 I_{dL} 条件下启动过程的电流波形和转速波形。在启动过程中转速调节器 ASR 经历了不饱和(I)、饱和(II)、退饱和(III)三个阶段。

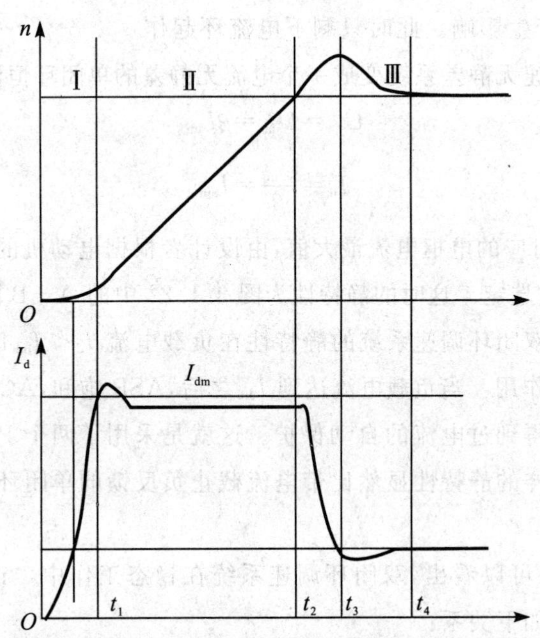

图 3.1.23 双闭环直流调速系统启动时的转速和电流波形

第Ⅰ阶段 电流上升阶段($0\sim t_1$)

突加给定电压 U_n^* 后,I_d 上升,当 I_d 小于负载电流 I_{dL} 时,电机还不能转动。当 $I_d \geqslant I_{dL}$ 后,电机开始启动,由于电机惯性作用,转速不会很快增长,ASR 输入偏差电压仍较大,ASR 很快进入饱和状态,而 ACR 一般不饱和,直到 $I_d = I_{dm}$,$U_i = U_{im}^*$。

特点:ASR 由不饱和进入饱和状态,转速增加较慢、电流快速上升到 I_{dm}。

第Ⅱ阶段 恒流升速阶段($t_1 \sim t_2$)

ASR 始终是饱和的,转速环相当于开环,系统为在恒值电流 U_{im}^* 给定下的电流调节系统,基本上保持电流 I_d 恒定,因而系统的加速度恒定,转速呈线性增长,直到 $n = n^*$。电机的反电动势 E 也按线性增长,对电流调节系统来说,E 是一个线性渐增的扰动量,为了克服它的扰动,U_{d0} 和 U_c 也必须基本上按线性增长,才能保持 I_d 恒定。当 ACR 采用 PI 调节器

时，要使其输出量按线性增长，其输入偏差电压必须维持一定的恒值，也就是说，I_d 应略低于 I_{dm}。

特点：ASR 处于饱和状态——转速环开环；电流无静差系统；转速线性上升；I_d 略小于 I_{dm}。

第Ⅲ阶段转速调节阶段（t_2 以后）

ASR 和 ACR 都不饱和，ASR 起主导作用，ACR 力图使 I_d 尽快地跟随 U_i^*，或者说，电流内环是一个电流随动子系统。当 $n=n^*$ 时，ASR 输入偏差为零，但其输出却由于积分作用还维持在限幅值 U_{im}^*，所以电机仍在加速，使 $n>n^*$。ASR 输入偏差电压变负，开始退出饱和，U_i^* 和 I_d 很快下降。但是，只要 I_d 仍大于负载电流 I_{dL}，转速就继续上升。直到 $I_d=I_{dL}$ 时，转矩 $T_e=T_L$，则 $dn/dt=0$，转速 n 才到达峰值（$t=t_3$ 时）。此后，电动机在负载的阻力下减速，在一小段时间内（$t_3\sim t_4$），$I_d<I_{dL}$，直到稳定 $I_d=I_{dL}$，$n=n^*$。如果调节器参数整定得不够好，会有振荡过程。

特点：ASR 不饱和，起主要调节作用；ACR 起跟随作用；转速有超调。

2. 启动过程的特点

双闭环直流调速系统的启动过程有以下 3 个特点：

(1)饱和非线性控制；

(2)转速超调；

(3)准时间最优控制（有限制条件的最短时间控制）。

任务实践

一、训练内容

(1)转速、电流双闭环不可逆直流调速系统的接线；

(2)转速、电流双闭环不可逆直流调速系统的调试；

(3)转速、电流双闭环不可逆直流调速系统的特性测试。

二、工具清单

序号	型　　号	备　　注
1	PDC01 电源控制屏	该控制屏包含“三相电源输出”、“给定”等模块
2	PDC－11 晶闸管主电路	
3	PDC－12 三相晶闸管触发电路	该挂件包含“触发电路”、“正、反桥功放”等模块

4	PDC－14 电机调速控制电路 I	该挂件包含"调节器 I、II"、"速度变换"、"电流反馈与过流保护"等模块
5	DD03－3 电机导轨、光码盘测速系统及数显转速表	
6	DJ13－1 直流发电机	
7	DJ15 直流并励电动机	
8	慢扫描示波器	
9	万用表	

三、实施步骤

1. 系统静特性测试

(1)按图 3.1.20 接线,PDC01 电源控制屏上的"给定"电压 U_g 输出为正给定,转速反馈电压为负电压,直流发电机接负载电阻 R,L_d 用 PDC－11 上的 200mH,负载电阻放在最大值处,给定的输出调到零。将调节器 I、调节器 II 都接成 P(比例)调节器后,接入系统,形成双闭环不可逆系统,按下启动按钮,接通励磁电源,增加给定,观察系统能否正常运行,确认整个系统的接线正确无误后,将"调节器 I","调节器 II"均恢复成 PI(比例积分)调节器,构成闭环系统。

(2)机械特性 $n=f(I_d)$ 的测定

①发电机先空载,从零开始逐渐调大给定电压 U_g,使电动机转速接近 $n=1\ 200$rpm,然后接入发电机负载电阻 R,逐渐改变负载电阻,直至 $I_d=I_{ed}$,即可测出系统静态特性曲线 $n=f(I_d)$,并记录于下表中:

n(rpm)							
I_d(A)							

②降低 U_g,再测试 $n=800$rpm 时的静态特性曲线,并记录于下表中:

n(rpm)							
I_d(A)							

③闭环控制系统 $n=f(U_g)$ 的测定

调节 U_g 及 R,使 $I_d=I_{ed}$、$n=1\ 200$ rpm,逐渐降低 U_g,记录 U_g 和 n,即可测出闭环控制特性 $n=f(U_g)$。

n(rpm)							
U_g(V)							

2. 系统动态特性的观察

用慢扫描示波器观察动态波形。在不同的系统参数下(调节 RP1),用示波器观察、记录下列动态波形:

(1)突加给定 U_g,电动机启动时的电枢电流 I_d(“电流反馈与过流保护”的“3”端)波形和转速 n(“速度变换”的“4”端)波形。

(2)突加额定负载($20\% I_{ed} \Rightarrow 100\% I_{ed}$)时电动机电枢电流波形和转速波形。

(3)突降负载($100\% I_{ed} \Rightarrow 20\% I_{ed}$)时电动机的电枢电流波形和转速波形。

任务评价

任务考核及评分标准见表 3.1.6。

表 3.1.6　任务评价标准表

具体内容		配分	评分标准		扣分	得分
知识吸收 应用能力		30 分	1. 回答问题不正确,每次 2. 实际应用不正确,每次	扣 5 分 扣 5 分		
安全文明生产		10 分	每违规一次	扣 5 分		
工具的正确使用		5 分	每错一次	扣 2 分		
任务实践	正确接线	15 分	接线不正确	扣 5 分		
	调试成功	15 分	调试不成功	扣 5 分		
	参数测定	15 分	参数测定不准确	扣 5 分		
职业素养		10 分	出勤、纪律、卫生、处理问题、团队精神等			
合　计		100 分				
备　注		每项扣分不超过该项所配分数				

项目五　双闭环三相异步电机调压调速系统实训

项目描述

异步电动机采用调压调速时,由于同步转速不变和机械特性较硬,因此对普通异步电动机来说其调速范围很有限,无实用价值,而对力矩电机或线绕式异步电动机在转子中串入适当电阻后使机械特性变软其调速范围有所扩大,但在负载或电网电压波动情况下,其转速波动严重,为此常采用双闭环调速系统。

知识链接

一、异步电动机调压调速系统的工作原理

异步电动机调压调速工作原理:当异步电动机电路参数不变时,在一定转速下,异步电动机的电磁转矩 T_M 与定子电压 U_1 的平方成正比。因此,改变定子外加电压就可以改变其机械特性的函数关系,从而改变异步电动机在一定输出转矩下的转速。

异步电动机的电磁转矩为:

$$T=CU_1^2\frac{SR_2}{\sqrt{R_2^2+(SX_{20})^2}}$$

$$T_M=\frac{P_M}{\Omega_1}=\frac{3n_p}{\omega_1}I'^2_2=\frac{R'_2}{s}=\frac{3n_7U_1^2R'_2Ls}{\omega_1\left[\left(R_1+\frac{R'_2}{s}\right)^2+\omega_1^2(Ln+L'n)^2\right]}$$

其中 C 是一个与电动机结构有关的常数,它表明,当转速或转差率一定时,电磁转矩与电压的平方成正比。这样不同电压下的机械特性如图 3.1.24 所示。

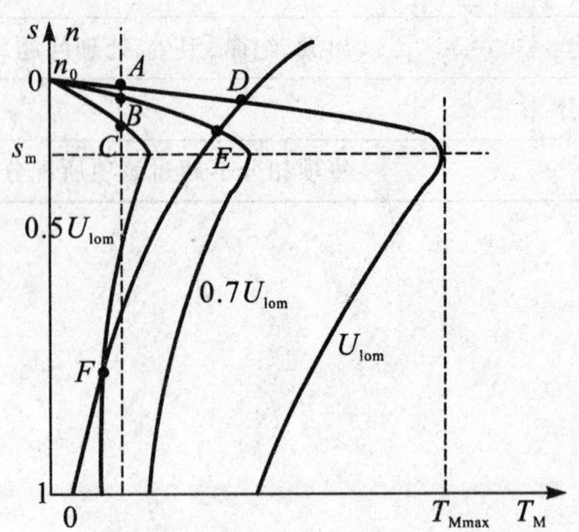

图 3.1.24　异步电动机在不同电压下的机械特性

2. 异步电动机调压调速系统的结构原理图

(1)异步电动机开环调压调速系统结构原理图如图 3.1.25 所示。

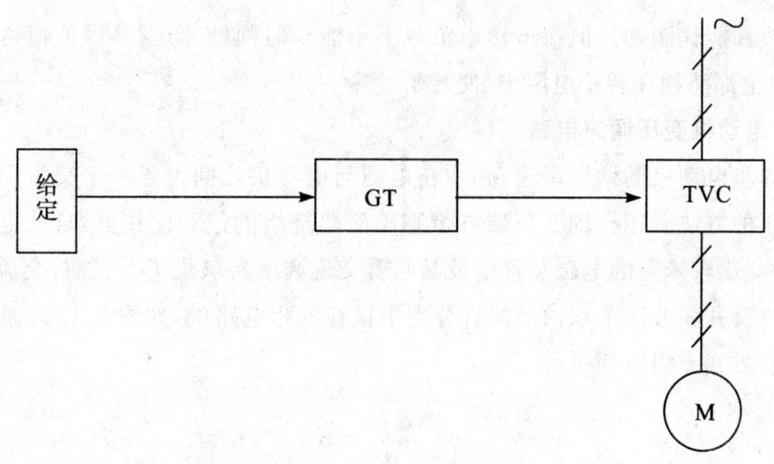

图 3.1.25　开环调压调速系统结构图

(2)双闭环三相异步电机调压调速系统原理图

双闭环三相异步电机调压调速系统的主电路由三相晶闸管交流调压器及三相绕线式异步电动机组成。控制部分由“调节器Ⅰ、Ⅱ”、“速度变换”、“触发电路”、“正桥功放”等组成。其系统原理框图如图 3.1.26 所示。

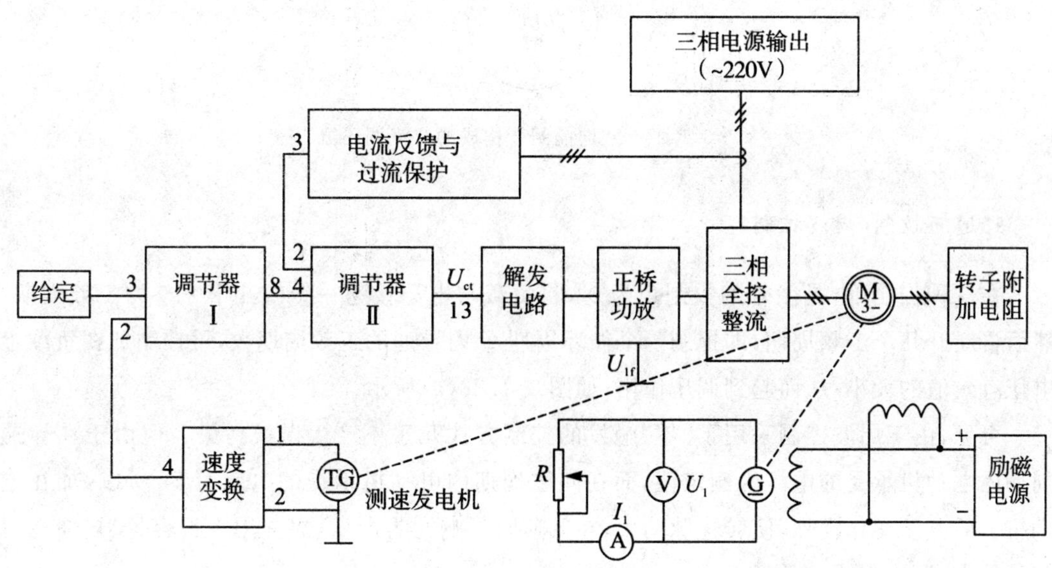

图 3.1.26　双闭环三相异步电机调压调速系统原理图

整个调速系统采用了速度、电流两个反馈控制环。这里的速度环作用基本上与直流调速系统相同,而电流环的作用则有所不同。在稳定运行情况下,电流环对电网扰动仍有较大的抗扰作用,但在启动过程中电流环仅起限制最大电流的作用,不会出现最佳启动的恒流特性,也不可能是恒转矩启动。

异步电动机调压调速系统结构简单,采用双闭环系统时静差率较小,且比较容易实现正、反转,反接和能耗制动。但在恒转矩负载下不能长时间低速运行,因低速运行时转差功率 P_s＝SPM 全部消耗在转子电阻中,使转子过热。

二、异步电动机变压调速电路

要实现异步电动机的调压调速,必须在电源与电动机之间设置一个交流调压器。过去改变交流电压的方法多用自耦变压器或带直流磁化绕组的饱和电抗器,自从电力电子技术兴起以后,这类比较笨重的电磁装置就被晶闸管交流调压器取代了。目前,交流调压器一般用三对晶闸管反并联或三个双向晶闸管分别串接在三相电路中,如图 3.1.27 所示。晶闸管调压器的控制方式有以下两种:

3.1.27　双向晶闸管构成的交流调压器

1.通断控制(周波控制)

在这种控制下,晶闸管的控制角为 0°,将负载与电源接通一个或几个完整的工频周期,然后再断开几个工频周期,即控制一个循环周期 T 内导通的工频周期数,可控制加在负载上电压有效值的大小,从而起到调压作用,如图 3.1.28(a)所示。

可见,由于周波控制采用了“零”触发的控制方式几乎不产生谐波污染。但由于在导通周期内电动机承受的电压为额定值,而在间歇周期内电动机承受的电压为零,所以,加在电动机上的电压变化剧烈,使转速脉动大,在低速时影响尤为严重,故常用于大容量、热惯性时间常数大、调速范围小的场合。

2.相位控制

通过控制晶闸管的导通角，来得到不同的负载电压波形，如图 3.1.28(b)所示，从而起到调节电压的作用。

相位控制时，输出电压较为准确，调速精度较高，快速性好，低速时转速脉动小，但这种控制方式会产生成分复杂的谐波，对电网造成谐波污染，常用于中小功率、调速精度与稳定性要求较高的场合。

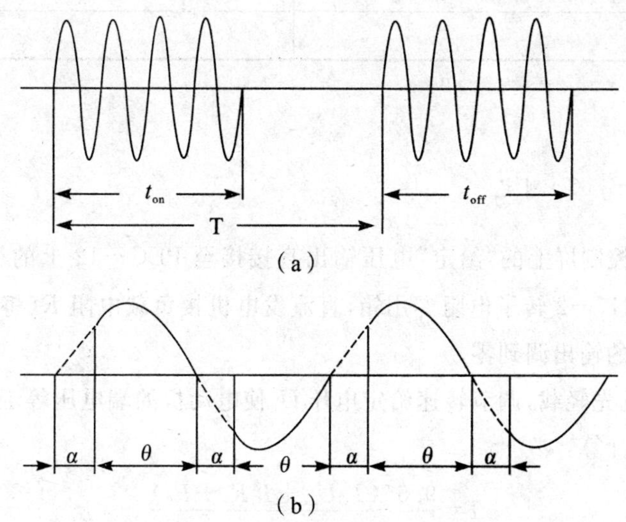

图 3.1.28　调压控制方式

项目实践

一、训练内容

(1)双闭环三相异步电机调压调速系统接线；

(2)双闭环三相异步电机调压调速系统调试；

(3)双闭环三相异步电机调压调速系统特性测定。

二、工具清单

序号	型　　号	备　　注
1	PDC01 电源控制屏	该控制屏包含“三相电源输出”、“给定”等模块
2	PDC－11 晶闸管主电路	
3	PDC－12 三相晶闸管触发电路	该挂件包含“触发电路”、“正、反桥功放”等模块

4	PDC－14 电机调速控制电路Ⅰ	该挂件包含"调节器Ⅰ、Ⅱ"、"速度变换"、"电流反馈与过流保护"等模块
5	DD03－3 电机导轨、光码盘测速系统及数显转速表	
6	DJ13－1 直流发电机	
7	DJ17 三相线绕式异步电动机	
8	DJ17－2 线绕式异步电机转子专用箱	
9	慢扫描示波器	
10	万用表	

二、实施步骤

1. 机械特性 $n=f(T)$ 测定

(1)将 PDC01 控制屏上的"给定"电压输出直接接至 PDC－12 上的移相控制电压 U_{ct}，电机转子回路接 DJ17－2 转子电阻专用箱，直流发电机接负载电阻 R(将两个 900Ω 接成串联形式)，并将给定的输出调到零。

(2)直流发电机先轻载，调节转速给定电压 U_g 使电动机的端电压等于 U_e。

转矩可按下式计算：

$$T=\frac{9.55(T_G U_G+I_G^2 R_a+P_0)}{n}$$

式中，T 为三相线绕式异步电机电磁转矩，I_G 为直流发电机电流，U_G 为直流发电机电压，R_a 为直流发电机电枢电阻，P_0 为机组空载损耗。

(3)调节 U_g，降低电动机端电压，在 $2/3U_e$ 时重复上述实验，以取得一组机械特性。

在输出电压为 U_e 时：

n(rpm)							
$U_2=U_G$(V)							
$I_2=I_G$(A)							
T(N·m)							

在输出电压为 $2/3U_e$ 时：

n(rpm)							
$U_2=U_G$(V)							
$I_2=I_G$(A)							
T(N·m)							

2. 系统调试

(1)确定“调节器Ⅰ”和“调节器Ⅱ”的限幅值和电流、转速反馈的极性。

(2)将系统接成双闭环调压调速系统，电机转子回路仍每相串 3Ω 左右的电阻，逐渐增大给定 U_g，观察电机运行是否正常。

(3)调节“调节器Ⅰ”和“调节器Ⅱ”的电位器 RP1(改变放大倍数)，用双踪慢扫描示波器观察突加给定时的系统动态波形，确定较佳的调节器参数。

3. 系统闭环特性的测定

(1)调节 U_g 使转速至 $n=1\ 200$ rpm，从轻载按一定间隔调到额定负载，测出闭环静态特性 $n=f(T)$。

n(rpm)	1 200						
$U_2=U_G$(V)							
$I_2=I_G$(A)							
T(N·m)							

(2)测出 $n=800$rpm 时的系统闭环静态特性 $n=f(T)$，T 可由(7－1)式计算。

n(rpm)	800						
$U_2=U_G$(V)							
$I_2=I_G$(A)							
T(N·m)							

4. 系统动态特性的观察

用慢扫描示波器观察：

(1)突加给定启动电机时的转速 n(“速度变换”的“4”端)及电流 I(“电流反馈与过流保护”的“3”端)及“调节器Ⅰ”输出的“6”端的动态波形。

(2)电机稳定运行，突加、突减负载时的 n、I 的动态波形。

任务评价

任务考核及评分标准见表 3.1.7。

表 3.1.7　任务评价标准表

具体内容		配分	评分标准	扣分	得分
知识吸收 应用能力		30 分	1.回答问题不正确,每次　扣 5 分 2.实际应用不正确,每次　扣 5 分		
安全文明生产		10 分	每违规一次　扣 5 分		
工具的正确使用		5 分	每错一次　扣 2 分		
任务实践	正确接线	15 分	接线不正确　扣 5 分		
	调试成功	15 分	调试不成功　扣 5 分		
	参数测定	15 分	参数测定不准确　扣 5 分		
职业素养		10 分	出勤、纪律、卫生、处理问题、团队精神等		
合　计		100 分			
备　注		每项扣分不超过该项所配分数			

项目六 双闭环三相异步电机串级调速系统实训

项目描述

绕线式异步电动机可采用串级调速方法来调速，所谓串级调速，就是在转子回路中串入与转子电动势 E_2 同频率的附加电动势 E_{add}，通过改变 E_{add} 的幅值大小和相位来实现调速，这种调速方法，因串入附加电动势而增加的转差功率，回馈给电网或回馈到电动机轴上，因此属于转差功率回馈型调速方法。串级调速具有效率高、平滑调节、调速时机械特性较硬等优点。

知识链接

一、串级调速原理

串级调速原理如图 3.1.29 所示，当 $E_{add}=0$ 时，电动机工作在自然机械特性上，若这时拖动恒转矩负载，电动机转速处在接近额定的稳定运行状态，此时转子电流 I_2 为

$$I_2=\frac{sE_{20}}{\sqrt{r_2^2+(sX_{20})^2}}$$

式中，E_{20} 为 $s=1$ 时转子开路相电动势；X_{20} 为 $s=1$ 时转子绕组每相漏电抗；r_2 为转子回路每相电阻。

当在转子电路中串入与 E_2 频率相同、相位相反的附加电动势 E_{add} 时，此时转子电流 I_2 为

$$I_2=\frac{sE_{20}-E_{add}}{\sqrt{r_2^2+(sX_{20}^2)}}$$

转子电流 I_2 减小了，会引起交流电动机拖动转矩的减小，设原来电机拖动转矩与负载相等处于平衡状态，串入附加电势必然引起电动机降速，在降速的过程中，随着速度减小，转差率 s 增大，分子中 sE_2 回升，电流也回升，使拖动转矩升高后再次与负载平衡，降速过程最后会在某一个较低的速度下重新稳定运行。这种向下调速的情况成为低于同步速的串级调速。串入的 E_{add} 越大，电动机的稳态转速就越低。

当在转子电路中串入与 E_2 频率相同、相位相同的附加电动势 E_{add} 时，此时转子电流 I_2 为

$$I_2=\frac{sE_{20}+E_{add}}{\sqrt{r_2^2+(sX_{20}^2)}}$$

转子电流 I_2 增大了，会引起交流电动机拖动转矩的增大，设原来电机拖动转矩与负载相等，处于平衡状态，串入附加电势引起电动机升速，在升速的过程中，随着速度增加，转差率 s 减小，分子中 sE_2 减小，电流也减小，使拖动转矩减小后再次与负载平衡，降速过程最后会在某一个较高的速度下重新稳定运行。这种向上调速的情况称为高于同步速的串级调速。串入的 E_{add} 越大，电动机的稳态转速就越高。

二、串级调速系统构成

串级调速系统结构图如图 3.1.29 所示，系统为晶闸管亚同步双闭环串级调速系统，控制系统由"调节器Ⅰ"、"调节器Ⅱ"、"触发电路"、"正桥功放"、"速度变换"等组成。其系统原理图如图 3.1.29 所示。

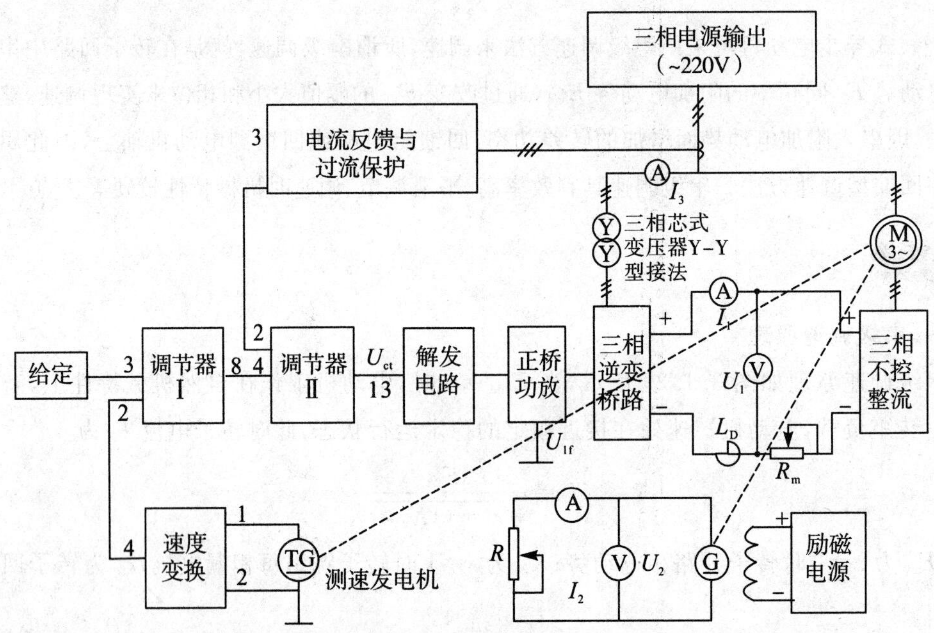

图 3.1.29　线绕式异步电动机串级调速系统原理图

项目实践

一、训练内容

(1)双闭环三相异步电机串级调速系统接线；

(2)双闭环三相异步电机串级调速系统调试；

(3)双闭环三相异步电机串级调速系统特性测定。

二、工具清单

序号	型　号	备　注
1	PDC01 电源控制屏	该控制屏包含"三相电源输出"、"给定"等模块
2	PDC－11 晶闸管主电路	
3	PDC－12	该挂件包含"触发电路"、"正、反桥功放"等模块

4	PDC－14 电机调速控制Ⅰ	该挂件包含“给定”、“电流调节器”、“速度变换”、“电流反馈与过流保护”等几个模块
5	DD03－3 电机导轨、光码盘测速系统及数显转速表	
6	DJ13－1 直流发电机	
7	DJ17 三相线绕式异步电动机	
8	慢扫描示波器	
9	万用表	

三、实施步骤

1. 开环静态特性的测定

(1)将系统接成开环串级调速系统，直流回路电抗器 L_d 接 200mH，利用 PDC01 控制屏上的三相不控整流桥将三相线绕式异步电动机转子三相电动势进行整流，逆变变压器采用 PDC01 控制屏上的三相芯式变压器，Y/Y 接法，其中高压端 A、B、C 接 PDC01 电源控制屏的主电路电源输出，中压端 Am、Bm、Cm 接晶闸管的三相逆变输出。R(将两个 900Ω 电阻接成并联形式再与两个 900Ω 串联)和 R_m(将两个 90Ω 接成串联形式)调到电阻阻值最大时才能开始闭环调试。

(2)测定开环系统的静态特性 $n=f(T)$，T 可按交流调压调速系统的同样方法来计算。在调节过程中，要时刻保证逆变桥两端的电压大于零。

n(rpm)							
$U_2=U_G$(V)							
$I_2=I_G$(A)							
T(N·m)							

2. 系统调试

(1)确定“速度调节器”和“电流调节器”的转速、电流反馈的极性。

将系统接成双闭环串级调速系统，逐渐加给定 U_g，观察电机运行是否正常，β 应在 30°～90°之间移相，当一切正常后，逐步把限流电阻 R_m 减小到零，以提升转速。

(2)调节“调节器Ⅰ”、“调节器Ⅱ”的放大倍数电位器 RP1，用慢扫描示波器观察突加给定时的动态波形，确定较佳的调节器参数。

3. 双闭环串级调速系统静态特性的测定

测定 n 为 1 200rpm 时的系统静态特性 $n=f(T)$：

n(rpm)							
$U_2=U_G$(V)							
$I_2=I_G$(A)							
T(N·m)							

n 为 800rpm 时的系统静态特性 $n=f(T)$：

n(rpm)							
$U_2=U_G$(V)							
$I_2=I_G$(A)							
T(N·m)							

4.系统动态特性的测定

用双踪慢扫描示波器观察并用记忆示波器记录：

(1)突加给定启动电机时，转速 n(“速度变换”的“4”端)和电机定子电流 I“电流反馈与过流保护”的“3”端)的动态波形。

(2)电机稳定运行时，突加、突减负载($20\%I_e \Rightarrow 100\%I_e$)时 n 和 I 的动态波形。

任务评价

任务考核及评分标准见表 3.1.8。

表 3.1.8　任务评价标准表

具体内容		配分	评分标准		扣分	得分
知识吸收 应用能力		30 分	1.回答问题不正确，每次 2.实际应用不正确，每次	扣 5 分 扣 5 分		
安全文明生产		10 分	每违规一次	扣 5 分		
工具的正确使用		5 分	每错一次	扣 2 分		
任务实践	正确接线	15 分	接线不正确	扣 5 分		
	调试成功	15 分	调试不成功	扣 5 分		
	参数测定	15 分	参数测定不准确	扣 5 分		
职业素养		10 分	出勤、纪律、卫生、处理问题、团队精神等			
合　计		100 分				
备　注		每项扣分不超过该项所配分数				

项目七　变频调速

项目描述

变频调速是通过改变电动机定子供电频率来改变同步转速，从而实现交流电动机调速的一种方法。变频调速范围宽，平滑性好，具有优良的动、静态特性，是一种理想的高效率、高性能的调速手段。

知识链接

一、变频调速的基本工作原理

异步电动机的转速表达式为

$$n=\frac{60f_1}{n_p}(1-s)=n_0(1-s)$$

由此可见，若能连续地改变异步电动机的供电频率 f_1，就可以平滑地改变电动机的同步速度及电动机轴上的转速，从而实现异步电动机的无级调速，这就是变频调速的基本原理。

在三相异步电动机中存在下列关系：

$$E_q=4.44f_1N_1k_{N1}\varphi_m$$

如忽略定子阻抗压降，则

$$U_1\approx E_q=4.44f_1N_1k_{N1}\varphi_m$$

式中：U_1——定子相电压；

E_q——气隙磁通在定子每相绕组中感应电动势的有效值，V；

f_1——定子的电源频率；

N_1——定子每相绕组串联匝数；

k_{N1}——基波绕组系数；

φ_m——每极气隙磁通量，Wb。

1. 基频以下调速控制方式

要保持 φ_m 不变，当频率 f_1 从额定值 f_{1N} 向下调节时，应同时降低 E_q，使 $\frac{E_q}{f_1}=$ 常数，即采用恒定电动势频率比的控制方式。$U_1\approx E_q$，取 $\frac{U_1}{f_1}=$ 常数，即采用恒压频比的控制方式。在低频时，U_1 和 E_q 都较小，定子阻抗压降所占的分量就比较显著，不能忽略，因必须对 U_1 进行定子阻抗压降补偿，人为地把电压 U_1 提高一些，尽可能维持磁通 φ_m 基本不变。

2. 基频以上调速控制方式

在基频以上调速时，可以从 f_{1N} 往上增加，如要维持 φ_m 恒定，必须随频率 f_1 的增加而相应增加 U_1，但电压 U_1 一般不能超过电动机的额定电压 U_{1N}，只能保持在电动机的额定电压

U_{1N}上。所以在基频以上调速时只能放弃维持磁通 φ_m 恒值的要求,使磁通 φ_m 与频率成反比地降低,相当于直流电动机的弱磁升速的情况。在基频以下调速属于恒转矩调速,在基频以上调速属于恒功率调速。

二、三菱 D－700 变频器的认识

1. D－700 控制端子接线图

D－700 控制端子接线如图 3.1.30 所示。

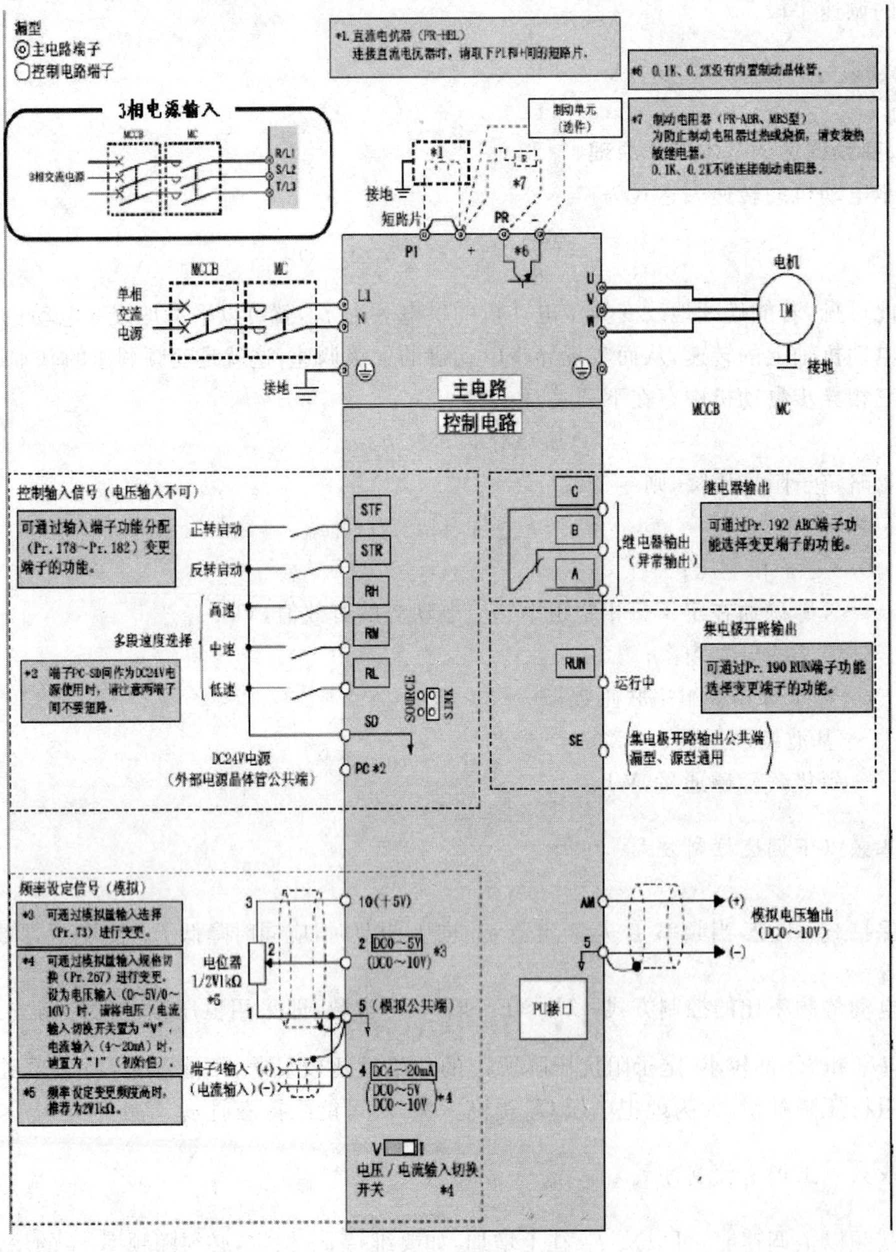

图 3.1.30 D－700 控制端子接线

2. 控制电路端子说明

D—700 控制电路端子接线情况如图 3.1.31 所示。

种类	端子记号	端子名称	端子功能说明	额定规格
接点输入	STF	正转启动	STF信号ON时为正转、OFF时为停止指令。 STF、STR信号同时ON时变成停止指令。	输入电阻4.7kΩ 开路时电压 DC21～26V 短路时 DC4～6mA
	STR	反转启动	STR信号ON时为反转、OFF时为停止指令。	
	RH、RM、RL	多段速度选择	用RH、RM和RL信号的组合可以选择多段速度。	
	SD	接点输入公共端（漏型）（初始设定）	接点输入端子（漏型逻辑）.	—
		外部晶体管公共端（源型）	源型逻辑时当连接晶体管输出（即集电极开路输出），例如可编程控制器（PLC）时，将晶体管输出用的外部电源公共端接到该端子时，可以防止因漏电引起的误动作。	
		DC24V电源公共端	DC24V 0.1A电源（端子PC）的公共输出端子。 与端子5及端子SE绝缘。	
	PC	外部晶体管公共端（漏型）（初始设定）	漏型逻辑时当连接晶体管输出（即集电极开路输出），例如可编程控制器（PLC）时，将晶体管输出用的外部电源公共端接到该端子时，可以防止因漏电引起的误动作。	电源电压范围DC22～26.5V 容许负载电流100mA
		接点输入公共端（源型）	接点输入端子（源型逻辑）的公共端子。	
		DC24V电源	可作为DC24V、0.1A的电源使用。	
频率设定	10	频率设定用电源	作为外接频率设定（速度设定）用电位器时的电源使用。 *（请参照 使用手册（应用篇）第4章）*	DC5V±0.2V 容许负载电流10mA
	2	频率设定（电压）	如果输入DC0～5V（或0～10V），在5V（10V）时为最大输出频率，输入输出成正比。通过*Pr.73* 进行DC0～5V（初始设定）和DC0～10V输入的切换操作。	输入电阻10kΩ±1kΩ 最大容许电压DC20V
	4	频率设定（电流）	如果输入DC4～20mA（或0～5V，0～10V），在20mA时为最大输出频率，输入输出成比例。只有AU信号为ON时端子4的输入信号才会有效（端子2的输入将无效）。通过*Pr.267* 进行4～20mA（初始设定）和DC0～5V、DC0～10V输入的切换操作。电压输入（0～5V/0～10V）时，请将电压/电流输入切换开关切换至“V”。 *（请参照 使用手册（应用篇）第4章）*	电流输入的情况下： 输入电阻233Ω±5Ω 最大容许电流30mA 电压输入的情况下： 输入电阻10kΩ±1kΩ 最大容许电压DC20V 电流输入（初始状态） 电压输入  V I V I
	5	频率设定公共端	是频率设定信号（端子2或4）及端子AM的公共端子，请不要接大地。	—
PTC热敏电阻	10 2	PTC热敏电阻输入	连接PTC热敏电阻输出。 将PTC热敏电阻设定为有效（*Pr.561*≠“9999”）后，端子2的频率设定无效。	适用PTC热敏电阻电阻值 100Ω～30KΩ

图 3.1.31 D—700 控制电路端子接线情况

3. 操作面板说明

操作面板说明如图 3.1.32 所示。

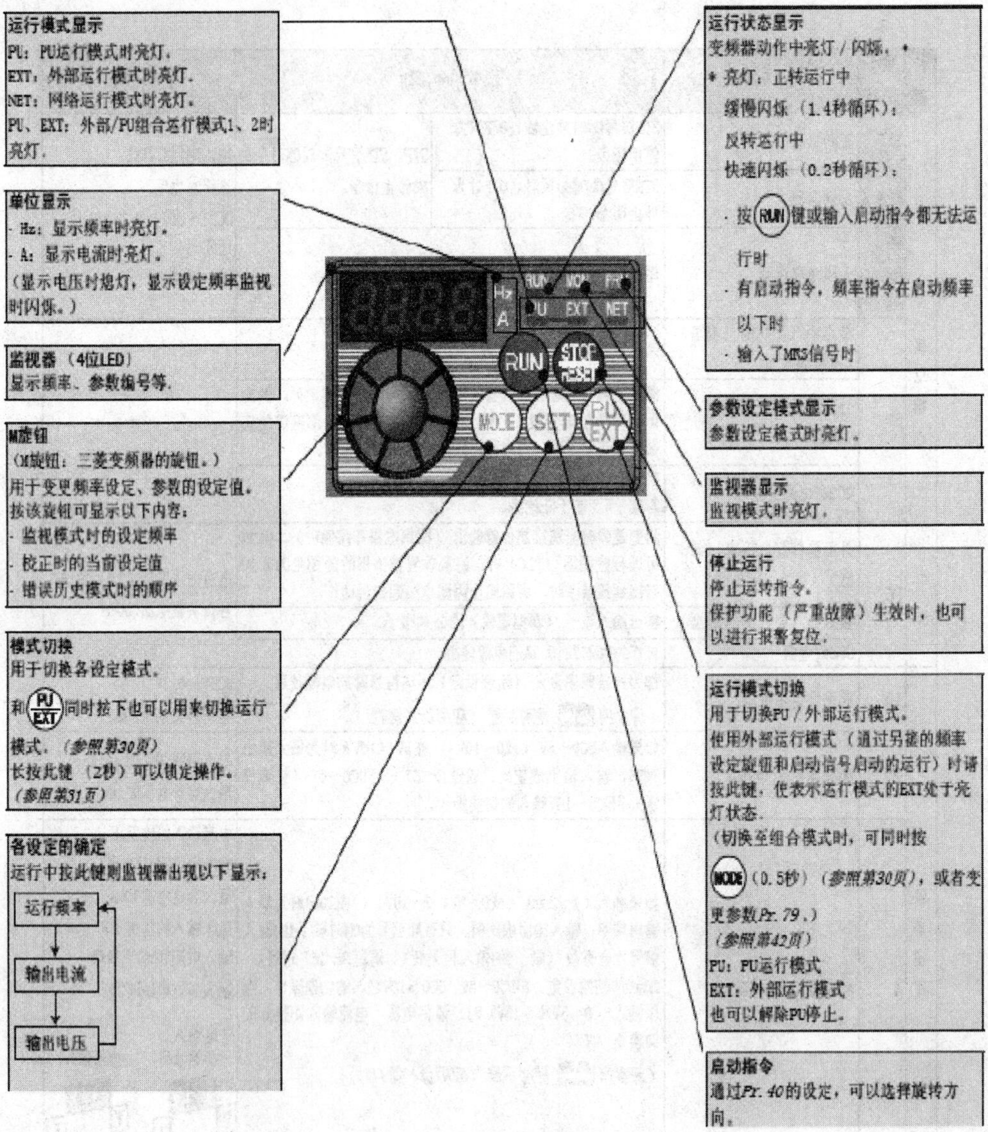

运行模式显示
PU：PU运行模式时亮灯。
EXT：外部运行模式时亮灯。
NET：网络运行模式时亮灯。
PU、EXT：外部/PU组合运行模式1、2时亮灯。

单位显示
· Hz：显示频率时亮灯。
· A：显示电流时亮灯。
（显示电压时熄灯，显示设定频率监视时闪烁。）

监视器（4位LED）
显示频率、参数编号等。

M旋钮
（M旋钮：三菱变频器的旋钮。）
用于变更频率设定、参数的设定值。
按该旋钮可显示以下内容：
· 监视模式时的设定频率
· 校正时的当前设定值
· 错误历史模式时的顺序

模式切换
用于切换各设定模式。
和(PU/EXT)同时按下也可以用来切换运行模式。*（参照第30页）*
长按此键（2秒）可以锁定操作。*（参照第31页）*

各设定的确定
运行中按此键则监视器出现以下显示：
运行频率 → 输出电流 → 输出电压

运行状态显示
变频器动作中亮灯／闪烁。*
* 亮灯：正转运行中
缓慢闪烁（1.4秒循环）：
反转运行中
快速闪烁（0.2秒循环）：
· 按(RUN)键或输入启动指令都无法运行时
· 有启动指令，频率指令在启动频率以下时
· 输入了MRS信号时

参数设定模式显示
参数设定模式时亮灯。

监视器显示
监视模式时亮灯。

停止运行
停止运转指令。
保护功能（严重故障）生效时，也可以进行报警复位。

运行模式切换
用于切换PU／外部运行模式。
使用外部运行模式（通过另接的频率设定旋钮和启动信号启动的运行）时请按此键，使表示运行模式的EXT处于亮灯状态。
（切换至组合模式时，可同时按(MODE)（0.5秒）*（参照第30页）*，或者变更参数*Pr.* 79。）
（参照第42页）
PU：PU运行模式
EXT：外部运行模式
也可以解除PU停止。

启动指令
通过*Pr.* 40的设定，可以选择旋转方向。

图 3.1.32 操作面板图示

项目实践

一、训练内容

(1)变频器参数设置；

(2)PU 模式调速；

(3)EXT 模式调速。

二、工具清单

工具清单如下表所示。

序号	名称	型号	数量
1	变频器	三菱 FR－D700	1台
2	螺丝刀		1把

三、实施步骤

1. 参数设定

(1)设定 Pr. CL＝"1",使参数恢复初始值

操作	显示
电源接通时显示的监视器画面	0.00
· 按PU/EXT键,进入PU运行模式。	PU显示灯亮。0.00
· 按MODE键,进入参数设定模式。	PRM显示灯亮 P 0（显示以前读取的参数编号）
· 旋转旋钮，将参数编号设定为 Pr.CL（ALLC）。	参数清除 Pr.CL 参数全部清除 ALLC
· 按SET键,读取当前的设定值。显示"0"（初始值）。	0
· 旋转旋钮，将值设为"1"。	1
· 按SET键确定。	1 参数清除 Pr.CL 参数全部清除 ALLC 闪烁……参数设计完成！！

· 旋转旋钮键可读取其他参数。
· 按SET键可再次显示设定值。
· 按两次SET键可显示下一个参数。

(2)设置 Pr160＝"0",显示变频器的扩张参数

操作	显示
电源接通时显示的监视器画面	
·按(PU/EXT)键,进入PU运行模式。（确认pr79="0"或"1"）	PU显示灯亮。
·按(MODE)键,进入参数设定模式。	PRM显示灯亮 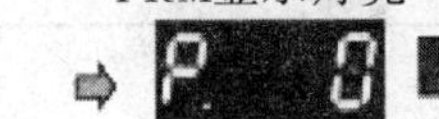（显示以前读取的参数编号）
·旋转◎,将参数编号设定为P.160(Pr.160)。	P 160
·按(SET)键,读取当前的设定值。显示"999"（初始值）。	9999
·旋转◎,将值设为"0"。	0
·按(SET)键确定。	0 ⇄ P 160 闪烁……参数设计完成！！

(3)修改 Pr1 的上限频率

操作	显示
电源接通时显示的监视器画面。	0.00
·按(PU/EXT)键,进入PU运行模式。	PU显示灯亮。0.00
·按(MODE)键,进入参数设定模式。	PRM显示灯亮 P. 0（显示以前读取的参数编号）
·旋转◎,将参数编号设定为P. 1 (Pr.1)	P. 1
·按(SET)键,读取当前的设定值。·显示"1200"（120.0Hz(初始值)）。	120.0
·旋转◎,将值设为"5000"。(50.00Hz)。	50.00
·按(SET)键确定。	 50.00 ⇄ P. 1 闪烁……参数设计完成！！

(4)修改 Pr4 的高速设定频率

操作　　　　显示

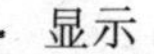

电源接通时显示的监视器画面。

·按(PU/EXT)键,进入PU运行模式。　　PU显示灯亮。

·按(MODE)键,进入参数设定模式。　　PRM显示灯亮

（显示以前读取的参数编号）

·旋转(旋钮)，将参数编号设定为 P 4 （Pr4）。

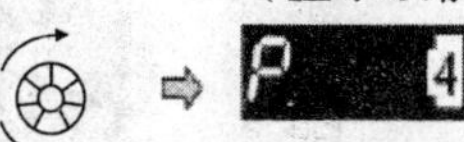

·按(SET)键,读取当前的设定值。显示“5000”（初始值）。

·旋转(旋钮)，将值设为“200”(20.0Hz)。

·按(SET)键确定。

(5)修改电动机的加、减速时间(Pr7、Pr8)

参数编号	名称	初始值		设定范围	内容
7	加速时间	3.7K 以下	5s	0～3 600s	设定电机的加速时间
		5.5K、7.5K	10s		
8	加速时间	3.7K 以下	5s	0～3 600s	设定电机的加速时间
		5.5K、7.5K	10s		

将Pr.7加速时间从“5s”变更为“10s”。

操作　　　　显示

1.电源接通时显示的监视器画面

2.按(PU/EXT)键,进入PU运行模式。　　PU显示灯亮。

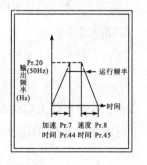

3.按(MODE)键,进入参数设定模式。　　PRM显示灯亮

（显示以前读取的参数编号）

4.旋转(旋钮)，将参数编号设定为P 7(Pr.7)

5.按(SET)键,读取当前的设定值。显示“50”（50秒（初始值））。

6.旋转(旋钮)，将值设为“00”。(10.0秒)

7.按(SET)键确定。

闪烁……参数设计完成！！

Pr.20
(50Hz)
输出频半
(Hz)
运行频半
时间
加速时间 Pr.7 Pr.44
速度时间 Pr.8 Pr.45

2. 变频器的运行操作——PU 模式

(1)设定 Pr79=0,可实现在"PU 模式"和"外部模式"间切换;

(2)通过 RUN 键实现变频器的正反转;

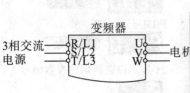

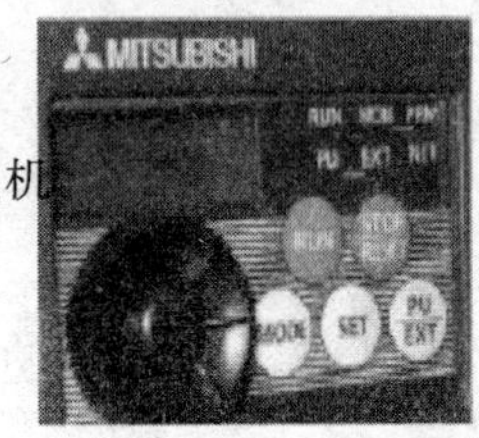

注：如果需要改变变频器RUN的旋转运行方向，则更改Pr40=1.

操作	显示
A. 电源接通时显示的监视器画面。	0.00 Hz MON EXT
B. 按PU/EXT键,进入PU运行模式。	PU显示灯亮。 0.00 PU
C. 旋转旋钮，显示想要设定的频率。闪烁约5秒。	30.00 闪烁约5秒
D. 在数值闪烁期间按SET键设定频率。（若不按SET键，数值闪烁约5秒后显示将变为"000"（0.00Hz）。这种情况下请返回"步骤3"重新设定频率。）	30.00 F 闪烁……参数设计完成！！
E. 闪烁约3秒后显示将反回"000"（监视显示）通过RUN键运行。	3秒后 0.00 → 30.00 Hz RUN MON PU
F. 要变更设定频率，请执行第3、4项操作。（从之前设定的频率开始。）	
G. 按STOP/RESET键停止。	30.00 → 0.00 Hz MON PU

(3)将 M 旋钮作为电位器使用。

运行中将频率从 0Hz 变更为 50Hz 。

操作	显示
电源接通时显示的监视器画面	0.00 Hz MON EXT
按(PU/EXT)键,进入PU运行模式。	PU显示灯亮。 (PU/EXT) ⇨ 0.00 PU
将Pr.160设定为“0”，Pr.161变更为“1”。（关于设定值的变更请参照 参数设置篇）	
按(RUN)键运行变频器。	(RUN) ⇨ 0.00 Hz RUN MON PU
旋转(M旋钮)，将值设为“5000”(50.00Hz)。闪烁的数值即为设定频率。	⇨ 0 → 50.00
没有必要按(SET)键。	闪烁约5秒。

要点

· 请设置为Pr.160扩展功能显示选择=“0”（扩展参数有效）。
· 请设置为Pr.161频率设定/键盘锁定操作选择=“1”（M旋钮电位器模式）。

备注

· 如果“50.00”闪烁后回到“0.00”,说明Pr.161频率设定/键盘锁定操作选择的设定值可能不是“1”。
· 运行中或停止中都可以通过旋转(M旋钮)来进行频率的设定。（Pr.295频率变化是设定中旋转(M旋钮)可以改变变化量。）

3. 变频器的运行操作——外部模式(EXT 模式)

(1)通过模拟信号进行频率设定(电压输入)

接线图如图 3.1.34 所示,从变频器向频率设定器供给 5V 的电源,STF 正转,STR 反转。

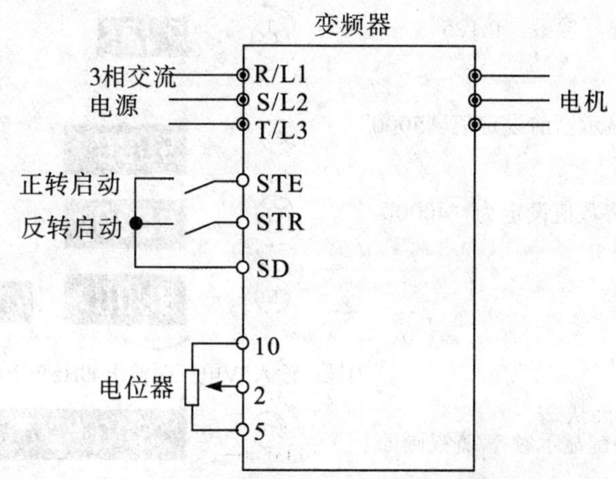

图 3.1.34　电压输入控制频率接线图

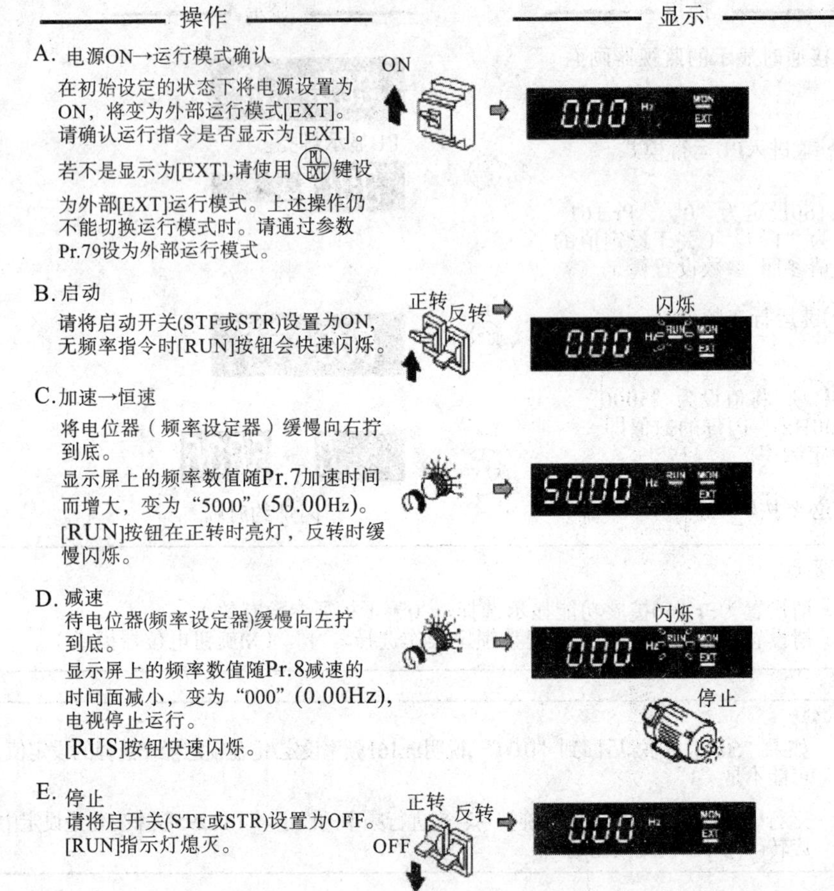

也可以改变电位器最大值(5V 初始值)时的频率(50Hz),例如,把 5V 时的频率从 50Hz(初始值)改为 40Hz,在 5V 电压输入时,可以把 Pr. 125 设定为“40Hz”。

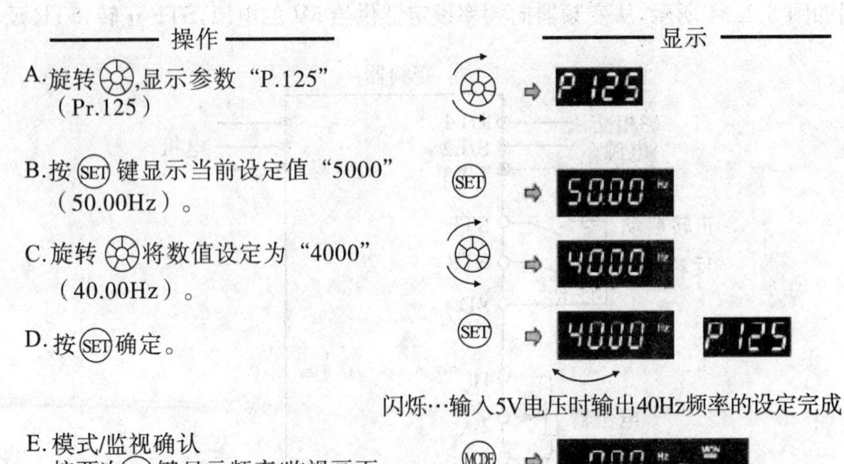

操作
显示
A. 旋转,显示参数“P.125”（Pr.125）
P.125
B. 按SET键显示当前设定值“5000”（50.00Hz）。
SET
50.00 Hz
C. 旋转将数值设定为“4000”（40.00Hz）。
40.00 Hz
D. 按SET确定。
SET
40.00 Hz
P.125
闪烁…输入5V电压时输出40Hz频率的设定完成！！
E. 模式/监视确认
按两次MODE键显示频率/监视画面。
MODE
0.00 Hz MON
F. 将启动开前(STE或STR)设置为ON,将电位器(频率设定器)缓慢向右拧到底。

(2)通过模拟信号进行频率设定(电流输入)

将 Pr.178～Pr.182(输入端子功能选择)中的任意一个设定为“4”,将 AU 信号设定为“ON”。电路接线如图 3.1.35 所示。

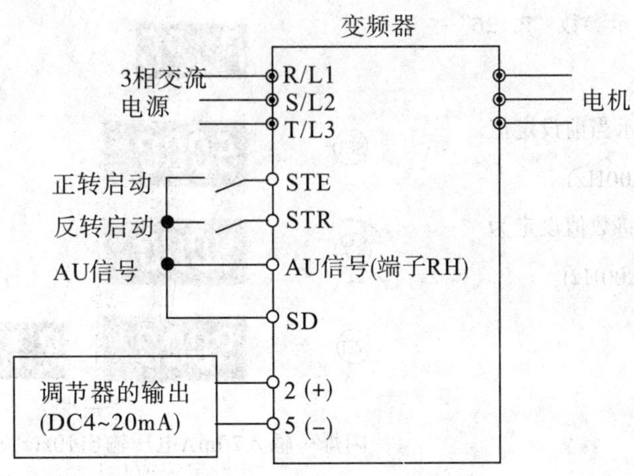

图 3.1.35　电流输入控制频率接线图

操作 / 显示

A. 电源ON→运行模式确认

在初始设定的状态下将电源设置为ON，将变为外部运行模式[EXT]。请确认运行指令是否显示为[EXT]。若不是显示为[EXT],请使用(PU/EXT)键设为外部[EXT]运行模式。上述操作仍不能切换运行模式时。请通过参数Pr.79设为外部运行模式。

B. 启动

请将启动开关(STF或STR)设置为ON,无频率指令时[RUN]按钮会快速闪烁。

C. 加速→恒速

将电位器（频率设定器）缓慢向右拧到底。

显示屏上的频率数值随Pr.7加速时间而增大，变为“5000”(50.00Hz)。[RUN]按钮在正转时亮灯，反转时缓慢闪烁。

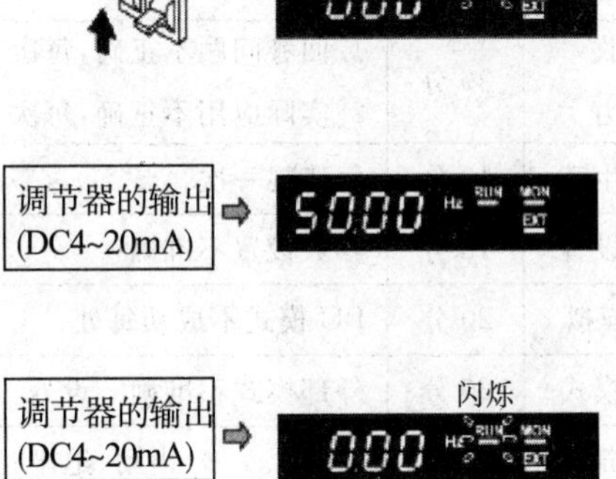

D. 减速

待电位器(频率设定器)缓慢向左拧到底。

显示屏上的频率数值随Pr.8减速的时间而减小，变为“000”(0.00Hz),电视停止运行。

[RUS]按钮快速闪烁。

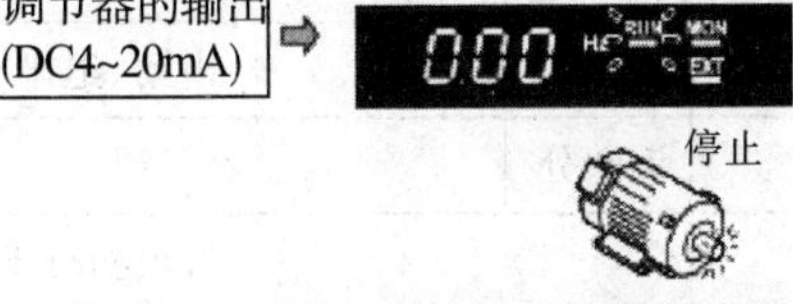

E. 停止

请将启开关(STF或STR)设置为OFF。[RUN]指示灯熄灭。

也可以变更电流最大输入(20mA 初始值)时的频率(50Hz)。例如,在 20mA 时的频率从 50Hz 改为 40Hz,把 Pr. 126 设定为“40Hz”。

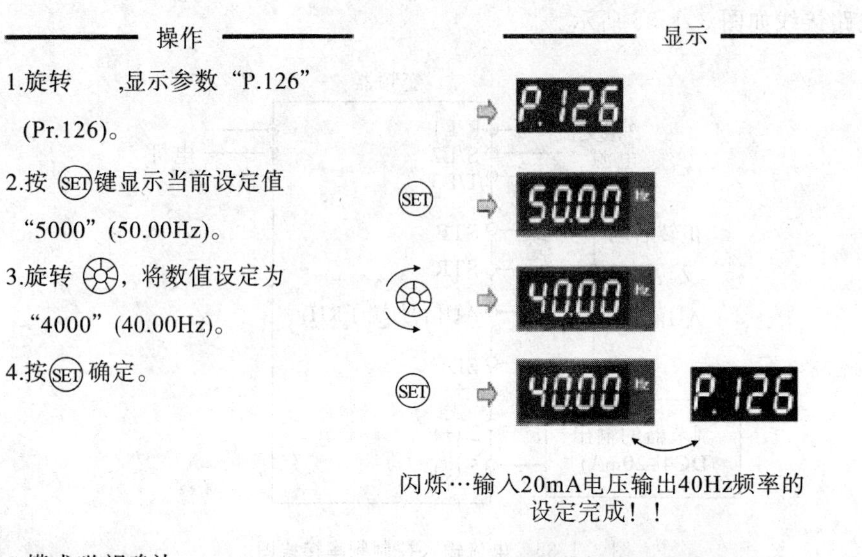

操作
显示
1.旋转 ,显示参数“P.126”(Pr.126)。
P.126
2.按SET键显示当前设定值“5000”(50.00Hz)。
SET
50.00 Hz
3.旋转 ,将数值设定为“4000”(40.00Hz)。
40.00 Hz
4.按SET确定。
SET
40.00 Hz
P.126
闪烁…输入20mA电压输出40Hz频率的
设定完成!!

5.模式/监视确认

两次MODE键显示频率监视画面。

6.请将启动开关(STF或STR)设置为ON,输入20mA的电流。

任务评价

任务考核及评分标准见表 3.1.9。

表 3.1.9　任务评价标准表

具体内容		配分	评分标准	扣分	得分
知识吸收 应用能力		30 分	1. 回答问题不正确,每次　扣 5 分 2. 实际应用不正确,每次　扣 5 分		
安全文明生产		10 分	每违规一次　扣 5 分		
任务实践	参数设置	10 分	参数设置不准确　扣 5 分		
	PU 模拟	20 分	PU 模式不成功每处　扣 5 分		
	外部模式	20 分	外部模式不准确　设处　扣 5 分		
职业素养		10 分	出勤、纪律、卫生、处理问题、团队精神等		
合　计		100 分			
备　注		每项扣分不超过该项所配分数			

3.2　自动生产线安装与调试实训

项目一　认识自动化生产线

自动化生产线在当前的企业应用非常广泛，种类也很多，自动线是在流水线的基础上逐渐发展起来的。它不仅要求线体上各种机械加工装置能自动地完成预定的各道工序及工艺过程的制品，而且要求在装卸工件在工序间的输送、工件的分拣甚至包装等都能自动地进行，使其按照规定的程序自动地进行工作——我们称这种自动工作的机械电气一体化系统为自动生产线（简称自动线）。

自动线技术通过一些辅助装置按工艺顺序将各种机械加工装置连成一体，并控制液压、气压和电气系统将各个部分动作联系起来，完成预定的生产加工任务。

该项目分解为了解自动线发展和自动线功能认知两个任务，通过学习相关知识和任务实施，使学生在完成本项目后能够做到以下学习目标。

学习目标

(1)掌握自动化生产线的基本结构和控制思想，了解自动化生产线的机械、气动、电气、传感器、PLC及系统调试等内容；

(2)能够熟练操作自动化生产线；

(3)了解自动化生产线基本结构与控制功能；

(4)搜集自动化生产线的资料并进行整理；

(5)具有安全生产意识，团结协作的态度和踏实的工作作风；

(6)在小组合作实施项目过程中培养与人合作的精神。

教学导航

教	知识重点	自动线的基本结构和控制思想
	知识难点	自动线的基本结构和控制思想
	推荐教学方式	由工作任务入手，通过对自动化生产线介绍，运行、操作，让学生从外到内，从直观到抽象，逐渐理解自动化生产线的结构和控制
	建议学时	4学时

学	推荐学习方法	任务驱动;理实结合
	必须掌握的理论知识	1.自动线的生产工艺流程 2.了解自动化生产线基本结构与控制功能 3.搜集自动化生产线的资料并进行整理
	必须掌握的技能	利用网络工具查阅生产线相关资料并整理

任务1 了解自动化生产线发展

任务描述

自动线是一种综合多门技术领域的机械电气一体化系统,在学习这个系统之前,需要先认识该系统在知识领域上的涉及,为后续的项目分解和任务完成打下基础。

任务分析

通过自动化生产线的实物和阅读教材或参考资料,认知自动化生产线的组成部件、工作原理、作用。

任务目标

(1)了解自动化生产线的技术领域;

(2)了解自动化生产线的功能作用;

(3)了解自动化生产线的工作特点;

(4)能够叙述自动生产线的结构组成;

(5)能够叙述自动生产线的工作流程。

相关知识

一、自动化系统的特点

自动化生产线是工业自动化的具体表现,是一门综合性应用技术,涉及自动控制,计算机,通信及网络等多学科、多技术领域,通过对工业生产过程实现采集、控制、优化、调度、管理和决策,达到增加产量、提高产品质量、降低消耗、确保安全的目的。

而基础自动化是直接面向生产过程设备控制的,也称作直接控制级或设备控制级,其特点是:

1.高可靠性与可维修性

大多数生产过程是昼夜连续进行的,连续运行周期长,有些大型设备几个月甚至一年检

修一次，因此，对直接控制设备的基础自动化系统提出更高的可靠性要求，要求故障率减少到最低的限度。同时，要求故障发生后，处理故障及维修设备的时间尽量短。在特别要求更高的场合，设置备用或冗余控制系统，确保生产不间断地连续进行。

2. 实时性

用于基础自动化级的控制设备，都是基于微处理器、综合了计算机技术与自动控制技术的新一代控制产品，能够随时响应生产过程对控制的要求。

3. 集中监控智能化人机接口(HMI)

由于生产过程自动化程度的提高，生产操作工人逐步远离生产现场。他们主要通过中央控制室，依靠各种自动化设备对生产过程进行自动操作、调整及干预。必要时，还要对设备直接进行人工操作。因此，以 CRT 屏幕显示为中心的、集中监控的智能化人机接口，已成为现代化工业自动化系统中一个不可缺少的部分，是对生产过程进行有效监视的必备手段，一旦出现不正常状况，能立刻显示报警，以便操作人员快速调整、纠正。

二、自动化系统的任务

基础自动化是工业自动化系统多节结构中的一个子层，对不同的应用对象，由不同的系统组成，其控制功能的层次不完全一致。概括起来，基础自动化系统的主要任务是：

1. 启停控制、顺序控制

对单机进行启动与停止的控制，对生产机械的各个部分或生产绕实现顺序控制，棂招生产：工艺流程的要求，按照预定的程序实现自动化。

2. 数值给定及控制

对生产过程的参量，如速度、位置、压力等根据工艺的要求行程给定值；给定值可为定值或变化值，用于本级或下一级控制的参考值。控制可以是开环的，也可以是闭环的，如前馈控制、补偿控制、PID 调节、模糊控制等。

3. 状态检测与数据采集

对生产机械及加工对象的状态及物理参量周期地或随机进行检测、采集、显示与记录，作为各种自动控制功能的动作与控制的依据，以便操作人员监视生产过程，产品质量、设备故障进行的依据。

4. 故障诊断

包括硬件故障诊断及软件处理故障诊断。这是提高可靠性和可维修性、尽量缩短故障查找及停机时间的有效手段。

5. 人机接口

基于上人计算机(PC)或与 PC 兼容的工业控制计算机(IPC，简称为工控机)操作站，是新一代人机接口。

三、自动化生产线涉及的应用技术

自动线所涉及的技术领域是很广泛的，所以它的发展、完善是与各种相关技术的进步及互相渗透是紧密相连的，因而自动线的发展概况就必须与整个支持支持自动生产线有关技术的发展联系起来。技术应用发展如下：

1.应用可编程控制技术

它是一种以顺序控制为主，回路调节为辅的工业控制机。不仅能够完成逻辑判断、定时、计数、记忆和算术运算等功能，而且能大规模地控制开关量和模拟量，克服了工业控制计算机用于开关控制系统所存在的编程复杂、非标准外部接口的配套复杂、机器资源未能充分利用而导致功能过剩、造价高昂、对工程现场环境适应性差等缺点。由于可编程序控制器具有这些优点，因而替代了许多传统的顺序控制器，如继电器控制逻辑等，并广泛应用与自动显得控制。

2.应用机械手、机器人技术

机械手在自动线中的装卸工件、定位夹紧、工件在工序间的传输、加工预料的排除、加工操作、包装等部分得到广泛应用。现在正在研制的第三代智能机器人不但具有运动操作技能，而且还有视觉、听觉、触觉等感觉的辨别能力。具有判断、决策能力，能掌握自然语言的自动装置也正在逐渐应用到自动生产线中。

3.应用传感器技术

传感技术随着科技的发展和固体物理效应的不断出现，形成并建立了一个完整的独立科学体系——传感器技术。在应用上出现了代位处理器的“智能传感器”，它在自动生产线的生产中监视着各种复杂的自动控制程序，起着极重要的作用。

4.应用液压和气压传动技术

气动技术，由于使用的是取之不尽的空气作为介质，具有传动反应快、动作迅速、成本小和便于集中供应和长距离输送等优点，而引起人们的普遍重视。气动技术已经发展成为一个独立的技术领域。在各行业，特别是在自动线中得到迅速发展和广泛的应用。

5.应用网络技术

随着网络技术的飞跃发展，无论是现场总线还是工业以太网，使得自动线中的各个控制单元构成一个协调运转的整体。

任务2　自动线功能认知

任务描述

自动生产线控制功能认知是进行自动化生产线安装与调试的一项基本职能，是学生了解自动化生产线结构、功能和相关技术的一个重要环节。

任务分析

通过自动化生产线的实物和阅读教材或参考资料，认知自动化生产线的组成部件、工作原理、作用。

任务目标

(1)掌握自动化生产线的基本结构和控制思想；

(2)了解自动化生产线的机械、气动、电气、传感器、PLC 及系统调试等内容；

(3)熟悉各实训装置的结构特点。

任务实施

一、任务实施

(1)了解自动化生产线设备的基本结构和功能

由教师介绍自动化生产线的基本结构、控制功能及相关技术应用，演示自动化生产线的生产工艺流程和操作注意事项。

(2)学生分组操作设备，认识生产线的结构和功能

将学生分成若干生产小组，每组由一人负责。观察生产线的组成结构，分组操作生产线，记录生产工艺流程。

(3)获悉本课程学习的任务和内容

了解本课程学习的任务和内容，制订自我学习计划和学习目标。

(4)搜索相关的自动化生产线资料

利用网络或图书等工具查阅生产线相关资料并整理，每一小组讨论并书写报告。

二、操作要领

(1)自动化生产线为逆序启动，顺序停止；

(2)启动生产线时应检查电源电压是否符合要求，气源压力是否在规定范围。

相关知识

一、光机电一体化实训考核装置

本装置是一种最为典型的机电一体化产品。它在接近工业生产制造现场基础上又针对教学及实训目的进行了专门设计，强化了机电一体化的安装与调试能力。本装置由导轨式型材实训台、机电一体化设备部件、电源模块、按钮模块、PLC 模块、变频器模块、交流电机模块、步进电机及驱动器模块、模拟生产设备实训单元(包含上料机构、搬运机械手、皮带输送线、物件分拣等)和各种传感器等组成。采用开放式和拆装式结构设计，可根据现有的机械部件组装生产设备，使整个装置能够灵活地按实训教学需要组装机电一体化设备。装置采用工业标准结构设计及抽屉式模块放置架，组合方便。控制对象均采用典型机电设备部件，接近工业现场环境，满足实训教学或技能竞赛需求。其外观如图 3.2.1 所示。

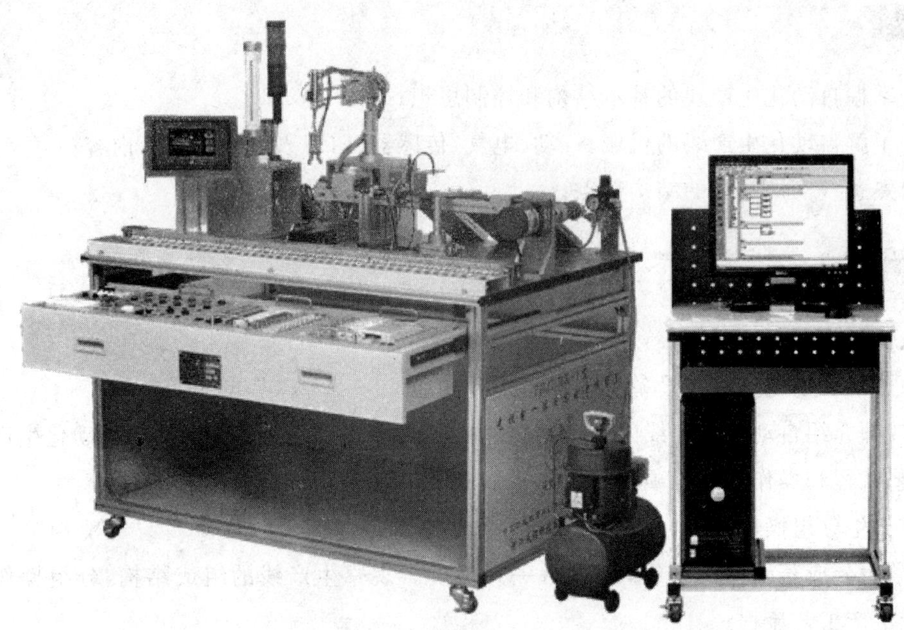

图 3.2.1　THJDME－1 的外观图

各个单元的执行机构基本上以气动执行机构为主，分拣单元的传送带驱动采用变频器驱动三相异步电动机的交流传动装置。在设备上应用了多种类型的传感器，分别用于判断物体的运动位置、物体通过的状态、物体的颜色及材质等。传感器技术是机电一体化技术中的关键技术之一，是现代化工业实现高度自动化的前提之一。

1. 系统各组成工作单元的基本功能描述如下：

(1)供料单元的基本功能

供料单元是系统中的起始单元，在整个系统中，起着向系统中的其他单元提供原料的作用。具体的功能是：按照需要将放置在料仓中待加工工件(原料)自动地推出到物料台上，以便搬运单元的机械手将其抓取，输送到其他单元上。如图 3.2.2 所示为供料单元实物的全貌。

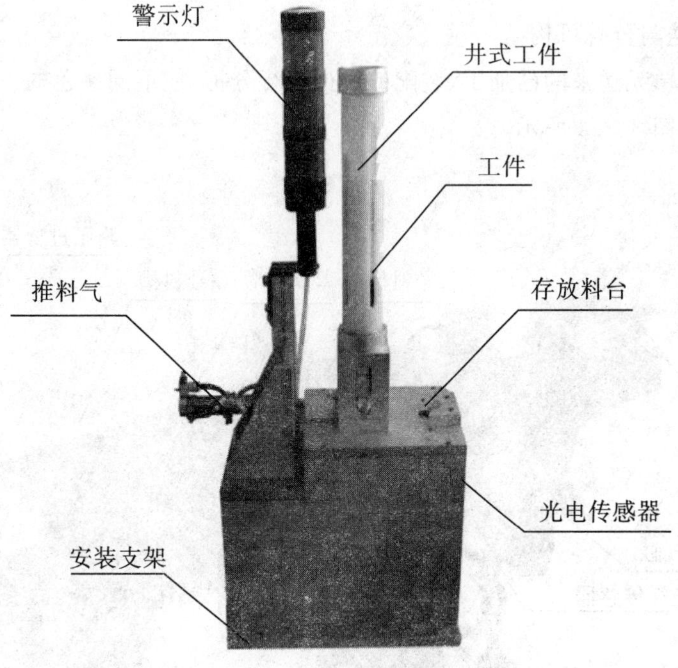

图 3.2.2　供料单元

(2)抓取机械手机构

该单元通过抓取机械手装置到指定单元的物料台上精确定位,并在该物料台上抓取工件,把抓取到的工件输送到指定地点然后放下,实现传送工件的功能。如图 3.2.3 所示。

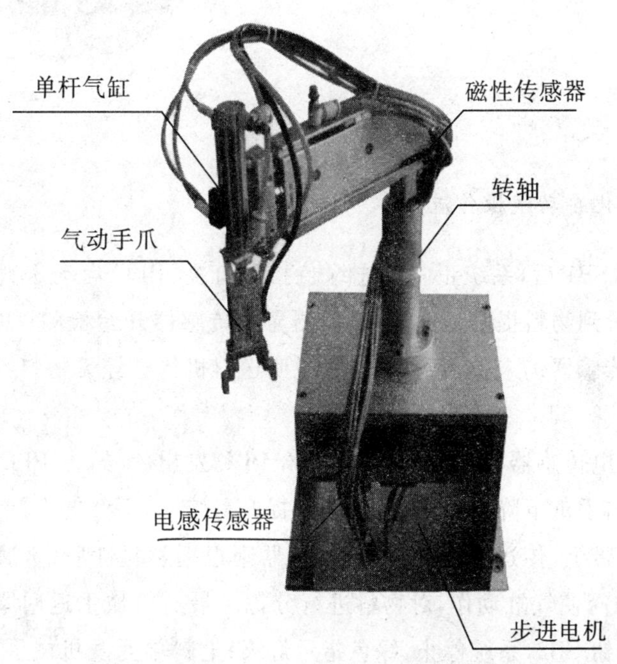

图 3.2.3　抓取机械手机构

(3)皮带输送与分拣机构

完成将上一单元送来的已加工、装配的工件进行分拣，使不同颜色的工件从不同的料槽分流的功能。如图 3.2.4 所示。

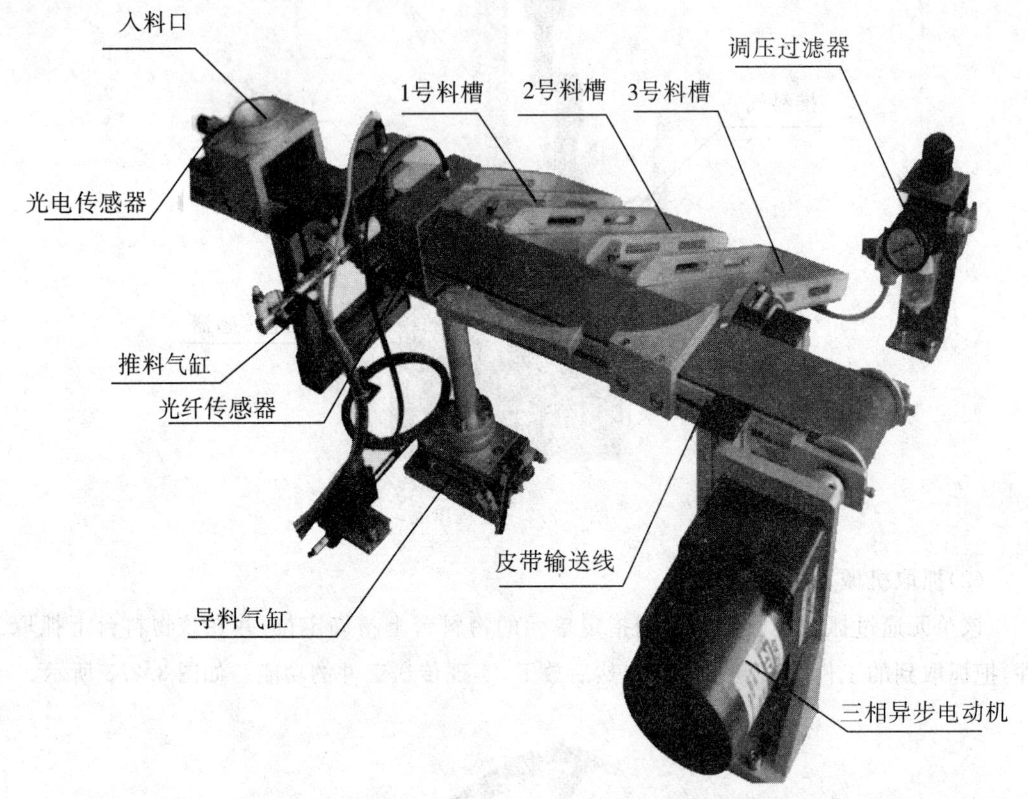

图 3.2.4　输送单元

2. 光机电一体化自动线操作流程

按下启动按钮 SB1 后，系统正常标志绿色指示灯亮，PLC 启动送料电机驱动放料盘旋转，物料由送料槽滑到物料提升位置，物料检测光电传感器开始检测；如果送料电机运行 4s 后，物料检测光电传感器仍未检测到物料，则说明送料机构已经无物料，这时停机并报警，同时红色指示灯亮。

当物料检测光电传感器检测到有物料，将给 PLC 发出信号，由 PLC 驱动上料单向电磁阀上料，机械手伸出手爪下降抓物料，然后手爪提升臂缩回，手臂向右旋转到右限位，手爪下降将物料放到传送带上，传送带输送物料，传感器则根据物料性质(金属和非金属)，分别由 PLC 控制相应电磁阀使气缸动作，对物料进行分拣。最后机械手返回原位重新开始下一个流程。按下停止按钮 SB2，系统停止，绿色指示灯灭；上料单元及机械手立即复位，传送带传送完最后一个物料后停止。

3.光机电一体化生产线其他模块

(1)电源模块

三相四线 380V 交流电源经三相电源总开关后给系统供电,设有保险丝,具有漏电和短路保护功能,提供单相双联暗插座,可以给外部设备、模块供电,并提供单、三相交流电源,同时配有安全连接导线。如图 3.2.5 所示。

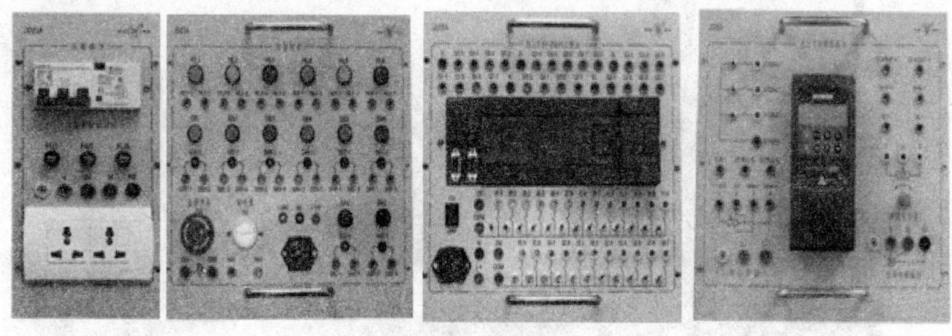

图 3.2.5　电源模块

(2)按钮模块

提供红、黄、绿三种指示灯(DC24V),复位、自锁按钮,急停开关,转换开关、蜂鸣器。提供 24V/6A、12V/5A 直流电源,为外部设备提供直流电源。

(3)变频器模块

采用西门子 MM420 变频器,三相 380V 供电,输出功率 0.75 kW。集成 RS－485 通讯接口,提供 BOP 操作面板;具有线性 V/F 控制、平方 V/F 控制、可编程多点设定 V/F 控制,磁通电流控制、直流转矩控制;集成 3 路数字量输入/1 路继电器输出,1 路模拟量输入/1 路模拟量输出;具备过电压、欠电压保护,变频器、电机过热保护,短路保护等。提供调速电位器,所有接口均采用安全插连接。

(4)PLC 模块

采用 CPU226AC/DC/晶体管(24 路数字量输入/16 路晶体管输出)、两个 RS－485 通信口、＋EM222(8 路数字量输出),在 PLC 的每个输入端均有开关,PLC 主机的输入/输出接口均已连到面板上,方便使用。

二、MES 网络型模块式柔性自动化生产线实训系统

柔性自动生产线是将微电子学、计算机信息技术、控制技术和系统工程有机地结合起来,是一种技术复杂、高度自动化的系统,专门为职业院校、职业教育培训机构研制的自动生产线实训系统。根据机电类、自动化类、先进制造类行业、企业中工业自动化应用的特点,对各类自动生产线的工作过程和相关的技术进行研究,对工业现场设备进行提炼和浓缩,并针对实训教学活动进行专门设计,融机、光、电、气于一体,包含了 PLC、机械手、传感器、气动、

工业控制网络、电机驱动与控制、计算机、机械传动等诸多技术领域,整个系统由 MES 生产管理系统、MCGS 监控系统、主控 PLC 和下位 PLC 通过网络通讯技术构成一个完整的多级计算机控制系统,通过训练,能强化学生对复杂柔性自动生产线的设计、安装、接线、编程、调试、故障诊断与维修等综合职业能力,适合机电类、自动化类相关专业的教学和实训,同时也适合工程技术人员上岗培训。如图 3.2.6 所示为 MES 网络型横块式柔性自动化生产线。

图 3.2.6　MES 网络型模块式柔性自动化生产线

本实训系统是一种典型的柔性自动生产线,由 9 个单元组成,分别为上料检测单元、操作手单元、加工单元、提取单元、传送带单元、搬运单元、安装单元、分类仓储单元和总控平台组成。每站均配有独立的 PLC。上述机构均安装在工业型材桌面上,系统中的机械结构、电气控制回路、执行机构完全独立,主要结构件全部采用铝质材料加工而成,美观大方,学生可自行组装,接线,编程及调试。

系统工业现场总线和标准的电气接口,支持 RS232、RS485、PPI、MPI、PROFIBUS－DP 多种通信方式。系统具备组态软件、编程软件、管理软件功能,如 MCGS、STEP7、人机交换和 MES 生产管理系统软件等。

1. 系统各组成工作单元的基本功能

(1)上料检测单元

由料斗、回转台、货台、螺旋导料机构、平面推力轴承、直流减速电机、工件滑道、提升装

置、计数开关、光电开关等组成。工作台大小 860mm×470mm，PLC 主机采用 S7－200 及 DP 通信模块，主要完成将工件从回传上料台依次送到检测工位，提升装置将工件提升并检测工件颜色。如图 3.2.7 所示。

(2)操作手单元

由机械手、横臂、双联气缸、单杆气缸、回转台、机械手爪、配重块等组成，由铝质材料加工而成，工作台大小 860mm×470mm，PLC 主机采用 S7－200 及 DP 通信模块，主要完成对工件的搬运。如图 3.2.8 所示。

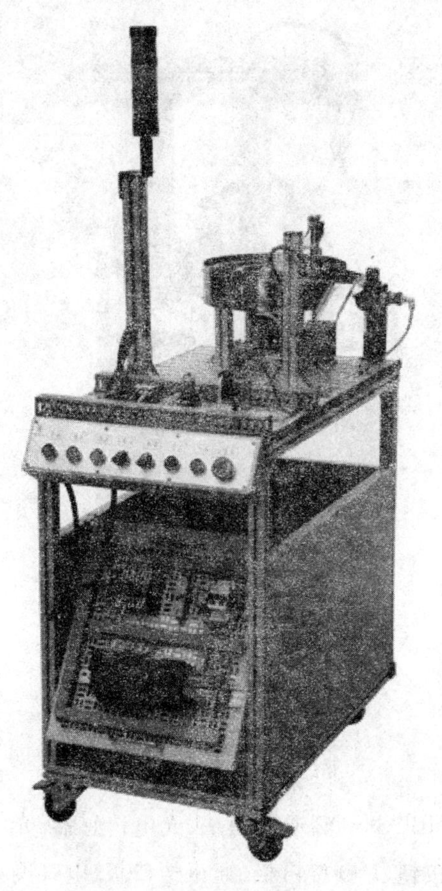

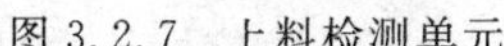

图 3.2.7　上料检测单元

图 3.2.8　操作手单元

(3)加工单元

由 6 工位旋转工作台、平面推力轴承、直流减速电机、西门子交流伺服电机、刀具库(3 种刀具)、升降式加工系统、加工组件(加工刀头可旋转、可完成自动换刀)、检测组件、转台到位传感器等组成。作台大小 860mm×470mm，PLC 主机采用 S7－200、EM223 扩展模块及 DP 通信模块，主要完成物料加工和深度的检测。工件在旋转平台上被检测及加工。旋转平台由伺服电机驱动。平台的定位由继电器回路完成，通过电感式传感器检测平台的位置。工件在平台并行完成检测及钻孔的加工。在进行钻孔加工时，夹紧执行件夹紧工件。加工完的工件，通过电气分支送到下一个工作站。如图 3.2.9 所示。

(4)提取单元

由机械手、直线移动机构、薄型气缸、单杆气缸、无杆气缸、工业导轨等组成，工作台大小 860 mm×470 mm，PLC 主机采用 S7－200 及 DP 通信模块，主要完成对工件的提取及搬运。提取装置上的气爪手将工件从前一站提起，并将工件根据前站的工件信息结果传送到下一单元。本工作单元可以与其他工作单元组合并定义其他的分类标准，工件可以被直接传输到下一个工作单元。如图 3.2.10 所示。

图 3.2.9 加工单元

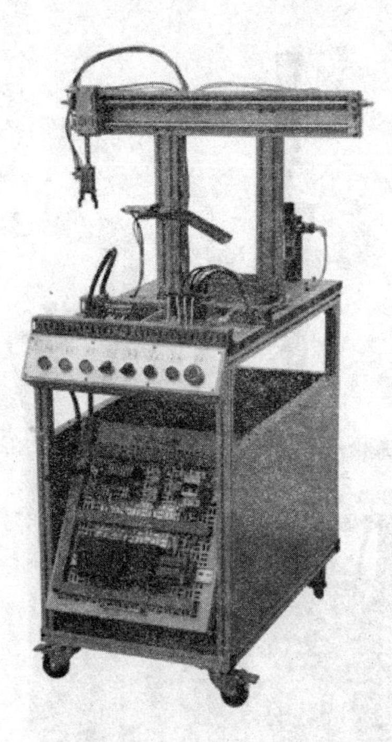

图 3.2.10 提取单元

(5)传送分拣单元

由三相交流减速电机、MM420 变频器及 PROFIBUS－DP 通信模块、光电传感器、光纤传感器、颜色传感器、旋转气缸、分拣料槽、开关电源、按钮、I/O 接口板、通讯接口板、电气网孔板等组成，工作台大小 860mm×470mm，PLC 主机采用 S7－200 及 DP 通信模块，主要完成将材料颜色不合格的工件分拣出来，同时将合格产品传送至下一单元。如图 3.2.11 所示。

(6)搬运单元

由机械手、移动滑台、安装工作台、工业导轨、薄型气缸、单杆气缸、齿轮齿条机构、配重块等组成，工作台大小 860mm×470mm，PLC 主机采用 S7－200 及 DP 通信模块，主要完成对工件的搬运。气爪手将工件从前一站提起，并将工件根据前站的工件信息结果传送到下一单元。本工作单元可以与其他工作单元组合并定义其他的分类标准，工件可以被直接传输到下一个工作单元。如图 3.2.12 所示。

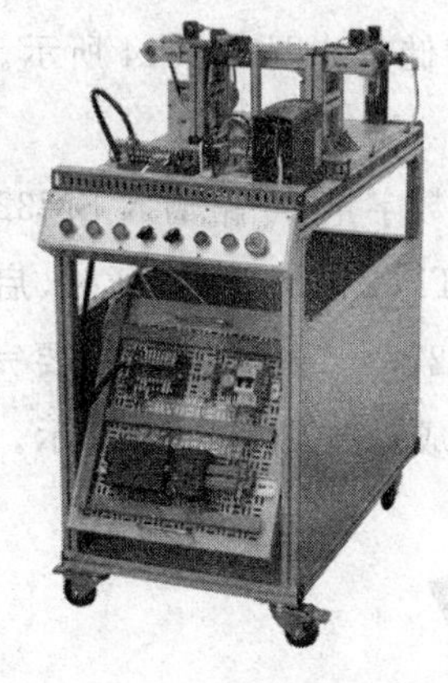

图 3.2.11 传送分拣单元

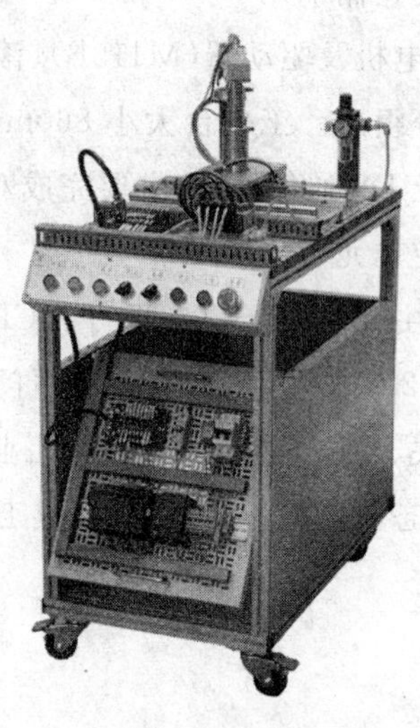

图 3.2.12 搬运单元

(7)安装单元

由料筒、换料机构、推料机构、单杆气缸、工业导轨、旋转气缸、真空吸盘及发生器、摇臂等组成，工作台大小 860mm×470mm，PLC 主机采用 S7－200、工业以太网模块 CP243－1、DP 通信模块，主要完成对两种不同工件的上料及安装。为系统逐一提供两色小工件。供料过程中，由双作用气缸从料仓中逐一推出小工件，接着，转换模块上的真空吸盘将工件吸起，转换模块的转臂在旋转缸的驱动下将工件移动至下一个工作单元的传输位置。如图 3.2.13 所示。

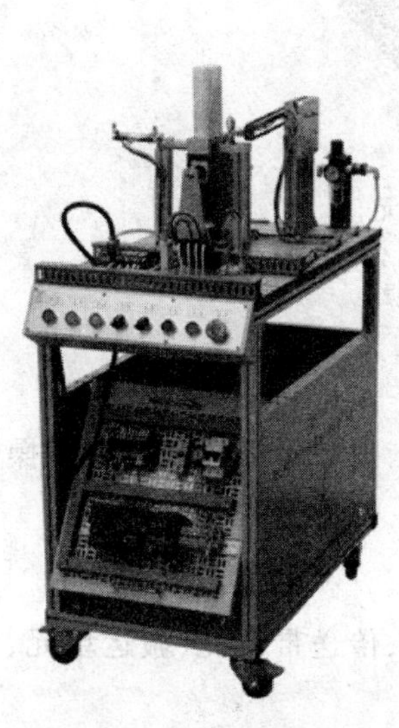

图 3.2.13 安装单元

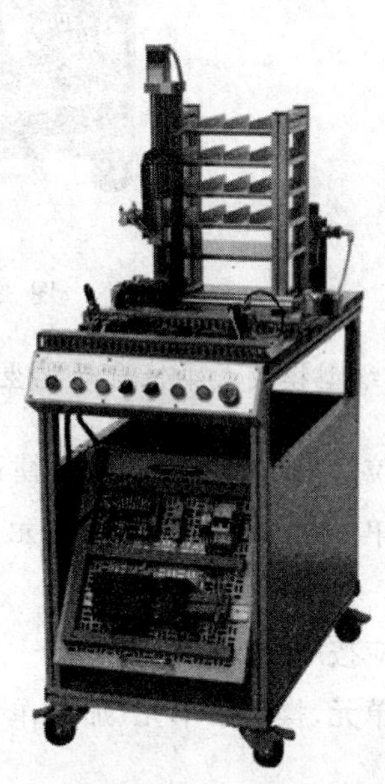

图 3.2.14 分类仓储单元

(8)分类仓储单元

由步进电机及驱动器(M415B)、滚株丝杆,行程≥420MM、立体库(五层四列)、推料气缸、电磁阀等组成。工作台大小 860mm×470mm,PLC 主机采用 S7－200 工业以太网模块 CP243－1 及 DP 通信模块,主要完成对成品工件分类存储。如图 3.2.14 所示。

(9)总控单元

控制台主要由 S7－300 西门子 CPU315－DP/PN、数字量 16 路输入 SM321、数字量 16 路输出 SM322、电源 PS307(5A),西门子交换机 OSMTP62、二位选择开关、启动和停止开关、急停开关、复位开关、10.4 英寸工业彩色触摸屏 MP277－10 等组成,主要完成监视各分站的工作状态并协调各站运行,完成工业控制网络的集成。如图 3.2.15 所示。

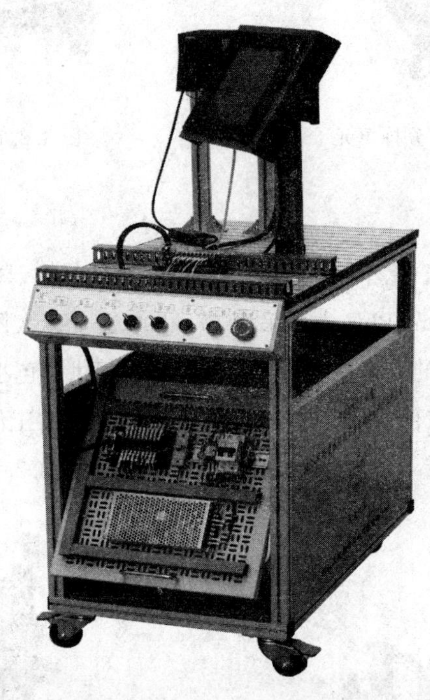

图 3.2.15　总控单元

2. MES 网络型模块式柔性自动化生产线操作流程

设备的复位和启动操作按逆序规律进行:

分类仓储单元、安装单元、搬运单元、传送带单元、提取单元、加工单元、操作手单元、上料检测单元。

停止操作应按顺序规律:

上料检测单元、操作手单元、加工单元、提取单元、传送带单元、搬运单元、安装单元、分类仓储单元。

各单元的启动和复位采用的是分别控制的方式,每一个工作单元只控制本单元的启动和复位。

(1)该柔性自动化生产线实训系统每一站都有一套独立的控制系统，因此，该系统可拆分开来学习，以保证初学者容易入门和足够的学习工位，而将各站联在一起集成为系统后，能为学员提供一个学习复杂和大型控制系统的学习平台，该系统可用不同厂商所提供的控制器进行控制

(2)各站与PLC之间由一个标准电缆进行连接，通过这个电缆可连接8个传感器信号和8个输出控制信号。通过该电缆各站的传感器和输出控制器可得到24V电压。

(3)各站都可通过一块控制面板来控制PLC使各站按要求进行工作，一个控制面板上有5个按钮开关，两个选择开关和一个急停开关。

各开关的控制功能定义为：

序号	项目	说明	序号	项目	说明
1	带灯按钮，绿色	开始	5	两位旋钮，黑色	单站/联网
2	带灯按钮，黄色	复位	6	按钮，红色	停止
3	按钮，黄色	调试按钮	7	带灯按钮，绿色	上电
4	两位旋钮，黑色	手动/自动	8	急停按钮，红色	急停

项目二　气动系统的安装与调试

该项目是企业工程技术人员对自动化生产线气动系统实现维护和管理,它所涉及的工作任务直接体现了设备维修工程技术人员的岗位、职责和工作内容。通过本项目的学习和训练,使学生掌握气动系统拆装的工艺,熟练拆装生产线的气动元件和气动控制回路,具备自动化生产设备的安装、调试、维修及技术改造所需的职业技能和职业素养。

学习目标

(1)熟悉气动元件的结构和应用;

(2)熟悉基本气动回路的工作过程;

(3)掌握基本气动回路的设计方法。

教学导航

教	知识重点	气动元件的结构和应用
	知识难点	气动元件的安装和调试技巧
	推荐教学方式	讲、学、做、练一体。多媒体教学
	建议学时	6 学时
学	推荐学习方法	任务驱动;理实结合
	必须掌握的理论知识	1. 掌握机械、气动元件的结构、工作原理和应用 2. 熟悉气动元件装配工艺,调整、检测元件安装精度方法 3. 熟悉气动回路的基本结构 4. 掌握气动回路的阅读和安装方法 5. 气动回路管路安装步骤与技巧
	必须掌握的技能	1. 能够正确使用工具,根据装配工艺安装和调试机械、气动元件。能熟练撰写安装工艺流程报告 2. 能够阅读和设计基本气动回路。正确使用工具对生产线气动回路进行安装

任务1　气动元件的安装与调试

任务描述

气动系统是自动化生产线的执行系统，本任务使学生了解气动元件的工作原理和应用，能根据设备控制功能选用气动元件的类型，正确使用工具按照工艺要求安装和调试气动元件，撰写安装工艺流程报告。

任务分析

通过自动化生产线的实物和阅读教材或参考资料，认知自动化生产线的气动系统的组成部件、工作原理、作用；并手动实际操作和控制气缸的运动，通过调节，观察现象，加深认识。

任务目标

(1)掌握机械、气动元件的结构、工作原理和应用；

(2)熟悉气动元件装配工艺，调整、检测元件安装精度方法；

(3)能够正确使用工具，根据装配工艺安装和调试机械、气动元件；

(4)能熟练撰写安装工艺流程报告；

(5)具有安全生产意识，认真负责的工作习惯，团结协作的工作态度，细心踏实的工作作风。

任务实施

一、实验步骤

1.教师讲解气动元件的结构和工作原理

教师根据自动化生产线设备所使用的气动元件，介绍其结构和工作原理。

(1)双作用气缸的控制

控制双作用气缸的前进、后退可以采用二位四通阀如图3.2.16(a)或二位五通阀如图3.2.16(b)。按下按钮，压缩空气从1口流向4口，同时2口流向3口排气，活塞杆伸出。放开按钮，阀内弹簧复位，压缩空气由1口流向2口，同时4口流向3口或5口排放，气缸活塞杆缩回。

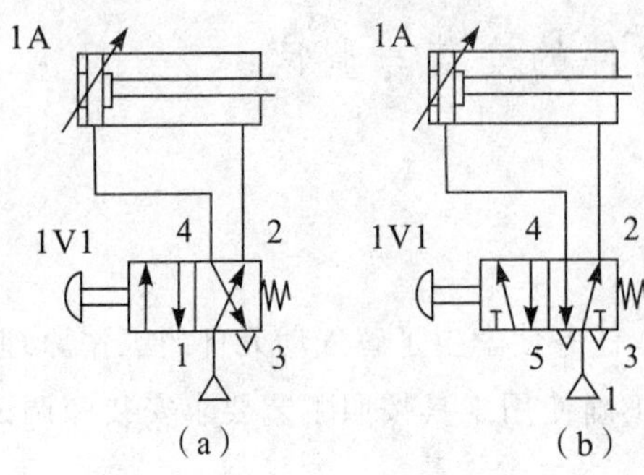

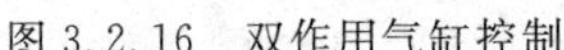
图 3.2.16　双作用气缸控制

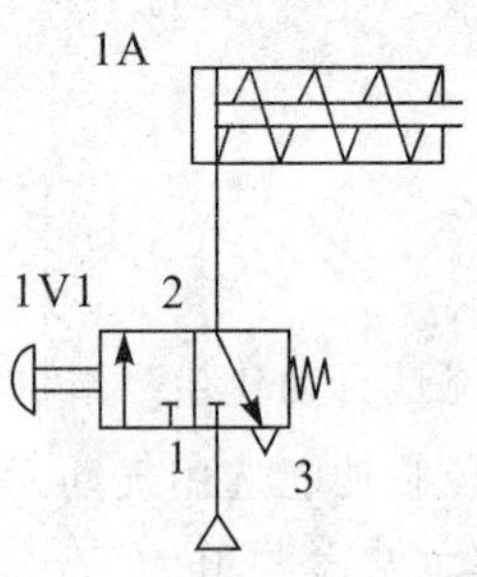

图 3.2.17　单作用气缸控制轮

(2)单作用气缸的控制

控制单作用气缸的前进、后退必须采用二位三通阀。如图 3.2.17 所示单作用气缸控制回路,按下按钮,压缩空气从 1 口流向 2 口,活塞伸出,3 口遮断,单作用气缸活塞杆伸出。放开按钮,阀内弹簧复位,缸内压缩空气由 2 口流向 3 口排放,1 口被遮断,气缸活塞杆在复位弹簧作用下立即缩回。

两个电磁阀是集中安装在汇流板上的。汇流板中两个排气口末端均连接了消声器,消声器的作用是减少压缩空气在向大气排放时的噪声。这种将多个阀与消声器、汇流板等集中在一起构成的一组控制阀的集成称为阀组,而每个阀的功能是彼此独立的。阀组的结构如图 3.2.18 所示。

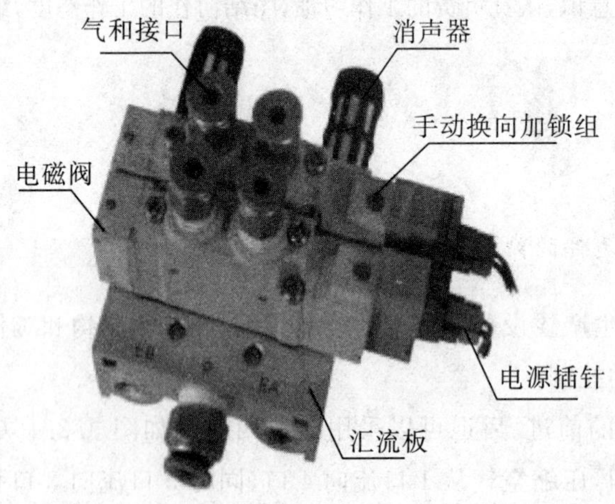

图 3.2.18　电磁阀组性

2.教师讲解典型气动元件的安装、调试工艺和步骤

教师对于生产线使用的气动元件边讲边操作,演示典型气动元件的安装工艺和调试步骤。要求认真学习、做好记录。

3.分组安装和调试气动元件

学生分组对气动元件进行安装和调试。记录完成的工作、元件安装的步骤。

4.教师检查气动元件安装结果

教师全程观察学生安装气动元件的过程,对安装工艺、安装步骤和安装效果点评并做记录。

二、操作要领

操作设备时,学生应遵守安全操作规程,避免造成不必要的设备损坏和人员伤害。在使用设备时应注意下列各项安全指标:

(1)学生应在教师的监督下工作于一个工作位置;

(2)观察信号时,要注意安全提示;

(3)PLC 由不大于 24V 的外部直流电压供电;

(4)气源工作压力最大为 8bar;

(5)在有气源压力作用下,不能直接分离管路;

(6)不能人为设置障碍限制设备的正常运行;

(7)注意避免设备执行机构发生碰撞。

相关知识

一、气动系统组成

气动(气压传动)系统是一种能量转换系统,典型的气压传动系统由气源装置、执行元件、控制元件和辅助元件 4 个部分组成,如图 3.2.19 所示。

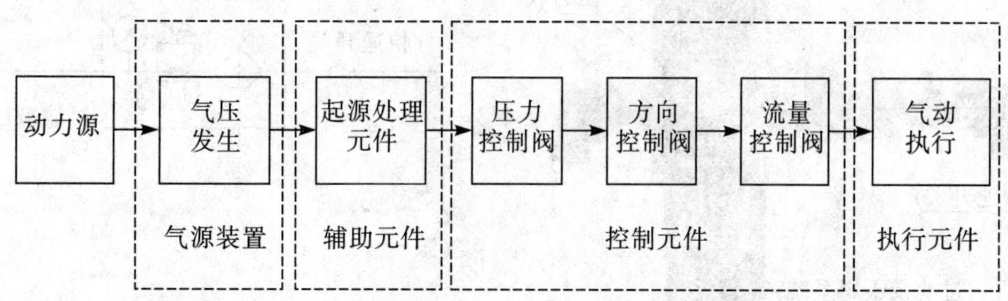

图 3.2.19　气动系统的组成

1.气源装置

气源装置以压缩空气作为工作介质,向气动系统提供压缩空气。其主体是空气压缩机,此外还包括压缩空气净化装置和传输管道。如图 3.2.20 所示为活塞式空气压缩机工作原理图。

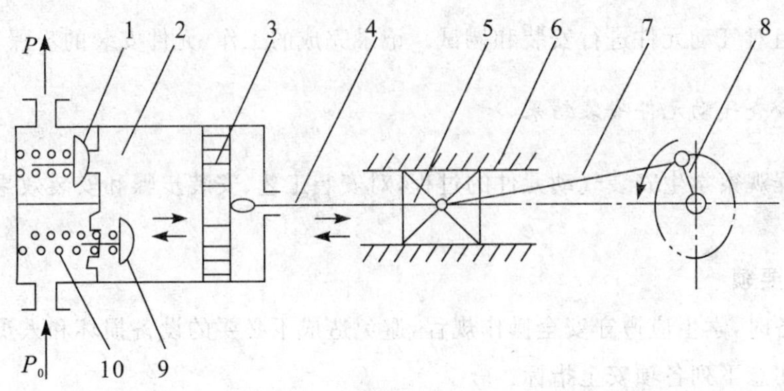

图 3.2.20 活塞式空气压缩机工作原理图

1—排气阀;2—气缸;3—活塞;4—活塞杆;

5、6—滑块与滑道;7—连杆;8—曲柄;9—吸气阀;10—弹簧

(1)气源处理装置

气源处理组件及其回路原理图分别如图 3.2.21 所示。气源处理组件是气动控制系统中的基本组成器件,它的作用是除去压缩空气中所含的杂质及凝结水,调节并保持恒定的工作压力。在使用时,应注意经常检查过滤器中凝结水的水位,在超过最高标线以前,必须排放,以免被重新吸入。气源处理组件的气路入口处安装一个快速气路开关,用于启/闭气源,当把气路开关向左拔出时,气路接通气源,反之把气路开关向右推入时气路关闭。

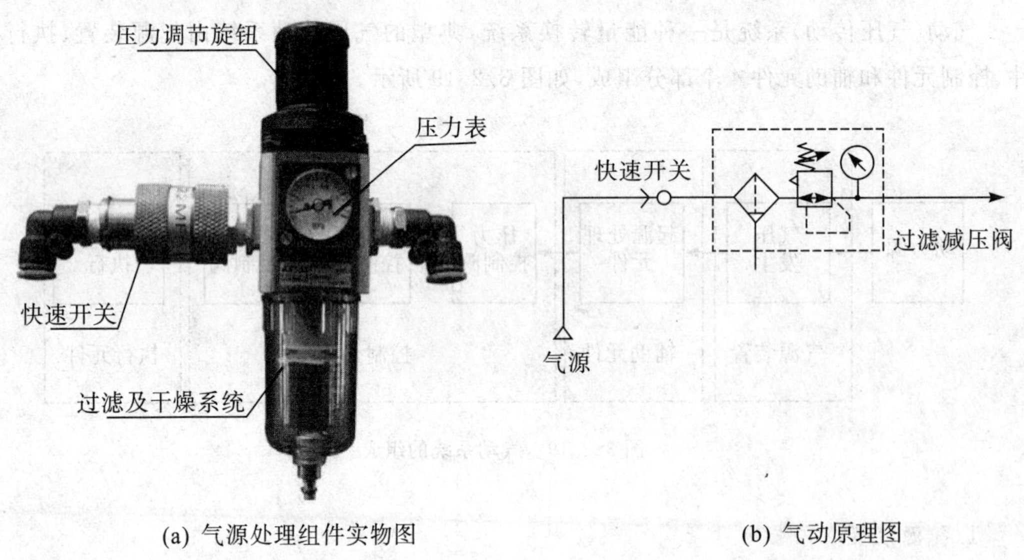

(a) 气源处理组件实物图 (b) 气动原理图

图 3.2.21 气源处理组件

气源处理组件输入气源来自空气压缩机。输出的压缩空气通过快速三通接头和气管输

送到各工作单元。

(2)气源处理装置的调节

调节压力调节旋钮,调节压力,使压力表指针指在6～8bar压力范围。检查过滤器凝结水的水位,应及时排放,避免超过最高标线。检查气路控制开关工作是否正常。

2.组气动执行元件

(1)标准双作用直线气缸

标准气缸是指气缸的功能和规格是普遍使用的、结构容易制造的、制造厂通常作为通用产品供应市场的气缸。

双作用气缸是指活塞的往复运动均由压缩空气来推动。图3.2.22是标准双作用直线气缸的半剖面图。图中,气缸的两个端盖上都设有进排气通口,从无杆侧端盖气口进气时,推动活塞向前运动;反之,从杆侧端盖气口进气时,推动活塞向后运动。双作用气缸具有结构简单,输出力稳定,行程可根据需要选择的优点,但由于是利用压缩空气交替作用于活塞上实现伸缩运动的,回缩时压缩空气的有效作用面积较小,所以产生的力要小于伸出时产生的推力。

为了使气缸的动作平稳可靠,应对气缸的运动速度加以控制,常用的方法是使用单向节阀来实现。

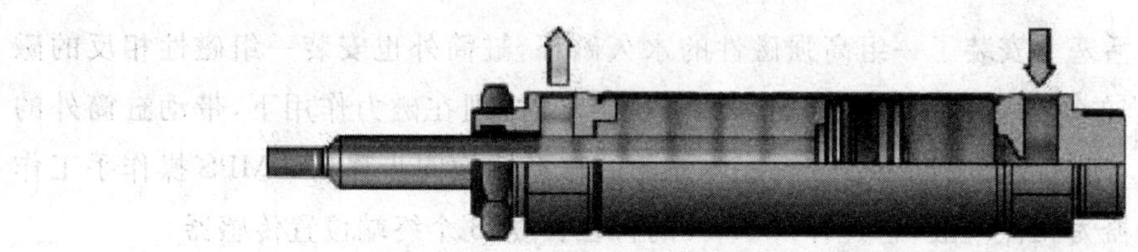

图3.2.22　双作用直线气缸工作示意图

单向节流阀是由单向阀和节流阀并联而成的流量控制阀,常用于控制气缸的运动速度,所以也称为速度控制阀。

图3.2.23给出了在双作用气缸装上两个单向节流阀的连接示意图,这种连接方式称为排气节流方式。即当压缩空气从A端进气、从B端排气时,单向节流阀A的单向阀开启,向气缸无杆腔快速充气;由于单向节流阀B的单向阀关闭,有杆腔的气体只能经节流阀排气,调节节流阀B的开度,便可改变气缸伸出时的运动速度。反之,调节节流阀A的开度则可改变气缸缩回时的运动速度。这种控制方式,活塞运行稳定,是最常用的方式。

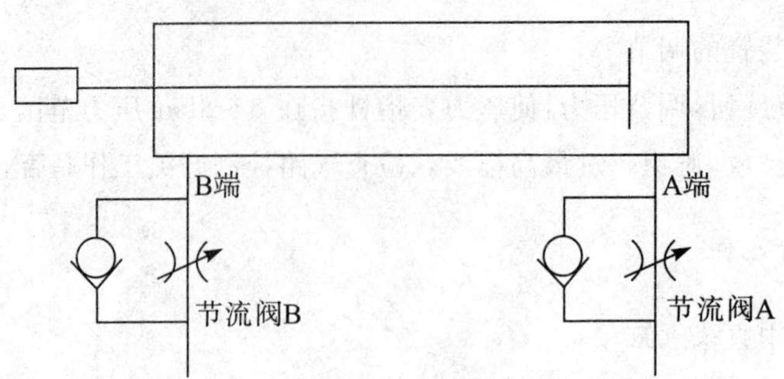

图 3.2.23 节流阀链接和调整原理示意图

节流阀上带有气管的快速接头，只要将合适外径的气管往快速接头上一插就可以将管连接好了，使用时十分方便。

(2)单作用气缸的结构和工作原理

由气口、活塞、活塞杆和缸体组成。单作用气缸在缸盖一端的气口输入压缩空气，使活塞杆伸出(或缩回)；另一端靠弹簧力、自重或其他外力使活塞杆恢复到初始位置。

(3)无杆气缸

利用活塞直接或间接连接外界执行机构，并使其跟随活塞实现往复运动。主要分机械接触式和磁性耦合式两种，磁性耦合无杆气缸简称为磁性气缸。如图 3.2.24 所示为无杆气缸的结构示意图。

无杆气缸的活塞上安装了一组高强磁性的永久磁环，缸筒外也安装一组磁性相反的磁环套，二者有很强的吸力。当活塞在缸筒内被气压推动时，则在磁力作用下，带动缸筒外的磁环套一起移动，则使活塞通过磁力带动缸体外部的移动体做同步移动。MPS 操作手工作单元的线性驱动器为无杆气缸，它具有 600mm 的行程长度，3 个终端位置传感器。

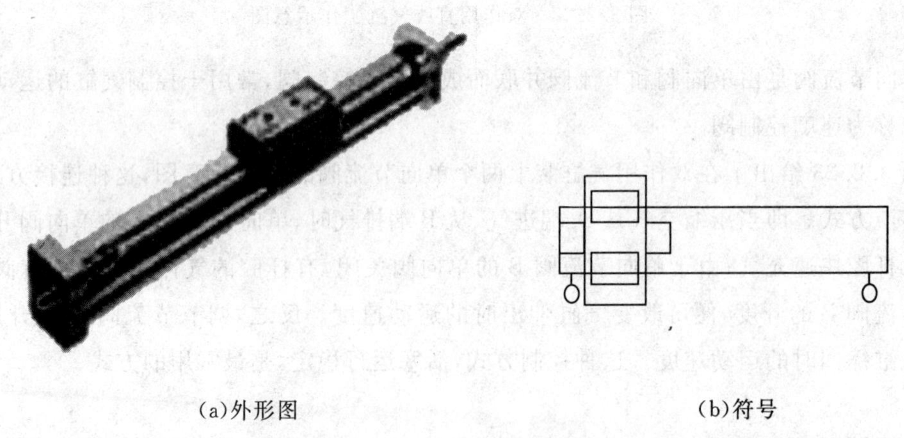

(a)外形图　　(b)符号

图 3.2.24 无杆气缸的结构

(4)摆动气缸

将压缩空气的压力能转换成机械能，输出力矩使机构在小于 360°角度范围内做往复摆动。

常用的摆动气缸的最大角度分为 90°、180°、270°3 种规格。单叶片式摆动气缸的结构由叶片轴转子(即输出轴)、定子、缸体和前后端盖等部分组成。定子和缸体固定在一起,叶片和转子连在一起。在定子上有两条气路,当左路进气时,右路排气,压缩空气推动叶片带动转子顺时针摆动。反之,作逆时针摆动。MPS 系统中供料单元的摆臂就是由摆动气缸驱动的。

(5)手指气缸

手指气缸是一种变型气缸,也称气爪,能实现各种抓取功能,是现代机械手的关键部件。气动手爪的开闭一般是通过由气缸活塞产生的往复直线运动带动与手爪相连的曲柄连杆、滚轮或齿轮等机构,驱动各个手爪同步做开、闭运动。

3. 气动控制元件

(1)方向控制阀

方向控制阀在气压传动系统中通过改变压缩空气的流动方向和气流的通断,控制执行元件启动、停止及运动方向的气动元件。

(2)电磁阀

直动式电磁阀是利用电磁力直接驱动阀芯换向,如图 3.2.25 所示为直动式单电控二位三通换向阀。当电磁线圈得电,电磁阀的 1 口与 2 口接通;电磁线圈失电,电磁阀在弹簧作用下复位,则 1 口关闭。

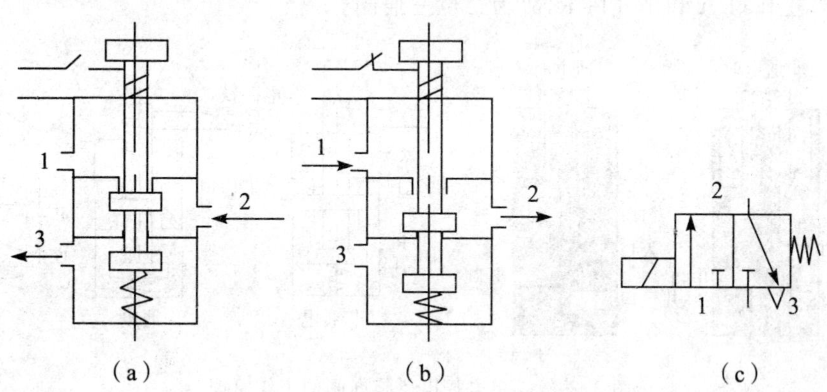

(a)正常位置　(b)动作位置　(c)符号

图 3.2.25　单电控电磁铁换向阀

双电控电磁换向阀电磁线圈得电,1 口与 4 口接通,具有记忆功能;当另一个电磁线圈得电,双电控二位五通阀复位,即 1 口与 2 口接通。

(3)单电控电磁换向阀、电磁阀组

如前所述,顶料或推料气缸,其活塞的运动是依靠向气缸一端进气,并从另一端排气,再反过来,从另一端进气,一端排气来实现的。如图 3.2.26 所示为安装上气缸节流阀的气缸示意图。

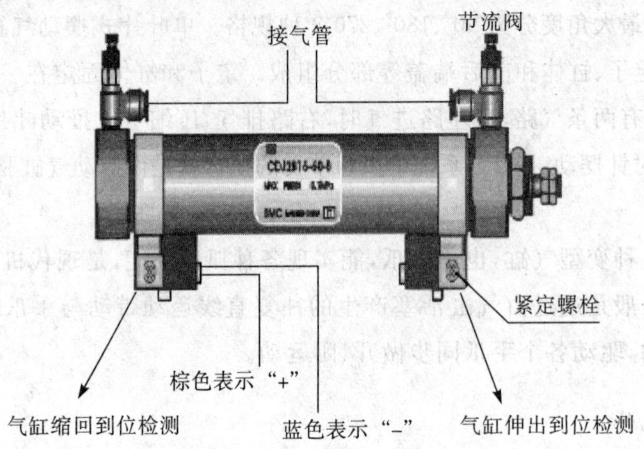

图 3.2.26　安装上气缸节流阀的气缸

气体流动方向的改变则由能改变气体流动方向或通断的控制阀即方向控制阀加以控制。在自动控制中,方向控制阀常采用电磁控制方式实现方向控制,称为电磁换向阀。

电磁换向阀是利用其电磁线圈通电时,静铁芯对动铁芯产生电磁吸力使阀芯切换,达到改变气流方向的目的。图 3.2.27 所示是一个单电控二位三通电磁换向阀的工作原理。所谓“位”指的是为了改变气体方向,阀芯相对于阀体所具有的不同的工作位置。“通”的含义则指换向阀与系统相连的通口,有几个通口即为几通。图 3.2.27 中,只有两个工作位置,具有供气口 P、工作口 A 和排气口 R,故为二位三通阀。

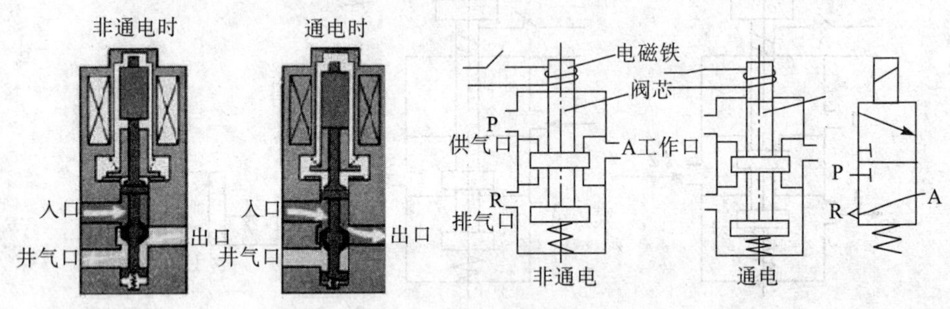

图 3.2.27　单电控电磁换向阀的工作原理

阀中的通口用数字表示,符合 ISO5599－3 标准。通口即可用数字,也可用字母表示。

通口	数字表示	字母表示	通口	数字表示	字母表示
输入口	1	P	排气口	5	R
输出口	2	B	输出信号清零	(10)	(Z)
排气口	3	S	控制口(1、2 口接通)	12	Y
输出口	4	A	控制口(1、4 口接通)	14	Z

图 3.2.28 分别给出二位三通、二位四通和二位五通单控电磁换向阀的图形符号,图形中有几个方格就是几位,方格中的“┬”和“┴”符号表示各接口互不相通。

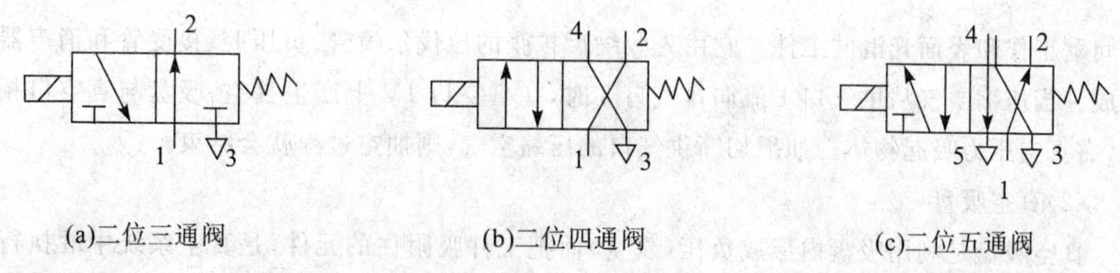

(a)二位三通阀　　(b)二位四通阀　　(c)二位五通阀

图 3.2.28　部分单电控电磁换向阀的图形符号

THJDME—1 所有工作单元的执行气缸都是双作用气缸，因此控制它们工作的电磁阀需要有两个工作口和两个排气口以及一个供气口，故使用的电磁阀均为二位五通电磁阀。

行程阀控制的单往复回路的功能是当双作用气缸到达行程终点时自动后退。信号元件 1S2 为滚轮杠杆阀。当按下阀 1S1 时，主控阀 1V1 换向，活塞前进，当活塞杆压下行程阀 1S2 时，产生另一信号使主控阀 1V1 复位，活塞后退。但应注意，如一直按着 1S1 时，活塞杆即使伸出碰到 1S2，也无法后退。

(4)快速排气阀

排气节流阀与节流阀一样是靠调节流通面积来调节气体流量的。它与节流阀不同之处是安装在系统的排气口处，不仅能够控制执行元件的运动速度，而且因其常带消声器件，具有减少排气噪声的作用，所以常称其为排气消声节流阀。它不仅能调节执行元件的运动速度，还能起到降低排气噪声的作用。

4. 真空元件

(1)真空发生器

真空发生器是利用压缩空气的流动而形成一定真空度的气动元件，用于从事流量不大

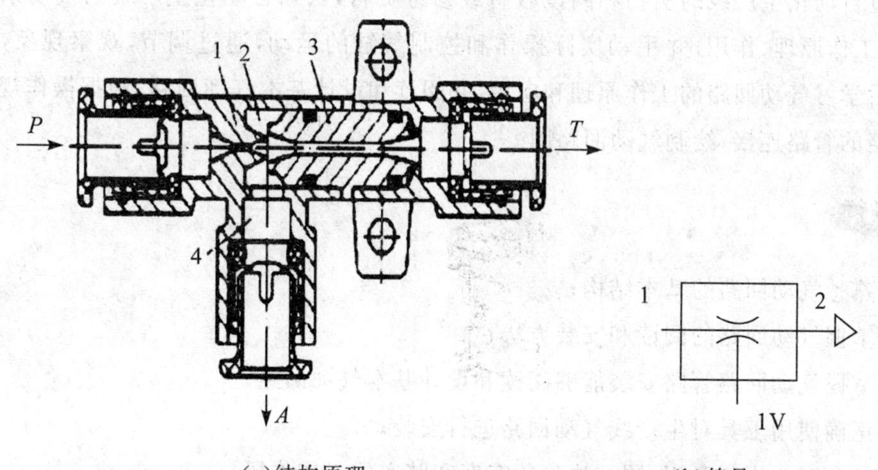

(a)结构原理　　(b)符号

1. 拉伐尔喷管　2. 负压腔　3. 接收管　4. 真空腔

图 3.2.29　真空发生器的结构原理

的间歇工作和表面光滑的工件。它由先收缩后扩张的拉伐尔喷管、负压腔、接受管和消声器组成。当压缩空气从供气口1流向排气口3时,在真空口1V上产生真空,吸盘与真空口相接,靠真空压力吸起物体。如果切断供气口的压缩空气,则抽空过程就会结束。

(2)真空吸盘

真空吸盘是利用吸盘内形成负压(真空)而把工件吸附住的元件,是真空系统中的执行元件。它适用于抓取薄片状的工件,如塑料板、矽钢片、纸张及易碎的玻璃器皿等,要求工件表面平整光滑、无孔无油。

常见真空吸盘的形状和结构有平板形、深型、风琴形等多种。

任务2 气动系统的安装与调试

任务描述

本任务将讨论气动程序控制系统的分析与设计,也就是讨论如何按照给定的生产工艺(程序),使各控制阀之间的信号按一定的规律连接起来,实现执行元件(气缸)的动作,即程序控制回路的设计。设计程序控制回路有多种方法,本章只介绍两种方法:经验法和串级法。

从控制信号来说,气动程序控制回路有气控回路和电控回路两种。设计方法以气控回路为例说明,同样也适用于目前工厂中仍广泛使用的继电器电控回路的设计。

任务分析

通过自动化生产线的实物和阅读教材或参考资料,认知自动化生产线的气动系统的组成部件、工作原理、作用;并手动实际操作和控制气缸的运动,通过调节,观察现象,加深认识。然后学习气动回路的工作原理和应用,并阅读和设计基本气动回路,根据操作规程进行气动回路的管路连接;绘制气动回路图。

任务目标

(1)熟悉气动回路的基本结构;

(2)掌握气动回路的阅读和安装方法;

(3)掌握气动回路管路安装能够阅读和设计基本气动回路;

(4)正确使用工具对生产线气动回路进行安装;

(5)具有安全生产意识,团结协作的态度和踏实的工作作风。

任务实施

一、操作要领

操作设备时，学生应遵守安全操作规程，避免造成不必要的设备损坏和人员伤害。在使用设备时应注意下列各项安全指标：

(1)学生应在教师的监督下工作于一个工作位置；

(2)观察信号时，要注意安全提示；

(3)PLC 由不大于 24V 的外部直流电压供电；

(4)气源工作压力最大为 8bar；

(5)在有气源压力作用下，不能直接分离管路；

(6)不能人为设置障碍限制设备的正常运行；

(7)注意避免设备执行机构发生碰撞。

二、气动回路的电气动控制设计

电气一气动控制系统主要是控制电磁阀的换向，其特点是响应快，动作准确，在气动自动化应用中相当广泛。

电气一气动控制回路图包括气动回路和电气回路两部分。气动回路一般指动力部分，电气回路则为控制部分。通常在设计电气回路之前，一定要先设计出气动回路，按照动力系统的要求，选择采用何种形式的电磁阀来控制气动执行件的运动，从而设计电气回路。在设计中气动回路图和电气回路图必须分开绘制。在整个系统设计中，气动回路图按照习惯放置于电气回路图的上方或左侧。

1.常用电气元件基本符号

电气控制回路主要由按钮开关、行程开关、继电器及其触点、电磁铁线圈等组成。通过按钮或行程开关使电磁铁通电或断电，控制触点接通或断开被控制的主回路，这种回路也称为继电器控制回路。电路中的触点有常开触点和常闭触点。图 3.2.30 为继电器线圈及触点符号。图 3.2.31 为延时闭合，断开继电器及触点符号。

图 3.2.30　继电器线圈及触点符号

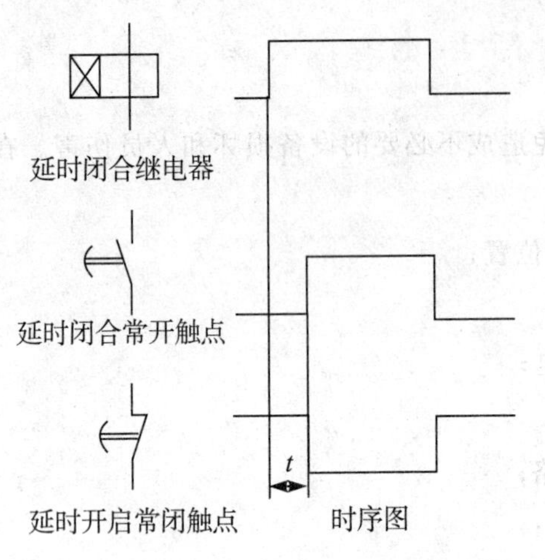

(a)延时闭合继电阀线圈及触点符号

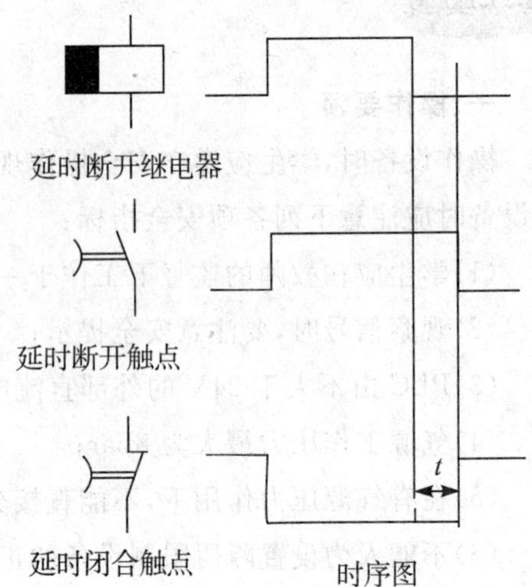

(b)延时断开继电器线圈及触点符号

图 3.2.31　延时闭合、断开继电器线圈及触点符号

2.电气回路图绘图原则

电气回路图通常以一种层次分明的梯形法表示,也称梯形图。它是利用电气元件符号进行顺序控制系统设计的最常用的一种方法。梯形图表示法可分为水平梯形回路图及垂直梯形回路图两种。

如图 3.2.32 所示为水平型电路图,图形上下两平行线代表控制回路图的电源线,称为母线。

梯形图的绘图原则为:

(1)图形上端为接火线,下端为接地线。

(2)电路图的构成是由左而右进行。为便于读图,接线上要加上线号。

(3)控制元件的连接线,接于电源母线之间,且应力求直线。

(4)连接线与实际的元件配置无关,其由上而下,依照动作的顺序来决定。

(5)连接线所连接的元件均以电气符号表示,且均为未操作时的状态。

(6)在连接线上,所有的开关、继电器等的触点位置由水平电路的上侧的电源母线开始连接。

(7)一个梯形图网络有多个梯级组成,每个输出元素(继电器线圈等)可构成一个梯级。

(8)在连接线上,各种负载、如继电器、电磁线圈、指示灯等的位置通常是输出元素,要放在在水平电路的下侧。

(9)在以上的各元件的电气符号旁注上文字符号。

三、基本电气回路

1. 是门电路(YES)

是门电路是一种简单的通断电路，能实现是门逻辑电路。图 3.2.33 为是门电路，按下按钮 PB，电路 1 导通，继电器线圈 K 励磁，其常开触点闭合，电路 2 导通，指示灯亮。若放开按钮，则指示灯熄灭。

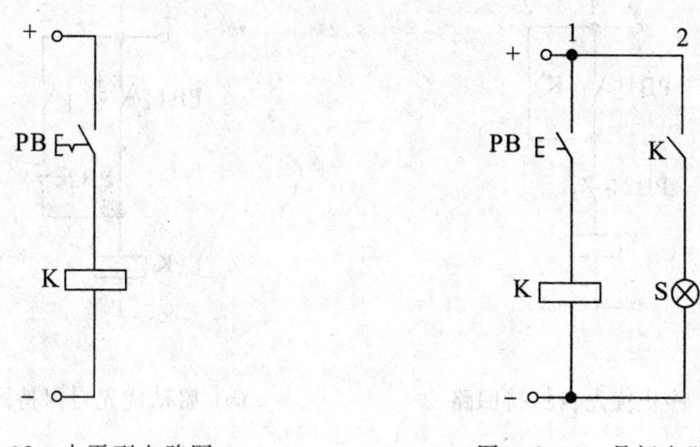

图 3.2.32　水平型电路图　　　图 3.2.33　是门电路

2. 或门电路(OR)

如图 3.2.34 所示的或门电路也称为并联电路。只要按下 3 个手动按钮中的任何一个开关使其闭合，就能使继电器线圈 K 通电。例如要求在一条自动生产线上的多个操作点可以进行作业，或门电路的逻辑方程为 $S=a+b+c$。

3. 组与门电路(AND)

如图 3.2.35 所示的与门电路也称为串联电路。只有将按钮 a、b、c 同时按下，则电流通过继电器线圈 K。例如一台设备为防止误操作，保证安全生产，安装了两个启动按钮，只有操作者将两

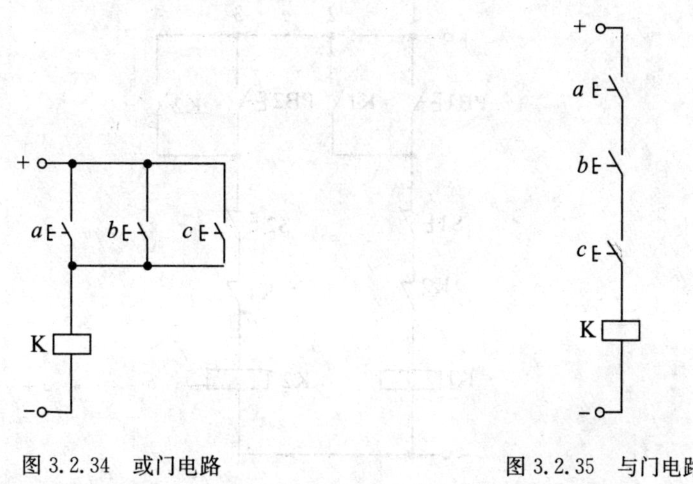

图 3.2.34　或门电路　　　图 3.2.35　与门电路

个气动按钮同时按下时,设备才能开始运行。与门电路的逻辑方程为 $S=a\cdot b\cdot c$

4. 自保持电路

如图 3.2.36 为自保持电路示意图。自保持电路又称为记忆电路,在各种液、气压装置的控制电路中很常用,尤其是使用单电控电磁换向阀控制液、气压缸的运动时,需要自保持回路。

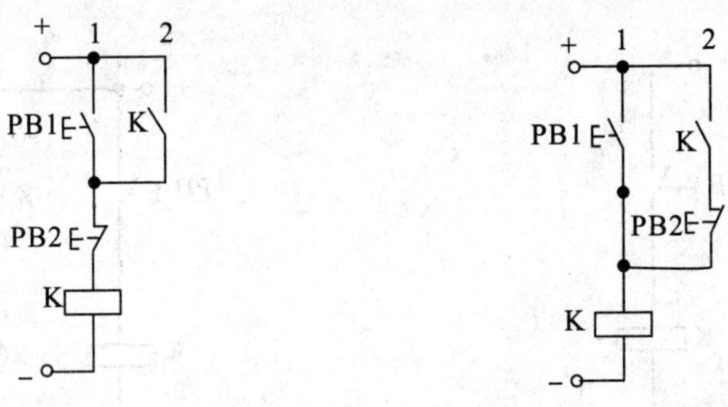

(a) 停止优先自保持回路　　(b) 启动优先自保持回答

图 3.2.36　自保持电路

5. 互锁电路

互锁电路用于防止错误动作的发生,以保护设备、人员安全。如电机的正转与反转,气缸的伸出与缩回,为防止同时输入相互矛盾的动作信号,使电路短路或线圈烧坏,控制电路应加互锁功能。如图 3.2.37 所示,按下按钮 PB1,继电器线圈 K1 得电,第 2 条线上的触点 K1 闭合,继电器 K1 形成自保,第 3 条线上 K1 的常闭触点断开,此时若再按下按钮 PB2,继电器线圈 K2 一定不会得电。同理,若先按按钮 PB2,继电器线圈 K2 得电,继电器线圈 K1 也一定不会得电。

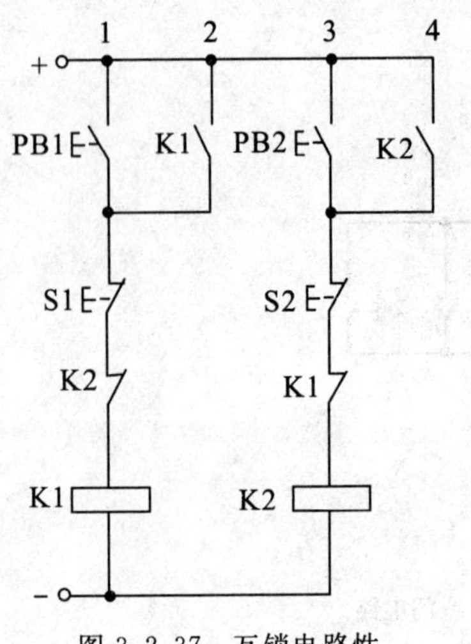

图 3.2.37　互锁电路性

6. 延时电路

随着自动化设备的功能和工序越来越复杂，各工序之间需要按一定的时间紧密巧妙地配合，要求各工序时间可在一定时间内调节，这需要利用延时电路来加以实现。延时控制分为两种，即延时闭合和延时断开。

如图 3.2.38(a)为延时闭合电路，当按下开关 PB 后，延时继电器 T 开始计时，经过设定的时间后，时间继电器触点闭合，电灯点亮。放开 PB 后，继电器 T 立即断开，电灯熄灭。图 3.2.38(b)为延时断开电路，当按下开关 PB 后，时间继电器 T 的触点也同时接通，电灯点亮，当放开 PB 后，延时断开继电器开始计时，到规定时间后，时间继电器触点 T 才断开，电灯熄灭。

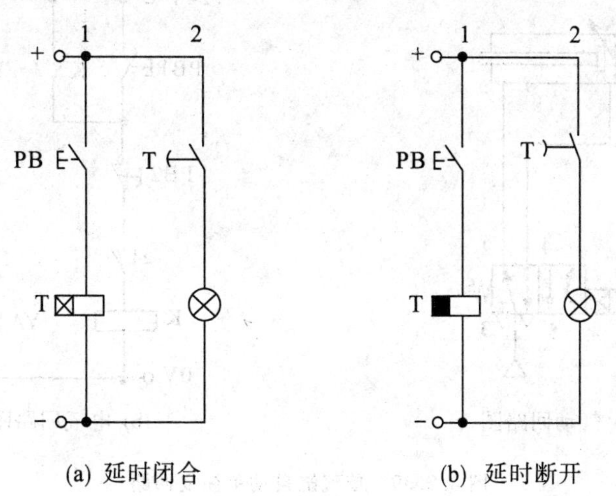

(a) 延时闭合　　(b) 延时断开

图 3.2.38　延时电路

四、电气—气动程序回路设计

在设计电气—气动程序控制系统时，应将电气控制回路和气动动力回路分开画，两个图上的文字符号应一致，以便对照。

电气控制回路的设计方法有多种，本章主要介绍直觉法。

用直觉法设计电气回路图即是应用气动的基本控制方法和自身的经验来设计。用此方法设计控制电路的优点是：适用于较简单的回路设计，可凭借设计者本身积累的经验，快速地设计出控制回路。

但此方法的缺点是：设计方法较主观，对于较复杂的控制回路不宜设计。在设计电气回路图之前，必须首先设计好气动动力回路，确定与电气回路图有关的主要技术参数。在气动自动化系统中常用的主控阀有单电控两位三通换向阀、单电控两位五通换向阀、双电控两位五通换向阀、双电控三位五通换向阀 4 种。

用直觉法设计控制电路，必须从以下几方面考虑：

a. 分清电磁换向阀的结构差异。

b. 注意动作模式。

c. 对行程开关(或按钮开关)是常开触点还是常闭触点的判别。

【例 2-1】 单气缸自动单往复回路

利用手动按钮控制单电控两位五通电磁阀来操纵单气缸实现单个循环。动力回路如图 3.2.39(a),动作流程如下方框图表示,依照设计步骤完成 3.2.39(b)所示电气回路图。

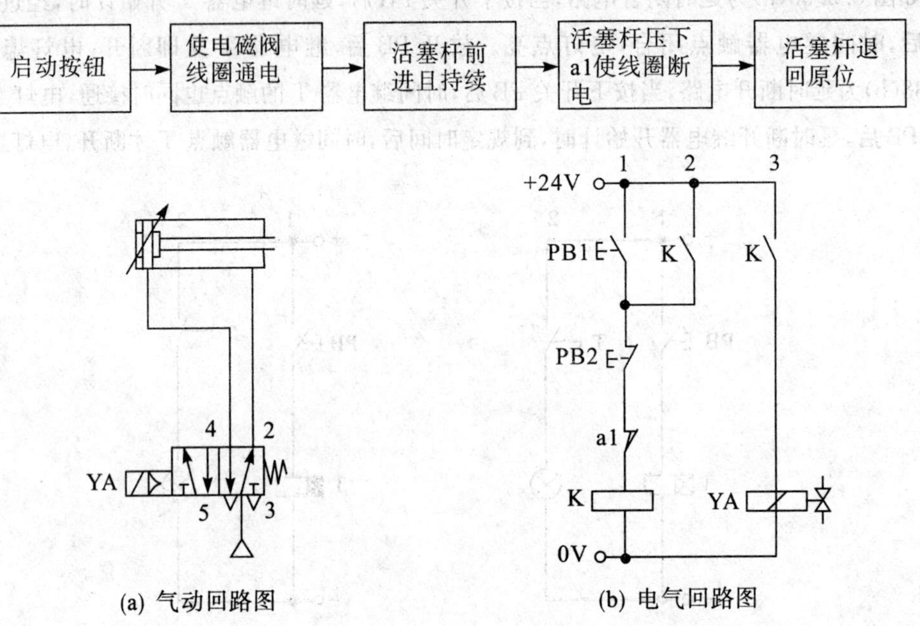

(a) 气动回路图　　(b) 电气回路图

图 3.2.39　单气缸自动单往复回路

①设计步骤

a. 将启动按钮 PB1 及继电器 K 置于 1 号线上,继电器的常开触点 K 及电磁阀线圈 YA 置于 3 号线上。这样当 PB1 一按下,电磁阀线圈 YA 通电,电磁阀换向,活塞前进,完成方框 1,2 的要求。如图 3.2.39(b)的 1 和 3 号线。

b. 由于 PB1 为一点动按钮,手一放开,电磁阀线圈 YA 就会断电,则活塞后退。为使活塞保持前进状态,必须将继电器 K 所控制的常开触点接于 2 号线上,形成一自保电路,完成方框 3 的要求。如图 3.2.39(b)的 2 号线。

c. 组将行程开关 a1 的常闭触点接于 1 号线上,当活塞杆压下 a1,切断自保电路,电磁阀线圈 YA 断电,电磁阀复位,活塞退回,完成方框 5 的要求。图 3.2.39(b)中的 PB2 为停止按钮。

②动作说明

a. 将启动按钮 PB1 按下,继电器线圈 K 通电,控制 2 和 3 号线上所控制得常开触点闭合,继电器 K 自保,同时 3 号线接通,电磁阀线圈 YA 通电,活塞前进。

b. 活塞杆压下行程开关 a1,切断自保电路,1 和 2 号线断路,继电器线圈 K 断电,K 所控

制的触点恢复原位。同时 3 号线断路，电磁阀线圈 YA 断电，活塞后退。

【例 2－2】 单气缸自动连续往复回路

动力回路如图 3.2.40(a)，动作流程如下方框图表示。依照设计步骤完成 3.2.40(b)所示电气回路图。

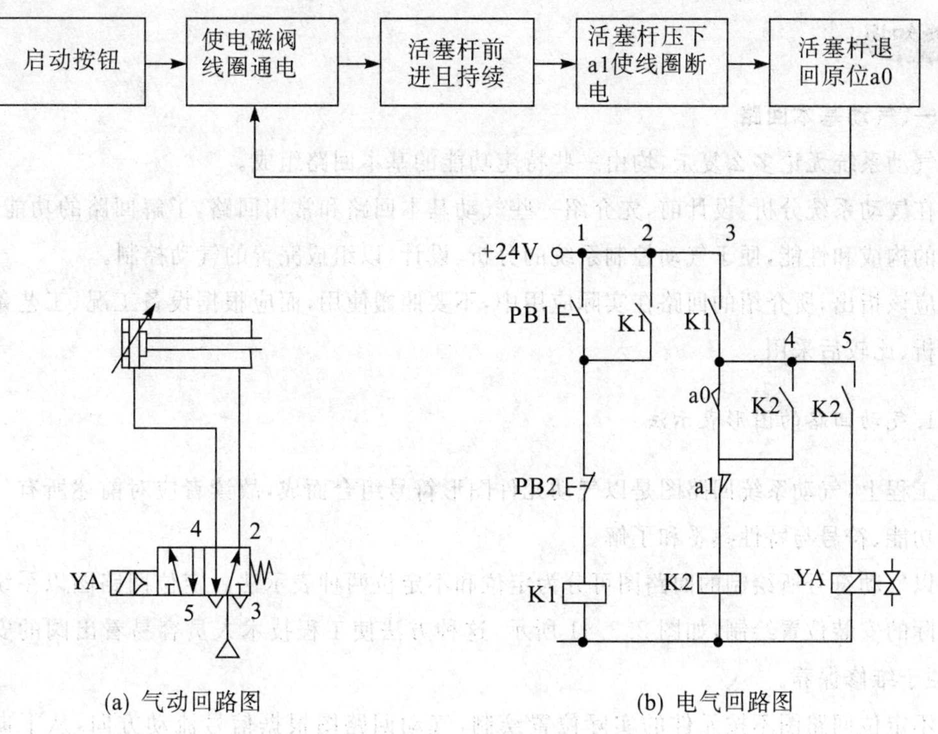

图 3.2.40　单气缸自动连续往复回路

①设计步骤

a. 将启动按钮 PB1 及继电器 K1 置于 1 号线上，继电器的常开触点 K1 置于 2 号线上并与 PB1 并联和 1 号线形成一自保电路。在火线上加一继电器 K1 的常开触点。这样当 PB1 一按下，继电器 K1 线圈所控制的常开触点 K1 闭合，3、4 和 5 号线上才接通电源。

b. 为得到下一次循环的开始，必须多加一个行程开关，使活塞杆退回压到 a0 再次使电磁阀通电。为完成这一功能，a0 以常开触点形式接于 3 号线上，系统在未启动之前活塞杆压在 a0 上，故 a0 的起始位置是接通的。

c. 由图 3.2.39(b)稍加修改，即可得到电气回路图 3.2.40(b)。

②动作说明

a. 启动按钮 PB1 按下，继电器线圈 K1 通电，2 号线和火线上的 K1 所控制得常开触点闭合，继电器 K1 形成自保。

b. 3 号线接通，继电器 K2 通电，4 和 5 号线上的继电器 K2 的常开触点闭合，继电器 K2 形成自保。

c. 5 号线接通，电磁阀线圈 YA 通电，活塞前进。

d. 当活塞杆压下 a1 时,继电器线圈 K2 断电,K2 所控制的常开触点恢复原位,继电器 K2 的自保电路断开,4 和 5 号线断路,电磁阀线圈 YA 断电,活塞后退。

e. 活塞退回压下 a0 时,继电器线圈 K2 又通电,电路动作由 b 开始。

f. 如按下 PB2,则继电器线圈 K1 和 K2 断电,活塞后退。PB2 为急停或后退按钮。

相关知识

一、气动基本回路

气动系统无论多么复杂,均由一些特定功能的基本回路组成。

在气动系统分析、设计前,先介绍一些气动基本回路和常用回路,了解回路的功能,熟悉回路的构成和性能,便于气动控制系统的分析、设计,以组成完善的气动控制。

应该指出,所介绍的回路在实际应用中,不要照搬使用,而应根据设备工况、工艺条件仔细分析、比较后采用。

1. 气动回路的图形表示法

工程上,气动系统回路图是以气动元件图形符号组合而成,故读者应对前述所有气动元件的功能、符号与特性熟悉和了解。

以气动符号所绘制的回路图可分为定位和不定位两种表示法。定位回路图以系统中元件实际的安装位置绘制,如图 2.3.41 所示,这种方法使工程技术人员容易看出阀的安装位置,便于维修保养。

不定位回路图不按元件的实际位置绘制,气动回路图根据信号流动方向,从下向上绘制,各元件按其功能分类排列,依次顺序为气源系统、信号输入元件、信号处理元件、控制元件、执行元件,如图 3.2.42 所示。本章主要使用此种回路表示法。

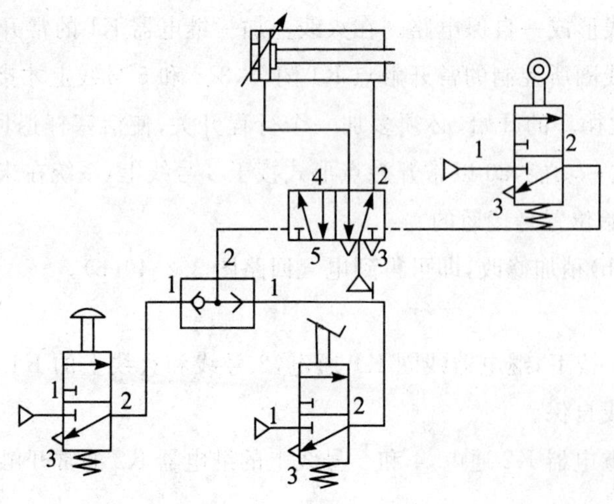

图 3.2.41　定位回路图

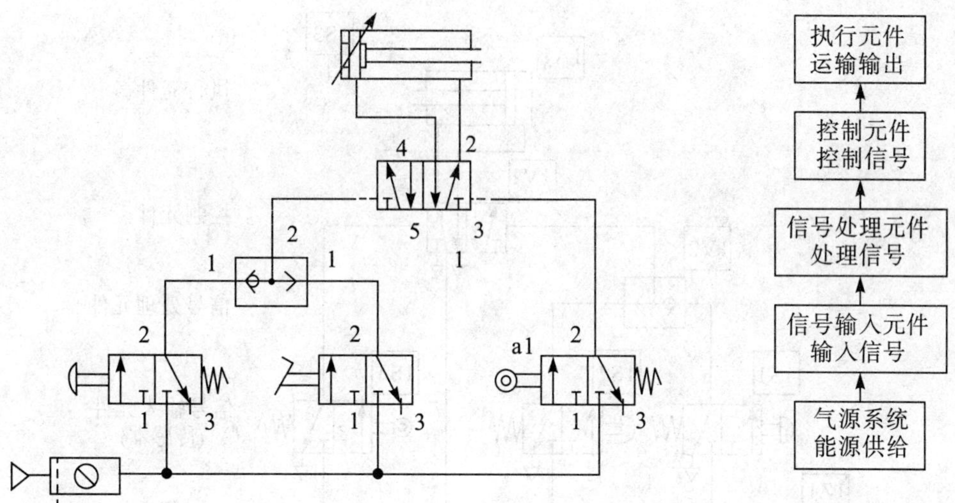

图 3.2.42　不定位回路图

为分清气动元件与气动回路的对应关系，图 3.2.43 和图 3.2.44 分别给出全气动系统和电气动系统的控制链中信号流和元件之间的对应关系，掌握这一点对于分析和设计气动程序控制系统非常重要。

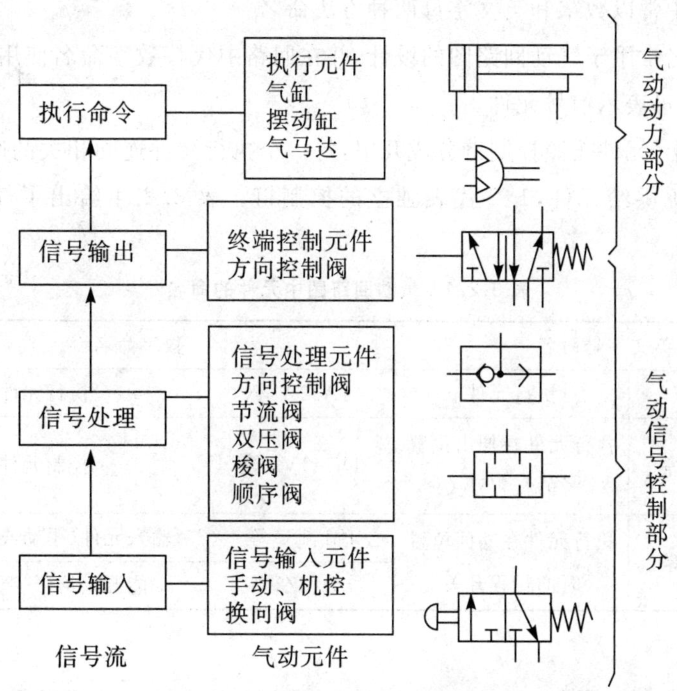

图 3.2.43　全启动系统中信号流和气动元件的关系

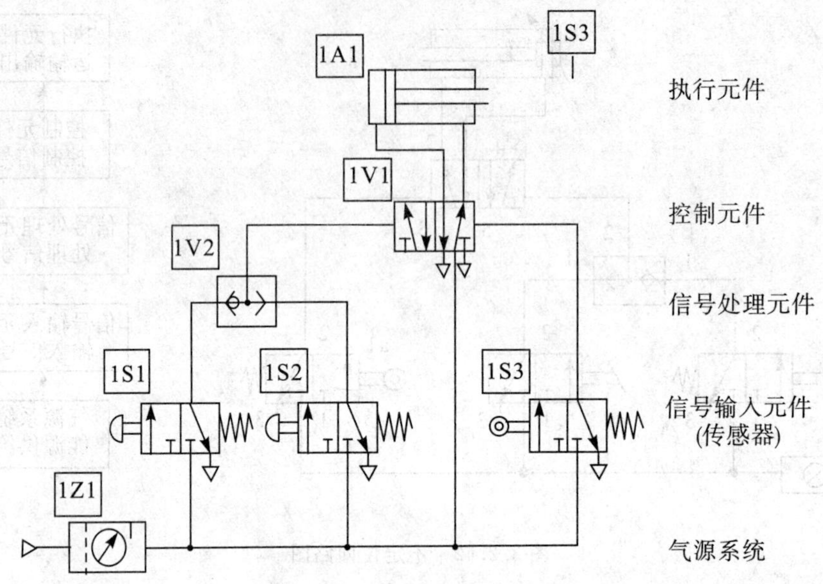

图 3.2.44　气动回路图与气动元件

2. 气动回路元件的命名

气动回路图中常以数字和英文字母两种方法命名。

英文字母命名常用于气动回路图的设计,并在回路中代替数字命名使用,大写字母表示执行元件,小写字母表示信号元件。

数字命名法中,元件按照控制链分成几组,每一个执行元件连同相关的阀称为一个控制链。0 组表示能源供给元件,1、2 代表独立的控制链。表 3.2.4 给出了气动回路元件的命名。

表 3.2.4　气动回路图中元件的命名

英文字母命名		数字命名	
A、B、C 等	执行元件	1A、2A 等	执行元件
a1、b1、c1 等	执行元件在伸出位置时的行程开关	1V1、1V2 等	控制元件
a0、b0、c0 等	执行元件在缩回位置时的行程开关	1S1、1S2 等	输入元件(手动或机控阀)
		0Z1、0Z2 等	能源供给(气源系统)

3. 各种元件的表示方法

在回路图中,阀和气缸尽可能水平放置。回路中的所有元件均以起始位置表示,否则另加注释。阀的位置定义如下:

(1)正常位置:阀芯未操纵时阀的位置。

(2)起始位置:阀已安装在系统中并已通气供压后,阀芯所处的位置应标明。如图3.2.45(a)所示的滚轮杠杆阀(信号元件),正常位置为关闭阀位。当在系统中被活塞杆的凸轮板压下时,其起始位置变成通路,应表示成图3.2.45(b)所示。

对于单向滚轮杠杆阀,因其只能在单方向发出控制信号,因此在回路图中必须以箭头表示出对元件发生作用的方向,逆向箭头表示无作用,如图3.2.46所示。

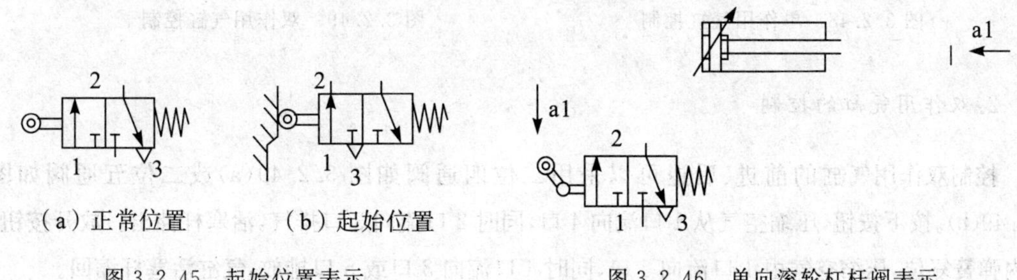

图3.2.45　起始位置表示　　　图3.2.46　单向滚轮杠杆阀表示

4.管路的表示

在气动回路中,元件和元件之间的配管符号是有规定的。通常工作管路用实线表示,控制管路用虚线表示。而在复杂的气动回路中,为保持图面清晰,控制管路也可以用实线表示。管路尽可能画成直线避免交叉。如图3.2.47为管路表示方法。

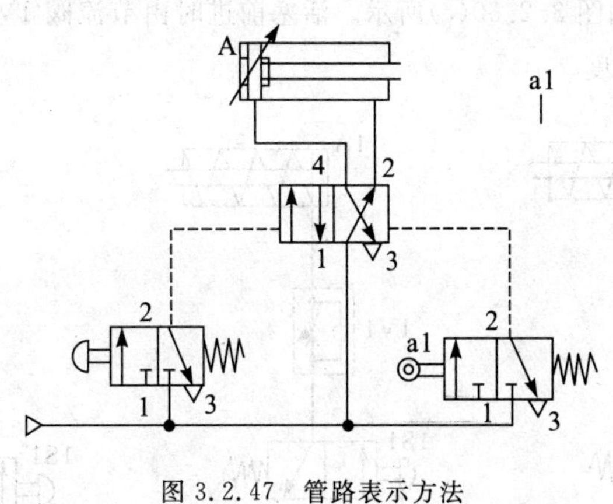

图3.2.47　管路表示方法

二、气动常用回路

1.单作用气缸的控制

控制单作用气缸的前进、后退必须采用二位三通阀。如图3.2.48所示单作用气缸控制回路,按下按钮,压缩空气从1口流向2口,活塞伸出,3口遮断,单作用气缸活塞杆伸出。放开按钮,阀内弹簧复位,缸内压缩空气由2口流向3口排放,1口被遮断,气缸活塞杆在复位弹簧作用下立即缩回。

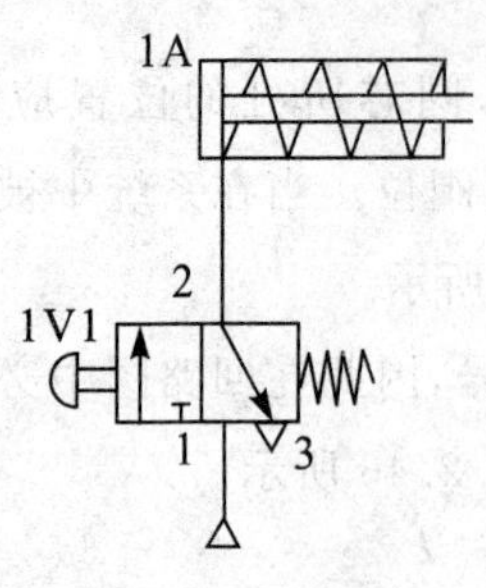

图 3.2.48　单作用气缸控制

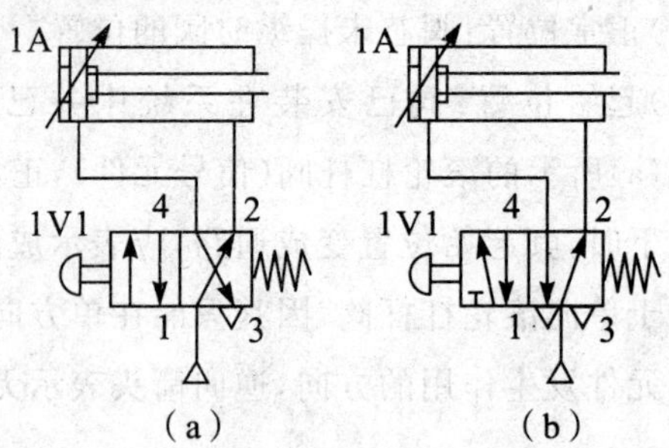

图 3.2.49　双作用气缸控制

2. 双作用气缸的控制

控制双作用气缸的前进、后退可以采用二位四通阀如图 3.2.49(a)或二位五通阀如图 3.2.49(b)。按下按钮,压缩空气从 1 口流向 4 口,同时 2 口流向 3 口排气,活塞杆伸出。放开按钮,阀内弹簧复位,压缩空气由 1 口流向 2 口,同时 4 口流向 3 口或 5 口排放,气缸活塞杆缩回。

3. 单作用气缸的速度控制

如图 3.2.50 为利用单向节流阀控制单作用气缸活塞速度的回路。单作用气缸前进速度的控制只能用入口节流方式,如 3.2.50(a)所示。单作用气缸后退速度的控制只能用出口节流方式,如图 3.2.50(b)。如果单作用气缸前进及后退速度都需要控制,则可以同时采用两个节流阀控制,回路如图 3.2.50(c)所示。活塞前进时由节流阀 1V1 控制速度,活塞后退时由节流阀 1V2 控制速度。

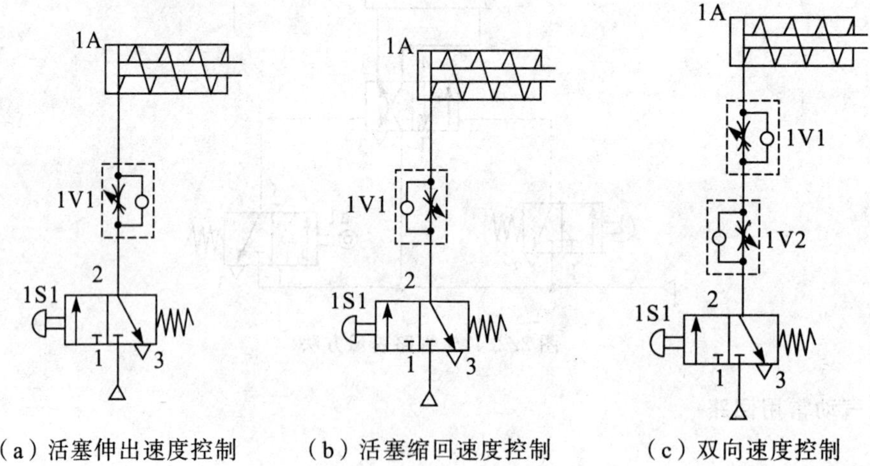

(a) 活塞伸出速度控制　　(b) 活塞缩回速度控制　　(c) 双向速度控制

图 3.2.50　单作用缸的速度控制

4. 行程阀控制的单往复回路

如图 3.2.51 所示回路的功能是当双作用气缸到达行程终点时自动后退。当按下阀 1S1

时，主控阀 1V1 换向，活塞前进，当活塞杆压下行程阀 1S2 时，产生另一信号使主控阀 1V1 复位，活塞后退。但应注意，如一直按着 1S1 时，活塞杆即使伸出碰到 1S2，也无法后退。

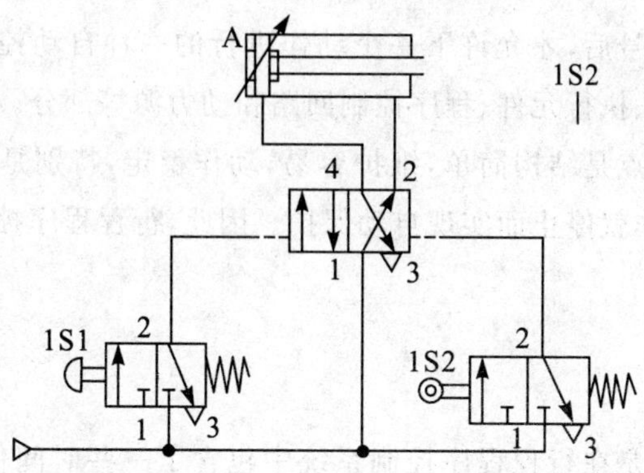

图 3.2.51　行程阀控制的单往复回路

三、气动程序控制回路

各种自动化机械或自动生产线大多是依靠程序控制来工作的。那什么是程序控制呢？所谓程序控制，就是根据生产过程的要求，使被控制的执行元件按预先规定的顺序协调动作的一种自动控制方式。

根据控制方式的不同，程序控制可分为：

1. 时间程序控制

时间程序控制是指各执行元件的动作顺序按时间顺序进行的一种自动控制方式。时间信号通过控制线路，按一定的时间间隔分配给相应的执行元件，令其产生有顺序的动作，它是一种开环的控制系统。图 3.2.52(a)所示为时间程序控制方框图。

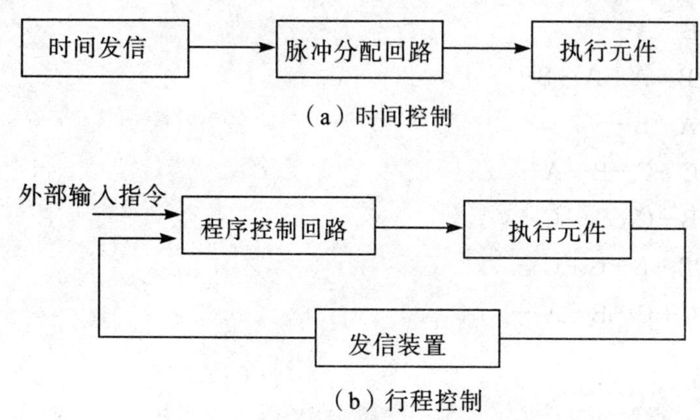

图 3.2.52　时间程序控制方框图

2.行程程序控制

行程程序控制一般是一个闭环程序控制系统,如图3.2.52(b)所示。它是前一个执行元件动作完成并发出信号后,才允许下一个动作进行的一种自动控制方式。行程程序控制系统包括行程发信装置、执行元件、程序控制回路和动力源等部分。

行程程序控制的优点是结构简单,维护容易,动作稳定,特别是当程序运行中某节拍出现故障时,整个程序动作就停止而实现自动保护。因此,行程程序控制方式在气动系统中被广泛采用。

3.混合程序控制

混合程序控制通常是在行程程序控制系统中包含了一些时间信号,实质上是把时间信号看作行程信号处理的一种行程程序控制。

思考题与习题

(1)时间继电器按照其输出触点动作形式不同,可分为哪两种?试画出其符号及时序图。

(2)简述中间继电器的工作原理。

(3)简述电气回路图的画图原则。

(4)何谓自保电路?

(5)何谓互锁电路?

(6)试设计一电气回路图能控制图中所示气缸实现单一循环和连续往复循环动作。

(7)试用串级法设计控制以下动作顺序(单一循环)的电气回路,气缸的主控阀分别为两位五通单电控电磁阀和两位五通双电控电磁阀。

(1)A－B－B＋A＋

(2)A＋A－B＋A＋A－B－

(3)A＋B＋A－B－

(4)A＋B＋C＋C－B－A－

(5)A＋B＋B－C＋A－C－

(6)A＋A－B＋B－C＋C－

(7)A＋B＋C＋C－B－A－

项目三　供料单元控制系统实训

任务描述

供料单元是光机电一体化设备的第一个工作单元，也是整机中较为简单，元器件较少的单元。通过供料单元的联系，让学生从简单开始，增强独立学习和分析的能力。

任务分析

首先通过实物和资料的对比，掌握传感器等电气元件的工作原理和应用，根据设备控制要求选用电气元件的类型。按照元件的使用要求进行安装和调试。撰写安装工艺流程报告。

任务目标

(1)熟悉供料单元的基本结构；

(2)掌握该单元的阅读和安装方法；

(3)正确使用工具对生产线单元回路进行安装；

(4)具有安全生产意识，团结协作的态度和踏实的工作作风；

(5)掌握安装时的步骤与技巧。

任务实施

一、任务实施

将供料单元拆开成组件和零件的形式，然后再组装成原样，安装内容包括机械部分的装配、气路的连接和调整以及电气接线。

在复位完成后，点动“启动”按钮，料筒光电传感器检测到有工件时，推料气缸将工件推出至存放料台，若3s后，料筒检测光电传感器仍未检测到工件，则说明料筒内无物料，这时警示黄灯闪烁，放入物料后熄灭；机械手将工件取走后，推料气缸缩回，工件下落，气缸重复上一次动作。

二、安装步骤和方法

1.机械部分安装

首先把供料站各零件组合成整体安装时的组件，然后把组件进行组装。所组合成的组件包括铝合金型材支撑架组件、出料台及料仓底座组件、推料机构组件。

各组件装配好后，用螺栓把它们连接为总体，然后将连接好供料站机械部分以及电磁阀组、PLC和接线端子排固定在底板上，最后固定底板完成供料站的安装。

安装过程中应注意：

①装配铝合金型材支撑架时，注意调整好各条边的平行及垂直度，锁紧螺栓。

②气缸安装板和铝合金型材支撑架的连接，是靠预先在特定位置的铝型材“T”型槽中放置预留与之相配的螺母，因此在对该部分的铝合金型材进行连接时，一定要在相应的位置放置相应的螺母。如果没有放置螺母或没有放置足够多的螺母，将造成无法安装或安装不可靠。

③机械机构固定在底板上的时候，需要将底板移动到操作台的边缘，螺栓从底板的反面拧入，将底板和机械机构部分的支撑型材连接起来。

2. 气路连接和调试

连接步骤：从汇流排开始连接电磁阀、气缸。连接时注意气管走向应按序排布，均匀美观，不能交叉、打折；气管要在快速接头中插紧，不能够有漏气现象。

气路调试包括：①用电磁阀上的手动换向加锁钮验证顶料气缸和推料气缸的初始位置和动作位置是否正确。②调整气缸节流阀以控制活塞杆的往复运动速度，伸出速度以不推倒工件为准。

3. 电气接线

电气接线包括，在工作单元装置侧完成各传感器、电磁阀、电源端子等引线到装置侧接线端口之间的接线；在 PLC 侧进行电源连接、I/O 点接线等。

4. 电感式传感器使用注意事项

(1)电感式接近传感器只对金属对象敏感，不能应用于非金属对象检测。

(2)电感式传感器的接通时间为 50ms，当负载和传感器采用不同电源时，务必先接通电感式传感器的电源。

(3)当使用感性负载时，其瞬态冲击电流过大，会损坏或劣化交流二线的电感式传感器，这时需要经过交流继电器作为负载来转换使用。

(4)对检测正确性要求较高的场合或传感器安装周围有金属对象的情况下，需要选用屏蔽式电感性接近传感器，只有当金属对象处于传感器前端时才触发传感器状态的变化。

(5)电感式接近传感器的检测距离会因被测对象的尺寸、金属材料，甚至金属材料表面镀层的种类和厚度不同而不同，因此，使用时应查阅相关的参考手册。

(6)避免电感式传感器在化学溶剂，尤其是强酸、强碱的环境下使用。

相关知识

1. 了解供料单元的结构和工作过程

供料单元由井式工件库、光电传感器、工件、存放料台、推料气缸、安装支架等组成。主要完成将工件依次送至存放料台上。其机械部分结构组成如图 3.2.53 所示。

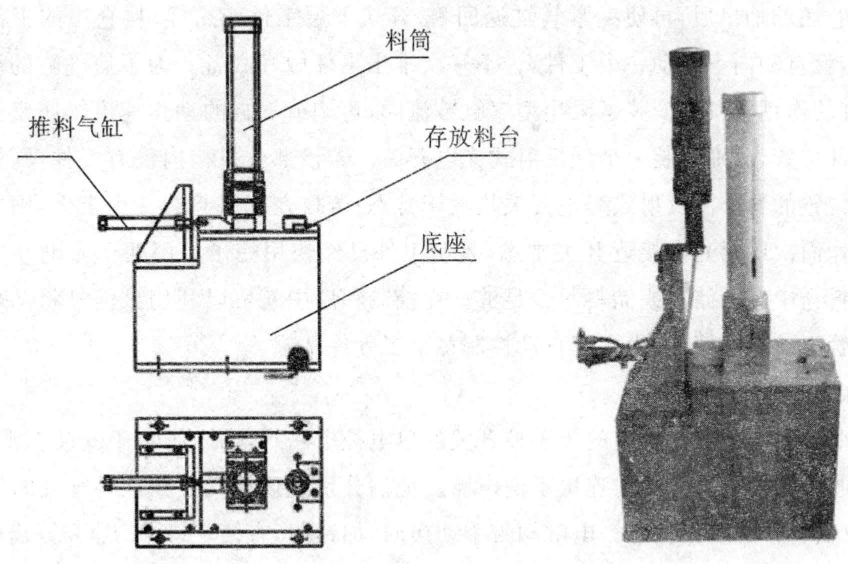

图 3.2.53　供料单元的主要结构组成及操作示意图

管形料仓和工件推出装置用于储存工件原料，并在需要时将料仓中最下层的工件推出到出料台上。

该部分的工作原理是：工件垂直叠放在料仓中，推料缸处于料仓的底层并且其活塞杆可从料仓的底部通过。在需要将工件推出到物料台上时，使推料气缸活塞杆推出，从而把最下层工件推到物料台上。在底座和管形料仓第 1 层工件位置，安装一个漫射式光电开关，它们的功能是检测料仓中有无储料，主要为 PLC 提供一个输入信号。若该部分机构内没有工件，则底层处光电接近开关常态，表明工件已经快用完了。这样，料仓中有无储料，就可用这个光电接近开关的信号状态反映出来。

推料缸把工件推出到出料台上。出料台面开有小孔，出料台下面设有一个圆柱形漫射式光电接近开关，工作时向上发出光线，从而透过小孔检测是否有工件存在，以便向系统提供本单元出料台有无工件的信号。在输送单元的控制程序中，就可以利用该信号状态来判断是否需要驱动机械手装置来抓取此工件。

供料单元是起始单元，在整个系统中起着向其他单元提供原料的作用。其主要组成为：工件推出与支撑，工件漏斗、阀组、端子排组建 PLC，急停按钮/停止按钮，走线槽、底板等。

①工件推出与支撑及漏斗部分

该部分用于储存工件原料,并在需要时将料仓中最下层的工件推出到物料台上。主要由大工件装料管、退料气缸、顶料气缸、磁感应接近开关,漫反射式光电传感器等组成。

工作原理为:工件垂直叠放在料仓中,推料缸处于料仓的底层并且其活塞可从料仓的底部通过。当活塞在退回位置时,它与最下层工件处于同一水平位置,而夹紧气缸则与次下层工件处于同一水平位置。在需要将工件推出物料台时,首先使夹紧气缸的活塞杆推出,压住次下层工件;然后使推料气缸活塞杆推出,从而把最下层工件推到物料台上。在推料气缸返回并从料仓底部抽出后,再使夹紧气缸返回,松开次下层工件。这样,料仓中的工件在重力的作用下,就自动向下移动一个工件,为下一次推出工件做好准备。为了使气缸的动作平稳可靠,气缸的作用气口都安装了限出型气缸节流阀,可调节气缸的动作速度。底座和装料管第 4 层工件位置,分别安装一个漫反射式光电开关。若该部分机构内没有工件,则处于底层和第 4 层位置的两个漫反射式光电开关均处于常态;若仅在底层起有 3 个工件,则底层处光电开关动作而次底层光电接近开关常态,表明工件已经快用完了。用两个光电开关的信号状态反映料仓中有无储料或储料是否足够。在控制程序中就可以利用该信号状态来判断底座和装料管中储料的情况,为实现自动控制奠定了硬件基础。

②电磁阀组

供料单元由两个二位五通的带手控开关的单电控电磁阀,两个阀集中安装在汇流排上,汇流排中的两个排气口末端均连接了消声器。他们分别对顶料气缸和推料气缸的气路进行控制,以改变各自的动作状态。电磁阀带手动换向,加锁钮,有锁定(LOCK)和开启(PUSH) 2 个位置。用小螺丝刀把加锁钮旋转到 LOCK 位置时,手控开关向下凹进去,不能进行手控操作。只有在 PUSH 位置,可用工具向下安按,信号为“1”,等同于该侧的电磁信号为“1”;常态时,手控开关的信号为“0”。

③接线端口

接线端口采用双层接线端子排,用于集中连接本工作单元所有电磁阀、传感器等器件的电气连接线、PLCI/O 端口及直流电源。上层端子用作连接公共电源的正、负极(Vcc 和 0V);连接片将各分散端子片进行电气短接;下层端子用作信号线的连接;固定端板将各分散的组成部分进行横向固定;保险内装有 2A 的保险管。在接线端口上的每一个端子旁都有数字标号,以说明端子的位地址。接线端口通过导轨固定在底板上。

2. 相关知识点

光机电一体化设备各工作单元所使用的传感器都是接近传感器,它利用传感器对所接近的物体具有的敏感特性来识别物体的接近,并输出相应开关信号,因此,接近传感器通常也称为接近开关。

接近传感器有多种检测方式,包括利用电磁感应引起的检测对象的金属体中产生的涡电流的方式、捕捉检测体的接近引起的电气信号的容量变化的方式、利用磁石和引导开关的

方式、利用光电效应和光电转换器件作为检测元件等等。光机电一体化设备所使用的是磁感应式接近开关(或称磁性开关)、电感式接近开关、漫反射光电开关和光纤型光电传感器等。这里只介绍磁性开关、电感式接近开关和漫反射光电开关，光纤型光电传感器留在装配单元实训项目中介绍。

在供料单元料仓低部可以安装对射式光电传感器，也可以使用光电传感器漫射式光电接近开关。由于光电传感器在工作时其光发射端始终有光发出，当光发射端与光接收端之间无障碍物时(如料仓中没有工件)，光线可以到达接收端，使传感器动作而输出信号1，LED点亮；当光发射端与光接收端之间有障碍物时(如料仓中有工件)，则光线被遮挡住，不能到达接收端，从而使传感器不能动作，而输出信号0，LED熄灭。在控制程序中，就可以观察信号状态来判断料仓中有无储料，为实现自动控制奠定了硬件基础。

(1)电感式接近开关

①工作原理

电感接近式传感器属于一种有开关量输出的位置传感器，又称为电感式接近开关，主要由LC振荡器、开关电路及放大输出电路3部分组成，如图3.2.54所示。

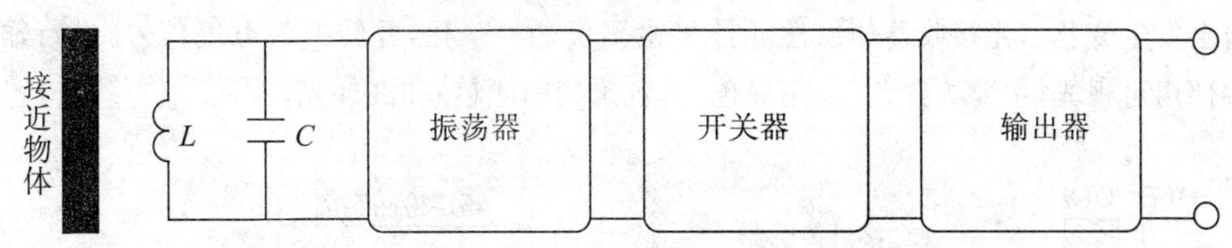

图3.2.54　电感式传感器的组成

电感式传感器在接通电源且无金属工件靠近时，其头部产生自激振荡的磁场，当金属物体接近这一磁场并达到感应距离时，在金属物体内产生涡流，从而导致振荡衰减，以至停振。振荡器振荡及停振的变化被后级放大电路处理并转换成开关信号，触发驱动控制器件，由此识别出有无金属物体接近，进而控制开关的通或断，从而达到非接触式之检测目的。这种接近开关所能检测的物体必须是金属物体。

电感式接近开关是利用电涡流效应制造的传感器。电涡流效应是指，当金属物体处于一个交变的磁场中，在金属内部会产生交变的电涡流，该涡流又会反作用于产生它的磁场这样一种物理效应。如果这个交变的磁场是由一个电感线圈产生的，则这个电感线圈中的电流就会发生变化，用于平衡涡流产生的磁场。利用这一原理，以高频振荡器(LC振荡器)中的电感线圈作为检测元件，当被测金属物体接近电感线圈时产生了涡流效应，引起振荡器振幅或频率的变化，由传感器的信号调理电路(包括检波、放大、整形、输出等电路)将该变化转换成开关量输出，从而达到检测目的。电感式接近传感器工作原理框图如图3.2.55所示。输送单元中，为了检测待加工工件是否金属材料，在输送带上侧安装了一个电感式传感器。

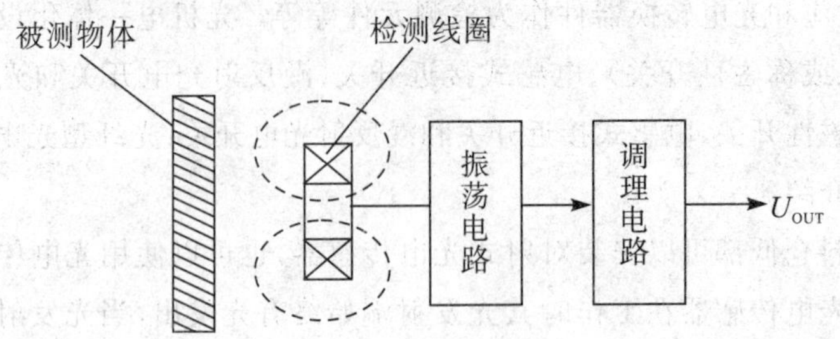

图 3.2.55　电感式传感器原理框图

在接近开关的选用和安装中,必须认真考虑检测距离、设定距离,保证生产线上的传感器可靠动作。安装距离注意说明如图 3.2.56 所示。

(2)漫射式光电接近开关

①光电式接近开关

"光电传感器"是利用光的各种性质,检测物体的有无和表面状态的变化等的传感器。其中输出形式为开关量的传感器为光电式接近开关。光电式接近开关主要由光发射器和光接收器构成。如果光发射器发射的光线因检测物体不同而被遮掩或反射,到达光接收器的量将会发生变化。光接收器的敏感元件将检测出这种变化,并转换为电气信号,进行输出。大多使用可视光(主要为红色,也用绿色、蓝色来判断颜色)和红外光。

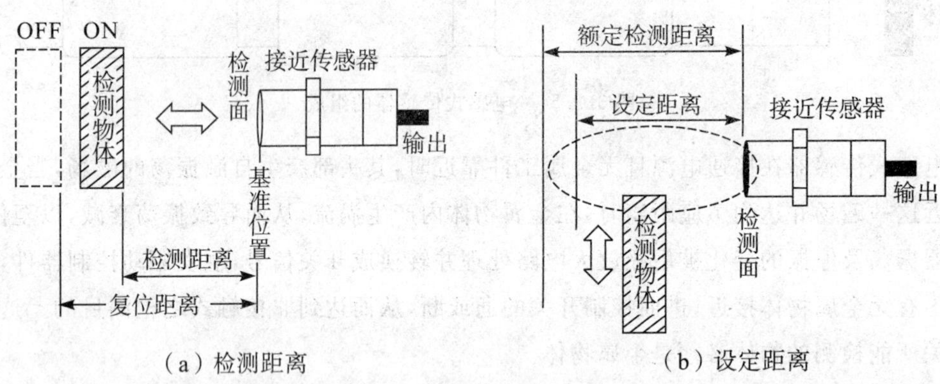

(a)检测距离　　(b)设定距离

图 3.2.56　安装距离注意说明

按照接收器接收光的方式的不同,光电式接近开关可分为对射式、反射式和漫射式 3 种,如图 3.2.57 所示。

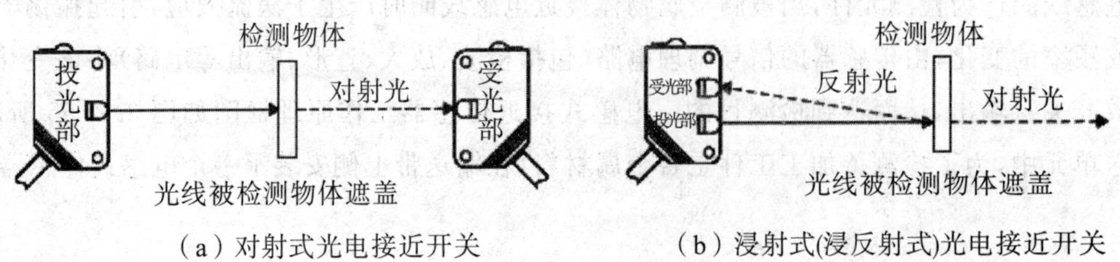

(a)对射式光电接近开关　　(b)浸射式(浸反射式)光电接近开关

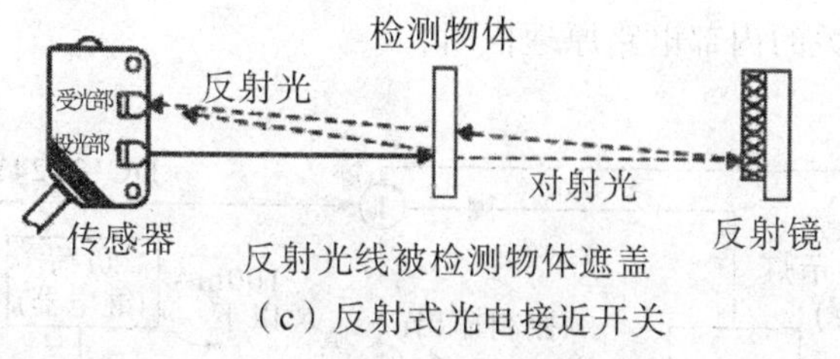

（c）反射式光电接近开关

图 3.2.57　光电式接近开关

②漫射式光电开关

漫射式光电开关是利用光照射到被测物体上后反射回来的光线而工作的，由于物体反射的光线为漫射光，故称为漫射式光电接近开关。它的光发射器与光接收器处于同一侧位置，且为一体化结构。在工作时，光发射器始终发射检测光，若接近开关前方一定距离内没有物体，则没有光被反射到接收器，接近开关处于常态而不动作；反之若接近开关的前方一定距离内出现物体，只要反射回来的光强度足够，则接收器接收到足够的漫射光就会使接近开关动作而改变输出的状态。图 3.2.57(b)为漫射式光电接近开关的工作原理示意图。

供料单元中，用来检测工件不足或工件有无的漫射式光电接近开关选 OMRON 公司的 E3Z－LS61 型放大器内置型光电开关(细小光束型，NPN 型晶体管集电极开路输出)。该光电开关的外形和顶端面上的调节旋钮和显示灯如图 3.2.58 所示。图中动作选择开关的功能是选择受光动作(Light)或遮光动作(Drag)模式。即，当此开关按顺时针方向充分旋转时(L 侧)，则进入检测－ON 模式；当此开关按逆时针方向充分旋转时(D 侧)，则进入检测－OFF 模式。距离设定旋钮是 5 回转调节器，调整距离时注意逐步轻微旋转，否则若充分旋转距离调节器会空转。调整的方法是，首先按逆时针方向将距离调节器充分旋到最小检测距离(E3Z－LS61 约 20mm)，然后根据要求距离放置检测物体，按顺时针方向逐步旋转距离调节器，找到传感器进入检测条件的点；拉开检测物体距离，按顺时针方向进一步旋转距离调节器，找到传感器再次进入检测状态，一旦进入，向后旋转距离调节器直到传感器回到非检测状态的点。两点之间的中点为稳定检测物体的最佳位置。

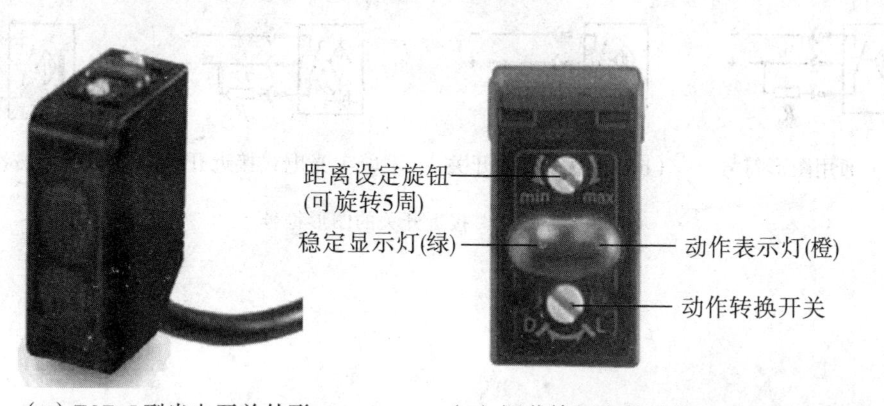

（a）E3Z-L型光电开关外形　　（b）调节旋钮和显示灯

图 3.2.58　E3Z－LS61 光电开关的外形和调节旋钮、显示灯

图 3.2.59 给出该光电开关的内部电路原理框图。

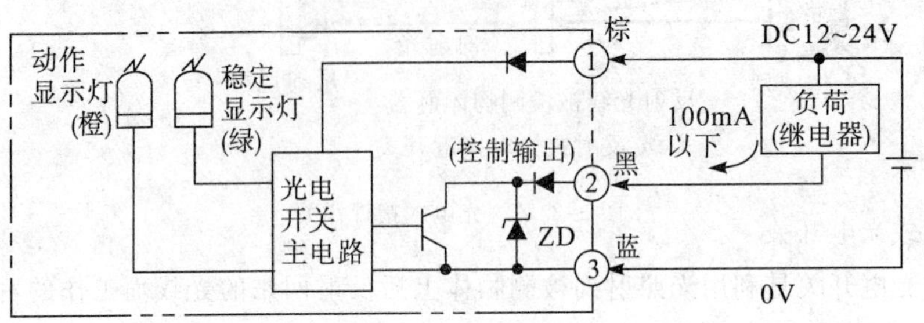

图 3.2.59 E3Z－LS61 光电开关电路原理图

用来检测物料台上有无物料的光电开关是一个圆柱形漫射式光电接近开关，工作时向上发出光线，从而透过小孔检测是否有工件存在，该光电开关选用 SICK 公司产品 MHT15－N2317 型，其外形如图 3.2.60 所示。

图 3.2.60 MHT15－N2317 光电开关外形

接近开关的图形符号

部分接近开关的图形符号如图 3.2.61 所示。图中(a)(b)(c)3 种情况均使用 NPN 型三极管集电极开路输出。如果是使用 PNP 型的，正负极性应反过来。

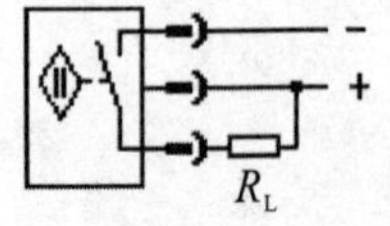

(a) 通用图形符号

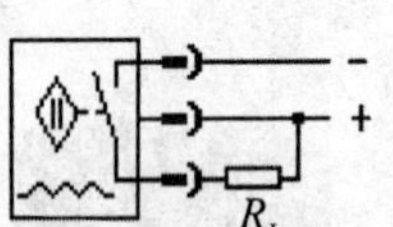

(b) 电感式接近开关

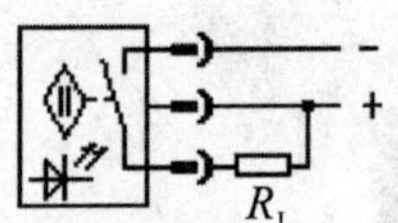

(c) 光电式接近开关

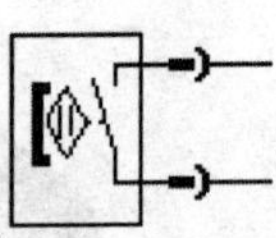

(d) 磁性开关

图 3.2.61 接近开关的图形符号

项目四　抓取机械手机构安装与调试

任务描述

熟悉传感器等电气元件的工作原理和应用，根据设备控制要求选用电气元件的类型。按照元件的使用要求进行安装和调试。撰写安装工艺流程报告。

任务分析

机械手单元的结构较复杂，动作分解多主要负责将工件从物料台抓取并传送给下一单元传送机构。通过实际操作，掌握动作的要领，然后分解机械手机构，并了解私服电机的运行特点。掌握电气联锁的使用。

任务目标

(1)熟悉抓取机械手的基本结构；

(2)掌握该单元的阅读和安装方法；

(3)正确使用工具对生产线单元回路进行安装；

(4)具有安全生产意识，团结协作的态度和踏实的工作作风；

(5)掌握实施的步骤与技巧。

任务实施

一、任务实施

将输送单元的机械部分拆开成组件或零件的形式，然后再组装成原样。要求着重掌握机械设备的安装、运动可靠性的调整，以及电气配线的敷设的方法与技巧。

当存放料台检测光电传感器检测物料到位后，机械手手臂前伸，手臂伸出限位传感器检测到位后，延时 0.5s，手爪气缸下降，手爪下降限位传感器检测到位后，延时 0.5s，气动手爪抓取物料，手爪夹紧限位传感器检测到夹紧信号后；延时 0.5s，手爪气缸上升，手爪提升限位传感器检测到位后，手臂气缸缩回，手臂缩回限位传感器检测到位后；手臂向右旋转，手臂旋转一定角度后，手臂前伸，手臂伸出限位传感器检测到位后，手爪气缸下降，手爪下降限位传感器检测到位后，延时 0.5s，气动手爪放开物料，手爪气缸上升，手爪提升限位传感器检测到位后，手臂气缸缩回，手臂缩回限位传感器检测到位后，手臂向左旋转，等待下一个物料到位，重复上面的动作。在分拣气缸完成分拣后，再将物料放入输送线上。

二、机械部分安装步骤和方法

为了提高安装的速度和准确性，对本单元的安装同样遵循先成组件、再进行总装的原则。

将推料机械手和单杆气缸连接,然后把转轴与底座上盖安装稳定。将步进电机与底座中间固定板安装稳定,同时将底座组装完整后,将上机械手与底座固定。

相关知识

一、了解抓取机械手单元的结构和工作过程

该单元通过抓取机械手装置到指定单元的物料台上精确定位,并在该物料台上抓取工件,把抓取到的工件输送到指定地点然后放下,实现传送工件的功能。如图 3.2.62 所示为抓取机械手的主要结构组成及操作示意图。

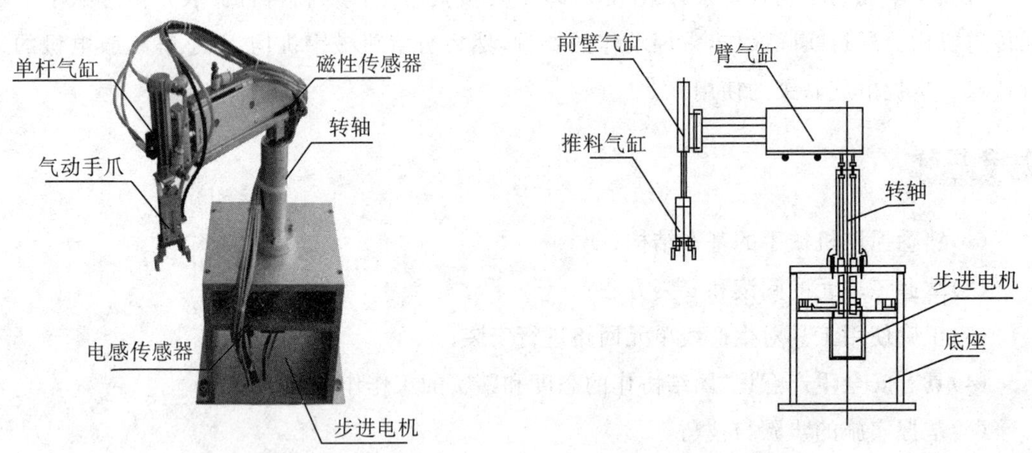

图 3.2.62　抓取机械手的主要结构组成及操作示意图

该单元由气动手爪、双导杆气缸、单杆气缸、电感传感器、磁性传感器、多种类型电磁阀、步进电机及驱动器组成。主要完成通过气动机械手手臂前伸,前臂下降,气动手指夹紧物料,前臂上升,手臂缩回,手臂旋转到位,手臂前伸,前臂下降,手爪松开将物料放入料口,机械手返回原位,等待下一个物料到位等动作。

(1)气动手爪:完成工件的抓取动作,由双向电控阀控制,手爪夹紧时磁性传感器有信号输出,磁性开关指示灯亮。气动手抓控制示意图如图 3.2.63 所示。

(2)双导杆气缸:控制机械手臂伸出、缩回,由电控气阀控制。

(3)单杆气缸:控制气动手爪的提升、下降,由电控气阀控制。

(4)电感传感器:机械手臂左摆或右摆到位后,电感传感器有信号输出(接线注意棕色接“+”、蓝色接“－”、黑色接“输出”)。

(5)磁性传感器:用于气缸的位置检测。当检测到气缸准确到位后将给 PLC 发出一个到位信号。(磁性传感器接线时注意蓝色接“－”,棕色接“PLC 输入端”)。

(6)步进电机及驱动器:用于控制机械手手臂的旋转。通过脉冲个数进行精确定位。

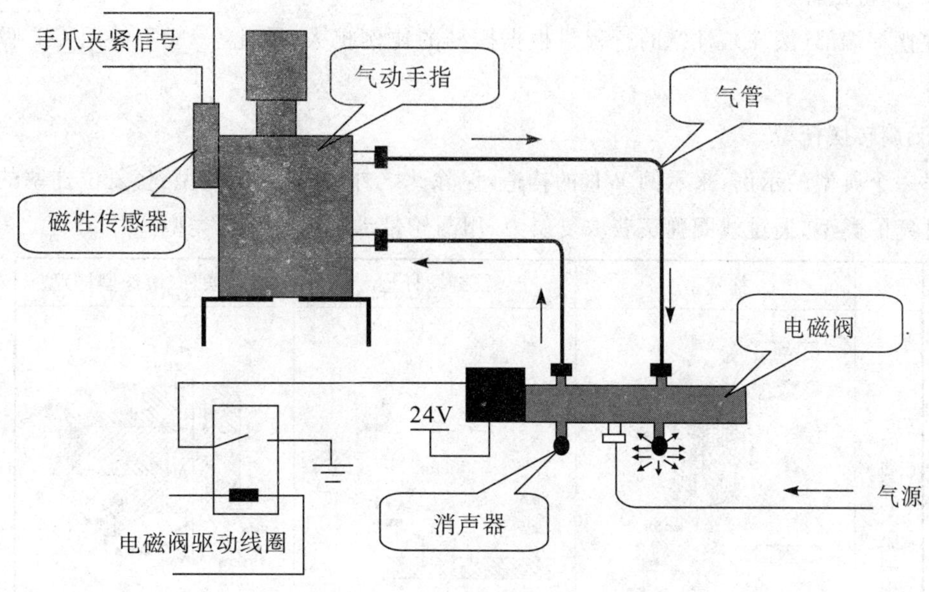

图 3.2.63 气动手爪控制示意图

注:上图中手爪夹紧由单向电控气阀控制,当电控气阀得电,手爪夹紧,当电控气阀断电后,手爪张开。

二、限位开关定义

限位开关,指为保护内置微动开关免受外力、水、油、气体和尘埃等的损害,而组装在外壳内的开关,尤其适用于对机械强度和环境适应性有特殊要求的地方。

形状大致分为横向型、竖向型和复合型。限位开关大致上是由五个构成要素组成的。

限位开关的分类:

按构造限位开关可分为活塞型,铰链摆杆型,旋转摆杆型 3 类。

(1)活塞型

根据密封方法不同,有表中的 A 型和 B 型两个种类。A 型是用 O 型环或薄膜密封的,由于密封橡胶没有外露,在抵制工作机械的切割碎屑方面功能较强大,但其反面影响是,有可能会将砂子、切割粉末等压入活塞的滑动面。B 型虽然不会把砂子、切割粉末等压入,且密封性能优于 A 型,但由于炽热的切割碎屑飞溅过来,有可能会损坏橡胶帽。因此,要根据使用场所的不同选用 A 型或 B 型。而柱塞型仍然通过柱塞的往复运动压缩或吸进空气。

为此,如果长时间将柱塞压入,限位开关内的压缩空气逸失,内部压力将与大气压相同,即使急于让柱塞复位,柱塞却有迟缓复位的倾向。为了避免发生这种故障,设计时,根据柱塞的压入将空气的压缩量控制在限位开关内部全部空气量的 20%以内。另外,为了延长微动开关的寿命,在这一构造内部设置了一个 OT 吸收机构,该 OT 吸收机构采用 OT 吸收弹簧,用以吸收残余的柱塞的行程。该机构相对于柱塞的运动,在中途停止按压微动开关辅助柱塞的行程。

(2)铰链摆杆型

在摆杆端部(滚珠),柱塞的行程量根据摆杆的比例扩大,因此,一般不使用 OT 吸收机构。

(3)旋转摆杆型

举一个典型的示例,来示例 WL 的构造,但除此之外,还有两个类型:将复位柱塞的功能赋予柱塞的类型;通过线圈弹簧获取复位力、用凸轮带动辅助柱塞的类型。

	柱塞型	铰链摆杆型	旋转摆杆(滚珠摆杆)型
微动开关驱动构造	A型 滚珠 柱塞 用于吸收OT的弹簧 O型环 辅助活塞 橡胶薄膜 B型 滚珠 柱塞 用于吸收OT的弹簧 O型环 辅助柱塞	滚珠 摆杆 支点 橡胶帽 柱塞	A 复位柱塞 轴承 O型环 旋转轴 O型环 柱塞 轴承 用于吸收OT的弹簧 辅助柱塞 A 复位柱塞 旋转轴 柱塞 A-A断面图
辅助柱塞的行程	辅助柱塞的行程 吸收OT 辅助柱塞的行程	柱塞的行程 摆杆的行程	辅助柱塞的行程 吸收OT 柱塞的行程
力、冲程的特征	力 冲程	力 冲程	力 冲程
精度	高	普通	低～普通

项目五 输送单元的安装与调试

任务描述

输送单元是光机电一体机的最后一站，这一站包含了传感器控制，气缸调试和变频器控制伺服电机等，扩展了学生对传动系统的认识。熟悉传感器、伺服电机等电气元件的工作原理和应用，根据设备控制要求选用电气元件的类型。按照元件的使用要求进行安装和调试。撰写安装工艺流程报告。

任务分析

熟悉西门子 S7－200 编程语言和 STEP7 编程软件包的应用。熟悉输送单元的控制任务了解设备的安装工艺，能够熟练安装和调试设备，能应用 S7－200 指令设计分拣单元控制程序并进行现场调试。

任务目标

(1)熟悉输送单元的基本结构；

(2)掌握该单元的阅读和安装方法；

(3)正确使用工具对生产线单元回路进行安装；

(4)能够应用 S7－200 指令设计控制程序实现变频器转速的控制，能设计分拣单元顺序控制程序，并进行现场调试；

(5)具有安全生产意识，团结协作的态度和踏实的工作作风；

(6)掌握实施步骤与技巧。

任务实施

一、任务实施

将输送单元的机械部分拆开成组件或零件的形式，然后再组装成原样。要求着重掌握机械设备的安装、运动可靠性的调整，以及电气配线的敷设的方法与技巧。

分拣单元是一个简单的顺序控制过程。学生分组观察分拣单元的结构和功能。记录分拣单元的工艺过程。

当入料口光电传感器检测到物料时，变频器接收启动信号，三相交流异步电机以 30Hz 的频率正转运行，皮带开始输送工件，当料槽一到位检测传感器检测到金属物料时，推料一气缸动作，将金属物料推入一号料槽，料槽检测传感器检测到有工件经过时，电动机停止；当料槽二检测传感器检测到白色物料时，旋转气缸动作，将白色物料导入二号料槽，料槽检测传感器检测到有工件经过时,旋转气缸转回原位,同时电动机停止;当物料为黑色物料直接导入三号料槽,料槽检测传感器检测到有工件经过时,电动机停止。

二、分拣单元的安装

①机械部件的安装;

②气动系统的安装与调试;

③传感器的安装与信号测试。

三、变频器参数设置

教师先介绍变频器参数设置值及设置的步骤和要求,学生分组练习变频器参数设置。

相关知识

一、输送单元的结构和工作过程

输送单元将上一单元送来的已加工、装配的工件进行分拣,使不同颜色的工件按要求从不同的料槽分流储存。输送单元结构图如图 3.2.64 所示。

该单元主要由皮带输送线、分拣料槽、单杆气缸、旋转气缸、三相异步电动机、磁性传感器、光电传感器、电感传感器、光纤传感器及电磁阀等组成。各器件的功能如下:

(1)光电传感器:当有物料放入时,给 PLC 一个输入信号。(接线注意棕色接"+"、蓝色接"-"、黑色接"输出")。

(2)入料口:物料入料位置定位。

(3)电感式传感器:检测金属材料,检测距离为 2~5mm(接线注意棕色接"+"、蓝色接"-"、黑色接"输出")。

(4)光纤传感器:用于检测非金属的白色物料,检测距离为 3~8mm,检测距离可通过传感器放大器的电位器调节。(接线注意棕色接"+"、蓝色接"-"、黑色接"输出")。

(5)1 号料槽:用于放置金属物料。

(6)2 号料槽:用于放置白色尼龙物料。

(7)3 号料槽:用于放置黑色尼龙物料。

(8)推料气缸:将物料推入料槽,由单向电控气阀控制。

(9)导料气缸:在检测到有白色物料时,将导料块旋转到相应的位置。

(10)皮带输送线:由三相交流异步电动机拖动,将物料输送到相应的位置。

(11)三相异步电动机:驱动传送带转动,由变频器控制。

(12)变频器模块:采用西门子 MM420 变频器,三相 380V 供电,输出功率 0.75kW。

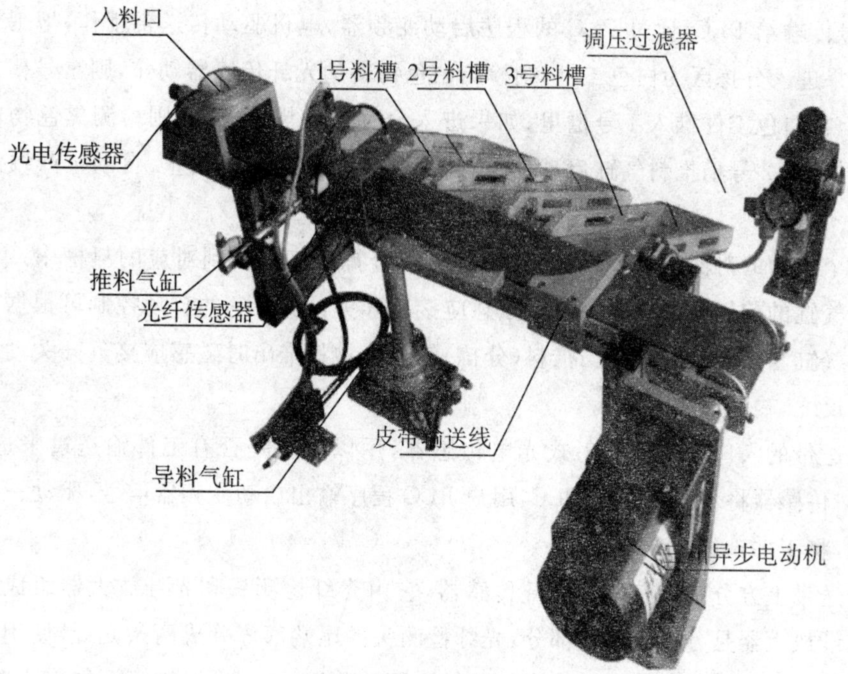

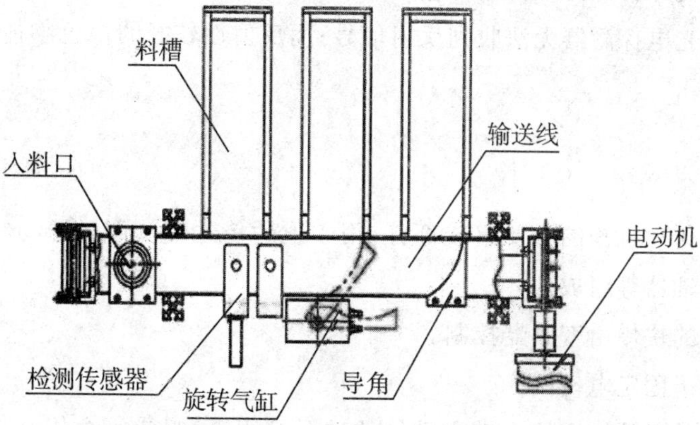

图 3.2.64　输送单元结构图

输送单元主要由传送和分拣机构、传动机构、变频器模块、电磁阀组、接线端口、PLC 模块和底板组成。

1. 组传送和分拣机构

传送和分拣机构用于传送已经加工、装配好的工件，主要由传送带、料抖、物料槽、推料(分拣)气缸、漫反射式光电传感器、光纤传感器、磁感应接近开关组成。

传送带把机械手输送过来加工好的工件进行传输，输送至分拣区。

料抖用于纠偏机械手输送过来的工件。

两条物料槽分别用于存放加工好的黑色和白色工件。

工作原理:当输送站送来的工件放到传送带上并被入料口漫反射式光电传感器检测到时,将信号传输给 PLC,通过 PLC 的程序启动变频器,电机驱动传送带工作,把工件带进分拣区。如果进入分拣区为白色工件,则检测白色物料的光纤传感器动作,则 1 号槽推料气缸启动信号,将白色工件推入 1 号槽里;如果进入分拣区为黑色工件,则检测黑色物料的光纤传感器动作,则 2 号槽推料气缸启动信号,将黑色工件推入 2 号槽里,自动生产线的加工结束。

在每个料槽的对面装有推料(分拣)气缸,把分拣的工件推到对应的料槽中。在两个推料(分拣)气缸的前极限位置分别装有磁感应接近开关,在 PLC 的自动控制可根据该信号来判断分拣气缸当前所处位置。当推料(分拣)气缸将物料推出时磁感应接近开关动作输出信号为"1",反之,输出信号为"0"。

在传送带的入口装有漫反射式光电传感器,用以检测是否有工件输送过来进行分拣。有工件时,传感器将信号传送给 PLC,用户 PLC 程序输出启动变频器信号,驱动三相减速电动机启动,将工件输送至分拣区。

在传送带上方分别装有两个光纤传感器,它由光纤检测头和光纤放大器组成。光纤检测头和光纤放大器是分离的两个部分,光纤检测头的尾端部分分成两条光纤,使用时分别插入放大器的两个光纤孔。光纤传感器的灵敏度调节范围较大,当灵敏度调得较小时,反射性较差的黑色物质光电探测器无法收到反射信号;而反射性较好的白色物体,光电探测器可以接收到反射信号。

2. 传动机构

三相电机是传动机构的主要组成部分,用于拖动传送带从而输送物料。它主要由电机支架、电动机、联轴器等组成。

电动机转速的快慢由变频器控制。

电机支架用于固定电动机。

联轴器把电动机的轴和输送带主动轮的轴联接起来,组成一个传动机构。在安装和调整时,注意电动机的轴和输送带主动轮的轴必须保持在同一直线上。

3. 组电磁阀组

分拣单元由两个二位五通的带手控开关的单电控电磁阀,两个阀集中安装在汇流排上。他们分别对白料推动气缸和黑料推动气缸的气路进行控制,以改变各自的动作状态。

电磁阀带手动换向,加锁钮,有锁定(LOCK)和开启(PUSH)2 个位置。用小螺丝刀把加锁钮旋转到 LOCK 位置时,手控开关向下凹进去,不能进行手控操作。只有在 PUSH 位置,可用工具向下安按,信号为"1",等同于该侧的电磁信号为"1";常态时,手控开关的信号为"0"。

分拣单元的两个电磁阀安装时需注意,一是安装为指针,应示工件从滑槽中间推出;二

是安装水平，或稍微略向下，否则推出时导致工件翻转。

4.组电气接线

该单元的变频器模块安装在抽屉式模块放置架上，PLC 输出到变频器控制端子的控制线，须首先通过接线端口连接到实训台面上的接线端子排上，然后用安全导线插接到变频器模块上。变频器的启动输出线首先用安全导线插接到实训台面上的接线端子排插孔侧再由接线端子排连接到三相交流电动机。

二、MM420 变频器及其应用技术

MM420 变频器面板如下图所示，各按钮功能及其说明如下表所示。

显示/按钮	功能	功能的说明
	状态显示	LCD 显示变频器当前的设定值。
	启动变频器	按此键启动变频器。缺省值运行时此键是被封锁的。为了使此键的操作有效，应设定 P0700＝1。
	停止变频器	OFF1：按此键，变频器将按选定的斜坡下降速率减速停车．缺省值运行时此键被封锁。为了允许此键操作，应设定 P0700＝1。 OFF2：按此键两次（或一次，但时间较长）电动机将在惯性作用下自由停车，此功能总是“使能”的。
	改变电动机的转动方向	按此键可以改变电动机的转动方向。电动机的反向用负号（一）表示或用闪烁的小数点表示。缺省值运行时此键是被封锁的，为了使此键的操作有效，应设定 P0700＝1。

jog	电动机点动	在变频器无输出的情况下按此键,将使电动机启动,并按预先设定的点动频率运行。释放此键时,变频器停止。如果变频器/电动机正在运行,按此键将不起作用。
Fn	功能	此键用于浏览辅助信息。 变频器运行过程中,在显示任何一个参数时按下此键并保持不动2秒钟,将显示以下参数值(在变频器运行中,从任何一个参数开始): 1.直流回路电压(用d表示,单位:V) 2.输出电流(A) 3.输出频率(Hz) 4.输出电压(用o表示,单位:V)。 5.由P0005选定的数值(如果P0005选择显示上述参数中的任何一个(3,4,或5),这里将不再显示)。 连续多次按下此键,将轮流显示以上参数。 跳转功能 在显示任何一个参数(rXXXX或PXXXX)时短时间按下此键,将立即跳转到r0000。如果需要的话,您可以接着修改其他的参数。跳转到r0000后,按此键将返回原来的显示点。
P	访问参数	按此键即可访问参数。
▲	增加数值	按此键即可增加面板上显示的参数数值。
▼	减少数值	按此键即可减少面板上显示的参数数值。

1.基本操作面板功能说明

下面的图表说明如何改变参数P0004的数值。修改下标参数数值的步骤见下面列出的P0719例图。按照这个图表中说明的类似方法,可以用'BOP'设定任何一个参数。

改变P0004—参数过滤功能

操作步骤	显示的结果
1 按 P 访问参数	r0000
2 按 ▲ 直到显示出P0004	P0004
3 按 P 进入参数数值访问级	0
4 按 ▲ 或 ▼ 达到所需要的数值	3
5 按 P 确认并存储参数的数值	P0004
6 使用者只能看到命令参数	

操作步骤	显示的结果
1 按 P 访问参数	r0000
2 按 ▲ 直到显示出P0719	P0719
3 按 P 进入参数数值访问级	in000
4 按 P 显示当前的设定值	0
5 按 ▲ 或 ▼ 选择运行所需要的最大频率	12
6 按 P 确认和存储P0719的设定值	P0719
7 按 ▼ 直到显示出r0000	r0000
8 按 P 返回标准的变频器显示（由用户定义）	

图3-6 用BOP修改参数

说明-忙碌信息

修改参数的数值时，BOP有时会显示：

P----。表明变频器正忙于处理优先级更高的任务。

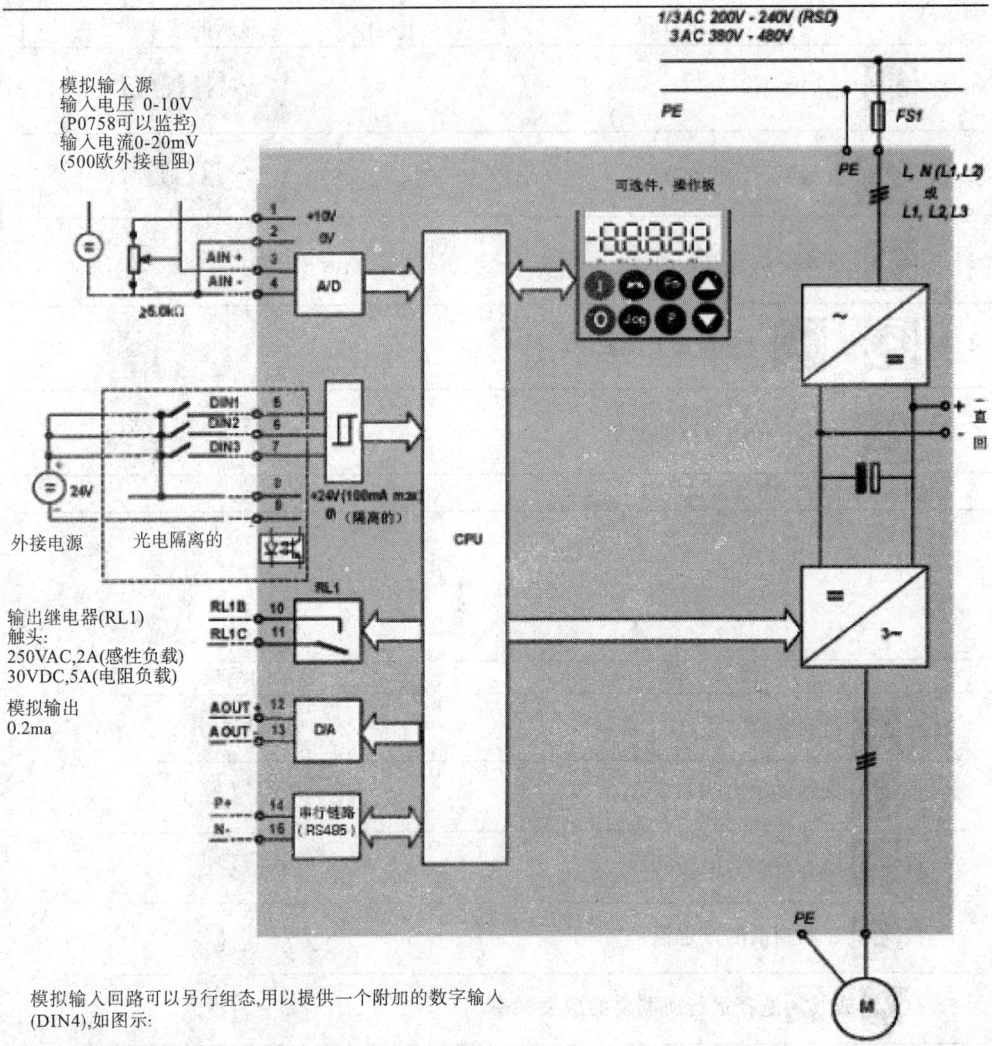

1/3AC 200V - 240V (RSD)
3AC 380V - 480V

模拟输入源
输入电压 0-10V
(P0758可以监控)
输入电流0-20mV
(500欧外接电阻)

PE
FS1
PE
L, N (L1,L2) 或 L1, L2, L3
可选件，操作板
+10V
0V
AIN +
AIN -
A/D
≥5.0kΩ
DIN1
DIN2
DIN3
24V
+24V(100mA max) (隔离的)
外接电源
光电隔离的
CPU
RL1
RL1B
RL1C
输出继电器(RL1)
触头:
250VAC,2A(感性负载)
30VDC,5A(电阻负载)
模拟输出
0.2ma
AOUT+
AOUT-
D/A
P+
N-
串行链路 (RS485)
直
回
PE
M

模拟输入回路可以另行组态,用以提供一个附加的数字输入(DIN4),如图示:

2.组端子接线操作说明

(1)端子的功能

端子号	端子功能	相关参数
1	频率设定电源(+10V)	
2	频率设定电源(0V)	
3	模拟信号输入端 AIN+	P0700
4	模拟信号输入端 AIN-	P0700
5	多功能数字输入端 DIN1	P0701
6	多功能数字输入端 DIN2	P0702

7	多功能数字输入端 DIN3	P0703
8	多功能数字电源+24V	
9	多功能数字电源 0V	
10	输出继电器 RL1B	P0731
11	输出继电器 RL1C	P0731
12	模拟输出 AOUT+	P0771
13	模拟输出 AOUT−	P0771
14	RS485 串行链路 P+	P0004
15	RS485 串行链路 N−	P0004

(2)参数设置方法

为了快速修改参数的数值,可以单独修改显示出的每个数字,操作步骤如下:

①确信已处于某一参数数值的访问级(参看"用 BOP 修改参数")。

②按 Fn (功能键),最右边的一个数字闪烁。

③按 ▲/▼,修改这位数字的数值。

④再按 Fn (功能键),相邻的下一位数字闪烁。

⑤执行 2 至 4 步,直到显示出所要求的数值。

⑥按 P,退出参数数值的访问级。

提示:功能键也可以用于确认故障的发生。

(3)主要参数设置

序号	参数代号	设置值	说明
4	P0010	30	调出出厂设置参数
5	P0970	1	恢复出厂值
6	P0003	3	参数访问级
7	P0004	0	参数过滤器
8	P0010	1	快速调试
9	P0100	0	工频选择
10	P0304	380	电动机的额定电压
11	P0305	0.17	电动机的额定电流
12	P0307	0.03	电动机的额定功率

13	P0310	50	电动机的额定频率
14	P0311	1500	电动机的额定速度
15	P0700	2	选择命令源(外部端子控制)
16	P1000	1	选择频率设定值
17	P1080	0	电动机最小频率
18	P1082	50.00	电动机最大频率
19	P1120	2.00	斜坡上升时间
20	P1121	5.00	斜坡下降时间
21	P3900	1	结束快速调试
22	P0003	3	检查 P0003 是否为 3
23	P1040	30	频率设定

三、光纤传感器

1.组定义

利用光导纤维的传光特性,把被测量转换为光特性(强度、相位、偏振态、频率、波长)改变的传感器。

2.组优点

(1)灵敏度较高;
(2)几何形状具有多方面的适应性,可以制成任意形状的光纤传感器;
(3)可以制造传感各种不同物理信息(声、磁、温度、旋转等)的器件;
(4)可以用于高压、电气噪声、高温、腐蚀、其他的恶劣环境;
(5)而且具有与光纤遥测技术的内在相容性。

3.组光纤传感器应用

绝缘子污秽、磁、声、压力、温度、加速度、陀螺、位移、液面、转矩、光声、电流和应变等物理量的测量。

4.组分类

光纤传感器可以分为两大类:一类是功能型(传感型)传感器;另一类是非功能型(传光型)传感器。

(1)功能型传感器

功能型传感器是利用光纤本身的特性把光纤作为敏感元件,被测量对光纤内传输的光进行调制,使传输的光的强度、相位、频率或偏振态等特性发生变化,再通过对被调制过的信

号进行解调,从而得出被测信号。

光纤在其中不仅是导光媒质,而且也是敏感元件,光在光纤内受被测量调制,多采用多模光纤。

优点:结构紧凑、灵敏度高。

缺点:需用特殊光纤,成本高。

典型例子:光纤陀螺、光纤水听器等。

(2)非功能型传感器

非功能型传感器是利用其他敏感元件感受被测量的变化,光纤仅作为信息的传输介质,常采用单模光纤。光纤在其中仅起导光作用,光照在光纤型敏感元件上受被测量调制。

优点:无需特殊光纤及其他特殊技术,比较容易实现,成本低。

缺点:灵敏度较低。

实用化的大都是非功能型的光纤传感器。光纤传感器是最近几年出现的新技术,可以用来测量多种物理量,比如声场、电场、压力、温度、角速度、加速度等,还可以完成现有测量技术难以完成的测量任务。在狭小的空间里,在强电磁干扰和高电压的环境里,光纤传感器都显示出了独特的能力。目前光纤传感器已经有70多种,大致上分成光纤自身传感器和利用光纤的传感器。所谓光纤自身的传感器,就是光纤自身直接接收外界的被测量。外接的被测量物理量能够引起测量臂的长度、折射率、直径的变化,从而使得光纤内传输的光在振幅、相位、频率、偏振等方面发生变化。测量臂传输的光与参考臂的参考光互相干涉(比较),使输出的光的相位(或振幅)发生变化,根据这个变化就可检测出被测量的变化。光纤中传输的相位受外界影响的灵敏度很高,利用干涉技术能够检测出 10^{-4} 弧度的微小相位变化所对应的物理量。利用光纤的绕性和低损耗,能够将很长的光纤盘成直径很小的光纤圈,以增加利用长度,获得更高的灵敏度。光纤声传感器就是一种利用光纤自身的传感器。当光纤受到一点很微小的外力作用时,就会产生微弯曲,而其传光能力发生很大的变化。声音是一种机械波,它对光纤的作用就是使光纤受力并产生弯曲,通过弯曲就能够得到声音的强弱。光纤陀螺也是光纤自身传感器的一种,与激光陀螺相比,光纤陀螺灵敏度高,体积小,成本低,可以用于飞机、舰船、导弹等的高性能惯性导航系统。

项目六　光机电一体化设备的整体调试和运行

任务描述

该项目是企业工程技术人员对自动化生产线控制系统进行安装和维护的重要训练内容，是学生熟练拆装生产线、操作西门子 S7－200PLC 编程软件、掌握自动控制系统的控制思想的重要途径。通过本项目学习，学生能够针对实际控制对象，熟练应用 PLC 进行编程和现场调试，具备自动化生产设备的安装、调试、维护及技术改造所需要的职业技能和职业素养。

任务分析

正确使用工具，根据控制要求选用传感器等电气元件，根据工艺要求安装电气元件。安装完毕后，下载程序进行调试然后撰写安装工艺流程报告。

任务目标

(1)能熟练使用万用表、编程器等常用工具；

(2)能读懂电气原理图；

(3)能根据机电设备故障分析方法分析设备故障；

(4)能检测、排除常见系统故障、电气故障、机械故障、液压故障、气动故障。

任务实施

一、供料站的安装与调试

1. 动作要求

(1)在复位完成后，点动“启动”按钮，料筒光电传感器检测到有工件时，推料气缸将工件推出至存放料台；

(2)若料筒检测光电传感器未检测到工件，则说明料筒内无物料，这时警示黄灯闪烁，放入物料后熄灭；

(3)机械手将工件取走后，推料气缸缩回，工件下落，气缸重复上一次动作。

2. 安装技巧

(1)在安装时要注意螺丝的使用，避免螺丝用错；

(2)工具要摆放整齐，不用的工具要放在工作台上，不许放在导轨上；

(3)安装要先安装大的部件，小的部件尽量靠后安装(传感器除外)；

(4)气路与电路要尽量分开,不要太混乱,但可以用扎带扎在一起;

(5)能在一起的线路就布在一起,尽量减少导轨上的线路总数;

(6)线路尽量布在线槽里;

(7)注意进气管出气管要分清。

3.气动系统各组件及主要功能

(1)压缩机:把机械能转变为气压能。

(2)电动机:给压缩机提供机械能,它是把电能转变成机械能。

(3)压力开关:被调节到一个最高压力,停止电动机;最低压力,重新激活电动机。

(4)单向阀:阻止压缩空气反方向流动。

(5)储气罐:贮存压缩空气。

(6)压力表:显示储气罐内的压力。

(7)自动排水器:无需人手操作,排掉凝结在储气罐内所有的水。对于每一根下接管的末端都应有一个排水器,最有效的方法是用一个自动排水器,将留在管道里的水自动排掉。

(8)安全阀:当储气罐内的压力超过允许限度,可将压缩空气排出。

(9)冷冻式空气干燥器:将压缩空气冷却到零上若干度,以减少系统中的水分。

(10)主管道过滤器:它清除主要管道内灰尘、水分和油。主管道过滤器必须具有最小的压力降和油雾分离能力。

4.调试

在调试时应对供料站的整体运行非常了解,安装的好坏不仅仅是动作的完成情况,还取决于动作完成的质量:

(1)推料的速度:如果速度过快物料推动过程则不平稳,容易造成物料台检测不准确,进而动作无法连续进行;如果速度过慢则动作周期过长,生产线效率降低。

(2)传感器的灵敏度:传感器灵敏度主要取决于检测方式(有物料为“1”或无物料为“1”)和感应距离,通过调节传感器上的旋钮来实现检测方式和感应距离的调节。

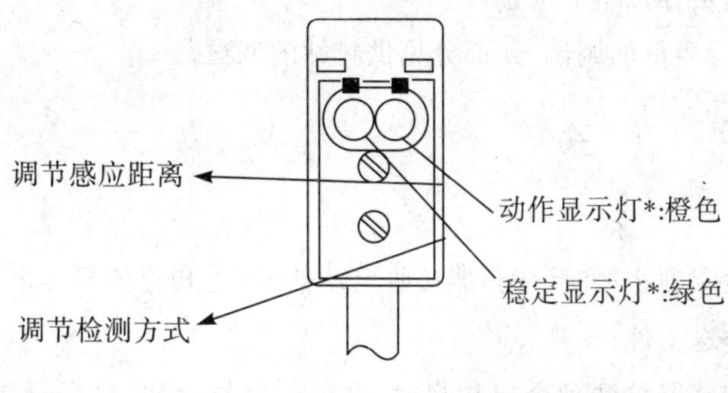

图 3.2.65　传感器调节

(3)整体的运行:供料站作为一个整体必须运行流畅,动作整体无误,细节处体现技术。

二、搬运站的安装与调试

1.动作要求

(1)当存放料台检测光电传感器检测物料到位后,机械手手臂前伸;

(2)手臂伸出限位传感器检测到位后,延时0.5s,手爪气缸下降;

(3)手爪下降限位传感器检测到位后,延时0.5s,气动手爪抓取物料;

(4)手爪夹紧限位传感器检测到夹紧信号后;延时0.5s,手爪气缸上升;

(5)手爪提升限位传感器检测到位后,手臂气缸缩回;

(6)手臂缩回限位传感器检测到位后;手臂向右旋转;

(7)手臂旋转一定角度后,手臂前伸;

(8)手臂伸出限位传感器检测到位后,手爪气缸下降;

(9)手爪下降限位传感器检测到位后,延时0.5s,气动手爪放开物料,手爪气缸上升;

(10)手爪提升限位传感器检测到位后,手臂气缸缩回;

(11)手臂缩回限位传感器检测到位后,手臂向左旋转,等待下一个物料到位,重复上面的动作。在分拣气缸完成分拣后,再将物料放入输送线上。

2.安装技巧

(1)机械手站由下向上安装,注意限位开关的左右区分,注意限位开关的位置是否合适(防止限位动作之后无法恢复);

(2)注意机械手动作范围,以确定气管及电路的预留量,防止因预留不足而限制机械手的动作等。

3.调试

(此部分调试分两次:一是机械手安装之后进行的单站动作调试;二是整体调试前对机械手摆动角度的调节,用以确定分拣站的位置)

单站调试即运行速度运行质量的调试,此部分见供料站的调试。

三、分拣站的安装与调试

1.动作要求

(1)入料口光电传感器检测到物料时,变频器接收启动信号,三相交流异步电机以30Hz的频率正转运行,皮带开始输送工件;

(2)当料槽一到位检测传感器检测到金属物料时,推料一气缸动作,将金属物料推入一号料槽,料槽检测传感器检测到有工件经过时,电动机停止;

(3)当料槽二检测传感器检测到白色物料时,旋转气缸动作,将白色物料导入二号料槽,料槽检测传感器检测到有工件经过时,旋转气缸转回原位,同时电动机停止;

(4)当物料为黑色物料直接导入三号料槽,料槽检测传感器检测到有工件经过时,电动机停止。

2.安装技巧

(1)此站安装时要注意皮带应在支撑脚架之前安装,否则皮带将无法安装;

(2)光纤传感器应在放大部压牢,防止出现失灵现象;

(3)在此站的安装上,应先把小部件逐一组合为大部件,再安装成一体,一个站,传感器应在安装组合过程中加进去;

(4)要注意骨架两边埋的螺母的数量以及型号,防止用错;

(5)由于本站附属在旁边的物件较多(变频器,旋转气缸,光纤放大器等),故而要总体布局,尽量让台面整洁,美观。

3.调试

相比而言本站较为复杂,因而本站调试也较麻烦。

(1)骨架的调试:在安装之初,骨架就要进行调试;骨架的调试主要为骨架两端的转轮的距离是否合适,两端的转轮能否正常旋转;

(2)皮带的调试:把骨架安装完后,要手动转动皮带,观察皮带有无摩擦骨架边缘的情况,进而使皮带能在最佳状态下运行,减少摩擦带来的误差;

(3)电机的调试:电机的调试主要为电机的高度以及电机转轴与骨架转轮的一致性;

(4)传感器的调试:因为在本站要区分物料颜色,所以光纤传感器要灵敏,即需要我们进行调节传感器的灵敏度等。

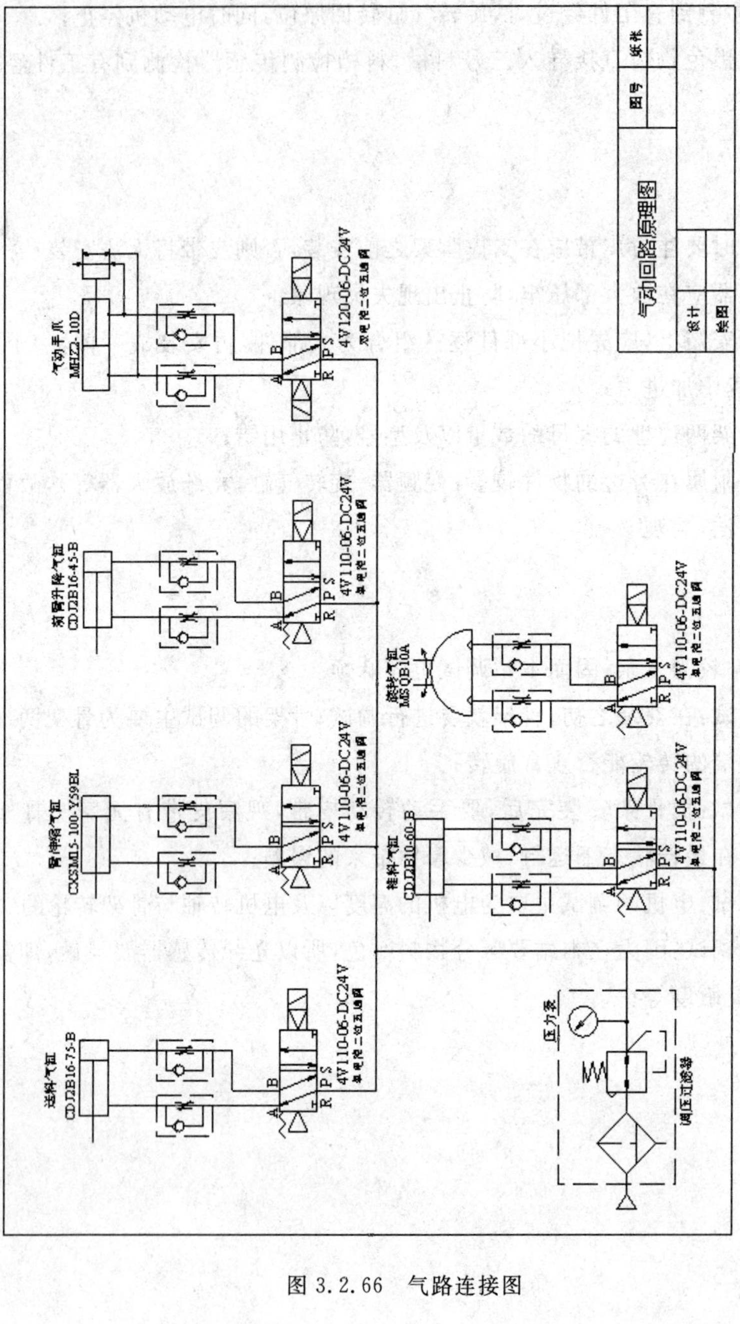

图 3.2.66　气路连接图

气路连接如图 3.2.66 所示。

气路图说明：

总气路即从空气压缩机到各个汇流板这一段；

(1)这其中分为：空气压缩机—安全阀—气路三通(分单气路为三路)—汇流板

(2)在总气路中使用直径为 6 的气管，在汇流板上的电磁阀到气缸使用直径为 4 的

气管。

1. 气路气源的要求

(1)该装置的气路系统气源是由一台空气压缩机提供。空气压缩机汽缸体积应大于 50 L,流量应大于 $0.25mm^2/s$,所提供的压力为 0.6～10MPa,压力为 0～0.8MPa 可调。输出的压缩空气通过快速三通接头和气管输送到各工作单元。

(2)气源的气体必须经过一台气源处理组建油水分离器三联件进行过滤,并装有快速泄压装置。

(3)自动生产线使用空气压缩气体,自动生产线的空气工作压力要求为 0.6MPa,要求纯净、干燥,无水分、油气、灰尘。

(4)注意安全生产,在通气前应先检查气路的气密性。在确认气路连接正确并且无泄漏的情况下,方能进行通气实验。油水分离器的压力调节按钮向上拔起右旋,要逐渐增加并注意观察压力表,并增加到额定气压后压下锁紧。气流在调试前要尽量小一点,在调试过程中逐渐加大到合适的气流。

2. 气路连接步骤

(1)先仔细读懂总气路图;

(2)将空气压缩机的管路出口,用专用气管与油水分离器的入口连接;

(3)将油水分离器的出口,与快速三通接口的入口连接。

3. 气路连接注意事项

(1)气路连接要完全按照自动生产线器路图进行连接;

(2)气路中的气缸节流阀调整要适当,以活塞进出迅速、无冲击、无卡滞现象为宜,以不推倒工件为准。如果有气缸动作相反,将气缸两端进气管位置颠倒即可。

(3)气路连接时,气管一定要在快速接头中插紧,不能够有漏气现象;气路气管在连接走向时,应该按需排布,均匀美观,不能交叉、打折、顺序凌乱;电磁阀组与气体汇流板的连接必须压在橡胶密封垫上固定,要求密封性良好,无泄漏。

当回转摆台需要调节回转角度或调整摆台位置精度时,根据要求把回转气缸调成 90°固定角度旋转。当调整好摆动角度后,应将反扣螺母与基本反扣锁紧,防止调节螺杆松动,从而造成回转精度减低。

四、自动线的调试

在此处的调试主要为生产线的整体调试,在此处就要用到生产线的控制程序。

1. 各站的控制要求

(1)上料机构

在复位完成后,点动“启动”按钮,料筒光电传感器检测到有工件时,推料气缸将工件推出至存放料台,若3s后,料筒检测光电传感器仍未检测到工件,则说明料筒内无物料,这时警示黄灯闪烁,放入物料后熄灭;机械手将工件取走后,推料气缸缩回,工件下落,气缸重复上一次动作。

(2)搬运机械手机构

当存放料台检测光电传感器检测物料到位后,机械手手臂前伸,手臂伸出限位传感器检测到位后,延时0.5s,手爪气缸下降,手爪下降限位传感器检测到位后,延时0.5s,气动手爪抓取物料,手爪夹紧限位传感器检测到夹紧信号后;延时0.5s,手爪气缸上升,手爪提升限位传感器检测到位后,手臂气缸缩回,手臂缩回限位传感器检测到位后;手臂向右旋转,手臂旋转一定角度后,手臂前伸,手臂伸出限位传感器检测到位后,手爪气缸下降,手爪下降限位传感器检测到位后,延时0.5s,气动手爪放开物料,手爪气缸上升,手爪提升限位传感器检测到位后,手臂气缸缩回,手臂缩回限位传感器检测到位后,手臂向左旋转,等待下一个物料到位,重复上面的动作。在分拣气缸完成分拣后,再将物料放入输送线上。

(3)成品分拣机构

当入料口光电传感器检测到物料时,变频器接收启动信号,三相交流异步电机以30Hz的频率正转运行,皮带开始输送工件,当料槽一到位检测传感器检测到金属物料时,推料一气缸动作,将金属物料推入一号料槽,料槽检测传感器检测到有工件经过时,电动机停止;当料槽二检测传感器检测到白色物料时,旋转气缸动作,将白色物料导入二号料槽,料槽检测传感器检测到有工件经过时,旋转气缸转回原位,同时电动机停止;当物料为黑色物料直接导入三号料槽,料槽检测传感器检测到有工件经过时,电动机停止。

2.外部控制

(1)启动、停止、复位、警示

①系统上电后,点动“复位”按钮后系统复位,将存放料台、皮带上的工件清空,点动“启动”按钮,警示绿灯亮,缺料时警示黄灯闪烁;放入工件后设备开始运行,不得人为干预执行机构,以免影响设备正常运行。

②按“停止”按钮,所有部件停止工作,警示红灯亮,缺料警示黄灯闪烁。

(2)突然断电的处理

突然断电,设备停止工作。电源恢复后,点动“复位”按钮,再点动“启动”按钮。

3.参考程序

由以上的要求编写出的样例程序如下:

*各个程序段的功用以注释出(本程序仅做参考)。

主程序部分

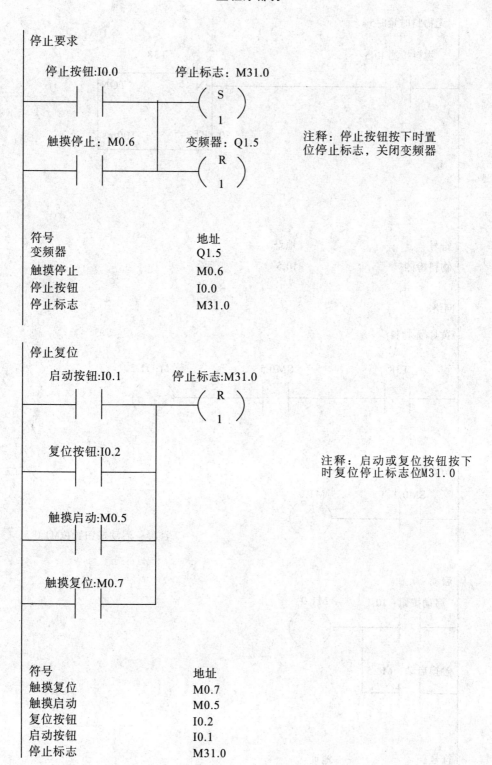

停止要求

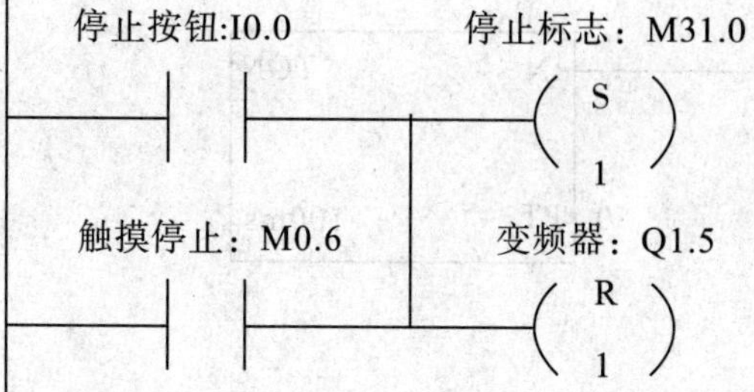

停止按钮:I0.0　　停止标志：M31.0 (S 1)

触摸停止：M0.6　　变频器：Q1.5 (R 1)

注释：停止按钮按下时置位停止标志，关闭变频器

符号	地址
变频器	Q1.5
触摸停止	M0.6
停止按钮	I0.0
停止标志	M31.0

停止复位

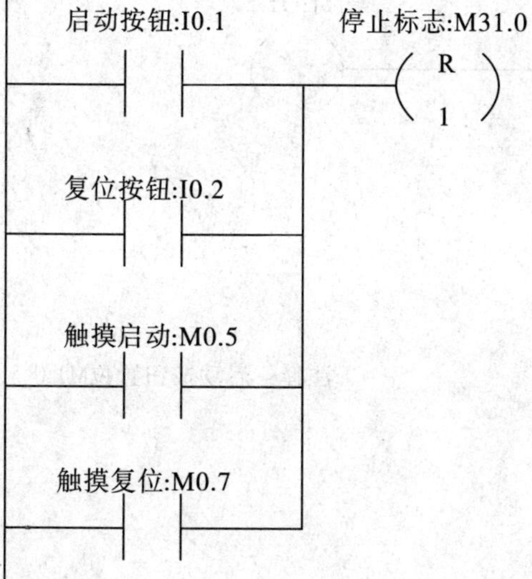

启动按钮:I0.1　　停止标志:M31.0 (R 1)

复位按钮:I0.2

触摸启动:M0.5

触摸复位:M0.7

注释：启动或复位按钮按下时复位停止标志位M31.0

符号	地址
触摸复位	M0.7
触摸启动	M0.5
复位按钮	I0.2
启动按钮	I0.1
停止标志	M31.0

无物料时延时5 s

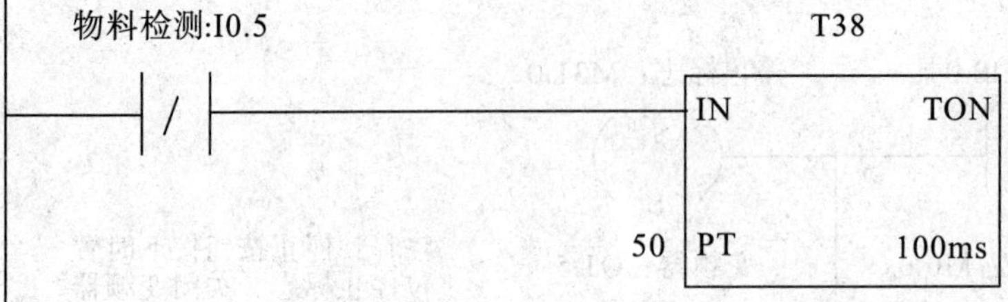

物料检测:I0.5　　T38

IN　TON

50　PT　100ms

符号	地址
物料检测	I0.5

网络8

黄灯(无物料)

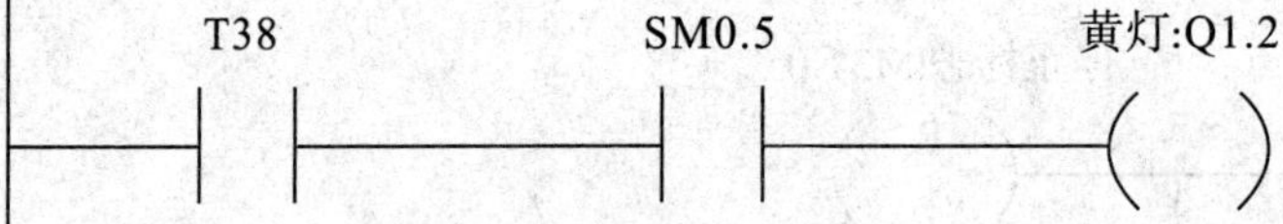

T38　SM0.5　黄灯:Q1.2

初始化

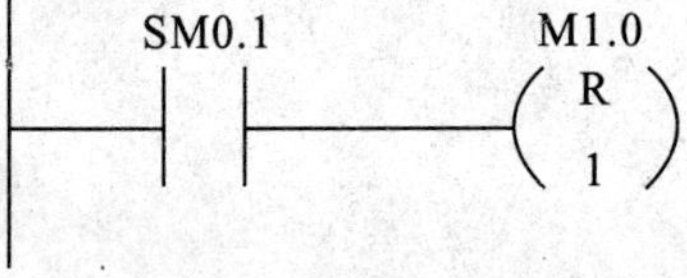

SM0.1　M1.0 R 1

注释：启动按钮置位M1.0

启动

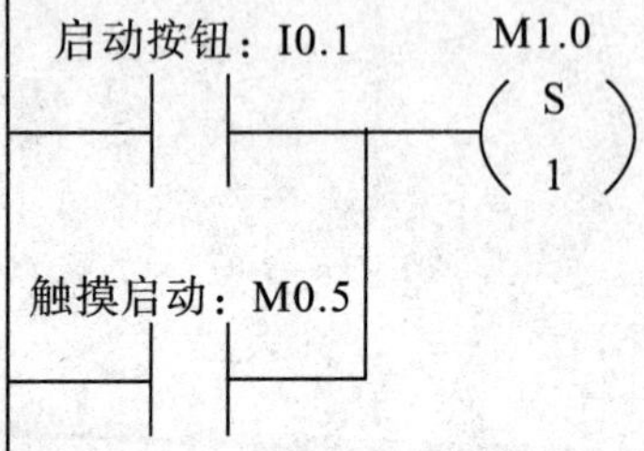

启动按钮：I0.1　M1.0 S 1

触摸启动：M0.5

符号	地址
触摸启动	M0.5
启动按钮	I0.1

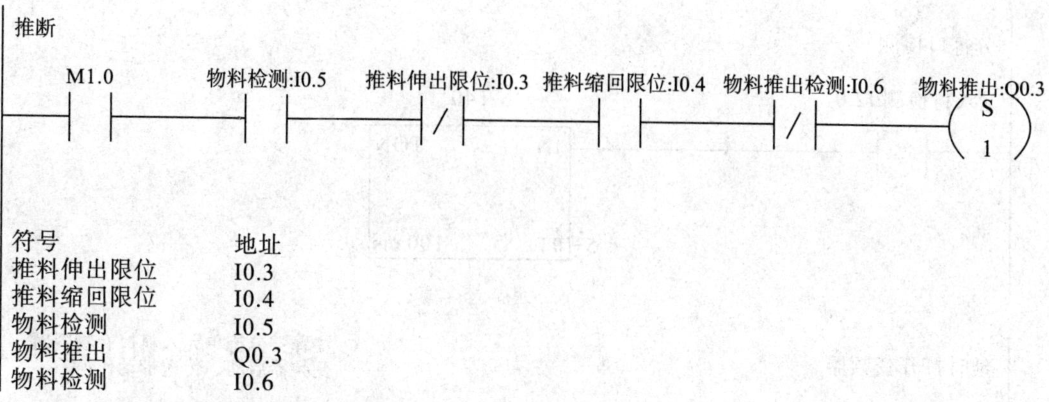

当检测料槽有物料，推杆未被推出时执行物料推出
注释：当检测料槽有物料，推杆未被推出时执行物料推出

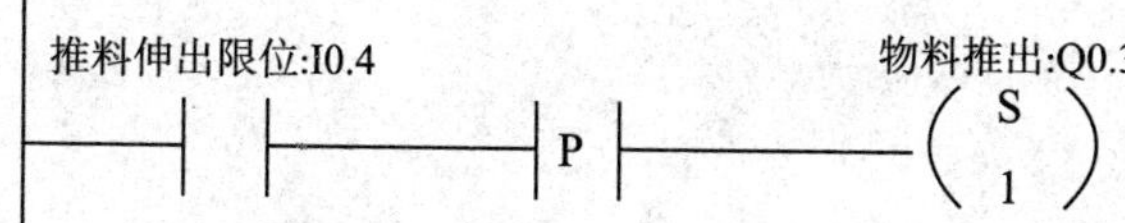

注释：当物料到位时推杆缩回

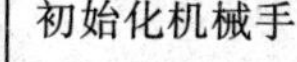

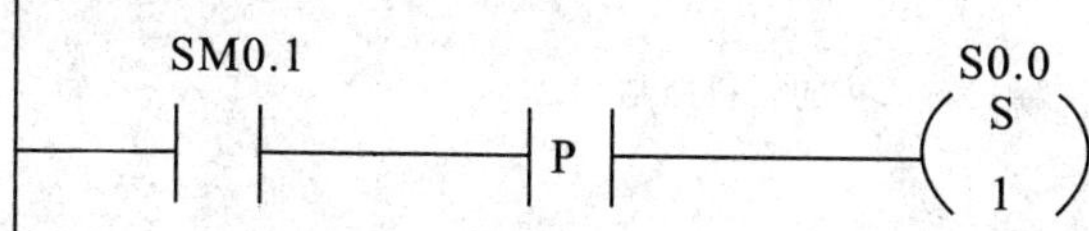

网络13

调用机械手子程序

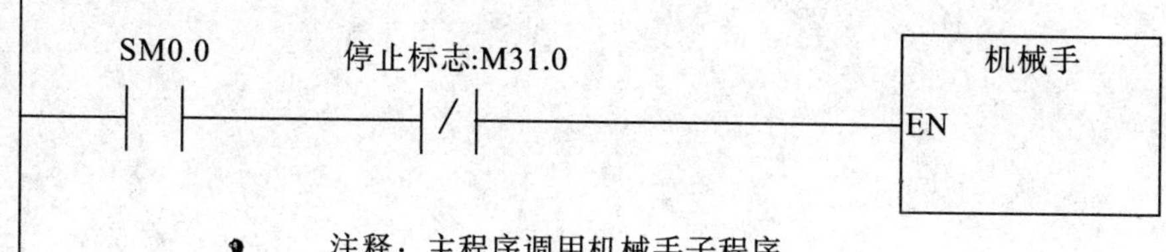

注释：主程序调用机械手子程序（机械手子程序见后文）

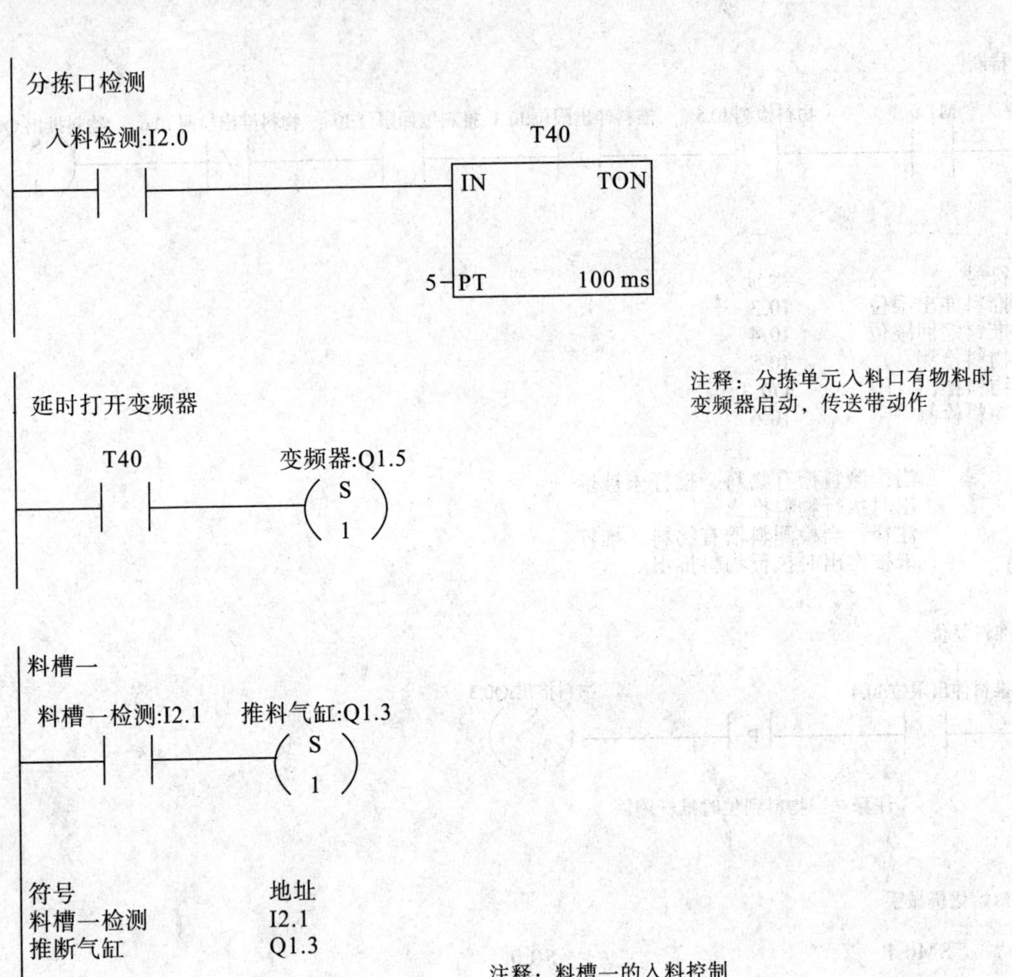

料槽一

料槽一检测:I2.1　推料气缸:Q1.3

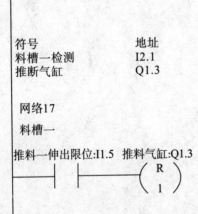

符号	地址
料槽一检测	I2.1
推断气缸	Q1.3

注释：料槽一的入料控制

网络17

料槽一

推料一伸出限位:I1.5　推料气缸:Q1.3

料槽二

料槽二检测:I2.2 导料气缸:Q1.4

S

1

符号	地址
导料气缸	Q1.4
料槽二检测	I2.2

注释：料槽二的入料控制

网络19

料槽二

分拣槽检测:I2.4 导料气缸:Q1.4

R

1

变频器:Q1.5

R

1

子程序部分

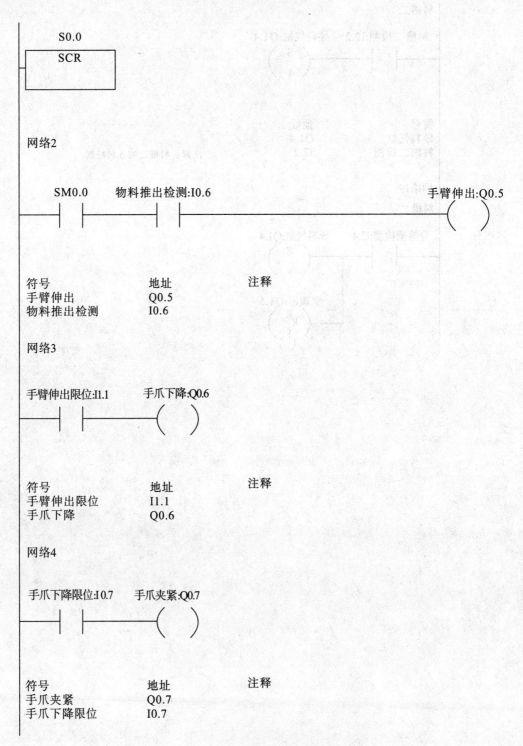

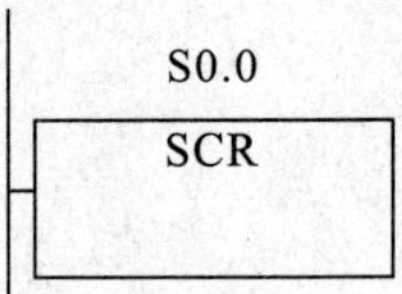

S0.0

SCR

网络2

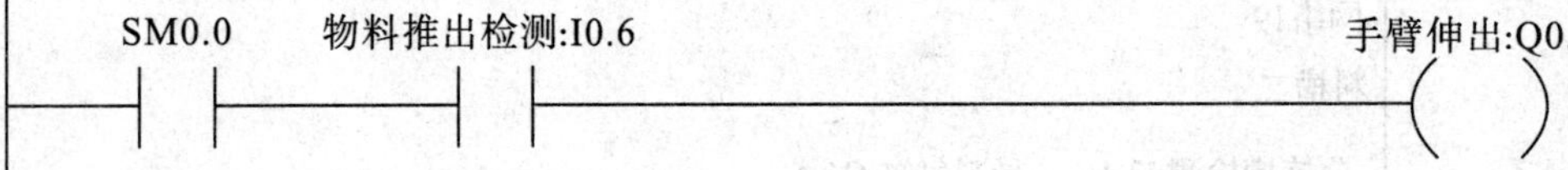

SM0.0　物料推出检测:I0.6　手臂伸出:Q0.5

符号	地址	注释
手臂伸出	Q0.5	
物料推出检测	I0.6	

网络3

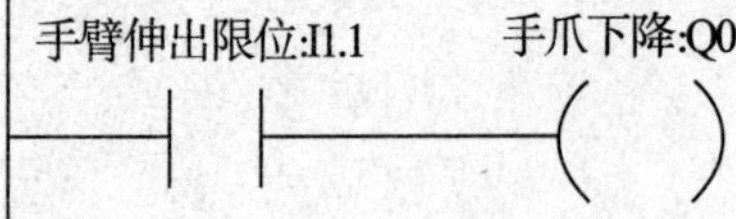

手臂伸出限位:I1.1　手爪下降:Q0.6

符号	地址	注释
手臂伸出限位	I1.1	
手爪下降	Q0.6	

网络4

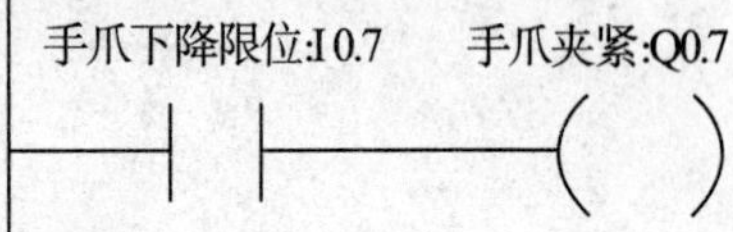

手爪下降限位:I0.7　手爪夹紧:Q0.7

符号	地址	注释
手爪夹紧	Q0.7	
手爪下降限位	I0.7	

注释：子程序机械手顺控段S0.0机械手伸出抓取

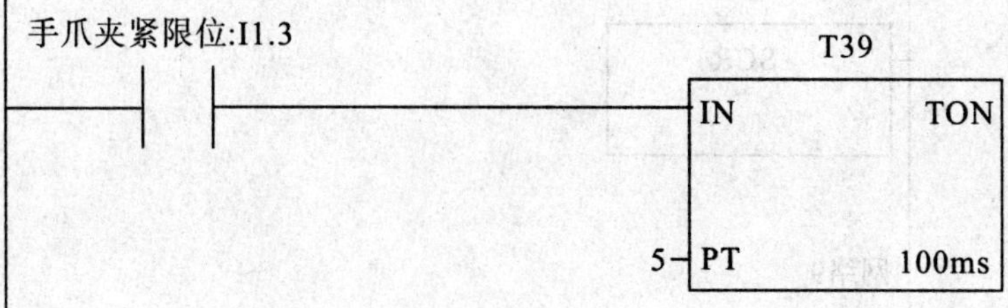

手爪夹紧限位:I1.3

T39

IN TON

5-PT 100ms

符号 地址 注释
手爪夹紧限位 I1.3

网络6

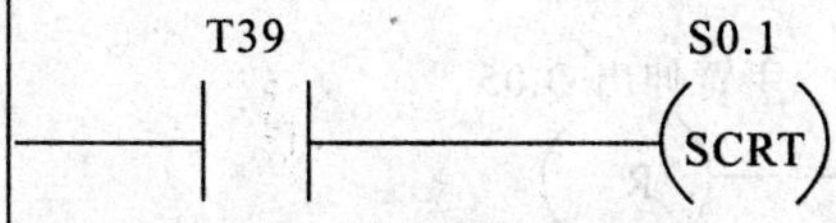

T39 S0.1

SCRT

网络7

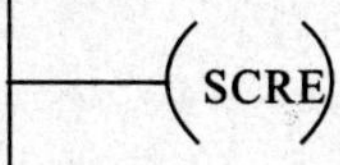

SCRE

注释：子程序机械手顺控段S0.0机械手伸出抓取

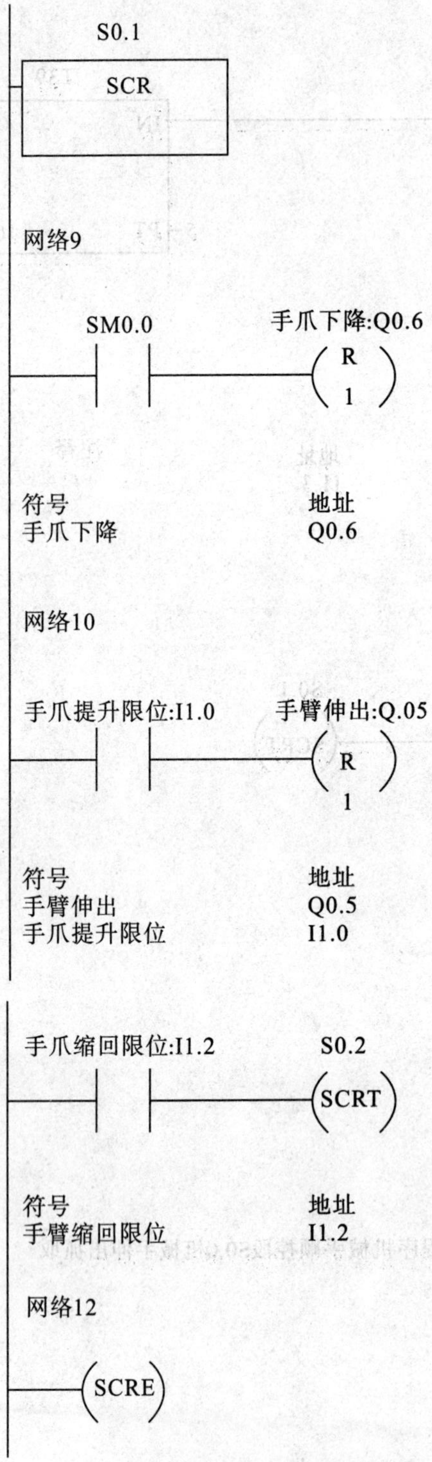

S0.1

SCR

网络9

SM0.0　　手爪下降:Q0.6

R
1

符号　　地址
手爪下降　　Q0.6

网络10

手爪提升限位:I1.0　　手臂伸出:Q.05

R
1

符号　　地址
手臂伸出　　Q0.5
手爪提升限位　　I1.0

手爪缩回限位:I1.2　　S0.2

SCRT

符号　　地址
手臂缩回限位　　I1.2

网络12

SCRE

顺控段S0.1机械手抓起缩回

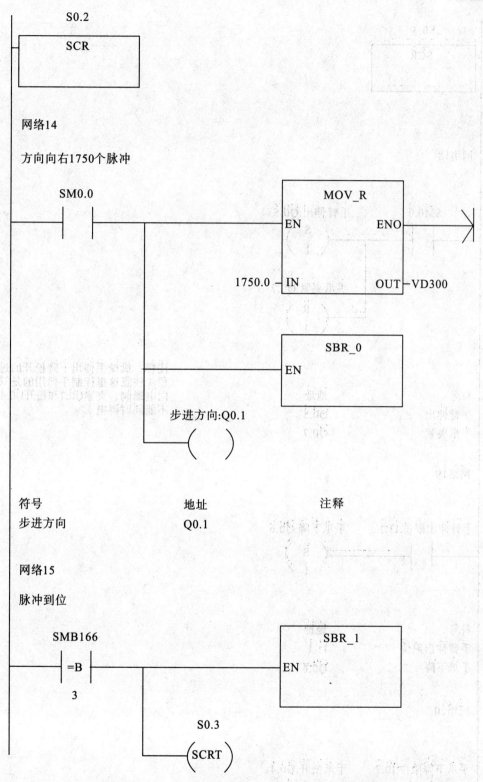

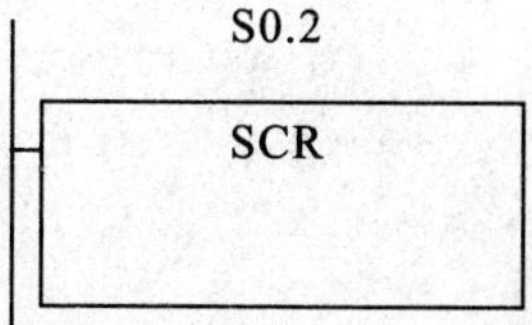

S0.2

SCR

网络14

方向向右1750个脉冲

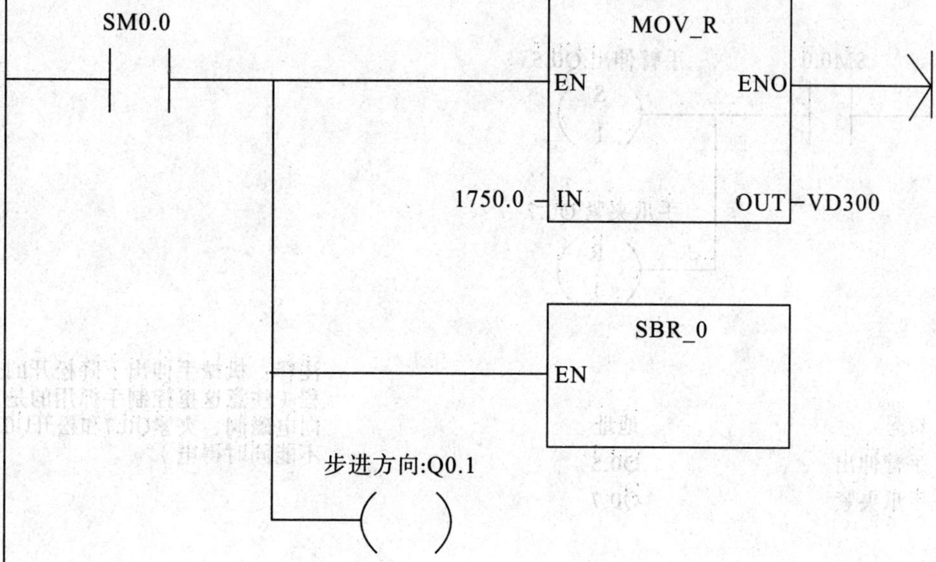

SM0.0

MOV_R

EN　ENO

1750.0 – IN　OUT – VD300

SBR_0

EN

步进方向:Q0.1

符号	地址	注释
步进方向	Q0.1	

网络15

脉冲到位

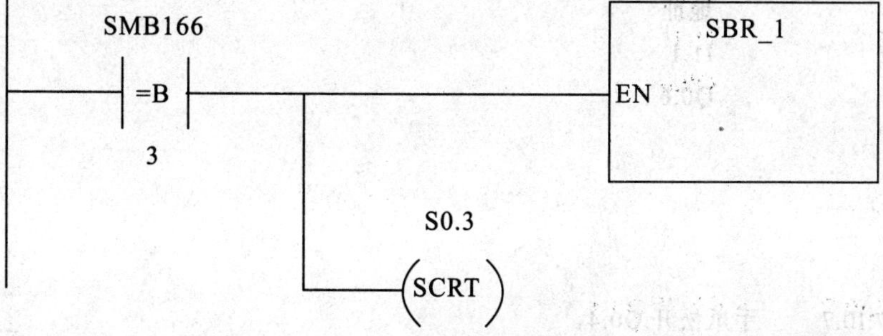

SMB166

=B

3

SBR_1

EN

S0.3

SCRT

注释：调用子程序SBR_0产生步进脉冲，方向向右，到位后停止发生脉冲执行下一个顺控段

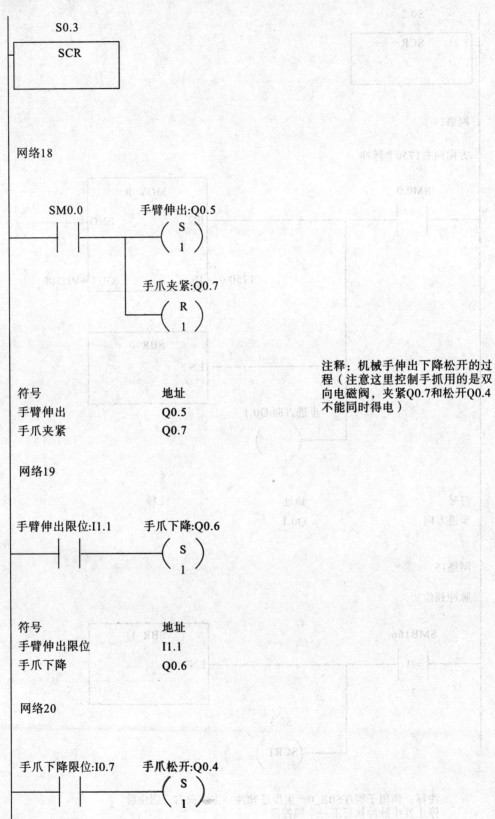

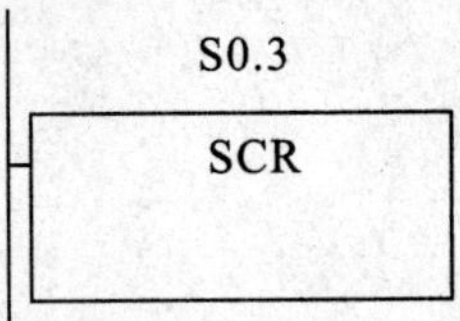

S0.3

SCR

网络18

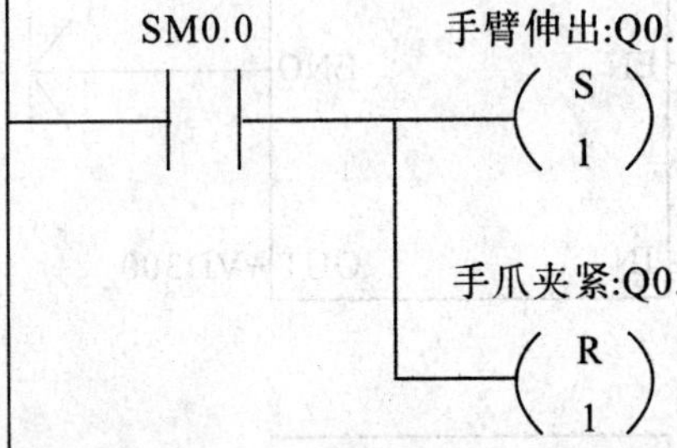

SM0.0　手臂伸出:Q0.5 (S 1)

手爪夹紧:Q0.7 (R 1)

注释：机械手伸出下降松开的过程（注意这里控制手抓用的是双向电磁阀，夹紧Q0.7和松开Q0.4不能同时得电）

符号	地址
手臂伸出	Q0.5
手爪夹紧	Q0.7

网络19

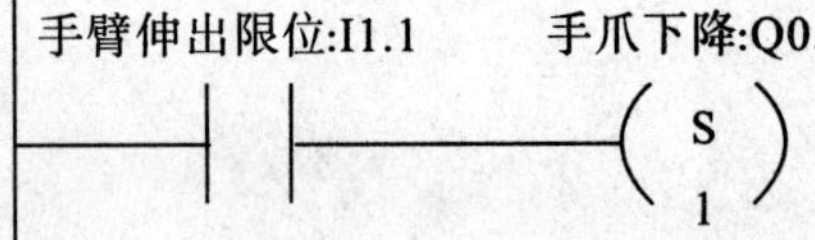

手臂伸出限位:I1.1　手爪下降:Q0.6 (S 1)

符号	地址
手臂伸出限位	I1.1
手爪下降	Q0.6

网络20

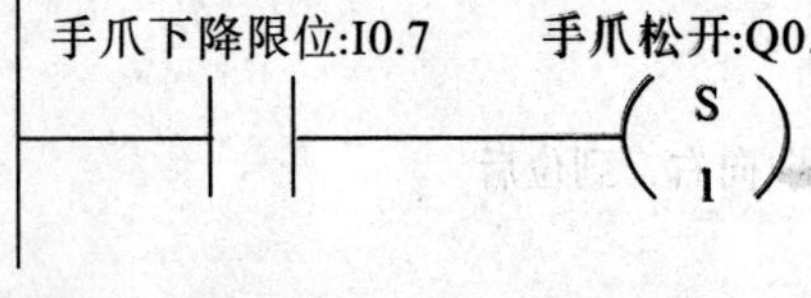

手爪下降限位:I0.7　手爪松开:Q0.4 (S 1)

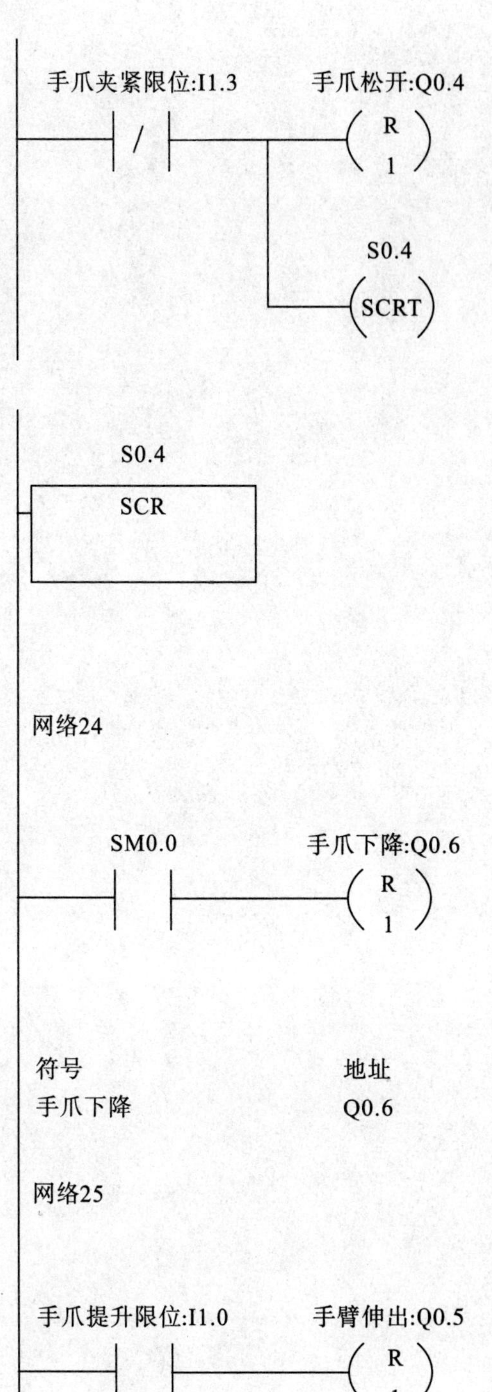
手爪夹紧限位:I1.3
手爪松开:Q0.4
R
1
S0.4
SCRT
S0.4
SCR
网络24
SM0.0
手爪下降:Q0.6
R
1
符号
地址
手爪下降
Q0.6
网络25
手爪提升限位:I1.0
手臂伸出:Q0.5
R
1

注释：机械手缩回过程

网络26

手臂缩回限位:I1.2 S0.5

—| |—(SCRT)

符号 地址
手臂缩回限位 I1.2

网络27

—(SCRE)

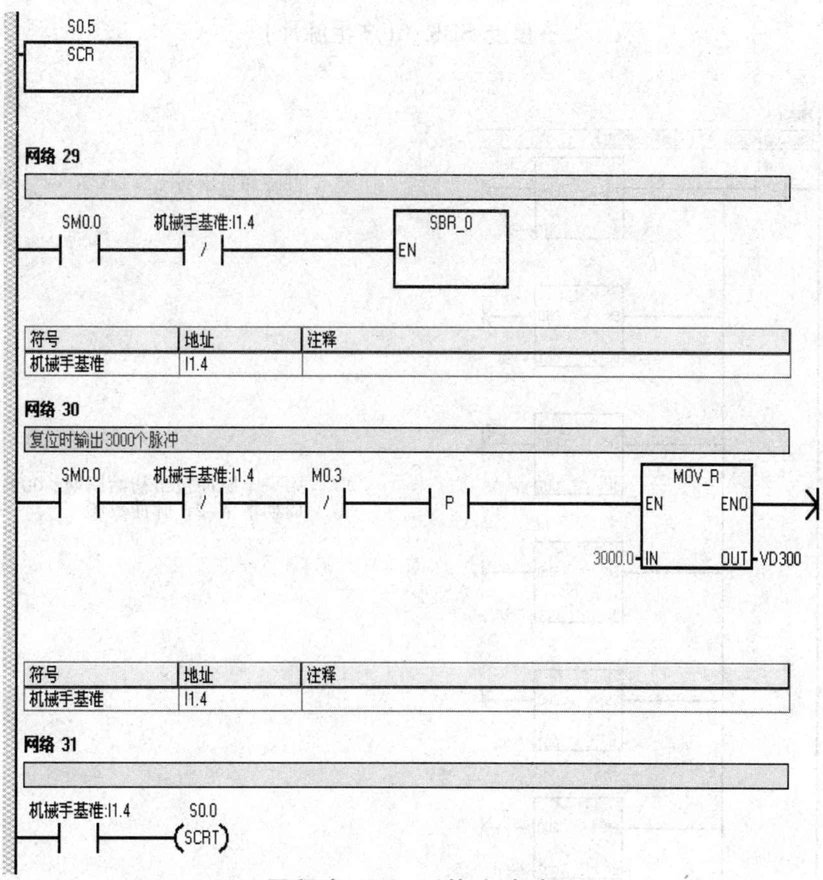

子程度 SBR_1(停止脉冲)

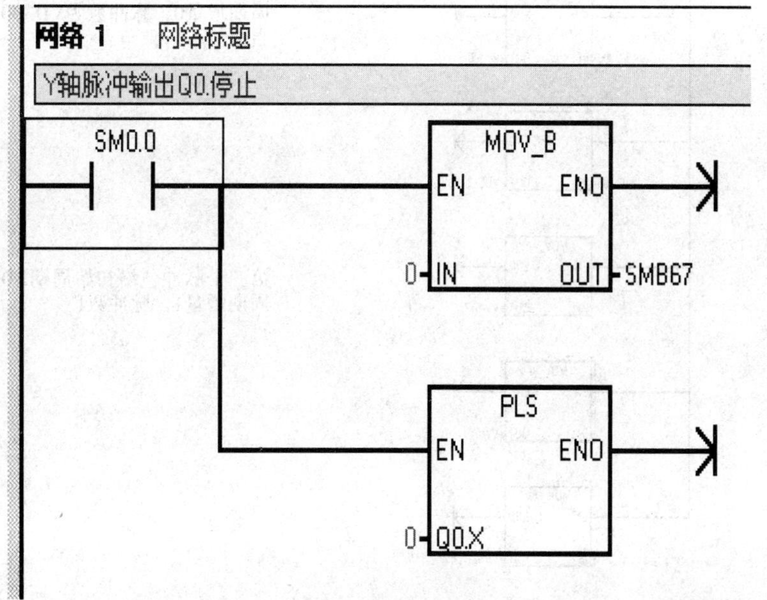

注释:停止脉冲输出置SMB67各位为0（SMB67：脉冲链输出和脉冲宽度调制，每个位具体功能请参看帮助）

子程度 SBR_0(产生脉冲)

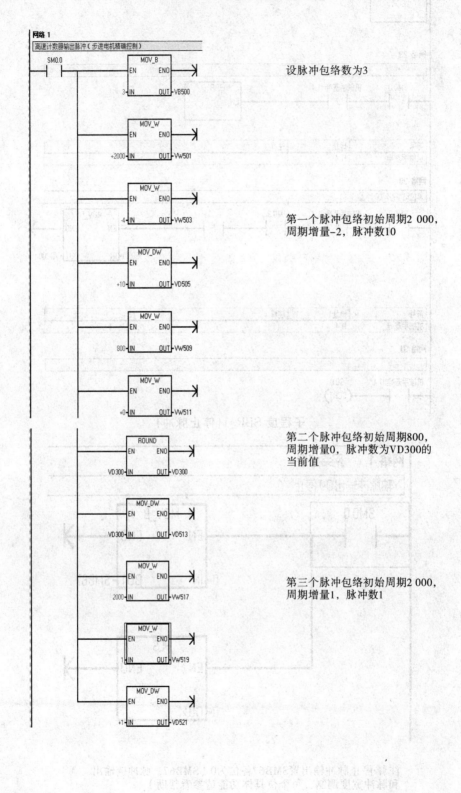

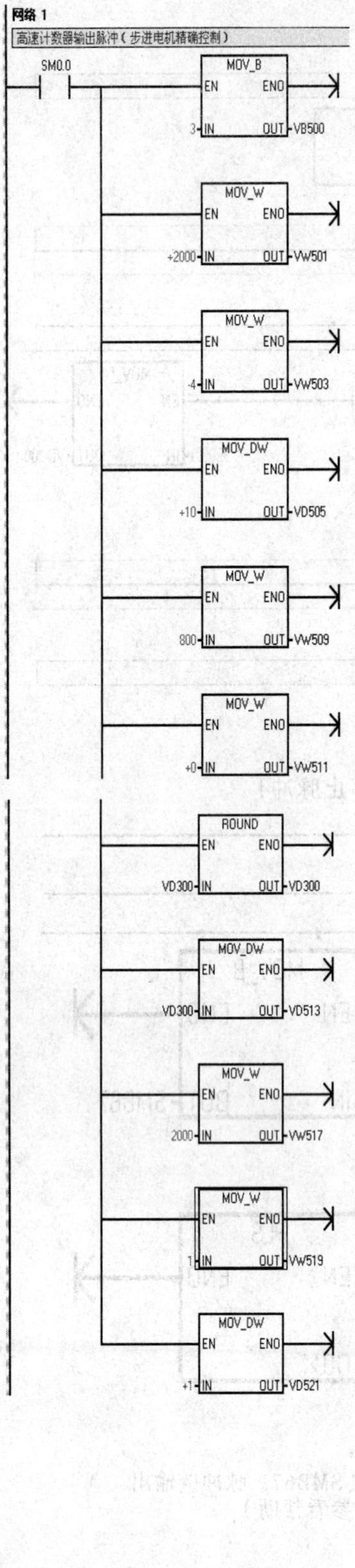

网络 1

高速计数器输出脉冲(步进电机精确控制)

SM0.0

指令	IN	OUT
MOV_B	3	VB500
MOV_W	+2000	VW501
MOV_W	-4	VW503
MOV_DW	+10	VD505
MOV_W	800	VW509
MOV_W	+0	VW511
ROUND	VD300	VD300
MOV_DW	VD300	VD513
MOV_W	2000	VW517
MOV_W	1	VW519
MOV_DW	+1	VD521

设脉冲包络数为3

第一个脉冲包络初始周期2 000，周期增量-2，脉冲数10

第二个脉冲包络初始周期800，周期增量0，脉冲数为VD300的当前值

第三个脉冲包络初始周期2 000，周期增量1，脉冲数1

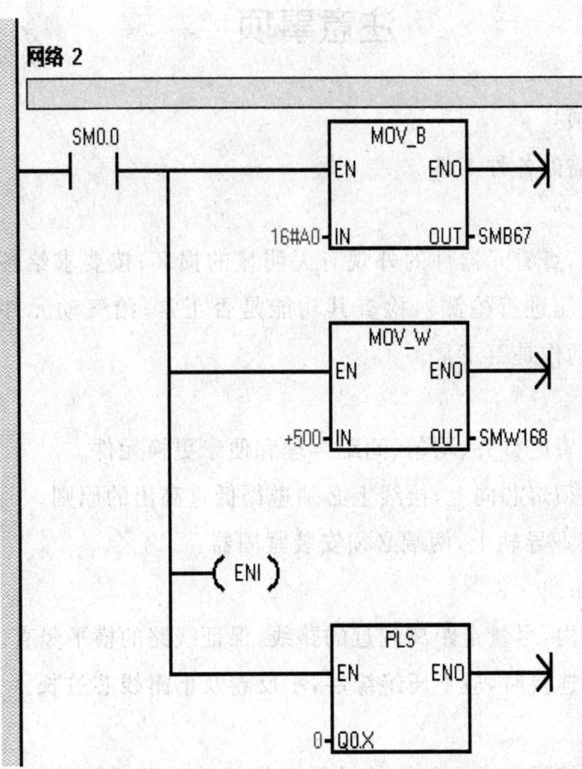

注释：设置控制字节SMB67的值,设包络表起始地址为V500,
启 冲,Q0.X=Q0.0

注意事项

一、实验时注意事项

(1)准备好实训所需的各种工具

(2)检验元件质量

在不通电的情况下,查看元器件的外观有无明显的损坏;按要求给各元器件通电(磁性传感器不能直接接入电压进行检测),检查其功能是否正常;给气动元件接通气源,使其动作,观察各气动元件的动作是否正常。

(3)安装电器元件

①各元件的安装位置应整齐、均匀、间距合理和便于更换元件。

②熔断器的安装必须熔芯向上,接线上必须遵循低进高出的原则。

③PLC在安装的工业导轨上,两端必须安装紧固器。

(4)台面及网孔板布线

①布线应走在线槽内,尽量走距离较近的路线,保证线路的横平竖直。

②导线和接线端子连接时,应不压绝缘层,不反卷及不露线芯过长。并做到同一元件的导线应尽量走在一起。

③一个电器元件的接线端子上的连接导线不得超过两根,每节接线端子板上的连接导线一般只允许连接一根。

④布线时,严禁损伤线芯和导线绝缘层。

⑤线路自检

首先,当实训台接线完毕,先用万用表进行检测,应选用电阻挡的适当倍率或二极管挡检测接线是否正确,再进行通电前检测。

a.通电,分逐一环节通电,先主电路测量输入电压为交流220V,然后打上空气开关,测量控制电路。

b.通讯线连接,注意任何一处DP接头的连接之前,必须关掉电源,不许带电作业,防止烧坏原件。

二、开机前检查项目

1.在开机之前请务必检查:

①电器连接;

②气管连接正确和可靠;

③机械部件状态(如运动时是否干涉,连接是否松动);

④排除已发现的故障。

(2)注意事项

①电源:各站的使用电压为220V AC,请注意安全。

②各站工作台面上使用电压为 24V DC(最大电流 5A)。

(3)气动连接

①各站的供气由各站的过滤减压阀供给,额定的使用气压为 6bar(600 kPa)。

②当所有的电气连接和气动连接接好后,将系统接上电源,程序开始。

三、安全须知

(1)在进行安装、接线等操作时,务必在切断电源后进行,以避免发生事故。

(2)在进行配线时,请勿将配线屑或导电物落入可编程控制器或变频器内。

(3)请勿将异常电压接入 PLC 或变频器电源输入端,以避免损坏 PLC 或变频器

(4)请勿将 AC 电源接于 PLC 或变频器输入/输出端子上,以避免烧坏 PLC 或变频器,请仔细检查接线是否有误。

(5)在变频器输出端子(U、V、W)处不要连接交流电源,以避免受伤及火灾,请仔细检查接线是否有误。

(6)当变频器通电或正在运行时,请勿打开变频器前盖板,否则危险。

(7)在插拔通信电缆时,请务必确认 PLC 输入电源处于断开状态。

(8)按照 I/O 地址分配表、PLC 控制原理图和端子接线图,用安全导线完成按钮模块、PLC 模块、变频器模块输入/输出端与实训系统端子排之间连接。

接线时请按照如下规则进行操作:

序号	器件名称	接线规则
1	磁性传感器	正端与 PLC 的输入端相连,负端连接至 24V 直流电源的"0V"端
2	光电传感器	信号输出端与 PLC 的输入端相连,正端连接至 24V 直流电源的正端,负端全部连接至 24V 直流电源的负端。
3	按钮开关	常开端与 PLC 的输入端相连,公共端连接至直流电源的"0V"端。
4	电磁阀	负端与 PLC 的输出端相连,正端连接至 24V 直流电源的正端。
5	步进电机驱动器	拨码 SW1～4 为 ON,步进电机 PUL＋(52)接机械手旋转限位端(48),机械手旋转限位端(49)接＋24V 直流电源的正端。控制信号负端与 PLC 输出相连,其他信号正端接 24V 直流电源的正端。
6	警示灯	信号端接 PLC 的输出端,公共端接 24V 直流电源的正端。

(9)变频器的电源输入端 L1、L2、L3 分别接到电源模块中三相交流电源 U、V、W 端;变频器输出端 U、V、W 分别接到接线端子排的电机输入端 86、87、88。

(10)将系统左侧的三相四芯电源插头插入三相电源插座中,开启电源控制模块中三相

电源总开关,U、V、W 端输出三相 380V 交流电源,单相双联暗插座输出 220V 交流电源。

(11)用三芯电源线分别从单相双联暗插座引出交流 220V 电源到 PLC 模块和按钮模块的电源插座上。

(12)在三菱编程软件中打开样例程序或由用户编写控制程序,进行编译,当程序有错误时根据提示信息进行相应的修改,直至编译无误为止,编译完成后,用通信编程电缆连接计算机串口与 PLC 通讯口,打开 PLC 模块电源开关,将程序下载到 PLC 中,下载完毕后将 PLC 的“RUN/PROG”开关拨至“RUN”状态,运行 PLC。

(13)按下“复位”按钮后系统自动复位,把工位上残余的料输送完,设备等待运行,无物料黄灯闪烁。

(14)按下“启动”按钮,警示绿灯亮,放入工件后设备开始运行。

(15)按下“停止”按钮,所有部件停止工作,同时停止红灯亮。

四、西门子 I/O 地址分配

序号	PLC 地址	名称及功能说明	序号	PLC 地址	名称及功能说明
1	I0.0	停止按钮	22	M0.5	触摸屏启动
2	I0.1	启动按钮	23	M0.6	触摸屏停止
3	I0.2	复位按钮	24	M0.7	触摸屏复位
4	I0.5	物料检测	25	M31.0	停止标志
5	I0.6	物料推出检测	26	Q0.1	步进方向
6	I0.3	推料伸出限位	27	Q0.2	步进使能
7	I0.4	推料缩回限位	28	Q0.3	供料物料推出
8	I1.1	手臂伸出限位	29	Q0.5	手臂伸出
9	I1.2	手臂缩回限位	30	Q0.6	手爪下降
10	I0.7	手爪下降限位	31	Q0.7	手爪夹紧
11	I1.0	手爪提升限位	32	Q0.4	手爪松开
12	I1.3	手爪夹紧限位	33	Q1.3	分拣推料气缸
13	I1.4	机械手基准	34	Q1.4	分拣旋转气缸
14	I1.5	推料一伸出限位	35	Q1.0	警示红灯
15	I1.6	推料一缩回限位	36	Q1.1	绿灯
16	I1.7	分拣旋转限位	37	Q1.2	警示黄灯
17	I2.3	分拣旋转原位	38	Q1.5	变频器
18	I2.0	入料检测			
19	I2.1	料槽一检测			
20	I2.2	料槽二检测			
21	I2.4	分拣槽检测			

附　录

附录1　装置基本配置

光机电一体化实训考核装置由型材实训台、井式上料机构、搬运机械手、物料输送及分拣机构、PLC 模块、变频器模块、按钮模块、电源模块、各种传感器、工件、I/0 接口板和气管等组成，详见下表。

序号	名称	主要元件规格或功能	数量	备注
1	型材实训台	1200 mm×800 mm×840 mm	1 台	
2	触摸屏组件	5.7 英寸　工业彩色触摸屏	1 块	
3	三菱 PLC 主机、变频器模块	FX2N－48MT(晶体管输出)	1 台	四种品牌选配
		FR－E540，三相输入，功率：0.75 kW	1 台	
4	西门子 PLC 主机、变频器模块	CPU226CN(DC/DC/DC)＋EM222 CN　8 路输出扩展模块　继电器	1 台	
		MM420，三相输入，功率：0.75 kW	1 台	
5	欧姆龙 PLC 主机、变频器模块	CPM2A－40CDT－D(晶体管输出)＋CPM1A－8ER　8 路输出扩展模块　继电器	1 台	
		3G3JV－A4007，三相输入，功率：0.75 kW	1 台	
		FPX－C60T(晶体管输出)	1 台	
6	松下 PLC 主机、变频器模块	BFV00074，三相输入，功率：0.75 kW	1 台	
7	电源模块	三相电源总开关(带漏电和短路保护)1 个，熔断器 3 只，单相电源插座 2 个，三相五线电源输出 1 组	1 件	
8	按钮模块	开关电源 24 V/6 A1 只，急停按钮 1 只，复位按钮黄、绿、红各 1 只，自锁按钮黄、绿、红各 1 只，转换开关 2 只，蜂鸣器 1 只，24 V 指示灯黄、绿、红各 2 只	1 件	
9	井式上料机构	井式工件库 1 件，物料推出机构 1 件，光电传感器 2 只，磁性开关 2 只，单杆气缸 1 只，单控电磁阀 1 只，警示灯 1 只，主要完成将工件库中的工件依次推出	1 件	

10	搬运机械手机构	单杆气缸1只,双杆气缸1只,气动手爪1只,电感传感器1只,磁性开关5只,行程开关2只,步进电机1只,步进驱动器1只,单控电磁阀2只,双控电磁阀1只。主要完成将工件从上料台搬运到输送带上	1件	
11	皮带输送机构	三相交流减速电机(AC380 V,输出转速130 r/min)1台,滚动轴承4只,滚轮2只,传输带1500 mm×67 mm×2 mm1条,主要完成将工件输送到分拣区	1件	
12	物件分拣机构	旋转气缸,电感传感器1只,光纤传感器1只,漫反射式光电传感器1只,对射式光电传感器1对,磁性开关4只,物料分拣槽3个,导料块2只,单控电磁阀2只,完成物料的分拣工作	1件	
13	接线端子转换板	接线端子和安全插座	1块	
14	物料	金属(铝)4个,尼龙黑白各4个	12个	
15	实训导线	强电导线/弱电导线若干	1套	
16	气管	Φ4/Φ6若干	1套	
17	PLC编程电缆	配套PLC使用	1条	
18	配套光盘	PLC编程软件(DEMO)、使用手册、程序等	1套	
19	配套工具	工具箱:十字长柄螺丝刀,中、小号十字螺丝刀,钟表螺丝刀,剥线钳,尖嘴钳,剪刀,电烙铁,镊子,活动扳手,内六角扳手	1套	
20	挂线架	TH－JD20	1个	
21	静音气泵	0.6～0.8 MPa	1台	
22	电脑推车	TH－JD21	1台	
23	计算机	品牌机	1台	用户自配

○	○	○	○	○	○	○	○	○	○	○	○	○	○	○	○	○	○	○	○	○	○	○	○	○	○	○	○	○	○	○	○	○	○	○	○	○	○	○	○	○	○	○	○	○	○	○
1	2	3	4	5	6	7	8	9	10	11	12	13	14	15	16	17	18	19	20	21	22	23	24	25	26	27	28	29	30	31	32	33	34	35	36	37	38	39	40	41	42	43	44	45	46	47

○	○	○	○	○	○	○	○	○	○	○	○	○	○	○	○	○	○	○	○	○	○	○	○	○	○	○	○	○	○	○	○	○	○	○	○	○	○	○	○	○
48	49	50	51	52	53	54	55	56	57	58	59	60	61	62	63	64	65	66	67	68	69	70	71	72	73	74	75	76	77	78	79	80	81	82	83	84	85	86	87	88

备注：1.光电传感器引出线：棕色表示“+”接“+24V”，蓝色表示“–”接“0V”,黑色表示“输出”接“PLC输入墙”。

2.磁性传感器引出线：蓝色表示“–”接“0V”，棕色表示“+”接“PLC输入端”。

3.电磁阀引出线：“1”接“+”，“2”接“–”

接线端子图

附录 2　光机电一体化实训考核装置机构图和设备总装图

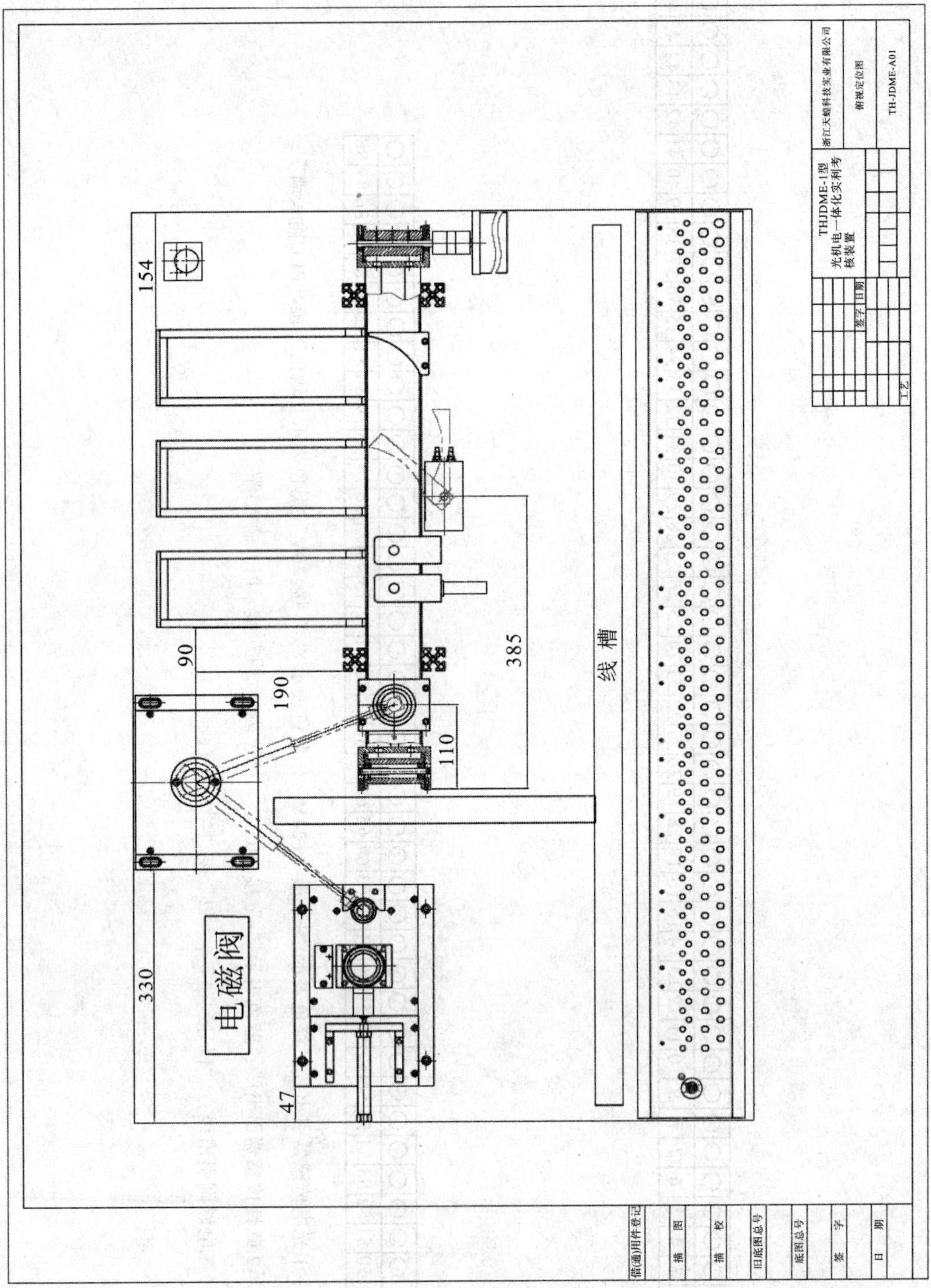

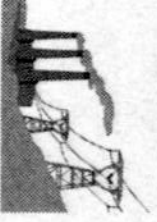

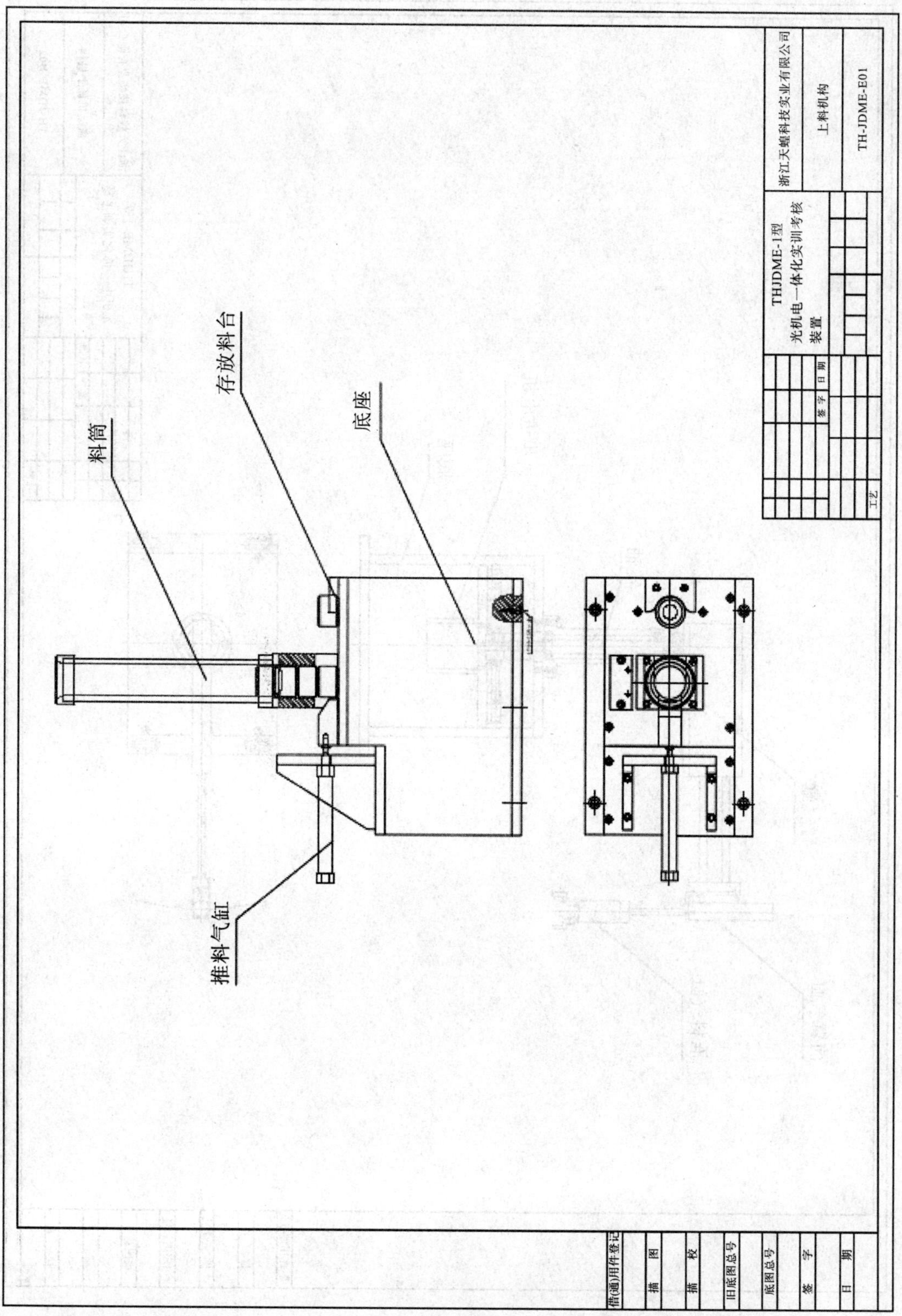

料筒

推料气缸

存放料台

底座

借(通)用件登记

描图

描校

旧底图总号

底图总号

签字

日期

签字 日期

工艺

THJDME-1型
光机电一体化实训考核
装置

浙江天蝗科技实业有限公司

上料机构

TH-JDME-E01

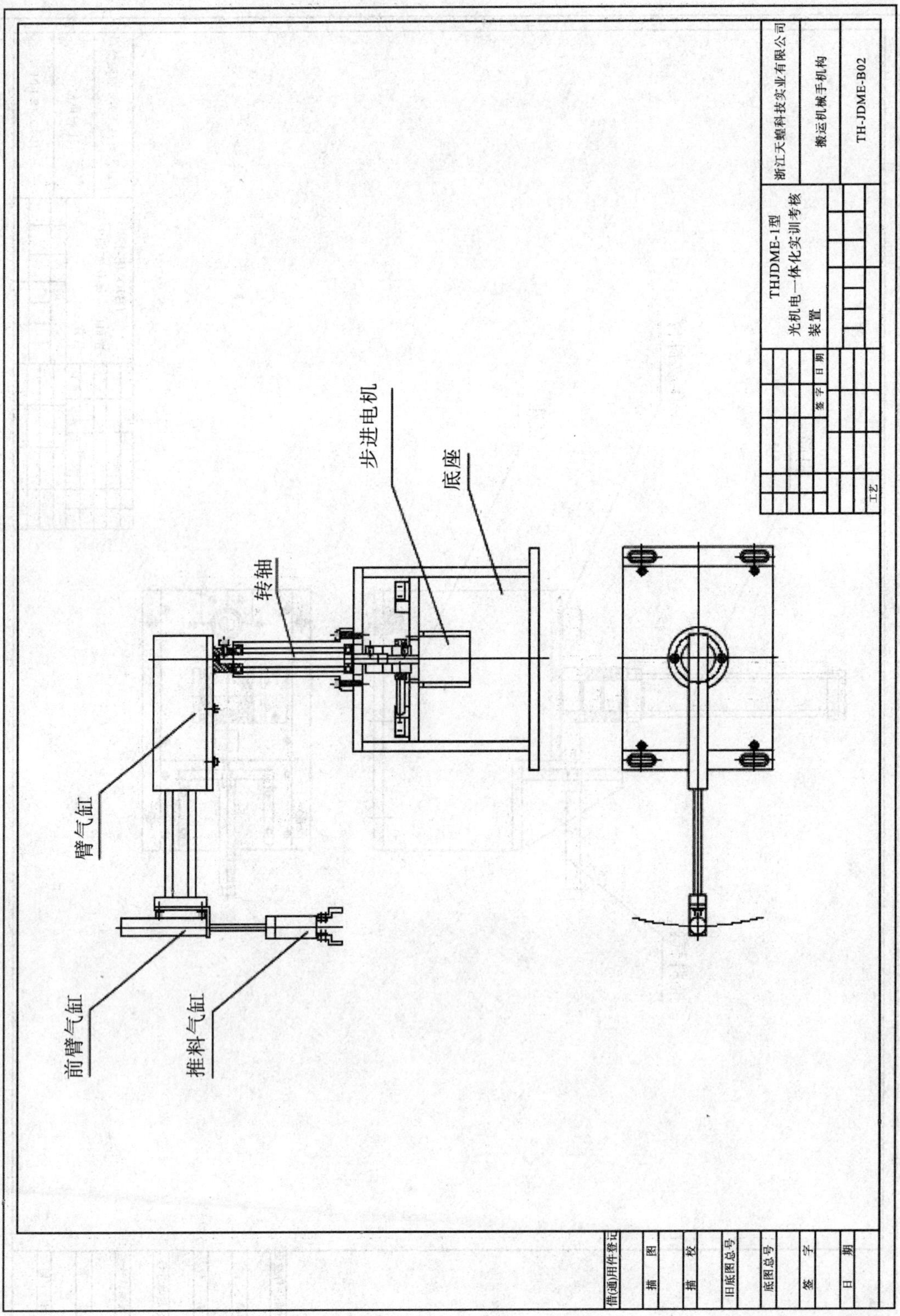

浙江天煌科技实业有限公司

搬运机械手机构

TH-JDME-B02

THJDME-1型
光机电一体化实训考核
装置

签字	日期
工艺	

步进电机

底座

转轴

臂气缸

前臂气缸

推料气缸

借(通)用件登记
描图
描校
旧底图总号
底图总号
签字
日期

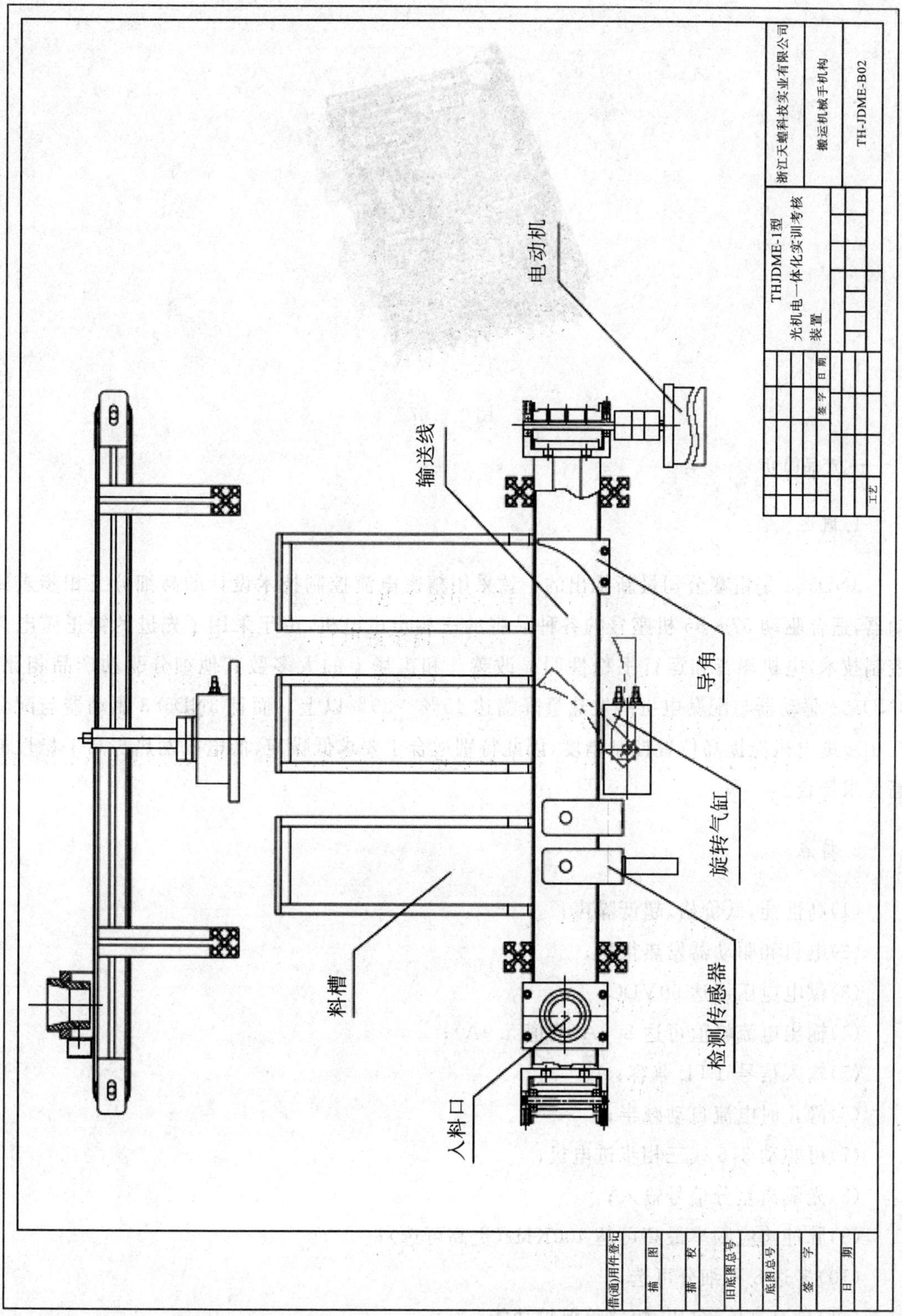

电动机
输送线
导角
旋转气缸
检测传感器
料槽
入料口

浙江天煌科技实业有限公司
搬运机械手机构
TH-JDME-B02
THJDME-1型
光机电一体化实训考核装置
签字 日期
工艺
借(通)用件登记
描图
描校
旧底图总号
底图总号
签字
日期

附录3 光机电一体化实训考核装置3ND583低噪声细分步进驱动器使用手册

图 3.2.67

一、产品简介

1.概述

3ND583是雷赛公司最新推出的一款采用精密电流控制技术设计的高细分三相步进驱动器,适合驱动57～86机座号的各种品牌的三相步进电机,由于采用了先进的纯正弦电流控制技术,电机噪音和运行平稳性明显改善。和市场上的大多数其他细分驱动产品相比,3ND583驱动器与配套电机的发热量降幅达15%～30%以上。而且3ND583驱动器与配套三相步进电机能提高位置控制精度,因此特别适合于要求低噪声、低电机发热与高平稳性的高要求场合。

2.特点

(1)高性能、低价格、超低噪声;
(2)电机和驱动器发热很低;
(3)供电电压可达50VDC;
(4)输出电流峰值可达8.3A(均值5.9A);
(5)输入信号TTL兼容;
(6)静止时电流自动减半;
(7)可驱动3,6线三相步进电机;
(8)光隔离差分信号输入;
(9)脉冲响应频率最高可达400KHz(更高可选);
(10)多达8种细分可选;
(11)具有过压、欠压、短路等保护功能;
(12)脉冲/方向或CW/CCW双脉冲功能可选。

3. 应用领域

适合各种中小型自动化设备和仪器，例如：雕刻机、打标机、切割机、激光照排、绘图仪、数控机床、自动装配设备等。在用户期望小噪声、高精度、高速度的设备中应用效果特佳。

二、驱动器接口和接线介绍

1. P1 端口控制信号接口描述

名称	功能
PUL+(+5 V)	脉冲控制信号：脉冲上升沿有效；PUL－高电平时 4～5 V，低电平时 0～0.5 V。为了可靠响应脉冲信号，脉冲宽度应大于 1.2 μs。如采用＋12 V 或＋24 V 时需串电阻
PUL－(PUL)	
DIR+(+5 V)	方向信号：高/低电平信号，为保证电机可靠换向，方向信号应先于脉冲信号至少 5 μs 建立。电机的初始运行方向与电机的接线有关，互换三相绕组 U、V、W 的任何两根线可以改变电机初始运行的方向，DIR－高电平时 4～5 V，低电平时 0～0.5 V
DIR－(DIR)	
ENA+(+5 V)	使能信号：此输入信号用于使能或禁止。ENA＋接＋5 V，ENA－接低电平(或内部光耦导通)时，驱动器将切断电机各相的电流使电机处于自由状态，此时步进脉冲不被响应。当不需用此功能时，使能信号端悬空即可
ENA－(ENA)	

2. P2 端口强电接口描述

名称	功能
GND	直流电源地
+V	直流电源正极，＋18V—＋50 V 间任何值均可，但推荐值＋36VDC 左右
U	三相电机 U 相
V	三相电机 V 相
W	三相电机 W 相

3. 输入接口电路

3ND583 驱动器采用差分式接口电路可适用差分信号，单端共阴及共阳等接口，内置高速光电耦合器，允许接收长线驱动器，集电极开路和 PNP 输出电路的信号。在环境恶劣的场合，我们推荐用长线驱动器电路，抗干扰能力强。现在以集电极开路和 PNP 输出为例，接口电路示意图如下：

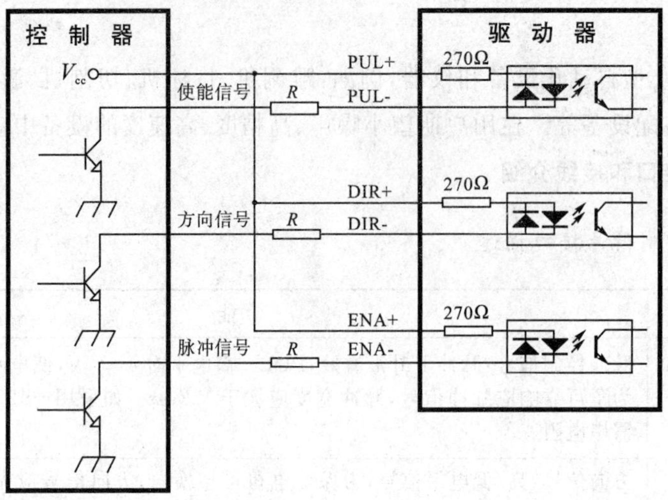

图 3.2.68　输入接口电路(共阳极接法)控制器集电极开路输出

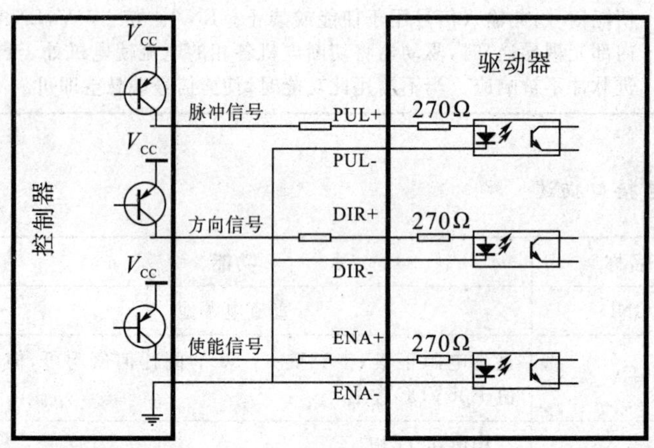

图 3.2.69　输入接口电路(共阴极接法)控制器 PNP 输出

注意:V_{CC}值为 5V 时,R 短接;

V_{CC}值为 12V 时,R 为 1K,大于 1/8 W 电阻;

V_{CC}值为 24V 时,R 为 2K,大于 1/8 W 电阻;

R 必须接在控制器信号端。

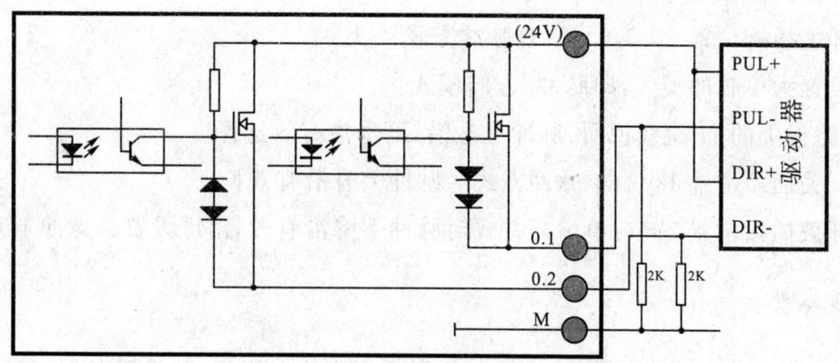

图 3.2.70 西门子 PLC 系统和驱动器共阳极的连接

4. 控制信号时序图

为了避免一些误动作和偏差，PUL、DIR 和 ENA 应满足一定要求，如下图所示：

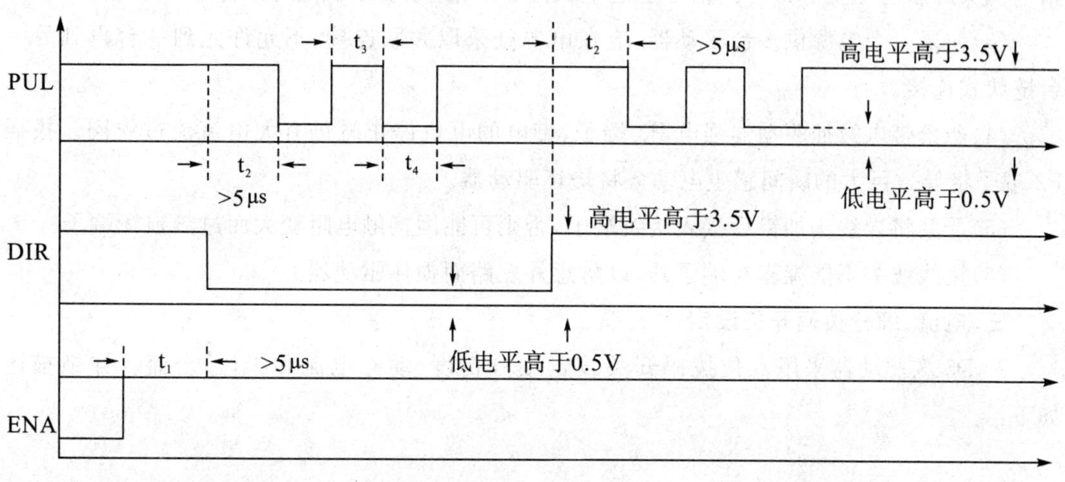

图 3.2.71 时序图

注释：

(1)t1：ENA(使能信号)应提前 DIR 至少 5μs，确定为高。一般情况下建议 ENA＋和 ENA－悬空即可；

(2)t2：DIR 至少提前 PUL 下降沿 5μs 确定其状态高或低；

(3)t3：脉冲宽度至少不小于 1.2μs；

(4)t4：低电平宽度不小于 1.2μs。

5. 控制信号模式设置

(1)电路板上的 J1 跳线说明：单/双脉冲模式选择

跳线开关插接位置 4—5,7—8:单脉冲方式;

跳线开关插接位置 5—6,8—9:双脉冲方式;

出厂设置为单脉冲模式,即脉冲/方向模式。

(2)电路板上的 J1 跳线说明:脉冲上升沿/下降沿有效选择

跳线开关插接位置 1—2:单脉冲方式时脉冲上升沿有效;

跳线开关插接位置 2—3:单脉冲方式时脉冲下降沿有效,出厂设置为脉冲上升沿有效。

6. 接线要求

(1)为了防止驱动器受干扰,建议控制信号采用屏蔽电缆线,并且屏蔽层与地线短接,除特殊要求外,控制信号电缆的屏蔽线单端接地:屏蔽线的上位机一端接地,屏蔽线的驱动器一端悬空。同一机器内只允许在同一点接地,如果不是真实接地线,可能干扰严重,此时屏蔽层不接。

(2)脉冲和方向信号线与电机线不允许并排包扎在一起,最好分开至少 10 cm 以上。否则电机噪声容易干扰脉冲方向信号引起电机定位不准,系统不稳定等故障。

(3)如果一个电源供多台驱动器,应在电源处采取并联连接,不允许先到一台再到另一台链状式连接。

(4)严禁带电拔插驱动器强电 P2 端子,带电的电机停止时仍有大电流流过线圈。拔插 P2 端子将导致巨大的瞬间感生电动势将烧坏驱动器。

(5)严禁将导线头加锡后接入接线端子,否则可能因接触电阻变大而过热损坏端子。

(6)接线线头不能裸露在端子外,以防意外短路而损坏驱动器。

三、电流、细分拨码开关设定

3ND583 驱动器采用八位拨码开关设定细分精度、动态电流和半流/全流。详细描述如下:

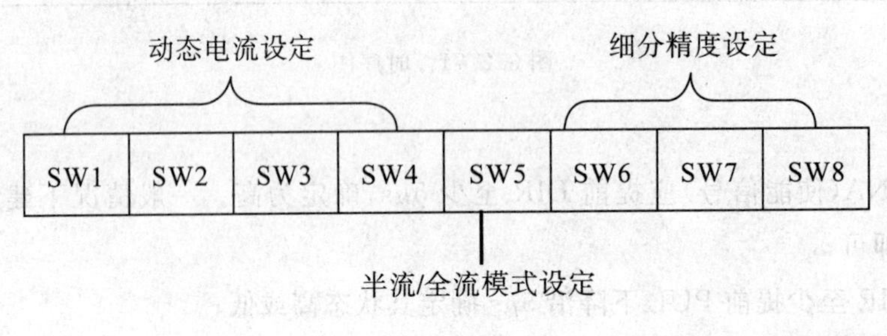

图 3.2.72

1. 电流设定

(1)工作(动态)电流设定

用四位拨码开关一共可设定 16 个电流级别,参见下表。

输出峰值电流	输出有效值电流	SW1	SW2	SW3	SW4
2.1 A	1.5 A	off	off	off	off
2.5 A	1.8 A	on	off	off	off
2.9 A	2.1 A	off	on	off	off
3.2 A	2.3 A	on	on	off	off
3.6 A	2.6 A	on	off	on	off
4.0 A	2.9 A	on	off	on	off
4.5 A	3.2 A	off	on	on	off
4.9 A	3.5 A	on	on	on	off
5.3 A	3.8 A	off	off	off	on
5.7 A	4.1 A	on	off	off	on
6.2 A	4.4 A	off	on	off	on
6.4 A	4.6 A	on	on	off	on
6.9 A	4.9 A	off	off	on	on
7.3 A	5.2 A	on	off	on	on
7.7 A	5.5 A	off	on	on	on
8.3 A	5.9 A	on	on	on	on

(2)静止(静态)电流设定

静态电流可用SW5拨码开关设定,off表示静态电流设为动态电流的一半,on表示静态电流与动态电流相同。如果电机停止时不需要很大的保持力矩,建议把SW5设成off,使得电机和驱动器的发热减少,可靠性提高。脉冲串停止后约0.4s左右电流自动减至一半左右(实际值的60%),发热量理论上减至36%。

2. 细分设定

细分精度由SW6－SW8三位拨码开关设定,参见下表。

步/转	SW6	SW7	SW8
200	on	on	on
400	off	on	on
500	on	off	on
1000	off	off	on
2000	on	on	off
4000	off	on	off
5000	on	off	off
10000	off	off	off

四、供电电源选择

电源电压在 DC20～50V 之间都可以正常工作，3ND583 驱动器最好采用非稳压型直流电源供电，也可以采用变压器降压＋桥式整流＋电容滤波，电容可取 6 800uF 或 10 000uF。但注意应使整流后电压纹波峰值不超过 50V。建议用户使用 24～45V 直流供电，避免电网波动超过驱动器电压工作范围。如果使用稳压型开关电源供电，应注意电源的输出电流范围需设成最大。

请注意：

1. 接线时要注意电源正负极切勿接反；
2. 最好用非稳压型电源；
3. 采用非稳压电源时，电源电流输出能力应大于驱动器设定电流的 60%；
4. 采用稳压开关电源时，电源的输出电流应大于或等于驱动器的工作电流；
5. 为降低成本，两三个驱动器可共用一个电源，但应保证电源功率足够大。

五、电机选配

3ND583 可以用来驱动 3、6 线的三相混合式步进电机，步距角为 1.2°和 0.6°的均可适用。选择电机时主要由电机的扭矩和额定电流决定。扭矩大小主要由电机尺寸决定，尺寸大的电机扭矩较大；而电流大小主要与电感有关，小电感电机高速性能好，但电流较大。

1. 电机选配

(1)确定负载转矩，传动比工作转速范围

T 电机＝C(Jε＋T 负载)；

J:负载的转动惯量；ε:负载的最大角加速度；C:安全系数，推荐值 1.2～1.4；

T 负载：最大负载转矩，包括有效负载、摩擦力、传动效率等阻力转矩。

(2)电机输出转矩由哪些因素决定

对于给定的步进电机和线圈接法，输出扭矩有以下特点：

①电机实际电流越大，输出转矩越大，但电机铜损(P＝I2R)越多，电机发热较多；

②驱动器供电电压越高，电机高速转矩越大；

③由步进电机的矩频特性图可知，高速比中低速转矩小。

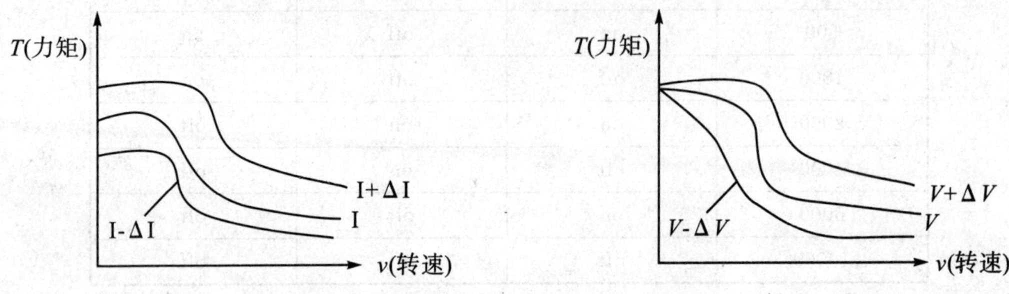

图 3.2.73　矩频特性图

2. 电机接线

3ND583 驱动器和三相混合式步进电机的连接采用三线制，电机绕组有三角形和星形接法。三角形接法时，高速性能好，但驱动电流大（为电机绕组电流的 1.73 倍）；星形接法时驱动器电流等于电机绕组电流，如下图所述：

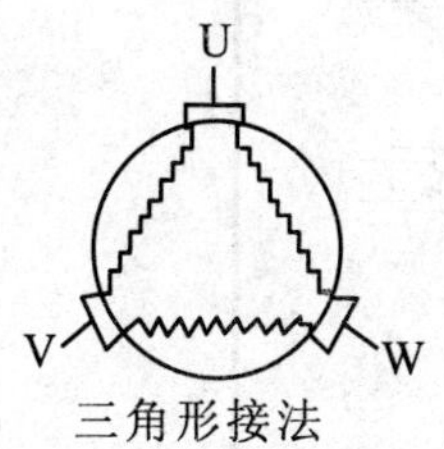

三角形接法

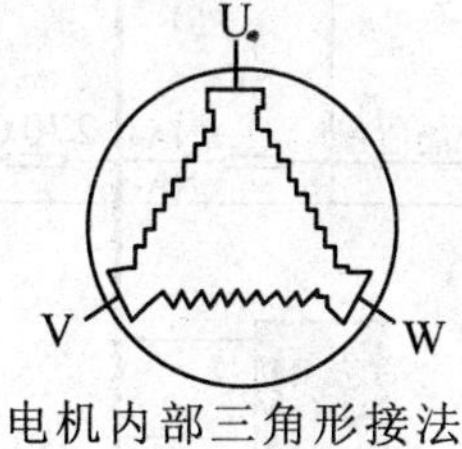

电机内部三角形接法

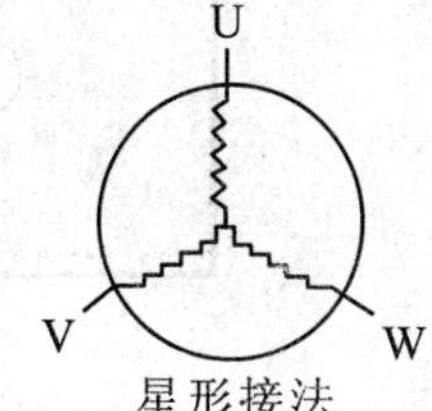

星形接法

图 3.2.74　电机接线

3. 输入电压和输出电流的选用

(1)供电电压的设定

一般来说，供电电压越高，电机高速时力矩越大。越能避免高速时掉步。但另一方面，电压太高会导致过压保护，电机发热较多，甚至可能损坏驱动器。在高电压下工作时，电机低速运动的振动会大一些。

(2)输出电流的设定值

对于同一电机，电流设定值越大时，电机输出力矩越大，但电流大时电机和驱动器的发热也比较严重。具体发热量的大小不单与电流设定值有关，也与运动类型及停留时间有关。一般采用步进电机额定电流值作为参考，最佳值应在此基础上调整。原则上如温度很低（＜40℃）则可视需要适当加大电流设定值以增加电机输出功率（力矩和高速响应）。

△注意：

电流设定后请运转电机 15～30 min，如电机温升太高（＞70 ℃），则应降低电流设定值。所以，一般情况是把电流设成电机长期工作时出现温热但不过热时的数值。

六、典型接线案例

3ND583 配三相混合式步进电机接线方法如下图所示（若电机转向与期望转向不同时，仅交换 U、V、W 的任意两根线即可）：

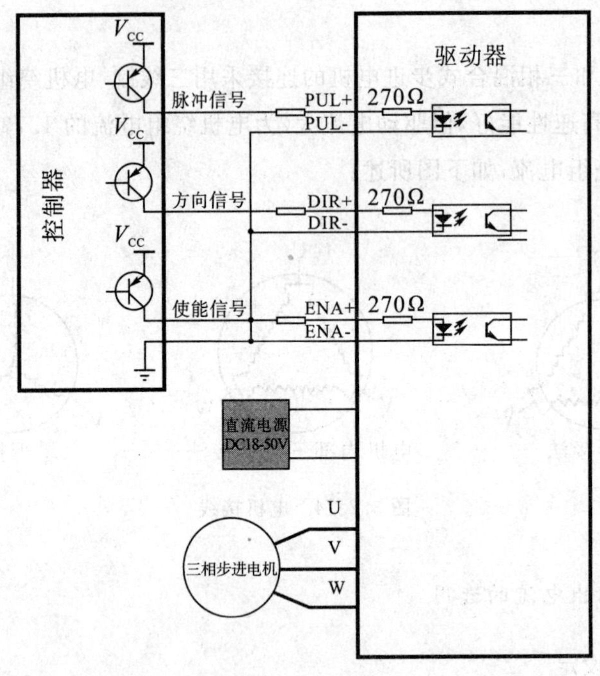

图 3.2.75　3ND583 配三相混合式步进电机接法

七、保护功能

1. 欠压保护

当直流电源电压＋V 低于 18V 时,驱动器绿灯灭红灯闪烁,进入欠压保护状态。若输入电压继续下降至 16V 时,红绿灯均会熄灭。当输入电压回升至 20V,驱动器会自动复位,进入正常工作状态。

2. 过压保护

当直流电源电压＋V 超过 51VDC 时,保护电路动作,电源指示灯变红,保护功能启动。

3. 过流和短路保护

电机接线线圈绕组短路或电机自身损坏时,保护电路动作,电源指示灯变红,保护功能启动。

当过压、过流、短路保护功能启动时,电机轴失去自锁力,电源指示灯变红。若要恢复正常工作,需确认以上故障消除,然后电源重新上电,电源指示灯变绿,电机轴被锁紧,驱动器恢复正常。

八、常见问题

1.应用中常见的一些问题和处理方法

现象	可能问题	解决措施
电机不转	电源灯不亮	检查供电电路，正常供电
	电机轴有力	脉冲信号弱，信号电源加大至7～16 mA
	细分太小	选对细分
	电流设定是否太小	选对电流
	驱动器已保护	重新上电
	使能信号为低	此信号拉高或不接
	对控制信号不反应	未上电
电机转向错误	电机线接错	任意交换电机一相的两根线（例如 A^+、A^- 交换接线位置）
	电机线有断路	检查并接对
报警指示灯亮	电机线接错	检查接线
	电压过高或过低	检查电源
	电机或驱动器损坏	更换电机或驱动器
位置不准	信号受干扰	排除干扰
	屏蔽地未接或未接好	可靠接地
	电机线有断路	检查并接对
	细分错误	设对细分
	电流偏小	加大电流
电机加速时堵转	加速时间太短	加速时间加长
	电机扭矩太小	选大扭矩电机
	电压偏低或电流太小	适当提高电压或电流

2.驱动器常见问题

(1)何为步进电机和步进驱动器

步进电机是一种专门用于速度和位置精确控制的特种电机，它旋转是以固定的角度（称为“步距角”）一步一步运行的，故称步进电机。其特点是没有累积误差，接收到控制器发来的每一个脉冲信号，在驱动器的推动下电机运转一个固定的角度，所以广泛应用于各种开环控制。步进驱动器是一种能使步进电机运行的功率放大器，能把控制器发来的脉冲信号转化为步进电机的功率信号，电机的转速与脉冲频率成正比，所以控制脉冲频率可以精确调速,控制脉冲数就可以精确定位。

(2)何为驱动器的细分

步进电机由于自身特有结构决定,出厂时都注明"电机固有步距角"(如1.2°/0.6°)。但在很多精密控制和场合,整步的角度太大,影响控制精度,同时振动太大,所以要求分很多步走完一个电机固有步距角,这就是所谓的细分驱动。能够实现此功能的电子装置称为细分驱动器。

(3)细分驱动器有何优点

①因减少每一步所走过的步距角,提高了步距均匀度,因此可以提高控制精度;

②可以大大地减少电机振动,低频振荡是步进电机的固有特性,用细分是消除它的最好方法;

③可以有效地减少转矩脉动,提高输出转矩。

以上这些优点普遍被用户认可,并给他们带来实惠,所以建议您最好选用细分驱动器。

(4)为什么我的电机只朝一个方向运转

①可能方向信号太弱,或接线极性错,或信号电压太高烧坏方向限流电阻;

②脉冲模式不匹配,信号是脉冲/方向,驱动器必须设置为此模式;若信号是CW/CCW(双脉冲模式),驱动器则必须也是此模式,否则电机只朝一个方向运转。

(5)步进电机分哪几种?有什么区别

步进电机分3种:永磁式(PM),反应式(VR)和混合式(HB)

①永磁式步进一般为两相,转矩和体积较小,步进角一般为7.5°或15°。

②反应式步进一般为三相,可实现大转矩输出,步进角一般为1.5°,但噪声和振动都很大。欧美等发达国家20世纪80年代已淘汰。

③混合式步进是指混合了永磁式和反应式的优点。它又分为两相四相和五相:两相步进角一般为1.8°而五相步进角一般为0.72°。这种步进电机的应用最为广泛。

(6)什么是保持转矩(HOLDINGTORQUE)

保持转矩(HOLDING TORQUE)是指步进电机通电但没有转动时,定子锁住转子的力矩。它是步进电机最重要的参数之一,通常步进电机在低速时的力矩接近保持转矩。保持转矩越大则电机带负载能力越强。由于步进电机的输出力矩随速度的增大而不断衰减,输出功率也随速度的增大而变化,所以保持转矩就成为了衡量步进电机重要的参数之一。比如,当人们说2N.m的步进电机,在没有特殊说明的情况下是指保持转矩为2N.m的步进电机。

(7)步进电机的驱动方式有几种

一般来说,步进电机有恒压,恒流驱动两种,恒压驱动已近淘汰,目前普遍使用恒流驱动。

(8)步进电机精度为多少?是否累积

一般步进电机的精度为步进角的3%～5%。步进电机单步的偏差并不会影响到下一步

的精度因此步进电机精度不累积。

(9)步进电机的外表温度允许达到多少

步进电机温度过高首先会使电机的磁性材料退磁，从而导致力矩下降甚至丢失。因此电机外表允许的最高温度应取决于不同电机磁性材料的退磁点；一般来说，磁性材料的退磁点都在 130 ℃以上，因此步进电机外表温度在 80～90 ℃完全正常。

(10)为什么步进电机的力矩会随转速升高而下降

当步进电机转动时，电机各相绕组的电感将形成一个反向电动势；频率越高，反向电动势越大。在它的作用下，电机随频率(或速度)的增大而相电流减小，从而导致力矩下降。

(11)为什么步进电机低速时可以正常运转，但若高于一定速度就无法启动，并伴有啸叫声

步进电机有一个技术参数：空载启动频率，即步进电机在空载情况下能够正常启动的脉冲频率，如果脉冲频率高于该值，电机不能正常启动，可能发生丢步或堵转。在有负载的情况下，启动频率应更低。如果要使电机达到高速转动，脉冲频率应该有加速过程，即启动频率较低，然后按一定加速度升到所希望的高频(电机转速从低速升到高速)。我们建议空载启动频率选定为电机运转一圈所需脉冲数的 2 倍。

(12)如何克服两相混合式步进电机在低速运转时的振动和噪声

步进电机低速转动时振动和噪声大是其固有的缺点，一般可采用以下方案来克服：

①如步进电机正好工作在共振区，可通过改变减速比提高步进电机运行速度；

②采用带有细分功能的驱动器，这是最常用的、最简便的方法。因为细分型驱动器电机的相电流变流较半步型平缓；

③换成步距角更小的步进电机，如三相或五相步进电机，或两相细分型步进电机；

④换成直流或交流伺服电机，几乎可以完全克服振动和噪声，但成本较高；

⑤在电机轴上加磁性阻尼器，市场上已有这种产品，但机械结构改变较大。

(13)细分驱动器的细分数是否能代表精度

步进电机的细分技术实质上是一种电子阻尼技术(请参考有关文献)，其主要目的是减弱或消除步进电机的低频振动，提高电机的运转精度只是细分技术的一个附带功能。比如对于步进角为 1.8°的两相混合式步进电机，如果细分驱动器的细分数设置为 4，那么电机的运转分辨率为每个脉冲 0.45°，电机的精度能否达到或接近 0.45°，还取决于细分驱动器的细分电流控制精度等其他因素。不同厂家的细分驱动器精度可能差别很大；细分数越大精度越难控制。

(14)四相驱动合式步进电机与驱动器的串联接法和并联接法有什么区别

四相混合式步进电机一般由两相驱动器来驱动，因此，连接时可以采用串联接法或并联接法将四相电机接成两相使用。串联接法一般在电机转速较快的场合使用。此时需要的驱动器输出电流为电机相电流的 0.7 倍，因而电机发热小；并联接法一般在电机转速较高的场合使用(又称高速接法)，所需要的驱动器输出电流为电机相电流的 1.4 倍，因而电机发热

较大。

(15)如何确定步进电机驱动器直流供电电源

①供电电源供电电压的确定

混合式步进电机驱动器的供电电源电压一般是一个较宽的范围,电源电压通常根据电机的工作转速和响应要求来选择。如果电机工作转速较高或响应要求较快,那么电压取值也高,但注意电源电压的波纹不能超过驱动器的最大输入电压,否则可能损坏驱动器。如果电机工作转速较低,则可以考虑电压选取较低值。

②供电电源输出电流的确定

供电电源电流一般根据驱动器的输出相电流 I 来确定。如果采用线性电源,电源电流一般可取 I 的 1.1～1.3 倍;如果采用开关电源,电源电流一般可取 I 的 1.5～2.0 倍。如果一个供电源同时给几个驱动器供电,则应考虑供电电源的电流应适当加倍。

(16)混合式步进电机驱动器的使能信号 Ena 一般在什么情况下使用

当使能信号 Ena 为低电平时,驱动器输出到电机的电流被切断,电机转子处于自由状态(脱机状态)。在有些自动化设备中,如果在驱动器不断电的情况下要求可以用手动直接转动电机轴,就可以将 Ena 置低,使电机脱机,进行手动操作或调节。手动完成后,再将 Ena 信号置高,以继续自动控制。

(17)如何用简单的方法调整两相步进电机通电后的转动方向

只需将电机与驱动器接线的 A＋和 A－(或者 B＋和 B－)对调即可。

(18)步进电动机与交流伺服电动机的性能比较

①控制精度不同

两相步进电机步距角为 1.8°;德国百格拉公司生产的三相混合步进电机及驱动器,可以细分控制来实现步距角为 1.8°、0.9°、0.72°、0.36°、0.18°、0.09°、0.072°、0.036°,兼容了两相和五相步进电机的步距角。交流伺服电动机的控制精度由电动机后端的编码器保证。如对带标准 2500 线编码器的电动而言,驱动器内部采用 4 倍频率技术,则其脉冲当量为 360°/10 000＝0.036°;对于带 17 位编码器的电动机而言,驱动器每接收 217＝131 072 个脉冲电动机转一圈,即其脉冲当量为 360°/131 072＝0.00274658°,是步距角为 1.8°的步进电机脉冲当量的 1/655。

②频特性不同

两相混合式步进电动机在低速运转时易出现低频振动现象。交流伺服电动机运转非常平稳,即使在低速时也不会出现低频振动现象。

③矩频特性不同

步进电动机的输出力矩随转速升高而下降,且在较高速是会急剧下降。交流伺服电动机为恒力矩输出,即在额定转速(如 3 000RPM)以内,都能输出额定转矩。

④过载能力不同

步进电动机一般不具有过载能力,而交流伺服电动机有较强的过载能力,一般最大转矩

可为额定转矩的3倍，可用于克服惯性负载在启动瞬间的惯性力矩。步进电动机因为没有这种过载能力，在选型时为了克服这种惯性力矩，往往需要选取较大转矩的电动机，便出现了力矩浪费的现象。

⑤运行性能不同

步进电动机的控制为开环控制，启动频率过高或负载过大易出现丢步或堵转的现象；停止时如转速过高，易出现过冲的现象，所以为保证其控制精度，应处理好升、降速问题。交流伺服驱动系统为闭环控制，内部构成位置环和速度环，一般不会出现丢步或过冲现象，控制性能更为可靠。

⑥速度响应性能不同

步进电动机从静止加速到工作速度（一般为几百 RPM）需要 200～400ms。交流伺服驱动系统的加速性能较好，从静止加速到工作速度（如3 000RPM），一般仅需几毫秒，可用于快速启动的控制场合。

⑦效率指标不同

步进电动机的效率比较低，一般60%以下。交流伺服电机的效率比较高，一般80%以上。因此步进电动机的温升也比交流伺服电机的高。

3.3 MCGS组态控制实训

项目描述

工程名称:水位控制系统演示工程

工程介绍:该水位控制系统由水罐1、水罐2、水泵、调节阀、出水阀构成。水罐1(最大值10米)、水罐2(最大值6米)是由现场采集来的模拟数据;水泵、调节阀,出水阀为开关量,通过控制它们的开关状态来控制水罐1、水罐2的液位高度,使其液位保持在一定水平。

工程效果图

工程组态好后,最终效果图如下:

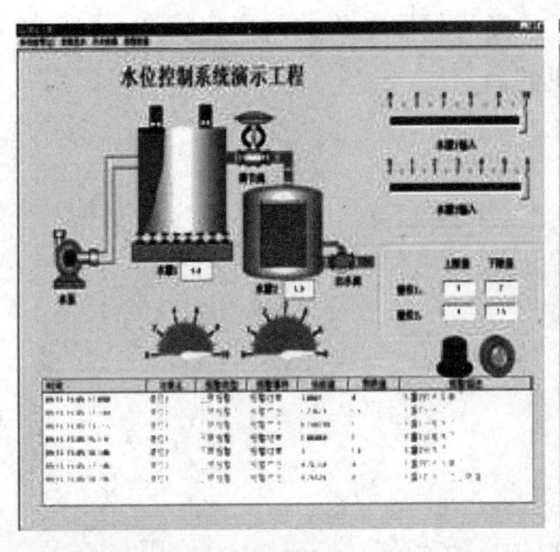

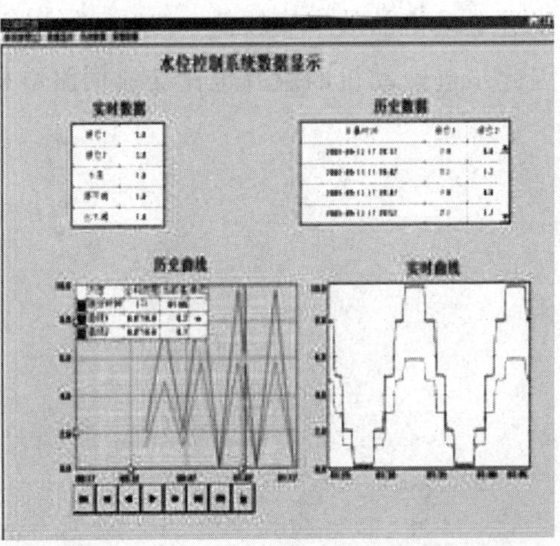

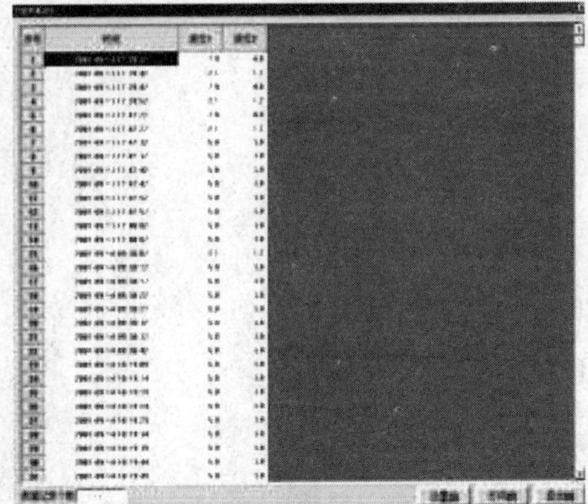

样例工程剖析

对于一个工程设计人员来说,要想快速准确地完成一个工程项目,首先要了解工程的系

统构成和工艺流程，明确主要的技术要求，搞清工程所涉及的相关硬件和软件。在此基础上，拟定组建工程的总体规划和设想，比如：控制流程如何实现，需要什么样的动画效果，应具备哪些功能，需要何种工程报表，需不需要曲线显示等。只有这样，才能在组态过程中有的放矢，尽量避免无谓的劳动，达到快速完成工程项目的目的。

工程的框架结构 样例工程定义的名称为"水位控制系统.mcg"工程文件，由5大窗口组成。总共建立了2个用户窗口，4个主菜单，分别作为水位控制、报警显示、曲线显示、数据显示，构成了样例工程的基本骨架。

动画图形的制作 水位控制窗口是样例工程首先显示的图形窗口（启动窗口），是一幅模拟系统真实工作流程并实施监控操作的动画窗口。包括：

（1）水位控制系统：水泵、水箱和阀门由"对象元件库管理"调入；管道则经过动画属性设置赋予其动画功能；

（2）液位指示仪表：采用旋转式指针仪表，指示水箱的液位；

（3）液位控制仪表：采用滑动式输入器，由鼠标操作滑动指针，改变流速；

（4）报警动画显示：由"对象元件库管理"调入，用可见度实现。

控制流程的实现 选用"模拟设备"及策略构件箱中的"脚本程序"功能构件，设置构件的属性，编制控制程序，实现水位、水泵、调节阀和出水阀的有效控制。

各种功能的实现 通过MCGS提供的各类构件实现下述功能：

（1）历史曲线：选用历史曲线构件实现；

（2）历史数据：选用历史表格构件实现；

（3）报警显示：选用报警显示构件实现；

（4）工程报表：历史数据选用存盘数据浏览策略构件实现，报警历史数据选用报警信息浏览策略构件实现，实时报表选用自由表格构件实现，历史报表选用历史表格构件实现。

输入、输出设备

（1）抽水泵的启停：开关量输出；

（2）调节阀的开启关闭：开关量输出；

（3）出水阀的开启关闭：开关量输出；

（4）水罐1、2液位指示：模拟量输入。

其他功能的实现 工程的安全机制：分清操作人员和负责人的操作权限。

注意：在MCGS组态软件中，提出了"与设备无关"的概念。无论用户使用PLC、仪表，还是使用采集板、模块等设备，在进入工程现场前的组态测试时，均采用模拟数据进行。待测试合格后，再进行设备的硬连接，同时将采集或输出的变量写入设备构件的属性设置窗口内，实现设备的软连接，由MCGS提供的设备驱动程序驱动设备工作。以上列出的变量均采取这种办法。

任务一　建立MCGS新工程

一、新建工程

如果计算机上已经安装了“MCGS组态软件”，在Windows桌面上，会有“Mcgs组态环境”与“Mcgs运行环境”图标。鼠标双击“Mcgs组态环境”图标，进入MCGS组态环境。如图3.3.1所示：

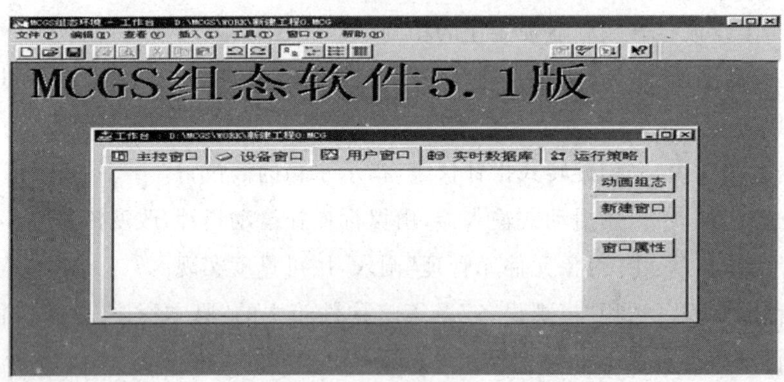

图3.3.1

在菜单“文件”中选→“新建工程”，如果MCGS安装在D:根目录下，则会在D:\MCGS\WORK\下自动生成新建工程，默认的工程名为新建工程X.MCG(X表示新建工程的顺序号，如:0、1、2等)。如图3.3.2所示：

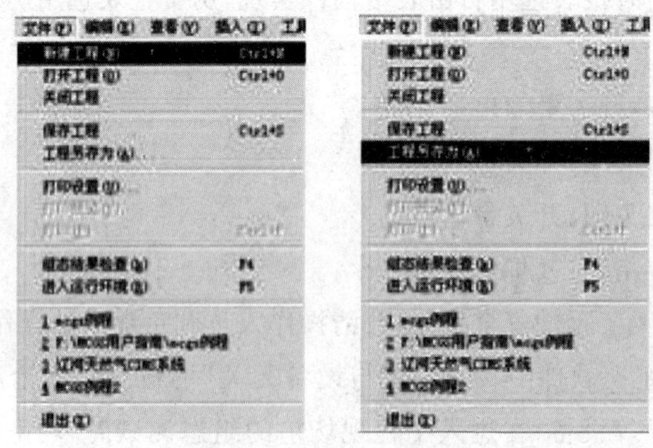

图3.3.2

您可以在菜单“文件”中选→“工程另存为”选项，把新建工程存为:D:\MCGS\WORK\水位控制系统。如图3.3.3所示：

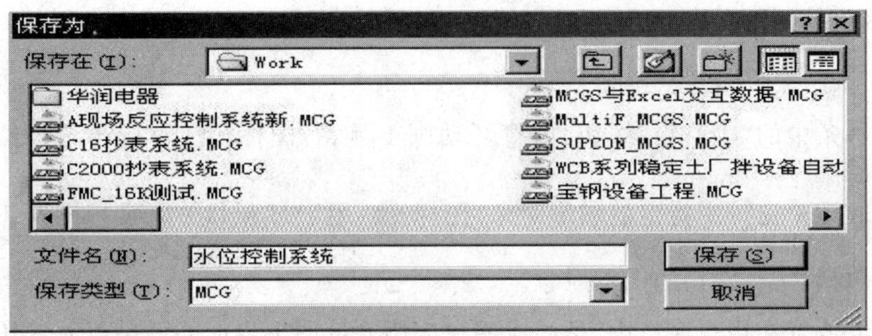

图 3.3.3

二、设计画面

建立新画面

在 MCGS 组态平台上，单击“用户窗口”，在“用户窗口”中单击“新建窗口”按钮，则产生新“窗口 0”，如图 3.3.4 所示：

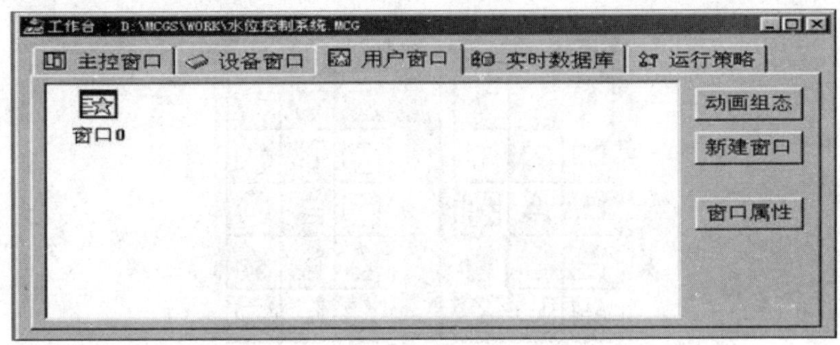

图 3.3.4

选中“窗口 0”，单击“窗口属性”，进入“用户窗口属性设置”，将“窗口名称”改为：水位控制；将“窗口标题”改为：水位控制；在“窗口位置”中选中“最大化显示”，其他不变，单击“确认”。如图 3.3.5 所示：

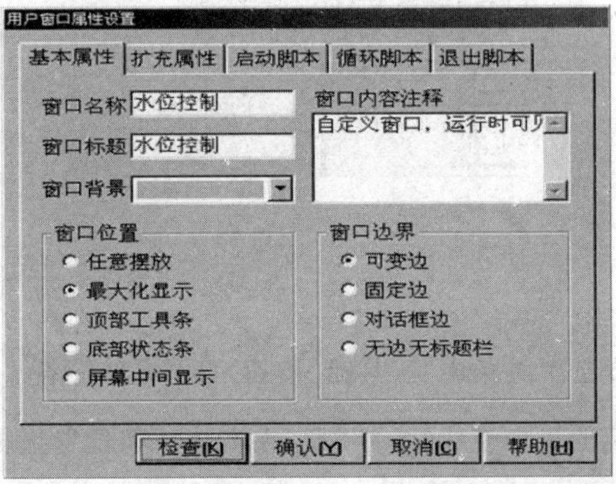

图 3.3.5

选中“水位控制”,单击“动画组态”,进入动画制作窗口。

工具箱

单击工具条中的“工具箱”按钮,则打开动画工具箱,图标 对应于选择器,用于在编辑图形时选取用户窗口中指定的图形对象;图标 用于打开和关闭常用图符工具箱,常用图符工具箱包括 27 种常用的图符对象。

图形对象放置在用户窗口中,是构成用户应用系统图形界面的最小单元,MCGS 中的图形对象包括图元对象、图符对象和动画构件 3 种类型,不同类型的图形对象有不同的属性,所能完成的功能也各不相同。

MCGS 的图元是以向量图形的格式而存在的,根据需要可随意移动图元的位置和改变图元的大小,在工具箱中提供了 8 种图元。为了快速构图和组态,MCGS 系统内部提供了 27 种常用的图符对象,称为系统图符对象。如图 3.3.6 所示:

图 3.3.6

制作文字框图

建立文字框:鼠标点击工具条中“工具箱”按钮,打开系统图符工具箱。选择“工具箱”内的“标签”按钮 A ,鼠标的光标变为“十字”形,在窗口任何位置拖拽鼠标,拉出一个一定大小的矩形。

输入文字：建立矩形框后，光标在其内闪烁，可直接输入“水位控制系统演示工程”文字，按回车键或在窗口任意位置用鼠标点击一下，文字输入过程结束。如果用户想改变矩形内的文字，先选中文字标签，按回车键或空格键，光标显示在文字起始位置，即可进行文字的修改。

设置框图颜色

设定文字框颜色：选中文字框，按 （填充色）按钮，设定文字框的背景颜色（设为无填充色）；按 （线色）按钮改变文字框的边线颜色（设为没有边线）。设定的结果是，不显示框图，只显示文字。

设定文字的颜色：按 （字符字体）按钮改变文字字体和大小。按 （字符颜色）按钮改变文字颜色（为蓝色）。如图 3.3.7 所示：

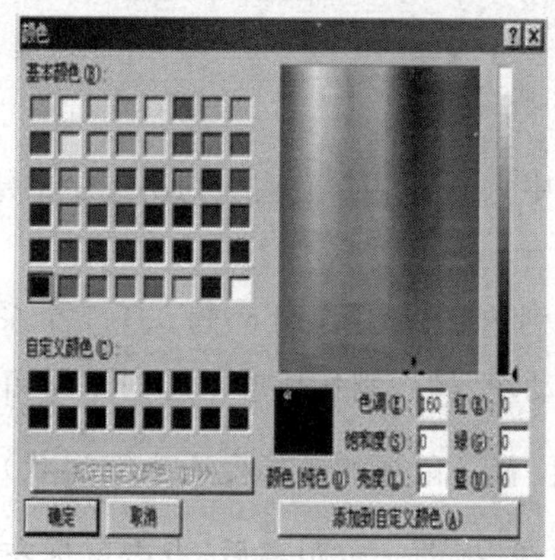

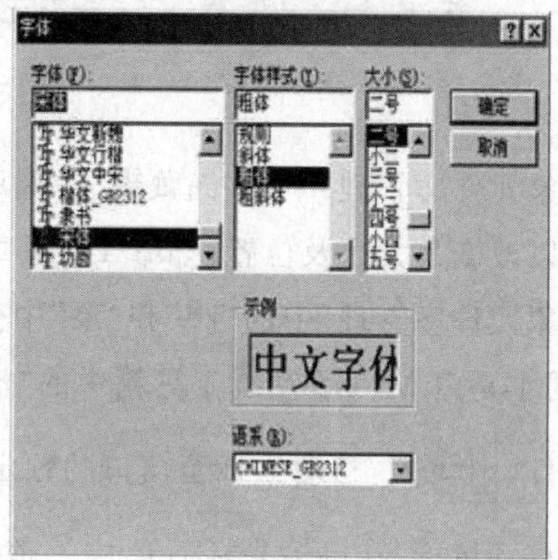

图 3.3.7

对象元件库管理

单击“工具”菜单，选中“对象元件库管理”或单击工具条中的“工具箱”按钮，则打开动画工具箱，工具箱中的图标 用于从对象元件库中读取存盘的图形对象；图标 用于把当前用户窗口中选中的图形对象存入对象元件库中。如图 3.3.8 所示：

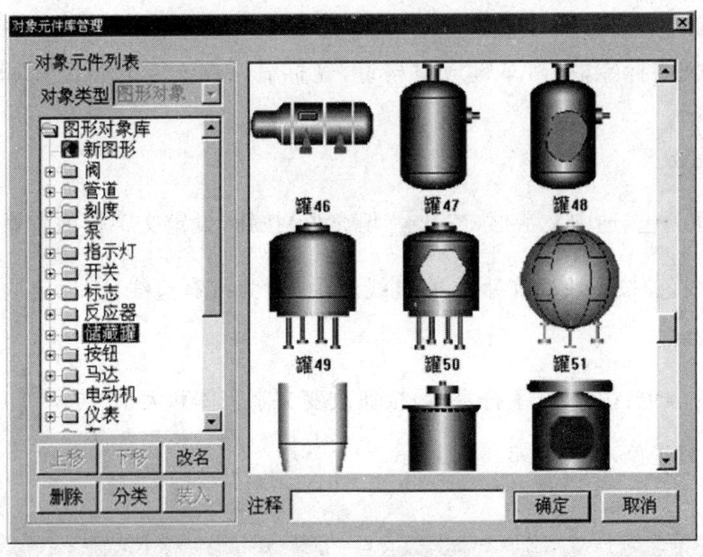

图 3.3.8

从“对象元件库管理”中的“储藏罐”中选取中意的罐，按“确认”，则所选中的罐在桌面的左上角，可以改变其大小及位置，如罐 14、罐 20。

从“对象元件库管理”中的“阀”和“泵”中分别选取 2 个阀(阀 6、阀 33)、1 个泵(泵 12)。

流动的水是由 MCGS 动画工具箱中的“流动块”构件制作成的。选中工具箱内的“流动块”动画构件( )。移动鼠标至窗口的预定位置，(鼠标的光标变为十字形状)，点击一下鼠标左键，移动鼠标，在鼠标光标后形成一道虚线，拖动一定距离后，点击鼠标左键，生成一段流动块。再拖动鼠标(可沿原来方向，也可垂直原来方向)，生成下一段流动块。当用户想结束绘制时，双击鼠标左键即可。当用户想修改流动块时，先选中流动块(流动块周围出现选中标志：白色小方块)，鼠标指针指向小方块，按住左键不放，拖动鼠标，就可调整流动块的形状。

用工具箱中的 A 图标，分别对阀、罐进行文字注释，方法见上面做“水位控制系统演示工程”。

最后生成的画面如图 3.3.9 所示：

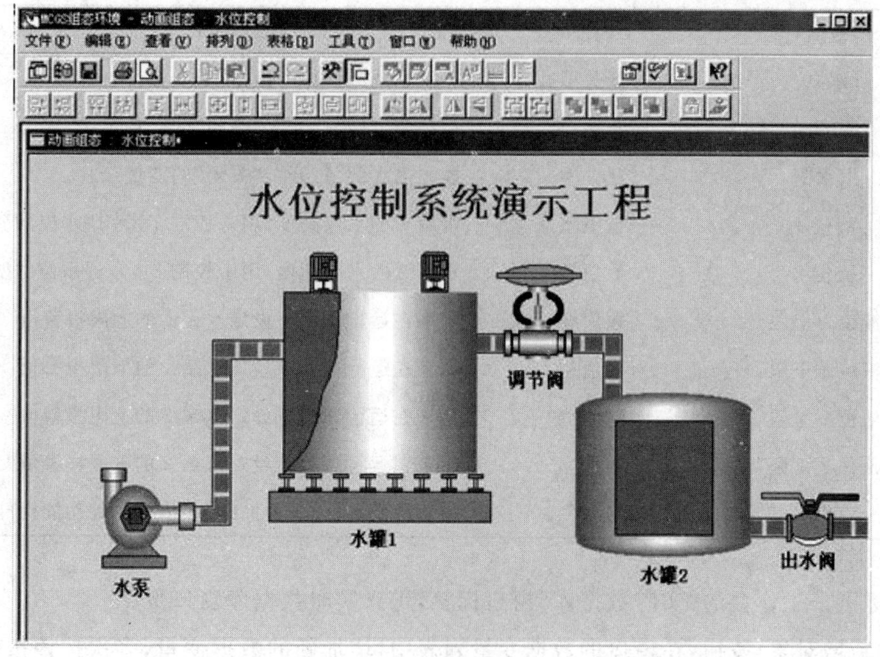

图 3.3.9

选择菜单项“文件”中的“保存窗口”，则可对所完成的画面进行保存。

任务二　让画面动起来

一、定义数据变量

在前面我们讲过，实时数据库是 MCGS 工程的数据交换和数据处理中心。数据变量是构成实时数据库的基本单元，建立实时数据库的过程也即是定义数据变量的过程。定义数据变量的内容主要包括：指定数据变量的名称、类型、初始值和数值范围，确定与数据变量存盘相关的参数，如存盘的周期、存盘的时间范围和保存期限等。下面介绍水位控制系统数据变量的定义步骤。

1. 分析变量名称

下表列出了样例工程中与动画和设备控制相关的变量名称。

表 3-1 样例工程中与动画和设备控制相关的变量名称

变量名称	类型	注释
水泵	开关型	控制水泵“启动”、“停止”的变量
调节阀	开关型	控制调节阀“打开”、“关闭”的变量
出水阀	开关型	控制出水阀“打开”、“关闭”的变量
液位 1	数值型	水罐 1 的水位高度,用来控制 1=水罐水位的变化
液位 2	数值型	水罐 2 的水位高度,用来控制 2=水罐水位的变化
液位 1 上限	数值型	用来在运行环境下设定水罐 1 的上限报警值
液位 1 下限	数值型	用来在运行环境下设定水罐 1 的下限报警值
液位 2 上限	数值型	用来在运行环境下设定水罐 2 的上限报警值
液位 2 下限	数值型	用来在运行环境下设定水罐 2 的下限报警值
液位组	组对象	用于历史数据、历史曲线、报表输出等功能构件

鼠标点击工作台的“实时数据库”窗口标签,进入实时数据库窗口页。

按“新增对象”按钮,在窗口的数据变量列表中,增加新的数据变量,多次按该按钮,则增加多个数据变量,系统缺省定义的名称为“Data1”、“Data2”、“Data3”等,选中变量,按“对象属性”按钮或双击选中变量,则打开对象属性设置窗口。

2. 指定名称类型

在窗口的数据变量列表中,用户将系统定义的缺省名称改为用户定义的名称,并指定类型,在注释栏中输入变量注释文字。本系统中要定义的数据变量如下图所示,以“液位 1”、“液位 2”变量为例。如图 3.3.10 所示:

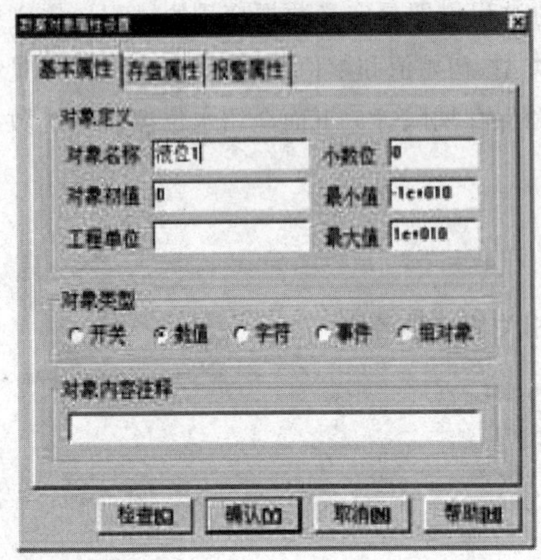

图 3.3.10

在基本属性中，对象名称为：液位1；对象类型为：数值；其他不变。液位2的定义与液位1相同。

3. 液位组变量属性设置

在基本属性中，对象名称为：液位组；对象类型为：组对象；其他不变。在存盘属性中，数据对象值的存盘选中定时存盘，存盘周期设为5秒。在组对象成员中选择“液位1”，“液位2”。具体设置如图3.3.11所示：

图3.3.11

水泵、调节阀、出水阀三个开关型变量，属性设置只要把对象名称改为：水泵、调节阀、出水阀；对象类型选中“开关”，其他属性不变。如图3.3.12所示：

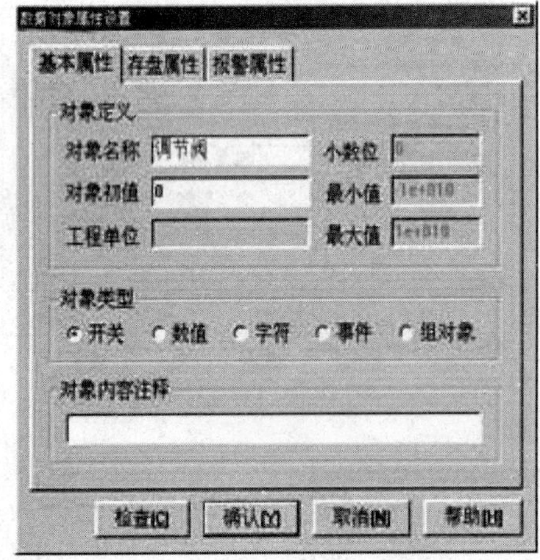

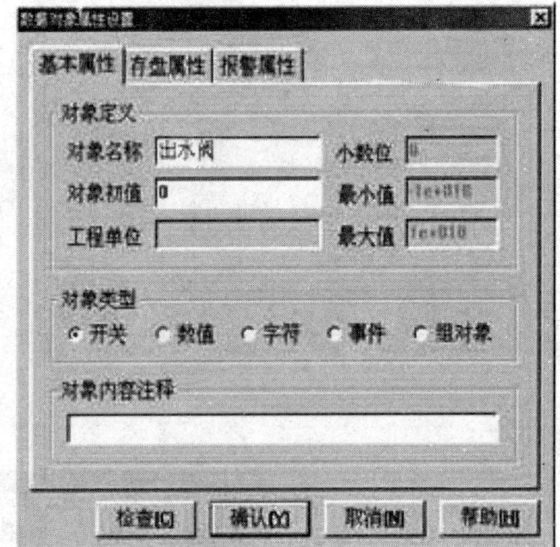

图 3.3.12

二、动画连接

由图形对象搭制而成的图形界面是静止不动的,需要对这些图形对象进行动画设计,真实地描述外界对象的状态变化,达到过程实时监控的目的。MCGS 实现图形动画设计的主要方法是将用户窗口中图形对象与实时数据库中的数据对象建立相关性连接,并设置相应的动画属性。在系统运行过程中,图形对象的外观和状态特征,由数据对象的实时采集值驱动,从而实现了图形的动画效果。

在用户窗口中,双击水位控制窗口进入,选中水罐 1 双击,则弹出单元属性设置窗口。选中折线,则会出现 > ,单击 > 则进入动画组态属性设置窗口,按下图所示修改,其他属性不变。设置好后,按确定,再按确定,变量连接成功。对于水罐 2,只需要把"液位 1"改为"液位 2";最大变化百分比 100,对应的表达式的值由 10 改为 6 即可。如图 3.3.13 所示:

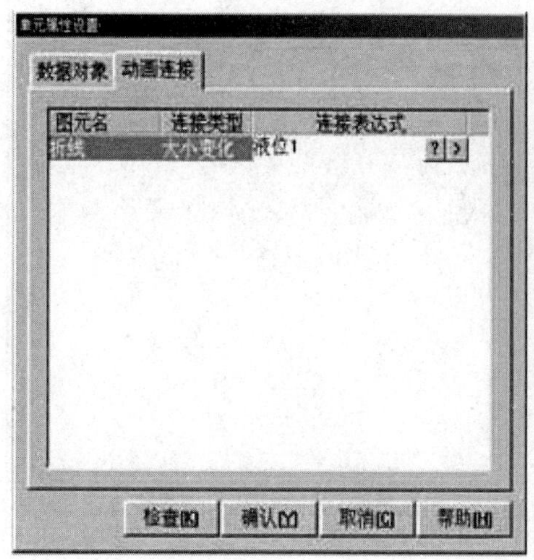

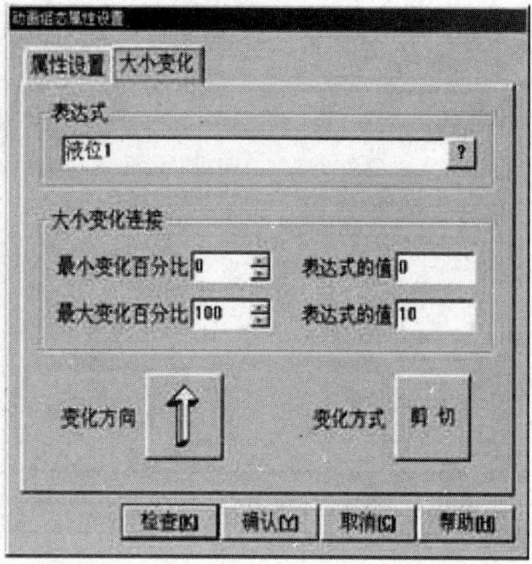

图 3.3.13

在用户窗口中，双击水位控制窗口进入，选中调节阀双击，则弹出单元属性设置窗口。选中组合图符，则会出现 > ，单击 > 则进入动画组态属性设置窗口，按下图所示修改，其他属性不变。设置好后，按确定，再按确定，变量连接成功。水泵属性设置跟调节阀属性设置一样。如图 3.3.14 所示：

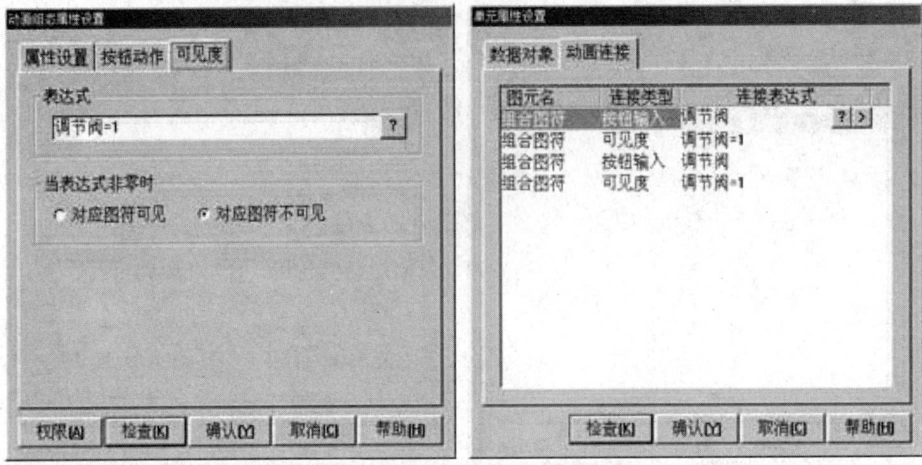

图 3.3.14

出水阀属性设置，我们可以在"属性设置"中调入其他属性，如图 3.3.15 所示：

单元属性设置
数据对象 动画连接
图元名 连接类型 连接表达式
组合图符 可见度 @开关量
组合图符 可见度 @开关量
检查(K) 确认(Y) 取消(C) 帮助(H)

动画组态属性设置
属性设置 按钮动作 可见度
静态属性
填充颜色 边线颜色
字符颜色 边线线型
颜色动画连接：填充颜色 边线颜色 字符颜色
位置动画连接：水平移动 垂直移动 大小变化
输入输出连接：显示输出 按钮输入 按钮动作
特殊动画连接：可见度 闪烁效果
权限(A) 检查(K) 确认(Y) 取消(C) 帮助(H)

动画组态属性设置
属性设置 按钮动作 可见度
按钮对应的功能
执行运行策略块
打开用户窗口
关闭用户窗口
隐藏用户窗口
打印用户窗口
退出运行系统
数据对象值操作 取反 出水阀
快捷键：无
权限(A) 检查(K) 确认(Y) 取消(C) 帮助(H)

动画组态属性设置
属性设置 按钮动作 可见度
表达式
出水阀=1
当表达式非零时
对应图符可见 对应图符不可见
权限(A) 检查(K) 确认(Y) 取消(C) 帮助(H)

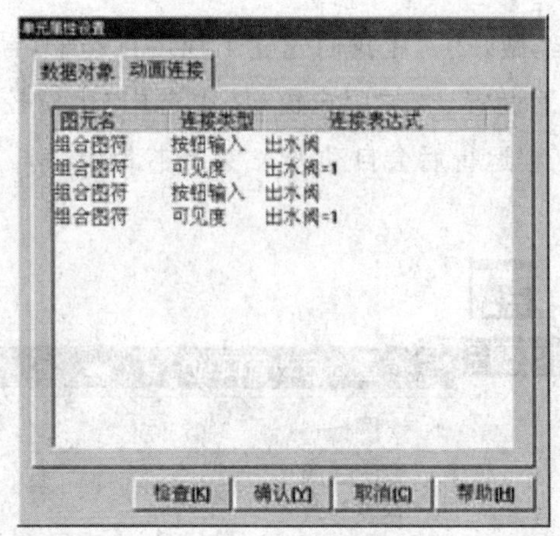

图 3.3.15

在用户窗口中，双击水位控制窗口进入，选中水泵右侧的流动块双击，则弹出流动块构件属性设置窗口。按上图所示修改，其他属性不变。水罐 1 右侧的流动块与水罐 2 右侧的流动块在流动块构件属性设置窗口中，只需要把表达式相应改为：调节阀＝1，出水阀＝1 即可，如图 3.3.16 所示：

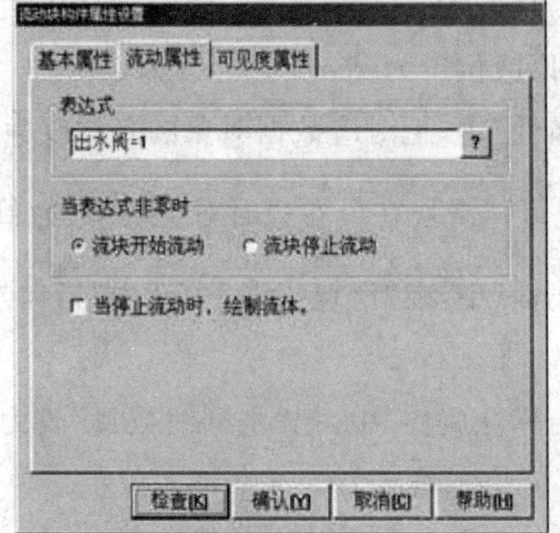

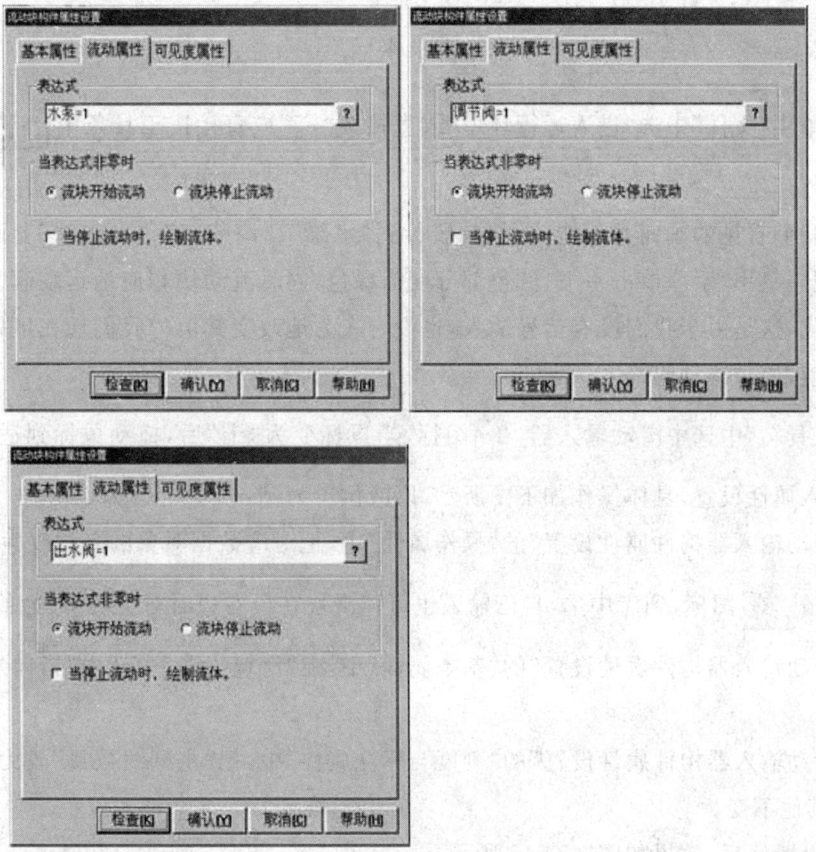

图 3.3.16

到此动画链接我们已经做好了,让我们先让工程运行起来,看看我们自己的劳动成果。在运行之前我们需要做一下设置。在"用户窗口"中选中"水位控制",单击鼠标右键,点击"设置为启动窗口",这样工程运行后会自动进入"水位控制"窗口。如图 3.3.17 所示:

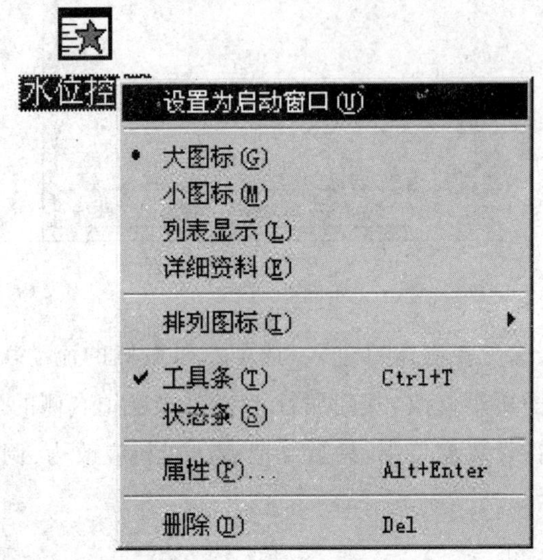

图 3.3.17

在菜单项"文件"中选"进入运行环境"或直接按"F5"或直接按工具条中图标,都可以进入运行环境。

这时我们看见的画面并不能动,移动鼠标到"水泵"、"调节阀"、"出水阀"上面的红色部分,会出现一只小"手",单击一下,红色部分变为绿色,同时流动块相应地运动起来。但水罐仍没有变化,这是由于我们没有信号输入,也没有人为地改变其值。我们现在可以用如下方法改变其值,使水罐动起来。

在"工具箱"中选中滑动输入器图标,当鼠标变为"十"后,拖动鼠标到适当大小,然后双击进入属性设置,具体操作如下图所示,以液位 1 为例:

在"滑动输入器构件属性设置"的"操作属性"中,把对应数据对象的名称改为:液位 1,可以通过单击 ? 图标,到库中选,自己输入也可;"滑块在最右边时对应的值"为:10。

在"滑动输入器构件属性设置"的"基本属性"中,在"滑块指向"中选中"指向左(上)",其他不变。

在"滑动输入器构件属性设置"的"刻度与标注属性"中,把"主划线数目"改为:5,即能被 10 整除,其他不变。

属性设置好后,效果如图 3.3.18 所示:

滑动输入器构件属性设置

基本属性 刻度与标注属性 操作属性 可见度属性

对应数据对象的名称

液位1

滑块位置和数据对象值的连接

滑块在最左[上]边时对应的值 0

滑块在最右[下]边时对应的值 10

权限[A] 检查[K] 确认[Y] 取消[C] 帮助[H]

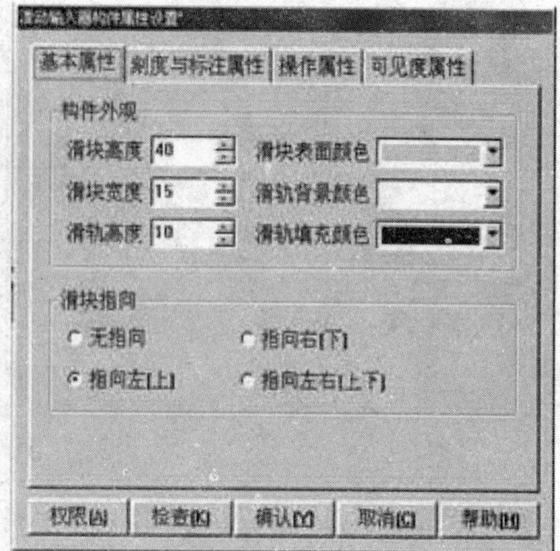

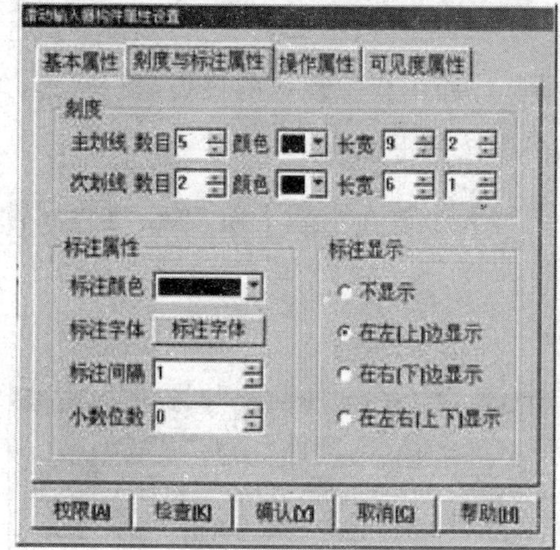

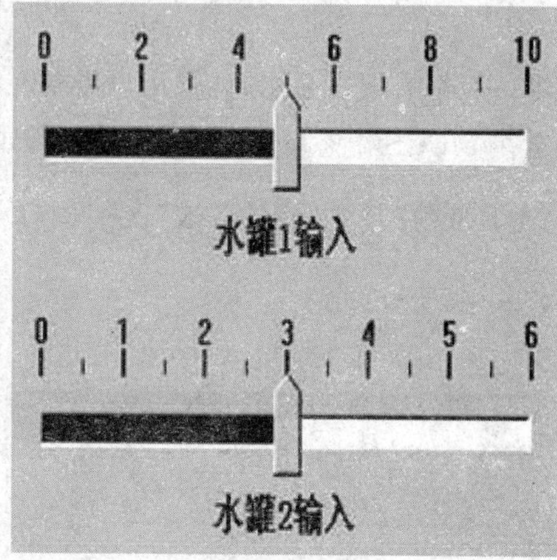

图 3.3.18

这时您再按“F5”或直接按工具条中 图标，进入运行环境后，可以通过拉动滑动输入器而使水罐中的液面动起来。

为了能准确了解水罐 1、水罐 2 的值，我们可以用数字显示其值，具体操作如下：

在“工具箱”中单击“标签” A 图标，调整大小放在水罐下面，双击进行属性设置，如图 3.3.19 所示：

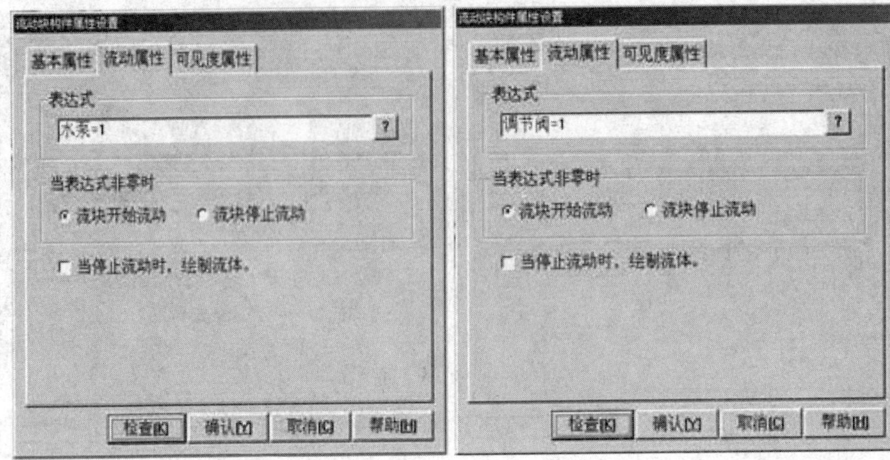

图 3.3.19

现场一般都有仪表显示，如果用户需要在动画界面中模拟现场的仪表运行状态，怎么办呢？其实在 MCGS 组态软件中实现并不难，如可以按如下操作：

在“工具箱”中单击“旋转仪表”图标，调整大小放在水罐下面，双击进行属性设置，如图 3.3.20 所示。

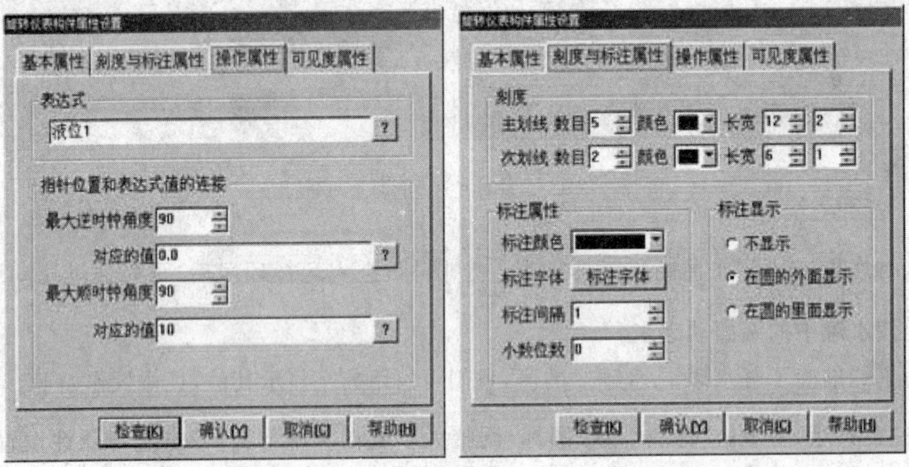

图 3.3.20

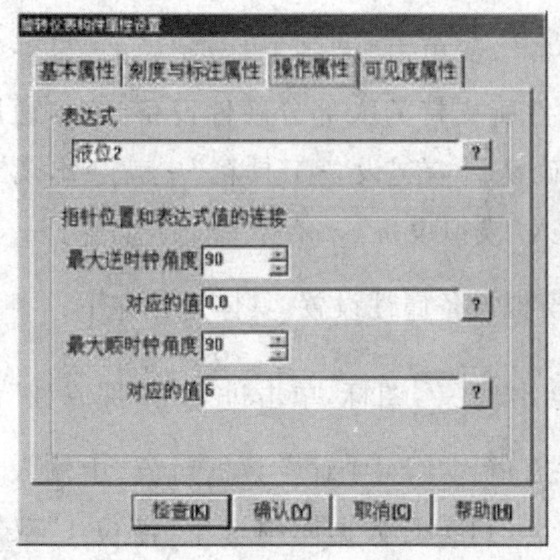

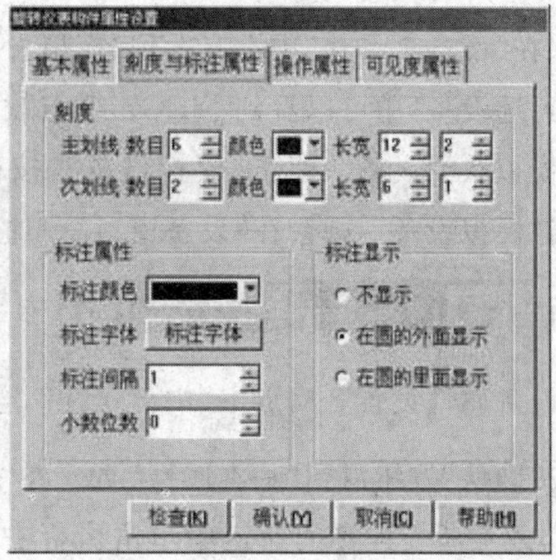

图 3.3.21

这时您再按“F5”或直接按工具条中图标，进入运行环境后，可以通过拉动滑动输入器使整个画面动起来。如图 3.3.21 所示。

三、模拟设备

模拟设备是 MCGS 软件根据设置的参数产生一组模拟曲线的数据，以供用户调试工程使用。本构件可以产生标准的正弦波，方波，三角波，锯齿波信号，且其幅值和周期都可以任意设置。

现在通过模拟设备，可以使动画自动运行起来，而不需要手动操作，具体操作如下：

在“设备窗口”中双击“设备窗口”进入，点击工具条中的“工具箱”图标，打开“设备工具箱”，如图 3.3.22 所示。

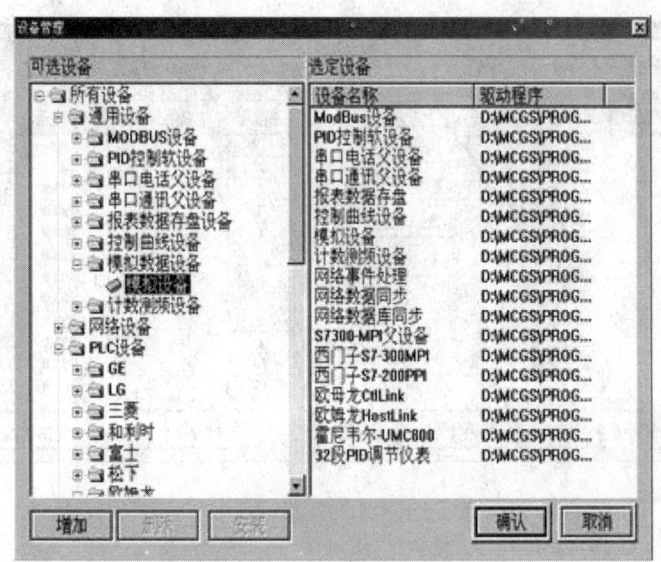

图 3.3.22

如果在“设备工具箱”中没有发现“模拟设备”，请单击“设备工具箱”中的“设备管理”进入。在“可选设备”中可以看到 MCGS 组态软件所支持的大部分硬件设备。在“通用设备”中打开“模拟数据设备”，双击“模拟设备”，按确认后，在“设备工具箱”中就会出现“模拟设备”，双击“模拟设备”，则会在“设备窗口”中加入“模拟设备”。

双击 设备0-[模拟设备]，进入模拟设备属性设置，具体操作如下：

在“设备属性设置”中，点击“内部属性”，会出现 ... 图标，单击进入“内部属性”设置，设置好后按“确认”按钮退到“基本属性”页。在“通道连接”中“对应数据对象”中输入变量，如“液位 1”，或在所要连接的通道中单击鼠标右键，到实时数据库中选中“液位 1”双击即可。在“设备调试”中就可看到数据变化。如图 3.3.23 所示。

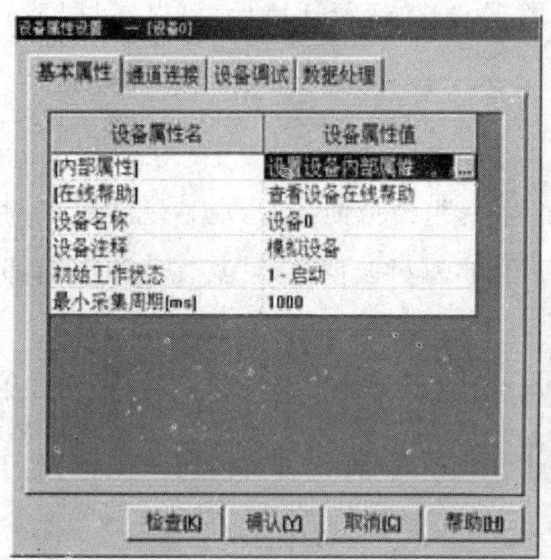

图 3.3.23

这时再进入“运行环境”，就会发现所做的“水位控制系统演示系统”自动地运行起来了，但美中不足的是阀门不会根据水罐中的水位变化自动开启。

四、编写控制流程

用户脚本程序是由用户编制的、用来完成特定操作和处理的程序，脚本程序的编程语法非常类似于普通的 Basic 语言。但在概念和使用上更简单直观，力求做到使大多数普通用户都能正确、快速地掌握和使用。

对于大多数简单的应用系统，MCGS 的简单组态就可完成。只有比较复杂的系统，才需要使用脚本程序，但正确地编写脚本程序，可简化组态过程，大大提高工作效率，优化控制过程。

接下来我们熟悉一下脚本程序的编写环境及如何编写脚本程序来实现控制流程。

假设：当“水罐 1”的液位达到 9 m 时，就要把“水泵”关闭，否则就要自动启动“水泵”。当“水罐 2”的液位不足 1 m 时，就要自动关闭“出水阀”，否则自动开启“出水阀”。当“水罐 1”的液位大于 1 m，同时“水罐 2”的液位小于 6 m 就要自动开启“调节阀”，否则自动关闭“调节阀”。具体操作如下：

在“运行策略”中，双击“循环策略”进入，双击 　图标进入“策略属性设置”，如图 3.3.24 所示，只需要把“循环时间”设为：200ms，按确定即可。

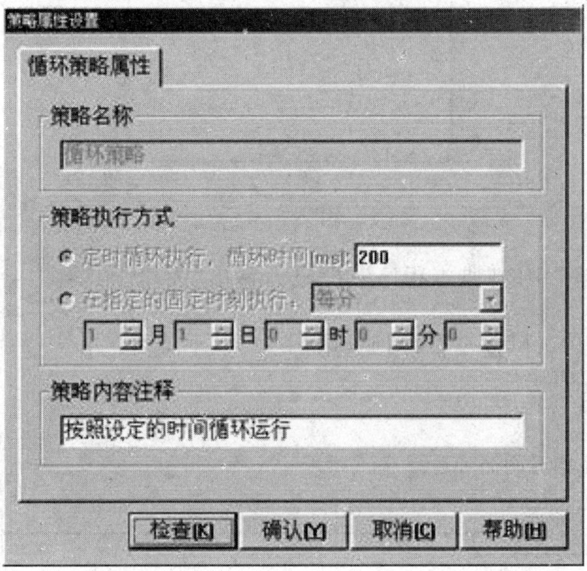

策略属性设置

循环策略属性

策略名称

循环策略

策略执行方式

定时循环执行，循环时间[ms]: 200

在指定的固定时刻执行：每分

1 月 1 日 0 时 0 分 0

策略内容注释

按照设定的时间循环运行

检查[K]　确认[Y]　取消[C]　帮助[H]

图 3.3.24

在策略组态中，单击工具条中的“新增策略行” 　图标，则显示如图 3.3.25 所示。

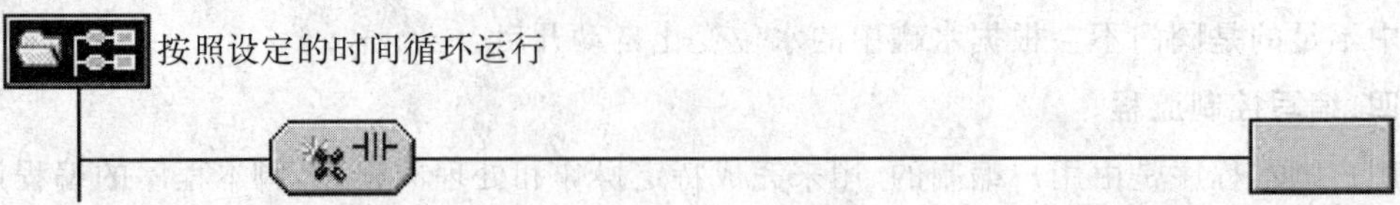

在策略组态中,如果没有出现策略工具箱,请单击工具条中的“工具箱” 图标,弹出“策略工具箱”,如图 3.3.25 所示:

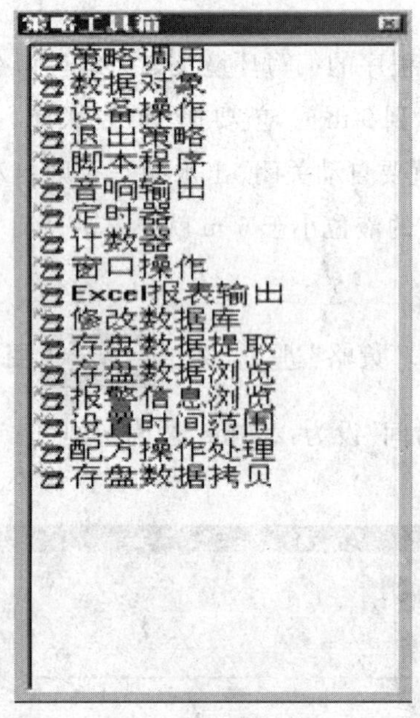

图 3.3.25

单击“策略工具箱”中的“脚本程序”,把鼠标移出“策略工具箱”,会出现一个小手,把小手放在 上,单击鼠标左键,则显示如下:

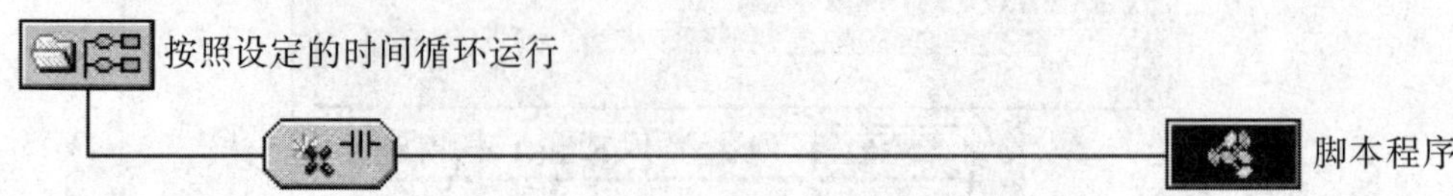

双击 进入脚本程序编辑环境,按图 3.3.26 输入:

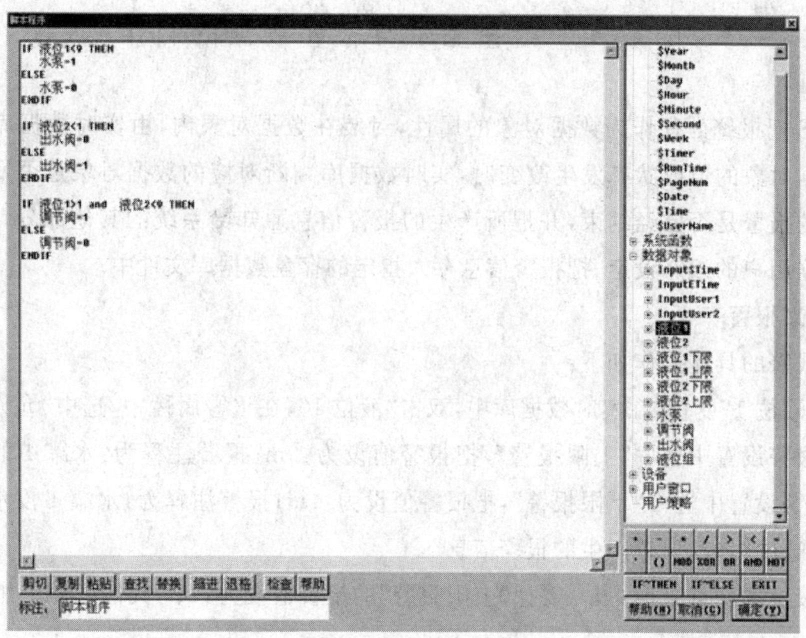

图 3.3.26

IF 液位 1<9　THEN

水泵=1

ELSE

水泵=0

ENDIF

IF 液位 2<1　THEN

出水阀=0

ELSE

出水阀=1

ENDIF

IF 液位 1>1and　液位 2<6　THEN

调节阀=1

ELSE

调节阀=0

ENDIF

按"确认"退出,则脚本程序就编写好了,这时再进入运行环境,就会按照所需要的控制流程,出现相应的动画效果。

任务三　报警显示与报警数据的制作

MCGS把报警处理作为数据对象的属性,封装在数据对象内,由实时数据库来自动处理。当数据对象的值或状态发生改变时,实时数据库判断对应的数据对象是否发生了报警或已产生的报警是否已经结束,并把所产生的报警信息通知给系统的其他部分,同时,实时数据库根据用户的组态设定,把报警信息存入指定的存盘数据库文件中。

一、定义报警

定义报警的具体操作如下:

对于"液位1"变量,在实时数据库中,双击"液位1",在报警属性中,选中"允许进行报警处理";在报警设置中选中"上限报警",把报警值设为:9m;报警注释为:水罐1的水已达上限值;在报警设置中选中"下限报警",把报警值设为:1m;报警注释为:水罐1没水了。在存盘属性中,选中"自动保存产生的报警信息"。

对于液位2变量来说,只需要把"上限报警"的报警值设为:4m,其他一样。如图3.3.27所示。

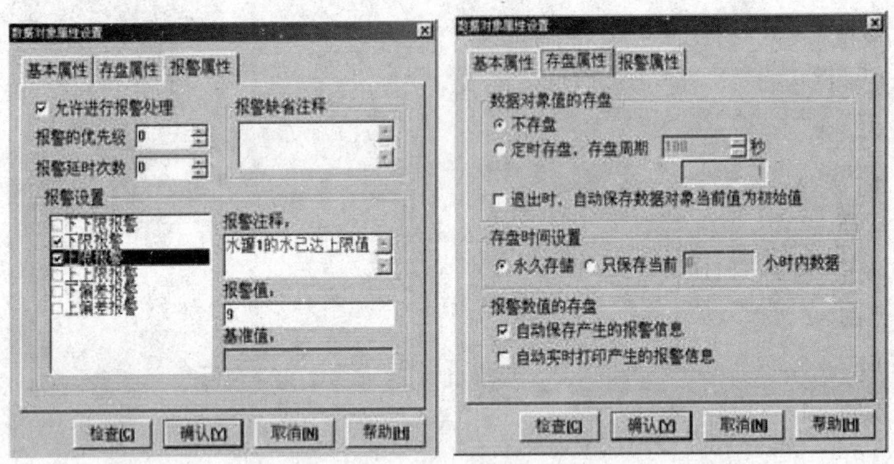

图3.3.27

属性设置好后,按"确认"即可。

二、报警显示

实时数据库只负责关于报警的判断、通知和存储3项工作,而报警产生后所要进行的其他处理操作(即对报警动作的响应),则需要在组态时实现。

具体操作如下:

在MCGS组态平台上,单击"用户窗口",在"用户窗口"中,选中"水位控制"窗口,双击

“水位控制”或单击“动画组态”进入。在工具条中单击“工具箱”，弹出“工具箱”，从“工具箱”中单击“报警显示”图标，变“十”后用鼠标拖动到适当位置与大小。如图 3.3.28 所示。

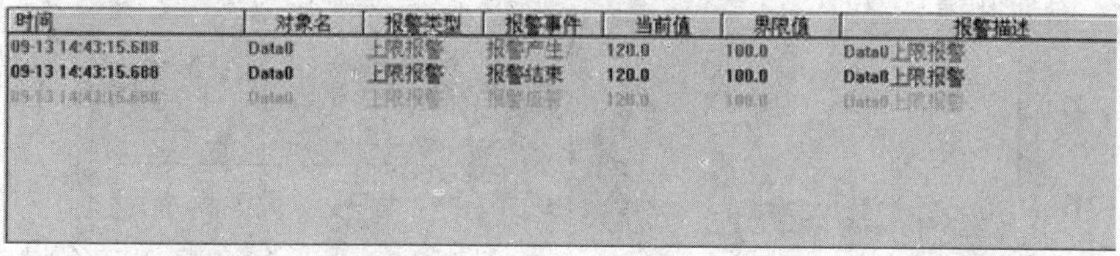

时间	对象名	报警类型	报警事件	当前值	界限值	报警描述
09-13 14:43:15.688	Data0	上限报警	报警产生	120.0	100.0	Data0上限报警
09-13 14:43:15.688	Data0	上限报警	报警结束	120.0	100.0	Data0上限报警
09-13 14:43:15.688	Data0	上限报警	报警应答	120.0	100.0	Data0上限报警

图 3.3.28

双击，再双击弹出如图 3.3.29 所示。

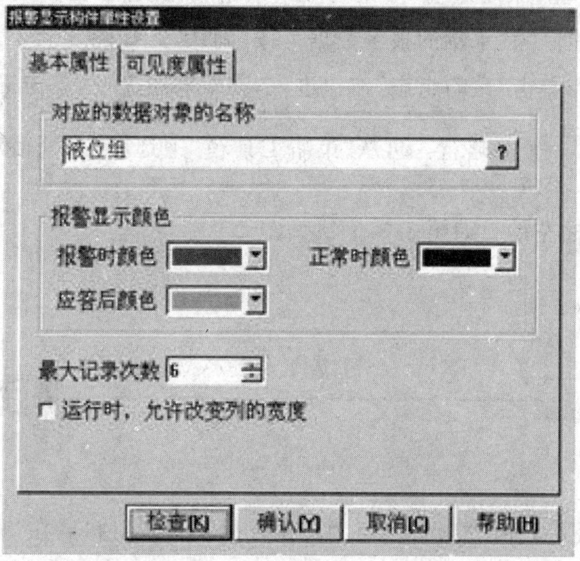

报警显示构件属性设置

基本属性　可见度属性

对应的数据对象的名称

液位组

报警显示颜色

报警时颜色　正常时颜色

应答后颜色

最大记录次数 6

运行时，允许改变列的宽度

检查(K)　确认(Y)　取消(C)　帮助(H)

图 3.3.29

在“报警显示构件属性设置”中，把“对应的数据对象的名称”改为：液位组，“最大记录次数”为：6，其他不变。按“确认”后，则报警显示设置完毕。

此时按“F5”或直接按工具条中图标，进入运行环境，便会发现报警显示已经轻松地实现了。

三、报警数据

在报警定义时，已经让当有报警产生时，“自动保存产生的报警信息”，这时可以通过如下操作，看看是否有报警数据存在？

具体操作如下：在“运行策略”中，单击“新建策略”，弹出“选择策略的类型”，选中“用户策略”，按“确定”。如图 3.3.30 所示。

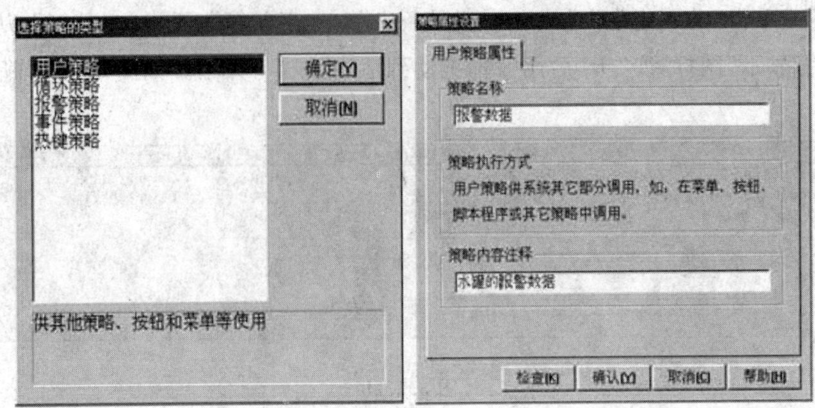

图 3.3.30

选中“策略 1”，单击“策略属性”按钮，弹出“策略属性设置”窗口，把“策略名称”设为：报警数据，“策略内容注释”为“水罐的报警数据”，按“确认”。如图 3.3.30 所示。

选中“报警数据”，单击“策略组态”按钮进入，在策略组态中，单击工具条中的“新增策略行”  图标，新增加一个策略行。再从“策略工具箱”中选取“报警信息浏览”，加到策略行  上，单击鼠标左键。如图 3.3.31 所示。

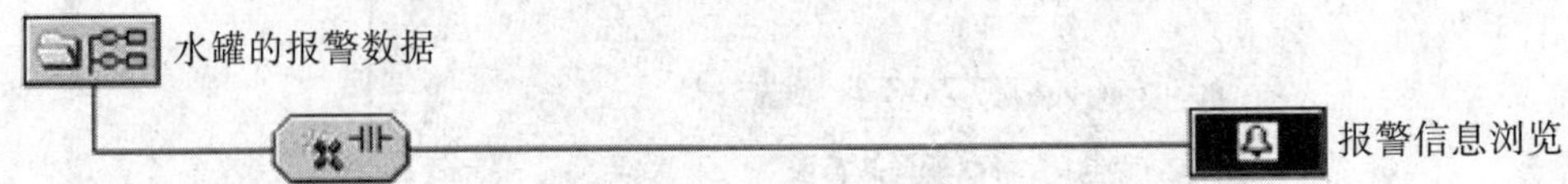

图 3.3.31

双击  图标，弹出“报警信息浏览构件属性设置”窗口，在“基本属性”中，把“报警信息来源”中的“对应数据对象”改为：液位组。按“确认”按钮设置完毕。如图 3.3.32 所示。

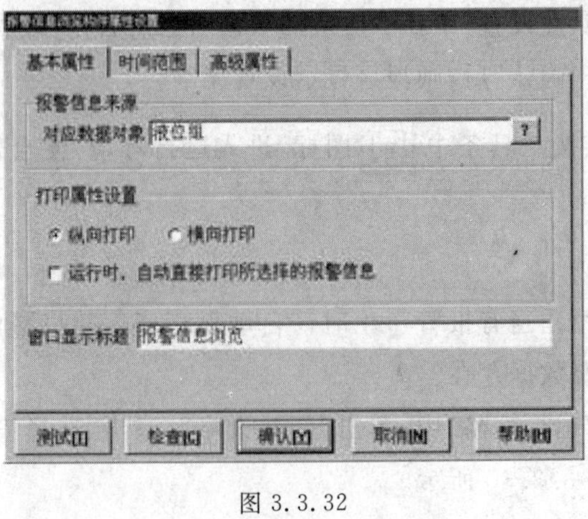

图 3.3.32

按“测试”按钮，进入“报警信息浏览”。如图 3.3.33 所示。

序号	报警对象	报警开始	报警结束	报警类型	报警值	报警限值	报警应答	内容注释
1	液位2	09-13 17:39:34	09-13 17:39:36	上限报警	5.9	5		水罐2的水足够了
2	液位1	09-13 17:39:34	09-13 17:39:36	上限报警	9.8	9		水罐1的水已达上限
3	液位1	09-13 17:39:39	09-13 17:39:41	下限报警	0.2	1		水罐1没有水了!
4	液位2	09-13 17:39:39	09-13 17:39:41	下限报警	0.1	1		水罐2没水了
5	液位1	09-13 17:39:44	09-13 17:39:46	上限报警	9.8	9		水罐1的水已达上限
6	液位2	09-13 17:39:44	09-13 17:39:46	上限报警	5.9	5		水罐2的水足够了
7	液位1	09-13 17:39:49	09-13 17:39:51	下限报警	0.2	1		水罐1没有水了!
8	液位2	09-13 17:39:49	09-13 17:39:51	下限报警	0.1	1		水罐2没水了
9	液位1	09-13 17:47:19	09-13 17:47:21	上限报警	9.8	9		水罐1的水已达上限
10	液位2	09-13 17:47:19	09-13 17:47:21	上限报警	5.9	5		水罐2的水足够了
11	液位1	09-13 17:47:24	09-13 17:47:26	下限报警	0.2	1		水罐1没有水了!
12	液位2	09-13 17:47:24	09-13 17:47:26	下限报警	0.1	1		水罐2没水了
13	液位2	09-13 17:47:29	09-13 17:47:31	上限报警	5.9	5		水罐2的水足够了
14	液位1	09-13 17:47:29	09-13 17:47:31	上限报警	9.8	9		水罐1的水已达上限
15	液位2	09-13 17:47:34	09-13 17:47:36	下限报警	0.1	1		水罐2没水了
16	液位1	09-13 17:47:34	09-13 17:47:36	下限报警	0.2	1		水罐1没有水了!
17	液位1	09-13 17:47:39	09-13 17:47:41	上限报警	9.8	9		水罐1的水已达上限
18	液位2	09-13 17:47:39	09-13 17:47:41	上限报警	5.9	5		水罐2的水足够了
19	液位1	09-13 17:47:44	09-13 17:47:46	下限报警	0.2	1		水罐1没有水了!
20	液位2	09-13 17:47:44	09-13 17:47:46	下限报警	0.1	1		水罐2没水了
21	液位1	09-13 17:47:49	09-13 17:47:51	上限报警	9.8	9		水罐1的水已达上限
22	液位2	09-13 17:47:49	09-13 17:47:51	上限报警	5.9	5		水罐2的水足够了
23	液位1	09-13 17:47:54	09-13 17:47:56	下限报警	0.2	1		水罐1没有水了!
24	液位2	09-13 17:47:54	09-13 17:47:56	下限报警	0.1	1		水罐2没水了
25	液位1	09-13 17:47:59	09-13 17:48:01	上限报警	9.8	9		水罐1的水已达上限
26	液位2	09-13 17:47:59	09-13 17:48:01	上限报警	5.9	5		水罐2的水足够了
27	液位1	09-13 17:48:04	09-13 17:48:06	下限报警	0.2	1		水罐1没有水了!
28	液位2	09-13 17:48:04	09-13 17:48:06	下限报警	0.1	1		水罐2没水了
29	液位2	09-13 17:48:09		上限报警	5.9	5		水罐2的水足够了
30	液位1	09-13 17:48:09		上限报警	9.8	9		水罐1的水已达上限

报警记录次数 30　设置(S)　打印(P)　退出(X)

图 3.3.33

退出策略组态时，会弹出如下窗口，按“是”按钮，就可对所做设置进行保存。

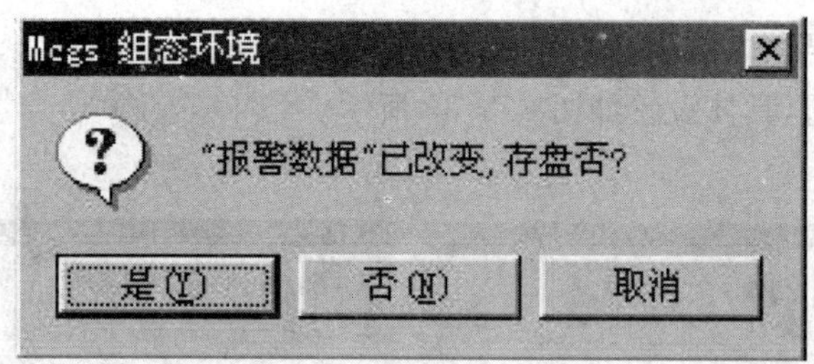

如何在运行环境中看到刚才的报警数据呢?

在 MCGS 组态平台上，单击“主控窗口”，在“主控窗口”中，选中“主控窗口”，单击“菜单组态”进入。单击工具条中的“新增菜单项”图标，会产生“操作 0”菜单。双击“操作 0”菜单，弹出“菜单属性设置”窗口。在“菜单属性”中把“菜单名”改为：报警数据。在“菜单操作”中选中“执行运行策略块”，选中“报警数据”，按“确认”设置完毕。如图 3.3.34 所示。

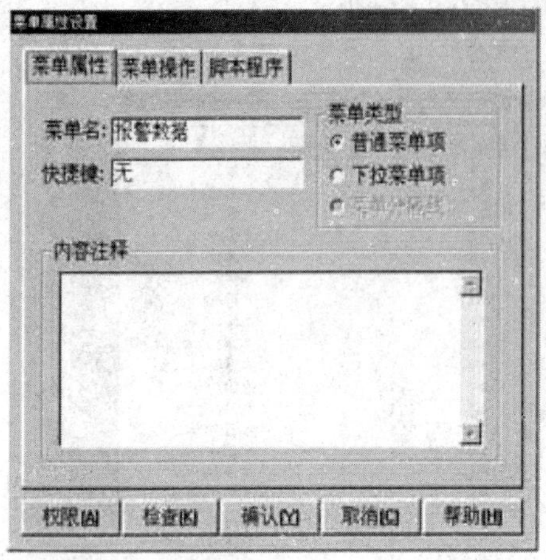

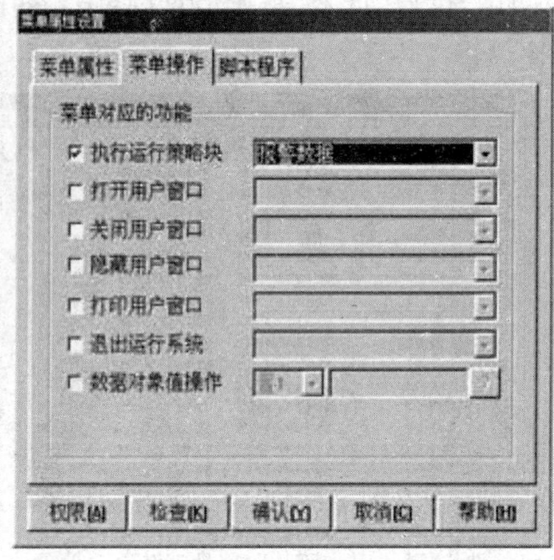

图 3.3.34

您现在直接按“F5”或直接按工具条中图标，进入运行环境，就可以用菜单“报警数据”打开报警历史数据。

四、修改报警限值

在“实时数据库”中，对“液位 1”、“液位 2”的上下限报警值都定义好了，如果用户想在运行环境下根据实际情况随时需要改变报警上下限值，又如何实现呢？在 MCGS 组态软件中，提供了大量的函数，可以根据需要灵活地进行运用。

具体操作如下：

在“实时数据库”中选“新增对象”，增加四个变量，分别为：液位 1 上限、液位 1 下限、液位 2 上限、液位 2 下限，具体设置如图 3.3.35 所示。

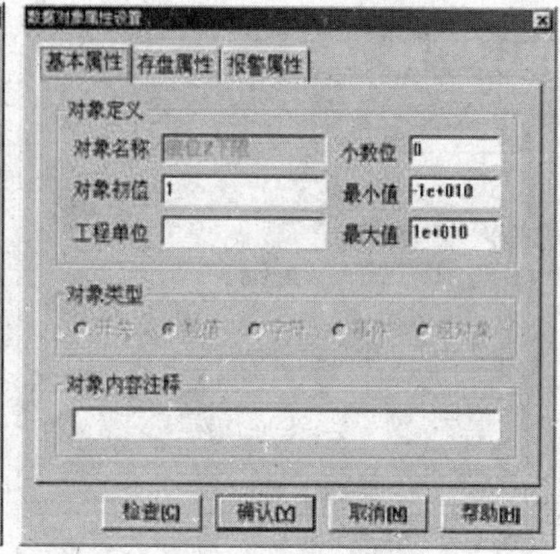

图 3.3.35

在“用户窗口”中，选“水位控制”进入，在“工具箱”选“标签” A 图标用于文字注释，选“输入框” ab| 用于输入上下限值，如图 3.3.36 所示。

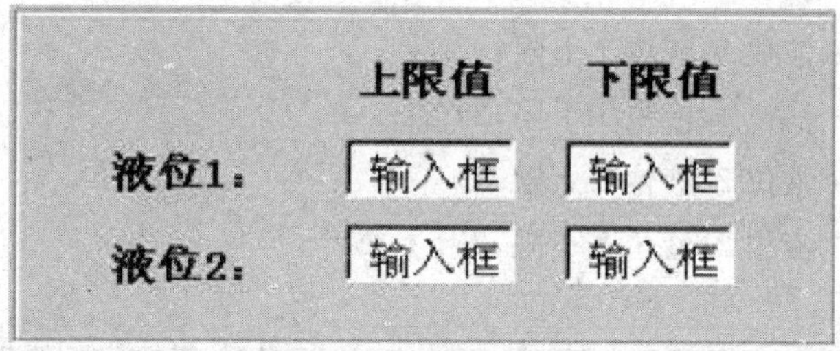

图 3.3.36

双击 输入框 图标，进行属性设置，只需要设置“操作属性”，其他不变，如图 3.3.37 所示。

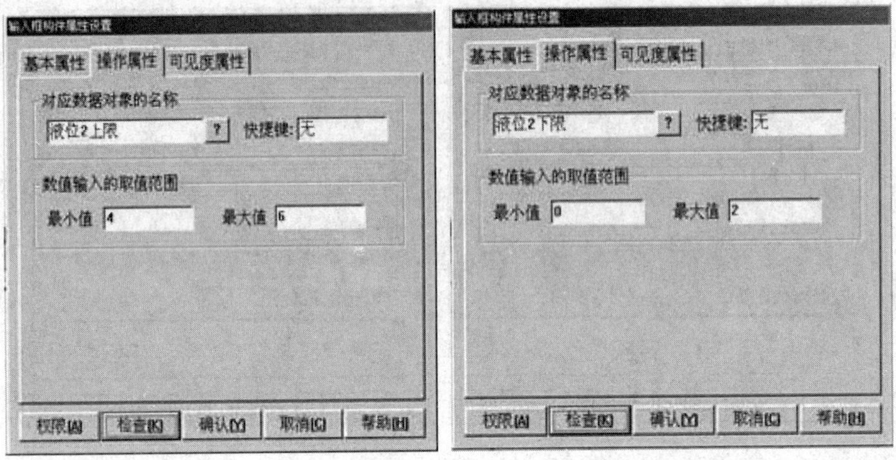

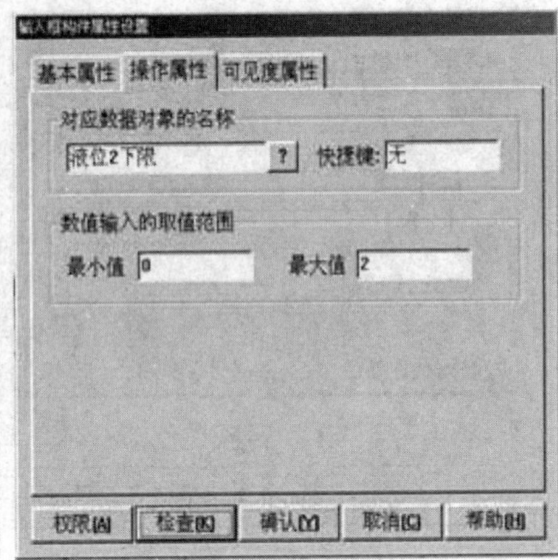

图 3.3.37

在 MCGS 组态平台上,单击“运行策略”,在“运行策略”中双击“循环策略”,双击进入脚本程序编辑环境,在脚本程序中增加如下语句:具体操作如图 3.3.38 所示。

! SetAlmvalue(液位 1,液位 1 上限,3)

! SetAlmvalue(液位 1,液位 1 下限,2)

! SetAlmvalue(液位 2,液位 2 上限,3)

! SetAlmvalue(液位 2,液位 2 下限,2)

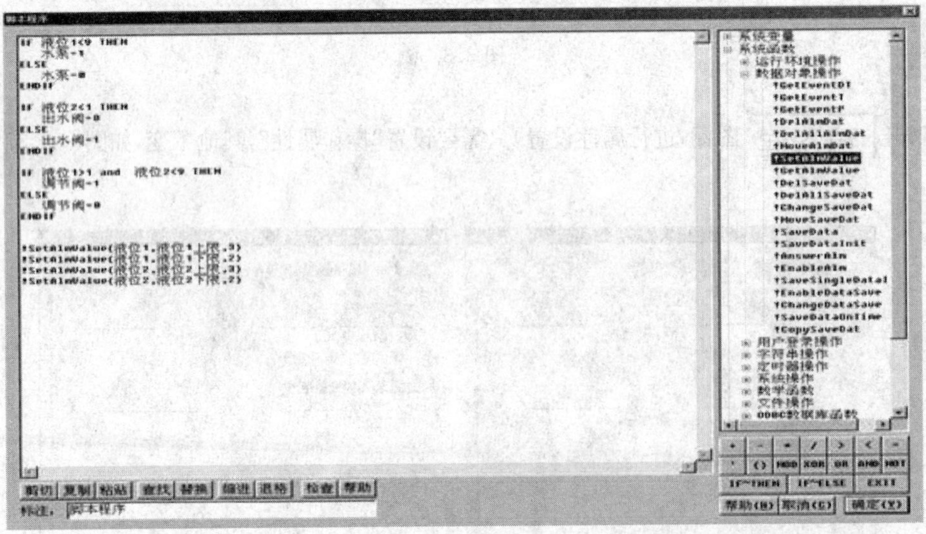

图 3.3.38

如果对该函数! SetAlmvalue(液位 1,液位 1 上限,3)不了解,请求助“在线帮助”,定会

给出满意的答案。按“帮助”按钮，弹出“MCGS 帮助系统”，在“索引”中输入“！SetAlmvalue”，如图 3.3.39 所示。

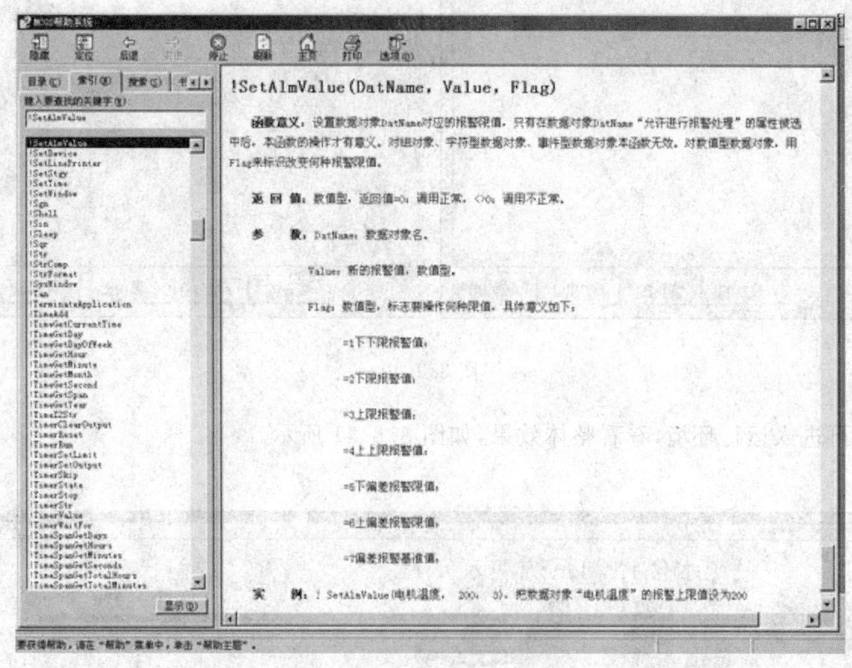

图 3.3.39

五、报警动画

当有报警产生时，我们可以用提示灯显示，具体操作如下：

在“用户窗口”中选中“水位控制”，双击进入，单击“工具箱”中的“插入元件”图标，进入“对象元件库管理”，从“指示灯”中选取如下图：，调整大小放在适当位置。作为“液位 1”的报警指示，作为“液位 2”的报警指示，双击如图 3.3.40 设置。

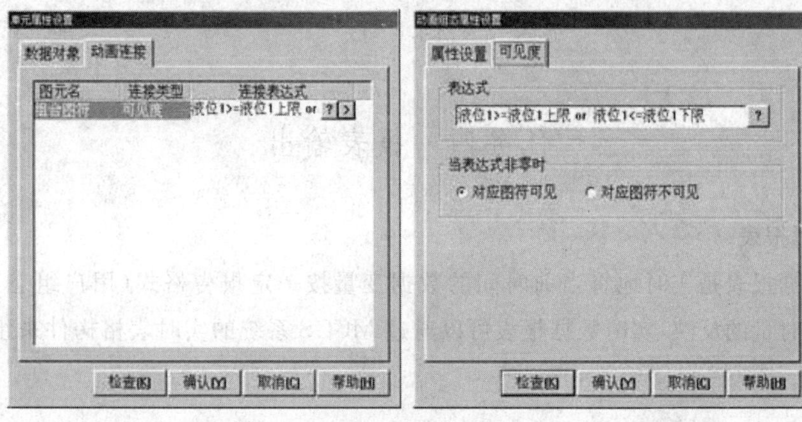

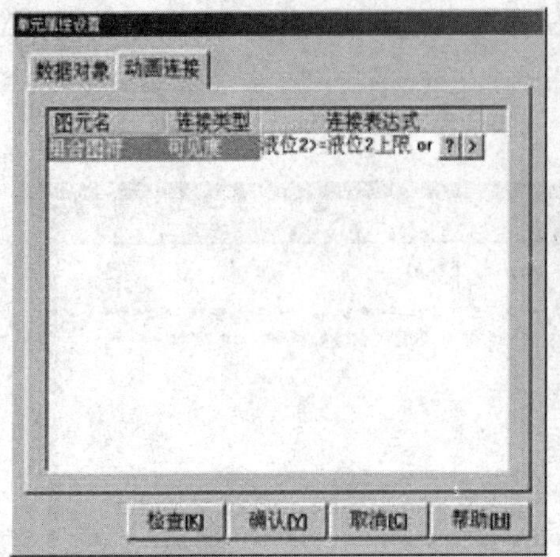

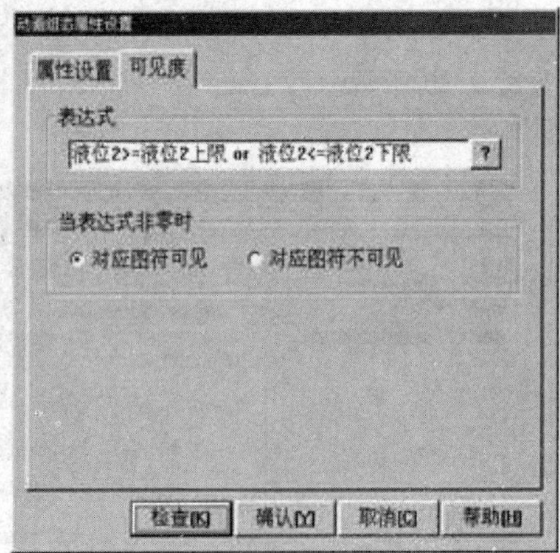

图 3.3.40

现在再进入运行环境,看看整体效果,如图 3.3.41 所示。

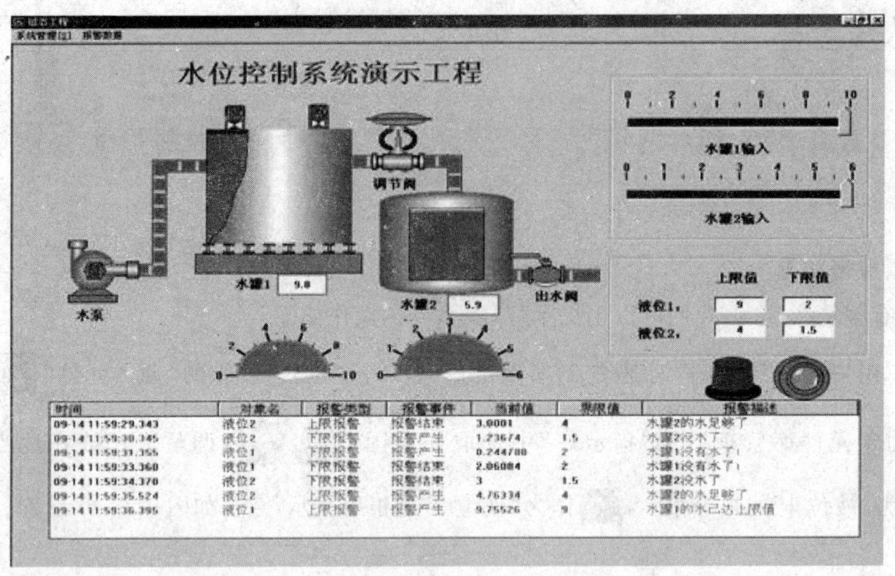

图 3.3.41

任务四 报表输出

一、实时报表

实时数据报表是实时地将当前时间的数据变量按一定报告格式(用户组态)显示和打印,即:对瞬时量的反映,实时数据报表可以通过 MCGS 系统的实时表格构件来组态显示实时数据报表。

怎样实现实时报表呢？具体操作如下：

在 MCGS 组态平台上，单击“用户窗口”，在“用户窗口”中单击“新建窗口”按钮产生一个新窗口，单击“窗口属性”按钮，弹出“用户窗口属性设置”窗口，进行设置。如图 3.3.42 所示。

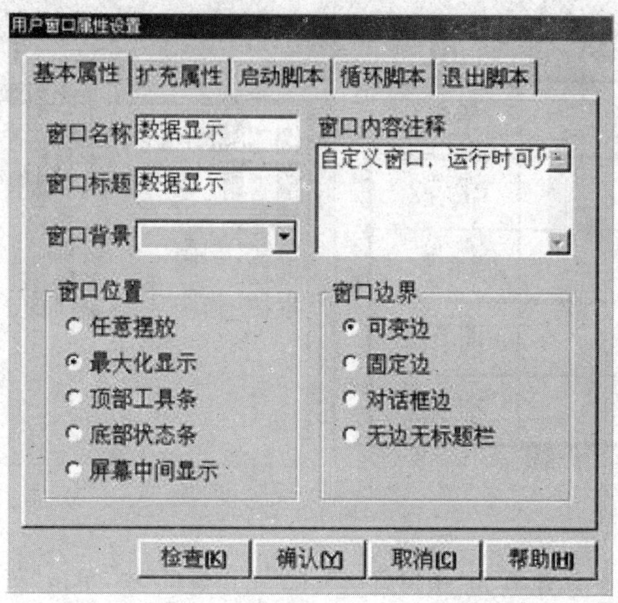

图 3.3.42

按“确认”按钮，再按“动画组态”进入“动画组态：数据显示”窗口。用“标签”，作注释：水位控制系统数据显示，实时数据，历史数据。

在工具条中单击“帮助”图标，拖放在“工具箱”中单击“自由表格”图标，拖放到桌面适当位置。双击表格进入，如要改变单元格大小，请把鼠标移到 A 与 B 或 1 与 2 之间，当鼠标变化时，拖动鼠标即可；单击鼠标右键进行编辑。如图 3.3.43 所示。

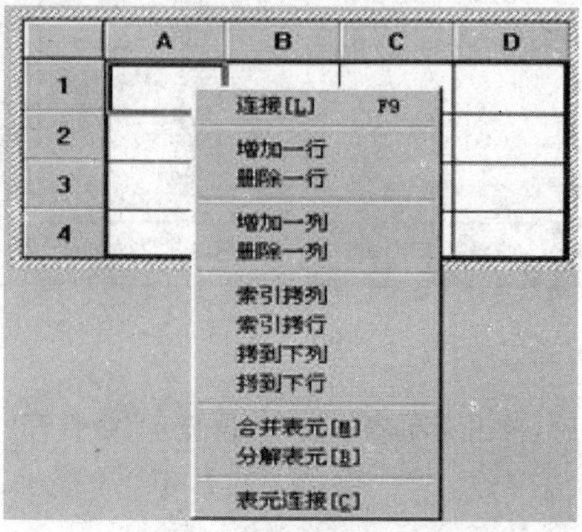

图 3.3.43

在 R1CB 处单击鼠标右键,单击"连接"或直接按"F9",再单击鼠标右键从实时数据库选取所要连接的变量双击或直接输入,如图 3.3.44 所示。

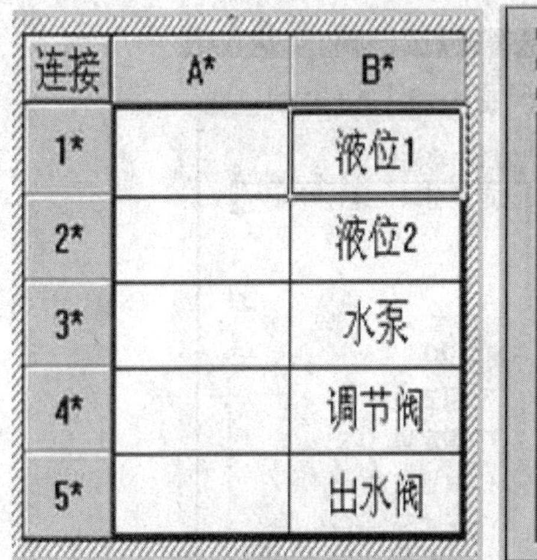

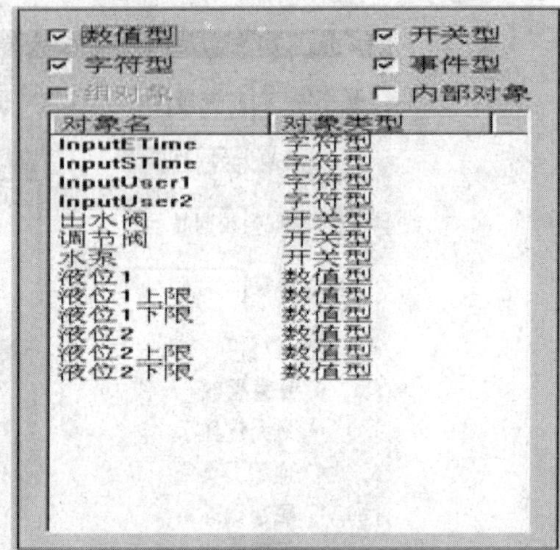

图 3.3.44

在 MCGS 组态平台上,单击"主控窗口",在"主控窗口"中,单击"菜单组态",在工具条中单击"新增菜单项"图标,会产生"操作 0"菜单。双击"操作 0"菜单,弹出"菜单属性设置"窗口,如图 3.3.45 所示。

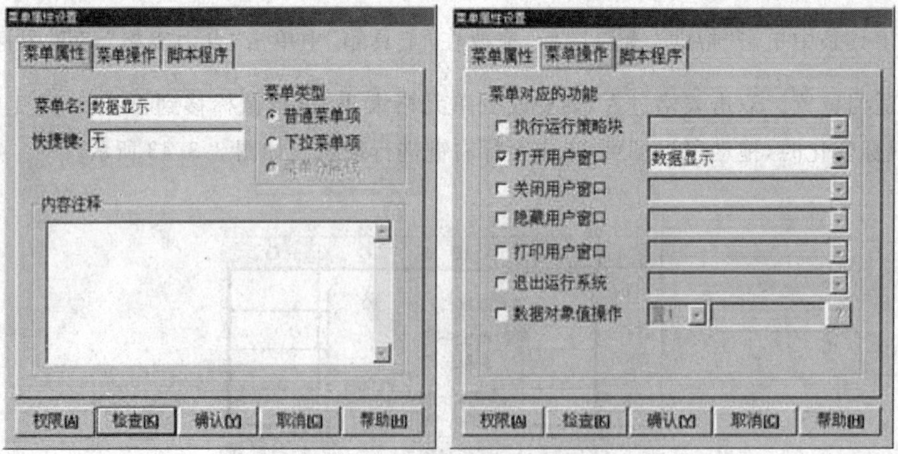

图 3.3.45

按"F5"进入运行环境后,单击菜单项中的"数据显示"会打开"数据显示"窗口,实时数据可实时显示液位变化。

二、历史报表

历史数据报表是从历史数据库中提取数据记录，以一定的格式显示历史数据。实现历史报表有两种方式，一种用策略中的“存盘数据浏览”构件；另一种利用历史表格构件。

先讲用策略中的“存盘数据浏览”构件，如何实现历史报表？具体操作如下：

在“运行策略”中单击“新建策略”按钮，弹出“选择策略的类型”，选中“用户策略”，按“确认”。单击“策略属性”，弹出“策略属性设置”，把“策略名称”改为：历史数据，“策略内容注释”为：水罐的历史数据，按“确认”。双击“历史数据”进入策略组态环境，从工具条中单击“新增策略行”图标，再从“策略工具箱”中单击“存盘数据浏览”，拖放在上，则显示如下：

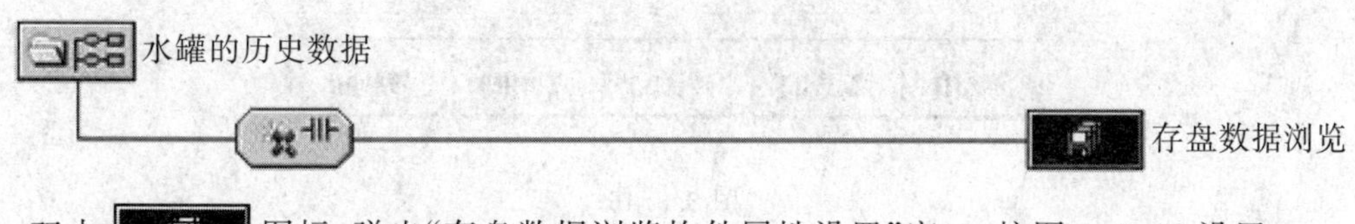

双击图标，弹出“存盘数据浏览构件属性设置”窗口，按图 3.3.46 设置。

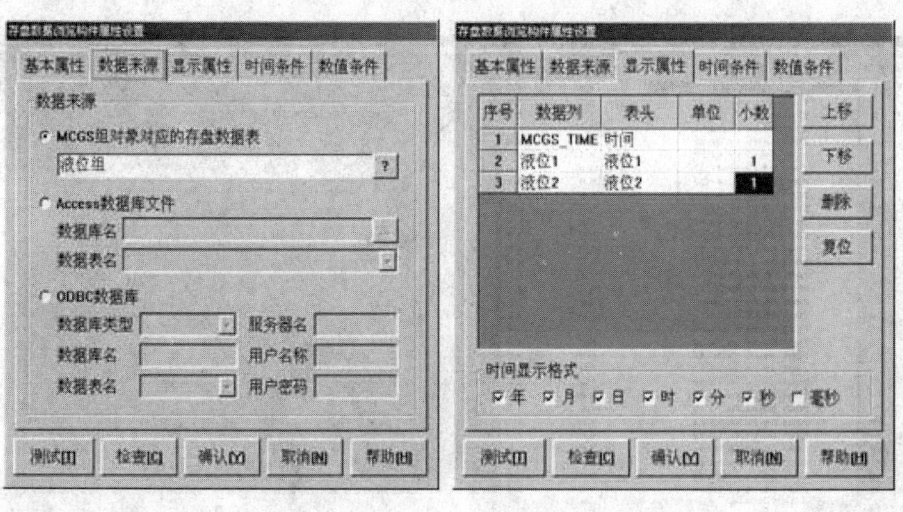

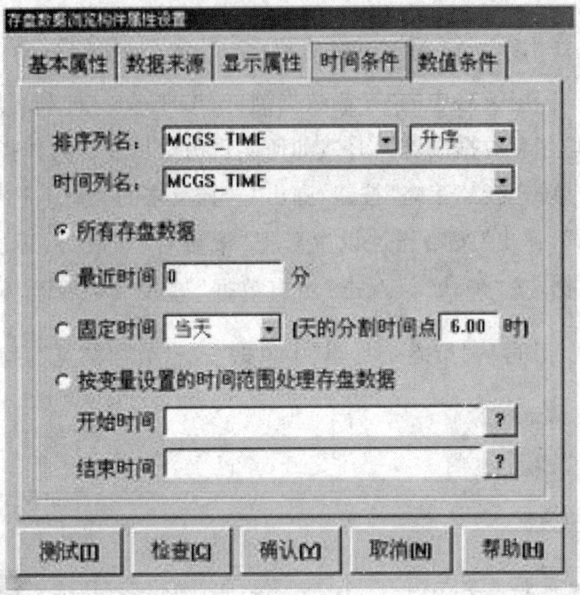

存盘数据浏览构件属性设置

基本属性 | 数据来源 | 显示属性 | 时间条件 | 数值条件

排序列名：MCGS_TIME 升序

时间列名：MCGS_TIME

◉ 所有存盘数据

○ 最近时间 0 分

○ 固定时间 当天 天的分割时间点 6.00 时

○ 按变量设置的时间范围处理存盘数据

开始时间

结束时间

测试[T] 检查[C] 确认[Y] 取消[N] 帮助[H]

图 3.3.46

单击“测试”按钮，进入“数据存盘浏览”，如图 3.3.47 所示。

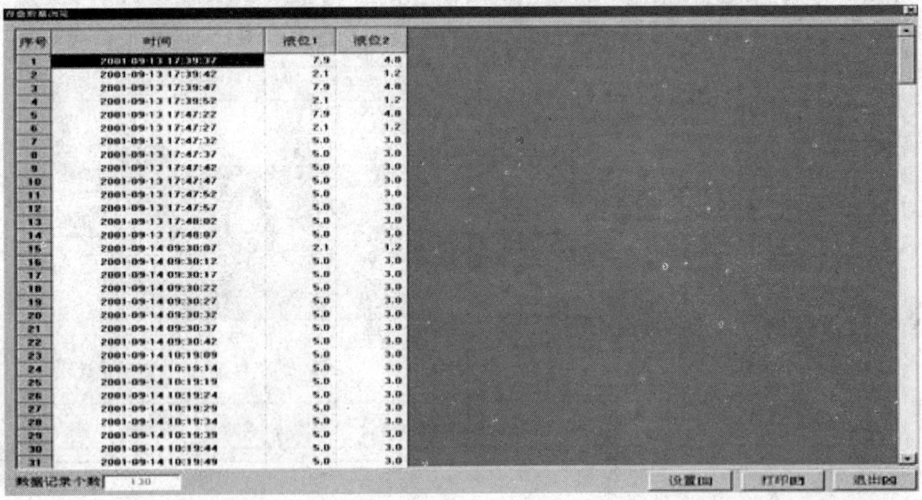

存盘数据浏览

序号	时间	液位1	液位2
1	2001-09-13 17:39:37	7.9	4.8
2	2001-09-13 17:39:42	2.1	1.2
3	2001-09-13 17:39:47	7.9	4.8
4	2001-09-13 17:39:52	2.1	1.2
5	2001-09-13 17:47:22	7.9	4.8
6	2001-09-13 17:47:27	2.1	1.2
7	2001-09-13 17:47:32	5.0	3.0
8	2001-09-13 17:47:37	5.0	3.0
9	2001-09-13 17:47:42	5.0	3.0
10	2001-09-13 17:47:47	5.0	3.0
11	2001-09-13 17:47:52	5.0	3.0
12	2001-09-13 17:47:57	5.0	3.0
13	2001-09-13 17:48:02	5.0	3.0
14	2001-09-13 17:48:07	5.0	3.0
15	2001-09-14 09:30:07	2.1	1.2
16	2001-09-14 09:30:12	5.0	3.0
17	2001-09-14 09:30:17	5.0	3.0
18	2001-09-14 09:30:22	5.0	3.0
19	2001-09-14 09:30:27	5.0	3.0
20	2001-09-14 09:30:32	5.0	3.0
21	2001-09-14 09:30:37	5.0	3.0
22	2001-09-14 09:30:42	5.0	3.0
23	2001-09-14 10:19:09	5.0	3.0
24	2001-09-14 10:19:14	5.0	3.0
25	2001-09-14 10:19:19	5.0	3.0
26	2001-09-14 10:19:24	5.0	3.0
27	2001-09-14 10:19:29	5.0	3.0
28	2001-09-14 10:19:34	5.0	3.0
29	2001-09-14 10:19:39	5.0	3.0
30	2001-09-14 10:19:44	5.0	3.0
31	2001-09-14 10:19:49	5.0	3.0

数据记录个数 130　　设置[S] 打印[P] 退出[X]

图 3.3.47

单击“退出”按钮，再单击“确认”按钮，退出运行策略时，保存所做修改。如果想在运行环境中看到历史数据，请在“主控窗口”中新增加一个菜单，取名为：历史数据，如图 3.3.48 所示。

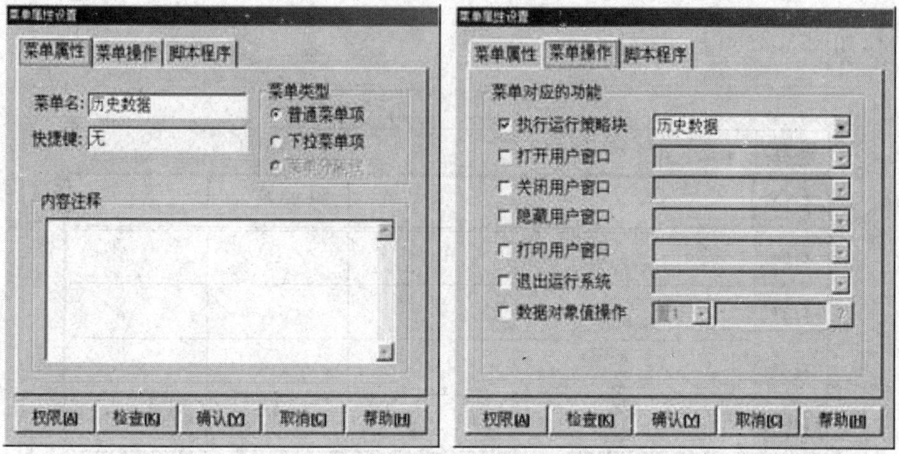

图 3.3.48

另一种做历史数据报表的方法为利用 MCGS 的历史表格构件。历史表格构件是基于“Windows 下的窗口”和“所见即所得”机制的，用户可以在窗口上利用历史表格构件强大的格式编辑功能配合 MCGS 的画图功能做出各种精美的报表。

利用 MCGS 的历史表格构件做历史数据报表的具体操作如下：

在 MCGS 开发平台上，单击“用户窗口”，在“用户窗口”中双击“数据显示”进入，在“工具箱”中单击“历史表格”图标，拖放到桌面，双击表格进入，把鼠标移到在 C1 与 C2 之间，当鼠标发生变化时，拖动鼠标改变单元格大小；单击鼠标右键进行编辑。拖动鼠标从 R2C1 到 R5C3，表格会变黑。如图 3.3.49 所示。

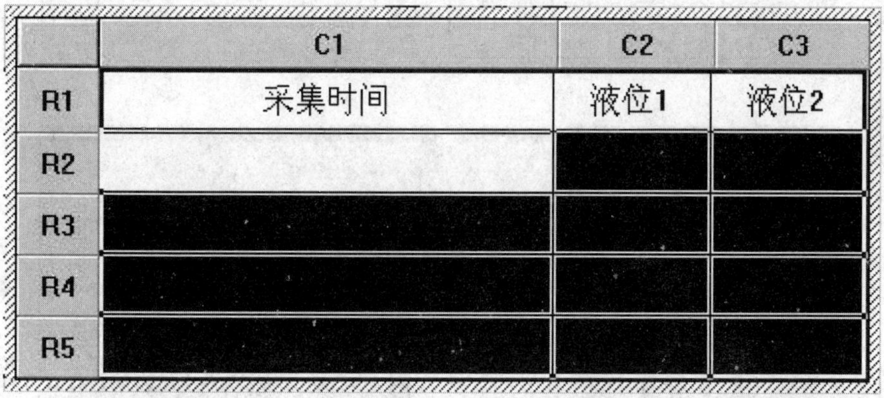

	C1	C2	C3
R1	采集时间	液位1	液位2
R2			
R3			
R4			
R5			

图 3.3.49

在表格中单击鼠标右键，单击“连接”或直接按“F9”，从菜单中单击“表格”，单击“合并表单元”或直接单击工具条中“编辑条” 图标，从编辑条中单击“合并单元” 图标，会出现反斜杠，如图 3.3.50 所示。

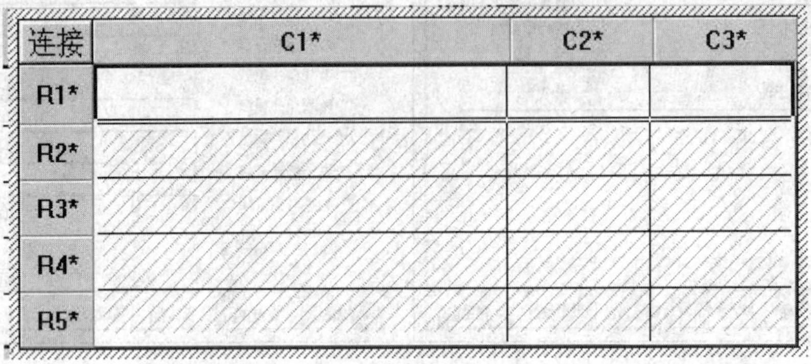

连接	C1*	C2*	C3*
R1*			
R2*			
R3*			
R4*			
R5*			

图 3.3.50

双击表格中反斜杠处，弹出“数据库连接”窗口，单击“基本属性”中的“存盘数据源组态设置”，弹出“数据源配置”，具体设置如图 3.3.51 所示，设置完毕后按“确认”退出。

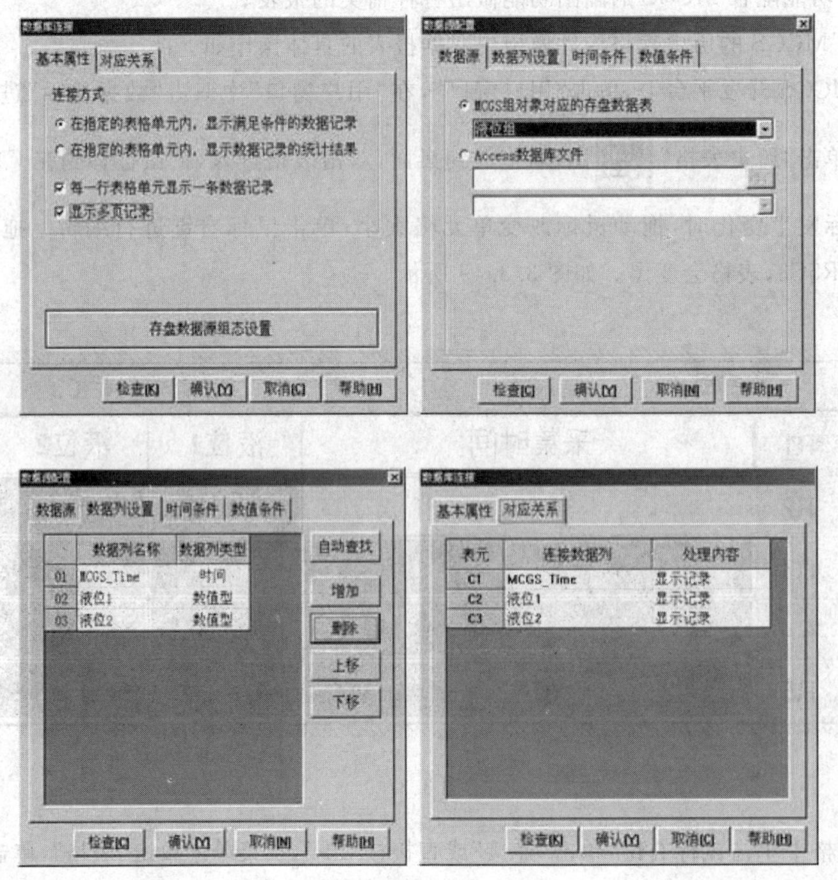

图 3.3.51

这时进入运行环境，就可以看到自己的劳动成果了。如果只想看到历史数据后面1位小数，可以这样操作，如图3.3.52所示。

	C1	C2	C3
R1	采集时间	液位1	液位2
R2		1|0	1|0
R3		1|0	1|0
R4		1|0	1|0
R5		1|0	1|0

图 3.3.52

任务五　曲线显示

一、实时曲线

实时曲线构件是用曲线显示一个或多个数据对象数值的动画图形，像笔绘记录仪一样实时记录数据对象值的变化情况。

在MCGS组态软件中如何实现实时曲线呢？具体操作如下：

在MCGS组态平台上，单击“用户窗口”，在“用户窗口”中双击“数据显示”进入，在“工具箱”中单击“实时曲线”图标，拖放到适当位置调整大小。双击曲线，弹出“实时曲线构件属性设置”窗口，按图3.3.53设置。

实时曲线构件属性设置
基本属性 标注属性 画笔属性 可见度属性
背景网格
X主划线：数目 4 颜色 线型
X次划线：数目 2 颜色 线型
Y主划线：数目 5 颜色 线型
Y次划线：数目 2 颜色 线型
背景颜色
边线颜色
边线线型
曲线类型
绝对时钟趋势曲线
相对时钟趋势曲线
不显示网格 透明曲线
检查(K) 确认(Y) 取消(C) 帮助(H)

实时曲线构件属性设置
基本属性 标注属性 画笔属性 可见度属性
X轴标注
标注颜色
标注间隔 1
时间格式 MM:SS
时间单位 秒钟
X轴长度 20
标注字体
不显示X轴坐标标注
Y轴标注
标注颜色
标注间隔 1
小数位数 1
最小值 0.0
最大值 10.0
标注字体
不显示Y轴坐标标注
检查(K) 确认(Y) 取消(C) 帮助(H)

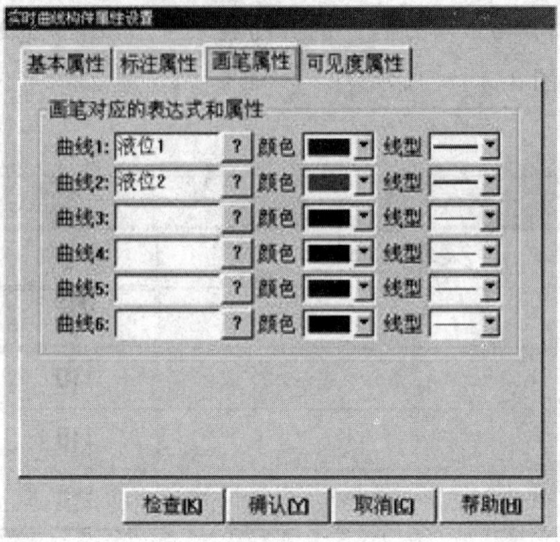

图 3.3.53

按“确认”即可,在运行环境中单击“数据显示”菜单,就可看到实时曲线。双击曲线可以放大曲线。

二、历史曲线

历史曲线构件实现了历史数据的曲线浏览功能。运行时,历史曲线构件能够根据需要画出相应历史数据的趋势效果图。历史曲线主要用于事后查看数据和状态变化趋势和总结规律。

如何根据需要画出相应历史数据的历史曲线呢?具体操作如下:

在“用户窗口”中双击“数据显示”进入,在“工具箱”中单击“历史曲线”图标,拖放到适当位置调整大小。双击曲线,弹出“历史曲线构件属性设置”窗口,按图 3.3.54 设置,在“历史曲线构件属性设置”中,“液位 1”曲线颜色为“绿色”;“液位 2”曲线颜色为“红色”。

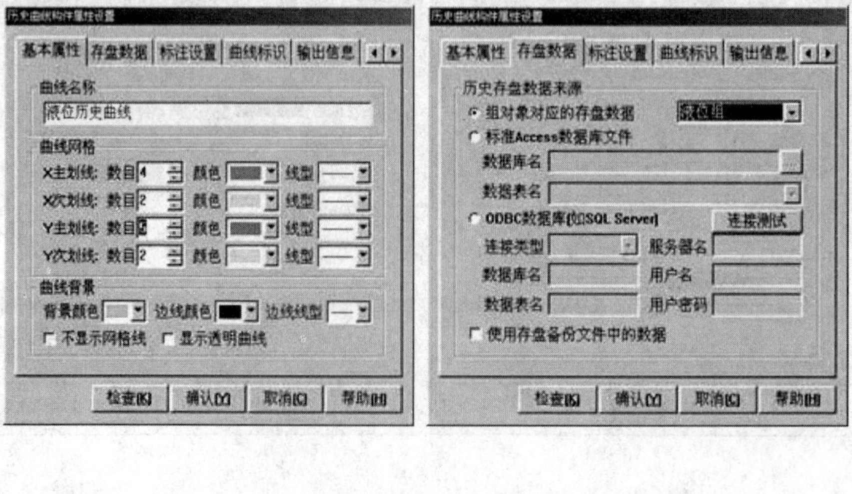

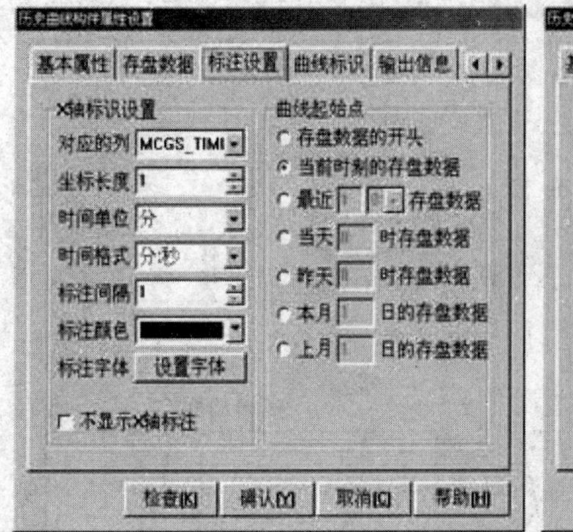

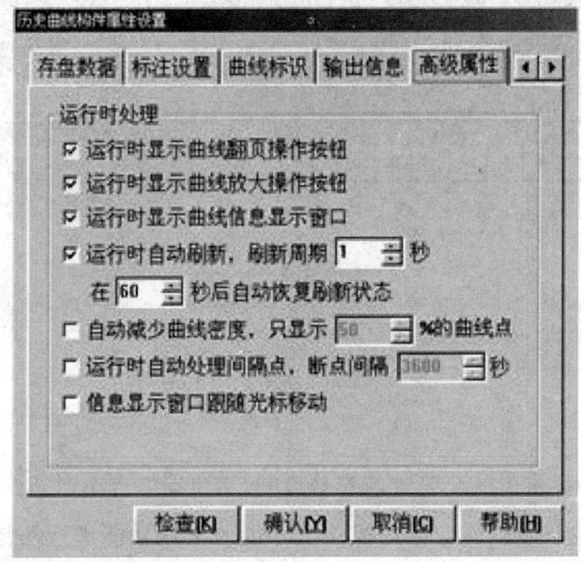

图 3.3.54

在运行环境中，单击“数据显示”菜单，打开“数据显示窗口”，就可以看到实时数据，历史报表，实时曲线，历史曲线，如图 3.3.55 所示。

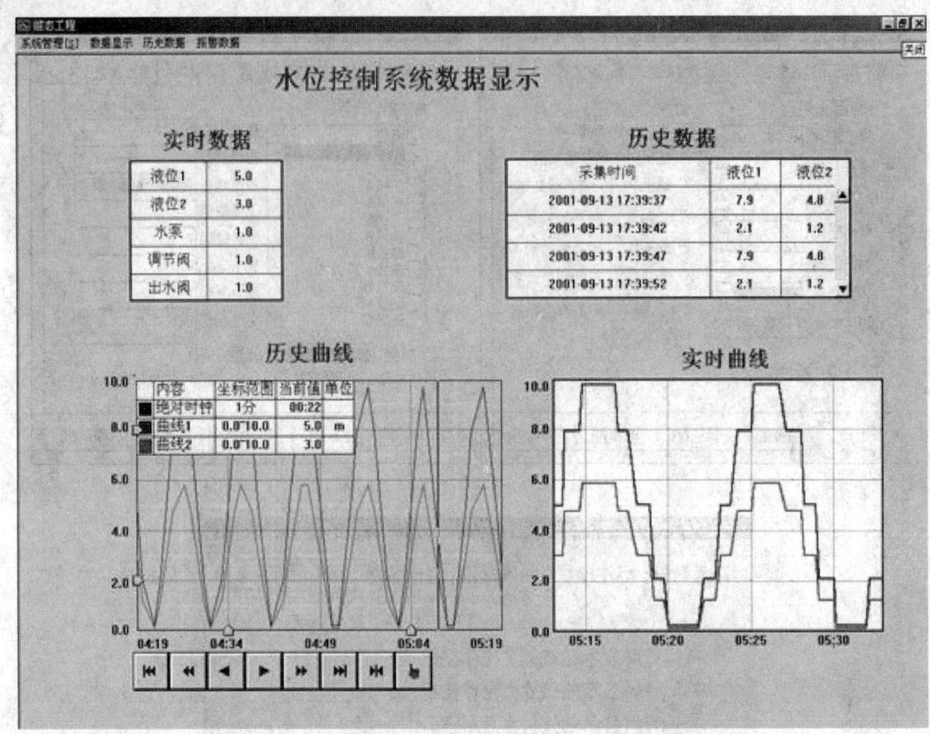

图 3.3.55

任务六　安全机制

MCGS 组态软件提供了一套完善的安全机制,用户能够自由组态控制菜单、按钮和退出系统的操作权限,只允许有操作权限的操作员才能对某些功能进行操作。MCGS 还提供了工程密码、锁定软件狗、工程运行期限等功能来保护用 MCGS 组态软件进行开发所得的成果,开发者可利用这些功能保护自己的合法权益。

一、操作权限

MCGS 系统的操作权限机制和 WindowsNT 类似,采用用户组和用户的概念来进行操作权限的控制。在 MCGS 中可以定义无限多个用户组,每个用户组中可以包含无限多个用户,同一个用户可以隶属于多个用户组。操作权限的分配是以用户组为单位来进行的,即某种功能的操作哪些用户组有权限,而某个用户能否对这个功能进行操作取决于该用户所在的用户组是否具备对应的操作权限。

MCGS 系统按用户组来分配操作权限的机制,使用户能方便地建立各种多层次的安全机制。如实际应用中的安全机制一般要划分为操作员组、技术员组、负责人组。操作员组的成员一般只能进行简单的日常操作;技术员组负责工艺参数等功能的设置;负责人组能对重要的数据进行统计分析;各组的权限各自独立,但某用户可能因工作需要,能进行所有操作,

则只需把该用户同时设为隶属于3个用户组即可。

注意：在MCGS中，操作权限的分配是对用户组来进行的，某个用户具有什么样的操作权限是由该用户所隶属的用户组来确定。

二、系统权限管理

为了整个系统能安全地运行，需要对系统权限进行管理，具体操作如下：

用户权限管理：在菜单“工具”中单击“用户权限管理”，弹出“用户管理器”。点击“用户组名”下面的空白处，如下图，再单击“新增用户组”会弹出“用户组属性设置”；点击“用户名”下面的空白处，再单击“新增用户”会弹出“用户属性设置”，在“用户密码”，按“确认”按钮，退出。

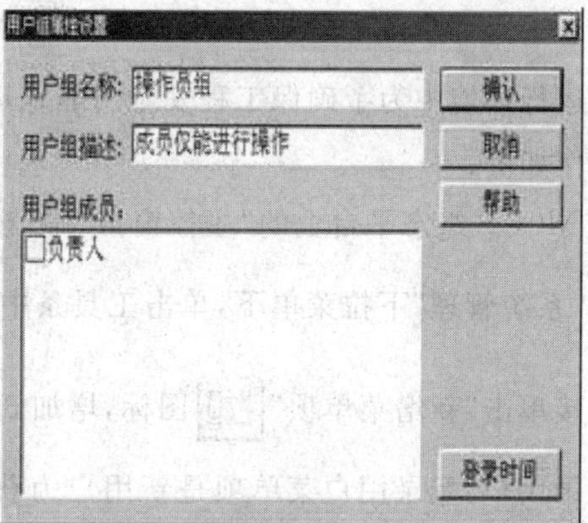

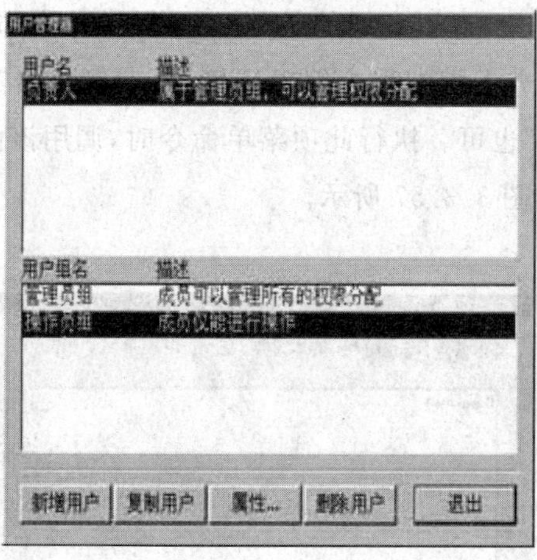

用户管理器

用户名	描述
负责人	属于管理员组，可以管理权限分配
张工	操作员

用户组名	描述
管理员组	成员可以管理所有的权限分配
操作员组	成员仅能进行操作

新增用户 复制用户 属性... 删除用户 退出

图 3.3.56

在运行环境中为了确保工程安全可靠地运行，MCGS 建立了一套完善的运行安全机制。具体操作如下：

在 MCGS 组态平台上的“主控窗口”中，按“菜单组态”按钮，打开菜单组态窗口。

在“系统管理”下拉菜单下，单击工具条中的“新增菜单项”图标，会产生“操作 0”菜单。连接单击“新增菜单项”图标，增加 3 个菜单，分别为“操作 1”、“操作 2”、“操作 3”。

登录用户：登录用户菜单项是新用户为获得操作权，向系统进行登录用的。双击“操作 0”菜单，弹出“菜单属性设置”窗口。在“菜单属性”中把“菜单名”改为：登录用户。进入“脚本程序”属性页，在程序框内输入代码！LogOn()，这里利用的是 MCGS 提供的内部函数或在“脚本程序”中单击“打开脚本程序编辑器”，进入脚本程序编辑环境，从右侧单击“系统函数”，再单击“用户登录操作”，双击“！Logon()”也可。执行此项菜单命令时，调用该函数，弹出 MCGS 登录窗口，输入用户名称和密码。如图 3.3.57 所示。

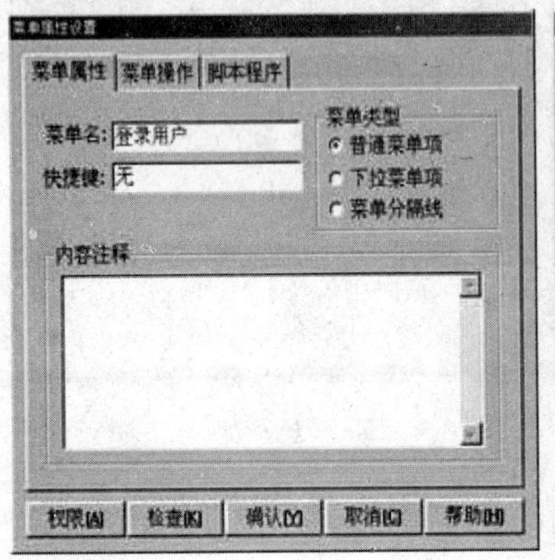

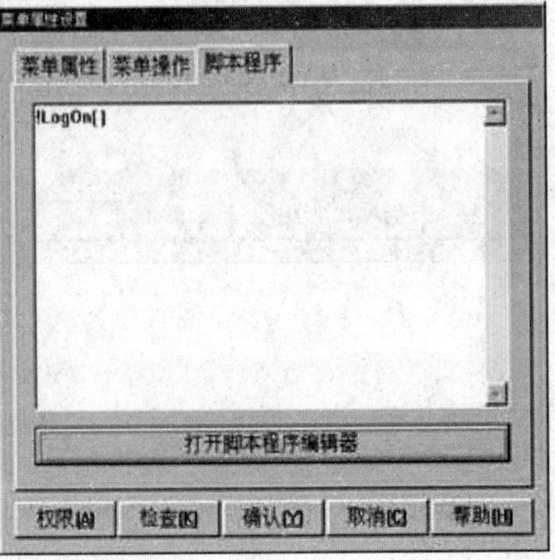

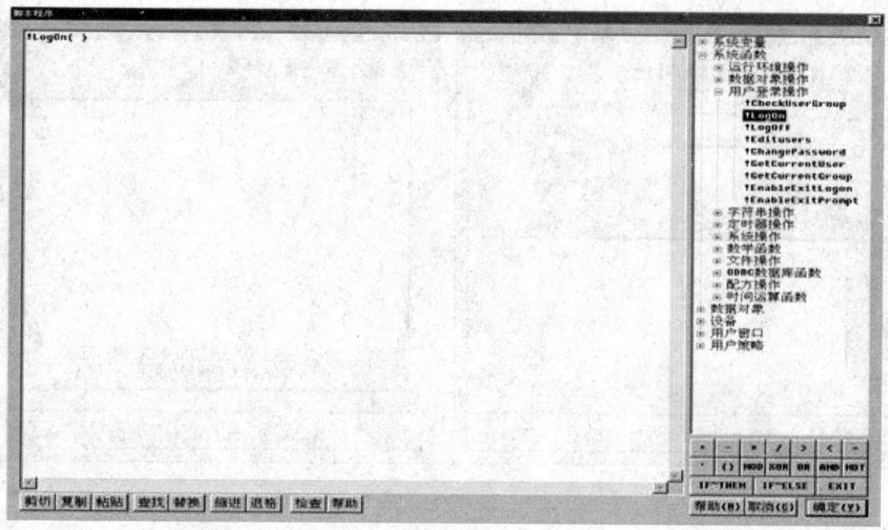

图 3.3.57

退出登录:用户完成操作后,如想交出操作权,可执行此项菜单命令。双击“操作 1”菜单,弹出“菜单属性设置”窗口。进入属性设置窗口的“脚本程序”页,输入代码! LogOff()(MCGS 内部函数)。在运行环境中执行该函数,弹出提示框,确定是否退出登录,如图 3.3.58 所示。

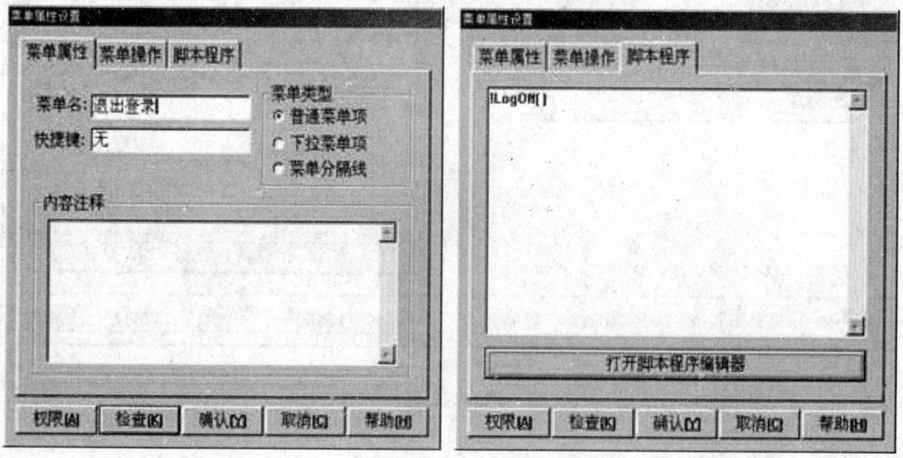

图 3.3.58

用户管理:双击“操作 2”菜单,弹出“菜单属性设置”窗口。在属性设置窗口的“脚本程序”页中,输入代码! Editusers()(MCGS 内部函数)。该函数的功能是允许用户在运行时增加、删除用户,修改密码,如图 3.3.59 所示。

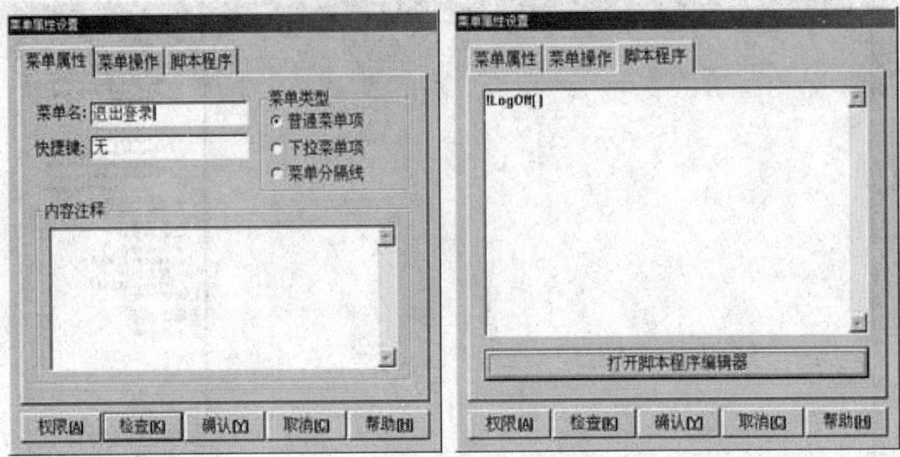

图 3.3.59

修改密码:双击“操作 3”菜单,弹出“菜单属性设置”窗口。在属性设置窗口的“脚本程序”页中输入代码! ChangePassWord()(MCGS 内部函数)。该函数的功能是修改用户原来设定的操作密码,如图 3.3.60 所示。

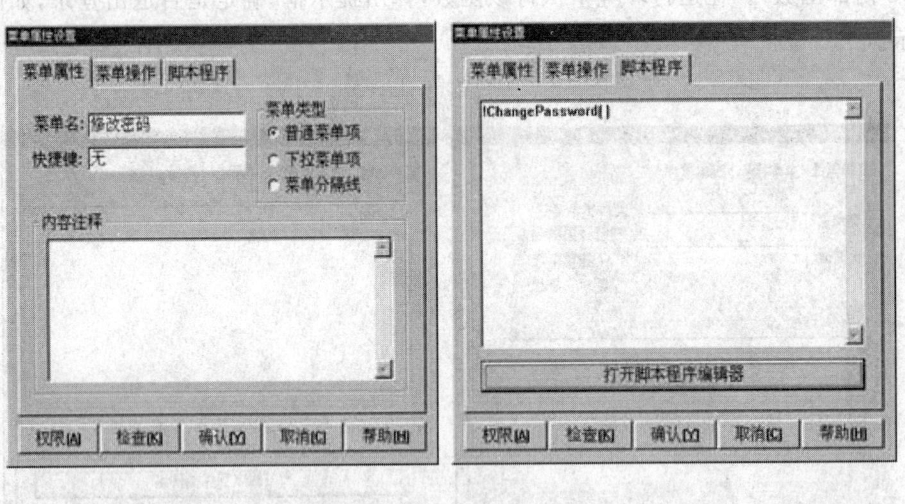

图 3.3.60

按“F5”或直接按工具条中 图标,进入运行环境。单击“系统管理”下拉菜单中的“登录用户”、“退出登录”,“用户管理”、“修改密码”,分别弹出如图的窗口。如果不是用有管理员身份登录的用户,单击“用户管理”,会弹出“权限不足,不能修改用户权限设置”窗口,如图 3.3.61,3.3.62 所示。

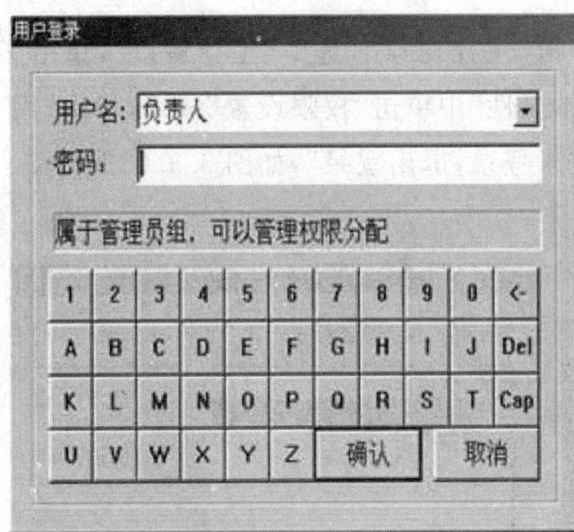
用户登录
用户名: 负责人
密码:
属于管理员组，可以管理权限分配
1 2 3 4 5 6 7 8 9 0 <-
A B C D E F G H I J Del
K L M N O P Q R S T Cap
U V W X Y Z 确认 取消

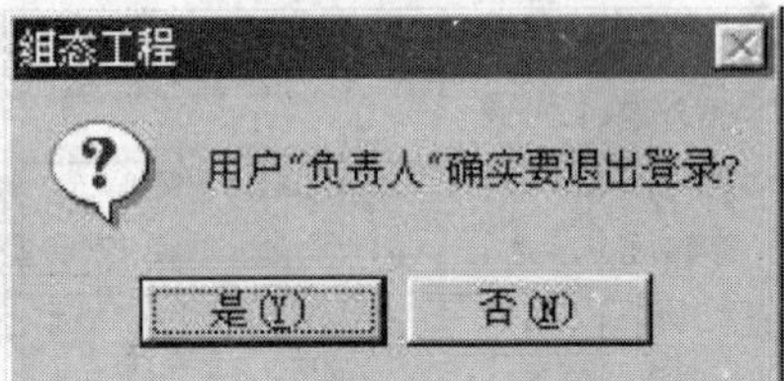
组态工程
用户"负责人"确实要退出登录?
是(Y)
否(N)

图 3.3.61

用户管理器
用户名 描述
负责人 属于管理员组，可以管理权限分配
张工 操作员
用户组名 描述
管理员组 成员可以管理所有的权限分配
操作员组 成员仅能进行操作
新增用户 复制用户 用户属性 删除用户 退出

组态工程
权限不足，不能修改用户权限设置!
确定

改变用户密码
用户名: 负责人
旧密码:
新密码:
确认新密码:
1 2 3 4 5 6 7 8 9 0 <-
A B C D E F G H I J Del
K L M N O P Q R S T Cap
U V W X Y Z 确认 取消

图 3.3.62

系统运行权限:在 MCGS 组态平台上单击“主控窗口”,选中“主控窗口”,单击“系统属性”,弹出“主控窗口属性设置”窗口。在“基本属性”中单击“权限设置”按钮,弹出“用户权限设置”窗口。在“权限设置”按钮下面选择“进入登录,退出登录”,如图 3.3.63 所示。

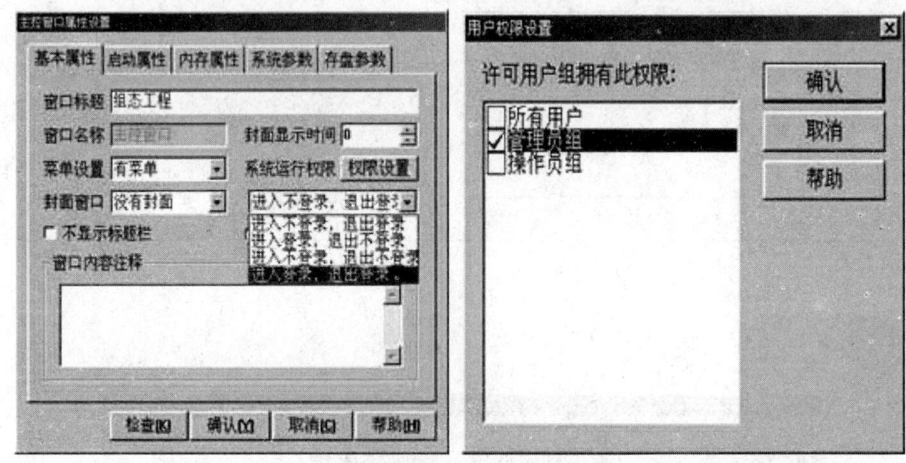

图 3.3.63

在按“F5”或直接按工具条中  图标,进入运行环境时会出现“用户登录”窗口,只有具有管理员身份的用户才能进入运行环境,退出运行环境时也一样,如图 3.3.64 所示。

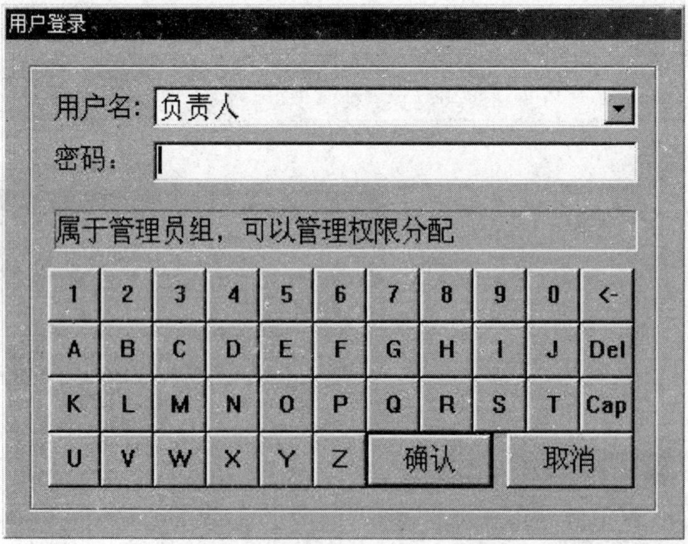

用户登录
用户名: 负责人
密码:
属于管理员组，可以管理权限分配
1 2 3 4 5 6 7 8 9 0 <-
A B C D E F G H I J Del
K L M N O P Q R S T Cap
U V W X Y Z 确认 取消

图 3.3.64

三、工程加密

在“MCGS组态环境”下如果不想要其他人随便看到您所组态的工程或防止竞争对手了解到您的工程组态细节，可以为工程加密。

在“工具”下拉菜单中单击“工程安全管理”，再单击“工程密码设置”，弹出“工程密码设置”窗口，如图3.3.65。修改密码完成后按“确认”工程加密即可生效，下次打开“水位控制系统”需要设密码。

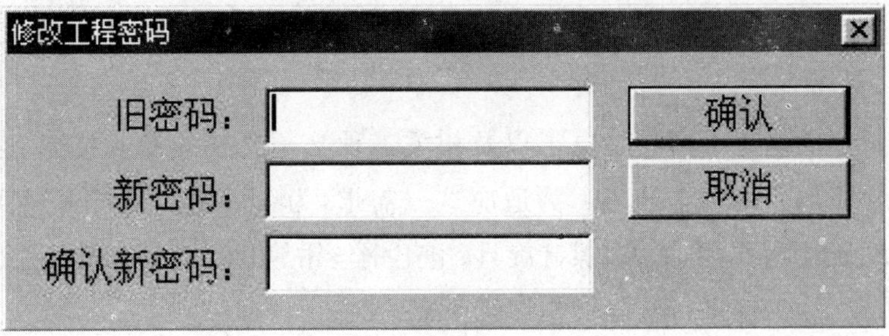

图3.3.65

3.4 低压配电工程实训

任务一 常用电工工具的使用

任务描述

正确使用常用的电工器具是电工以及相关工种必须具备的专业技能,也是他们在操作和工作中经常应用到的基本技术。为适应这一需求,为今后的工作打下坚实的基础。本次任务分别用低压验电器、电工刀、螺钉旋具、电工钢丝钳、尖嘴钳、斜口钳、剥线钳、压线钳、活络扳手、管子钳、冲击钻进行实际操作训练。

任务目标

1. 认知常用的电工器具和作用;

2. 了解常用的电工器具使用时注意事项。

技能目标

会使用低压验电器、电工刀、螺钉旋具、电工钢丝钳、尖嘴钳、斜口钳、剥线钳、压线钳、活络扳手、管子钳、冲击钻等常用的电工器具。

任务内容

本次要完成的任务见下列任务书。

"常用电工工具的使用"任务书

一、任务名称

常用电工工具的使用

二、任务内容

具体任务内容及要求见表 3.4.1

表 3.4.1　“常用电工工具的使用”的具体内容及要求

任务名称	子任务名称	具体内容及要求
常用电工工具的使用	低压验电器验电	用验电器分别在三眼插座和两眼插座上验电；要求验出相线
	电工刀剖削绝缘线	用电工刀剖削绝缘线的绝缘层；要求不伤芯线
	螺钉旋具拧螺钉	用螺丝刀在木板上拧平口、十字口自攻螺钉各 1 只；要求到位
	电工钢丝钳的使用	①用齿口紧固和起松螺母；要求到位 ②用刀口剖削软导线绝缘层；要求不伤芯线 ③用铡口铡切钢丝；要求一次剪断 ④用钳口弯绞导线，方法正确
	尖嘴钳弯羊眼圈	将 2.5 mm^2 导线的端头弯一个羊眼圈；要求是圆形且过渡自然
	斜口钳剪导线	用斜口钳剪断 6 mm^2 的导线；要求一次剪断
	剥线钳剥导线绝缘层	用剥线钳剥除塑料多芯软导线的绝缘层；要求不伤芯线
	压线钳压接线鼻子	用压线钳完成在软导线端头压接线鼻子；要求压接牢固且不宜露头过多
	活络扳手拧螺母	用活络扳手分别紧固和起松大、小螺母；紧固和起松方向正确
	管子钳拧螺母	用管子钳分别拧紧和拧松电线管上螺母；方向正确
	冲击钻钻孔	①用“钻”的位置，在 2 mm 厚的钢板上钻一个孔 ②用“锤”的位置，在混凝土或砖墙上钻一个 6 mm，深度 50 mm 的孔

三、实施地点

电工技能实训室

四、所需工器具及材料

1. 电工工器具：低压验电器、电工刀、螺钉旋具、电工钢丝钳、尖嘴钳、斜口钳、剥线钳、压线钳、活络扳手、管子钳、冲击钻等。

2. 材料：废旧塑料单芯硬导线，多芯软导线，钢丝若干，木板 1 块，平口、十字口自攻螺钉各 1 只，电线管及配套螺母等。

五、工作规范及要求

1. 严格执行有关规程、规范和遵守实训室的规章制度；

2. 工作时要统一穿工作服（或校服）；女同学不准穿高跟鞋，长头发应盘上；

3. 工作中注意安全；

4. 工作中工器具摆放有序；

5. 工作时不准窜工位，不准大声喧哗；

6. 工作结束后，清理工器具，打扫现场。

任务下达人（签字）		日期	年　月　日
任务接受人（签字）		日期	年　月　日

任务实施

1. 实施任务流程:布置任务→资讯讲授→制订计划→任务实施→检查自评→评价展示

(1)布置任务:依据常用电工工具的组成、作用,使用及注意事项,制作工作任务单,并向各工位(或各小组)分发,布置工作任务并说明要求、任务目标及安全注意事项等。

(2)资讯讲授:讲授的内容是提示性的,主要是常用电工工具的组成、作用、使用、注意事项以及为完成本次任务所必须的职业技能知识。简介学生的学习内容、思考的问题,完成任务所使用的设备和完成任务的方式方法等。

(3)制订计划:学生依据"常用电工工具的使用"任务书,制订工作计划,包括:工器具和材料准备、学习内容、工作步骤、时间分配、完成任务途径及注意事项等。

(4)任务实施:学生依据工作任务单、工作计划实施工作。

(5)检查自评:工作任务完成后,学生依据工作任务的评分标准进行自评和互评,找出错误和不足,进一步掌握正确的工作过程与工作方法,训练学生系统的评价能力。

(6)评价展示:学生在工作过程中,教师巡回指导。根据学生在工作期间的工作状况、完成任务的质量等进行考核,依据"常用电工工具的使用"评分表,对学生进行工作结果的评价。优选 2~3 名学生的作品进行评价展示。再选 2~3 名学生谈谈收获和体会。

2. 成绩评定

评定完成任务情况的评分表见表 3.4.2。成绩的评定除了要考虑学生完成的任务外,还要考虑学生综合发展能力。诸如完成任务的态度,对任务的认知程度,完成任务时的组织、表达能力以及与任务有关的拓展能力等,这些方面较为突出者,要适当地予以加分。

表 3.4.2 "常用电工工具的使用"评分表

项目	技术要求	配分	扣分标准	扣分	得分
准备工作	工器具、材料齐全,检查完好	10	每缺一项扣 2 分;工器具未检查扣 2 分		
	着装符合现场要求		着装不符合现场要求扣 2 分		
	制订好工作计划		未制订工作计划扣 3 分		
	准备好记录材料和有关材料		未准备记录材料和有关材料扣 3 分		

续表：

项目		技术要求	配分	扣分标准	扣分	得分
常用电工工具的使用	低压验电器	握法正确	8	握法不正确扣2分		
		先到确实有电的带电体上验电，检查验电笔是否良好		未检查扣1分		
		检测未知带电体是否有电		检测不对扣2分		
		再到确实有电的带电体上验电，以检查验电结果的可靠性		未检查扣1分		
		能验出相线		不能验出相线扣2分		
	电工刀	手握姿势正确	6	姿势不正确扣2分		
		剖削方法正确		剖削方法不正确扣2分		
		芯线无损伤		芯线有损伤扣2分		
	螺钉旋具	手握姿势正确	4	姿势不正确扣2分		
		拧入时用力适当，不伤顶头		用力不当使顶头损伤扣2分		
	电工钢丝钳	能正确地用刀口剖削软导线绝缘层；要求不伤芯线	8	方法不正确或伤芯线扣2分		
		能正确用铡口剪切钢丝		方法不正确或不能一次剪断扣2分		
		能正确用齿口扳拧螺母		方法不正确或扳拧不到位扣2分		
		能正确用钳口弯绞导线		方法不正确扣2分		
	尖嘴钳	手握姿势正确	6	姿势不正确扣2分		
		羊眼圈圆形且过渡自然		羊眼圈不圆且过渡不自然扣4分		
	斜口钳	手握姿势正确	6	姿势不正确扣2分		
		剪切导线，能一次剪断，无其他违规现象		不能一次剪断扣2分，有其他违规现象扣2分		
	剥线钳	手握姿势正确	6	姿势不正确扣2分		
		选用切口合适，不伤芯线，无其他违规现象		选用切口不合适扣2分，伤芯线扣2分，有其他违规现象扣2分		

续表:

项目		技术要求	配分	扣分标准	扣分	得分
常用电工工具的使用	压线钳	手握姿势正确	6	姿势不正确扣2分		
		线头不宜裸露过多		线头裸露过多扣2分		
		接线鼻子牢固		接线鼻子不牢固扣2分		
	活络扳手	手握姿势正确	8	姿势不正确扣2分		
		调整扳口开度合适		扳口开度不合适扣2分		
		拧紧或拆卸大螺母方法正确		方法不正确扣2分		
		拧紧或拆卸小螺母方法正确		方法不正确扣2分		
	管子钳	手握姿势正确	6	姿势不正确扣2分		
		使用方法正确,拧螺母方向正确,无其他违规现象		使用方法不正确扣2分,拧螺母方向不正确扣2分,有其他违规现象扣2分		
	冲击钻钻孔	手握姿势正确	6	姿势不正确扣2分		
		切换开关正确,均能正确的按"钻"、"锤"要求打孔,无其他违规现象		切换开关不正确扣2分,不能正确的按"钻"、"锤"要求打孔扣2分,有其他违规现象扣2分		
结束工作		将工器具、材料归位	10	工器具、材料未归位扣4分		
		整理好任务材料		未整理好任务材料扣3分		
		清理现场		现场未清理扣3分		
安全文明		能正确使用工器具	10	工器具使用不正确扣4分		
		不做与实训任务无关的事情		违反此项扣3分		
		保持现场秩序,不大声喧哗,不随意走动		违反此项扣3分		
合计			100			
备注		各项扣分最高不超过该项配分				

相关知识

(1)低压验电器:见1.3常用电工工具的使用;

(2)电工刀:见1.3常用电工工具的使用;

(3)螺钉旋具:见1.3常用电工工具的使用;

(4)电工钢丝钳:见1.3常用电工工具的使用;

(5)尖嘴钳见:1.3常用电工工具的使用;

(6)斜口钳:见1.3常用电工工具的使用;

(7)剥线钳:见1.3常用电工工具的使用。

8. 压线钳

压线钳用于连接导线。将要连接的导线穿入压接管中或接线片的端孔中，然后用压线钳挤压压接管或接线片端孔使其变扁，将导线夹紧，达到连接的目的。压线钳如图 3.4.1 所示。

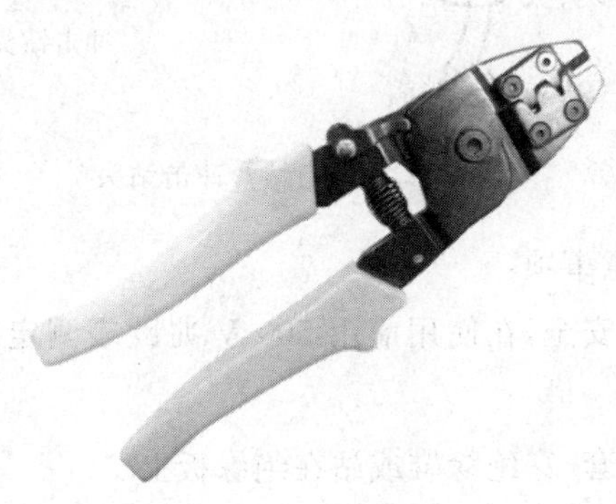

图 3.4.1　压线钳

9. 管子钳

管子钳是用来拧紧或拧松电线管上的束节或管螺母，使用方法与活络扳手相同。外形如图 3.4.2 所示。

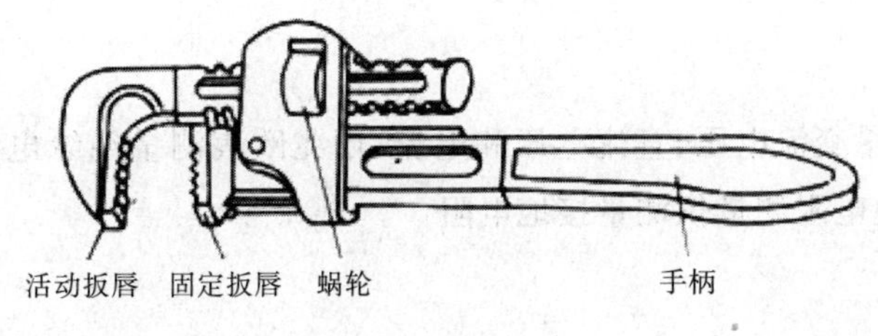

图 3.4.2　管子钳

10. 冲击钻

冲击钻是一种旋转带冲击的电动工具。它具有两种功能：一是作为普通电钻使用，此时选择开关调到“钻”的位置，装上普通麻花钻头能在金属上钻孔；二是选择开关调到“锤”的位置，装上镶有硬质合金的冲击钻头，便能在混凝土和砖墙等建筑构件上钻孔。冲击钻通常可冲打直径为 6～16 mm 的圆孔。其外形及麻花钻头、冲击钻头如图 3.4.3 所示。

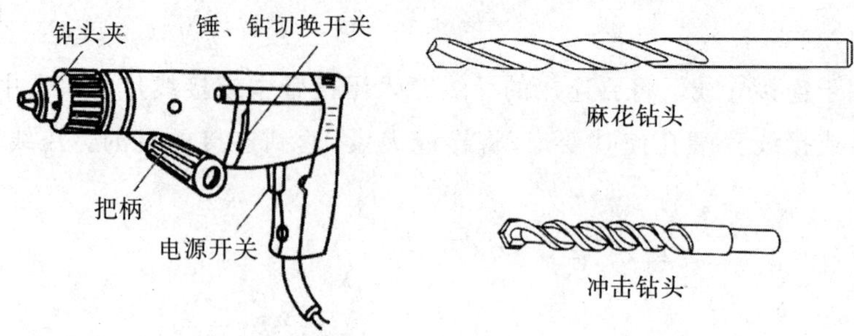

图 3.4.3　冲击钻及冲击钻头

冲击钻使用方法及注意事项：

(1)为确保操作人员的安全,在使用前用 500 V 兆欧表测定其相应绝缘电阻,其值应不小于 0.5 MΩ。

(2)使用时应戴绝缘手套,穿绝缘鞋或站在绝缘板上。

(3)钻孔时不应用力过猛,遇到坚硬物时不能施加过大的力,以免钻头退火或因过载而损坏;当孔快钻通时,应适当减轻手的压力。

(4)钻孔时应时常将钻头从钻孔中抽出,以便排出钻屑。

任务二常用电工仪表的使用

任务描述

用万用电表测量交流电压、直流电压和电流;用兆欧表测量绝缘电阻;用钳形电流表测量交流电流;用接地电阻测量仪测量接地电阻。

任务目标

知识目标

(1)认知常用的电工仪表及作用;

(2)了解常用电工仪表的使用注意事项。

技能目标

(1)会用万用电表测量交、直流电流和电压,测电阻值;

(2)会用兆欧表测量绝缘电阻;

(3)会用钳形电流表测量交流电流;

(4)会用接地电阻测量仪测量接地电阻。

任务内容

“常用电工仪表的使用”任务书

一、任务名称

常用电工仪表的使用

二、任务内容

具体任务内容及要求见表 3.4.3。

表 3.4.3　“常用电工仪表的使用”的具体内容及要求

任务名称	子任务名称	具体内容及要求
常用电工仪表的使用	用万用表测量电压、电流和电阻	测量交流电压：接线正确；测量前检查完好；转换开关和量程选择合适；读数准确
		测量直流电压：接线正确；测量前检查完好；转换开关和量程选择合适；读数准确
		测量直流电流：接线正确；测量前检查完好；转换开关和量程选择合适；读数准确
		测量电阻：接线正确；测量前检查完好；转换开关和量程选择合适；读数准确；要进行调零
	用兆欧表测量绝缘电阻	测量导线的绝缘电阻；要求接线正确；测量前检查完好；量程选择合适；读数准确；步骤正确
	用钳形电流表测量交流电流	测量交流电流：测量前检查完好；方法正确；量程选择合适；读数准确
	用接地电阻测量仪测量接地电阻	测量某变压器中性点接地装置的接地电阻；要求接线正确；测量前检查完好；量程选择合适；读数准确；步骤正确

三、实施地点

电工技能实训室、电工计量实训室。

四、所需器材

变压器、万用电表（指针式或数字式均可）、兆欧表、钳形电流表、接地电阻测量仪各一只。连接线、电工工具等。

五、工作规范及要求

1. 严格执行有关规程、规范及遵守实训室的规章制度；
2. 工作时要统一穿工作服（或校服）。女同学不准穿高跟鞋，长头发应盘上；
3. 严格按照表计的接线和要求进行接线和拆线；
4. 测量前要对所用的表计进行检查，置档合适，读数准确；
5. 工作中，工器具、仪表摆放有序；
6. 工作时不准窜工位，不准大声喧哗；
7. 工作结束后，清理工器具和仪表，打扫现场；
8. 工作过程的自始至终，要以现场一线人员的精神面貌对待工作，安全文明生产，养成良好的工作习惯和精神风貌。

任务下达人（签字）		日期	年　月　日
任务接受人（签字）		日期	年　月　日

任务实施

1. 实施任务流程:布置任务→资讯讲授→制订计划→任务实施→检查自评→评价展示

(1)布置任务:依据"常用电工仪表的使用"任务书制作工作任务单,并向各工位(或各小组)分发,布置工作任务并说明要求、任务目标及安全注意事项等。

(2)资讯讲授:讲授的内容主要是常用电工仪表的结构、作用、接线、使用方法、安全注意事项,以及为完成本次任务所必须的理论和职业技能知识,用引导性的方法教学生去思考、理解和完成任务。简介学生的学习内容、思考的问题,完成任务所使用的设备和完成任务的方式方法等。

(3)制订计划:学生依据"常用电工仪表的使用"任务书,制订工作任务单,包括:学习内容、工作步骤、时间分配、完成任务的途径及注意事项等。

(4)任务实施:学生依据工作任务和工作任务单实施工作,并做必要的测量数据记录。

(5)检查自评:工作任务完成后,学生依据工作任务的评分标准进行自评和互评,找出错误和不足,进一步掌握正确的工作过程与工作方法,训练学生系统的评价能力。

(6)评价展示:学生在工作过程中,教师巡回指导。根据学生在工作期间的工作状况、完成任务的质量等进行考核,依据"常用电工仪表的使用"评分表,对学生进行工作结果的评价。优选2～3名学生的作品进行评价展示。再优选2～3名学生(或小组)讲解,讲解的内容主要包括以下几个方面:

①几种表计的接线和注意事项;②兆欧表测绝缘电阻的步骤;③接地电阻测量仪测接地电阻的步骤;④交流收获和体会。

2. 成绩评定

评定完成任务情况的评分表见表3.4.4。成绩的评定除了要考虑学生完成的任务外,还要考虑学生综合发展能力。诸如完成任务的态度,对任务的认知程度,完成任务时的组织、表达能力以及与任务有关的拓展能力等。这些方面较为突出者,要适当地予以加分。

表3.4.4 "常用电工仪表的使用"评分表

项目	技术要求	配分	扣分标准	扣分	得分
准备工作	工器具、材料齐全,检查完好	10	每缺一项扣2分;工器具未检查扣2分		
	着装符合现场要求		着装不符合现场要求扣2分		
	制订好工作计划		未制订工作计划扣2分		
	准备好记录材料和有关材料		未准备记录材料和有关材料扣2分		

续表：

项目		技术要求	配分	扣分标准	扣分	得分
常用电工工具的使用	常用电工仪表的使用	测量直流电压：接线正确；测量前检查完好；红表笔插入“+”(数字式“V/Ω”)孔内，黑表笔插入“－”(数字式“COM”)孔内；转换开关和量程选择合适；读数准确	30	接线不正确扣 3 分；测量前未检查扣 2 分；红、黑表笔不分扣 2 分；转换开关和量程选择不合适扣 2 分；读数不准确扣 1 分		
		测量交流电压：接线正确；测量前检查完好；转换开关和量程选择合适；读数准确		接线不正确扣 3 分；测量前未检查扣 2 分；转换开关和量程选择不合适扣 2 分；读数不准确扣 1 分		
		测量直流电流：接线正确；测量前检查完好；转换开关和量程选择合适；读数准确		接线不正确扣 3 分；测量前未检查扣 2 分；转换开关和量程选择不合适扣 2 分；读数不准确扣 1 分		
		测量电阻：接线正确；测量前检查完好；转换开关和量程选择合适；读数准确		接线不正确扣 3 分；测量前未检查扣 2 分；转换开关和量程选择不合适扣 2 分；读数不准确扣 1 分		
	兆欧表测绝缘电阻	接线正确；测量前检查完好；量程选择合适；读数准确；步骤正确	15	接线不正确扣 3 分；测量前未检查扣 2 分；量程选择不合适扣 2 分；读数不准确扣 1 分；步骤不正确扣 2 分		
	钳形电流表测电流	测量前检查完好；方法正确；量程选择合适；读数准确	10	测量前检查完好扣 2 分；方法正确扣 2 分；量程选择合适扣 2 分；读数不准确扣 1 分		
	接地电阻测量仪测接地电阻	接线正确；测量前检查完好；量程选择合适；读数准确；步骤正确	15	接线错误扣 3 分；测量前未检查扣 2 分；量程选择合适扣 2 分；读数不准确扣 1 分；步骤不正确扣 2 分		
结束工作		将工器具、材料归位	10	工器具、材料未归位扣 4 分		
		整理好任务材料		未整理任务材料扣 3 分		
		清理现场		现场未清理扣 3 分		
安全文明		能正确使用工器具	10	工器具使用不正确扣 4 分		
		不做与实训任务无关的事情		违反此项扣 3 分		
		保持现场秩序，不大声喧哗，不随意走动		违反此项扣 3 分		
合计			100			
备注		各项扣分最高不超过该项配分				

相关知识

(1)万用电表:见1.2常用电工测量工具的使用;

(2)兆欧表:见1.2常用电工测量工具的使用;

(3)钳形电流表:见1.2常用电工测量工具的使用;

(4)接地电阻测量仪:见1.2常用电工测量工具的使用。

任务三　绝缘导线剖削、连接与绝缘恢复

任务描述

绝缘导线的剖削、连接与绝缘恢复是电工技能的基础。本次任务主要是用电工刀、电工钢丝钳、剥线钳剖削铜芯绝缘线、多股铜芯绝缘线、塑料硬线、塑料软线、塑料护套线、橡皮绝缘线、花线、铅包绝缘线等;并在此基础上进行单股和多股导线的"一"字和"T"形连接、用螺钉压接法和压接管压接法连接铝芯导线以及线头与接线桩的连接;最后用黄蜡带和黑胶布进行导线绝缘的恢复。

任务目标

知识目标

(1)了解绝缘导线剖削、连接与绝缘恢复的步骤与方法;

(2)了解绝缘导线剖削、连接与绝缘恢复的要求和注意事项。

技能目标

(1)会用电工刀、电工钢丝钳、剥线钳剖削铜芯绝缘线、多股铜芯绝缘线、塑料硬线、塑料软线、塑料护套线、橡皮绝缘线、花线、铅包绝缘线;

(2)会进行单股和多股导线的"一"字和"T"形连接;

(3)会用螺钉压接法和压接管压接法连接铝芯导线;

(4)会进行线头与接线桩的连接;

(5)会用黄蜡带和黑胶布进行导线绝缘恢复。

任务内容

本次要完成的任务见下列任务书。

任务书

一、任务名称

绝缘导线剖削、连接与绝缘恢复

二、任务内容

具体任务内容及要求见表 3.4.5。

表 3.4.5　“绝缘导线剖削、连接与绝缘恢复”的具体内容及要求

<table>
<tr><th>任务名称</th><th colspan="2">子任务名称</th><th>具体内容及要求</th></tr>
<tr><td rowspan="12">绝缘导线剖削、连接与绝缘恢复</td><td rowspan="6">剖削绝缘导线</td><td>剖削塑料硬线绝缘层</td><td>用电工刀或电工钢丝钳剖削塑料硬线绝缘层；剖削绝缘层时应不损伤芯线</td></tr>
<tr><td>剖削塑料软线绝缘层</td><td>用剥线钳或电工钢丝钳剖削塑料软线绝缘层；软线绝缘层剖削后，要求不存在断股和长股现象</td></tr>
<tr><td>剖削塑料护套线绝缘层</td><td>用电工刀剖削塑料护套线绝缘层；剖削绝缘层时应不损伤芯线</td></tr>
<tr><td>剖削橡皮线绝缘层</td><td>用电工刀剖削橡皮线绝缘层；剖削绝缘层时应不损伤芯线</td></tr>
<tr><td>剖削花线绝缘层</td><td>用电工刀剖削花线绝缘层；剖削绝缘层时应不损伤芯线</td></tr>
<tr><td>剖削铅包线绝缘层</td><td>用电工刀剖削铅包线绝缘层；剖削绝缘层时应不损伤芯线</td></tr>
<tr><td rowspan="5">导线连接</td><td>单股铜芯导线作“一”字和“T”字连接</td><td>用单股铜芯导线作“一”字和“T”字连接缠绕；方法正确，缠绕圈数符合要求，圈间紧密、无缝隙，切口无毛刺，线端平整</td></tr>
<tr><td>多股铜芯导线作“一”字和“T”字连接</td><td>用多股铜芯导线作“一”字和“T”字连接缠绕；方法正确，缠绕圈数符合要求，圈间紧密、无缝隙，切口无毛刺，线端平整</td></tr>
<tr><td>用螺钉压接法连接铝芯导线</td><td>用螺钉压接法作铝导线的直线连接或分支连接；去表面的铝氧化膜，线在接近线端处卷上 2～3 圈，连接牢固</td></tr>
<tr><td>用压接管压接法连接铝芯导线</td><td>用压接管压接法连接铝芯导线；去表面的铝氧化膜，不可压反，压接坑的距离和数量应符合技术要求</td></tr>
<tr><td>线头与接线桩的连接</td><td>分别完成线头与针孔式接线桩头的连接和线头与螺钉平压式接线桩头的连接；多根细丝的软线芯线要绞紧，不可有细丝露在外面，与螺钉平压式接线桩头的连接时，线头弯成羊眼圈，羊眼圈弯曲的方向应与螺钉拧紧的方向一致</td></tr>
<tr><td colspan="2">导线的绝缘恢复</td><td>导线的绝缘恢复；两端应多包缠 2 倍带宽，每圈压叠带宽的 1/2，包缠一层黄蜡带后，将黑胶布接在黄蜡带的尾端</td></tr>
<tr><td colspan="4">注：上述项目视具体的条件和场地而定，亦可在绝缘导线剖削、连接与绝缘恢复三个子任务中，各选一个有代表性的项目去实训</td></tr>
</table>

三、实施地点

电工技能实训室。

四、所需器材

电工刀、螺钉旋具、电工钢丝钳、尖嘴钳、斜口钳、剥线钳、压线钳,单股铜芯绝缘线、多股铜芯绝缘线、塑料硬线、塑料软线、塑料护套线、橡皮绝缘线、花线、铅包绝缘线、瓷接头、防水自粘绝缘胶带,黑绝缘胶带等。

五、工作规范及要求

1. 严格执行有关规程、规范及遵守实训室的规章制度;
2. 工作时要统一穿工作服(或校服)。女同学不准穿高跟鞋,长头发应盘上;
3. 严格按照要求进行绝缘导线剖削、连接与导线的绝缘恢复;
4. 在工作的过程中,要注意安全;
5. 工作中,工器具摆放有序;
6. 工作时不准窜工位,不准大声喧哗;
7. 工作结束后,清理工器具,打扫现场;
8. 工作过程的自始至终,要以现场一线人员的精神面貌对待工作,安全文明生产,养成良好的工作习惯和精神风貌。

任务下达人(签字)		日期	年　月　日
任务接受人(签字)		日期	年　月　日

任务实施

1. 实施任务流程:布置任务→资讯讲授→制订计划→任务实施→检查自评→评价展示

(1)布置任务:依据导线连接与绝缘恢复,制作工作任务单,并向各工位(或各小组)分发,布置工作任务并说明要求、任务目标及安全注意事项等。

(2)资讯讲授:讲授的内容主要是导线剖削、连接与绝缘恢复及其为完成本次任务所必须的理论和职业技能知识,用引导性的方法教学生去思考、理解和完成任务。简介学生的学习内容、思考的问题,完成任务所使用的设备和完成任务的方式方法等。

(3)制订计划:学生依据工作页及工作任务,制订工作计划,包括:学习内容、工作步骤、时间分配、完成任务的途径及注意事项等。

(4)任务实施:学生依据工作任务和工作任务单、工作计划实施工作,并做必要的记录。

(5)检查自评:工作任务完成后,学生依据工作任务的评分标准进行自评和互评,找出错误和不足,进一步掌握正确的工作过程与工作方法,训练学生系统的评价能力。

(6)评价展示:学生在工作过程中,教师巡回指导。根据学生在工作期间的工作状况、完成任务的质量等进行考核,依据“绝缘导线剖削、连接与绝缘恢复”评分表,对学生进行工作结果的评价。优选 2～3 名学生的作品进行评价展示。再优选 2～3 名学生(或小组)讲解,

讲解的内容主要包括以下几个方面：

①剖削绝缘导线的方法及注意事项；②导线连接的方法及注意事项；③导线的绝缘恢复的注意事项；④交流收获和体会。

2. 成绩评定

评定完成任务情况的评分表见表3.4.6。成绩的评定除了要考虑学生完成的任务外，还要考虑学生综合发展能力，诸如完成任务的态度，对任务的认知程度，完成任务时的组织、表达能力以及与任务有关的拓展能力等。这些方面较为突出者，要适当地予以加分。

表3.4.6 “导线剖削、连接与绝缘恢复”评分表

项目		技术要求	配分	扣分标准	扣分	得分
准备工作		工器具、材料齐全，检查完好	10	每缺一项扣2分；工器具未检查扣2分		
		着装符合现场要求		着装不符合现场要求扣2分		
		制订好工作计划		未制订工作计划扣3分		
		准备好记录材料和有关材料		未准备记录材料和有关材料扣3分		
剖削绝缘导线	剖削塑料硬线绝缘层	用电工刀或电工钢丝钳剖削塑料硬线绝缘层的；剖削绝缘层时应不损伤芯线	30	剖削方法不正确扣2分；损伤芯线扣2分		
	剖削塑料软线绝缘层	用剥线钳或电工钢丝钳剖削塑料硬线绝缘层的；软线绝缘层剖削后，要求不存在断股和长股现象		剖削方法不正确扣2分；存在断股和长股现象扣2分		
	剖削塑料护套线绝缘层	用电工刀剖削塑料护套线绝缘层；剖削绝缘层时应不损伤芯线		剖削方法不正确扣2分；损伤芯线扣2分		
	剖削橡皮线绝缘层	用电工刀剖削橡皮线绝缘层；剖削绝缘层时应不损伤芯线		剖削方法不正确扣2分；损伤芯线扣2分		
	剖削花线绝缘层	用电工刀剖削花线绝缘层；剖削绝缘层时应不损伤芯线		剖削方法不正确扣2分；损伤芯线扣2分		
	剖削铅包线绝缘层	用电工刀剖削铅包线绝缘层；剖削绝缘层时应不损伤芯线		剖削方法不正确扣2分；损伤芯线扣2分		

续表:

项目		技术要求	配分	扣分标准	扣分	得分
导线连接	单股铜芯导线作“一”字和“T”字连接	用单股铜芯导线作“一”字和“T”字连接缠绕;方法正确,缠绕圈数符合要求,圈间紧密、无缝隙,切口无毛刺,线端平整	30	缠绕方法不正确扣2分;缠绕圈数不够扣2分;其他不符合要求每项扣2分		
	多股铜芯导线作“一”字和“T”字连接	用多股铜芯导线作“一”字和“T”字连接缠绕;方法正确,缠绕圈数符合要求,圈间紧密、无缝隙,切口无毛刺,线端平整		缠绕方法不正确扣2分;缠绕圈数不够扣2分;其他不符合要求每项扣2分		
	用螺钉压接法连接铝芯导线	用螺钉压接法作铝导线的连接;去除表面的铝氧化膜,导线在接近线端处卷上2~3圈,连接牢固		未去除表面的铝氧化膜扣2分;导线卷上2~3圈扣2分;连接不牢固扣2分		
	用压接管压接法连接铝芯导线	用压接管压接法连接铝芯导线;去表面的铝氧化膜,不可压反,压接坑的距离和数量应符合技术要求		未去除表面的铝氧化膜扣2分;压反扣2分;压接坑不符合要求扣2分		
	线头与接线桩的连接	分别完成线头与针孔式接线桩头的连接和线头与螺钉平压式接线桩头的连接;多根细丝的软线芯线要绞紧,不可有细丝露在外面,与螺钉平压式接线桩头的连接时,线头弯成羊眼圈,羊眼圈弯曲的方向应与螺钉拧紧的方向一致		软线芯线未绞紧扣2分;线头未弯成羊眼圈扣2分;羊眼圈与螺钉拧紧方向不一致扣2分		
导线的绝缘恢复		导线的绝缘恢复;两端应多包缠2倍带宽,每圈压叠带宽的1/2,包缠一层黄蜡带后,将黑胶布接在黄蜡带的尾端	10	包缠带宽不符合要求扣2分;每圈压叠带宽不符合要求扣2分;黄蜡带或黑胶布每缺一项扣2分		
结束工作		将工器具、材料归位	10	工器具、材料未归位扣4分		
		整理好任务材料		未整理任务材料扣3分		
		清理现场		现场未清理扣3分		
安全文明		能正确使用工器具	10	工器具使用不正确扣4分		
		不做与实训任务无关的事情		违反此项扣3分		
		保持现场秩序,不大声喧哗,不随意走动		违反此项扣3分		
合计			100			
备注		各项扣分最高不超过该项配分				

相关知识

一、导线线头绝缘层的剖削

导线在连接前，要对导线的绝缘层进行处理，即进行绝缘层的剖削，把导线的绝缘层剖掉，并将裸露的导线表面清理干净。

1. 塑料硬线绝缘层的剖削

(1)用电工钢丝钳剖削塑料硬线绝缘层

芯线截面为 4 mm^2 及以下的塑料硬线，可用电工钢丝钳进行剖削，剖削方法如下：按连接所需长度，用钳头刀口轻切绝缘层，用左手捏紧导线，右手适当用力捏住电工钢丝钳头部，然后两手反向同时用力即可使端部绝缘层脱离芯线，如图 3.4.5 所示。在操作中注意，不能用力过大，切痕不可过深，以免伤及芯线。

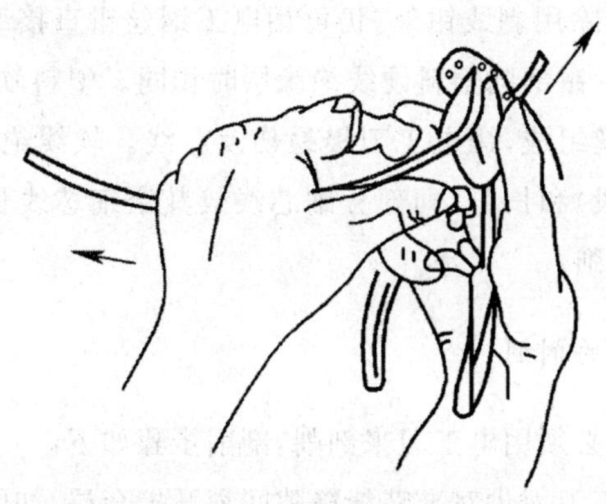

图 3.4.5　电工钢丝钳剖削塑料硬线绝缘层

(2)用电工刀剖削塑料硬线绝缘层

截面大于 4 mm^2 的塑料硬线，可用电工刀进行剖削，剖削方法如下：

按连接所需长度，用电工刀刀口对导线成 45°角切入塑料绝缘层，使刀口刚好削透绝缘层而不伤及芯线，如图 3.4.6(b)所示。

②接着压下刀口，夹角改为约 25°后把刀身向线端推削，把余下的绝缘层从端头处与芯线剥开如图 3.4.6(c)所示。

③将余下的绝缘层向后翻，如图 3.4.6(d)(e)所示，最后用电工刀切齐。

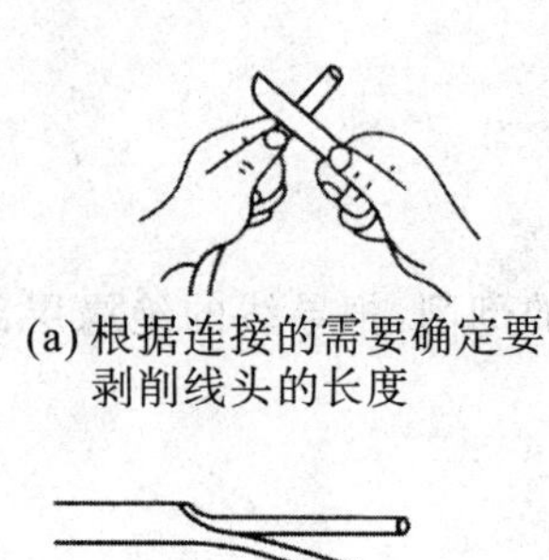

(a) 根据连接的需要确定要剥削线头的长度

(b) 用电工刀以45°斜角切入绝缘层

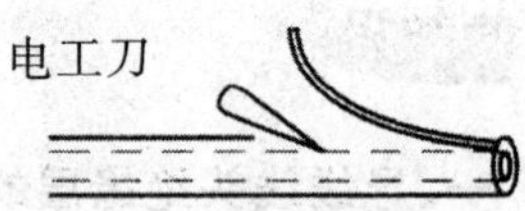

(c) 然后将电工刀以25°角均匀用力将线皮削掉

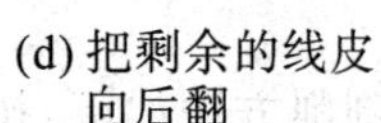

(d) 把剩余的线皮向后翻

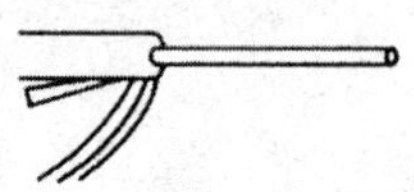

(e) 将电工刀靠在剥削层的根部，切去线皮

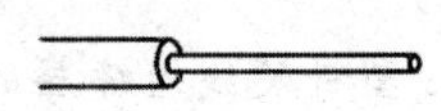

(f) 剥去线头的绝缘层，露出线芯

图 3.4.6　电工刀剖削塑料硬线绝缘层

2. 塑料软线绝缘层的剖削

塑料软线绝缘层剖削除用剥线钳外，仍可用电工钢丝钳直接剖削截面为 4 mm^2 及以下的导线，方法与用电工钢丝钳剖削塑料硬线绝缘层时相同。塑料软线不能用电工刀剖削，因其太软，芯线又由多股铜丝组成，用电工刀极易伤及芯线。软线绝缘层剖削后，要求不存在断股(一根细芯线称为一股)和长股(即部分细芯线较其余细芯线长，出现端头长短不齐)现象。否则应切断后重新剖削。

3. 塑料护套线绝缘层的剖削

塑料护套线的绝缘层必须用电工刀来剖削，剖削步骤如下：

(1)按所需长度用电工刀刀尖对准芯线缝隙间划开护套层，如图 22(a)所示。

(2)向后扳翻护套层，用刀齐根切去，如图 3.4.7(b)所示。

(3)在距离护套层 5～10 mm 处，用电工刀以 45°角倾斜切入绝缘层，其他剖削方法同塑料硬线。

(a)刀在芯线缝隙间划开护套层

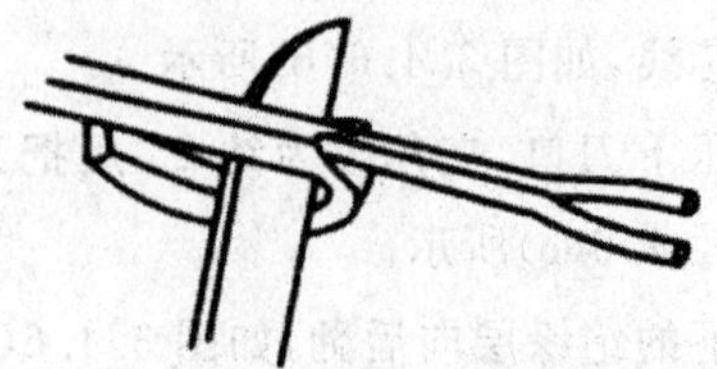

(b)扳翻护套层并齐根切去

图 3.4.7　塑料护套线绝缘层的剖削

4. 橡皮线绝缘层的剖削

剖削用具是电工刀，具体步骤如下：

(1)先把橡皮线编织保护层用电工刀尖划开，与剖削护套线的护套层方法类同。

(2)然后用剖削塑料线绝缘层相同的方法剖去橡胶层。

(3)最后松散面纱层到根部，用电工刀切去。

5. 花线绝缘层的剖削

花线绝缘层的剖削方法如图 3.4.8 所示，具体步骤如下：

(1)在所需长度用电工刀在棉纱织物保护层四周切割一圈后拉去。

(2)距棉纱织物保护层 10 mm 处，电工钢丝钳刀口切割橡胶绝缘层，不能损伤芯线，然后右手握住钳头，左手把花线用力抽拉，钳口勒出橡胶绝缘层。

(3)最后露出棉纱层，把棉纱层松散开来，用电工刀割断。

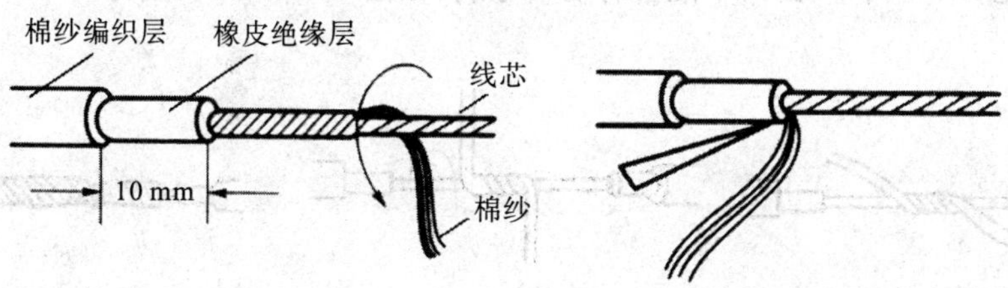

(a)将棉纱层散开　　(b)割断棉纱层

图 3.4.8　花线绝缘层剖削

6. 铅包线绝缘层的剖削

剖削方法如图 3.4.9 所示，具体步骤如下：

(1)先用电工刀把铅包层切割一圈。

(2)然后用双手来回扳动切口处，铅层便沿切口折断，就可把铅包层套拉出来。

(3)绝缘层的剖削，按塑料线绝缘层的剖削方法进行。

(a)按所需长度切入　　(b)折扳切口拉出铅包层　　(c)剖削绝缘层

图 3.4.9　铅包线绝缘层剖削

二、导线的连接

导线的连接主要有导线与导线连接和导线与接线桩连接两种形式。

1.铜芯导线的连接

当导线不够长或要分接支路时,就要将导线与导线连接。常用导线的线芯有单股、7 股和 19 股多种,连接方法随芯线的股数不同而异。

(1)单股铜芯导线的直线连接

单股铜芯导线直线连接的方法与步骤如下:

①先按芯线直径约 40 倍长剥去线端绝缘层,并勒直芯线。

②把两根线头在离芯线根部的 1/3 处呈 X 状交叉,互相绞绕 2~3 圈,如图 3.4.10(a)所示。

③然后扳直两线头,如图 3.4.10(b)所示。

④将每个线头在芯线上紧贴并绕 6 圈,圈间不应有缝隙,且应垂直排绕。用电工钢丝钳切去余下的芯线,并钳平切口,不准留有切口毛刺,如图 3.4.10(c)所示。

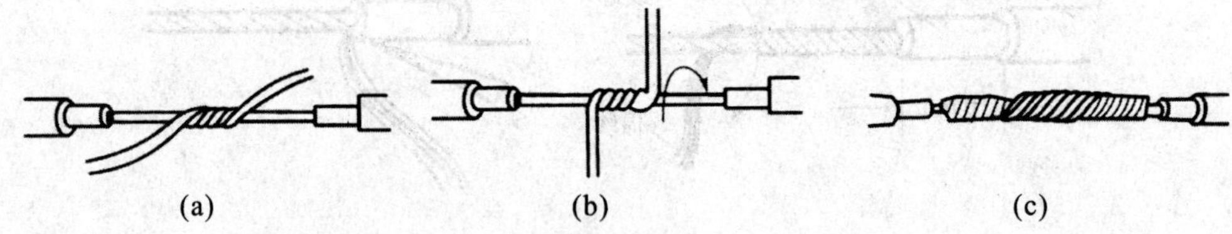

图 3.4.10 单股铜芯导线的直线连接

(2)单股铜芯导线的 T 字分支连接

单股铜芯导线 T 字分支连接的方法与步骤如下:

①将支路芯线的线头与干线芯线十字相交,使支路芯线根部留出 3~5 mm,然后按顺时针方向缠绕支路芯线,缠绕 6~8 圈后,用电工钢丝钳切去余下的芯线,并钳平芯线末端,如图 3.4.11(a)、(b)所示。

②较小截面芯线可按图 3.4.11(c)所示方法环绕成结状,然后再把支路芯线线头抽紧扳直,紧密地缠绕 6~8 圈后,剪去多余芯线,钳平切口毛刺。

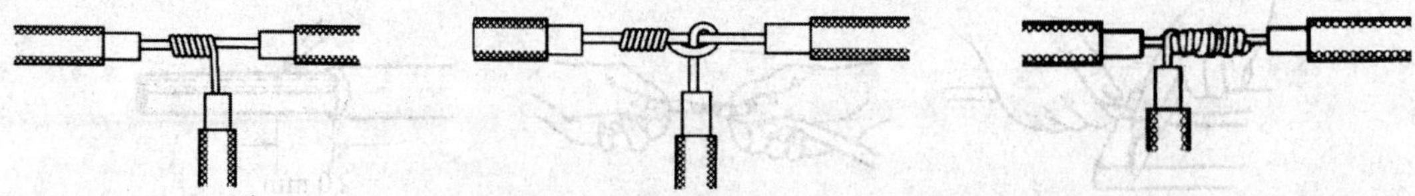

(a)较大截面芯线的 T 字不打结分支连接;(b)较大截面芯线的 T 字打结分支连接;(c)较小截面芯线的连接

图 3.4.11 单股铜芯导线的 T 字分支连接

(3)多股铜芯导线的直线连接

多股铜芯线的直线连接(以 7 股为例),按以下步骤进行:

①将剖去绝缘层的芯线头拉直,将芯线头全长的 1/3 根部进一步绞紧,然后把余下的 2/3根部的芯线头,按如图 3.4.12(a)所示方法,分散成伞骨状,并将每股芯线拉直。

②把两个伞状芯线线头隔根对叉,并捏平两端芯线,如图 3.4.12(b)所示。

③把一端的 7 股按 2、2、3 根分成三组。将第一组 2 根芯线扳起,垂直于芯线,并按顺时针方向缠绕,如图 3.4.12(c)所示。

④缠绕 2 圈后,将余下的芯线向右扳直,再把下面的第二组的 2 根芯线扳垂直,也按顺时针方向紧紧压着前 2 根扳直的芯线缠绕,如图 3.4.12(d)所示。

⑤缠绕 2 圈后,也将余下的芯线向右扳直,再把下边第三组的 3 根芯线扳垂直,按顺时针方向紧紧压着前 4 根扳直的芯线缠绕,如图 3.4.12(e)所示。

⑥缠绕 3 圈后,切去每组多余的芯线,钳平线端,如图 3.4.12(f)所示。

⑦用同样方法再缠绕另一边芯线。

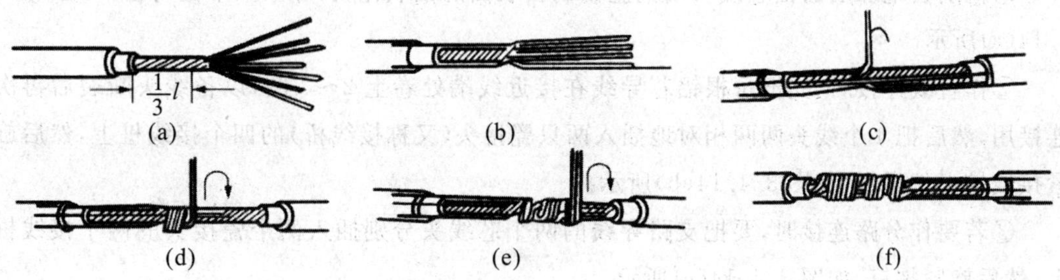

图 3.4.12　多股(7 股)铜芯导线的直线连接

(4)多股铜芯导线的 T 字分支连接

多股铜芯线的 T 字分支连接(以 7 股为例),按以下步骤进行:

①把分支芯线散开钳直,接着把靠近绝缘层 1/8 的芯线绞紧,把支路线头 7/8 的芯线分成两组,一组 4 根,另一组 3 根并排齐,然后用一字螺钉旋具把干线的芯线撬分成两组,再把支线中 4 根芯线的一组插入干线两组芯线中间。而把 3 根芯线的一组支线放在干线芯线的前面,如图 3.4.13(a)所示。

②把右边 3 根芯线的一组往干线一边按顺时针方向紧紧缠绕 3～4 圈,钳平线端,再把左边 4 根芯线的一组芯线按逆时针方向缠绕,如图 3.4.13(b)所示。

③逆时针缠绕 4～5 圈后,钳平线端,如图 3.4.13(c)所示。

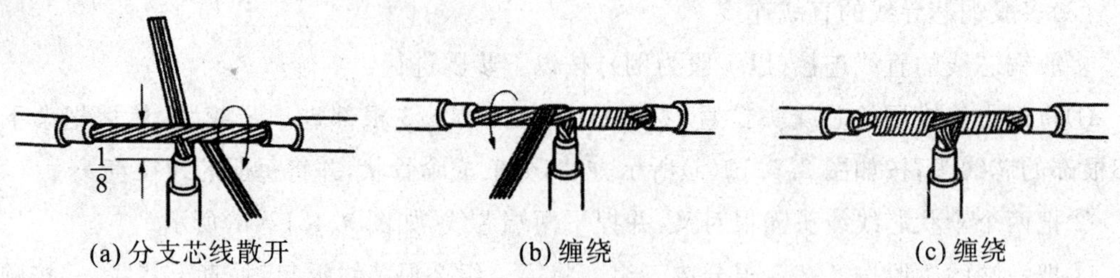

(a) 分支芯线散开　　(b) 缠绕　　(c) 缠绕

图 3.4.13　多股(7 股)铜芯导线的 T 字分支连接

2. 铝芯导线的连接

由于铝极易氧化,且铝氧化膜的电阻率很大,所以铝芯导线不宜采用铜芯导线的方法进行连接,铝芯导线常采用螺钉压接法和压接管压接法连接。

(1)螺钉压接法连接

螺钉压接法适用于负荷较小的单股铝芯导线的连接,其步骤如下:

①把削去绝缘层的铝芯线头用钢丝刷刷去表面的铝氧化膜,并涂上中性凡士林,如图 3.4.14(a)所示。

②作直线连接时,先把每根铝芯导线在接近线端处卷上 2～3 圈,以备线头断裂后再次连接用,然后把 4 个线头两两相对地插入两只瓷接头(又称接线桥)的四个接线桩上,然后旋紧接线桩上的螺钉,如图 3.4.14(b)所示。

③若要作分路连接时,要把支路导线的两个芯线头分别插入两个瓷接头的两个接线桩上,然后旋紧螺钉,如图 3.4.14(c)所示。

④最后在瓷接头上加罩铁皮盒盖或木盒盖。

如果连接处在插座或熔断器附近,则不必用瓷接头,可用插座或熔断器上的接线桩进行过渡连接。

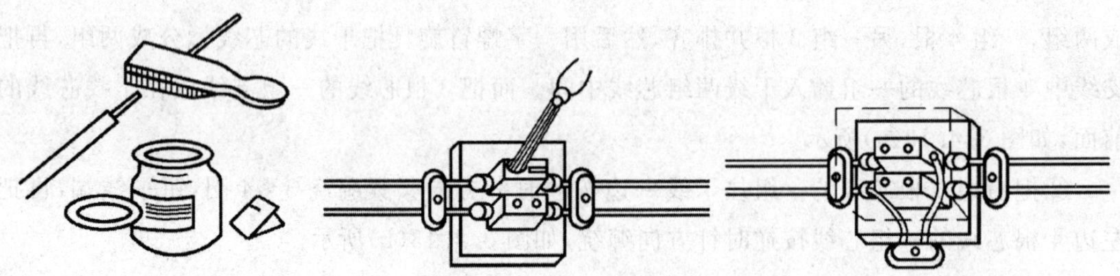

(a)刷去氧化膜涂上凡士林　　(b)在瓷接头上作直接连接　　(c)在瓷接头上作分路连接

图 3.4.14　单股铝芯导线的螺钉压接法连接

(2)压接管压接法连接

压接管压接法适用于较大负荷的多根铝芯导线的直接连接。压接钳和压接管(又称钳

接管)如图 3.4.15(a)、(b)所示。其步骤如下:

①根据多股铝芯线规格选择合适的铝压接管。

②用钢丝刷清除铝芯线表面和压接管内壁的铝氧化层,涂上一层中性凡士林。

③把两根铝芯导线线端相对穿入压接管,并使线端穿出压接管 25～30 mm,如图 3.4.15(c)所示。

④然后进行压接,如图 3.4.15(d)所示。压接时,第一道压坑应压在铝芯线线端一侧,不可压反,压接坑的距离和数量应符合技术要求。

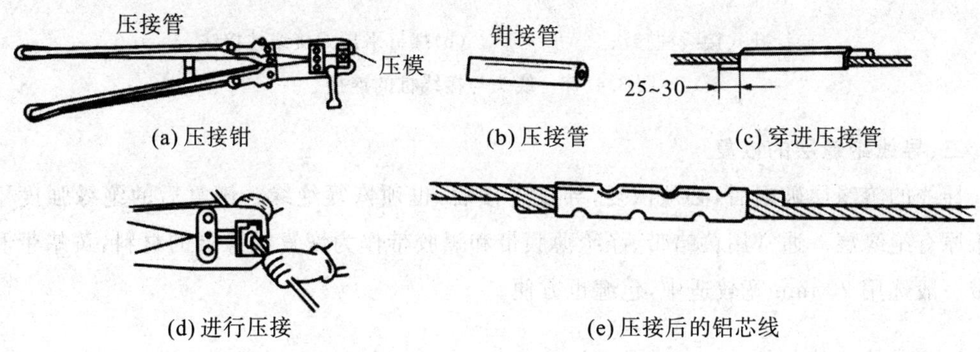

图 3.4.15 压接管压接法连接

3. 线头与接线桩的连接

在各种电器或电气装置上,均有接线桩供连接导线用。常用的接线桩有针孔式和螺钉平压式两种。

(1)线头与针孔式接线柱的连接

在针孔式接线桩头上接线时,如果单股芯线与接线桩头插线孔大小适宜,只要把芯线插入针孔,旋紧螺钉即可;如果单股芯线较细,则要把芯线折成双根,再插入针孔,如图 3.4.16(a)所示,如果是多根细丝的软线芯线,必须先绞紧,再插入针孔,切不可有细丝露在外面,以免发生短路事故。

(2)线头与螺钉平压式接线柱的连接

在螺钉平压式接线桩头上接线时,如果较小截面单股芯线,则必须把线头弯成羊眼圈,羊眼圈内径 d 比压紧螺钉外径稍大些。接线时羊眼圈弯曲的方向应与螺钉拧紧的方向一致,如图 3.4.16(b)所示。较大截面单股芯线与螺钉平压式接线桩头连接时,线头需装上接线耳,由接线耳与接线桩连接。

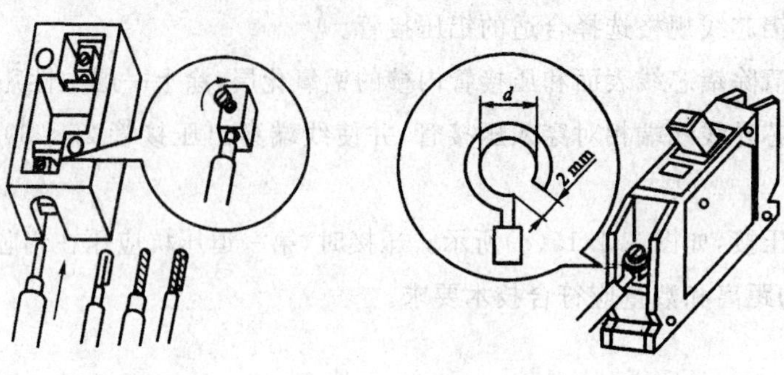

(a)针孔式接线柱接法　　(b)螺钉平压式接线柱接法

图 3.4.16　线头与接线桩的连接

三、导线绝缘层的恢复

导线的绝缘层破损后，必须恢复，导线连接后，也须恢复绝缘。恢复后的绝缘强度不应低于原有绝缘层。通常用黄蜡带、涤纶薄膜带和黑胶带作为恢复绝缘层的材料，黄蜡带和黑胶带一般选用 20 mm 宽较适中，包缠也方便。

1. 直线绝缘的包扎

绝缘带的包缠方法如下：

(1)将黄蜡带从导线左边完整的绝缘层上开始包缠，包缠两个带宽后方可进入无绝缘层的芯线部分，如图 3.4.17(a)所示。

(2)包缠时，黄蜡带与导线保持约 55°的倾斜角，每圈压叠带宽的 1/2，如图 3.4.17(b)所示。

(3)包缠一层黄蜡带后，将黑胶布接在黄蜡带的尾端，按另一斜叠方向包缠一层黑胶布，也要每圈压叠带宽的 1/2，如图 3.4.17(c)、(d)所示。

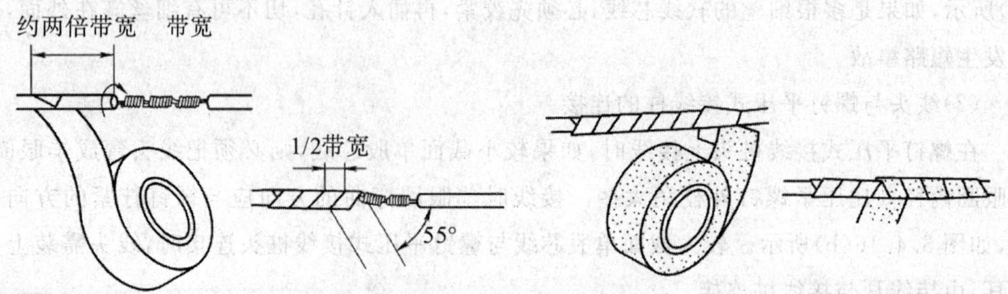

(a)黄蜡带包缠始端　(b)用斜叠法包缠黄蜡带　(c)黑胶带接于黄蜡带尾端　(d)用斜叠法包缠黑胶带

图 3.4.17　直线绝缘的包缠

2. 导线分支连接后的绝缘包扎

(1)在主线距绝缘切口两倍带宽处开始起头，先用自黏胶带包扎两层，便于密封防止进水，如图 3.4.18(a)所示。

(2)包扎到分支线处时，用一只手指顶住左边接头的直角处，使胶带贴紧弯角处的导线，并使胶带尽量向右倾斜缠绕，如图 3.4.18(b)所示。

(3)当缠绕的右侧时，用手顶住右边接头直角处，胶带向左缠，与下边的胶带成“×”状态，然后向右开始在支线上缠绕。方法同直线，应重叠 1/2 带宽，如图 3.4.18(c)所示。

(4)在支线上包缠好两层绝缘，回到主线接头处，贴紧接头直角处，向导线右侧包扎绝缘，如图 3.4.18(d)所示。

(5)包至主线的另一端后，再用黑胶布按上述的方法包缠黑胶布即可，如图 3.4.18(e)所示。

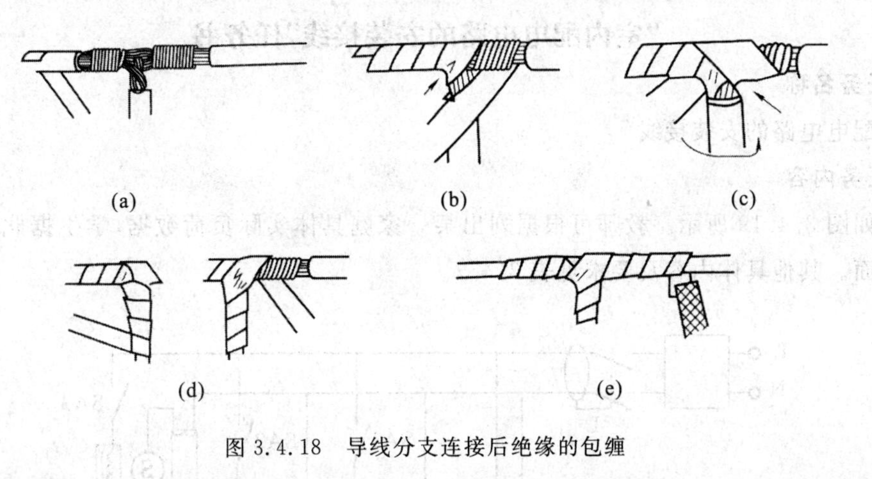

图 3.4.18　导线分支连接后绝缘的包缠

任务四　室内配电电路的安装接线

任务描述

本次是一个综合的任务，除了要完成前述的工器具使用，电工仪表使用，以及导线剖削、导线连接和导线绝缘恢复外，还要结合具体的电路，进行导线的选择，电度表安装、插头、插座的安装等，最后要进行通电试验和进行故障查找。

任务目标

知识目标

(1)会进行负荷电流计算(或估算)。能根据安装地点的条件和负荷电流选择导线；

(2)能根据现场的安装条件、负荷电流及要求，规划接线方案，并能画出接线图；
(3)知道室内配电电路的安装流程；
(4)知道有关室内配电及主要电器安装规定及注意事项。

技能目标：

(1)会进行室内导线的敷设；
(2)能正确进行电度表的安装接线；
(3)能正确进行插头、插座及其他低压用电电器的安装接线；
(4)能排查简单的低压配电线路故障。

任务内容

本次要完成的任务见下列任务书。

"室内配电电路的安装接线"任务书

一、任务名称

室内配电电路的安装接线

二、任务内容

电路如图 3.4.19 所示。教师可根据列出某一家庭具体实际负荷数据，学生据此选择导线截面。其他具体内容及要求见表 3.4.7。

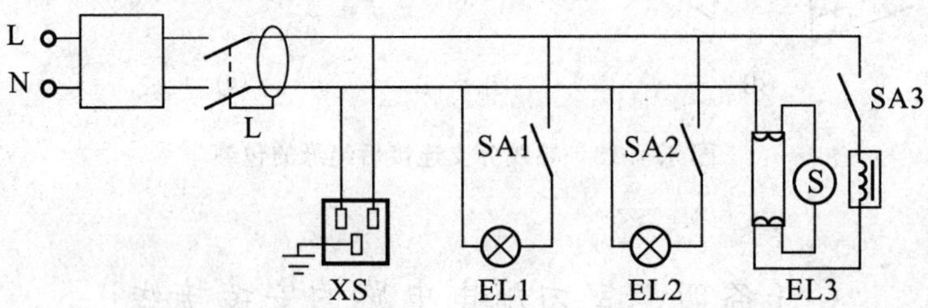

图 3.4.19　室内配电电路的安装接线图(部分)

表 3.4.7 “室内配电电路的安装接线”的具体内容及要求

任务名称	子任务名称	具体内容及要求
室内配电电路的安装接线	负荷计算和导线选择	能进行负荷计算；能根据现场安装条件和负荷选择导线的类型和截面
	电度表安装接线	能正确地进行电度表安装接线
	开关、灯具及相应元器件的安装	安装位置合理；安装牢固、整齐；各元器件安装高度符合要求；不损坏元器件
	线路敷设	线路敷设不松弛、不扭绞；导线弯曲均匀且弯曲半径符合要求；线路平直，线卡固定牢固；卡钉方向一致；固定点之间及固定点到各元器件之间的距离符合要求
	导线剖削与连接	不损伤芯线；导线与电气元件连接牢固；芯线裸露适宜；圆环质量好且绕向正确；导线连接工艺好，连接方法正确；接头适宜；导线在盒内余量适宜；开关控制相线，灯头、插座内相线、中性线、保护线接线位置正确
	恢复绝缘	绝缘胶带包缠带宽、层数或包缠绝缘层长度均符合要求
	通电试验	通电试验操作规范、顺序正确；若存在故障，能及时查处故障

三、实施地点

电工技能实训室

四、所需器材

1. 工具：电工钳、斜口钳、尖嘴钳、剥线钳、电工刀、一字螺钉旋具、十字螺钉旋具、钢卷尺、铁锤各 l 把，记号笔 1 只，万用表 1 块；

2. 材料：安装板，护套导线 BVV－1.5、BVV－2.5（二芯和三芯）若干米，线卡若干、绝缘胶带 1 卷；

3. 设备：单相电度表 1 块，带剩余电流动作保护附件的低压断路器 1 块，双联开关、单联开关、单相三孔插座、分线盒各 1 个，节能灯具 2 套，塑料灯台 3 个，日光灯具 1 套，灯座盒（开关盒）7 个。

五、工作规范及要求

1. 严格执行有关规程、规范及遵守实训室的规章制度；

2. 工作时要统一穿工作服（或校服）。女同学不准穿高跟鞋，长头发应盘上；

3. 独立操作，安全文明施工；

4. 工作中，工器具摆放有序；

5. 工作时不准窜工位，不准大声喧哗；

6. 工作结束后，清理工器具，打扫现场；

7. 工作过程的自始至终，要以现场一线人员的精神面貌对待工作，安全文明生产，养成良好的工作习惯和精神风貌。

任务下达人（签字）		日期	年　月　日
任务接受人（签字）		日期	年　月　日

任务实施

1. 实施任务流程:布置任务→资讯讲授→制订计划→任务实施→检查自评→评价展示

(1)布置任务:依据"室内配电电路的安装接线"任务书制作工作任务单,并向各工位(或各小组)分发,布置工作任务并说明要求、任务目标及安全注意事项等。

(2)资讯讲授:讲授的内容主要是有功电能表的接线、注意事项以及为完成本次任务所必须的理论和职业技能知识,用引导性的方法教学生去思考、理解和完成任务。简介学生的学习内容、思考的问题,完成任务所使用的设备和完成任务的方式方法等。

(3)制订计划:学生依据"室内配电电路的安装接线"任务书,制订工作任务单,包括:学习内容、工作步骤、时间分配、完成任务的途径及注意事项等。并画出必要的接线原理图或安装接线图。

(4)任务实施:学生依据工作任务和工作任务单实施工作,并画出电度表的安装接线图。

(5)检查自评:工作任务完成后,学生依据工作任务的评分标准进行自评和互评,找出错误和不足,进一步掌握正确的工作过程与工作方法,训练学生系统的评价能力。

(6)评价展示:学生在工作过程中,教师巡回指导。根据学生在工作期间的工作状况、完成任务的质量等进行考核,依据"室内配电电路的安装接线"评分表,对学生进行工作结果的评价。优选 2~3 名学生的作品进行评价展示。再优选 2~3 名学生(或小组)讲解,讲解的内容主要包括以下几个方面:

①负荷计算和导线选择;②有功电能表的接线及注意事项;③室内配电电路的安装接线及注意事项;④交流收获和体会。

2. 成绩评定

评定完成任务情况的评分表见表 3.4.8。成绩的评定除了要考虑学生完成的任务外,还要考虑学生综合发展能力。诸如完成任务的态度,对任务的认知程度,完成任务时的组织、表达能力以及与任务有关的拓展能力等,这些方面较为突出者,要适当地予以加分。

表 3.4.8 "室内配电电路的安装接线"评分表

项目	技术要求	配分	扣分标准	扣分	得分
准备工作	工器具、材料齐全,检查完好	10	每缺一项扣 2 分;工器具未检查扣 2 分		
	着装符合现场要求		着装不符合现场要求扣 2 分		
	制订好工作计划		未制订工作计划扣 2 分		
	准备好记录材料和有关材料		未准备记录材料和有关材料扣 2 分		

续表:

项目		技术要求	配分	扣分标准	扣分	得分
室内配电电路的安装接线	负荷计算和导线选择	负荷计算(或估算)正确;正确选择导线型式与截面	6	负荷计算错误扣3分;导线选型、截面选择错误扣3分		
	电度表安装接线	接线正确	6	接线错误扣6分		
	开关、灯具及相应元器件的安装	安装位置合理,安装牢固、整齐,高度符合要求	12	安装位置不合理每处扣2分;安装不牢固每处扣2分;不整齐每处扣2分;各元器件安装高度不符合要求每处扣2分;元件损坏扣5分		
	线路敷设	线路敷设符合工艺要求	12	线路敷设松弛、扭绞每处扣2分;导线弯曲不均匀或弯曲半径不符合要求每处扣3分;线路不平直每处扣2分;线卡固定不牢固、卡钉方向不一致每处扣2分;固定点之间及固定点到各元器件之间的距离不符合要求每处扣2分		
	导线剖削与连接	接线工艺符合要求	14	芯线受损伤、导线与电气元件连接松动每处扣2分;芯线裸露过长每处扣2分;圆环质量差或绕向错误每处扣2分;导线连接工艺差或连接方法不对每处扣2分;接头增多扣2分;导线在盒内余量过长或过短每处扣2分;开关控制中性线每处扣4分;灯头、插座内相线、中性线、保护线位置接错每处扣2分		
	导线绝缘恢复	符合要求	10	绝缘胶带包缠带宽、层数或包缠绝缘层长度不符合要求每处扣3分		
	通电试验	方法正确	10	通电试验操作不规范、顺序不正确扣4分;试验1处故障扣5分;两处故障或发生短路故障扣10分		
结束工作		将工器具、材料归位	10	工器具、材料未归位扣4分		
		整理好任务材料		未整理任务材料扣3分		
		清理现场		现场未清理扣3分		
安全文明		能正确使用工器具	10	工器具使用不正确扣4分;造成不安全现象,视情节轻重扣3~8分		
		不做与实训任务无关的事情		违反此项扣3分		
		保持现场秩序,不大声喧哗,不随意走动		违反此项扣3分		
合计			100			
备注		各项扣分最高不超过该项配分				

相关知识

一、导线选择

1. 导线型式选择

导线型式应根据导线的敷设方式、环境条件等来选择。常用低压线路导线型号及用途见表 3.4.9。

表 3.4.9 常用低压线路导线型号及用途

导线型号	名称	工作电压/V	主要用途
BX	铜芯橡胶绝缘线	500	固定明、暗敷
BXF	铜芯氯丁橡胶绝缘线	500	固定明、暗敷,尤其适用于户外
BV	铜芯聚氯乙烯绝缘线	500	固定敷设于室内外及电气设备内部,可明、暗敷。最低敷设温度不低于−15℃
BV−105	耐热 105℃铜芯聚氯乙烯绝缘线	500	固定敷设于高温环境的场所,可明、暗敷。最低敷设温度不低于−15℃
BLVV	铝芯聚氯乙烯绝缘、聚氯乙烯护套线	500	固定敷设于潮湿的室内和机械防护要求高的场所,可明、暗敷或直埋地下。最低敷设温度不低于−15℃
BVV	铜芯聚氯乙烯绝缘、聚氯乙烯护套线	500	
BXR	铜芯橡胶软线	500	室内安装,要求较柔软的场所
RV	铜芯聚氯乙烯单芯软线	500	供各种移动电器、仪表、电信设备等接线用,最低敷设温度不低于−15℃
RVB	铜芯聚氯乙烯绝缘扁平软线	500	
RVS	铜芯聚氯乙烯绝缘绞型软线	500	
RVV	铜芯聚氯乙烯绝缘、聚氯乙烯护套软线	500	同 RV,用于潮湿和机械防护要求较高,经常弯曲和移动的场所
RVX−105	铜芯耐热 105℃聚氯乙烯绝缘软线	500	同 RV,用于 40 ℃以上的高温环境。耐热 105℃

2. 导线截面选择

导线截面的选择主要根据负荷电流的大小来选择,使导线的载流量大于计算负荷电流,并留有一定的余度即可。计算负荷电流按下式进行计算:

单相电路计算负荷电流

$$I_{30.\varphi}=\frac{P_{30.\varphi}}{U_N\cos\varphi} \tag{1}$$

式中：$P_{30.\varphi}$——单相线路的计算功率，W；

U_N——单相照明线路额定电压，V；

$\cos\varphi$——电光源的功率因数。

三相电路计算电流

$$I_{30}=\frac{P_{30}}{\sqrt{3}U_N\cos\varphi} \tag{2}$$

式中：P_{30}——三相线路计算功率，W；

U_N——三相照明线路额定电压，V；

$\cos\varphi$——电光源的功率因数。

根据负荷电流值和查有关手册上的导线载流量，就可确定导线截面。在工程领域，通常采用铝导线计算口诀确定所用导线的载流量，其内容见表3.4.10。

表3.4.10　铝导线载流量计算口诀

因素	口诀内容	解释说明
截面因素	10下五，100上二	截面积在10 mm^2及以下的铝导线，每平方毫米的载流量是5 A 截面积在100 mm^2以上的铝导线，每平方毫米的载流量是2 A
	25、35，四、三界	截面积为25 mm^2的铝导线，每平方毫米的载流量是4 A， 截面积为35 mm^2的铝导线，每平方毫米的载流量是3 A
	70、95，两倍半	截面积为70 mm^2、95 mm^2的铝导线，每平方毫米的载流量是2.5 A
条件因素	穿管、温度，八、九折	穿管敷设或环境温度超过25 ℃，分别打八折和九折，两种情况同时发生时连续打八、九折
	裸线加一半	裸导线的载流量比相同截面积的绝缘导线增加一半
	铜线升级算	铜线按截面积排列升一级计算后再按其他条件计算

注：若是通过手册查得的导线载流量，铜导线与铝导线载流量的关系为$I_{cu}\approx1.3I_{Al}$

二、室内配线操作工艺

1. 室内配线的基本要求和工序

(1)室内配线的基本要求

①配线时要求导线额定电压应大于线路的工作电压，导线绝缘状况应符合线路安装方式和环境敷设条件，导线截面应满足供电负荷和机械强度要求。

②配线时应尽量避免导线有接头，必须要接头时，应采用压接和焊接。导线连接和分支

处不应受到机械力的作用。穿在管内的导线,在任何情况下都不能有接头。应尽可能地把接头放在接线盒或灯头盒内。

③明敷线路在建筑物内应水平或垂直敷设。水平敷设时,导线距地面不小于 2.5m。垂直敷设时,导线距地面不应小于 2m,否则应将导线穿管以作保护,防止机械损伤。

④当导线穿过楼板时,应设钢管或塑料管加以保护。导线穿墙要用瓷管,瓷管两端的出线口,伸出墙面不小于 10mm。除穿向室外的瓷管应一线用一根瓷管外,同一回路的几根导线可以穿在同一根瓷管内,但管内导线的总面积不应超过管内截面面积的 40%。

⑤导线通过建筑物的伸缩缝或沉降缝时,敷设导线应稍有余量。敷设线管时,应装设补偿装置。

⑥导线相互交叉时,为避免相互碰触,应在每根导线上加套绝缘管,并将套管在导线上固定牢靠。

⑦为确保安全,室内外电气管线和配电设备与各种管道间以及与建筑物、地面间的最小允许距离应满足一定要求。

(2)室内配线的内容及工序

室内配线主要包括以下工作内容:

①首先熟悉设计施工图,做好预留预埋工作(其主要内容有:电源引入方式的预留预埋位置;电源引入配电箱的路径;垂直引上、引下以及水平穿越梁、柱、墙等的位置和预埋保护管)。

②按设计施工图确定灯具、插座、开关、配电箱及电气设备的准确位置,并沿建筑物确定导线敷设的路径。

③在土建粉刷前,将配线中所有的固定点打好眼孔,将预埋件埋齐,并检查有无遗漏和错位。

④装设绝缘支撑物、线夹或线管及开关箱、盒。

⑤敷设导线。

⑥连接导线。

⑦将导线出线端与电器元件及设备连接。

⑧检验工程是否符合设计和安装工艺要求。

2. 护套线配线

护套线是一种具有护套层的双芯或多芯绝缘导线,可直接敷设在空心板、墙壁等物体表面上,用铝片线卡(或塑料线卡)作为导线的支撑物。

(1)护套线配线

护套线配线步骤和方法:

①划线定位。按照线路的走向、电器的安装位置,用弹线袋划线,并按护套线的安装要求每隔 150～300 mm 划出铝片线卡的位置,靠近开关插座和灯具等处均需设置铝片线卡。

铝片线卡如图 3.4.20 所示。

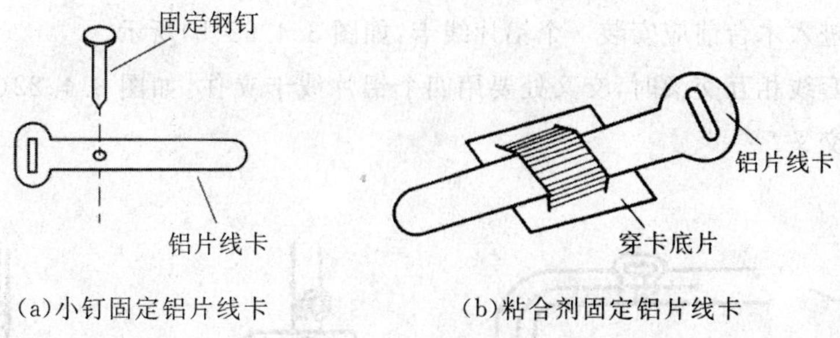

(a)小钉固定铝片线卡 (b)粘合剂固定铝片线卡

图 3.4.20 铝片线卡

②凿眼并安装圆木。

③固定铝片线卡。按固定的方式不同,铝片线卡的形状有用小钉固定和用粘合剂固定两种。在木结构上,可用铁钉固定铝片线卡;在抹灰浆的墙上,每隔 4～5 挡,进入木台和转弯处需用小铁钉在圆木上固定铝片线卡;其余的可用小铁钉直接将铝片线卡钉入灰浆中;在砖墙和混凝土墙上可用圆木或环氧树脂粘合剂固定铝片线卡。

④敷设导线。勒直导线,将护套线依次夹入铝片线卡。

⑤铝片线卡的夹持。护套线均置于铝片线卡的钉孔位置后,即可按如图 3.4.21 所示的操作,将铝片线卡收紧夹持护套线。

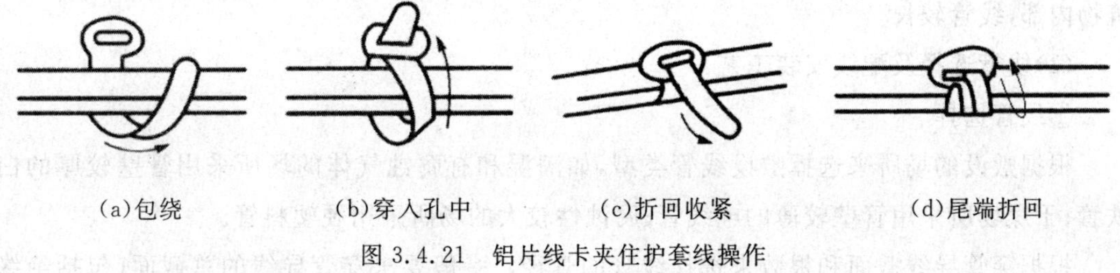

(a)包绕 (b)穿入孔中 (c)折回收紧 (d)尾端折回

图 3.4.21 铝片线卡夹住护套线操作

护套线配线技术要求和注意事项:

①护套线的接头应在开关、灯头盒和插座等外,必要时可装接线盒,使其整齐美观。当护套线暗设在空心楼板孔内时,应将板孔内清除干净、中间不允许有接头。

②导线穿墙和楼板时,应穿保护管,其凸出墙面距离约为 3～10mm。

③与各种管道紧贴交叉时,应加装保护套。

④室内使用护套线时,铜芯线截面规定不得小于 $0.5mm^2$,铝芯不得小于 $1.5mm^2$;室外使用时,铜芯不得小于 $1.0mm^2$,铝芯不得小于 $2.5mm^2$。

⑤护套线路的离地最小距离不得小于 0.15m,在穿越楼板及离地低于 0.15m 的一段护套线,应加电线管保护。

⑥护套线转弯时,转弯角度要大,以免损伤导线,转弯前后应各用一个铝片线卡夹住,如

图 3.4.22(a)所示。在同一平面转弯时,必须相互垂直,弯曲半径不应小于护套线宽度的 3～6 倍。

⑦护套线进入木台前应安装一个铝片线卡,如图 3.4.22(b)所示。

⑧两根护套线相互交叉时,交叉处要用四个铝片线卡夹住,如图 3.4.22(c)所示。护套线应尽量避免交叉。

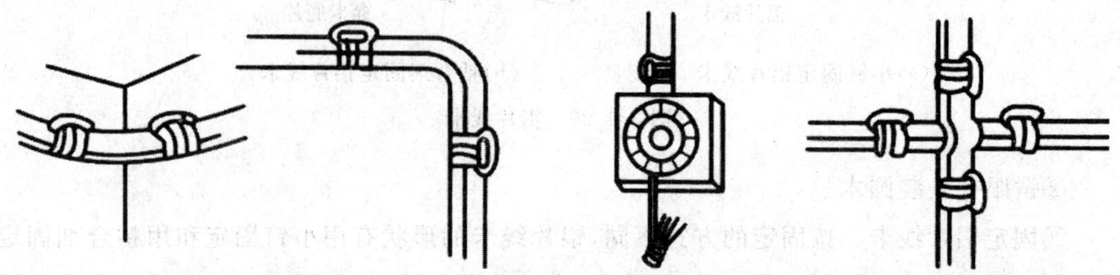

(a)护套线转角固定　(b)护套线进入木台固定　(c)护套线十字交叉固定

图 3.4.22　铝片线卡的安装

3. 线管配线

把绝缘导线穿在管内配线称为线管配线。线管配线有明配和暗配两种:明配是把线管敷设在墙上以及其他明露处,要求配置横平竖直、管距短、弯头小;暗配是将线管置于墙等建筑物内部,线管较长。

(1)线管选择及配线安装工艺

①线管选择

根据敷设的场所来选择敷设线管类型,如潮湿和有腐蚀气体的场所采用管壁较厚的白铁管;干燥场所采用管壁较薄的电线管;腐蚀性较大的场所采用硬塑料管。

根据穿管导线截面和根数来选择线管的管径。一般要求穿管导线的总截面(包括绝缘层)不应超过线管内径截面的 40%。

②落料锯管

落料前应先检查线管,不能有裂缝、瘪陷和管内缝口。然后以两个接线盒之间为一个线段,根据线路弯曲转角情况决定几根线管接成一个线段并确定弯曲的部位,最后按需要的长度锯管。一个线段内应尽可能减少管口的连接接口,锯割后管口应平整无毛刺和缝口。

③弯管

钢管弯管常用管弯管器、滑轮弯管器及电动(或液压)顶弯机进行弯制。直径为 50 mm 及以下的白铁管或电线管可用管弯管器来弯管,弯管时应将线管焊缝置于弯曲方向的背面或两侧。直径为 50～100 mm 的线管使用滑轮弯管器进行弯管,如图 3.4.23 所示,直径大于 100 mm 的线管可采用电动或液压的顶弯机弯制。

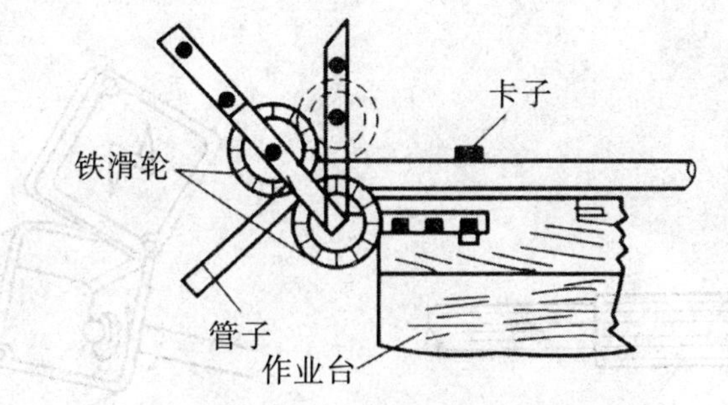

图 3.4.23　滑轮弯管器

凡管壁较薄而直径较大的线管，弯曲时管内要灌满沙，否则会把钢管弯瘪；如采用加热弯曲，要先用干燥无水分的沙灌满，并在管两端塞上木塞，如图 3.4.24 所示。硬塑料管可采用热弯法弯管，弯曲时先将塑料管用电炉或喷灯加热，然后放到木坯具上弯曲成型。

为便于线管穿线，管子的弯曲角度一般不应小于 90°，如图 3.4.25 所示。

a. 采用明管敷设时，线管的曲率半径 R≥4d；

b. 用暗管敷设时，线管的曲率半径 R≥6d，应不小于 90°；

c. 硬塑料管弯曲时，线管的曲率半径 R≥4d，并要求弯曲均匀，不应该弯扁或折断。

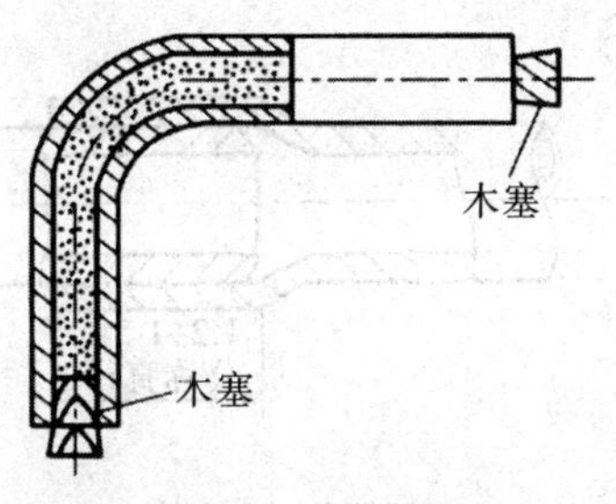

图 3.4.24　钢管灌沙弯曲

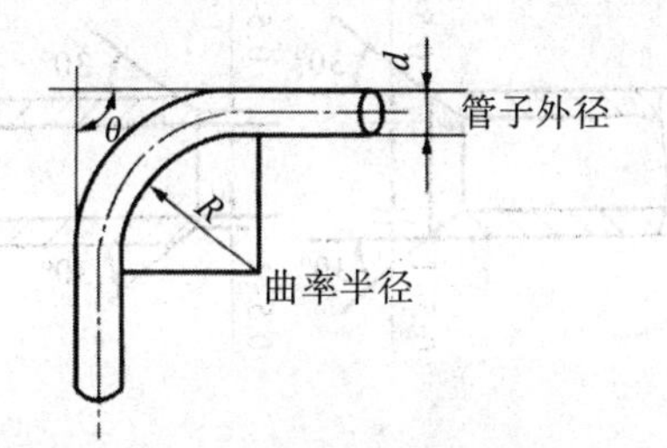

图 3.4.25　线管的弯曲

④套丝

套丝时，应把线管钳夹在管钳或台虎钳上，然后用套丝绞扳绞出螺纹。操作时，用力要均匀，并加润滑油，以保持丝扣光滑，螺纹长度等于管箍长度的 1/2 加 1～2 牙。第一次套完后，距离比第一次调小一点，再套一次，当第二次丝扣快要套完时，稍微松开扳牙，边转边松，使其成为锥形丝扣，套丝完后，应用管箍试旋。

⑤线管连接

a. 钢管与钢管之间的连接：无论是明配管或暗配管，最好采用管箍连接（尤其是埋地和防爆线管），如图 3.4.26 所示。管子的丝扣部分，应顺螺纹方向缠上麻丝，并在麻丝上涂一层白漆，再用管子钳拧紧，并使两管端间吻合。

b. 钢管与接线盒的连接：钢管的端部与各种接线盒连接时，应在接线盒内外各用一个薄形螺母（又称纳子或锁紧螺母）来夹紧线管，如图 3.4.27 所示。

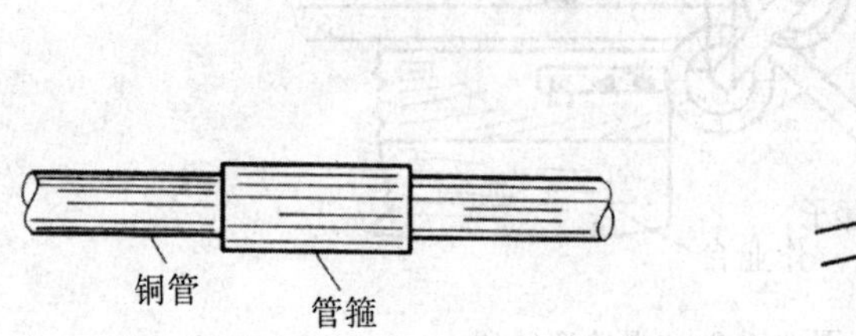

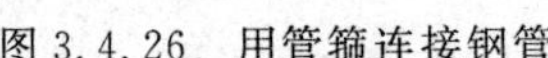

图 3.4.26　用管箍连接钢管

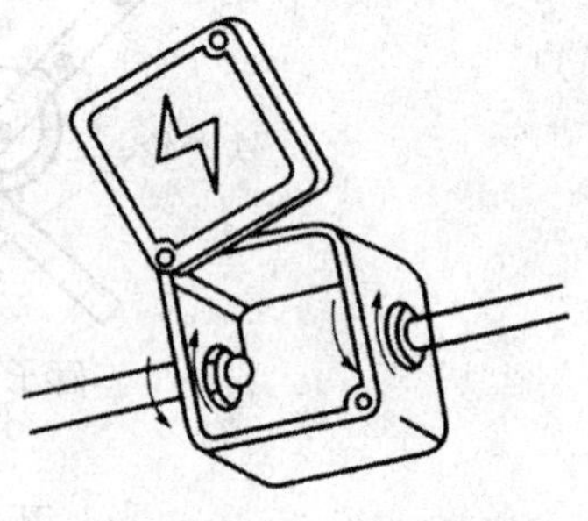

图 3.4.27　钢管与接线盒连接

c.硬塑料管之间的连接。硬塑料管的连接分为插入法连接和套接法连接。

硬塑料管插入法连接:连接前先将连接的两根管子的管口分别做内倒角(外接管)和外倒角(内接管),如图 3.4.28(a)所示;再用汽油或酒精把管子的插接段的油污杂物擦干净;最后将外接管插接段放在电炉或喷灯上加热至 145℃ 左右,呈柔软状态后,将内接管插入部分涂一层胶合剂(过氯乙烯胶)后迅速插入外接管,立即用湿布冷却,使管子恢复原来硬度,如图 3.4.28(b)所示。

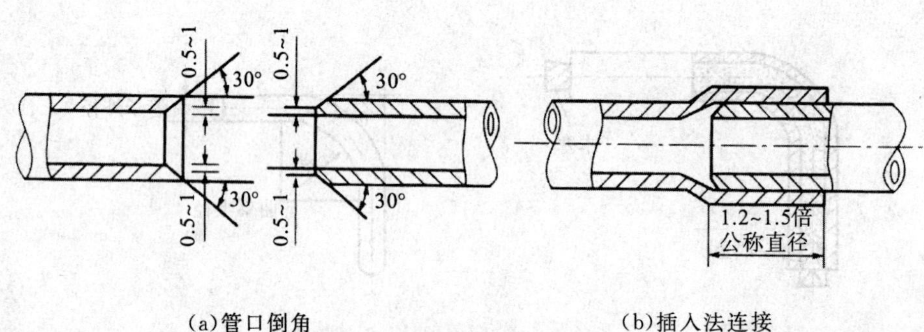

图 3.4.28　硬塑料管的插入连接

硬塑料管套接法连接:连接前先将同径的硬塑料管加热扩大成套管,然后把需要连接的两管端做内、外倒角,并用汽油或酒精擦干净,待汽油挥发后,涂上黏结剂,迅速插入热套管中,如图 3.4.29 所示。

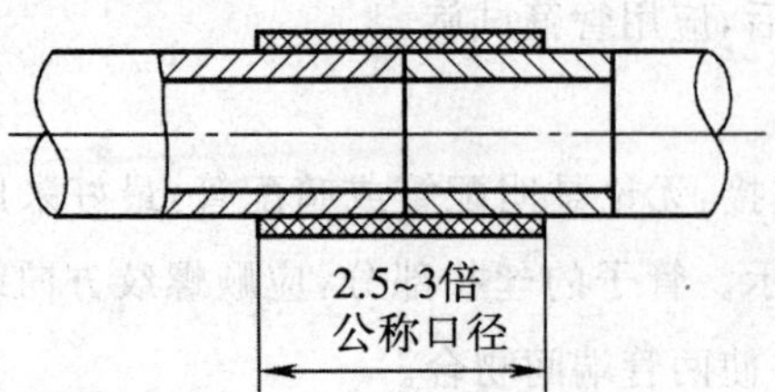

图 3.4.29　硬塑料管的套接连接

⑥线管的接地

线管配线的钢管必须可靠接地，为此在钢管与钢管、钢管与配电箱及接线盒等连接处，用 6～10 mm 圆钢制成的跨接线焊接连接，如图 3.4.30 所示。也可用专用接地线卡跨接，并在干线始末两端和分支线管上分别与接地体可靠连接，使线路所有线管都可靠的接地。

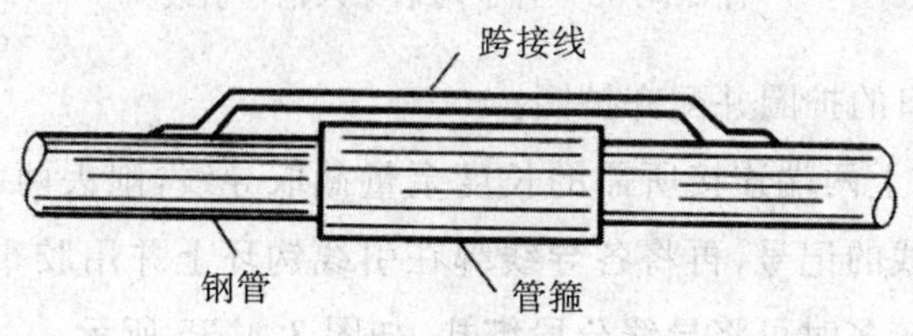

图 3.4.30　线管连接处的跨接线

⑦线管的固定

线管明敷设时应采用管卡支持，线管进入开关、灯头、插座、接线盒孔前 300 mm 处，以及线管弯头两边均需用管卡固定，如图 3.4.31 所示。管卡均应安装在木结构或圆木上。

线管在砖墙内暗敷设时，一般在土建砌砖时预埋，否则应先在砖墙上留槽或开槽，然后在砖缝里打入圆木并钉钉子，再用铁丝将线管绑扎在钉子上，进一步将钉子钉入。

线管在混凝土内暗敷设时，可用铁丝将管子绑扎在钢筋上，也可用钉子钉在模板上，将管子用垫块垫高 15 mm 以上；使管子与混凝土模板间保持足够的距离，并防止浇灌混凝土时管子脱开，如图 3.4.32 所示。

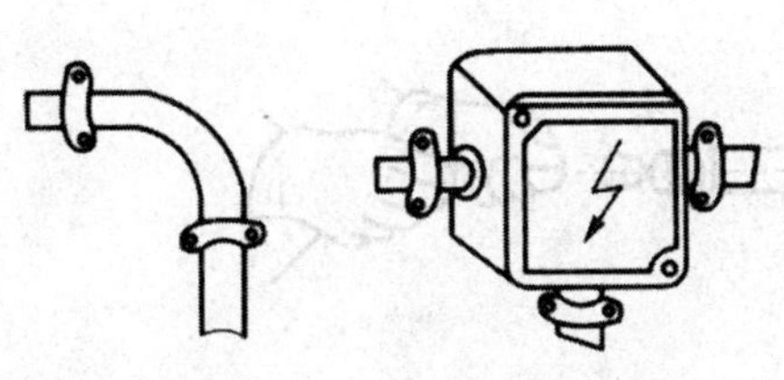

图 3.4.31　管卡固定方法

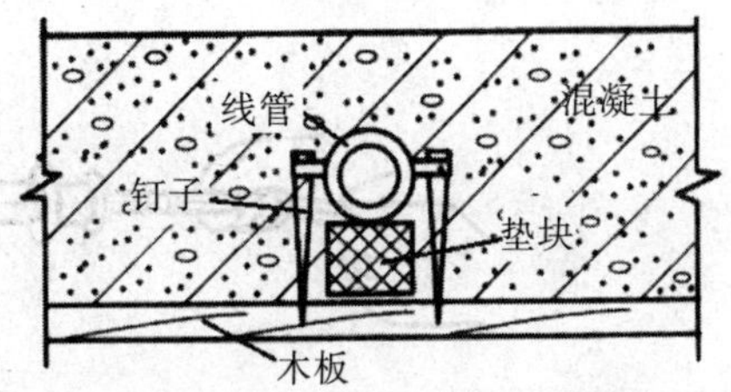

图 3.4.32　线管在混凝土模板上的固定

⑧扫管穿线

管内穿线工作一般是在管子敷设及土建地坪和粉刷工程结束后进行。

a. 穿线前先清扫线管，用压缩空气或在钢丝上绑以擦布，将管内杂物和水分清除，并向管内吹入少量的滑石粉，以便于穿线。

b. 选用 Φ1.2 或 Φ1.6 的钢丝做引线，当两线盒之间线管较短且弯头较少时，可把钢丝引线由管子一端送向另一端；如果线管较长或弯头较多，可从管的两端同时穿入钢丝引线，引线端弯成小钩，如图 3.4.33(a)所示。当估计钢丝引线在管中相遇时，用手转动引线使其钩在一起，然后把一根引线拉出即可，也可以在配管时就把引线穿好。

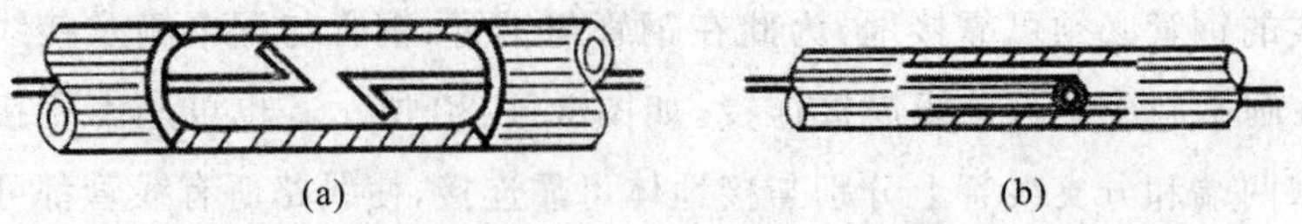

图 3.4.33 管子两端穿入钢丝引线

c.检查钢管线管口的护圈并配齐护圈。

d.按线管长度,加上两端连接所需的长度余量截取导线,削去两端导线绝缘层,并在两端头标出是同一根导线的记号,再将各导线绑在引线钩环上并用胶布缠好,如图 3.4.34 所示。当所穿导线根数较多时可将导线分段绑扎,如图 3.4.35 所示。

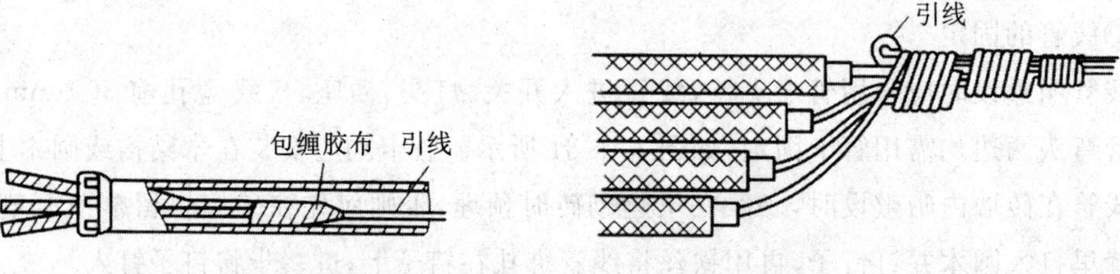

图 3.4.34 引线与电线绑完后的情况　　图 3.4.35 多根导线的绑法

e.穿线时应有两人操作,由一人将导线理成平行束并住线管内送,另一人在另一端慢慢抽拉钢丝引线,如图 3.4.36 所示。当拉线者感觉到不易向前拉动时,两人应反复来回 1~2 次再向前拉,不可强送强拉,以免将引线或导线拉断。

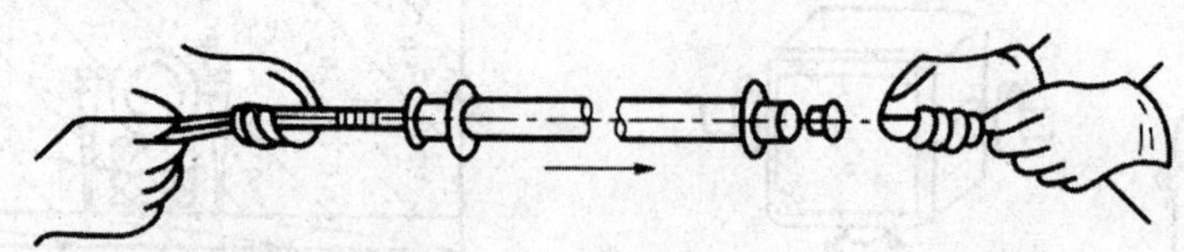

图 3.4.36 导线穿入管内的方法

(2)线管配线的技术要求

①穿管导线的绝缘强度应不低于 500 V;最小截面规定为铜芯线 1 mm^2,铝芯线 2.5 mm^2。

②线管内导线不准有接头,也不准穿入绝缘破损后经过包缠恢复绝缘的导线。

③管内导线不得超过 10 根,不同电压或进入不同电能表的导线不得穿在同一根线管内,但一台电动机内包括控制和信号回路的所有导线及同一台设备的多台电动机线路,允许穿在同一根线管内。

④除直流回路导线和接地导线外,不得在钢管内穿单根导线。

⑤线管转弯时,应采用弯曲线管的方法,不宜采用制成品的月亮弯,以免造成管口连接

处过多。

⑥线管线路应尽可能少转角或弯曲，因转角越多，穿线越困难。为便于穿线，规定当线管超过下列长度时，必须加装接线盒。

a. 无弯曲转角时，不超过 45 m；

b. 有一个弯曲转角时，不超过 30 m；

c. 有两个弯曲转角时，不超过 20 m；

d. 有三个弯曲转角时，不超过 12 m。

⑦在混凝土内暗线敷设的线管，必须使用壁厚为 3 mm 的电线管。当电线管的外径超过混凝土厚度约 1/3 时，不准将电线管埋在混凝土内，以免影响混凝土的强度。

三、照明电路的安装接线

1. 电气照明基本电路

电气照明基本电路一般由电源、导线、开关和照明灯具等组成。

常用电气照明基本电路有以下几种：

(1)一只单联开关控制一盏灯。接线如图 3.4.37 所示，接线时应将相线接入开关，零线接入灯头，使开关断开后灯头无电压，以利于安全。

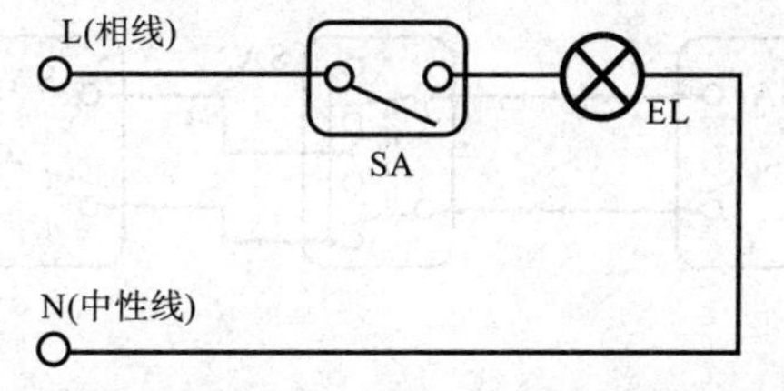

图 3.4.37 一只单联开关控制一盏灯接线图

(2)两只单联双掷开关在两地控制同一盏灯。接线如图 3.4.38 所示。常用于楼梯或走廊的照明，在楼上和楼下或走廊两端均可独立控制同一盏灯。

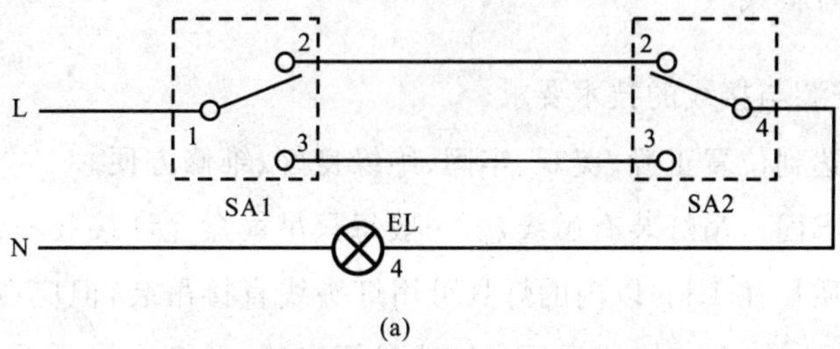

(a)

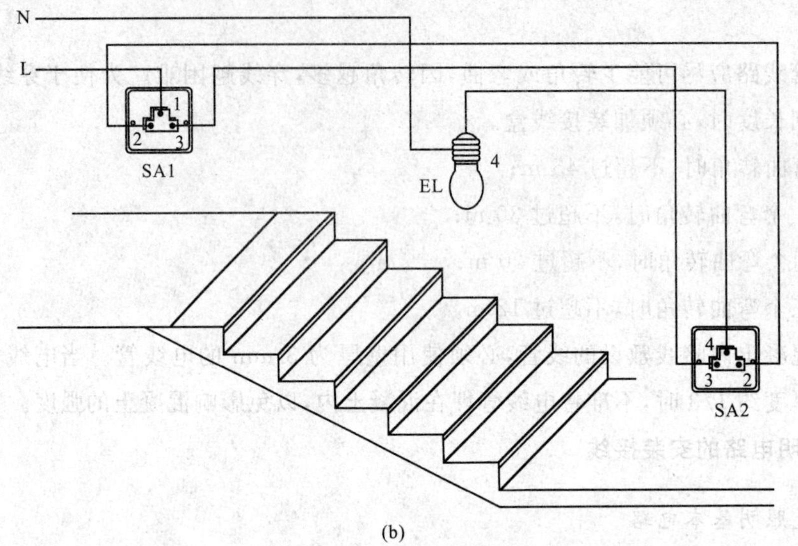

(a)接线原理图　　(b)接线示意图

图 3.4.38　两地控制同一盏灯接线图

(3)三只开关控制同一盏灯。接线如图 3.4.39 所示。这种线路由两只单联双掷开关和一只双联双掷开关组成,可在三地控制同一盏灯,常用于楼梯和较长的走廊。

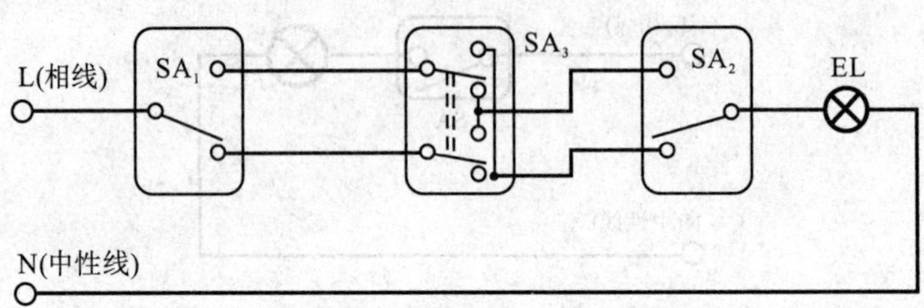

图 3.4.39　三处控制同一盏灯接线图

SA_1、SA_2——为单联双掷开关;SA_3——为双联双掷开关

2.灯具的安装与接线

(1)照明灯具安装与接线的技术要求

①灯具安装应达到位置正确、美观、牢固、绝缘良好、维修方便。

②灯具安装应牢固。吊灯装有吊线盒,一般每只吊线盒允许接装一盏电灯(双管日光灯及特殊吊灯例外),质量在 1 kg 以内的灯具可用灯头线直接吊装,但应在灯头盒内及接线盒内做"结扣";质量在 1～3 kg 时,应采用吊链或吊管安装,但灯头线不得受力;灯具质量大于 3 kg 时,应该固定在预埋的吊钩或螺栓上。

③灯具的吊管应由直径不小于 10 mm 的薄壁管或钢管制成。

④穿入灯架的导线不准有接头,耐压不得低于 250 V,截面不得小于 0.5 mm^2。

⑤导线引进灯具，不得承受额外应力和磨损。软线端头要盘圈、刷锡，使用螺口灯头时，相线接在灯头顶芯线柱上。

⑥安装在露天及潮湿场所的灯具，应使用防火灯具。户外灯具如马路弯灯，安装时应用铁件固定。

⑦灯具的安装高度：室内一般不低于 2.4 m，室外一般不低于 3 m。否则要采取相应的保护措施或改用 36 V 安全电压供电。

⑧照明线路分支及连接处应便于检查。必须接地或接零的金属外壳应由专门的接地螺栓连接，不得用导线缠绕。

⑨灯具安装应符合防火要求。

(2)悬吊灯的安装接线

①圆木台的安装。根据施工图纸确定安装挂线盒的位置，并用电钻打孔，预埋木榫或膨胀螺钉，如图 3.4.40(a)所示。然后在圆木台底面用电工刀刻两道槽，在圆木台中间钻安装孔和出线孔，如图 3.4.40(b)所示。接着将两根导线嵌入圆木台槽内，并将两根导线端头分别从两个孔中穿出，通过中间的安装孔用木螺钉将圆木台固定在木榫上，如图 3.4.40(c)所示。

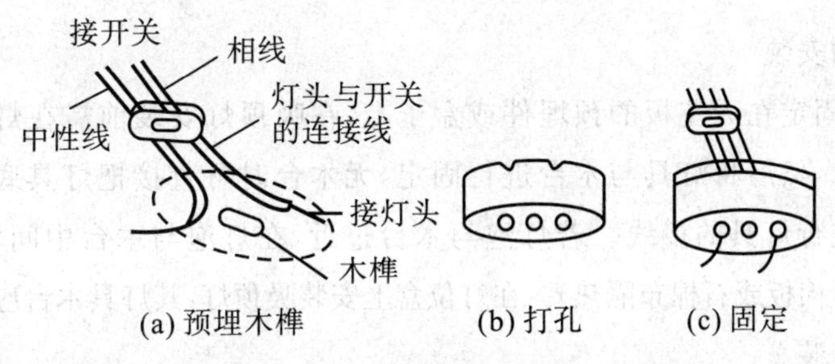

(a) 预埋木榫　(b) 打孔　(c) 固定

图 3.4.40　圆木台的安装

②挂线盒的安装。先将接灯线从吊线盒的引线孔穿出，用螺钉将其固定在圆木台上，如图 3.4.41(a)所示。将接灯线接在吊线盒的接线桩上，如图 3.4.41(b)所示。然后按灯具的安装高度要求，取一段铜芯软导线，导线上端接吊线盒内的接线桩，下端接灯头接线桩。将连接导线上端穿过吊线盒盖后，在盖孔内离接线端头 50 mm 处打一个电工扣，使接头处不承受灯具重力，并将软导线端连接到吊线盒内的接线桩上，旋上吊线盒盖，如图 3.4.41(c)所示。

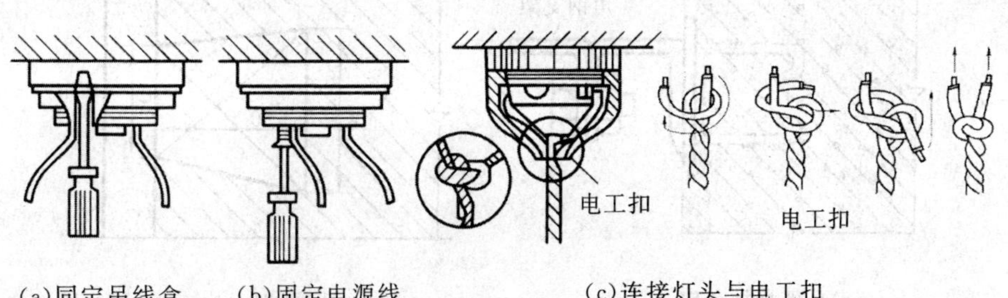

(a)同定吊线盒　(b)固定电源线　(c)连接灯头与电工扣

图 3.4.41　接线盒的安装接线

③灯头的安装。将导线另一端穿过灯头盖后，在灯头盖内距导线端约 30 mm 处打一电工扣，然后将导线两个线头与灯头的接线桩连接，旋上灯头盖。如果是螺口灯头，相线应接在跟中心铜片相连的接线桩上，中性线应接在与螺口相连的接线桩上，如图 3.4.42(c)所示。

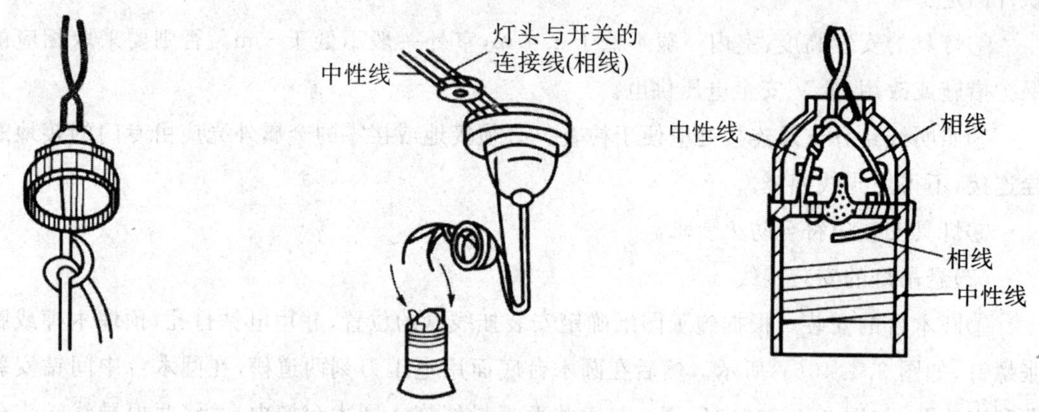

(a)将软吊灯导线穿过灯头盖孔　(b)导线下端接在灯头的接线桩　(c)分别接相线和中性线

图 3.4.42　灯头的安装接线

(3)吸顶灯的安装

首先将木台固定在天花板的预埋件或盒子上，在吸顶灯安装前需在灯具的底座与木台之间铺垫石棉板。然后将灯具与木台进行固定，无木台时可直接把灯具底板与建筑物表面用螺栓固定，再进行灯具的接线。若灯泡与木台过近，在灯泡与木台中间应有隔热措施(即铺垫 3 mm 厚的石棉板或石棉布隔热)。在灯位盒上安装吸顶灯，其灯具木台应完全遮住灯位盒。

(4)壁灯的安装

壁灯可以安装在墙上，也可以装在柱子上。首先预埋木块或金属构件作为壁灯固定件，如图 3.4.43 所示。壁灯固定件埋设高度应使壁灯下沿距地面 1.8～2.0 m。然后将灯具基座固定在木台或木板上。壁灯为暗线敷设时，用膨胀螺栓直接将灯具底座固定在墙上。壁灯装在柱子上时，可直接将灯具基座安装在柱子的金属构件上或用抱箍固定在金属构件上。最后装配灯泡和灯罩。

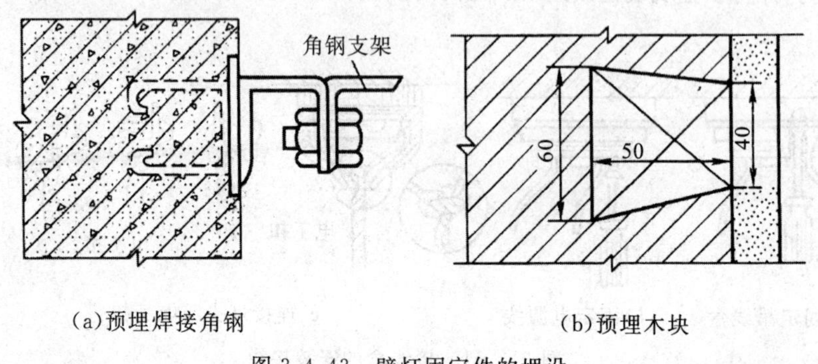

(a)预埋焊接角钢　(b)预埋木块

图 3.4.43　壁灯固定件的埋设

(5)荧光灯的安装接线

①电路接线:荧光灯的接线如图 3.4.44 所示。

a. 用导线把启辉器座上的两个接线柱分别与两个灯座中的一个接线柱连接。

b. 把一个灯座中余下的一个接线柱与电源的中性线连接,另一个灯座中余下的一个接线柱与镇流器的一个线头相连。

c. 镇流器的另一个线头与开关的一个接线柱连接。

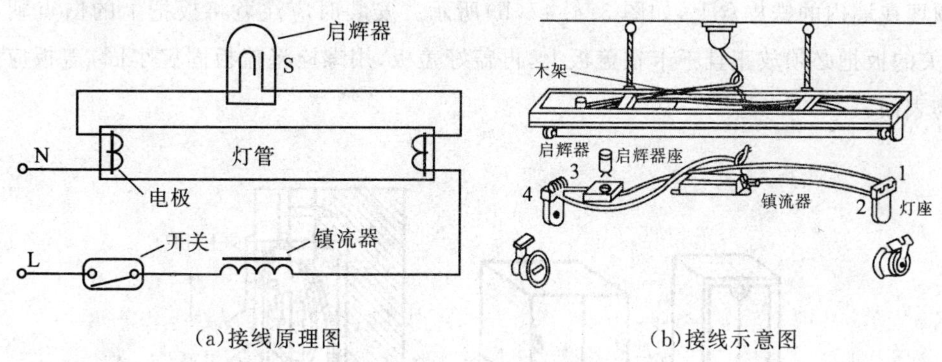

(a)接线原理图　　(b)接线示意图

图 3.4.44　荧光灯接线图

②灯管与启辉器的安装

a. 日光灯管的安装如图 3.4.45 所示,顺着灯座的开口处将日光灯管装上,然后将灯管顺时针旋转 90°即可。

b. 启辉器的安装如图 3.4.46 所示,先将启辉器插到座子上,然后顺时针旋到底即可。

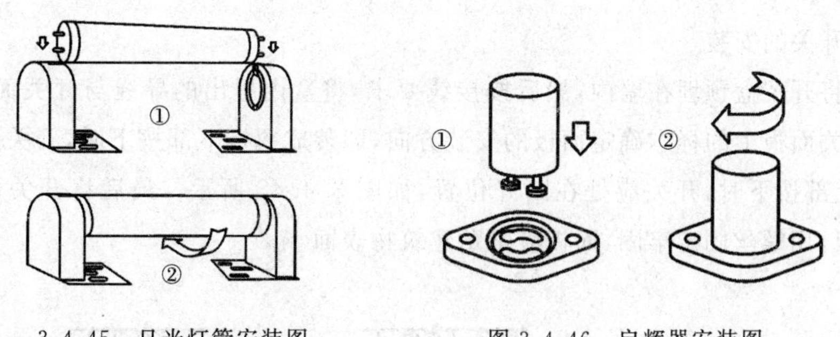

3.4.45　日光灯管安装图　　图 3.4.46　启辉器安装图

3. 开关的安装

(1)开关的安装要求

①拉线开关距地面的距离应大于 1.8 m,距出入口的距离应为 0.15～0.2 m,拉线的出口应向下。

②扳把开关距地面的高度为 1.4 m,距门口为 0.15～0.2 m;开关不得置于单扇门后。

③开关位置应与灯位相对应,同一室内开关方向应一致。

④在易燃、易爆和特别潮湿的场所,开关应分别采用防爆型、密闭型,或安装在其他场所控制。

⑤明线敷设的开关应安装在不少于 15 mm 厚的木台上。

(2)开关的安装

①扳把开关的安装

扳把开关必须安装在铁皮开关盒内。铁皮开关盒如图 3.4.47(a)所示。先将铁皮开关盒预埋在墙内,在接线时应接成扳把向上时,电路闭合,向下时断开,然后把开关连同支架固定到预埋在墙内的铁皮盒上,如图 3.4.47(b)所示。安装时应注意将扳把上的白点朝下安装,开关的扳把必须放正且不卡在盖板上,再盖好盖板,用螺栓将盖板固定牢固,盖板应紧贴建筑物表面。

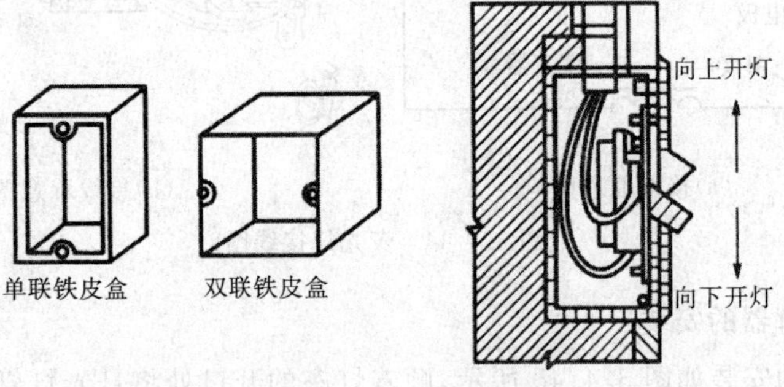

(a)铁皮盒　　(b)铁皮盒预埋

图 3.4.47　扳把式开关安装方法

②翘板开关的安装

首先应将开关盒预埋在墙内,然后按接线要求,将盒内甩出的导线与开关面板连接好,根据翘板开关面板上的标志确定面板的安装方向,即装成翘板下部按下时,开关处在合闸的位置,翘板上部按下时,开关应处在断开位置,如图 3.4.48 所示。最后将开关面板推入盒内,对正盒眼,用螺丝固定牢固,面板应紧贴建筑物表面。

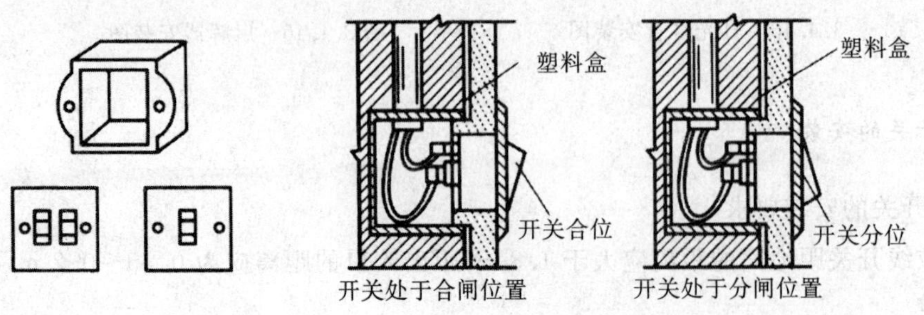

(a)翘板开关盒　　(b)开关分合示意图

图 3.4.48　翘板开关安装方法

4.插头与插座的安装接线

(1)插座的安装接线及技术要求

①一般场所明装插座安装高度距地面高度为1.3 m,托儿所、幼儿园及小学校不宜小于1.8 m;暗装插座距地0.3 m;落地插座应有牢固可靠的保护盖板。

②同一室内安装的插座高低差不应大于5 mm,成排安装的插座高低差不应大于2 mm。

③暗装插座必须安装接线盒,接线盒、穿线管的材质应相同。明装插座不得直接固定在墙上。

④交、直流或不同电压的插座安装在同一场所时,应有明显区别,且必须选择不同结构、不同规格和不能互换的插座;其配套的插头应区别使用。

⑤在儿童活动场所应采用安全插座。

⑥落地插座应有保护盖板。

⑦在特别潮湿和有易燃、易爆气体及粉尘的场所不应装设插座。

(2)插座和插头的安装接线

①单相两孔插座有横装和竖装两种。横装时,面对插座的左极接中性线(N),右极接相线(L);竖装时,面对插座的上极接相线,下极接中性线,如图3.4.49所示。

②单相三孔及三相四孔插座的保护线应接在上方E,如图3.4.49所示。

③单相三线插头的安装要与插座相对应,如图3.4.50所示。

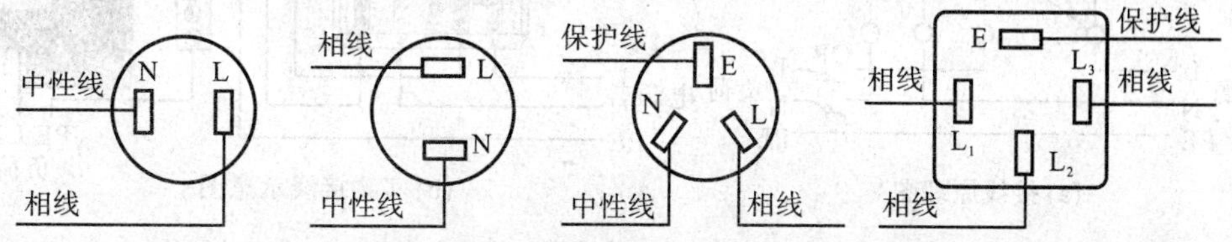

图3.4.49　插座接线示意图(面对插座)

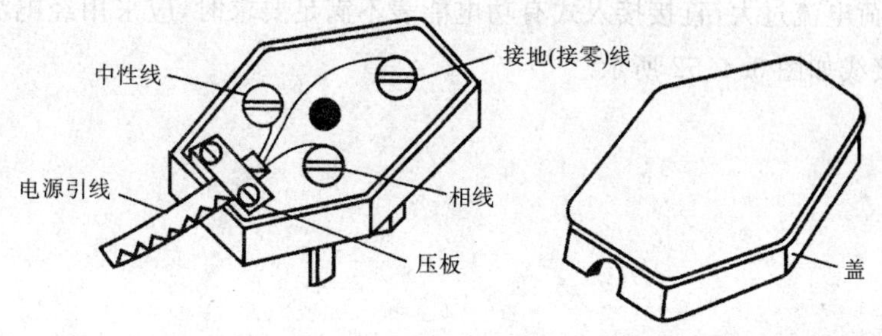

图3.4.50　单相三线插头接线示意图

5. 有功电能表的安装接线

有功电能表又称有功电度表。它是计量有功电能的仪表。

(1)有功电能表的安装技术要求如下:

①有功电能表总线必须采用铜芯塑料硬线,其最小截面积不得小于 1.5 mm^2,中间不准有接头。从总熔断器盒至有功电能表之间的敷设长度,不宜超过 10 m。

②有功电能表总线必须明线敷设,采用线管安装时线管也必须明装。在进入有功电能表时,一般以"左进右出"原则接线。

③有功电能表的安装,必须垂直于地面,表的中心离地高度应在 1.4~1.5 m 之间。

(2)有功电能表接线

①直接接入式单相有功电能表接线

直接接入式单相有功电能表接线如图 3.4.51 所示,其中 QR 为带有漏电保护功能的断路器,1、3 为进线,2、4 为出线,其中接线柱 1 接相线(L 线),3 接中性线(N 线)。

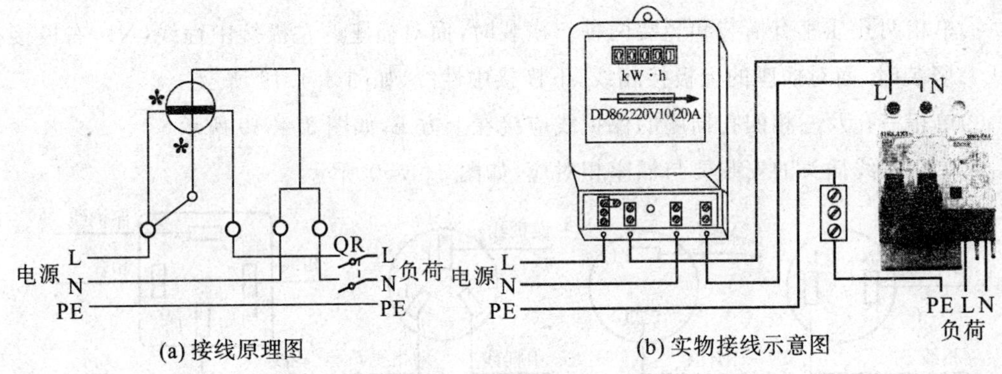

图 3.4.51 直接接入式单相有功电能表接线图

②经电流互感器的单相有功电能表接线

当单相负荷电流过大,直接接入式有功电能表不满足要求时,应采用经电流互感器接线的计量方式,接线如图 3.4.52 所示。

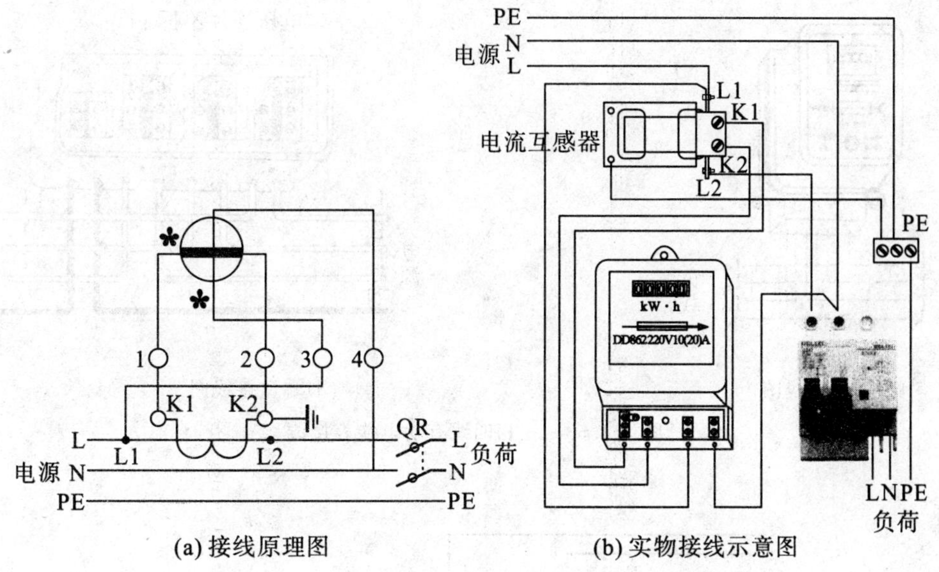

(a) 接线原理图　　(b) 实物接线示意图

图 3.4.52　配电流互感器的单相有功电能表接线图

③三相四线有功电能表接线

三相四线电能表也称三相三元件电能表，常用的有 DT 系列，它有 8 个外接接线柱，其中 1、3、5 为三相电源进线，2、4、6 为三相电源出线，7 为中性线进线，8 为中性线出线，接线如图 3.4.53 所示。

也可以用三只单相有功电能表计量三相四线的有功电能，接线如图 3.4.54 所示。

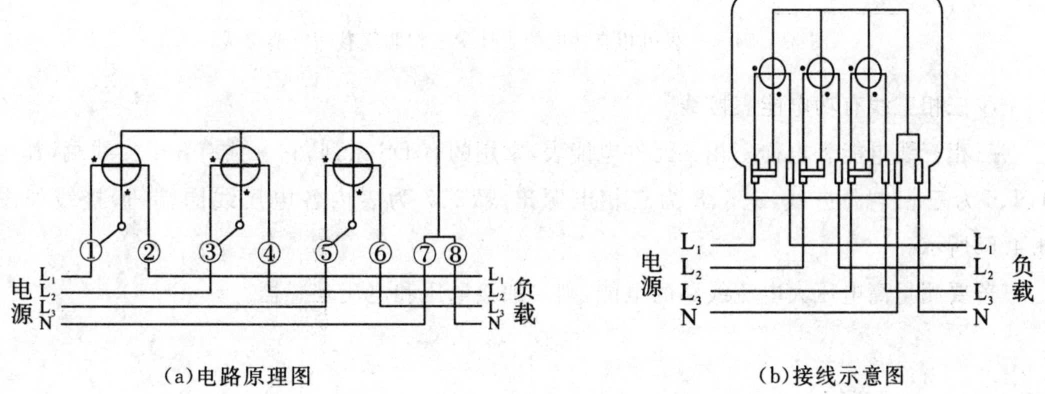

(a)电路原理图　　(b)接线示意图

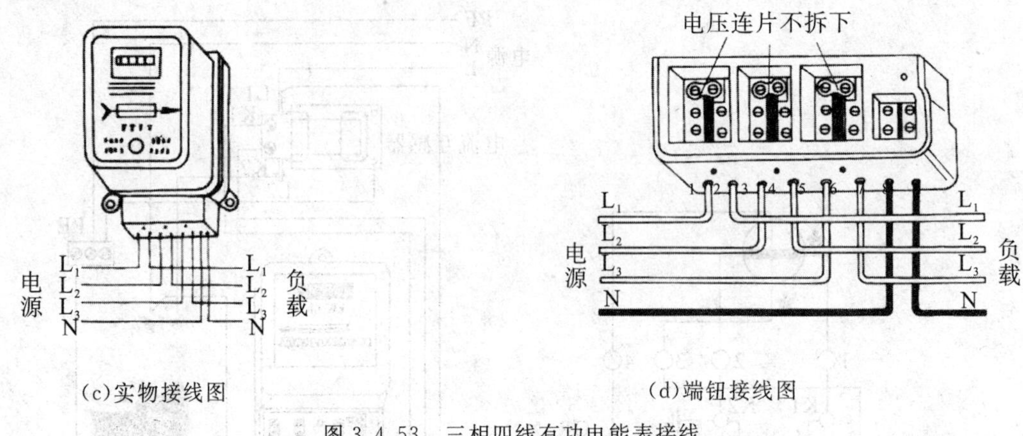

(c)实物接线图　　　　(d)端钮接线图

图 3.4.53　三相四线有功电能表接线

图 3.4.54　三只单相有功电能表计量三相四线有功电能接线

④三相三线有功电能表接线

三相三线电能表也称三相二元件电能表，常用的有 DS 系列，它一共有 8 个接线端，其中 1、4、6 为三相电源进线，3、5、8 为三相电源出线，2、7 为表内各电压线圈端钮，接线如图 3.4.55所示。

若要测量高电压大电流线路的电能，则要加接电压和电流互感器。

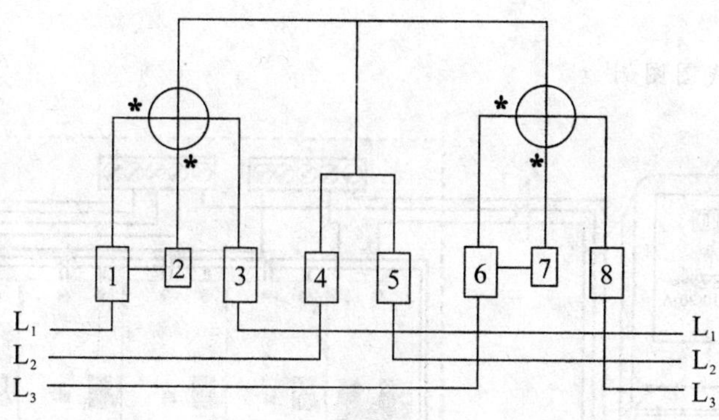

(a)三相三线有功电能表接线原理图

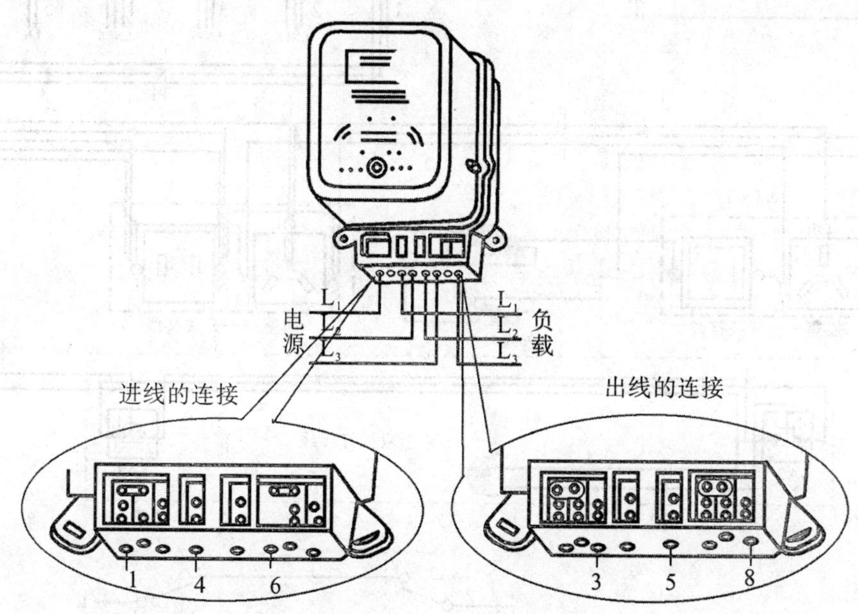

(b)三相三线有功电能表接线示意图

图 3.4.55　三相三线有功电能表接线

四、图例

1. 家庭配电接线图图例

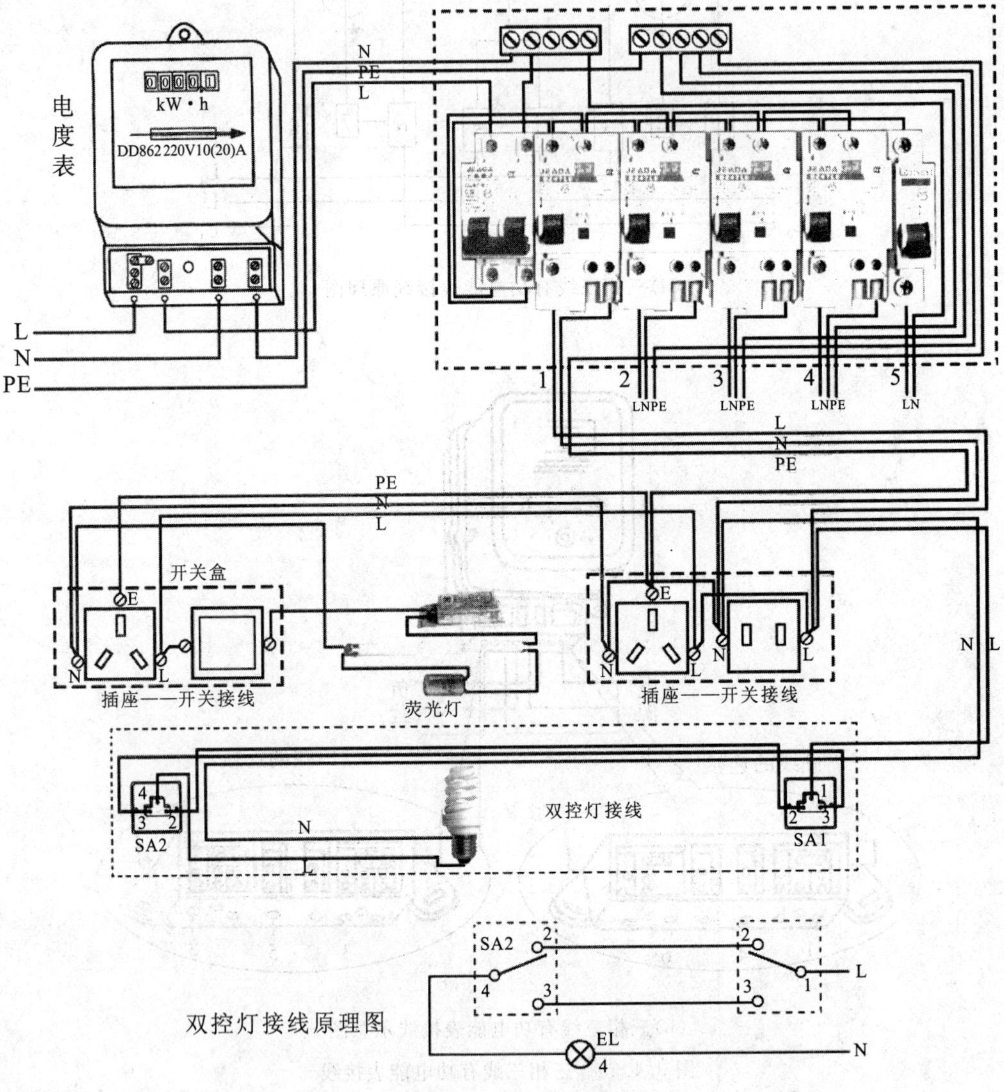

电度表
00001
kW·h
DD862 220V10(20)A
L
N
PE
N
PE
L
1
2
3
4
5
LNPE
LNPE
LNPE
LN
L
N
PE
PE
N
L
开关盒
E
N
L
插座——开关接线
荧光灯
E
N
L
N
L
插座——开关接线
N
L
4
3
2
SA2
N
双控灯接线
1
2
3
SA1
SA2
2
4
3
2
3
1
L
双控灯接线原理图
EL
4
N

图 3.4.56　家庭配电接线示意图(部分)

2. 配电盘(板)接线图图例

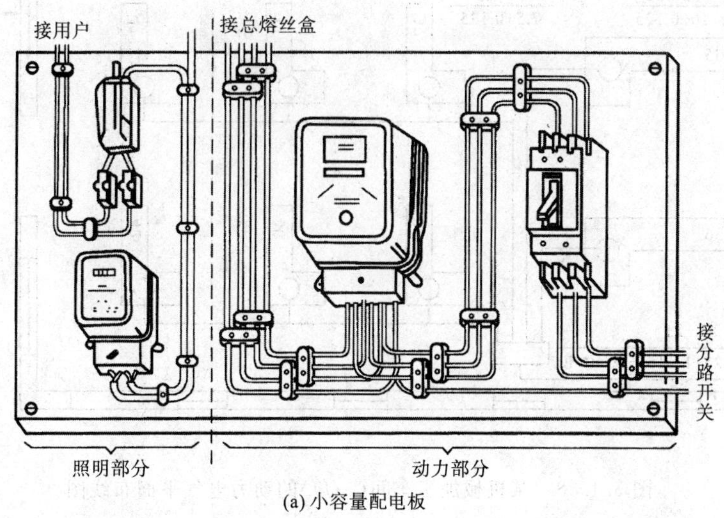

(a) 小容量配电板

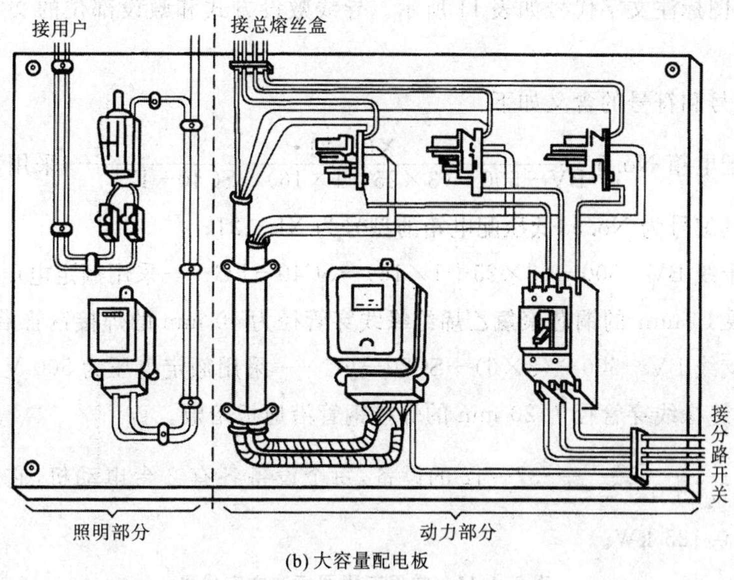

(b) 大容量配电板

图 3.4.57　配电板接线示意图

项目拓展

动力、照明图的识读

1. 车间动力电气平面布线图图例

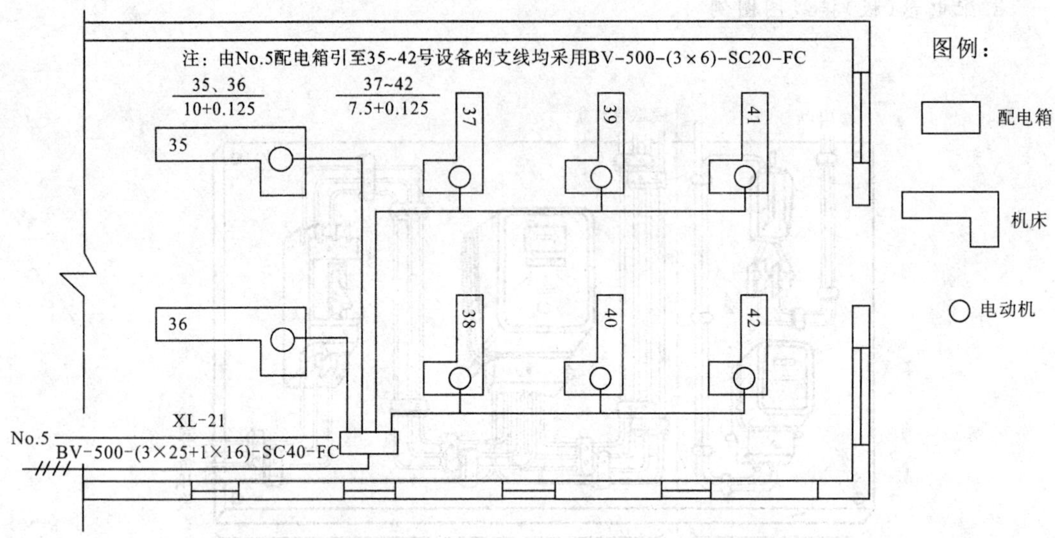

图 3.4.58　某机械加工车间(一角)的动力电气平面布线图

常用工程图标注文字代号如表 11 所示。导线敷设方式和敷设部位的文字符号见表 3.4.12。

图中各代号和符号的含义如下：

(1)动力配电箱 No.5 $\frac{\text{XL}-21}{\text{BV}-500-(3\times25+1\times16)-\text{SC40}-\text{FC}}$——采用 $a\,\frac{b-c}{d(e\times f)-g}$ 的标注格式，其编号为 No.5，低压配电箱的型号为 XL－21；

(2)配电干线 BV－500－(3×25＋1×16)－SC40－FC——采用额定电压为 500 V 三根 25 mm^2 和一根 16 mm^2 的铜芯聚氯乙烯绝缘线穿管径为 40 mm 的焊接钢管沿地板暗敷。

(3)配电支线 BV－500－(3×6)－SC20－FC——采用额定电压为 500 V 三根 6 mm^2 的铜芯聚氯乙烯绝缘线穿管径为 20 mm 的焊接钢管沿地板暗敷。

用电设备 $\frac{37\sim42}{7.5+0.125}$——37～42 的设备，每个设备各有 2 台电动机，它们的功率分别为 7.5 kW 和 0.125 kW。

表 3.4.11　常用工程图标注文字代号

名称	文字代号	说　明
用电设备	$\frac{a}{b}$	a——设备编号 b——设备容量，kW
配电设备	(1)一般标注方法 $a\,\frac{b}{c}$ 或 $a-b-c$	a——设备编号　e——导线根数 b——设备型号　f——导线截面积，mm^2 c——设备功率，kW　g——导线敷设方式及部位 d——导线型号
	当需要标注引线的规格时 $a\,\frac{b-c}{d(e\times f)-g}$	

续表:

名称	文字代号	说 明
配电干线和支线	(1)配电支线 $d(e\times f)-gh$ (2)配电干线 $\dfrac{a-b/c-I}{n[d(e\times f)-gh]}$	a——线路编号 f——导线截面积,mm^2 b——总安装容量,kW g——导线敷设方式 c——额定电流,A h——管径,mm d——导线型号 I——保护干线的熔体电流,A e——导线根数 n——并列根数
开关及熔断器	(1)一般标注方法 $a\dfrac{b}{c/i}$或$a-b-c/i$ (2)当需要标注引线的规格时 $a\dfrac{b-c/i}{d(e\times f)-g}$	a——设备编号 d——导线型号 b——设备型号 e——导线根数 c——额定电流,A f——导线截面积,mm^2 i——整定电流,A g——导线敷设方式

表 3.4.12 导线敷设方式和敷设部位的文字符号

导线敷设方式及文字符号			导线敷设部位及文字符号		
导线敷设方式	旧	新	导线敷设部位	旧	新
穿焊接钢管敷设	G	SC	沿或跨梁(屋架)敷设	LM	AB
穿电线管敷设	DG	MT	沿柱或跨柱敷设	ZM	AC 或 CLE
穿聚氯乙烯硬质管敷设	VG	PC	沿墙面敷设	QM	WS
穿阻燃聚氯乙烯半硬质管敷设	RVG	FPC	沿天棚面或顶板面敷设	PM	CE
穿水煤气管敷设	—	RC	在能进入的吊顶内敷设	DD	ACE
穿聚氯乙烯塑料波纹电线管敷设	—	KPC	暗敷设在地板或地面内	DA	F 或 FC
穿金属软管敷设	SPG	CP	暗敷设在屋面或顶板内	PA	CC
用塑料线槽敷设	XC	PR	暗敷设在不能进入的吊顶内	PNA	ACC
用塑料夹敷设	VJ	PCL	暗敷设在墙内	QA	WC
用电缆桥架敷设	QJ	CT	暗敷设在柱内	ZA	CLC
用金属线槽敷设	—	MR	暗敷设在梁内	LA	BC
用瓷瓶或瓷柱敷设	CP	K			
在电缆沟敷设	LG	TC			
混凝土排管敷设		CE			
直接埋设		DB			
沿钢索敷设	S	M			
用瓷夹或瓷卡敷设	CJ	PL			

2.建筑物配电系统图图例

(1)AL1 电表箱的电源进线 YJV22－4×－PC70－F——采用钢铠铜芯交联聚乙烯绝缘

聚氯乙烯护套的电力电缆，芯线是 4 根 35 mm² 的标称截面，穿内径为 70 mm 的聚氯乙烯硬质管暗敷设在地面内。

(2)进线总开关 DZ20LE——漏电断路器，每根相线经 FRD－30－3A－5 电涌保护器与 PE 端子相接。每户都安装 DD862 型单相电度表和微型断路器 C45AD，经过暗敷设在墙内的穿管径为 32 mm 聚氯乙烯硬质管的 3×10 mm² 铜芯线，送电至各用户照明配电箱 AL2，参见图 3.4.59。

(3)用户配电箱 AL2 是用额定电流为 40A，2P(2 极)的微型断路器 C45AD 作为进线开关。户内是采用 C45AD－20A－1P＋VigiC45ELE－30mA(具有电子式的 VigiC45 漏电保护附件，其漏电动作电流为 30mA)的漏电断路器向各个插座供电。参见图 3.4.60。

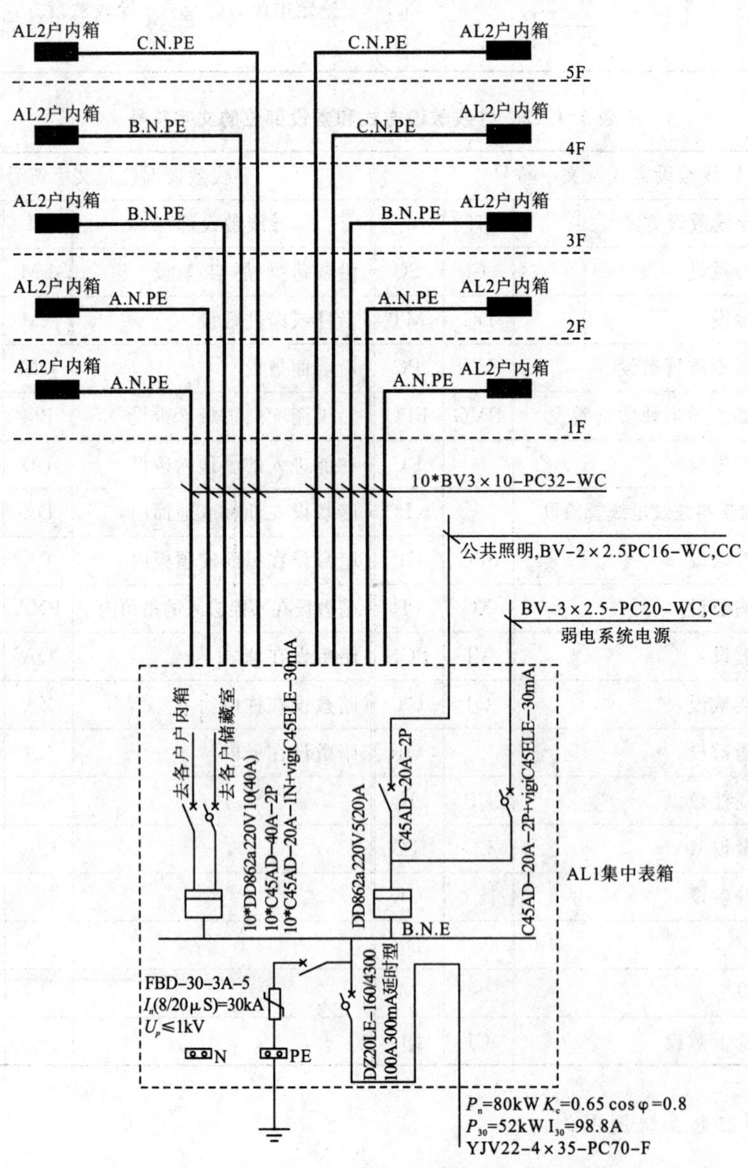

图 3.4.59　AL1 单元集中电表箱供配电系统图

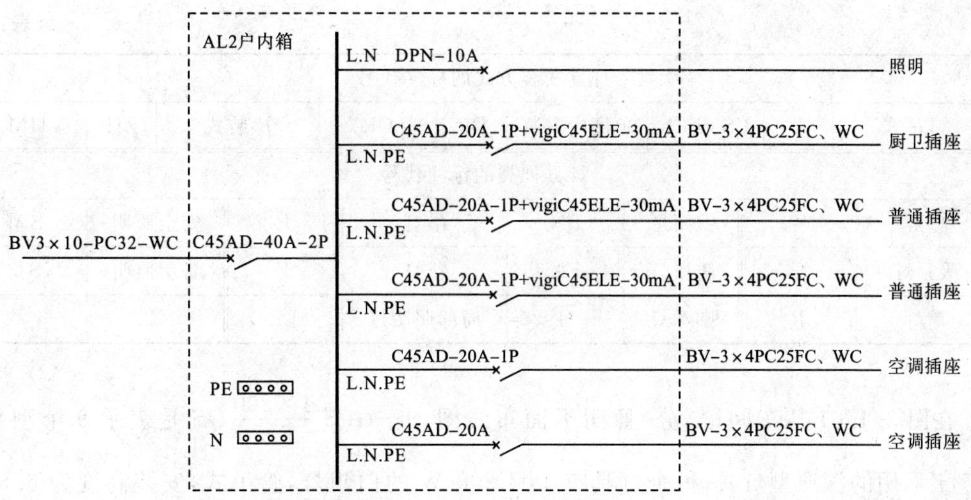

图 3.4.60　AL2 户内箱供电系统图

3. 照明平面图图例

照明灯具标注的格式为

$$a-b\frac{c\times d\times l}{e}f \qquad (8-7)$$

式中a——灯数；

b——灯具型号或编号；

c——每盏照明灯泡的灯泡数；

d——灯泡容量；

e——灯泡安装高度，“—”表示吸顶灯；

f——安装方式。灯具的安装方式标注代号见表 3.4.13；

l——光源种类。IN：白炽灯（一般白炽灯不标注）；MH：卤钨灯；FL：荧光灯；Hg：高压汞灯；Na：高压钠灯；Xe：氙灯；HI：石英灯。

表 3.4.13　灯具安装方式和灯具种类的标注代号

灯具安装方式的标注代号								
安装方式	旧	新	安装方式	旧	新	安装方式	旧	新
自在器线吊式	X	CP 或 SW	管吊式	G	DS 或 P	墙壁内安装	BR	WR 或 WP
固定线吊式	X_1	CP_1	壁装式	B	W	台上安装	T	T
防水线吊式	X_2	CP_2	吸顶式	D	C	支架上安装	J	S 或 SP
吊线器式	X_3	CP_3	嵌入式	R	R	柱上安装	Z	CL

续表:

灯具安装方式的标注代号								
链吊式	L	CS 或 Ch	顶棚内安装	DR	CR	座装式	ZH	HM

灯具种类的标注代号							
壁灯	W	密闭灯	EN	吊灯	P	安全照明	SA
吸顶灯	C	防爆灯	EX	花灯	L	备用照明	ST
筒灯	R	圆球灯	G	局部照明灯	LL		

在图 3.4.61 某车间(部分)照明平面布线图,$9-GC5\,\dfrac{1\times200}{6.5}DS$ 是表示 9 个型号为 GC5 工厂用的深照型灯具,每个灯具有 1 只 200 W 的白炽灯,管吊式,安装高度为 6.5 m。在灯具旁标注的 30,表示平均照度为 30lx。

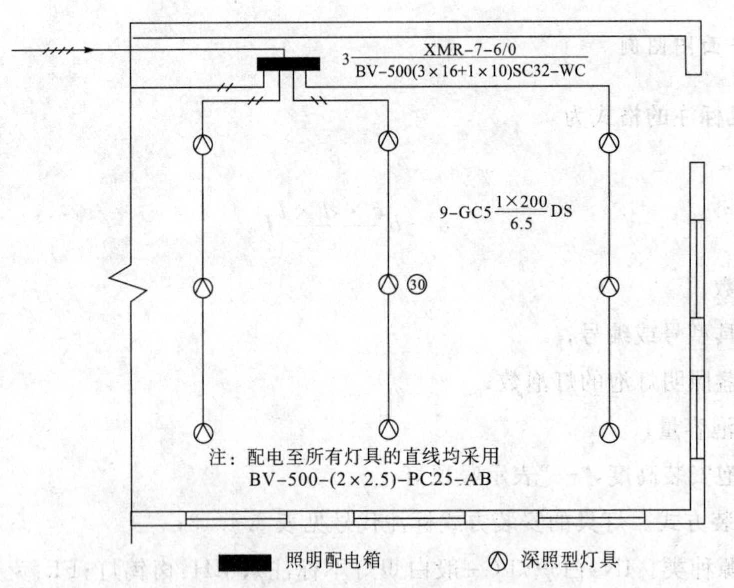

图 3.4.61　某车间(部分)照明平面布线图

在图 3.4.61 的照明电气平面布线图中,BV−2×1.5−MT 表示 2 根 1.5 mm^2 的铜芯聚氯乙烯绝缘线穿电线管敷设;$3-\dfrac{60}{2.5}CP1$ 表示 3 只 60 W 的灯采用固定线吊式,悬挂高度为 2.5 m。在图 3.4.62(a)、(b)平面布线图及对应的剖面图 3.4.62(c)、(d)中,虚线表示 3 根、4 根导线的对应关系。导线明敷通常采用直接接线法,暗敷采用共头接线法。

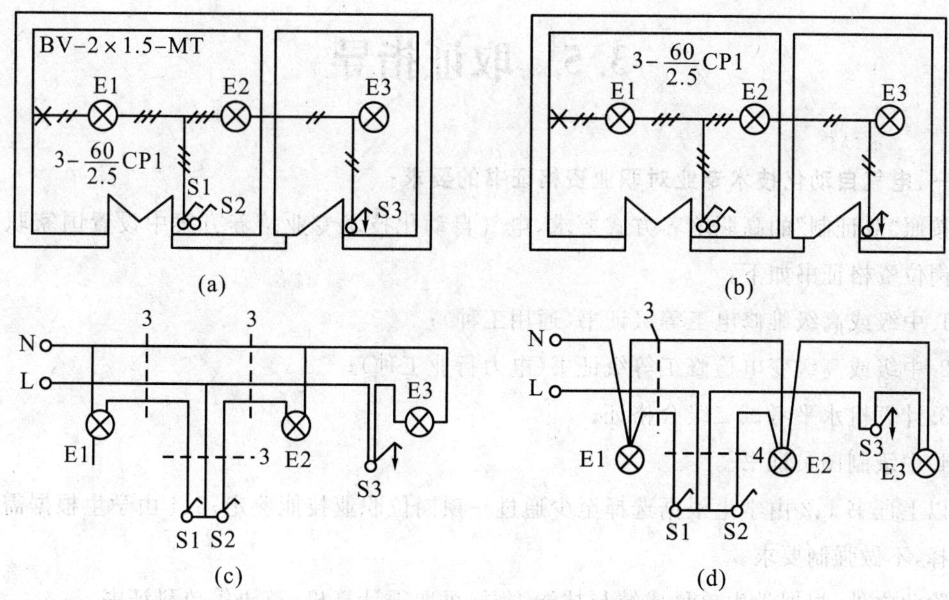

(a)直接接线法平面布线图(b)共头接线法平面布线图

(c)直接接线法剖面图(d)共头接线法剖面图

图 3.4.62　电气平面布线图

3.5 取证指导

一、电气自动化技术专业对职业资格证书的要求：

按照“双证制”的高职培养方式要求，电气自动化技术专业培养方案中设置国家职业技能或岗位资格证书如下：

1.中级或高级维修电工等级证书(通用工种)；

2.中级或高级变电检修工等级证书(电力行业工种)；

3.计算机水平考试二级合格证；

4.中级制图员证书。

以上证书1、2由学生根据选择至少通过一项岗位职业技能鉴定；3、4由学生根据需要自行选择，不做强制要求。

除此之外，根据学生单科成绩与技能需要，可取得计算机、英语等单科证书。

二、申报取证程序

学院设有劳动与就业保障部门批准设立的职业技能鉴定站，学生可在学校学习期间完成维修电工(中级)和变电检修工(中级)职业证书的取得。

申报取证程序：学生提出申请→资格审核(院技能鉴定站和系部共同审核)→交鉴定费→技能鉴定→鉴定结果上报、认定→发证。

三、鉴定考核内容与要求

1.职业素养要求

(1)职业道德基本知识

(2)职业守则

①遵守有关法律、法规和有关规定；

②爱岗敬业，具有高度的责任心；

③严格执行工作程序、工作规范、工艺文件和安全操作规程；

④工作认真负责，团结协作；

⑤爱护设备及工具、夹具、刀具、量具；

⑥着装整洁，符合规定；保持工作环境清洁有序，文明生产。

2.专业知识要求：

工种1：中级维修电工要求

(1)电工基础知识

①直流电与电磁的基本知识；

②交流电路的基本知识；
③常用变压器与异步电动机；
④常用低压电器；
⑤半导体二极管、晶体三极管和整流稳压电路；
⑥晶闸管基础知识；
⑦电工读图的基本知识。
⑧一般生产设备的基本电气控制线路；
⑨常用电工材料；
⑩常用工具(包括专用工具)、量具和仪表；
⑪供电和用电的一般知识；
⑫防护及登高用具等使用知识。

(2)安全文明生产与环境保护知识
①现场文明生产要求；
②环境保护知识；
③安全操作知识。

工种 2:中级变电检修工要求

(1)专业知识要求
①简单装配图的识绘图知识；
②电气一次系统图及有关的二次回路接线图的识绘图知识；
③所管辖变电设备的名称、主要性能参数及有关的技术标准；
④电工一般知识；
⑤操作过电压、大气过电压、谐振过电压及其保护初步知识；
⑥继电保护与自动装置的作用及配置的初步知识；
⑦变压器、电抗器等设备油温和油面高低与运行条件的关系及其限值的意义；
⑧各种避雷器的结构、性能参数及工作原理；
⑨气体的特性、标准及在检修作业中的防护知识；
⑩气体绝缘组合电器、断路器和真空断路器等的性能、结构及工作原理；
⑪变压器各种调压装置结构原理的初步知识,以及定期检查的工艺要求；
⑫变电设备常见缺陷和故障产生的原因及预防措施；
⑬绝缘油的牌号、性能、标准、试验项目及使用保管知识；
⑭常用绝缘材料、导电材料等的性能、规格及使用保管知识；
⑮设备防腐、防蚀及喷涂漆等知识；
⑯《电力工业技术管理法规》、《电业安全工作规程》中与本工种有关条文的规定；
⑰起重及搬运的基本知识,气焊和电焊知识；
⑱钳工一般知识；

⑲质量管理的一般知识。

(2)专业技能要求

①看懂本工种所属设备的装配图；

②看懂一次系统图及二次回路图；

③看懂气体绝缘组合电器和断路器的结构装配图,并能按图样要求进行装配施工；

④进行一般断路器的更换、解体检修及调试；

⑤进行断路器电磁操动机构和液压操动机构的解体检修及调试；

⑥进行气体含水量的处理及气体的回收工作；

⑦在指导下进行大型复杂的断路器等变电设备的检修及调试；

⑧定期检修及调试无功补偿设备、防雷设施、变压器、互感器等设备；

⑨解体检修各种避雷器；

⑩进行变电设备高电压试验的配合工作；

⑪能对绝缘电阻、介质损耗因数、耐压、泄漏电流等测试数据进行综合分析,判断变电设备的绝缘状况；

⑫根据检修项目和技术要求确定施工方案和检修措施,并进行检修过程中的质量验收；

⑬根据测试数据和运行条件,正确分析判断设备运行状况和缺陷的原因,提出消除缺陷的意见并进行技术改进工作；

⑭正确使用及维护保养检修用工机具、仪器仪表、设备；

⑮具有刮削、修理、装配等钳工操作技能；

⑯具有本工种起重、搬运的基本技能。

四、鉴定方式

分为理论知识考试和技能操作考核。理论知识考试和技能操作考核均实行百分制,成绩皆达60分以上者为合格。可取得相应资格证书。

工种1:中级维修电工

1.理论知识考核:从以下2种考核方式中任选一项进行

(1)从国家职业鉴定考试题库中抽题,闭卷笔试；

(2)根据专业学习的相关3门课程的成绩认定。表1中3门课程成绩平均值达60分为合格。

2.技能操作考核:采用现场实际操作方式

要求考生在规定时间内独立完成一个工作任务。实操考核工作任务由考生当场抽签决定。

实操考核项目:

(1)点动和连续运行控制电路的分析、安装与调试；

(2)多点控制电路的分析、安装与调试；

(3)电动机正、反转控制电路安装接线；

(4)星一三角降压启动控制的安装与接线；

(5)两台电机顺序启动控制的安装与接线；

(6)一般电气控制电路故障排查。

实操考核成绩评定：由 2～3 名技能考评员根据考生现场实操表现及实操结果填写考核评分表。见表 3.5.2 和表 3.5.3。

表 3.5.1 鉴定工种与相关课程要求表

鉴定工种	专业技术课程	时间安排
中级维修电工	电力电子技术与项目实践 常用电气设备控制与检修 可编程控制系统的开发与实现	第 3 学期鉴定 操作考核项目： 电气控制线路的安装、调试与排故
变电检修工	电工技术 电机控制与维护 供配电系统的运行与检修	第 5 学期鉴定 操作考核项目： 低压配电柜的装配、调试与故障查找及处理

表 3.5.2 调试与排故考核评分表

学号			班级		姓名		
鉴定工种	维修电工			鉴定等级	中级		
考题名称	查故排故						
工时定额	120 min	实用工时		起止时间	时 分至时 分		
项目	技术要求		配分	评分标准		扣分	得分
控制线路	电器元件的功能叙述清楚		30 分	电器元件的功能不清楚每个扣 5 分			
	控制过程明确			控制过程不正确扣 15 分			
故障调查分析	能正确观察故障现象		40 分	故障现象观察不全，酌情扣 5～10 分			
	在电气控制线路上分析故障的可能的原因，思想正确			不能标出最小的故障范围，每个故障点扣 5 分			
查故排障	正确使用工具和仪表，找出故障点并排除故障		40 分	实际排除故障中思路不清楚，每个故障点扣 5 分			
				每少排除一处故障点扣 5 分			

续表:

学号		班级		姓名		
其他	操作有误,要从总分中扣分	只扣分不加分	1.检查时产生新的故障且不能自行修复,每个扣5分;能修复,每个扣2分 2.损坏电动机扣20分			
安全文明生产	工作服(女生工作帽)绝缘鞋穿戴整齐,电工工具绝缘良好	只扣分不加分	违反此项内容之一从总分中扣2分			
	考试完毕应保持工具、仪表完好无损		凡有损坏酌情从总分中扣1~5分			
	保持工位文明卫生		操作时,工具、仪表乱丢、乱放,考试完后工位不清洁从总分中扣2分			
	安全生产无违反安全规定现象和事故发生		有违反安规酌情扣1~5分;对发生事故者取消考试资格			
时限	定额:120 min		总时间超过120 min,每超时5 min扣10分			
合计		100分				
督导员		主考评		考评员		

表3.5.3 电气控制线路的安装考核评分表

学号		班级		姓名		
鉴定工种	维修电工		鉴定等级	中级		
考题名称	控制线路的安装与调试					
工时定额	**120 min** 实用工时		起止时间	时 分至时 分		
项目	技术要求	配分	评分标准	扣分	得分	
元件选择检查	考核装置内元件质量检查	**15分**	电器元件漏检一项扣**5**分			
	合理选择电路中电器元件		元件规格选错或漏选,每件每项扣**1**分			
	保持板内元件完好无损		损坏元件每件扣**5**分			

续表：

学号		班级	姓名	
线路敷设	按图安装接线	45分	不按图安装接线扣10分	
	主电路接线应正确		主电路接线错、漏接1处扣10分，错、漏接2处及以上扣20分	
	电路应正确使用相色		没有分相色或相色不对，扣3分	
	控制电路接线应正确		控制电路接线错、漏接1处扣3分，错、漏接4处及以上扣12分	
	线路敷设整齐、横平竖直、不交叉		每处不合格扣2分	
	导线压接紧固、规范，不伤线芯		导线压接处松动、线芯裸露过长、压绝缘层、伤线芯，每处扣1分	
通电试车	电动机接线正确	30分	电动机接线错误，扣5分	
	通电前电源线的接线、通电后的拆线顺序规范正确		每错一次扣5分	
	通电一次成功		一次不成功扣10分，二次不成功扣20分，三次不成功本项不得分	
安全文明操作	工作结束时应整理现场	10分	不整理现场扣2分	
	工器具使用应规范		工器具使用错误，一次扣2分	
	不损坏设备、工具		损坏元件、工具扣5分	
	工作时工具摆放整齐		工具乱放、浪费材料扣5分	
	保证人身安全		造成人身伤害事故扣该项总分，即本操作总分为零分	
工时			每超时10 min扣5分	
合计		100分		
督导员		主考评员		考评员

工种2：变电检修工

(1)鉴定考核方式有2种：可根据校内实训场地或教学情况任选其中一种。

①根据低压配电工程实训和技能笔试2项成绩成绩合并认定；其中技能笔试成绩需达到60分及以上；

②技能操作与理论知识(以专业学习中的3门课程成绩为理论成绩，见表1)。

(2)实操项目：

①解体检修及调试35(60)kV少油断路器；

②解体检修及调试CD型电磁操动机构；

③进行 CY 型液压操动机构的泄压处理；

④解体检修避雷器；

⑤进行变压器有载调压开关吊心检查及测试。

(3)鉴定内容见表 3.5.4：

表 3.5.4 变电检修工鉴定内容

项目		鉴定范围	鉴定内容	重要程度	鉴定比重(%)
知识要求	基础知识	1. 识绘图	(1)看懂断路器、隔离开关的结构原理图和安装图	2	5
			(2)掌握母线、避雷器、隔离开关、按地开关装配图的识图和绘图知识	2	
			(3)了解变电所一次主接线图、二次回路图、所用电接线图	1	
		2. 电工原理	(1)电压源、电流源等效变换的方法	3	15
			(2)了解基尔霍夫第一、第二定律	3	
			(3)了解 RLC 串联交流电路的分析方法	3	
			(4)了解交流电路的计算方法，掌握有功功率、无功功率、视在功率、功率因数的概念	3	
			(5)有关磁场、电磁感应的基本定律和基本概念	3	
		3. 钳工	(1)熟知钳工的基本知识、机具使用保管方法	2	5
			(2)电焊一般知识	2	
		4. 起重搬运	了解起重、搬运器具的工作原理和力学原理、动静滑轮的作用	5	5
	专业知识	1. 设备原理及构造	(1)熟悉断路器主要性能参数和选用条件	4	20
			(2)熟知断路器的灭弧原理、灭弧室的灭弧过程、灭弧介质和灭弧条件	2	
			(3)熟悉隔离开关的性能、参数、种类和选用条件	2	
			(4)熟知变压器、互感器、电抗器等设备中所用绝缘油的牌号、性质及运行中对耐压强度和温度的要求	4	
			(5)掌握有载调压装置的初步原理和结构知识以及操作机构的原理	3	
			(6)了解气体绝缘组合电器、SF_6 断路器、真空断路器的性能、结构、原理	3	
			(7)了解继电保护、自动装置的配置及作用	2	
		2. 检修与安装	(1)掌握各种类型断路器、隔离开关的安装标准	5	35
			(2)掌握有载调压装置定期检查的工艺标准	4	
			(3)了解断路器分合速度、时间、同期和动作电压测试的意义	5	
			(4)掌握变压器、互感器、电抗器、消弧线圈，电容器的定期维修项目和要求	5	
			(5)了解 SF6 气体的特性、标准及防护要领	4	
			(6)掌握常用绝缘材料、导电材料的性能、规格及使用方法	4	
			(7)了解设备防腐，防蚀和喷漆的作用及要求	4	
			(8)掌握搭拆工作台和登高作业知识	4	

续表：

项目		鉴定范围	鉴定内容	重要程度	鉴定比重(%)
知识要求	相关知识	1.有关规程	(1)熟知《电业安全工作规程》中与本工种有关的规定 (2)熟知变电设备检修导则中的有关条文 (3)了解变电运行规程	3 3 2	8
		2.安全急救	(1)掌握消防安全措施和技术要求 (2)掌握触电急救方法	4 3	7
技能要求	基本技能	1.检修施工图	(1)能看懂断路器、隔离开关二次回路控制图和安装图及简单配电装置的间隔平面图、断面图 (2)了解 SF6 气体绝缘全封闭组合电器和 SF_6 断路器的结构装配图、安装图 (3)看懂真空断路器总体结构图和操作机构结构图	3 1 1	5
		2.钳工操作	能按图纸划线、选料、加工零部件以及修理和装配	4	4
		3.起重、搬运	(1)会使用绳索绑扎、起吊各种设备和部件 (2)能按载荷选择和使用各种起重、搬运专用工具和设备	2 3	5
		4.工机具、量具、仪器、仪表	(1)能正确使用和保养常用工机具和量具 (2)能使用和保养常用的仪器仪表	2 2	4
		5.检修工程计算	能进行一般的现场工程计算	2	2
	专门技能	1.变电设备小修及维护	(1)根据小修项目和工艺质量要求，参与制定施工方案 (2)掌握注油、注气方法，能消除渗、漏现象和进水受潮现象 (3)能清扫有关的变电设备，包括 SF。全封闭组合电器 (4)能根据油面变化调整套管、断路器和储油柜的油位，能更换失效的吸附剂 (5)能根据 SF6 气体压力和泄漏变化分析泄漏情况，对 SF6 气体绝缘组合电器设备补气 (6)会检查互感器金属膨胀器，掌握补油方法 (7)能分析判断设备的健康状况和产生缺陷的原因，并提出消除缺陷和反事故技术措施	3 2 2 2 2 2 2	15

续表:

项目		鉴定范围	鉴定内容	重要程度	鉴定比重(%)
技能要求	专门技能	2. 变电设备大修及安装	(1)掌握断路器、隔离开关的大修项目检修工艺和质量标准	5	35
			(2)能对断路器导电、灭弧、框架传动装置进行拆卸、清洗、检修和组装	5	
			(3)能按质量标准对断路器进行调整和试验	5	
			(4)能对电磁操作机构进行解体、检修组装、调整和试验	3	
			(5)能对液压操作机构进行解体、检修、组装、调整和试验的辅助工作	3	
			(6)在指导下能进行断路器、SF_6气体断路器组合电器的解体、检修、组装及调试工作	5	
			(7)能对避雷器、互感器、防雷设施、无功补偿设备、隔离开关进行解体、检修、组装和调整	5	
			(8)掌握变电设备的注油、注气密封处理工艺和质量标准	4	
		3. 恢复性大修	(1)对局部损坏的元件能进行更换或提出处理措施	3	15
			(2)会操作 SF_6 气体回收装置和 SF_6 检漏仪	3	
			(3)能解决 SF_6 气体回收装置过滤干燥 SF_6 气体含水量过高问题	3	
			(4)能正确处理电磁、液压操作机构常见故障	3	
			(5)掌握变电设备绝缘件的干燥方法	3	
	相关技能	1. 安全生产	(1)掌握《电业安全工作规程》中发电厂和变电所部分有关条文	2	6
			(2)掌握紧急救护法和触电急救法	2	
			(3)能使用各种消防器材和掌握电气火灾的处理方法	2	
		2. 新技术应用	掌握有关变电设备检修的新技术、新工艺、新材料和新设备	4	4

四、鉴定时间

1. 理论知识考试时间为 120 min;技能操作考核时间为:中级不少于 150 min,高级不少于 180 min,技师不少于 200 min,高级技师不少于 240 min。

2. 学院中级维修电工鉴定设置在第四学期进行。

3. 学院中级变电检修工鉴定设置在第五学期进行。

3.6　顶岗实习指导

一、概述

1.课程性质

顶岗实习是高职学生的一门必修课,一律不得免修,不合格者必须重修。在入学后的第五、第六学期进行,历时21周,共21学分。

2.课程目标

通过顶岗实训使学生得到从事实际工作岗位所必需的基本训练和进行生产、销售、技术服务、生产管理的初步能力,为今后参加工作打下一定的基础。

3.课程设计思路

顶岗实习总体设计分为两个阶段:岗位实习阶段、毕业综合实训阶段。

岗位实习阶段也叫试岗实习阶段,在入学后的第五学期进行,为期5周,共5个学分。从第五学期的第16学习周开始到第五学期结束。毕业综合实训阶段也叫顶岗实习阶段,在入学后的第六学期进行,为期16周,共16学分。设计思路可如下图所示:

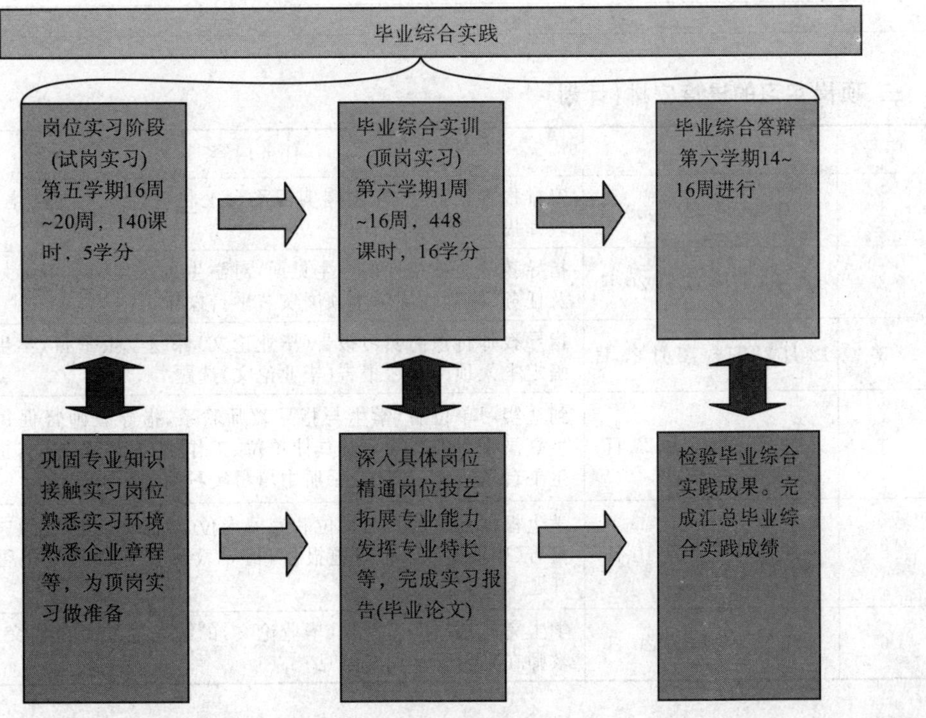

二、顶岗实习工作流程

项目任务	责任单位(人)	作业文件
实习资格确认	相关系/学生本人	证明文件
分组、确定校内指导教师	本关教研室	分组名单
制定实习方案	指导教师	
签署实习协议	学院/实习单位/学生	协议书
制订实习计划	指导教师	实习计划
聘任实习单位指导教师	相关系部	聘书
全过程实习指导	实习单位指导教师	实习报告
每周联系学生并指导实习	校内指导教师	网上指导记录
现场指导与座谈	校内指导教师	企业座谈记录
实习内容记录	学生	实习报告平台记录
实习总结	学生	实习小结
实习鉴定	指导教师/实习单位	实习报告鉴定部分
成绩评定	指导教师	成绩单

三、顶岗实习的进度安排(计划)

序号	时间	任务内容
1	10月7日~11月20日	安排指导教师,并在顶岗实习平台上将教师与指导学生明确,教师提交顶岗实习计划
2	12月1日~12月20日	指导教师与被指导的学生见面,对学生进行顶岗实习计划讲解及任务讲解,辅导学生顶岗实习平台操作
3	12月23日~12月25日	指导教师将顶岗实习报告(毕业论文)课题上报平台,学生平台确定本人顶岗实习报告(毕业论文)选题
4	2月20日~3月20日	到达实习单位后,学生与指导教师联系,指导教师督促每位学生登录平台填写实习的具体单位、工作岗位、联系方式,指导学生平台填写实习日志、手册中填写实习周记
5	3月21日~4月10日	学生根据具体的实习单位和实习岗位,登录平台提交顶岗实习报告(毕业论文)的开题报告,指导教师在平台答复是否可以开题
6	4月11日~4月20日	学生完成顶岗实习报告(毕业论文)的第一稿并平台提交,指导教师在平台直接回复意见

续表：

序号	时间	任务内容
7	4月21日～5月10日	学生完成顶岗实习报告(毕业论文)的第二稿，并将第二稿用平台提交至指导教师，指导教师平台回复修改稿
8	5月11日～5月20日	学生完成顶岗实习报告(毕业论文)的正式稿，并用平台传至指导教师，指导教师平台回复能否答辩
9	5月20日～5月25日	学生在实训手册中撰写1000字的实习总结 指导教师填写顶岗实习的评语与成绩，评定顶岗实习报告(毕业论文)的成绩
10	5月25日～5月31日	学生集中答辩，评定答辩成绩。答辩时指导教师回避
11	6月1日～6月5日	指导教师收集、汇总顶岗实习间的各项成绩。并将顶岗实习手册、顶岗实习成绩、论文、论文成绩、论文答辩成绩、毕业论文汇总成绩交教研室

四、顶岗实习有关规定要求

1.顶岗实习的原则要求

(1)全日制高职学生在第三学年必须到生产、管理、服务等岗位上完成半年的顶岗实习任务。

(2)在顶岗实习期间必须完成一篇顶岗实习报告(或毕业论文)。

(3)顶岗实习单位由系(部)统一安排的实习单位和学生自行联系的顶岗实习单位两部分组成，原则上要求所学专业与实习岗位对口。注意：

①无论是学校安排还是学生自主联系实习单位，学生均须与实习单位签订实习协议，统一填报《安徽电气工程职业技术学院学生校外实习单位确认表》；

②对于未落实就业单位的学生，或者专升本学生必须到其所在系部办理审批手续后方可到单位实习。即在具备《安徽电气工程职业技术学院学生校外实习单位确认表》的基础上，由学生本人提出书面申请，填写《安徽电气工程职业技术学院学生自主选择实习单位申请表》经家长签字同意后，由系部审批。

(4)顶岗实习报告(或毕业论文)，在指导教师指导下完成，通过顶岗实习平台发给校内指导老师进行修改，文稿修改不少于3次。学生须在5月中旬前将毕业论文(顶岗实习报告)终稿平台提交给指导教师，5月底回校参加毕业答辩。

2.顶岗实习的纪律要求

顶岗实习过程中，学生身兼两种身份，即“高职学生”和“企业准员工”，要特别注意遵纪守法和保护自身安全，具体要求如下：

(1)履行岗位工作职责，培养独立工作能力，完成顶岗实习任务书中规定的专业技能实习任务。

(2)服从领导、听从分配(特殊情况除外)，不做损人利己、有损企业形象和学院声誉的事情。

(3)保持与校内指导教师和辅导员的联系,经常性汇报实习情况。

(4)及时登录顶岗实习平台,关注和浏览学院校园网、教学管理信息系统、顶岗实习信息管理系统公布的与毕业生有关的各种信息。

(5)顶岗实习工作地点和联系方式发生变动时,及时通知校内指导教师和辅导员,并保证提供的联系方式正确有效。

(6)遵纪守法,安全第一,学生实习离校前,必须同系部签订安全责任承诺书,对不遵守安全制度造成的事故,由学生自行负责,由此对工作造成的损失一并追究相关责任。

(7)不得私自更换顶岗实习单位,如确因个人特殊情况或实习单位原因须变更实习单位的按以下程序办理手续:填写《安徽电气工程职业技术学生顶岗实习单位变更申请表》→校内实习指导教师和辅导员(班主任)核实并签署意见→系(部)领导审批。

(8)顶岗实习过程中如发生重大问题,学生本人或在同一单位实习的学生应在第一时间向实习单位和校内指导教师、辅导员报告。

(9)登录平台填写实习日记,如实填写实习周记,按时完成顶岗实习报告(或毕业论文)。

3.顶岗实习的资料要求

学生确定顶岗实习单位后,按程序办理顶岗实习及实习离校手续,同时,到系(部)领取《安徽电气工程职业技术学生顶岗实习手册》,实习期间认真完成相关内容。在答辩前将本手册上交校内实习指导教师,不按时完成者顶岗实习成绩作不合格处理。

学生须提交的顶岗实习资料:

(1)登陆顶岗实习平台,在"顶岗实习"项目上填写学生信息、添加校外指导教师、顶岗实习计划书、顶岗实习日志。在"毕业设计与答辩"项目上,选择毕业设计课题、撰写论文开题报告、提交毕业论文(实训报告)。

(2)《毕业顶岗实习实训手册》(该手册于答辩前交给校内实习指导教师,不按时提交者顶岗实习成绩作不合格处理)。关于《毕业顶岗实习实训手册》各项内容填写要求如下:

①顶岗实习成绩鉴定表

由实习单位指导教师与校内指导教师根据学生实习表现,对学生进行考核评定,作为其实践教学环节成绩。鉴定表须加盖公章,签章的单位与《顶岗实习单位确认表》上的实习单位必须一致,无公章的不能评定成绩,单位不一致的也不能评定成绩。

②顶岗实习周记

每周填写,内容包括本周工作、学习和生活情况,如实反映与校内、校外实习指导教师、辅导员及同学之间的交流沟通情况等。

③顶岗实习总结

学生根据顶岗实习情况结合自身思想认识、专业知识、专业技能及综合素质的提高,认真撰写不少于1000字的顶岗实习总结。

④顶岗实习报告(或毕业论文)

五、顶岗实习报告(或毕业论文)撰写要求

1.顶岗实习报告撰写要求

(1)内容要求:密切结合实习单位生产或营运管理方面的实际,结合自身所担任的工作岗位,表达亲身体验,应尽可能提出有创意的见解。书面报告的内容不允许抄袭他人、不允许照搬网上下载的文章。

报告内容应包含:

①实习单位简介;

②实习内容:主要写从事的岗位及岗位的设备、工艺、操作、流程、管理等情况和本岗位相关的技术规范等;

③实习收获与体会。

(2)按书面报告内容需要,编入一定的技术性内容。其形式可以有3种:

①通过对自己实习岗位的设备现状的了解作出机械系统、电气系统的描述;

②对相关设备的改进或改造方案的论证;

③通过实习所了解的企业生产(服务)流程、营运管理机制或具体工艺过程的描述及改进建议。

以上3种形式的技术性内容应尽可能以合适的图形表示在文章中,如:电气系统图,装置原理图,控制系统图,生产流程图,管理系统图,并配以必要的技术说明。

(3)要求最低字数不少于4500字。

2.毕业论文撰写要求

可以根据在实践的过程中有待解决的实际问题、对已经有的新技术新知识的学习过程等来确定论题。

(1)选题应符合本专业的教学要求,并结合社会实践、生产、科研、实验室建设等任务展开,也可以根据教学要求,以生产实践为背景,自拟工科类课题。在销售、管理岗位实习的学生课题一般应是经济、管理等相关方面的内容。课题题目年更新率应≥1/3。

(2)论题要考虑自身的专业基础和实际水平,以小型课题为主,应是学生在短期内经过努力能基本完成或者能相对独立地做出阶段性成果的课题。

(3)选题内容不得重复,大标题不应该重复相同,若同属于一个大课题,可用副标题注出。特殊情况可两人合作,但必须注明每位学生独立完成的部分。

(4)论题可由指导教师指定或学生自己提出,学生一般不能选做本专业范围以外的课题,也不能选做没有指导力量的课题。鼓励和支持少数优秀学生选做有创新特色的课题。

(5)参考文献的选用原则与要求;应与毕业综合实践课题的主题相关,与毕业综合实践报告内容相吻合的文献资料,网上参考文献原则上不超过20%。

(6)要求论文最低字数不少于 5 000 字,

六、毕业论文(实习报告)书写规范与打印本要求

1.毕业论文(实训报告)格式

毕业论文(实训报告)为打印本,A4 纸打印。其中插图可采用打印粘贴,也可手工绘制。

2.论文打印本格式

毕业论文(实训报告)一律由本人在计算机上输入、编排并用 A4 幅面的纸打印。

3.字体和字号

论文题目:2 号黑体;一级标题:3 号黑体;二级标题:4 号黑体;三级标题:小 4 号黑体;正文:小 4 号宋体;页码:小 5 号宋体;数字和字母:Times New Roman 体。

4.论文页面设置

(1)页眉

页眉为:安徽电气工程职业技术学院毕业论文。

(2)页边距

论文的边距,上:30mm;下:25mm;左:30mm;右:25mm;行间距为 1.5 倍行距。

(3)页码的书写要求

论文页码从绪论部分开始,至附录,用阿拉伯数字连续编排,页码位于页脚居中,小 5 号宋体。封面、摘要和目录不编入论文页码;摘要和目录用罗马数字单独编页码。

5.摘要

中文摘要包括:论文题目(3 号黑体)、“摘要”字样(小 3 号黑体)、摘要正文和关键词。

摘要正文后下空一行打印“关键词”三字(4 号黑体),关键词一般为 3~5 个,每一关键词之间用逗号分开,最后一个关键词后不打标点符号。

6.目录

工科类专业目录的三级标题,按(1……、1.1……、1.1.1……)的格式编写。社科类专业目录的三级标题,建议按(一、(一)1、)的格式编写,目录中各章题序的阿拉伯数字用 TimesNewRoman 体,第一级标题用小 4 号黑体,其余用小 4 号宋体。

7.论文正文

论文正文分章节撰写,每章应另起一页。各章标题要突出重点、简明扼要。各章标题字数一般在 15 字以内,不得使用标点符号。

8.参考文献

引用文献标示方式应全文统一，并采用所在学科领域内通用的方式，用上标的形式置于所引内容最末句的右上角，用小 4 号字体。所引文献编号用阿拉数字置于方括号中，如："…成果[1]"。不得将引用文献标示置于各级标题处。

9.装订位置：左侧装订。

七、答辩与成绩评定

1.顶岗实习期间的毕业论文成绩考核分为：毕业论文（实训报告）撰写成绩与答辩成绩两部分。

论文撰写成绩（校内指导教师提供）占 60%；毕业论文（实训总结）答辩成绩（答辩组提供）占 40%。

2.毕业论文（实训报告）撰写成绩由学院指导教师根据论文的质量及其在撰写过程中与指导教师间的及时反馈情况，按照《学生顶岗实习毕业论文评定表》各内容给出测评分。

3.毕业论文（实训报告）答辩成绩考核

学校成立由学院教师、企业兼职教师组成的学院毕业答辩委员会，负责指导毕业答辩工作，审定毕业答辩成绩。下设系部毕业答辩委员会，负责毕业答辩具体工作的组织落实，学生集中回校答辩，特殊情况不能回校答辩或不能按期答辩，由系部向教务处申请报批可安排现场答辩、远程答辩或延期答辩。

答辩采取指导教师回避制度，每个答辩小组安排 3～4 名教师，每半天 15 名学生左右。

毕业论文（实训总结）答辩程序：学生介绍毕业论文（实训总结）内容；学生根据主考教师提出的 3～5 个答辩题目进行答辩；答辩组成绩汇总确定。

毕业论文成绩最终确定由校内指导教师根据论文撰写成绩以及论文答辩成绩汇总。

4.顶岗实习考核的形式

根据学生完成毕业实践（综合训练）任务的情况（含毕业实习单位意见、业务水平、工作态度、实习周记等）和毕业实践报告的撰写质量和完成的成果为依据进行综合评定。

考核主要从平时考核、实践报告（或论文）和答辩 3 个方面进行：

平时考核内容包括：

(1)在毕业综合实践过程中学生的工作态度和完成的工作量。

(2)学生对课题涉及的基础理论、专业知识、基本技能的掌握和运用情况。

(3)学生平时独立工作的表现，如调查研究，采集资料情况等。

实践报告考核内容包括：学生的毕业综合实践报告、论文、策划方案、设计的实物是否独立完成；学生的设计或研究方案分析论证是否正确、合理；学生能否综合概括与正确应用文献资料、公式、数据、图表等。对于实物应着重考核结构、工艺的合理性、实用性和经济性等，论文或策划方案应着重考核其创新性、可行性和应用价值。

毕业答辩着重考核学生对课题的认识，能否充分分析，正确论证，清楚表达，考查学生能否掌握运用与专业有关的基础理论和知识，并鉴别学生有无创造性的见解。

5. 评分标准

平时成绩占总分的40%，毕业综合实践报告成绩占总分的60%，(包含答辩的20%)，这其中同时要结合附件一中的实习单位指导教师对学生的考核原则上占总成绩的70%；学校实习指导教师对学生的顶岗实习进行评价原则上占总成绩的30%的这一条内容。最终考核结果折算成优秀、良好、中等、及格、不及格5个等级记分。

优秀(一般不超过10%)：

(1)按时出色地完成毕业综合实践任务，方案正确，设计或研究达到预期目标，有一定创造性。

(2)图表正确，数据可靠，整洁清晰，文理通顺，分析严谨。

(3)综合运用已学知识，分析解决问题能力强，有一定的创造性。

(4)工作积极，勇于承担任务，工作量大。

(5)答辩中思维清晰，语言表达能力较强，重点突出，能准确回答问题。

良好：

(1)按时较好地完成毕业综合实践任务，方案正确，设计或研究达到预期目标。

(2)图表正确，分析较严谨，文理通顺。

(3)综合运用已学知识，分析解决问题的能力较强，在理论或实际问题的分析上有一定深度。

(4)工作积极，态度认真。

中等：

(1)能完成毕业综合实践任务，方案尚可，基本达到原定课题要求。

(2)图表基本合格，文理基本通顺。

(3)有一定综合运用已学知识分析、解决问题的能力。

(4)工作比较认真。

及格：

(1)能完成毕业综合实践中的主要任务，基本达到原定课题的最低要求。

(2)图表基本合格，文理欠通顺。

(3)经启发引导后，尚能分析、解决问题。

(4)工作态度一般。

不及格：

(1)未能达到原定课题的最低要求，存在原则性错误。

(2)图表不完整,文字不通顺。

(3)缺乏分析问题解决问题的能力。

(4)工作不认真。

6.评分方法

建议成绩评定方法及标准如下表:

项　　目	比率(%)	评分要点
综合实训	40	1.遵守纪律 2.主动请教 3.实习日志齐全 4.实习总结规范
论文或实习报告	40	1.格式正确 2.结合主题、阐述清楚、文字简练、语句通顺 3.图纸符合设计要求,工整、图形符号符合标准
答辩	20	提出2～3个问题 每题答题正确10分 每题答题基本正确7分 每题答题部分正确4分 每题答题不正确0分
总计	100	

(1)综合实训平时成绩由指导教师根据学生在毕业综合实践过程中各方面表现写出书面评语,并分别填写在"毕业综合实践评语"和"毕业综合实践成绩评定表"内。

(2)学生交出毕业综合实践报告后,评阅教师应认真审阅或鉴定,写出评语和判定成绩等级,并分别填写在"毕业综合实践评语"和"毕业综合实践成绩评定表"内。

(3)系汇总毕业综合实践总评分,并填写在总评成绩栏内。

(4)全部评定结束后,应由系负责人审查签字后才可向学生本人宣布,并将毕业综合实践成绩汇总表交教务处。

(5)"学生毕业综合实践成绩评定表"、"毕业综合实践评语"均应与学生的毕业综合实践报告合并装订后交系资料室保存。

八、其他说明

顶岗实习评定成绩的必备条件是:学生必须提交符合规定要求的顶岗实习书面报告、电子资料(论文或实习报告电子版)和校外指导教师指导意见和成绩评定表格。

附件一:学生毕业顶岗实习协议书

附件二:学生外出实习安全责任承诺书

附件三:实习单位指导教师聘书

附件四:学生实习单位联系函

附件五:学生自主选择实习单位申请表

附件六:学生实习单位变更申请表

附件七:学生顶岗实习基本情况表

附件八:职业技术学院学生顶岗实习考核成绩鉴定表

附件九:学生顶岗实习毕业论文(实训报告)成绩鉴定表

附件十:毕业论文、实习报告(封面)

附件一

学生毕业顶岗实习协议书

甲方(实习单位):

乙方(实习生姓名):　　　　　　　　学号　　　　班级

丙方(学生所在学校):安徽电气工程职业技术学院

为使学生更好地了解企业,了解实际生产,理论联系实际,完善知识结构,为以后的就业打下坚实的基础,也为企业的人才招聘提供便利。经协商,并经过实习单位与学生"双向选择",甲方同意乙方到甲方进行顶岗实习。在实习期间各方权利和义务及相关事宜约定如下:

实习时间:____年____月____日至____年____月____日

一、甲方享有的权利和应履行的义务:

1.给乙方安排工作时不得违反国家《劳动法》的有关规定;应对乙方进行必要的安全教育,讲明应牢记的安全注意事项;

2.可根据需要在同一专业领域为学生安排不同的实习岗位,若由于乙方的原因不能胜任或不服从安排,甲方有权提前终止实习;

3.结合实际情况,为乙方提供学习专业知识,从事专业实践的机会,并委派专业人员进行指导;

4.负责乙方实习期间的日常管理,提供一定的生活保障,具体事宜,三方根据各自的实际协商商定;

5.实习结束后,根据乙方的具体表现,为乙方提供一份客观的实习鉴定;

6.招聘员工时,在同等条件下优先录用乙方。

二、乙方享有的权利和应履行的义务:

1.在允许的范围内,享有学习专业知识、专业技能,参与专业实践的权利;

2.遵守实习单位的劳动纪律和各项规章制度,保守实习单位的技术秘密和商业秘密,实习结束后及时移交相关工作资料和工具,未经允许,不得带走任何资料;

3.在实习期间,遵纪守法,严格自律,爱护身体,端正行为。在工作时间外(上下班必经路途中所发生的意外伤害除外)发生的,或与工作无关的一切行为和后果(含患病),皆由实习生自己负责,甲方和丙方均不承担连带责任;

4.珍惜实习机会,工作中勤思多问,勤学苦练,实习结束后提交一份详实的实习报告;

5.客观地宣传甲方,积极引导同学到甲方就业,甲方到学校举行招聘活动时,应主动给予宣传和协助;

6.对甲方进行全面了解,择业时在同等条件下优先到甲方就业。

三、丙方享有的权利和义务:

1. 协助甲方做好宣传、组织报名工作,协助甲方与乙方进行“双向选择”。优先推荐优秀毕业生到甲方就业,对甲方来学校举办招聘活动给予优先安排和重点支持。

2. 协助甲方做好实习生的思想教育和管理工作;

3. 定期安排校内指导教师到甲方现场指导和了解实习生的工作情况,加强与甲方指导教师的联系和沟通,及时帮助解决实习过程中遇到的困难和问题。

四、甲方为乙方提供的生活保障(如生活补贴、交通补贴、住宿等):____________

____

____

____

____

五、三方约定的其他条款:__________________________

____

____

____

六、其他未尽事宜,三方协商解决。本协议有效期同实习期。

七、本协议一式三份,甲、乙、丙三方各持一份。

甲方(公章):

日期:

乙方(签字):

日期:

丙方:XXXX 职业技术学院

(公章)

日期:

附件二

学生外出实习安全责任承诺书

校外实习是重要的实践教学环节，是理论联系实际，培养学生独立工作能力的重要途径。为使校外实习达到预期目的，保证实习工作有计划、有组织地进行，保障学生个人人身安全，本人就校外实习期间的安全责任向学院承诺如下：

1.校外实习安全责任的主体是学生本人，本人一定按《安徽电气工程职业技术学院校外实习学生管理办法》的有关要求去做；

2.在校外实习期间，坚决做到遵守实习单位的纪律要求，服从实习单位管理；

3.做到遵守国家法律、校规校纪、厂规厂纪和社会公德，不做有损大学生形象的事。不发生打架斗殴等事件，一旦违纪将接受校规校纪的严肃处理；

4.在实习期间，保证注意交通安全和饮食卫生安全，不发生任何安全隐患和安全事故；

5.实习期间，每星期向实习指导教师和辅导员汇报实习情况一次，发生特殊问题时及时报告，不拖延；

6.实习期间，不擅自离开实习单位。如个人有事确需请假，须严格按"管理办法"相关规定，向实习单位和学院办理请假手续。

本人熟知并全面执行以上条款，接受学院、系的检查、监督。如违反上述承诺，所造成的后果和任何损失(包括人身伤害事故)，均由学生本人负责。

此安全责任承诺书一式两份，经学生本人签字确认后，一份由学生本人留存，另一份由辅导员保留备查。

学生签名：　　　　　年　　月　　日

附件三

安徽电气工程职业技术学院
实习单位指导教师聘书

________同志：

为做好________届毕业生顶岗实习工作，高质量地完成此次实习任务，我院特聘请你担任________专业________同学的顶岗实习现场指导教师，聘期________。

此聘

安徽电气工程职业技术学院

____________系

________年____月____日

附件四

安徽电气工程职业技术学院学生实习单位联系函

＿＿＿＿＿＿单位：

兹介绍我院＿＿＿＿＿＿＿＿专业＿＿＿＿届毕业生＿＿＿＿前往贵单位联系实习事宜，望给予大力支持。

随着国家劳动人事制度的改革与高等职业技术教育的发展，高职高专在校学生到生产单位参与专业顶岗实习已成为“校企合作、工学结合”育人的一种重要形式。我院要求学生在实习中严格遵守贵单位的规章制度，服从安排，完成与专业相关的生产实践学习任务。

再次感谢贵单位对我院工作的大力支持！

安徽电气工程职业技术学院

系签章

年　　月　　日

学生校外实习单位确认表

<table>
<tr><td>学生姓名</td><td></td><td>性别</td><td></td><td>学号</td><td></td><td>专业班级</td><td></td></tr>
<tr><td>实习单位名称</td><td colspan="5"></td><td>岗位名称</td><td></td></tr>
<tr><td>实习单位地址</td><td colspan="5"></td><td>单位邮编</td><td></td></tr>
<tr><td>联系部门</td><td colspan="2"></td><td>联系人</td><td colspan="2"></td><td>联系电话</td><td></td></tr>
<tr><td colspan="8">实习单位意见：

单位签章：
年　　月　　日</td></tr>
</table>

备注：本表完成后，由学生本人及时交回学校所在系部办理校外实习及实习离校手续。

附件五

安徽电气工程职业技术学院
学生自主选择实习单位申请表

学生姓名		专业		班级	
性别		联系电话			
实习起止时间	年 月 日— 年 月 日				
实习单位名称					
实习单位地址		邮政编码			
实习单位联系人		联系电话			
校外指导教师		联系电话			
顶岗实习单位及岗位说明					
学生承诺： 本人自主选择实习单位，在校外实习期间，严格要求自己，遵守国家法律法规及学院与实习单位的各项规章制度，认真完成规定的各项实习任务；注意生产安全和人身安全，并对自己在校外实习期间的一切行为和安全负责。 学生签字： 年 月 日					

<table>
<tr><td>家
长
意
见</td><td>□同意

□不同意

请在您认可的栏目内划“√”。
学生家长签字：
家长联系电话：
年　　月　　日</td></tr>
<tr><td>系(部)
审批
意见</td><td>负责人(签字)：
系(部)(公章)：
年　　月　　日</td></tr>
</table>

说明：1.本表一式二份，学生、系(部)各留存一份

2.本表必须与《学生实习单位确认表》配套使用

附件六

安徽电气工程职业技术学院
学生实习单位变更申请表

<table>
<tr><td>学生姓名</td><td></td><td>性别</td><td></td><td>学号</td><td colspan="2"></td></tr>
<tr><td>系(部)</td><td></td><td>专业</td><td colspan="2"></td><td>班级</td><td></td></tr>
<tr><td>原实习单位</td><td colspan="2"></td><td>时间</td><td colspan="3">年　月　日至　年　月　日</td></tr>
<tr><td>拟变更实习单位</td><td colspan="2"></td><td>时间</td><td colspan="3">年　月　日至　年　月　日</td></tr>
<tr><td>变更原因</td><td colspan="6"></td></tr>
<tr><td colspan="7">原实习单位意见：
负责人签字：
单位公章：
年　月　日</td></tr>
<tr><td colspan="3">校内指导教师复核意见：
签字：
年　月　日</td><td colspan="4">辅导员复核意见：
签字：
年　月　日</td></tr>
<tr><td colspan="7">系(部)审批意见：
系(部)负责人签字：　系部(公章)
年　月　日</td></tr>
</table>

备注:1.本表一式二份,学生、系(部)各留存一份

2.变更实习单位的学生须在取得新的《实习单位确认表》基础上办理此表,如属于自主选择实习单位的情况还必须同时填写《自主选择实习单位申请表》。

附件七

学生顶岗实习基本情况表

<table>
<tr><td>学生姓名</td><td colspan="2"></td><td>性别</td><td></td><td>专业班级</td><td colspan="2"></td></tr>
<tr><td>学号</td><td colspan="2"></td><td colspan="2">辅导员姓名</td><td></td><td>联系电话</td><td></td></tr>
<tr><td rowspan="2">实习单位</td><td>名称</td><td colspan="4"></td><td>联系人</td><td></td></tr>
<tr><td>地址</td><td colspan="4"></td><td>联系电话</td><td></td></tr>
<tr><td>实习部门</td><td colspan="4"></td><td>实习岗位</td><td colspan="2"></td></tr>
<tr><td rowspan="2">实习单位指导教师基本情况</td><td colspan="2">姓　名</td><td colspan="3"></td><td>所在部门</td><td></td></tr>
<tr><td colspan="2">联系电话</td><td colspan="3"></td><td>职务/职称</td><td></td></tr>
<tr><td rowspan="2">学院指导教师基本情况</td><td colspan="2">姓　名</td><td colspan="3"></td><td>所在部门</td><td></td></tr>
<tr><td colspan="2">联系电话</td><td colspan="3"></td><td>职务/职称</td><td></td></tr>
<tr><td>实习时间</td><td colspan="7">年　月　日—　　年　月　日</td></tr>
<tr><td colspan="8">实习过程及内容概要：</td></tr>
</table>

附件八

学生顶岗实习考核成绩鉴定表

<table>
<tr><td colspan="2">姓名</td><td colspan="2"></td><td colspan="2">专业</td><td colspan="2"></td></tr>
<tr><td colspan="2">实习单位</td><td colspan="6"></td></tr>
<tr><td colspan="2">实习部门</td><td colspan="2"></td><td colspan="2">实习岗位</td><td colspan="2"></td></tr>
<tr><td colspan="2">考核项目</td><td colspan="6">实习实训表现</td></tr>
<tr><td rowspan="11">实习实训单位指导老师评价(70%)</td><td>工作主动性</td><td>积极主动</td><td></td><td>比较主动</td><td></td><td>不主动</td><td></td></tr>
<tr><td>工作学习态度</td><td>谦虚好学</td><td></td><td>少问或不问</td><td></td><td>不谦虚</td><td></td></tr>
<tr><td>在岗位情况</td><td>坚守岗位</td><td></td><td>基本在岗</td><td></td><td>经常脱岗</td><td></td></tr>
<tr><td>对老师态度</td><td>尊敬</td><td></td><td>比较尊敬</td><td></td><td>不尊敬</td><td></td></tr>
<tr><td>专业知识水平</td><td>基本掌握</td><td></td><td>一般了解</td><td></td><td>所知较少</td><td></td></tr>
<tr><td>理论联系实际</td><td>好</td><td></td><td>较好</td><td></td><td>一般</td><td></td></tr>
<tr><td>手册填写情况</td><td>认真正确</td><td></td><td>基本正确</td><td></td><td>一般</td><td></td></tr>
<tr><td>工作有无差错</td><td>无差错</td><td></td><td>偶尔差错</td><td></td><td>严重差错</td><td></td></tr>
<tr><td>团队协作精神</td><td>良好</td><td></td><td>一般</td><td></td><td>较差</td><td></td></tr>
<tr><td>技能水平提高</td><td>大幅提高</td><td></td><td>有所提高</td><td></td><td>没有提高</td><td></td></tr>
<tr><td colspan="7">实习单位按规考核成绩：　　　　实习单位其他考核成绩：
实习中职业素养、职业技能的综合评价：
签名：
成绩：优秀□；良好□；合格□；不合格□
签章：　　　　日期：</td></tr>
<tr><td rowspan="8">校内指导教师评价(30%)</td><td colspan="3">实习日志平台填写完整</td><td colspan="2">符合□</td><td colspan="2">不符合□</td></tr>
<tr><td colspan="3">实习单位联系函与确认表、协议上交</td><td colspan="2">符合□</td><td colspan="2">不符合□</td></tr>
<tr><td colspan="3">实习周记填写完整</td><td colspan="2">符合□</td><td colspan="2">不符合□</td></tr>
<tr><td colspan="3">实习总结撰写质量好</td><td colspan="2">符合□</td><td colspan="2">不符合□</td></tr>
<tr><td colspan="3">与教师沟通、反馈及时</td><td colspan="2">符合□</td><td colspan="2">不符合□</td></tr>
<tr><td colspan="3">与企业融合度高</td><td colspan="2">符合□</td><td colspan="2">不符合□</td></tr>
<tr><td colspan="3">职业技能水平提高</td><td colspan="2">符合□</td><td colspan="2">不符合□</td></tr>
<tr><td colspan="7">评语：
绩：优秀□；良好□；合格□；不合格□
签名：　　　　日期：</td></tr>
<tr><td colspan="4">综合成绩</td><td colspan="4"></td></tr>
</table>

附件九

学生顶岗实习毕业论文(实训报告)成绩鉴定表

<table>
<tr><td>姓名</td><td></td><td>专业</td><td colspan="3"></td></tr>
<tr><td rowspan="2">实习单位</td><td>名称</td><td colspan="4"></td></tr>
<tr><td>地址</td><td colspan="4"></td></tr>
<tr><td>实习部门</td><td colspan="2"></td><td>实习岗位</td><td colspan="2"></td></tr>
<tr><td rowspan="8">评价指标</td><td colspan="2">平台信息及时上传</td><td colspan="2">符合□</td><td>不符合□</td></tr>
<tr><td colspan="2">论文选题合适</td><td colspan="2">符合□</td><td>不符合□</td></tr>
<tr><td colspan="2">论文开题报告及时提交</td><td colspan="2">符合□</td><td>不符合□</td></tr>
<tr><td colspan="2">论文结合实质性工作撰写</td><td colspan="2">符合□</td><td>不符合□</td></tr>
<tr><td colspan="2">论文初稿及时提交</td><td colspan="2">符合□</td><td>不符合□</td></tr>
<tr><td colspan="2">论文修改及时</td><td colspan="2">符合□</td><td>不符合□</td></tr>
<tr><td colspan="2">论文写作格式正确</td><td colspan="2">符合□</td><td>不符合□</td></tr>
<tr><td colspan="2">论文终稿写作质量好</td><td colspan="2">符合□</td><td>不符合□</td></tr>
<tr><td>校内指导教师鉴定</td><td colspan="5">评语：

成绩评等________
校内实习指导教师签字：
年　月　日</td></tr>
</table>

附件十

封面
安徽电气工程职业技术学院
毕业论文、实习报告

题　　目:________________________

____

系　　部:________________________

专　　业:________________________

姓　　名:________________________

班　　级:________________________

学　　号:________________________

实习企业:________________________

校内指导教师:________________________

校外指导教师:________________________

题目类型:　　□毕业论文　　　　□实习报告

年　　月　　日

参考文献

[1] 张永枫. 电子技术基本技能实训教程[M]. 西安:西安电子科技大学出版社,2002.

[2] 杨承毅. 电子技能实训基础[M]. 北京:人民邮电出版社,2005.

[3] 范泽良. 电子产品装接工艺[M]. 北京:清华大学出版社,2009.

[4] 宏晶公司产品技术手册.

[5] Labcenter 公司 PROTEus ISIS 用户手册.

[6] 广州风标电子有限公司实验指导书.

[7] 郁汉琪编. 可编程序控制器原理及应用(第二版)[M]. 北京:化学工业出版社,2010.

[8] 张万忠、刘明芹编. 电器与 PLC 控制技术[M]. 北京:化学工业出版社,2012.

[9] 三菱电机自动化(中国)有限公司. FX2N 60MR 使用手册(电子资料).

[10] 王小立,王体英,朱志. 单片机小系统设计与制作[M]. 合肥:合肥工业大学出版社,2012.

[11] 谭浩强. C 语言程序设计[M]. 北京:清华大学出版社,2010.

[12] 低压配电设计规范(GB50054－2011).

[13] 民用建筑照明设计标准(GB50034－2004).

[14] 袁维义. 电工技能实训[M]. 北京:电子工业出版社,2003.

[15] 电气简图用图形符号国家标准汇编. 北京:中国标准出版社:2003.

[16] 建筑电气工程设计常用图形和文字符号(00DX001). 北京:中国建筑标准设计研究院出版社,2000.